## Handbuch Kommissionierung

➥ Effizient picken und packen

# Handbuch Kommissionierung

## ➥ Effizient picken und packen

Herausgeber:
Michael Pulverich
Jörg Schietinger

1. Auflage 2009

VOGEL
VERLAG HEINRICH VOGEL

1. Auflage 2009
Stand September 2009

Umschlaggestaltung: Bernd Walser, Silvia Hollerbach
Lektorat: Ulf Sundermann
Titelbild: Wincanton
Herstellung: Silvia Hollerbach
Satz: satz-studio gmbh, Asbach-Bäumenheim
Druck: Kessler Druck+Medien, Michael-Schäffer-Str. 1, 86399 Bobingen

Die Springer Transport Media GmbH ist Teil der Fachverlagsgruppe
Springer Science+Business Media.



ISBN 978-3-574-26094-0

# VORWORT

Die Kommissionierung ist das Herzstück der meisten Distributions- und Logistikzentren. Hier wird der Auftrag des Kunden „produziert". Qualität und Schnelligkeit der Kommissionierung sind wesentliche Faktoren für eine erfolgreiche Kundenbindung. An den Bedürfnissen des Marktes ausgerichtete Kommissioniersysteme leisten einen entscheidenden Beitrag für die Wettbewerbsfähigkeit von Unternehmen.

Gleichzeitig machen die Kosten der Kommissionierung einen erheblichen Teil der Logistikkosten aus und bedürfen somit besonderer Aufmerksamkeit.

In den vergangenen Jahren wurde eine Fülle von innovativen, produktiven und qualitätsorientierten Kommissioniersystemen entwickelt und implementiert. Bestehende Systeme haben sich den verändernden Anforderungen angepasst und wurden durch Reorganisation fit gemacht. Dennoch bleibt das Thema Kommissionierung ein Dauerbrenner. Auch in Zukunft wird es sowohl intelligente manuelle Konzepte als auch weiter automatisierte Systeme, vor allem aber eine wirtschaftliche und flexible Kombination von beiden geben.

Dieses Buch leistet einen Beitrag dazu, die ganze Bandbreite der Kommissionierung erstmals – oder auch neu – zu entdecken und vor allem konkret verwertbar zu machen. Es gibt Anregungen für die Planung, die Reorganisation und das Tuning von Kommissioniersystemen.

Teil 1 „Grundlagen der Kommissionierung" gibt in vier Beiträgen einen fundierten Überblick über Grundlagen, Systematik, Planung und Gestaltung von Kommissioniersystemen. Drei weitere Kapitel beschäftigen sich mit dem Menschen in der Kommissionierung. Controlling und IT-Unterstützung in der Kommissionierung werden ebenso behandelt wie eine innovative Wegstrategie und ein Konzept zur Ermittlung der optimalen Kommissionierfachgröße.

Eine Fülle von Anregungen vermitteln die Best-Practice-Beispiele aus Industrie- und Handelsunternehmen verschiedener Branchen in Teil 2.

Teil 3 gibt einen interessanten Überblick über innovative Kommissioniersysteme namhafter Anbieter von intralogistischen Systemen.

Einen Leitfaden für die Auswahl des optimalen Kommissioniersystems finden Sie in Teil 4.

Trends und die zukünftigen Entwicklungen der Kommissionierung vermittelt abschließend Teil 5 des Buches.

Das Buch ist von Praktikern für Praktiker geschrieben. Es soll Geschäftführer und Verantwortliche in Logistik, Lager, Transport und Supply Chain Management in Industrie-, Handels- und Dienstleistungsunternehmen in ihrer Tätigkeit inspirieren, sie konstruktiv im Alltag unterstützen und ihnen wertvolle Arbeitsinstrumente an die Hand geben.

Dozenten und Studierende der einschlägigen Fachbereiche finden nützliche Hinweise für Studium und Lehre.

Allen Personen, die uns bei der Herausgabe des Buches tatkräftig unterstützt haben, gilt unser besonderer Dank.

Hervorzuheben sind die Autoren, die sich neben ihrem stressbelasteten Alltag die Zeit genommen haben, ihr Wissen und ihre Erfahrung in ihrem Beitrag zu diesem Buch an Sie, liebe Leser, weiter zu geben. Wir danken unseren Familien für die Geduld und Toleranz gegenüber unserer „Heimarbeit" an diesem Buch. Gleiches gilt auch für die Familien der übrigen Autoren.

Die Herausgabe des Buches wäre ohne die Unterstützung des Verlags Springer Transport Media, hier insbesondere in Person von Herrn Ulf Sundermann, dessen Lektorat und konstruktive Kritik, nicht möglich gewesen. Dafür bedanken wir uns herzlich.

Wir wünschen Ihnen und uns, dass Sie beim Lesen des Buches neue Impulse für Ihre tägliche Arbeit erhalten und die eine oder andere Idee entdecken, das Beschriebene/Gelesene in Ihrer Praxis umzusetzen. Viel Erfolg!

Jede Form von Kritik, Anregungen, Fragen und Lob ist ganz ausdrücklich erwünscht und herzlichen willkommen. Gerne auch per E-Mail an michael.pulverich@gl-kayser.de oder joerg.schietinger@hahn-kolb.de.

Marktheidenfeld und Esslingen im September 2009

Michael Pulverich Jörg Schietinger

# TEIL 1:

## Grundlagenwissen

1

# 1 EINFÜHRUNG UND GRUNDLAGEN

*(Dr. Markus Nave)*

## 1.1 Begriffe und Definitionen

Die Kommissionierung stellt – wie bereits im Vorwort dieses Buches zum Ausdruck kommt – das „Herzstück" in Logistik- und Distributionszentren dar. Neben der „Kommissionierung" gibt es noch einige andere Begriffe, die im Zusammenhang unseres Themas immer wieder genannt werden. Diese sollen im Folgenden definiert und erläutert werden.

Unter **Kommissionieren** wird das Zusammenstellen von Einzelpositionen zu einem Auftrag verstanden. Kommissionieren hat das Ziel, aus einer Gesamtmenge von Gütern (einem Sortiment) Teilmengen aufgrund von Anforderungen (Aufträgen) zusammenzustellen (vgl. VDI-Richtlinie 3590).

Ein **Auftrag** besteht aus einer oder mehreren Auftragsposition(en) mit der jeweiligen Menge eines Artikels. Kundenaufträge enthalten zusätzlich Lieferbedingungen, Termine usw.

Eine **Position** ist der gemäß Kundenbestellung zu kommissionierende Artikel (unabhängig von der Menge).

Als **Pick** wird im Allgemeinen die Entnahmeeinheit je Position (Artikel) bezeichnet. Die Größe eines Picks ist abhängig von der Menge und der Verpackungsstruktur.

Die Begriffsabgrenzung zwischen Pick und Entnahmeposition ist nicht allgemeingültig definiert, so dass Mengendiskrepanzen zwischen der Anzahl der Entnahmepositionen und der Anzahl der Picks entstehen können, wobei eine Entnahmeposition in der Regel mehr als einen Pick umfasst.

Unter **Menge** versteht man die physikalische Größe, in deren Einheit ein Artikel gezählt oder gemessen werden kann. In vielen Fällen erfolgt die Mengenangabe in den Mengeneinheiten „Stück" oder „Stück pro Verpackungseinheit". Bei kleinvolumigen Artikeln oder Schüttgut sind auch Gewichtsangaben oder Volumenangaben (z. B. Liter) üblich.

Eine **Verkaufseinheit** (VKE) ist die Zusammenfassung von Artikeleinheiten zu einer verkaufsfähigen Einheit. Je nach Unternehmen wird es unterschiedlich gehandhabt, ob die VKE wirklich die kleinste Einheit darstellen (vertriebs- oder marketingbedingt) oder ob sie „aufgerissen" werden, um den Kunden auch einzelne Artikeleinheiten zu verkaufen.[1]

Eine **Verpackungseinheit** (VPE) ist die Zusammenfassung mehrerer Verkaufseinheiten (meist aus Handhabungsgründen). Aus logistischer Sicht sind spezielle VPE eher zu vermeiden, da ein zusätzlicher Verpackungsaufwand entsteht.

## 1.2 Stellenwert der Kommissionierung

Die Kommissionierung versteht sich als Teilgebiet der Logistik. Ziel eines Kommissioniersystems ist die (möglichst effiziente und qualitativ hinreichende) **Herstellung versandbereiter Lieferungen.**

Die Gestaltung der vor- und nachgeschalteten Prozesse, wie z. B. Lagerung, Nachschub, ein- oder zweistufige Kommissionierung, Zusammenstellung von Lieferungen zu Sendungen/Touren etc., dient der Optimierung des Ressourceneinsatzes.

Dabei ist die Kommissionierung sowohl aus Kosten- und Aufwandssicht als auch aus Kunden- und Wettbewerbssicht der Kernprozess im Lager. In der Kommissionierung entscheidet sich die Lieferqualität zum Kunden und somit auch die Kundenzufriedenheit. Das folgende Diagramm zeigt den Anteil der Kommissionierkosten bezüglich der Lagerkosten und des Umsatzes. (Die zugrunde liegenden Daten verstehen sich als statistische Mittelwerte aus verschiedenen Projekterhebungen, die je nach Branche und Ausprägung differieren können.)

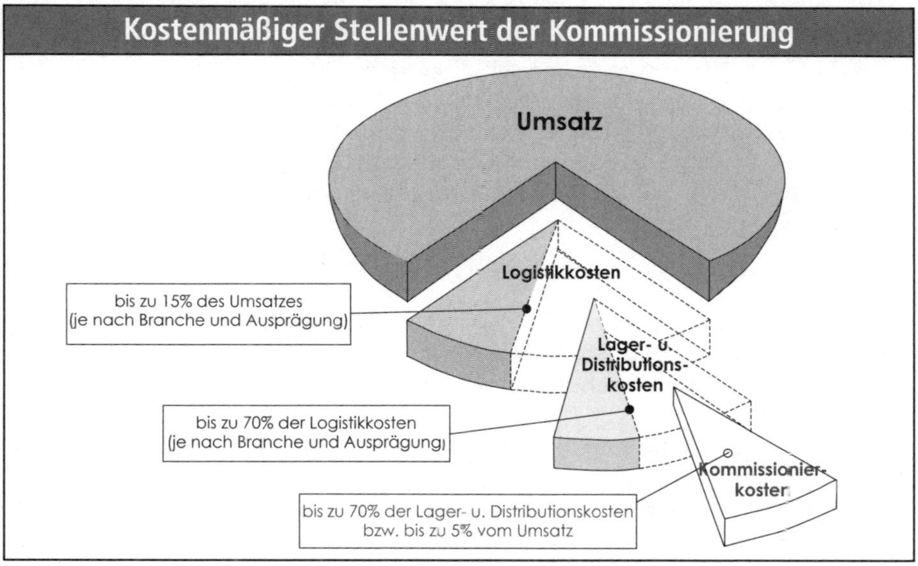


*Abb. 1: Kostenmäßiger Stellenwert der Kommissionierung*

Im Kommissionierprozess werden aus einem Gesamtbestand des Sortiments Teilmengen auftragsbezogen zusammengestellt. Anwendungen finden sich vor allem in der Produktion und im Handel. Dabei reduziert die hohe Komplexität (z. B. kleine Verpackungseinheiten) die Möglichkeiten einer weitreichenden Automatisierung, was wiederum den Einsatz von Kommissionierautomaten und -robotern auf Ausnahmefälle minimiert.

1

Somit ergeben sich folgende Auswirkungen auf Kommissioniersysteme:

- Die Kommissionierung ist in der Regel sehr personalintensiv.
- Manuelle Kommissioniersysteme werden auch zukünftig eine große Bedeutung haben.
- Die Anforderungen an Kommissioniersysteme werden weiter wachsen.

## 1.3 Anforderungen

Sobald die „Dinge" anfangen, sich zu bewegen, ist die Logistik gefragt. Die „Dinge" im (Material-)Fluss zu halten, könnte als erstes Axiom der Logistik postuliert werden. Eben dieser Materialfluss ist in den letzten Jahren in unterschiedlichen Dimensionen exponentiell gewachsen.

Zum einen beteiligen sich immer mehr Menschen und Unternehmen am globalen Handel und zum anderen wollen diese Menschen immer schneller immer individuellere Produkte haben. In Summe ergibt sich ein kritischer Anstieg der Komplexität und Dynamik, der nur noch scheinbar mit den heuristischen Lösungen heutiger Tage zu steuern ist.

Der häufig zitierte Paradigmenwechsel in Richtung echtzeitnaher, dezentraler, individueller, flexibler und adaptiver Lösungen kann nicht mit konventionellen Mitteln vollzogen werden. Es gilt, neue Wege zu beschreiten, und zwar in allen Bereichen der Logistik. Das Supply Chain Management, die Intralogistik und der Transport der Waren – all dies wird zwangsläufig neu zu organisieren sein, will man die Dinge im Fluss halten.

**Die Intralogistik**

- umfasst als Branchenname die Organisation, Durchführung und Optimierung innerbetrieblicher Materialflüsse in Unternehmen der Industrie, des Handels und in öffentlichen Einrichtungen mittels technischer Systeme und Dienstleistungen,
- steuert im Rahmen des Supply Chain Managements den Materialfluss entlang der Wertschöpfungskette und
- beschreibt den innerbetrieblichen Materialfluss, der zwischen den unterschiedlichsten Logistikknoten stattfindet (der Materialfluss in der Produktion, in Warenverteilzentren und in Flug- und Seehäfen) sowie den dazugehörigen Informationsfluss (in der Logistik).

Die Steuerung intralogistischer Systeme wird verstärkt durch die Integration informationstechnischer Prozesse bestimmt. Dies hat zunehmend die automatisierte und transparente Bereitstellung aller logistischen Dienstleistungen eines Unternehmens für die Geschäftspartner und Endkunden über das Internet zur Folge. Shop- und Portallösungen gehören mittlerweile zur Standardausrüstung vieler Unternehmen. Die Integration weiterer IT-Systeme (Warenwirtschaft, Lagerverwaltung, Customer Relationship Management, Content Management etc.) führt zu komplexen und integrierten logistischen Netzwerken.

Bei B2B-Beziehungen reduzieren die „Kunden" (z. B. der Einzelhandel) ihre eigenen Lagerbestände innerhalb der Supply Chain, so dass sie immer häufiger kleinere Losgrößen beim Produzenten oder Großhandel bestellen. Hinzu kommt, aufgrund der nicht vorhandenen Reserven, dass die Lieferungen kurzfristig, pünktlich und vollständig erfolgen müssen. Aus diesen aktuellen Anforderungen ergibt sich eine **Atomisierung der Sendungen:** Die aktuellen Marktforderungen wie größere Artikelvielfalt und kleinere Losgrößen bei geringeren Lieferzeiten erfordern eine höhere Flexibilität, Qualität und Produktivität. Dadurch ergeben sich komplexere Fertigungs- und Logistiksysteme mit alternativen Förderwegen und Materialflussverzweigungen, die zu einem extremen Wachstum der Anzahl der Entscheidungen führen. Veränderte Materialflussstrukturen (wie Vernetzung, Just-in-time-Philosophie, Bestandsminimierung, Liefertreue und die Kopplung des Informations- und Materialflusses) sind die Reaktion auf die Marktforderungen.

**Darstellung der aktuellen Marktforderungen**

*Abb. 2: Darstellung der aktuellen Marktforderungen an Logistiksysteme*

Aus der Markt- und Kundensicht ergeben sich folgende neue Anforderungen an die Distributionssysteme:
- eine steigende Artikelvielzahl mit vielen kundenindividuellen Artikeln
- tendenziell sinkende Bestellmengen
- eine hohe Bestellfrequenz verbunden mit häufigeren Lieferungen
- eine hohe Lieferqualität und Termintreue,
- grundsätzlich fehlerfreie, vollständige Lieferungen
- kurzfristigere Lieferungen (z. B. 24-h-Service)
- flexible und kurzfristige Reaktionen auf Kundenanforderungen und -wünsche
- individuelle Zustellorte und -zeiten

Hinzu kommen Anforderungen aus dem eigenen Unternehmen
- eine hohe und flexible Produktivität,
- niedrige Bestände und
- eine hohe Lieferfähigkeit und exzellente Qualität.

Zusammenfassend kann bezüglich der künftigen Anforderungen festgehalten werden:
- Die Zentralisierung der Logistik und die damit verbundene Konzentration des Durchsatzes sowie beispielsweise das steigende Fahrzeugalter, welches einen höheren Ersatzteilbedarf zur Folge hat, sind Gründe für einen **steigenden Durchsatz.**

1

- Die Zunahme der Produktvarianten ist die Ursache der **wachsenden Sortimente** in Produktion und Handel.
- **Same Day Delivery** (= Bestellung heute und Auslieferung heute), die früher fast nur im Pharmagroßhandel vertreten war, ist heutzutage auch in anderen Branchen (wie zum Beispiel im Kfz-Ersatzteilhandel) verbreitet.
- Aufgrund der stärker ausgeprägten Kontur der Bedarfskurve sowie der größeren Belastungsspitzen und tieferen Auslastungstäler ergeben sich **wachsende Bedarfsschwankungen.**
- Die Reduzierung der Pufferbestände der Kunden und die Anwendung von Pull-Strategien haben kleinere Auftragsgrößen, eine größere Anzahl von Aufträgen und damit eine **Atomisierung der Auftragsstruktur** zur Folge.

Ziel der Logistik muss es aber sein, die steigenden Anforderungen nicht durch proportional steigende Personalkosten zu „erkaufen".

## 1.4 Aufgaben und Funktionen

Der Kommissionierprozess ist, wie auch der Wareneingang, die Einlagerung, die Verpackung und der Versand, einer der Hauptprozesse im Lager. Dabei lässt sich der Hauptprozess in mehrere Teilprozesse untergliedern, die wiederum aus mehreren Aktivitäten bestehen.

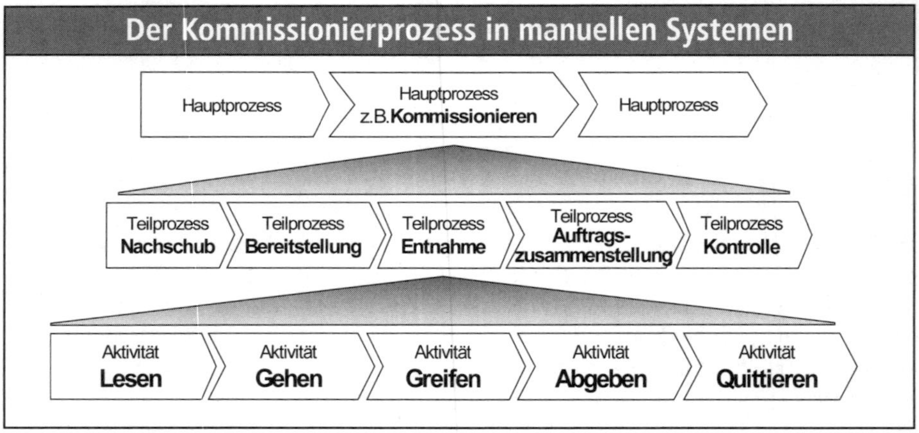


*Abb. 3: Der Kommissionierprozess in manuellen Systemen*

Der Kommissioniervorgang in manuellen Kommissioniersystemen setzt sich – wie in Abbildung 5 dargestellt – aus mehreren Grundfunktionen zusammen:

- Bewegung der Güter zur Bereitstellung (Nachschub, z. B. Durchlaufregal oder Umlagerung auf einen Kommissionierplatz)
- Fortbewegung des Kommissionierers zur Bereitstellung
- Manuelle Entnahme der Güter durch den Kommissionierer
- Transport der Entnahmeeinheit zur Abgabe
- Abgabe der Entnahmeeinheit
- ggf. Zusammenführen zu Kommissioniereinheiten

- Transport der Kommissioniereinheit zur Kontrolle oder Verpackung
- Abgabe der Kommissioniereinheit

Unter dem Begriff „Kommissionierer" wird dabei sowohl die Person verstanden, die den Kommissioniervorgang ausführt als auch die technischen Geräte oder Kommissionierautomaten (Roboter), die zur Entnahme der Güter eingesetzt werden.

Mit dieser Definition lassen sich auch manuelle und automatisierte Kommissioniersysteme differenzieren. In manuellen Kommissioniersystemen entnimmt der Kommissionierer die Ware manuell, unabhängig von der Art der Bereitstellung – „Person zur Ware" oder „Ware zur Person". Bei automatisierten Systemen übernimmt ein Automat, z. B. ein Roboter mit Greifer, den Greifprozess.

Teilweise können mehrere Teilprozesse zusammengefasst werden oder entfallen, z. B. erfolgt keine Auftragszusammenführung bei einer einstufigen, sequenziellen Auftragskommissionierung.

Der Kommissionierteilprozess besteht aus den Aktivitäten Organisation, Lesen, Gehen, Greifen und Ablegen sowie Quittieren. Dabei werden folgende Zeitbausteine im Kommissionierprozess unterschieden:

*Abb. 4: Struktur der Kommissionierzeit*

Als Organisations- und Basiszeit werden administrative Tätigkeiten sowie die Beschaffung von Hilfsmitteln, die Aufnahme von Paletten, Behältern oder Kartons und die Abgabe der Ware verstanden. Die Wegzeit gibt die Zeitspanne zwischen zwei Entnahmestellen an. In der Greif- und Abgabezeit ist der Pickvorgang, das Hineinlangen, Entnehmen und Ablegen enthalten. Tätigkeiten zur Information, z. B. das Finden des Artikels, Lesen und Zählen, sind in der Informationszeit enthalten. „Einen Anbruch bilden" oder „die Ware verpacken" wird in der Zeit für Sonderbehandlung berücksichtigt. Die Fehlzeit ist die Zeit für ungeplante Tätigkeiten.

1

## 1.5 Einflussfaktoren

Entsprechend der in Abbildung 5 dargestellten Strukturierung der Kommissionierzeiten ergeben sich folgende Aufteilungen der Zeitanteile in Person-zur-Ware-Systemen:

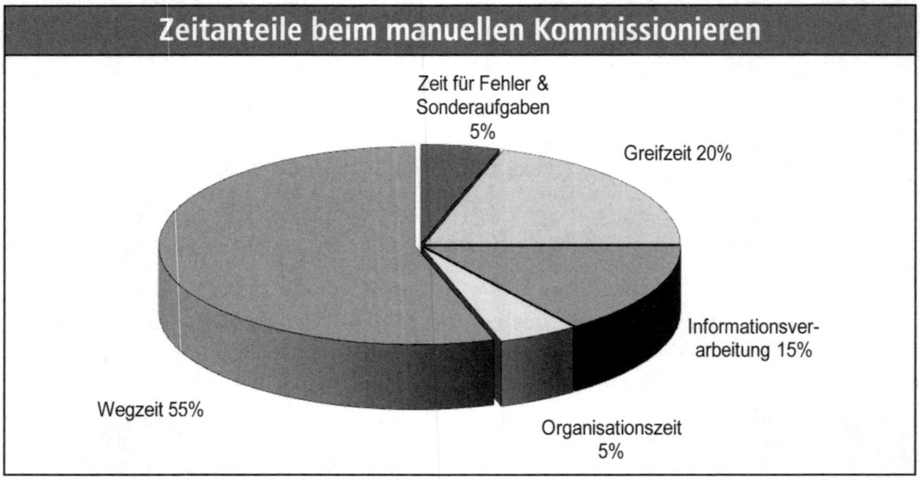


*Abb. 5: Zeitanteile beim manuellen Kommissionieren in Person-zur-Ware-Systemen*

Beim Kommissionieren in Person-zur-Ware-Systemen ergeben sich bei den Zugriffen auf die Lagerplätze in der Regel lange Wege. Aus Projekterhebungen und Benchmark-Studien ist abzuleiten, dass bei den Person-zur-Ware-Kommissioniersystemen die Wegzeit zwischen 50 und 60 Prozent liegt. Somit liegen die größten Potentiale in der Reduzierung der Wegzeiten. Die Wegzeiten lassen sich u. a. verkürzen durch

- Einlagerstrategien und eine wegoptimierte Reihenfolge:
  Durch eine Einlagerstrategie wie eine
  - ABC-Zonung nach Bestellhäufigkeit, bei der insbesondere keine Top-Artikel (A-Artikel) in die oberen Lagerebenen einlagert werden,
  - Clusterung von Artikeln, so dass häufig zusammen bestellte Artikel oder kundenspezifische Artikel nebeneinander stehen.

  Zusammen mit einer wegoptimierten Reihenfolgevorgabe der Kommissionierpositionen können die Kommissionierwege durch eine Bündelung der Zugriffe auf geringem Raum reduziert werden. Jedoch kann – bei einer hohen Lagerleistung – eine Konzentration der Mitarbeiter auf diesem Raum (A-Zone) zu Wartezeiten führen. Eine ABC-Lagerstruktur kann somit auch Stockungen zur Folge haben: Kommissionierer begegnen sich in den Gängen und behindern sich. Ausweichbewegungen und Wartezeiten vor gleichen Greiffeldern führen zu einer Minderung des Durchsatzes. Dies ist bei der Einführung einer ABC-Zonung im Vorfeld zu untersuchen.

- gleichzeitige Bearbeitung mehrere Aufträge:
  Bei Person-zur-Ware-Systemen führt eine gleichzeitige Bearbeitung von mehreren Aufträgen zu einer deutlichen Reduzierung der Laufwege. Jedoch ist diese

Strategie nur bei kleinvolumigen Artikeln und geringen Auftragsgrößen sinnvoll anwendbar.

- Erhöhung der Greifdichte im Regal:
  Um Laufwege zu reduzieren, ist auch eine Erhöhung der Greifdichte im Regal sinnvoll. Bei einer manuellen Kommissionierung einzelner Artikel von Paletten kann die Greifdichte pro Laufmeter erhöht werden, wenn die Umkartons von Palette in Karton-Durchlauf-Regale umgelagert werden, so dass bei gleicher Regalfront sechs bis neun Artikel – je nach Größe der Umkartons – anstelle eines Palettenplatzes bereitgestellt werden kann. Alternativ können beim Einsatz von Regalbediengeräten Paletten oder Kartons auf einem Greifplatz dynamisch ausgetauscht werden, so dass in der Kommissionierebene nur aktive Artikel bereitstehen und der Kommissionierer nicht an nicht-benötigten Artikeln vorbeilaufen muss.

- Ware-zur-Person-System:
  Durch die automatische Bereitstellung der zu kommissionierenden Ware an einem ortsfesten Kommissionierplatz werden Laufwege vollständig vermieden. Bei Ware-zur-Person-Systemen ist aber die Bereitstellleistung zukunftsweisend auszulegen.

- zweistufige Kommissionierung:
  In Hochleistungs-Kommissioniersystemen, in denen kleinvolumige, förderfähige Pick-Einheiten (Umkartons, Verpackungseinheiten und Einzelstücke) in sehr hoher Anzahl immer wieder gegriffen werden, führt eine zum Teil technisch aufwändige zweistufige Kommissionierung zu signifikanten Wegzeitreduzierungen. Bei der zweistufigen Kommissionierung werden in der ersten Stufe artikelrein für eine Vielzahl von Aufträgen die entsprechenden Artikel gegriffen, die in der zweiten Stufe auf die verschiedenen Aufträge sortiert werden.

Der zweithöchste Einflussfaktor mit ca. 20 Prozent ist die Greifzeit. Die Reduzierung der Greifzeit ist jedoch nur bedingt möglich durch

- die Optimierung der Ergonomie, d. h. A-Artikel mit häufigem Zugriff sowie schwere, große Artikel möglichst auf Bodenniveau, im Fachbodenlager auf Greifhöhe lagern.
- eine Negativkommissionierung, d. h. wenn die Bestellmenge >50 Prozent der Menge auf einer Palette beträgt, wird nur die Restmenge von der Palette auf eine leere Palette umgepackt, so dass die „neue" Palette mit der Restmenge wieder eingelagert wird.
- eine Synchronisation von Verpackungsdaten und Verkaufsmengen, um so die Anzahl der Anbruchmengen zu minimieren und damit den hohen Aufwand der Anbruchkommissionierung signifikant zu reduzieren.
- eine Automatisierung des Greifprozesses, die jedoch nur bei einem weitestgehend homogenen Gut möglich ist und zur Erreichung einer positiven Wirtschaftlichkeit einen hohen Durchsatz, möglichst über drei Schichten pro Tag, benötigt.

Der nächste Einflussfaktor mit ca. 10 Prozent liegt in der Informationver- und -bearbeitung. Durch die Verbesserung der Informationsbereitstellung werden Such-

und Informationsverarbeitungsaufwände reduziert. Nach dem Motto „weniger ist mehr" ist zu prüfen, welche Informationen ein Kommissionierer strukturiert benötigt, um den Kommissionierauftrag sicher, möglichst mit null Fehlern und schnell zu bearbeiten. Somit wird gewährleistet, dass die Konzentration lange anhält und die Gefahr von Kommissionierfehlern deutlich reduziert wird. Auch Beleglos-Systeme helfen, die Fehlerrate weiter zu reduzieren und die Produktivität zu erhöhen.

Eine Beeinflussung der Faktoren Organisations- und Basiszeiten ist nur durch eine Verbesserung der Organisation (z. B. einen sicheren Prozess für die Bereitstellung von leeren Behältnissen für die Kommissionierung) und teilweise durch das Layout (z. B. minimale Wegstrecken zu den Übergabepunkten) möglich.

Die Reduzierung des Einflussfaktors Fehlzeit ist insbesondere durch die Verbesserung der Lagerorganisation (Sauberkeit, Ordnung, Lagerplatzverwaltung, ...), unterstützt durch ein Lagerverwaltungssystem und ein Beleglos-System mit Online-Anbindung (z. B. für die Meldung des Nulldurchganges am Kommissionierplatz mit direkter Beauftragung eines Nachschubprozesses zur Vermeidung von Wartezeiten), möglich.

Generell besteht ein Kommissioniersystem aus einer Vielzahl von Komponenten:

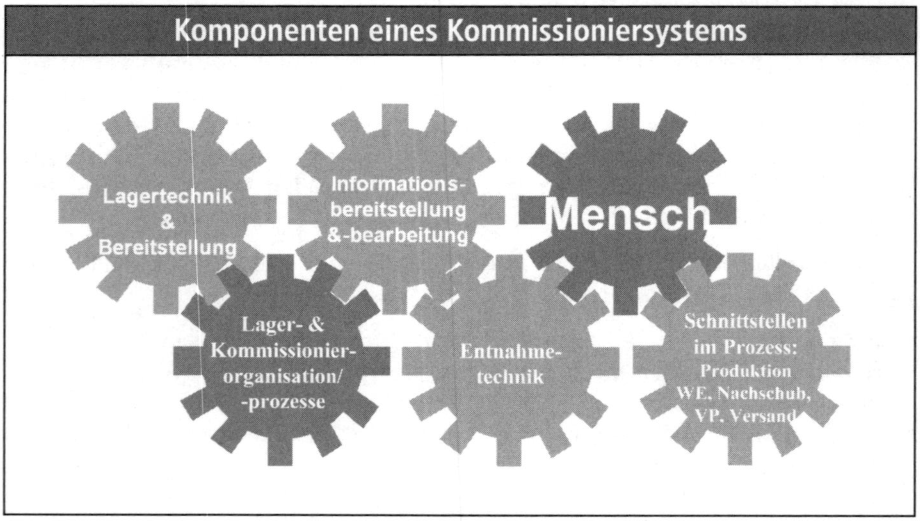


*Abb. 6: Komponenten eines Kommissioniersystems*

Auch in einem Logistik- und Kommissioniersystem steht der **Mensch** im Mittelpunkt: Materialflusstechnische Ausführungen erfordern Menschen, die aufgrund ihres Engagements und Leistungswillens sowie ihrer Qualifikation in der Lage sind, einen wesentlichen Einfluss auf den Anlagenbetrieb zu nehmen. Entscheidend für die Produktivität und Qualität sind daher die Einsatzbereitschaft (Motivation) und die Fähigkeit des einzelnen Mitarbeiters. Sämtliche Technikkomponenten sowie Organisationsstrategien sind unwesentlich, wenn die Mitarbeiter keine Einsatzbereitschaft zeigen.

**PRAXISTIPP:**

Hinsichtlich des **Materialflusses** und seiner **Organisation** bzw. Steuerung empfiehlt es sich, diese möglichst einfach und strukturiert zu gestalten: Materialflusskonzepte dürfen nur so komplex wie nötig, müssen aber so einfach wie möglich sein (Merke: Einfachheit ist ein Qualitätsmerkmal). Dabei sollten Prozesse durch Puffer entkoppelt werden, um die Abhängigkeit zu reduzieren. In vielen Logistik- und Kommissioniersystemen gibt es Sonderprozesse, z. B. mit dem Ziel, die Flexibilität zu erhöhen und einzelne Aufträge zu beschleunigen. Dies führt aber bei einer analytischen Betrachtung häufig dazu, dass der Gesamtdurchsatz reduziert wird und Fehlerpotenziale erhöht werden. Um den Kommissionierprozess schneller und sicherer zu gestalten empfiehlt es sich, standardisierte, transparente Prozesse einzuführen mit wenigen, immer gleichen Prozessschritten und eindeutige, einfache Bedienvorgaben festzulegen.

Grundsätzlich ist anzumerken, dass jedes Kommissioniersystem individuell ist. Einflussgrößen für die Auswahl, Dimensionierung und Bewertung eines Kommissioniersystems sind:

➥ die Anzahl der Artikel:
- Summe lagergeführter Artikel
- Anzahl aktiver Artikel am Tag, in der Woche, pro Monat und pro Jahr (durchschnittlich, maximal)
- saisonale Artikel

Auf der Basis der Anzahl der aktiven Artikel können bei Person-zur-Ware-Systemen Aussagen über die Anzahl der Greifstellplätze gemacht werden. Bei Ware-zur-Person-Systemen ist zu analysieren, inwiefern über Auftragsserien die Anzahl der Bereitstellungen pro Batch (= sinnvolle Zusammenfassung mehrerer Aufträge) reduziert werden kann, welches für die Fördertechnikauslegung erforderlich ist. Durch den Multi-Picking-Effekt bei Ware-zur-Person-Kommissionierung kann die Ein- und Auslagerleistung und die Fördertechnikleistung in der Vorzone reduziert werden. Ist die Anzahl der aktiven Artikel pro Tag, pro Woche und pro Monat stark differierend, ist über eine dynamische Bereitstellung nachzudenken.

➥ die Artikeleigenschaften:
- Artikelgröße-/volumen, Sperrigkeit, Handhabbarkeit, Gewicht
- Physikalische Eigenschaften (Bruchgefahr, ...)
- Chemische Eigenschaften (Gefahrgut, ...)

Die Artikeleigenschaft gibt Auskunft über die Gestaltung der Arbeitsplätze bzw. Greifplätze sowie über die Lagerplatzgröße und Auftragsvolumina. Des Weiteren bilden die Artikeleigenschaften die Grundlage für die Berechnung der Greifprozesszeiten und somit für die Auslegung der Anzahl Kommissionierer.

➥ die Artikelstruktur:
- Bestellhäufigkeit je Artikel (ABC-Analyse nach der Entnahmehäufigkeit, „Lager-Leichen") bzw. Anzahl der Anfahrten:
  - zur Ermittlung von Schwankungen
  - Auslegung der Kommissionier-/Auslagerleistung
  - als Basis für die Auslegung des Automatisierungsgrades

1

- Bestellvolumen je Artikel (XYZ-Analyse nach dem Bestellvolumen):
  - zur Auslegung der Greifplatzgröße bzw. Lagereinheit
  - zur Multi-Order-Picking-Strategie
  - Dimensionierung des Nachschubbedarfes
  - als Basis für die Auslegung des Automatisierungsgrades
- Bestand je Artikel und Ladungsträger zur
  - Dimensionierung der Lagerkapazität,
  - ggf. differenziert nach Paletten- und Umkarton-Lager oder Kommissionier- und Vorratslager

➥ die Auftragsstruktur:
- Anzahl der Aufträge und Positionen pro Tag (durchschnittlich, maximal, saisonale Schwankungen)
- Anzahl der Positionen pro Auftrag (durchschnittlich, maximal),
- Anzahl der Einpositions- und Mehrpositionsaufträge
- Anzahl der Picks pro Position (durchschnittlich, maximal), Spreizung der Bestellmenge oder der Entnahmemenge pro Position (Art der Picks: Anbruch, VE, Umkarton)
- Volumen pro Auftrag, Position und Pick (durchschnittlich, maximal)

Über die Analyse der Auftragsstruktur erfolgt u. a. die Auswahl des Kommissioniersystems (Ware zur Person, Person zur Ware) und der Kommissionierorganisation, die Dimensionierung der Auftragsbehälter sowie über die Analyse der Art und Häufigkeit der Zugriffe je Verpackungsart die Auswahl der Lagerung (Kleinteile-Lager für Verkaufs-/Verpackungseinheiten (VE/VPE) oder Umkartons und/oder Palettenlager).

➥ Sonstige Einflussgrößen:
- max. zulässige Durchlaufzeit
- zeitliche Verteilung der Auftragseingänge über den Tag (Tagesschwankungen)
- Anzahl der Wareneingänge und Nachschübe pro Tag

Die sonstigen Einflussgrößen haben insbesondere Einfluss auf die zu installierende maximale Lagerleistung und die benötigte Flexibilität und somit auf die Auswahl der einzusetzenden technischen Komponenten und die Personalbedarfsplanung.

Weiterhin wird ein Kommissioniersystem durch die eingesetzten technischen Systeme und die Lagerorganisation bestimmt:

➥ Lagertechnik und Lagerbedienung
- Palettenregal, Fachbodenregal, Durchlaufregal, …
- Manuelle Bedienung (z. B. Stapler), automatisches RBG, …

➥ Informationsbereitstellung
- Kommissionierliste, Terminal, Pick to Light, Pick by Voice

➥ Organisation, Verfahren, Prozesse
- Person zur Ware, Ware zur Person
- Einzelauftrag, Auftragsserien

- einzonig, mehrzonig
- einstufig, zweistufig
- sequentiell, parallel
- auftragsorientiert, artikelorientiert

In der Literatur gibt es nur wenige, eingeschränkte Versuche, über die Einflussgrößen bzw. Kennzahlen eine Zuordnungssystematik zu einem Kommissioniersystem zu gestalten. Diese beruhen in der Regel auf den Planungsparametern

- ➥ Anzahl von Artikeln (= Sortimentsgröße) und
- ➥ Anzahl der Auftragspositionen/Zeiteinheit.

Diese wenigen Kennzahlen spiegeln aber nicht die komplexen Anforderungen an die Kommissionierung wider.

Nur ansatzweise berücksichtigt werden auch die Parameter

- ➥ Anzahl der Positionen/Auftrag und Anzahl der Aufträge,
- ➥ Picks pro Position sowie
- ➥ Artikeleigenschaften wie Artikelgröße, Sperrigkeit/Handhabbarkeit/Gewicht etc. der Artikel.

Diese Kennzahlen führen schon zu einer detaillierteren Betrachtung und zeigen, dass die Auswahl eines Kommissioniersystems keine triviale, zweidimensionale Aufgabe ist.

Weitere wichtige Planungsparameter für die Kommissioniersystemauswahl sind:

- ➥ Aktive Artikel am Tag, in der Woche, im Monat
- ➥ Unterscheidung in Einpositions- und Mehrpositionsaufträge
- ➥ Gängigkeit der Artikel (ABC-Analyse nach der Entnahmehäufigkeit)
- ➥ Pick-Volumen pro Artikel (XYZ-Analyse nach dem Versandvolumen pro Artikel)
- ➥ Spreizung der Bestellmenge oder der Entnahmemenge pro Position (Pickverteilung: Anzahl der Anbruch-, VE-, Umkarton-Picks)
- ➥ max. zulässige Durchlaufzeit
- ➥ zeitliche Verteilung der Auftragseingänge etc.

Gerade diese Parameter können häufig zu einer Hybridlösung des Kommissioniersystems führen, da selten ein System bzw. Prozess für alle Aufträge und Artikel geeignet ist. Allgemein versteht man unter „Hybrid…“ ein System, bei welchem zwei Technologien miteinander kombiniert werden. Die vorangestellte Bezeichnung Hybrid- betont demnach ein aus unterschiedlichen Materialflusstechniken oder Prozessen zusammengesetztes Kommissioniersystem. Die Besonderheit liegt darin, dass die zusammengebrachten Elemente für sich schon Lösungen darstellen, durch das Zusammenbringen aber neue erwünschte Eigenschaften entstehen können.

## 1.6 Problemfelder

Aus den zuvor beschriebenen Aufgaben, Anforderungen und Einflussfaktoren resultieren folgende Problemfelder in der täglichen operativen Disposition bzw. Lagerführung wie auch für die Planung und Auslegung eines Lager- und Kommissioniersystems:

- Erhöhung der Produktivität zur Reduzierung der Lagerbetriebskosten: Der innerbetriebliche Druck zur Verbesserung des Betriebsergebnisses hat zur Folge, dass die Produktivität bezogen auf das Umschlagvolumen kontinuierlich zu erhöhen ist.
- Erhöhung der Artikelanzahl: Um den erwarteten Kundenanforderungen gerecht zu werden, werden immer neuere Artikel in immer kürzeren Zykluszeiten auf den Markt gebracht, die durch das Lager als Schnittstelle zum Markt wirtschaftlich sinnvoll bewirtschaftet werden müssen.
- Größere Bedarfsschwankungen: Bedingt durch saisonale und wirtschaftliche Schwankungen, die Reduzierung der Lagerbestände und die kurzen Lieferzeiten werden die Bedarfsschwankungen weiter zunehmen, so dass die Schere der täglichen Leistungsanforderung zwischen dem kleinsten und dem größten Bedarf weiter auseinander gehen wird.
- Zeitliche Verteilung der Auftragseingänge mit immer später werdenden Cut-off-Zeiten: Um den erwarteten Kundenbedarf des Vertriebes nach höherer Flexibilität, kürzeren Reaktionszeiten und Lieferzeiten gerecht zu werden, werden die Zeiten für den letzten Auftragseingang, der am gleichen Tag dann noch versendet wird, immer später werden. Somit werden
  - die Flexibilitätsanforderungen weiter steigen und
  - größere Bedarfsschwankungen innerhalb eines Tages zur Folge haben, so dass es extreme Leistungsschwankungen auch über den Tag verteilt geben wird.
- Erhöhung der Leistungsanforderungen trotz gleichbleibendem Umsatz bedingt durch
  - weitere Reduzierung der Menge pro Position und
  - verstärkte Anbruchkommissionierung durch Reduzierung der Menge pro Position.

  Bedingt durch die höhere Artikelanzahl und die Tatsache, dass die Kunden (Handel) die Bestandskosten und damit die Bestandsreichweite senken, werden immer kleinere Bestellmengen pro Position, dafür aber häufiger bestellt. Somit steigen die Leistungsanforderung und der Aufwand, z. B. durch die personalaufwändige Anbruchkommissionierung im Lager, ohne dass der Umschlag bzw. der Umsatz steigt.

- Durch reduzierte Bereitstellzeiten und geringere Mengen pro Position steigen auch die Anforderungen an die Lieferqualität hinsichtlich Termin und Menge. Aufgrund der annähernden Just-in-time-Lieferung, die durch die Bestandsvorratsreduzierung beim Kunden bedingt ist, können nicht vollständige Lieferungen oder Terminverzüge zur Beeinträchtigung der Kunden-Lieferanten-Beziehungen und bis zum Verlust des Kunden führen.
- Einfluss der Mitarbeiter: Jedes Kommissioniersystem ist nur so gut, wie es auch die Mitarbeiter in diesem System sind. Es bleibt abzuwarten, wie die Unternehmensbindung, die Motivation und die Ausbildung der auf dem Arbeitsmarkt verfügbaren Arbeitskräfte in der Zukunft sein wird.

1

Die Auflistung einiger Problemfelder zeigt, dass die Komplexität und die Anforderungen an die Gestaltung und Weiterentwicklung von Kommissioniersystemen auch in der Zukunft zunehmen werden.

## Literaturverzeichnis

MARTIN (2007): Martin, Heinrich: Transport- und Lagerlogistik: Planung, Struktur, Steuerung und Kosten von Systemen der Intralogistik, 7. Auflage, Wiesbaden.

TEN HOMPEL (2008): ten Hompel, Michael, Heidenblut, Volker: Taschenlexikon Logis-tik. Abkürzungen, Definitionen und Erläuterungen der wichtigsten Begriffe aus Materialfluss und Logistik, 2. Auflage, Berlin.

TEN HOMPEL (2007): ten Hompel, Michael, Jünnemann, Reinhardt, Nagel, Lars, Schmidt, Thorsten: Materialflusssysteme: Förder- und Lagertechnik, 3. Auflage, Berlin.

2

# 2 SYSTEMATIK DER KOMMISSIONIERSYSTEME

*(Detlef Spee)*

Kommissioniersysteme sind die komplexesten Teilsysteme der Intralogistik, denn in ihnen werden alle Grundfunktionen des Materialflusses, das Fördern, Lagern und Handhaben durchgeführt. Es werden nicht nur eine Zeitüberbrückung (Lagern) und Ortsveränderung (Transportieren), sondern es wird auch eine Änderung der „Zusammensetzung" der Waren (Handhaben) vorgenommen. Dadurch können den Möglichkeiten zur Gestaltung von Kommissioniersystemen kaum Grenzen gesetzt werden. Um die Entscheidung für das „richtige" Kommissioniersystem fällen zu können, ist eine Systematisierung erforderlich, die das „Finden" des für die jeweilige Aufgabe passenden Kommissioniersystems unterstützt.

Für die Systematisierung werden gemäß VDI 3590 drei Hauptbetrachtungsbereiche unterschieden:

- Der Materialfluss: Hier wird das verwendete Equipment beschrieben, also Lagertechnik und Bediengeräte wie Stapler, Fördertechnik etc.
- Die Organisation: Damit wird die Art der Abwicklung der Aufträge beschrieben, also auf welche Art die Aufträge durch das „technische" Kommissioniersystem – den Materialfluss und Informationsfluss – bearbeitet werden sollen.
- Der Informationsfluss: Hier wird aufgezeigt, wie die Informationen im Kommissioniersystem aufbereitet und für den Kommissioniervorgang zur Verfügung gestellt werden und wie das Ergebnis des Kommissioniervorgangs zurück gemeldet wird.

Für die Betrachtung der Anforderungen an die Kommissioniersysteme sind drei wichtige Faktoren zu unterscheiden:

- die Qualität oder Fehlerfreiheit,
- die Auftragsdurchlaufzeit und
- die Kosten.

Dabei ist die Qualität zwar auch ein kostenverursachender Faktor; da sie aber darüber hinaus ein wesentlicher Aspekt der Kundenzufriedenheit und damit der Kundenbindung ist, wird das Thema im Kapitel „Qualitätsmanagement in der Kommissionierung" gesondert betrachtet werden.

Die Auftragsdurchlaufzeit gewinnt zunehmend an Bedeutung. Dies ist sowohl durch neue Geschäftsmodelle als auch durch die Erhöhung des Serviceversprechens in tradierten Geschäftsfeldern bedingt. Dadurch werden zunehmend kurze Servicezeiten gegenüber dem Kunden erforderlich. Beispiele finden sich im Internethandel, Ersatzteilgeschäft oder einfach durch die stark reduzierten Bestände der Kunden, die damit ihre Kapitalbindung senken. Sowohl durch den Technikeinsatz als auch die geeignete Organisation der Auftragsabwicklung lässt sich die Auftragsdurchlaufzeit beeinflussen.

Die Kostenreduzierung bleibt neben den oben genannten Anforderungen ein Haupttreiber, um in Kommissioniersystemen Rationalisierungreserven zu erschließen.

## 2.1 Materialfluss

Als Materialflusssystem-Komponenten des Kommissioniersystems unterscheidet die VDI 3590

- den Transport der Güter zur Bereitstellung,
- die Bereitstellung der Güter,
- die Bewegung des Kommissionierers zur Bereitstellung,
- die Entnahme der Güter durch den Kommissionierer,
- den Transport der Güter zur Abgabe,
- die Abgabe der Güter und evtl.
- den Rücktransport der angebrochenen Ladeeinheiten.

Eine Systematisierung nach dieser Morphologie ist im Wesentlichen beschreibend, jedoch kann die strukturierte Betrachtung der Varianz der Alternativen für die Systemkomponenten hilfreich bei der systematischen Lösungsfindung sein.

Bei der Entscheidungsfindung für das geeignete Kommissioniersystem sind die Alternativen allerdings durch eine begrenzte Anzahl von Entscheidungen zu beschränken. Zunächst stellt sich natürlich die Frage, welche Artikel wie gelagert werden. Die Frage des „wie" bezieht sich hier nicht auf die Umgebungsbedingungen, wie Temperatur oder Ähnliches, sondern auf die Betrachtung der Ladeeinheiten bzw. Ladehilfsmittel oder darauf, ob die Ware ohne Ladeeinheit bereitgestellt wird. Die Produktabmessungen, das Gewicht und die zu lagernde Menge bestimmen die geeigneten Ladehilfsmittel und damit die Einschränkung auf die geeigneten Lagertechniken. Vier Gruppen von Artikeln sind mit Blick auf die Lagerart zu unterteilen:

- Palette oder Behälter (Gitterbox etc.)
- Kleinteilebehälter (KLT, Tablare etc.)
- Langgutladehilfsmittel (Kassetten, Rungen etc.)
- Sperrigteile und Schwerlastteile

Mit den möglichen Alternativen für die Ladehilfsmittel und die Lagerart ergibt sich ein wesentlicher Einfluss auf die Wahl der Bereitstellung, also die Entscheidung, ob der Kommissionierer zur Ware geht (Mann/Person zur Ware – PzW) oder ob die Ware zum Kommissionierer kommt (Ware zum Mann/zur Person – WzP). Während sich beim Ware-zur-Person-Prinzip die Bereitstelleinheit mit der Ware zum Kommissionierer bewegt (zentrale Bereitstellung) und der Kommissionierer am Kommissionierplatz verbleibt (statisch), bewegt sich beim Person-zur-Ware-Prinzip der Kommissionierer zum Bereitstellplatz der Ware (dynamisch), während die Ware am Bereitstellplatz verbleibt (dezentral).

Beim Person-zur-Ware-Prinzip sind die Wegzeiten des Kommissionierers ein bestimmender Faktor für die Kommissionierleistung. Durch die Nutzung von Kommissionierfahrzeugen kann die Wegzeit reduziert werden (wenn sich die Kommissionierplätze in der unteren Regalebene befinden) oder es kann die Nutzung der oberen Regalebenen erst ermöglicht werden (wenn der Kommissionierer sich auch vertikal bewegt, siehe Abbildung 1).

*Abb. 1: Person-zur-Ware-Kommissionierung mit Kommissionier-RGB (Quelle: Viastore)*

Wenn der Kommissionierer sich nur in der Ebene bewegt, kann die erforderliche Wegzeit berechnet werden, indem die Weglänge ermittelt und durch die realisierbare Geschwindigkeit geteilt wird. Die Geschwindigkeit der Fortbewegung des Kommissionierers, die zugrunde zu legen ist, hängt davon ab, ob der Kommissionierer zu Fuß geht oder welche Art von Kommissionierfahrzeug er benutzt. Zur Ermittlung der Weglängen ist zunächst festzustellen, in wie vielen Regalgassen der Kommissionierer Ware entnehmen muss. Unter der Voraussetzung, dass jeder Artikel nur einen Kommissionierplatz belegt, also nur in einer Gasse zu finden ist, ermittelt man die Anzahl der Gänge, die vom Kommissionierer angesteuert werden müssen, mit der Formel:

$$x = \left[1 - \left(1 - \frac{1}{N}\right)^{n}\right] N$$

X: Anzahl der Gassen, die angesteuert werden

N: Anzahl Gassen im Kommissionierlager

n: Anzahl der (artikelreinen) Positionen pro Kommissionierauftrag

Als nächstes ist festzulegen oder festzustellen, mit welcher Wegstrategie sich der Kommissionierer durch die Regalanlage zu den Entnahmeplätzen bewegt. Grundsätzlich unterscheidet man zwischen Stichgang- und Durchgang- oder Schleifengang-Wegstrategie.

Mit der ermittelten mittleren Ganganzahl ergibt sich die Berechnung der Weglänge für die Durchgang- oder Schleifengangstrategie wie folgt:

$$L(N) = \underbrace{(x + 1 / 2) \times L_{GM}}_{\text{Gangwege}} + \underbrace{2 (x/x+1)) \times (N - 1) \times B_{GM}}_{\text{Gangwechselwege}}$$

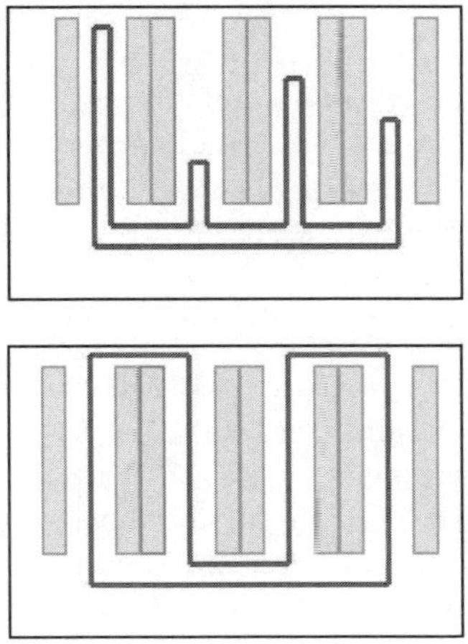

*Abb. 2: Wegstrategien: Stichgang (oben) und Schleifgang (unten)*

Mit

$L(N)$: mittlere Weglänge beim Kommissionieren von *n* Auftragspositionen nach der Durchgang-/Schleifengangstrategie
$L_{GM}$: Ganglänge/Länge des Gangmoduls
$B_{GM}$: Gangbreite/Breite des Gangmoduls
N: Anzahl paralleler Gangmodule (Gassen) mit der Länge $L_{GM}$ und der Breite $B_{GM}$
x: mittlere Gangzahl

Die Auftragswegzeit für die Durchgang- oder Schleifengangstrategie berechnet sich dann durch:

$$t_n (N) = L (N) / v + (x + n) \times v / a_b$$

mit:

$t_n(N)$: mittlere Auftragswegzeit für das Kommissionieren von n Positionen nach der Durchgangstrategie
$L(N)$: mittlere Weglänge
v: mittlere Geschwindigkeit (Schrittgeschwindigkeit 0,7 m/s)
x: mittlere Ganganzahl
n: mittlere Anzahl Auftragspositionen
$a_b$ : mittlere Bremsbeschleunigung (bei Bewegung zu Fuß 1 $m/s^2$)

Für die Stichgangstrategie berechnet sich die mittlere Weglänge mit:

$$L(N) = \underbrace{(2xn/(n + x)) \times L_{GM}}_{\text{Gangwege}} + \underbrace{2 (x/x+1)) \times (N - 1) \times B_{GM}}_{\text{Gangwechselwege}}$$

und damit die mittlere Wegzeit durch:

$$t_n (N) = L (N) / v + (2x + 1 + n) \times v / a_b$$

Werden die Artikel nach ihrer Zugriffshäufigkeit im Regalgang platziert, lassen sich die erforderlichen Weglängen reduzieren. Die dann zugrunde zu legenden Berechnungen hängen von der Strategie der Artikelplatzierung und der Zugriffs-

(ABC-)struktur ab, mit der ein „Schnellläuferfaktor" bestimmt wird. Die Geschwindigkeiten hängen davon ab, ob der Kommissionierer sich „zu Fuß" bewegt oder ob er ein Kommissionierfahrzeug nutzt. Beim Kommissionieren mit Kommissionierfahrzeugen muss beachtet werden, dass mit den Fahrzeugen in der Regel nicht im Regalgang gewendet wird, also die Schleifengangstrategie angewendet wird. Oder es entsteht eine Mischform der Fortbewegung, wenn der Kommissionierer sich im Hauptgang mit dem Kommissionierfahrzeug bewegt, während er in den Regalgängen die Artikel ohne Fahrzeug „einsammelt".

Beim Ware-zur-Person-Prinzip findet keine (wesentliche) Bewegung des Kommissionierers statt. Da der Kommissionierer statisch an seinem Kommissionierplatz verbleibt, muss die Ware bewegt werden. Somit wendet der Kommissionierer keine Wegzeit für die Bewegung zum Bereitstellplatz auf. Da dieser „Hilfsvorgang" entfällt, kann der Kommissionierer mehr Zeit auf den „Pick-Vorgang" verwenden, was seine Kommissionierleistung und damit seine persönliche Produktivität steigert. Um dies zu erreichen, wird die Ware zu ihm gebracht. Das bedeutet, dass dafür in Technik (in Form eines automatischen Lagers) und Fördertechnik investiert wird oder dass andere Mitarbeiter den Transport der Ware zum Kommissionierplatz durchführen. Die Gesamtkosten sinken damit nur, wenn die Leistungssteigerung im automatisierten Ware-zur-Person-Prinzip eine höhere Einsparung bringt als die durch die erforderlichen Investitionen verursachten Kosten und im manuellen Ware-zur-Person-Prinzip als die Kosten durch das Personal, das die „Hilfsvorgänge" durchführt und die von ihnen benötigten technischen Hilfsmittel.

Ware-zur-Person-Systeme werden am häufigsten für Sortimente eingesetzt, die automatische Kleinteilelagersysteme in ihren verschiedenen Ausprägungen anwenden können. Neben den seit vielen Jahren eingesetzten automatischen Behälterlagern, in denen ein Regalbediengerät die Ladeeinheiten zum Kommissionierplatz bringt und ggf. eine Fördertechnik die Ladeeinheiten auf verschiedene Kommissionierplätze verteilt, werden (je nachdem, wie die erforderliche Ein- und Auslagerleistung des Lagers und seine Stellplatzkapazität zueinander im Verhältnis stehen) auch Kompaktlager oder hochdynamische Lager eingesetzt. Kompaktlagersysteme mit mehrfach tiefen Stellplätzen (doppelt tief oder Kanallager) werden gewählt, wenn die erforderliche Stellplatzkapazität im Verhältnis zur erforderlichen Leistung hoch ist. Wenn die Anforderung an die Ein- und Auslagerleistung dominiert, werden hochdynamische Lagersysteme eingesetzt, wie sie im Teil III: „Innovative Kommissioniersysteme" beschrieben werden. Auch die Betrachtung der automatischen Entnahme der Güter wird im Kapitel „Gestaltung von Kommissioniersystemen/Automatische Kommissioniersysteme" detaillierter stattfinden.

## 2.2 Organisation

Das Organisationssystem bestimmt sich durch die Teilsysteme

- Aufbauorganisation,
- Ablauforganisation und
- Betriebsorganisation.

Die **Aufbauorganisation** ist als struktureller Aufbau im Kommissioniersystem durch die Artikeleigenschaften bedingt. Durch sie wird das Kommissioniersystem in Bereiche oder räumliche Einheiten segmentiert, in denen eine Gruppe von Artikeln aufgrund ihrer Eigenschaften zusammengefasst wird. Dies können z. B. die Anforderungen an Umgebungsbedingungen (z. B. Tiefkühlbereich, Kühlbereich) sein oder die weiteren physikalischen Eigenschaften (Größe, Gewicht etc.), die das Handling der Artikel bestimmen. Zu den Kriterien, die gesonderte Bereiche im Rahmen der Aufbauorganisation erfordern, gehören auch rechtliche oder finanzwirtschaftliche Aspekte (etwa Gefahrgut- Zugehörigkeit, Zolllager, Wert-/Diebstahlschutz).

Die Ablauforganisation bestimmt im Wesentlichen, auf welche Art die Aufträge in dem Kommissioniersystem abgearbeitet werden. Dabei wird der Begriff „Auftrag" im Unternehmen häufig unterschiedlich verwendet. Daher ist es sinnvoll, sich den unterschiedlichen Gebrauch des Begriffs in einzelnen Unternehmensteilen bewusst zu machen. In Bezug auf die Kommissionierung sollten klare Abgrenzungen zwischen folgenden „Auftrags"-Definitionen getroffen und begrifflich differenziert werden:

- Kundenauftrag (Kundenwunsch)
- Bestätigter Kundenauftrag (Menge lieferbar, Liefertermin einzuhalten …)
- Kommissionierauftrag

Der **Kundenauftrag** ist die Zusammenstellung dessen, was der Kunde (wohlgemerkt: das gilt auch für unternehmensinterne „Kunden"!) vom Lager/Distributionszentrum geliefert bekommen möchte. Bevor dieser (Kunden-)Auftrag angenommen werden kann, muss geprüft werden, ob er überhaupt erfüllt werden kann. Dazu gehört z. B. die Prüfung der Warenverfügbarkeit. Wenn der (Kunden-)Auftrag durchführbar ist, kann er bestätigt werden. Ist er nicht wie gewünscht erfüllbar, sind die definierten Prozesse zu durchlaufen, bis ein **bestätigter Kundenauftrag** vorliegt. Dieser bestätigte Kundenauftrag ist im Lager/Distributionszentrum zu bearbeiten.

Die Ablauforganisation des Kommissioniersystems legt fest, auf welche Art und Weise das geschieht (siehe Abbildung 3).

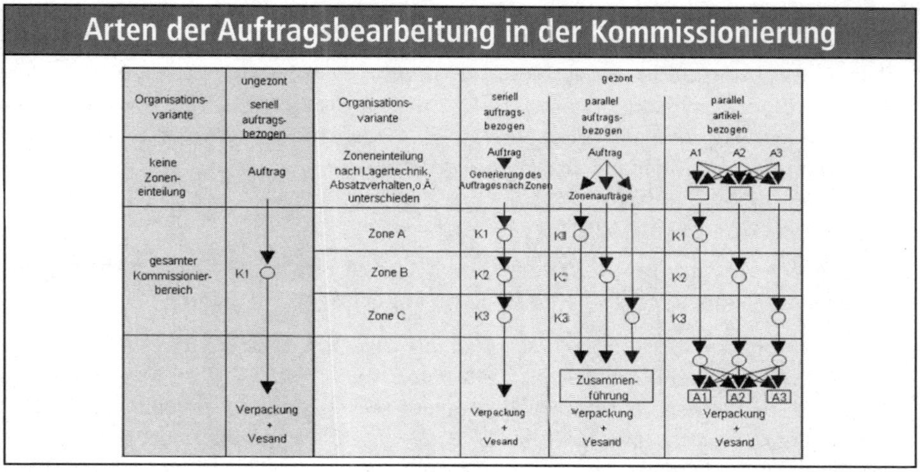


*Abb. 3: Arten der Auftragsbearbeitung in der Kommissionierung*

2

Die Abbildung zeigt, dass der bestätigte Kundenauftrag sowohl als Kommissionierauftrag durch das Kommissioniersystem bearbeitet werden als auch mit anderen Aufträgen zusammengefasst, aufgeteilt und neu zusammengesetzt werden kann, bevor er vom Kommissionierer bearbeitet wird. Folgende Aspekte sollten bei der Entscheidung für die Ablauforganisation auf jeden Fall betrachtet werden:

- die Auftragszahl
- die Form der Bearbeitung
- der Grad der Vereinzelung
- die Zonigkeit der Kommissionierung

### 2.2.1 Auftragszahl

Die Organisation nach der Abarbeitung der Anzahl der (Kommissionier-)Aufträge unterscheidet die Bearbeitung von Einzelaufträgen und die Bildung von Auftragsserien. Bei Einzelaufträgen bearbeitet der Kommissionierer nur einen Auftrag. Die Auftragseinheit wird während des Vorgangs beibehalten.

- Bearbeitet derselbe Kommissionierer diesen Auftrag komplett, liegt ein **einstufiges, sequenzielles Kommissionierverfahren** vor.
- Bearbeiten mehrere Kommissionierer den Auftrag in mehreren Zonen gleichzeitig, liegt ein **zweistufiges, paralleles Kommissionierverfahren** vor.

### 2.2.2 Form der Bearbeitung

Die Form der Bearbeitung unterscheidet zwischen sequenzieller und paralleler Bearbeitung der (Kommissionier-)Aufträge.

Bei einer **sequenziellen Bearbeitung** durchläuft ein Kommissionierauftrag – unabhängig von der Auftragsanzahl, den Lagerzonen und dem Vereinzelungsgrad – nacheinander einzelne Bereiche eines Lagers. Die einstufige Kommissionierung bei sequenzieller Bearbeitung erfordert keine weitere Auftragszusammenführung.

Bei einer **parallelen Bearbeitung** wird der Auftrag in Teilaufträge zerlegt, die dann in die einzelnen Lagerzonen gleichzeitig kommissioniert werden. Das heißt: Jeder Kommissionierer kommissioniert die Ware aus seinem Lagerbereich. Eine parallele Bearbeitung findet immer bei einer zweistufigen, mehrzonigen Kommissionierung statt und erfordert daher immer eine auftragsbezogene Sortierung in der zweiten Stufe. Bei einer Bearbeitung von Auftragslisten ist eine auftragsbezogene Vereinzelung und Zusammenführung erforderlich.

### 2.2.3 Grad der Vereinzelung

Der Grad der Vereinzelung unterscheidet zwischen einstufiger, auftragsbezogener und mehrstufiger, artikelbezogener Kommissionierung.

Die verbreitetste Organisationsform ist die **einstufige** oder **auftragsbezogene** Kommissionierung. Bei ihr wird der Kommissionierauftrag (Einzelauftrag oder Auftragsserie) in einem Arbeitsprozess (immer sequenziell) zusammengestellt. Der Kommissionierer entnimmt Position für Position die entsprechenden Artikelmengen, übergibt den kompletten Kommissionierauftrag an der Übergabestelle und beginnt dann mit der Kommissionierung des folgenden Auftrags.

Die **zweistufige** oder **artikelbezogene** Kommissionierung wird hingegen überwiegend dort eingesetzt, wo aus einem sehr umfangreichem Sortiment viele Aufträge mit wenigen Einzelpositionen kommissioniert werden müssen. In der **ersten Stufe** wird im Lager artikelbezogen kommissioniert. Das bedeutet, dass der Kommissionierer eine Vielzahl von Aufträgen gleichzeitig bearbeitet und/oder der Kommissionierauftrag in mehreren Lagerbereichen parallel von mehreren Kommissionierern bearbeitet wird. In der **zweiten Stufe** werden die so vorkommissionierten Artikel auftragsbezogen sortiert.

Bei dieser Strategie ist es sinnvoll, das Lager in unterschiedliche Kommissionierzonen (mehrzonig) aufzuteilen.

### 2.2.4 Zonigkeit der Kommissionierung

Die Zonigkeit der Kommissionierung unterscheidet zwischen einzonig und mehrzonig organisierten Kommissioniersystemen. Bei dem **einzonigen Verfahren** entnimmt jeder Kommissionierer die Ware aus dem gesamten Lager. Die Kommissionierung erfolgt hier immer sequenziell.

Bei dem **mehrzonigen Verfahren** ist jedem Kommissionierer ein Lagerteilbereich zugeordnet. Die Kommissionierung erfolgt in der Regel **parallel**, kann aber auch **sequenziell** (Weiterreichsystem) durchgeführt werden.

- Bei dem **parallelen Verfahren** kommissioniert jeder Kommissionierer die Ware aus seinem Lagerbereich (1.Stufe). Anschließend wird die Ware aus den verschiedenen Lagerbereichen im Versandbereich auftragsbezogen sortiert (zweistufiges Verfahren).
- Wird der Auftrag in einem Lagerbereich begonnen und nacheinander (**sequenzielles Verfahren, Weiterreichsystem**) in die nächsten Lagerbereiche weitergegeben, liegt eine einstufige, mehrzonige Kommissionierung vor.

## 2.3 Organisationsvarianten

Die folgenden sechs Beispiele zeigen die am häufigsten angewendeten Möglichkeiten zur Bildung des Kommissionierauftrags.

**BEISPIEL 1**

In unserem ersten Beispiel (Abbildung 4) wird der Kundenauftrag von einem Kommissionierer durchgehend bearbeitet. Es erfolgt eine Kommissionierung von **Einzelaufträgen**. Mit der Fertigstellung des Kommissionierauftrags ist die Ware für den Kundenauftrag zusammengestellt. Der Kommissionierer kann anschließend den nächsten Auftrag bearbeiten.

- *Einzoniges Lager:* Jeder Kommissionierer kommissioniert die Ware aus dem gesamten Lager.
- *Sequenzielle Abwicklung:* Der Kommissionierauftrag durchläuft nacheinander einzelne Bereiche des Lagers.
- *Einstufige Kommissionierung:* Jeder Kommissionierer stellt den Auftrag in einem Arbeitsprozess zusammen, d. h. er entnimmt nur für einen Auftrag die verschiedenen Artikelmengen Position für Position.

2

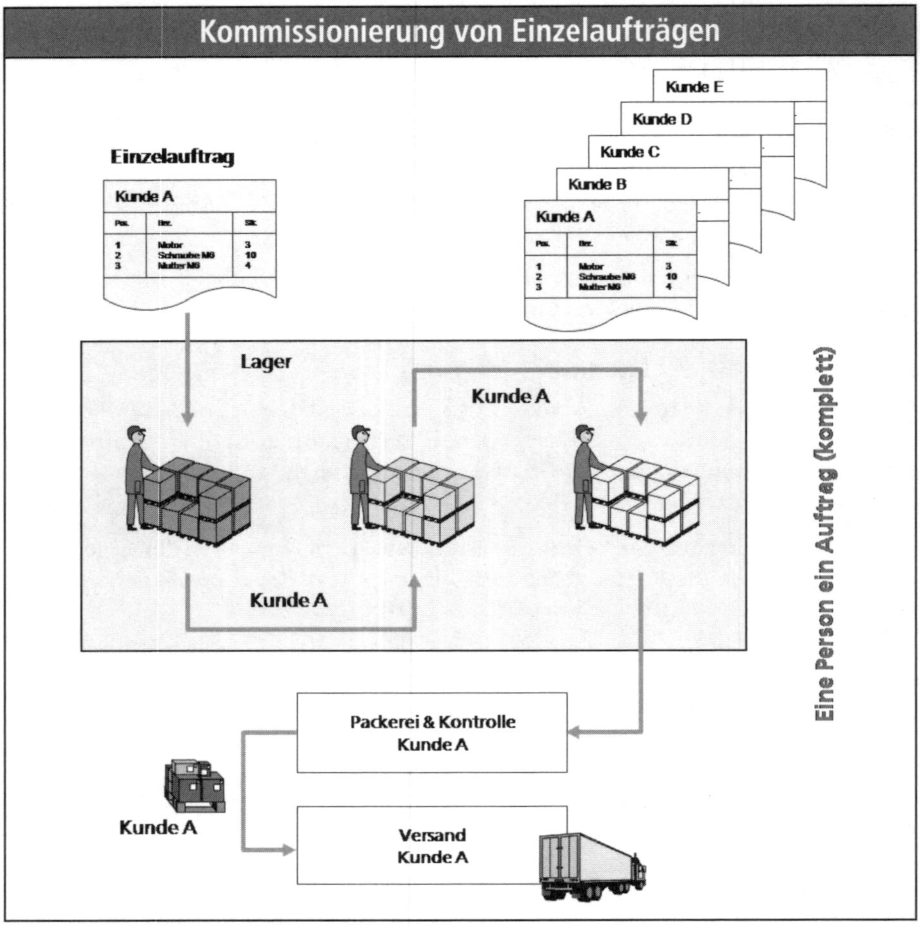


*Abb. 4: Kommissionierung von Einzelaufträgen einstufig, sequenziell, einzonig*

## BEISPIEL 2:

Es werden Einzelaufträge sequenziell bearbeitet, aber in jeder Kommissionierzone ist ein anderer Kommissionierer für den in seiner Zone abzuarbeitenden Teil des Auftrags zuständig (vgl. Abbildung 5). Dieses – auch **Weiterreichsystem** genannte – Verfaren wird vor allem dort angewendet, wo die Aufträge mit Auftragsbehältern auf einer Fördertechnik transportiert werden, wie es z. B. in Durchlaufregalsystemen realisiert wird. Mit der Fertigstellung der Kommissionierung ist die Ware für den Kundenauftrag zusammengestellt.

- *Mehrzoniges Lager:* Jedem Kommissionierer ist ein Lagerteilbereich zugeordnet, aus dem er die Ware für den „Teilauftrag" pro Bereich entnimmt.
- *Sequenzielles Verfahren:* Der Kommissionierauftrag durchläuft nacheinander einzelne Bereiche des Lagers.
- *Einstufige Kommissionierung:* Jeder Kommissionierer stellt den Auftrag in einem Arbeitsprozess zusammen, d. h. er entnimmt nur für einen Auftrag die verschiedenen Artikelmengen Position für Position.

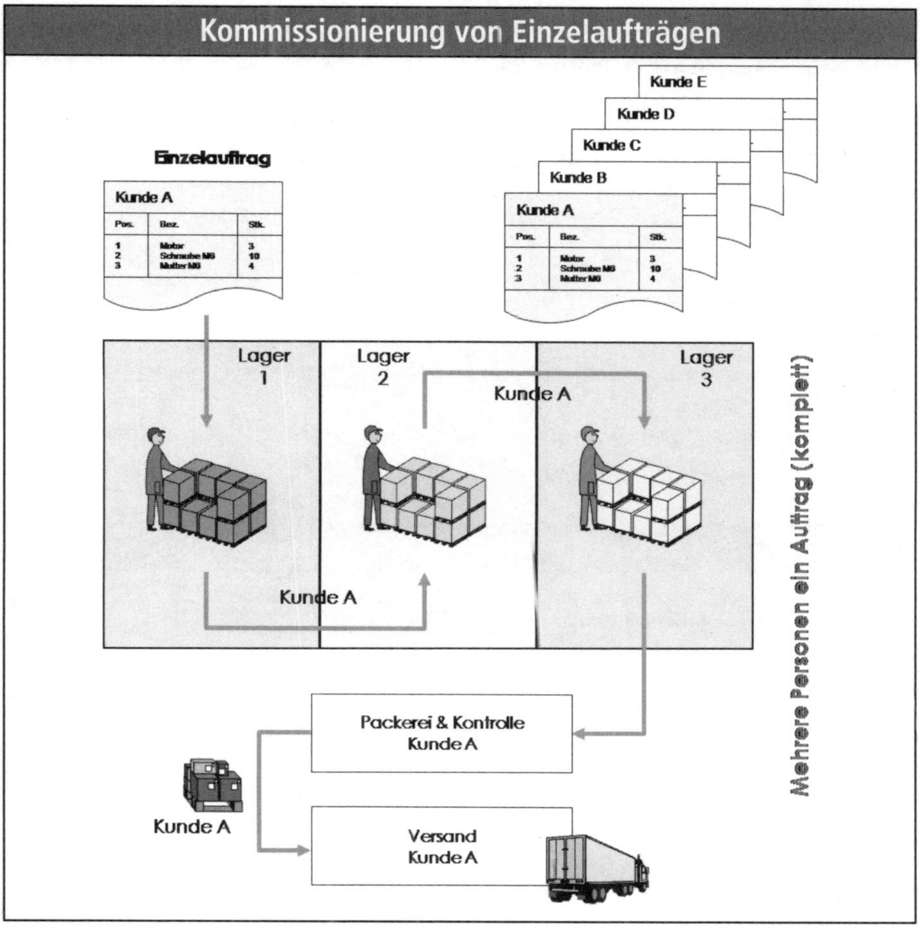


*Abb. 5: Kommissionierung von Einzelaufträgen: einstufig, sequenziell, mehrzonig*

## BEISPIEL 3:

Werden vom Kommissionierer, im Gegensatz zu Beispiel 1, mehrere Aufträge gleichzeitig bearbeitet (Abbildung 6), handelt es sich um die **Kommissionierung in Auftragsserien** (aufgrund der kleinen Anzahl der in einer Auftragsserie gleichzeitig abgearbeiteten Aufträge wird auch von einem Minibatch oder Multi Order Picking gesprochen). Die Auftragsserienbildung hat den Vorteil, dass der Kommissionierer durch die gleichzeitige Bearbeitung mehrerer Aufträge eine kürzere Wegstrecke zurücklegen muss. Wenn das Warehouse Management System (WMS) die Auftragszusammenstellung optimieren kann, also aus einem größeren Pool an Aufträgen diejenigen für einen Kommissionierlauf zusammenstellen kann, deren Entnahmeorte nah beieinander liegen, können die gegenüber der Kommissionierung von Einzelaufträgen eingesparten Wegzeiten sehr groß sein.

Ob die Kommissionierung in Auftragsserien sinnvoll ist, hängt von einer Reihe von Randbedingungen ab. Die wichtigsten sind das Auftragsvolumen und das Volumen der einzelnen Artikel. Mit diesen Informationen lässt sich feststellen, wie viele Aufträge vom Kommissionierer

2

gleichzeitig bearbeitet werden können. Die eingesparte Wegzeit hängt davon ab, inwieweit Aufträge in der Auftragserie kombiniert werden können, die nah beieinander liegende Entnahmepositionen, also ähnliche Wege haben.
Im Extremfall kann, wenn für alle in dem Minibatch zusammengefassten Aufträge derselbe Weg erforderlich wäre, bei n gleichzeitig bearbeiteten Aufträgen die Wegzeit des Einzelauftrags (n-1)-mal eingespart werden.

- *Einzoniges Lager:* Jeder Kommissionierer kommissioniert die Ware aus dem gesamten Lager.
- *Sequenzielles Verfahren:* Der Kommissionierauftrag durchläuft nacheinander einzelne Bereiche des Lagers.
- *Einstufige Kommissionierung:* Jeder Kommissionierer stellt den Auftrag in einem Arbeitsprozess zusammen, d. h. er entnimmt nur für einen Auftrag die verschiedenen Artikelmengen Position für Position.

Die Kommissionieraufträge (Auftragsserien) können auch mehrstufig (Weiterreichsystem) bearbeitet werden.

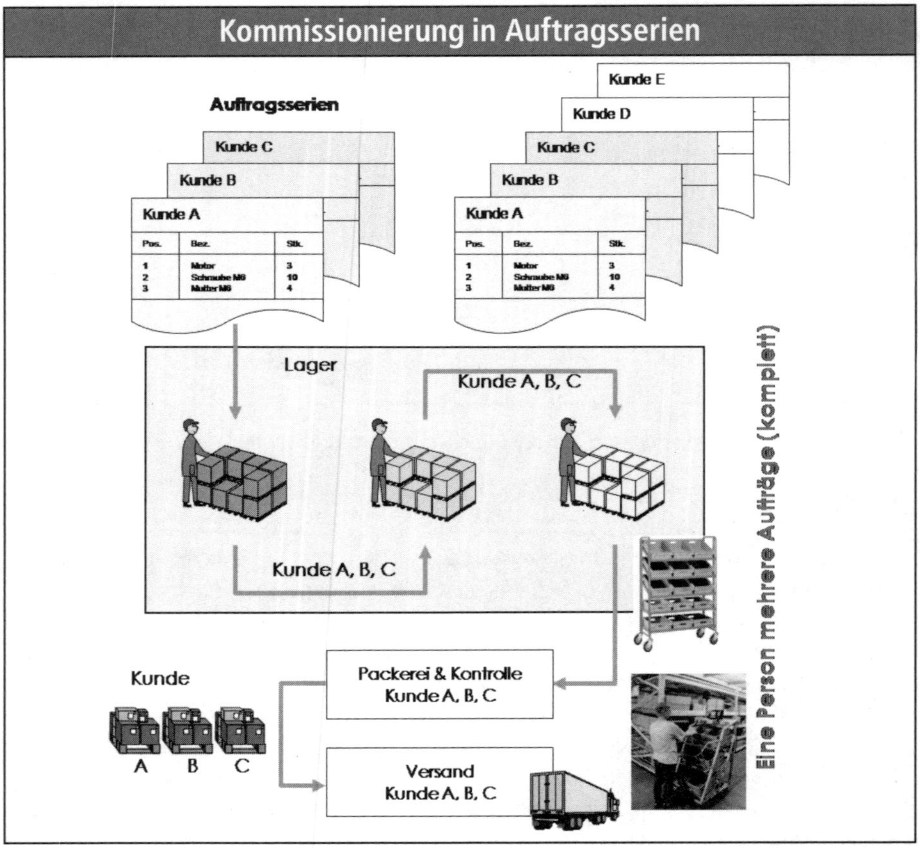


*Abb. 6: Kommissionierung in Auftragsserien: einstufig, sequenziell, einzonig*

## BEISPIEL 4:

Wird der freigegebene (Kunden-)Auftrag vor dem Beginn der Kommissionierung aufgeteilt und jeder Auftragsteil als Kommissonierauftrag an einen anderen Kommissionierer gegeben (vgl. Abbildung 7), können die **Teilaufträge parallel** bearbeitet werden. Wenn die Artikel auf Grund ihrer Eigenschaften in unterschiedlichen Lagerbereichen gelagert werden, kann es aus organisatorischen Gründen sinnvoll sein, so zu verfahren. Ein Hauptgrund für diese Auftragsabwicklung ist aber die Auftragsgröße. Wenn der Gesamtdurchsatz des Lagers sehr groß ist und die freigegebenen (Kunden-)Aufträge, z. B. ein Volumen von vielen Paletten umfassen, wie es beispielsweise im Lebensmittelgroßhandel der Fall ist, wird diese Organisationsform häufig angewendet. Die Kommissionierer sind einer Lagerzone zugeordnet und bearbeiten ihre Kommissionieraufträge, die (Teil-)Aufträge in „ihrem" Bereich. Bei großen Aufträgen wird vor allem die Auftragsdurchlaufzeit wesentlich verkürzt. Es muss allerdings in Kauf genommen werden, dass ein zusätzlicher Aufwand bei der Zusammenführung der Auftragsteile, der Konsolidierung, entsteht.

- *Mehrzoniges Lager:* Jedem Kommissionierer ist ein Lagerteilbereich zugeordnet, aus dem er die Ware für den „Teilauftrag" pro Bereich entnimmt.
- *Paralleles Verfahren:* Der Kundenauftrag wird in Teilaufträge je Zone zerlegt, die dann in den einzelnen Lagerzonen gleichzeitig kommissioniert werden.
- *Zweistufige Kommissionierung:* In der erste Stufe wird im Lager auftragsbezogen parallel in Zonen kommissioniert. In der zweiten Stufe werden die so vorkommissionierten Teilaufträge zusammengeführt.

2

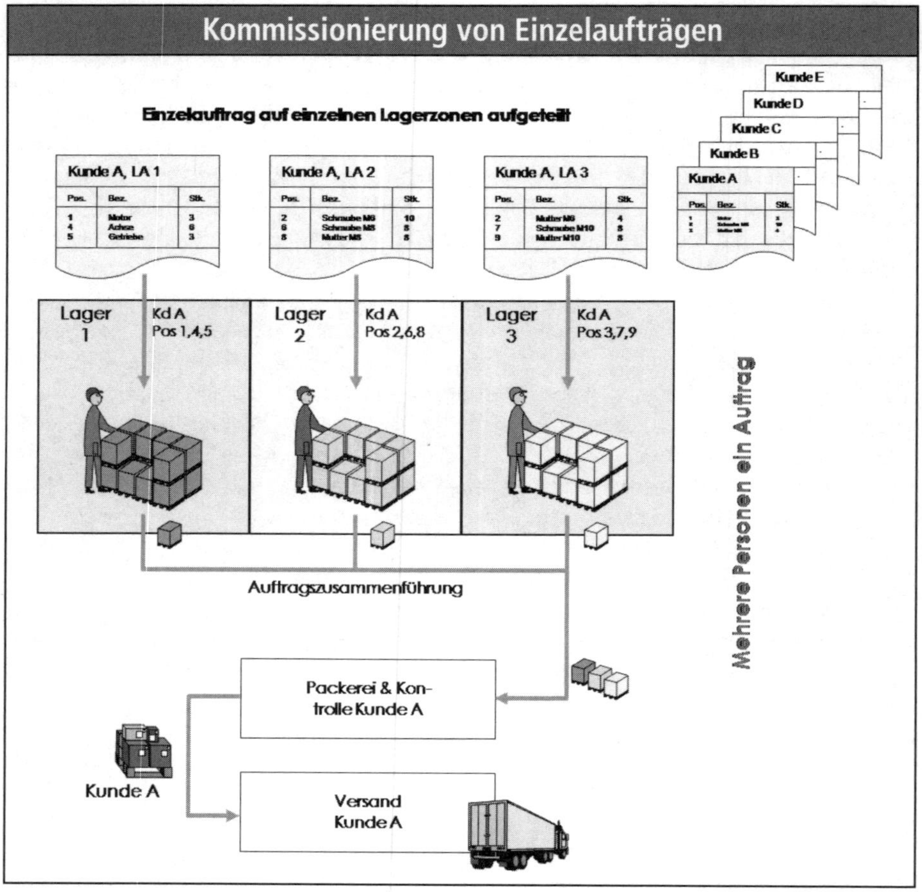


*Abb. 7: Kommissionierung von Einzelaufträgen: zweistufig, mehrzonig, parallel*

## BEISPIEL 5:

Bei freigegebenen (Kunden-)Aufträgen, die zwar von der Stückzahl groß, aber trotzdem kleinvolumig sind, bietet sich für die Ablauforganisation eine Kombination der Varianten 3 und 4 an (Abbildung 8). Gleiches gilt, wenn die einzelnen Artikel des Sortiments ein eher kleines Volumen haben. Die **Aufträge** werden vor Beginn der Kommissionierung **auf mehrere Kommissionierbereiche aufgeteilt** und jeder Teilauftrag wird in dem entsprechenden Kommissionierbereich von einem anderen Kommissionierer bearbeitet. Der Teilauftrag muss den Bedingungen in Beispiel 3 entsprechen, d. h. ein geringes Volumen haben. Auch hier müssen die Auftragsteile nach der Kommissionierung konsolidiert werden. Der Auftragsbezug bleibt durchgängig erhalten.

- *Mehrzoniges Lager:* Jedem Kommissionierer ist ein Lagerteilbereich zugeordnet, aus dem er die Ware für den „Teilauftrag" pro Bereich entnimmt.
- *Paralleles Verfahren:* Der Kundenauftrag wird in Teilaufträge zerlegt, die dann in die einzelnen Lagerzonen gleichzeitig kommissioniert werden.
- *Zweistufige Kommissionierung:* In der ersten Stufe wird im Lager artikelbezogen kommissioniert und nach Auftrag sortiert. In der zweiten Stufe werden die so vorkommissionierten Teilaufträge zusammengeführt.

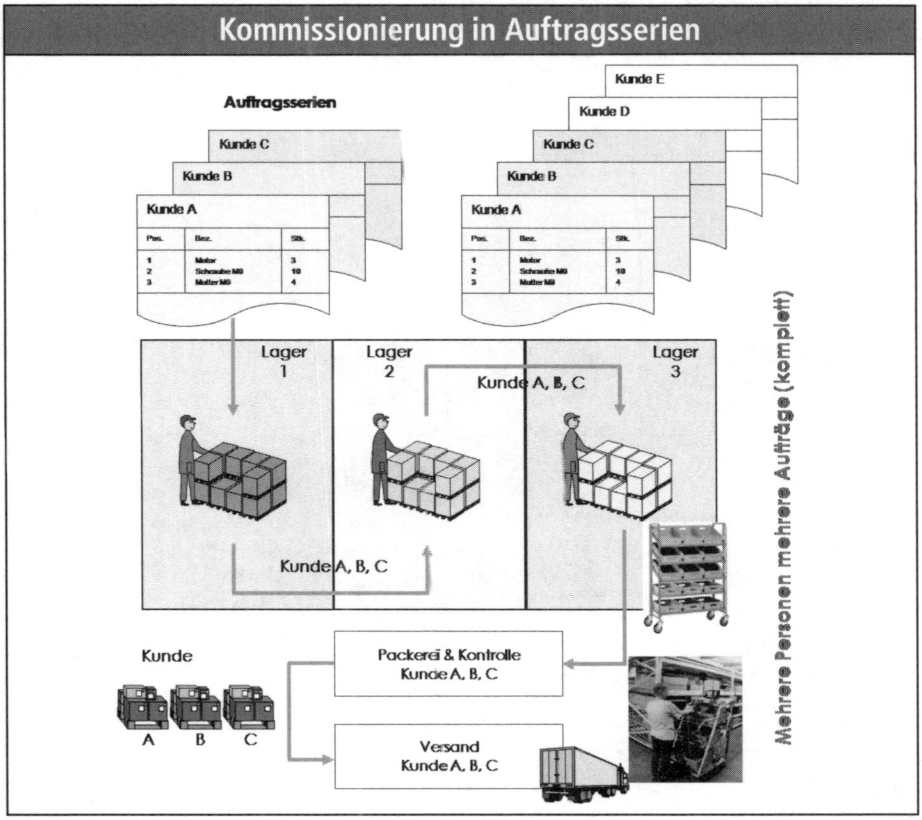


*Abb. 8: Kommissionierung in Auftragsserien: zweistufig, mehrzonig, parallel*

2

## BEISPIEL 6:

Wenn in der ersten Stufe der zweistufigen Kommissionierung der Auftragsbezug, wie er in Beispiel 5 noch erhalten bleibt, aufgelöst und stattdessen **artikelbezogen kommissioniert** wird, ist in der zweiten Kommissionierstufe nicht nur eine Konsolidierung der Teilaufträge erforderlich, sondern die Artikel sind einzeln auf die Aufträge zu sortieren. In diesem Fall ist eine aufwendigere Sortierung erforderlich, für die z. B. ein Sorter geeignet ist.

- *Mehrzoniges Lager:* Jedem Kommissionierer ist ein Lagerteilbereich zugeordnet, aus dem er die Ware für den Auftrag pro Zone entnimmt.
- *Paralleles Verfahren:* Mehrere Kundenaufträge werden in Teilaufträge zerlegt, die dann in den einzelnen Zonen artikelorientiert gleichzeitig kommissioniert werden.
- *Zweistufige Kommissionierung:* In der ersten Stufe wird im Lager artikelbezogen kommissioniert, d. h. der Kommissionierer entnimmt die Artikel komprimiert für einer Vielzahl von Aufträgen. In der zweiten Stufe werden die so vorkommissionierten Artikel auftragsbezogen sortiert.

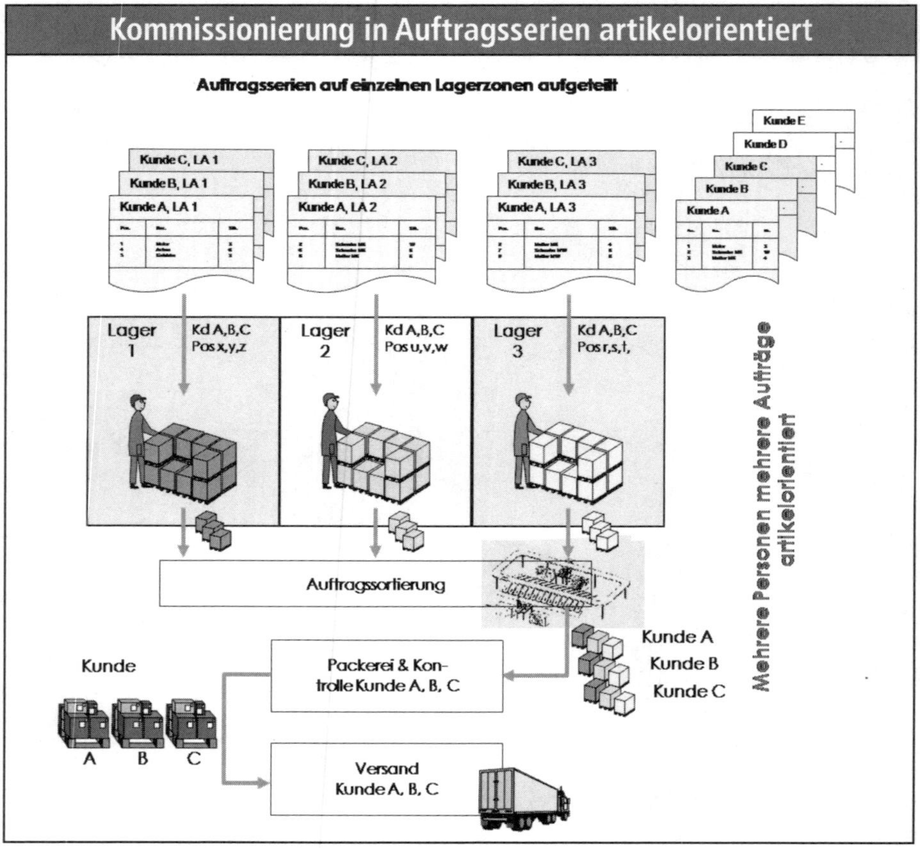


*Abb. 9: Kommissionierung in Auftragsserien artikelorientiert: zweistufig, parallel, mehrzonig*

### 2.3.1 Hinweise für die Wahl der Ablauforganisation

Obwohl die Ablauforganisation zusammen mit der Wahl der technischen Ausstattung des Kommissioniersystems entschieden werden muss, können für die einzelnen Kriterien bereits Trendempfehlungen gegeben werden:

➥ **Einstufige Kommissionierung**
Ideal bei geringer Lagerfläche, einem **kleinen Lagerartikelspektrum** und/oder einer großen Bandbreite der Artikelbestellungen.
*Einsparpotenziale:* Bildung von Auftragsserien; durch die gleichzeitige Bearbeitung mehrerer Kundenaufträge pro Rundfahrt kann die Wegzeit reduziert werden. Werden die Artikel bereits während der Kommissionierung auftragssortiert abgelegt, ist keine zweite Kommissionierstufe erforderlich.

➥ **Zweistufige Kommissionierung**
**Bei vielen Aufträgen** werden **immer wieder die gleichen Artikel** angesprochen, in der Regel kombiniert mit einer mehrzonigen, parallelen Bearbeitung.
*Einsparpotenziale:* Es wird bei der Kommissionierung die Wegzeit reduziert. Aber: in der zweiten Stufe muss eine auftragsbezogene manuelle Vereinzelung oder automatisierte Sortierung (z. B. mit Hilfe von Pick-Labeln und Scannern) stattfinden.

➥ **Kommissionieren von Einzelaufträgen**
Bei **großvolumigen Kommissionier(teil)aufträgen mit hoher Positionszahl** pro Kundenauftrag (auch Teilaufträgen bei mehrzoniger Kommissionierung), in der Regel kombiniert mit einer einstufigen, sequenziellen Bearbeitung. Einfache technische und geringe organisatorische Anforderungen.

➥ **Kommissionieren von Auftragsserien**
Bei **geringvolumigen Kommissionier(teil)aufträgen mit geringer Positionszahl** pro Kundenauftrag (Wegzeitreduzierung)
Um die anteiligen Wegzeiten so gering wie möglich zu halten, ist es sinnvoll, die Waren für möglichst viele Aufträge auf einer Rundfahrt zu sammeln. Begrenzt wird die Zahl der Aufträge pro Rundfahrt durch das Volumen und Gewicht der Auftragsserien. Aus Gründen der Übersichtlichkeit und Fehlerfreiheit sollten bei einer bereits während der Kommissionierung kundensortierten Ablage der Artikel mit hoher Zahl von Aufträgen zu einer Serie eine technische Unterstützung eingesetzt werden. Dazu eignen sich Fachanzeigen an den Ablagefächern, dann spricht man sogenannten „Put-to-Light"-Systemen

➥ **Einzonige Kommissionierung**
Bei **geringer Lagerfläche**, einem **kleinen Lagerartikelspektrum** und **kleinen bis mittleren Auftragsvolumina**, in der Regel kombiniert mit einstufiger, sequenzieller Bearbeitung.

➥ **Mehrzonige Kommissionierung**
Bei **großer Lagerfläche**, einem **großen Lagerartikelspektrum** und **großem Kommissionierauftragsvolumen**, in der Regel kombiniert mit zweistufiger, paralleler Bearbeitung. Auch eine Kombination mit einer einstufigen, sequenziellen Bearbeitung (Weiterreichsystem) ist möglich. Bei langen Regalfronten ersetzen Stetigförderelemente die Kommissionierfahrzeuge, um Wegzeiten zu

2

minimieren. Die Mitarbeiter sind jeweils einer bestimmten Zone des Lagers fest zugeordnet und kommissionieren jeweils Teile des Gesamtauftrages. Die nachgelagerte Sortierung erfolgt über Pick-Label.

- **Sequenzielle Bearbeitung**
  Bei **kleinen bis mittleren Auftragsvolumina**, in der Regel kombiniert mit einer einstufigen, auftragsbezogenen Bearbeitung. Flexibilitätsorientierte Lösung, wenig Handlingsstufen, einfache Steuerung.

- **Parallele Bearbeitung**
  Bei **großen Auftragsvolumina, leistungsorientiert,** immer kombiniert mit einer mehrzonigen, zweistufigen Bearbeitung.
  *Vorteil:* Eine Verkürzung der Durchlaufzeiten kann durch die parallele Bearbeitung in mehreren Kommissionierbereichen erreicht werden.
  *Nachteil:* verursacht aber eine zusätzliche Kundenauftragssortierung und -zusammenfassung in der zweiten Stufe.

Daraus resultieren folgende typische Kommissioniersysteme:
- **Auftragsbezogene, einstufige Kommissioniersysteme** sind technisch weniger anspruchsvoll und können mit geringem Automatisierungsgrad umgesetzt werden. Bis zu 200-300 Positionen pro Stunde sind auftragsorientierte Kommissioniersysteme aufgrund des direkten Handlings rationeller.
- **Auftragsserien in einstufigen Kommissioniersystemen mit kundensortierten Ablagen** der Artikel sind bei geringvolumigen Aufträgen einzusetzen, um die Wegzeiten zu reduzieren.
- **Weiterreichsystem mit mehrzoniger Kommissionierung** bietet sich bei einem großen Sortiment und vielen kleinen Aufträgen an. Bei langen Regalfronten wird eine Stetigfördertechnik eingesetzt, welche die Auftragsbehälter automatisch durch das Kommissioniersystem steuert.
- **Zweistufige, parallele Kommissioniersysteme mit Auftragsserien und Kommissionierzonen** sind ab 1.000 Positionen pro Stunde sinnvoll und ermöglichen Effizienzsteigerungen bis zu 25 Prozent gegenüber einstufigen Kommissioniersystemen. Zweistufige Kommissioniersysteme erfordern immer einen höheren technischen Aufwand (häufig automatisches Identifikationssystem und Hochleistungssorter) und einen größeren Organisationsgrad. Technischer Aufwand und große Investitionen bedingen hohe Fixkosten. Bei schwankenden Leistungszahlen und ungenauen Prognosen sind manuelle Kommissioniersysteme wirtschaftlicher einsetzbar.

## 2.4 Informationsfluss (Informationsbereitstellung)

Der Informationsfluss im Kommissioniersystem zeigt seine Vielfalt der Möglichkeiten bei der Beantwortung der Frage: „Wie sag' ich es meinem Kommissionierer (und wie gibt er seine Informationen zurück)?" oder „Durch wen oder was bekommt er seine Informationen bzw. an wen oder was gibt er welche Informationen weiter?" Es handelt sich also eigentlich um Kommunikationssysteme, die den Austausch der Informationen zwischen dem Kommissionierer und dem steuernden System erledigen. Betrachtet man zunächst den **Grunddialog**, der immer erforderlich ist, sind es nur wenige Informationen, die ausgetauscht werden:

- Verwaltungssystem – Kommissionierer: Entnahmeplatz
- Kommissionierer – Verwaltungssystem: bestätigen
- Verwaltungssystem – Kommissionierer: Anzahl Entnahmeeinheiten
- Kommissionierer – Verwaltungssystem: bestätigen

Ein detaillierter Ablauf des Kommissionierens mit einem Vergleich zwischen belegorientierter und belegloser Kommissionierung findet sich in der VDI 3311 „beleglose Kommissionierung".

Für die Kommunikation gibt es eine Reihe von Varianten, die prinzipiell alternativ eingesetzt werden können. Durch die Randbedingungen des Einsatzes (in welcher Systemkonfiguration soll das Kommunikationssystem eingesetzt werden, wie ist die Organisation der Auftragsabwicklung, wie ist die Struktur der Aufträge?) ergibt sich erst, ob ein Kommunikationssystem für bestimmte Kommissioniersysteme zu bevorzugen ist. Das Informationssystem unterstützt die fehlerfreie Kommissionierung und kann durch eine effiziente Informationsbereitstellung zur Produktivitätssteigerung beitragen.

Der Kommissionierprozess unterteilt sich in vier Zeiteinheiten:

- **Basiszeit** (Zeit zum Aufnehmen und Abgeben der Kommissionieraufträge und zur Übernahme und Abgabe des Kommissioniergeräts und Kommissionierbehälters/ Ladehilfsmittels)
- **Wegzeit** (Zeit zum Erreichen aller für den Kommissionierauftrag anzulaufenden/ -fahrenden Positionen)
- **Greifzeit** (Zeit zur Entnahme der Artikel vom Bereitstellplatz und Abgabe in einen Kommissionierbehälter, auf einen Stetigförderer etc.)
- **Totzeit** bzw. **Infozeit** (Zeit für die vor- und nachbereitenden Tätigkeiten für die Entnahme)

Das jeweilige Kommunikationssystem hat bei den unterschiedlichen Zeitanteilen natürlich eine starke Auswirkung auf die von der Informationsübertragung beeinflussten Zeitanteile „Basiszeit" und „Totzeit". Wenn man dieses beachtet, erkennt man bereits, wie man durch die Wahl des Kommunikationssystems starken Einfluss auf die Produktivität ausübt. Je größer der Anteil von Basiszeit und Tot- bzw. Infozeit an der Gesamtzeit, umso größer ist natürlich die Wirkung. Häufig sind jedoch gerade diese Zeitanteile nicht genau bekannt. Dann ergibt sich durch die Analyse der Aufträge bereits ein grober Rückschluss auf das Einsparungspotenzial. Je weniger Entnahmen pro Position erforderlich sind, umso höher ist der Tot- oder Infozeitanteil. Je weniger Positionen die Kommissionieraufträge enthalten, umso häufiger wird ein Basiszeitanteil erforderlich.

## 2.4.1 Kommissionierliste

Die Kommissionierung mit einer Kommissionierliste ist immer noch die am häufigsten eingesetzte Informationstechnik. Die Kommissionierinformation (Lagerplatz, Entnahmemenge, Artikelnummer etc.) wird auf einer Liste – in der Regel entsprechend der Entnahmereihenfolge – ausgedruckt. Die Rückmeldung an das Warehouse Management System kann erst nach Beendigung des Auftrags erfolgen. Daher ist dieses Verfahren in Kommissionierlagern ungeeignet, die einen aktuellen

Status des Systems erfordern oder in denen eine permanente Inventur realisiert werden soll.

Für die Kommissionierung mit der Kommissionierliste ist ein technisches Hilfsmittel verfügbar, das eine bessere Führung des Kommissionierers ermöglicht. Das Kommissionier-Tablet (Abbildung 10) zeigt dem Kommissionierer, welche Auftragszeile aktuell bearbeitet wird und kann einige Sonderfunktionen (wie z. B. Fehlmengenerfassung) erfüllen. Da es die Aufträge elektronisch übernimmt und zurückmeldet, kann es auch diese Zusatzinformationen direkt an das WMS übertragen, wodurch die Basiszeit reduziert wird. Da der Kommissionierer durch Leuchtdioden in der Zeile der aktuellen Kommissionierposition in seiner Aufmerksamkeit geführt wird, ist eine Reduzierung der Totzeit und der Fehler (Vermeidung des Zeilenversatzes durch „Verrutschen" auf der Liste) möglich.

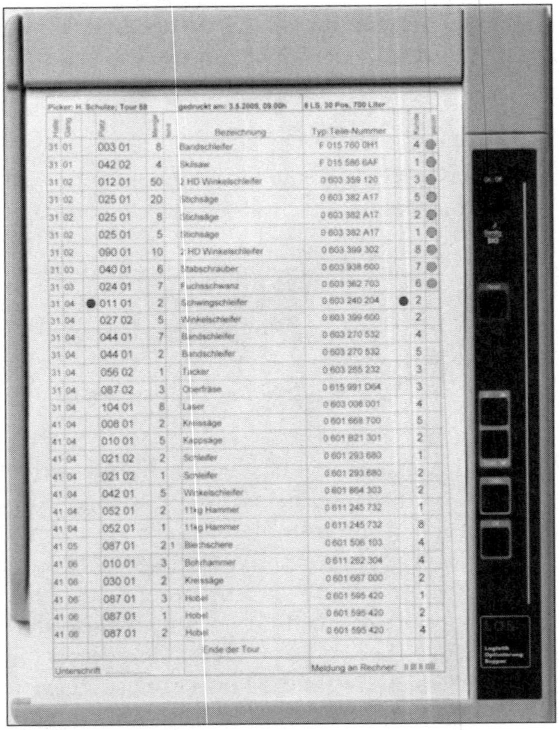

*Abb. 10: Das elektronische Kommissionier-Tablet (Quelle: Logistikoptimierung Supper)*

## 2.4.2 Pick by Light

Das wichtigste Charakteristikum des Pick-by-Light-Prinzips ist die Tatsache, dass die Information für den Kommissionierer nicht über die Person, sondern am Kommissionierplatz bereitgestellt wird. Die Bereitstellung der Information geschieht, indem ein Lichtsignal das Signal gibt, dass an einem bestimmten Fach eine Entnahme erfolgen muss. Die Anzahl der zu entnehmenden Greifarbeiten wird als Menge angezeigt. Der Kommissionierer muss über eine Taste die erfolgte Entnahme bestätigen. Zusätzlich kann die Möglichkeit einer Mengenkorrektur gegeben sein (Abbildung 11).

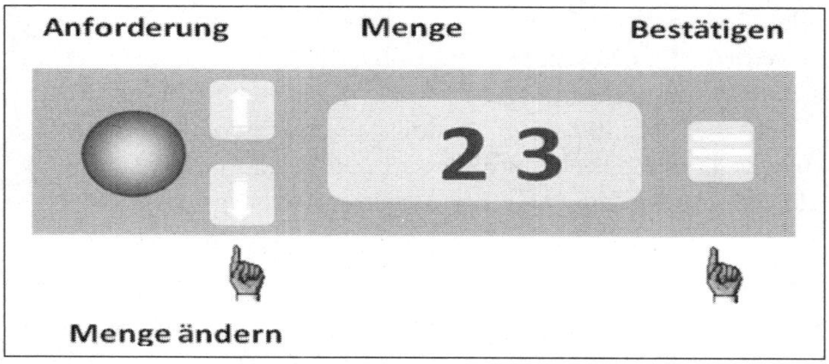


*Abb. 11: Pick-by-Light-Anzeige*

Pick-by-Light-Systeme stellen ihre Information also nicht gezielt für einen bestimmten Kommissionierer bzw. einen Auftrag bereit. Es können daher nicht mehrere Kommissionierer mit jeweils einem Auftrag in dem Bereich arbeiten, da nicht eindeutig wäre, für wen die angezeigte Information zur Verfügung gestellt wird (eine Ausnahme ist die Möglichkeit, mit verschiedenfarbigen Anzeigen zu arbeiten).

Das bedeutet, dass Pick-by-Light-Systeme dort eingesetzt werden sollten, wo jeweils genau ein Mitarbeiter einer Kommissionierzone zugeordnet ist bzw. ein Auftrag aktuell bearbeitet wird. Es gibt zwei Methoden der Aktivierung der Fachanzeigen für den jeweils zu bearbeitenden Auftrag. Die Entnahmen können zum einen von den Anzeigen sequenziell aktiviert werden.

*Abb. 12: Pick-by-Light-Anlage*

In diesem Fall wird die Anzeige für die nächste Entnahme genau dann angeschaltet, wenn die vorige Entnahme bestätigt wird. So wird der Kommissionierer in der Reihenfolge der Entnahmen geführt. Eine andere Methode ist die Aktivierung aller Anzeigen eines Bereichs für die Entnahmepositionen eines Auftrags bei der Aktivierung des Auftrags. So kann der Kommissionierer entscheiden, in welcher Reihenfolge er die Entnahmepositionen abarbeitet. Mit jeder Bestätigung der Position erlischt die Anzeige. Wenn alle Anzeigen erloschen sind, ist der Auftragsteil für diesen Bereich abgearbeitet (in der Regel erscheint zusätzlich ein Signal, das das Ende des Auftragsteils bestätigt). Bei dieser Bearbeitungsform können mehrere Kommissionierer gleichzeitig an dem Auftrag arbeiten. Dieses Prinzip kann vor allem dann eingesetzt werden, wenn über eine kurze Zeit eine Steigerung des Durchsatzes erzielt werden muss, wie es etwa bei saisonalen Spitzen der Fall ist.

Neben der schnellen Informationsübermittlung durch die optische Anzeige, durch die die Totzeit reduziert wird und das Handling einer Kommissionierliste entfällt, ist vor allem die Online-Anbindung der Anzeigen an das WMS als Vorteil zu sehen. Durch die „Echtzeit"-Meldung der Kommissionieraktionen an das WMS ist u. a. ein wesentlich zeitnäherer Überblick über den Bearbeitungsstatus der Kommissionieraufträge und die Einführung einer permanenten Inventur möglich.

### 2.4.3 Pick by Voice

Wenn dem Kommissionierer die Kommissionierinformation per Sprache mitgeteilt wird und die Bestätigungen vom Kommissionierer ebenfalls per Sprache zurückgegeben werden, spricht man von „Pick by Voice". Die Informationen werden über ein Funksystem an einen tragbaren Client (Pocket-PC, PDA) übertragen, der über ein Kabel oder eine Bluetooth-Schnittstelle mit einem Headset (Kopfhörer und Mikrofon) zur Informationsübermittlung verbunden ist. Die Sprachinformationen können mit dem Kommissionierer während der Bewegung zum Kommissionierplatz oder der Entnahme der Artikel ausgetauscht werden. Durch die Parallelisierung der Tätigkeiten reduziert sich die Totzeit. Dadurch, dass der Kommissionierer keine Geräte zur Informationsübermittlung mit der Hand bedienen oder festhalten muss (Kommissionierliste, MDE o. Ä.) und er somit beide Hände für den Entnahmevorgang frei hat, reduziert sich zudem insbesondere bei großen oder sperrigen Teilen die Greifzeit.

*Abb. 13: Pick-by-Voice-Kommissionierung*

Durch den Einsatz von Pick-by-Voice-Systemen konnte gegenüber der Kommissionierung mit Picklisten üblicherweise eine Leistungssteigerung von 10–50 Prozent erreicht werden. Wenn beim Kommissionieren Nebentätigkeiten wie z. B. eine Gewichtserfassung zusätzlich erforderlich sind, die mit dem Pick-by-Voice-System abgewickelt werden können, sind höhere Leistungssteigerungen möglich. Weiterhin konnte häufig eine signifikante Qualitätssteigerung erzielt werden, die in der Regel durch die enge Führung des Kommissionierers, dem die Informationen von Auftragszeile zu Auftragszeile zur Verfügung gestellt werden und durch die Konzentration des Kommissionierers auf den Entnahmevorgang erreicht wurde.

Zu beachten ist, dass die Informationsübertragung durch Sprache länger dauert als das Aufnehmen einer optischen Information. Damit eine Totzeitreduzierung durch das Pick-by-Voice-System auch realisiert werden kann, muss die Informationsübertragung auch parallel zum Bewegungsvorgang erfolgen und eine kürzere Zeit als dieser in Anspruch nehmen. Insbesondere in Kleinteile-Kommissioniersystemen mit einer hohen Zugriffsdichte (viele nah beieinander liegende Entnahmepositionen) ist das zu überprüfen, damit das Pick-by-Voice-System nicht letztendlich den Kommissionierer bremst, weil er auf die Beendigung des Kommissionierdialogs warten muss. Eine Eingabe von langen Zahlenkolonnen wie Artikel-, Serien-, oder Chargennummern mit einem Pick-by-Voice-System ist in der Regel ebenfalls nicht empfehlenswert.

## 2.4.4 Pick by Terminal

Die Kommunikation mit dem Kommissionierer durch einen PC-Arbeitsplatz mit Terminal und Tastatur findet sich überwiegend an Ware-zur-Person-Arbeitsplätzen und in Form von Staplerterminals auf Kommissionierfahrzeugen. Häufig werden zur Erfassung von Artikel-, Serien- oder Chargennummern zusätzlich Scanner angeschlossen, um eine schnelle, fehlerfreie Erfassung zu ermöglichen. Üblich sind auch Label-Printer, um die kommissionierte Ware oder die fertig kommissionierten Versandkartons mit den entsprechenden Etiketten zu versehen.

*Abb. 14: Pick by Terminal, Ware-zur-Person-Arbeitsplatz (Quelle: Viastore)*

## 2.4.5 Pick by MDE

Mobile Datenerfassungsgeräte (MDE) werden in der Kommissionierung überwiegend so genutzt, dass die Erfassung der Artikelinformation oder der Lagerfachinformation durch die Scannung eines Barcodes erfolgt und weitere Informationen durch Funktionstasten oder einen Touchscreen in einen Dialog eingegeben und dem Kommissionierer die erforderlichen Informationen auf dem Display des MDE angezeigt werden.

*Abb. 15: Kommissionieren mit MDE* *(Quelle: Knapp)*

Durch die Scannung von Artikel- oder Lagerplatzinformationen kann sowohl ein sehr schneller Erfassungsvorgang von langen Artikelnummern erfolgen als auch eine hohe Qualität – also Fehlerfreiheit – bei der Erfassung gewährleistet werden. Wenn das MDE online (z. B. über ein Funknetz) mit dem WMS verbunden ist, besteht die Möglichkeit, einen zeitnahen Status über die Kommissionieraufträge zu erhalten und Funktionen wie die permanente Inventur oder zeitnahe Nachschubanforderung zu realisieren. Das MDE hat in der üblichen Variante als Handheld-Scanner (Abbildung 15) den Nachteil, dass das Handling des Gerätes Zeit erfordert, die den Entnahmevorgang unterbricht. Eine Alternative bietet ein Finger- oder ein Handrückenscanner.

*Abb. 16: Fingerscanner* *(Quelle: Knapp)*

Dadurch, dass die Scan-Einheit auf dem Finger oder Handrücken getragen wird, muss sie nicht durch einen gesonderten Vorgang aus einer Halterung genommen werden. Es ist jedoch beim Einsatz darauf zu achten, dass bei der Entnahme hinreichend Freiraum für den Zugriff durch die Hand vorhanden ist, auf der das MDE montiert ist, da es ansonsten schnell zu Kollisionen mit der Regaltechnik kommen kann.

## 2.4.6 Wahl des Kommunikationssystems

Bei der Bewertung der Kommunikationsverfahren kann die nachfolgende Tabelle Hinweise für die Auswahl geben.

| Kriterien | Pick-Liste | Pick-Label | Terminal | Pick to Light | Pick by Voice |
|---|---|---|---|---|---|
| Kommissionierleistung, Qualität | - sehr gering: Orientierungszeit, Handling von Schreibgeräten, spätere manuelle Buchung | - gering: Orientierungszeit, Handling | - gering: Orientierungszeit, Handling des Geräts | + schnell: visuelle Informationsaufnahme während der Bewegung | + schnell: akustische Informationsaufnahme während der Bewegung |
| Kommissioniersicherheit | - gering (Fehler insb. bei manueller Buchung) | + gut (bzgl. Menge) | + sehr gut (bei Scanner-Einsatz bzgl. Artikel) | + sehr gut (bzgl. Artikel) | + sehr gut (bzgl. Artikel) |
| Inventur | - Keine Unterstützung | - Keine Unterstützung | + permanente Inventur, Nulldurchgang | + permanente Inventur, Nulldurchgang | + permanente Inventur, Nulldurchgang |
| Einsatzbereich | Kommissionierung | Zweistufige Kommissionierung, Pick to Belt | Kommissionierung, WE, WA, Umlagerungen, Retouren, Materialverfolgung | Kommissionierung in Zonen, Schnelldreher, mittlere Artikelanzahl, kleine Artikel | Kommissionierung, Ein- und Umlagerung, vorzugsweise schwere und unhandliche Artikel |

*Abb. 17: Tabelle Kommunikationssystem*

2

## 2.4.7 Neue Verfahren: Pick by Point

Ein neues Verfahren zur Anweisung des Kommissionierers ist das Pick-by-Point-System. Durch einen im Regalgang installierten Laser wird dem Kommissionierer signalisiert, wo er die Ware zu entnehmen hat. (siehe Abbildung 17). Die Bestätigung der Entnahme kann ebenfalls realisiert werden, indem durch eine Zugriffsüberwachung, z. B. durch ein Vision-System oder einen Lasersensor, die Regalfront überwacht wird.

*Abb. 18: Pick-by-Point-Kommissioniersystem (Quelle: LUCA)*

Eine intelligente Software zur Steuerung des Lasers ermöglicht es, „verbotene Zonen" zu definieren, so dass ein Warnsignal ertönt, wenn der Kommissionierer ins falsche Fach greifen will.

*Abb.19: Zugriffsüberwachung am Regal des Pick-by-Point-Systems durch ein Vision-System*

# 3 PLANUNG VON KOMMISSIONIER-SYSTEMEN



*(Wolfgang Seifert / Timo Schönfeldt)*

## 3.1 Einführung

Die Erfahrungen einer Vielzahl durchgeführter Logistikprojekte zeigen, dass eine jede logistische Neu- oder Umgestaltung eine grundsätzliche Kombination von mehreren parallel zu bearbeitenden Aufgabengebieten bedeutet. Dabei ist die Planung von Lagersystemen, Kommissioniersystemen und Transportsystemen eine wichtige Aufgabe des Gesamtprojektes.

Alle diese Teilaufgaben (einschließlich der Planung von Kommissioniersystemen) dürfen jedoch nicht als einzelnes Optimierungsziel für sich alleine betrachtet werden. Das Ziel für die Planung einer Teilaufgabe ist nicht die Optimierung dieses einen Puzzlestücks, sondern das Finden einer möglichst optimalen Gesamtlösung. Das bedeutet: Nur eine parallele Planung aller involvierten Systemteile kann zum Ziel führen; bei jeder Entscheidung im Einzelnen darf nicht der Blick für die Beeinflussung des Gesamten und die damit verbundenen Ziele verloren gehen.

Die Ziele einer solchen logistischen Gesamtplanung liegen klassischerweise in der Verringerung der Durchlaufzeiten, der Reduzierung der Warenbestände, der Verbesserung des Servicegrades und der Termintreue sowie der Ausschöpfung aller logistischen Rationalisierungspotenziale, besonders im Bereich der Lagerung, der Kommissionierung und des innerbetrieblichen Transportes.

## 3.2 Planungsphasen

Die Planungsphasen werden üblicherweise in drei Gewerke (Gebäude, Materialfluss und IT) unterteilt. Um ein effizientes Logistiksystem zu erreichen, müssen alle Gewerke zu einem Gesamtoptimum kombiniert werden.

3

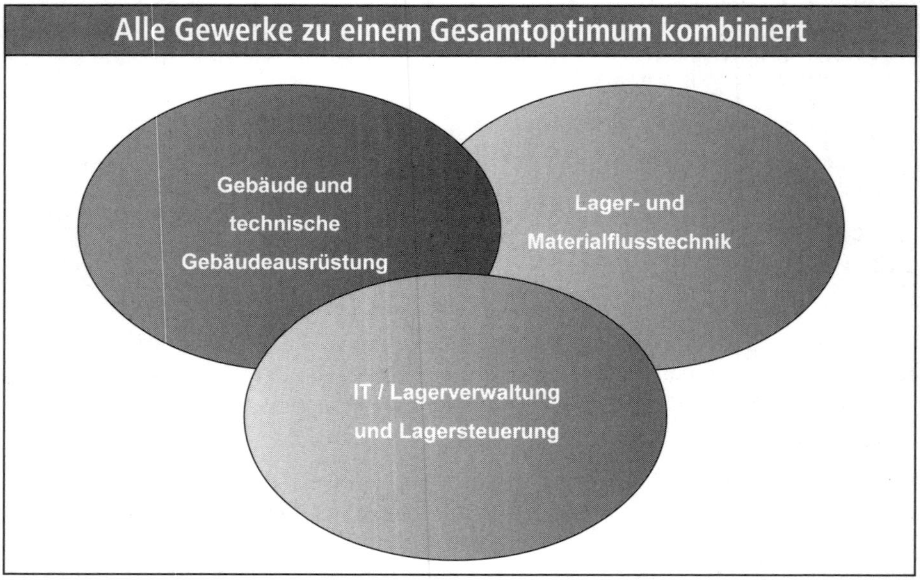


*Abb. 1: Alle Gewerke müssen zu einem Gesamtoptimum kombiniert werden*

Die Planung eines Logistiksystems geschieht immer von innen nach außen. Die Logistikfunktion steht dabei im Mittelpunkt dieses Vorgehens. Erst im weiteren Verlauf werden die Ausstattung und das Prozessdesign geplant und an die Lo-gistikfunktion angepasst. Als letzter Schritt werden die Gebäude sowie die Außenanlagen dimensioniert.

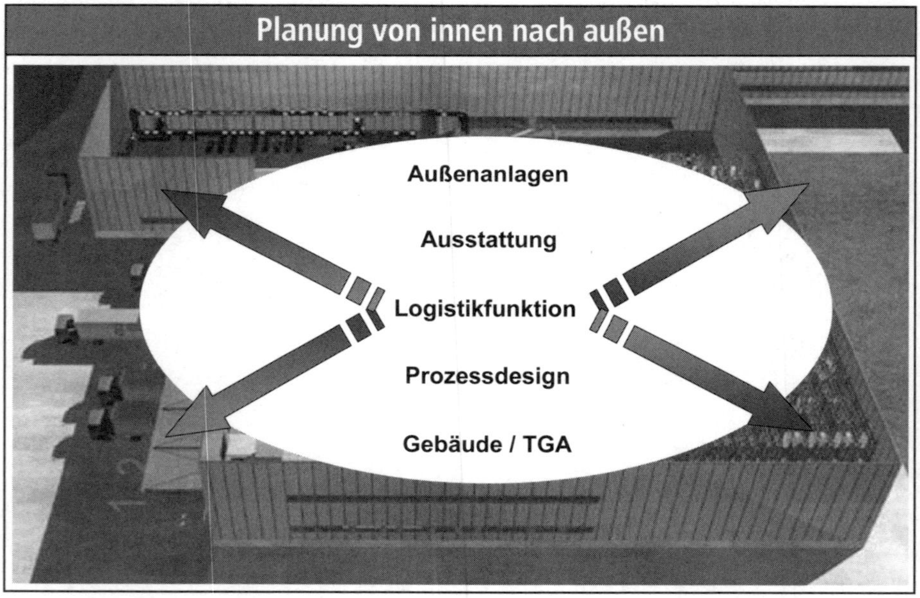


*Abb. 2: Planung von innen nach außen*

Der Planungs- und Realisierungsablauf eines Logistikprojektes gliedert sich in die nachfolgend aufgeführten Projektphasen mit den jeweiligen Bearbeitungsschwerpunkten.

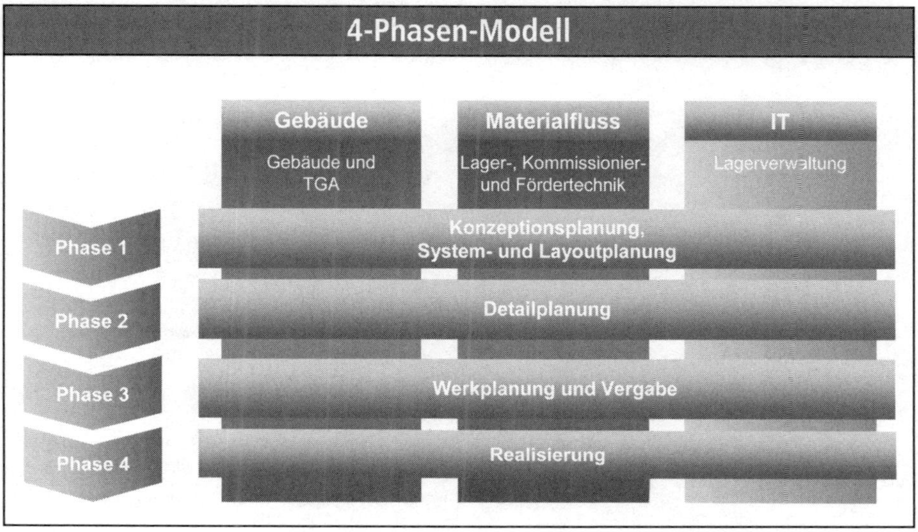


*Abb. 3: 4-Phasen-Modell*

Bei dieser Darstellung wird deutlich, dass nicht nur zwischen den einzelnen Phasen unterschieden wird, sondern auch zwischen den drei Bereichen Gebäude, Materialfluss und IT. Die weiteren Erläuterungen beziehen sich auf die Bereiche Materialfluss und IT.

### 3.2.1 Phase 1: Konzeptionsplanung, System- und Layoutplanung

In der ersten Phase des Projektablaufes wird die Konzeptionsplanung sowie die System- und Layoutplanung durchgeführt. Das folgende Schaubild (siehe S. 58) zeigt detailliert die verschiedenen Teilprozesse und Aufgaben dieser Phase.

3

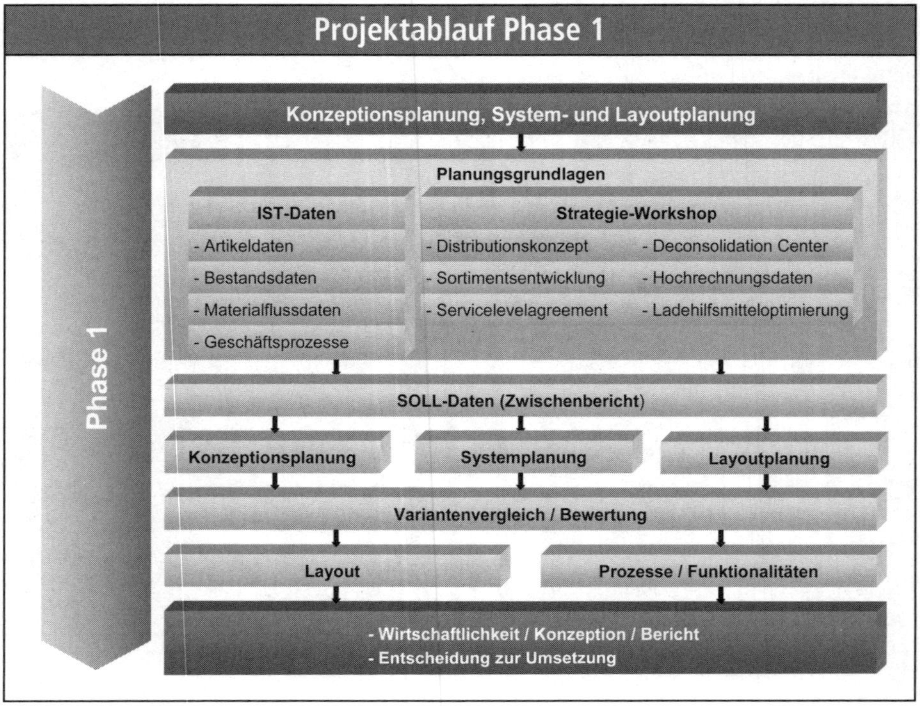


*Abb. 4: Projektablauf Phase 1*

Die Wahl des Kommissioniersystems sowie der anderen Funktionsbereiche (Lager- und Transportsystem) werden in der Systemplanung getroffen. Diese basiert auf den Planungsgrundlagen. Um ein belastbares Ausgangsdatengerüst zu bekommen, ist es unumgänglich, artikelorientiert vorzugehen. Hier bieten die ERP-/Lagerverwaltungssysteme einen Zugriff auf eine historische Datenbasis an. Beim Datengerüst muss dabei primär nach zwei verschiedenen Datenarten unterschieden werden: statische Daten bzw. Bestandsdaten und dynamische Daten bzw. Bewegungsdaten. Zu den statischen Daten zählen z. B. Artikelanzahl, Arten und Anzahl der Ladehilfsmittel, morphologische Daten, Verpackungsvorschriften usw. Zu den dynamischen Daten zählen unter anderem die Aufträge pro Tag oder die Ein- und Auslagerungen.

**Bewegungsdaten** sollten grundsätzlich auf einem Beobachtungszeitraum von mehreren Monaten basieren. Bei saisonbedingten Schwankungen sollte dieser Zeitraum den Spitzenmonat beinhalten. Generell ist auf die Repräsentativität des Erhebungszeitraumes zu achten; daher reicht der Datenbestand eines oder weniger Monate häufig nicht aus, um die Verhältnisse des ganzjährigen Betriebs abzudecken.

Bei den **Bestandsdaten** sind dagegen Stichtagsdaten erforderlich. Es müssen die Bestände mehrerer wiederum repräsentativer Stichtage ermittelt werden, um Mindest-, Durchschnitts- und Maximalbestände berechnen zu können.

Auf Basis dieser **Planungsgrundlagen** und der Bestimmung der **Solldaten** werden verschiedene System- und Layoutvarianten ausgearbeitet. Im weiteren Vorgehen der Systemplanung werden die Systeme so weit detailliert, dass ein objektiver Vergleich der Varianten untereinander und die Bestimmung einer Auswahlvariante möglich sind. Dies geschieht durch einen Systemvergleich der Investitionen und Betriebskosten. Zusätzlich wird eine Nutzwertanalyse der nicht quantifizierten Kriterien durchgeführt.

Bei der Systemplanung steht der ganzheitliche Planungsansatz im Vordergrund. Dazu wird das Simultaneous-Planning-Verfahren mit iterativer Vorgehensweise verwendet. Es wird nie ein Bereich völlig losgelöst betrachtet, da jede Änderung des einen Bereiches eine (wenn auch kleine) Änderung in einem anderen Bereich zur Folge hat.

Aber nicht nur die Beeinflussung der Funktionsbereiche untereinander ist zu beachten, sondern ebenfalls die Beeinflussung anderer Gewerke wie zum Beispiel Gebäude und Haustechnik. Oftmals scheiden Varianten schon deshalb aus, weil diese nicht mit den angetroffenen Rahmenbedingungen zu vereinen sind. Hierzu zählen zum Beispiel die Grundstücksfläche oder bereits bestehende Gebäude.

### 3.2.2 Phase 2: Detailplanung

Auf der Basis der Auswahlvariante wird die Detailplanung der Lagertechnik, der Kommissioniertechnik, der Fördertechnik und der Lagerorganisation durchgeführt. Dabei werden die technischen und organisatorischen Gewerke geplant. Ziel dieser Planungsstufe ist die Basis für die Erstellung einer Ausschreibung für die Funktionsbereiche und eines Lastenheftes für die IT-Hard- und Software.

Für die Gebäude wird die Entwurfsplanung weiter detailliert und daraus die Genehmigungsplanung erarbeitet. Auch hierbei wird der Detaillierungsgrad soweit erhöht, dass nach diesem Ergebnis die Ausschreibungsunterlagen erstellt werden können.

### 3.2.3 Phase 3: Ausschreibung

Die Detailplanung ist die Grundlage für die Ausschreibung und Kostenüberprüfung. Die Ausschreibung für Lager und Materialfluss und das Lastenheft für die Lagerverwaltung werden so erstellt, dass für die geplanten Umfänge eine herstellerneutrale Anfrage durchgeführt werden kann. Die parallele Ausschreibung aller Gewerke umfasst sowohl den Bau und die Außenanlagen als auch die Betriebsausstattung und die IT. So können die zeitlichen und technischen Schnittstellen zwischen allen Gewerken berücksichtigt werden. Durch die schnittstellenübergreifende Projektkenntnis kann der Planer das Ausschreibungsteam bei den Vergabeverhandlungen unterstützen.

### 3.2.4 Phase 4: Realisierung

Aufbauend auf den Ausschreibungsunterlagen für die Lager-, Kommissionier- und Fördertechnik, ggf. auch für die Gebäude und (aufgrund des Lastenheftes) für die Organisation/IT werden die Angebote eingeholt und die Vergaben der Gewerke durchgeführt. Dabei sind Abwicklungsmodelle denkbar, wie z. B. Einzelvergaben oder Generalunternehmervergaben. Die Wahl des passenden Modells hängt jeweils von den Spezifikationen des Projekts ab.

Im Rahmen der Realisierung werden die in den Ausschreibungsunterlagen festgeschriebenen Systeme detailliert konstruiert und gefertigt. Diese technischen Einrichtungen, Lager-, Kommissionier- und Materialflusssysteme sowie die zugehörige Hard- und Software werden auf die Baustelle geliefert und hier zu einem funktionierenden Gesamtsystem zusammengefügt. Dabei hat der Generalplaner/Generalunternehmer die Aufgabe, sicherzustellen, dass die in der Ausschreibung bzw. Vertrag vereinbarten Leistungen ordnungsgemäß erbracht werden und die Einzelelemente zu einer funktionsfähigen Gesamtanlage zusammengeführt werden. Abschluss der Realisierung sind die Einzelabnahmen mit anschließendem Funktions- und Verfügbarkeitstest. Letzter Schritt der Realisierung ist die Übergabe und Nutzung durch den Betreiber.

## 3.3 Basisdaten für die Planung von Kommissioniersystemen

Aufbauend auf den Planungsgrundlagen der ersten Phase werden zur Ermittlung des geeigneten Kommissioniersystems die Daten weiter aufgegliedert. Mithilfe dieser Grundlage werden Größe, Aufbau, Technik und Abläufe des Kommissioniersystems im Wesentlichen bestimmt. Bei den folgenden Daten ist zu beachten, dass sie sowohl im Durchschnitt als auch im Maximum zu betrachten sind.

Die Basisdaten zur Ermittlung von Kommissioniersystemen teilen sich in drei Felder auf:

- **Auftragsstruktur**
  - Auftragsgröße (Positionen, Stück, Volumen, Gewicht)
  - Auftragsarten (Klein-, Mittel-, Großauftrag, Sonderauftrag, Eilauftrag, Versandart usw.)
  - Anzahl Aufträge pro Zeiteinheit
  - Anzahl Aufträge pro Auftragsart
  - Picks pro Position
  - Verteilung der Auftragseingänge auf die Zeit
  - Auftragsdurchlaufzeit
- **Artikelstrukturdaten**
  - Abmessungen
  - Gewicht
  - Stapelfähigkeit
  - Gefahrgutkennzeichen
  - Stück pro Ladehilfsmittel
  - Stück pro Bereitstelleinheit
  - Stück pro Entnahmeeinheit
- **Sortimentsdaten**
  - Anzahl der Artikel
  - Gesamtbestand
  - Mindestbestand
  - Absatz pro Zeiteinheit

- Zugriffshäufigkeit
- ABC-Analyse der Artikel

## 3.4 Auswahl der möglichen Kommissioniersysteme

Mit Hilfe der Basisdaten werden verschiedene Möglichkeiten von Kommissioniersystemen herausgearbeitet. Dazu dient zunächst die Auswahl der technischen Kommissioniersysteme.

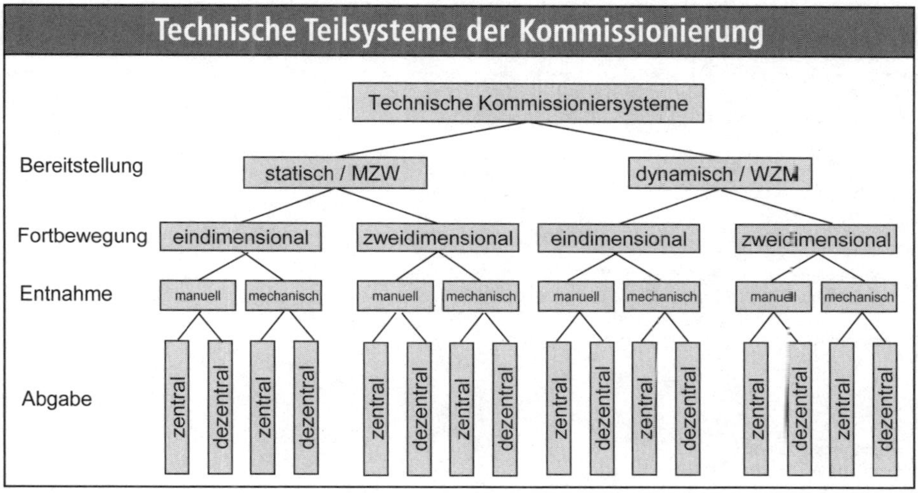


*Abb. 5: Technische Teilsysteme der Kommissionierung*

Die Entscheidungskriterien der einzelnen Techniken könnten z. B. sein:

➥ **statisch (Mann-zur-Ware-Prinzip)**
- viele Positionen pro Auftrag
- kleine Entnahmemengen/Volumen pro Auftrag
- einstufige Kommissionierung
- flexible Leistungsanpassung durch das Personal

➥ **dynamisch (Ware-zum-Mann-Prinzip)**
- niedriger Kommissionierfaktor (Anzahl der Auslagerungen, bis das Ladehilfsmittel geleert ist. Bei einem Hochregallager sollte der Kommissionierfaktor bei < 6 liegen.)
- unabhängig von Positionen pro Auftrag
- unabhängig von Entnahmemengen/Volumen pro Auftrag
- zweistufige Kommissionierung

➥ **eindimensionale Fortbewegung**
- Lasten bis zu 1.000 kg
- mittlere Umschlagsleistung
- hoher Bestand pro Artikel
- Nachschub in oberen Lagerebenen

3

- **zweidimensionale Fortbewegung**
  - geringe Umschlagsleistung
  - geringer Bestand pro Artikel
- **ortsfester Arbeitsplatz**
  - Lager mit hoher Artikelanzahl (Langsamdreher) und geringem Bestand

Diese Entscheidungskriterien sind nur als Anhaltspunkt zu sehen. Bei bestimmten Konstellationen von Voraussetzungen könnten diese Kriterien auch durch andere Ereignisse beeinflusst werden.

Neben der technischen Auswahl bieten Kommissioniersysteme auch eine Unterscheidung nach der Organisationsform.

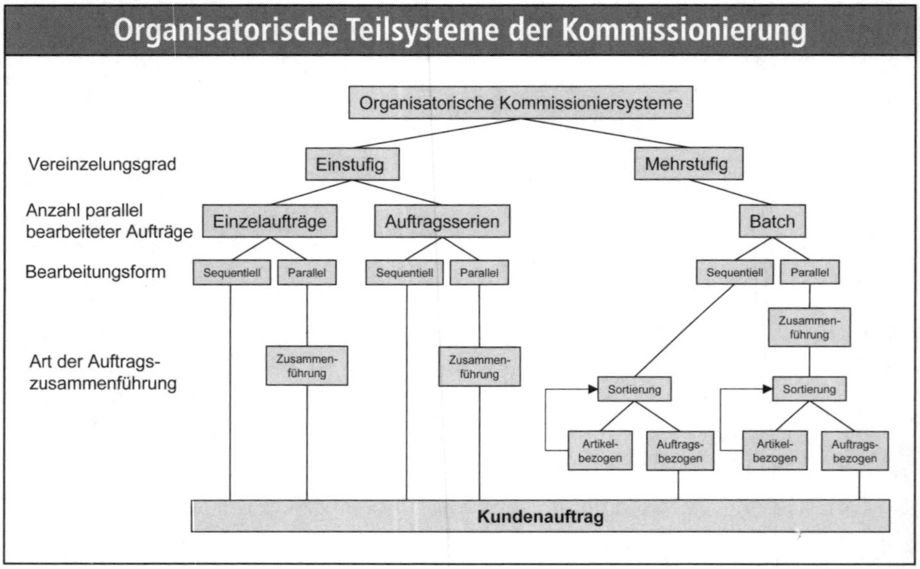


*Abb 6: Organisatorische Teilsysteme der Kommissionierung*

Hierbei können folgende Kriterien die Auswahl beeinflussen:

- **Einstufige und mehrstufige Kommissionierung**
  Mehrstufiges Kommissionieren ist nur dann sinnvoll, wenn von vielen Aufträgen immer die gleichen Artikel angesprochen und somit die Greifzeit und die Wegzeit reduziert werden können. Dagegen kann bei einstufiger Kommissionierung durch gleichzeitiges Bearbeiten mehrerer Aufträge pro Rundfahrt die Wegzeit ebenfalls reduziert werden, ohne dass eine zweite Kommissionierstufe erforderlich wird. Eine mehrstufige Kommissionierung ist nur in den Fällen wirtschaftlich, in denen aufgrund eines relativ großen Auftragsvolumens keine Auftragsserien pro Rundfahrt gebildet werden können, die Anzahl der angesprochenen Artikel nicht zu groß wird und viele Artikel sehr häufig verlangt werden.
- **Einzelaufträge und Auftragsserien**
  Um die anteiligen Wegzeiten so gering wie möglich zu halten, ist es sinnvoll,

die Waren für möglichst viele Aufträge auf einer Runde zu sammeln. Begrenzt wird die Zahl der Aufträge pro Rundfahrt durch das Volumen und Gewicht der Auftragsserien. Aus Gründen der Übersichtlichkeit sollten maximal acht Aufträge zu einer Serie zusammengefasst werden. Andernfalls muss die Abgabe durch z. B. „Put to Light" organisiert oder durch Scanner abgesichert werden.

➡ **Sequentielle und parallele Bearbeitung**
Bei kleinen bis mittleren Auftragsvolumina sollte eher sequentiell, bei größeren Volumina parallel gesammelt werden. Eine Verkürzung der Durchlaufzeiten kann durch die parallele Bearbeitung erreicht werden, verursacht aber eine zusätzliche Auftragszusammenführung.

➡ **Auftragszusammenführung**
Die Systeme, bei denen keine Auftragszusammenführung erforderlich wird, sind unter organisatorischen Gesichtspunkten erheblich einfacher zu realisieren. Systeme mit paralleler oder zweistufiger Bearbeitung erfordern immer eine Auftragszusammenführung.

Die Auswahl des geeigneten technischen Kommissioniersystems und die Auswahl der Organisationsform sind von der Auftrags- und Bestandsstruktur abhängig. Kommissioniersysteme nach dem Ware-zum-Mann-Prinzip erfordern immer einen erheblich aufwändigeren Material- und Informationsfluss. Die Kommissionierleistung ist bei diesen Systemen durch die installierte Maschinenleistung begrenzt. Ebenso führt die enge Verknüpfung zwischen Materialfluss, Steuerung und Lagerverwaltungsrechner bei Störungen zu direkten Leistungseinbußen. Solche Systeme sind nur dann sinnvoll, wenn die Strukturen über Jahre hinaus konstant bleiben und keine Verschiebungen im Artikelsortiment und in der Auftragsstruktur zu erwarten sind. Bei den heutigen, schnelllebigen Märkten und hektischen Produktzyklen sind Veränderungen in der Auftrags- und Bestandsstruktur nur durch flexiblere Kommissioniersysteme abzudecken. Im Gegensatz zu hochautomatischen Kommissioniersystemen können beim Mann-zur-Ware-Prinzip durch zusätzliches Personal erhebliche Leistungssteigerungen erzielt werden.

## 3.5 Variantenvergleich der Kommissioniersysteme

Die verschiedenen Varianten der Kommissioniersysteme werden untereinander verglichen und bewertet. Hierzu werden unterschiedliche Kennzahlen ermittelt und Berechnungen durchgeführt.

Die wichtigsten quantitativen Kriterien sind hierbei die Kosten- und Leistungskennzahlen. Zu den Kostenkennzahlen gehören unter anderem die Kosten pro Palettenplatz, pro Auftrag, pro Palette oder pro Zugriff. Bei den Leistungskennzahlen sind es z. B. Positionen pro Mitarbeiter oder der Flächenbedarf pro bereitgestelltem Artikel.

Neben den rein wirtschaftlichen Daten spielen bei der Entscheidung für ein Kommissionierprinzip oft auch qualitative Aspekte eine Rolle. Zur Berücksichtigung dieser qualitativen Entscheidungskriterien hat sich das **AHP-Verfahren** (Analytic Hierarchy Process) bewährt. Hierbei werden die Entscheidungskriterien in einer Bewertungsmatrix gewichtet und jede zu untersuchende Variante je Entscheidungskriterium bewertet. Je besser die Variante ein Kriterium erfüllt, umso höher ist die Bewertungszahl. Die Multiplikation der Bewertungszahl mit dem Gewicht ergibt den Nutzwert bezogen auf ein Einzelkriterium. Die Summe aller Einzelnutzwerte über alle Kriterien ergibt den Gesamtnutzwert und ermöglicht die qualitative Entscheidung für ein Kommissionierprinzip.

Als Ausschlusskriterien gelten hierbei auch die Rahmenbedingungen und Zielvorgaben. Dazu zählen z. B. die verfügbare Fläche, Räume und Personal des jeweiligen Standortes und der lokalen Gegebenheiten. Auch die Auftragsdurchlaufzeit, die Mindestleistung oder die Qualitätsanforderungen können hierbei zum direkten Wegfall der Variante führen.

Weitere qualitative Gründe können die Flexibilität oder Erweiterbarkeit sein. Hierbei zählen ebenso die kurzfristige Leistungsanpassung des Systems wie auch die Ausbaumöglichkeiten, etwa durch ein modular aufgebautes Grundkonzept der Anlage. Andere Kriterien sind z. B. die Verfügbarkeit von automatischen Systemen oder die ergonomische Arbeitsplatzgestaltung bei manuellen Kommissionierplätzen.

Auch muss bedacht werden, dass spezialisierte Kommissionierlösungen direkten Einfluss auf das benötigte Lagersystem haben. So muss z. B. der Kommissionierbereich sowie der Nachschub für die Kommissionierung direkt mit dem Lagersystem betrachtet und im Gesamtzusammenhang bewertet werden.

Lässt sich die grundsätzliche Entscheidung für ein Kommissionierprinzip aufgrund von Kennzahlen und qualitativen Kriterien nicht treffen, so muss ein weiterer detaillierter Variantenvergleich der in Frage kommenden Systeme durchgeführt werden.

Bei diesem Vergleich werden alle für die Realisierung erforderlichen Investitionen ermittelt. Diese unterteilen sich in die Hauptgewerke Haus- und Gebäudetechnik, Lager- und Fördertechnik und Organisation/IT. Über Kennwerte aus vergangenen Projekten – in besonderen Fällen müssen Richtpreisangebote eingeholt werden – können die Investitionen für jede Variante ermittelt werden. Abgeleitet aus den Investitionen werden über Kennwerte die für jede Variante erforderlichen Betriebskosten errechnet. Die Gesamtbetriebskosten setzen sich aus Abschreibung, Personalkosten, Kapitalkosten, Wartungs-, Instandhaltungs- und Energiekosten zusammen.

Somit ist eine Entscheidung für eine der in Frage kommenden Varianten möglich.

## 3.6 Fazit

Auch im Bereich der Kommissioniersysteme hält die Informationstechnik mehr und mehr Einzug. Zwar sind die manuellen Kommissioniersysteme aufgrund der niedrigeren Kapitalbindung und der geringeren Komplexität in der Kontraktlogistik noch weitverbreitet, doch versprechen Systemintegratoren hohe Rationalisierungspotentiale bei verstärktem Technikeinsatz. Insbesondere die beleggebundene Kommissionierung gerät durch die hohen Fehlerraten, die geringe Leistung und die mangelnde operative Flexibilität zunehmend in den Fokus der Optimierungsansätze der Logistik.

Die Entwicklungen im informationstechnischen Bereich haben in den letzten Jahren neue Möglichkeiten entstehen lassen, die Onlinekommunikation zwischen Kommissionierer und Leitstand zu gestalten und hieraus Lösungsansätze zu entwickeln. Neue Techniken erlauben einen Informationsfluss in Echtzeit, eine dynamische Auftragseinlastung und eine automatische Nachschubsteuerung bei steigender Leistung und Qualität. Entscheidend ist jedoch nicht das eigentliche Kommissioniersystem sondern das Gesamtpaket.

Da alle logistischen Komponenten individuell auf ein Unternehmen angepasst werden müssen, kann nicht generell bestimmt werden, welches System optimal ist. Die Entscheidung hängt von mehreren Faktoren ab, die sowohl die Voraussetzungen als auch die Anforderungen des Betreibers betreffen. Oftmals postulierte Werte bezüglich Leistung und Qualität sind nicht auf jedes System anwendbar, vielmehr ist eine spezifische Analyse der gegebenen Ist-Situation erforderlich.

4

# 4 GESTALTUNG VON KOMMISSIONIER-SYSTEMEN

*(Dietmar Hoffbauer / Reinhold Hoffbauer)*

## 4.1 Einleitung

In dem folgenden Kapitel „Gestaltung von Kommissioniersystemen" wird eine für ein intralogistisches Gesamtsystem äußerst wichtige Kernfrage behandelt: Welches sind die konkreten technischen und organisatorischen Gestaltungsmöglichkeiten eines Kommissioniersystems, die für alle mittelbar und unmittelbar Beteiligten (Investor und Bauherr einerseits, Betreiber und Nutzer andererseits) aus einer Vision ein im täglichen Betrieb optimal zu betreibendes intralogistisches Objekt werden lassen – und die dies selbst bei Änderungen der Kommissionieranforderungen (Anzahl der Kommissionierpositionen, Auftragsstruktur, Pickstruktur etc.) langfristig sicherstellen?

Die Antwort auf die ergo zu stellende Frage nach der optimalen Ausprägung von Technik und Organisation eines Kommissioniersystem kann nur erfolgen, wenn die in jedem Einzelfall in Frage kommenden Kommissioniertechniken hinreichend betrachtet und hinsichtlich ihrer wirtschaftlichen und betrieblichen Konsequenzen miteinander verglichen werden. Der „richtige" Weg für die Auswahl eines im Einzelfall optimalen Kommissioniersystems wird in Kapitel 24 dieses Handbuches („Leitfaden zur Auswahl des optimalen Kommissioniersystems") dargestellt.

In diesem Kapitel wird der hierfür erforderliche Stoff, nämlich die Bandbreite der gängigen, in der betrieblichen Praxis regelmäßig anzutreffenden technischen und organisatorischen Ausprägungen von Kommissioniertechniken vorgestellt. Aus diesen sind dann im konkreten Fall diejenigen zu separieren, die für die Lösung einer Kommissionieraufgabe praktisch in Frage kommen; eine dieser Techniken erweist sich dann nach Vergleich und Bewertung der jeweils relevanten wirtschaftlichen und betrieblichen Kriterien als das optimale Kommissioniersystem.

## 4.2 Aufbau und Vorgehen

Die Kommissionierung ist eine der wichtigsten Teilaufgaben der Intralogistik und in der Regel maßgebend für den Charakter und die Komplexität einer logistischen Aufgabe.

Die Aufgabe der Kommissionierung ist es, fehlerfrei und mit geringster Durchlaufzeit die unterschiedlichen Artikelpositionen eines Kundenauftrages zusammenzustellen und an die folgende logistische Bearbeitungsstufe (in der Regel die Packerei oder die unmittelbare Bereitstellung für den Versand) zu übergeben.

Die Anforderungen an die Kommissionierung sind dabei enorm hoch: Unterstützung kürzester Lieferzeiten bei der Kundenzustellung (teilweise innerhalb weniger

Stunden), zunehmender Anteil an „Emergency"-Aufträgen, Forderung nach fehlerfreier Kommissionierung bei kontinuierlicher Sortimentsverbreiterung, zunehmend kleinvolumigere Aufträge und Auftragspositionen bei gleichzeitig zunehmender Auftragszahl.

Dieser Trend ist seit Jahren ungebrochen und wurde in den neunziger Jahren massiv befördert. Einerseits durch die zunehmende Leistungsfähigkeit (mit immer kürzer werdenden Zustellzeiten) der Kurier-, Express- und Paketdienstleister (KEP-Dienstleister) sowie durch die uneingeschränkte Verfügbarkeit von Informationen im Zuge der Ausbreitung des Internet, andererseits durch wachsenden Kostendruck infolge des zunehmenden Wettbewerbs durch die Globalisierung der Wirtschaft. Auch der Trend zu immer höheren Anforderungen an Qualität und flexibler Verfügbarkeit des Kommissionierpersonals ist ungebrochen.

Für die Grundaufgabe der Kommissionierung gilt auch heute noch die bereits in den siebziger Jahren entwickelte Definition der VDI-Richtlinie 3590.

„Kommissionierung ist das Zusammenstellen bestimmter Teilmengen (Artikel) aus einer bereit gestellten Gesamtmenge (Sortiment) aufgrund von Bedarfsinformationen (Auftrag)".

Die grundlegende, heute allgemein übliche und anerkannte Klassifizierung der Kommissioniersysteme in

- statische (der Mann geht zur Ware -> Mann-zur-Ware (MzW)-Systeme) und
- dynamische (die Ware kommt zum Mann -> Ware-zum-Mann (WzM)-Systeme)

geht ebenfalls auf die erwähnte VDI-Richlinie (siehe Abbildung 1) zurück. Die Durcharbeitung dieser Richtlinie ist dem weiter interessierten Leser durchaus zu empfehlen.

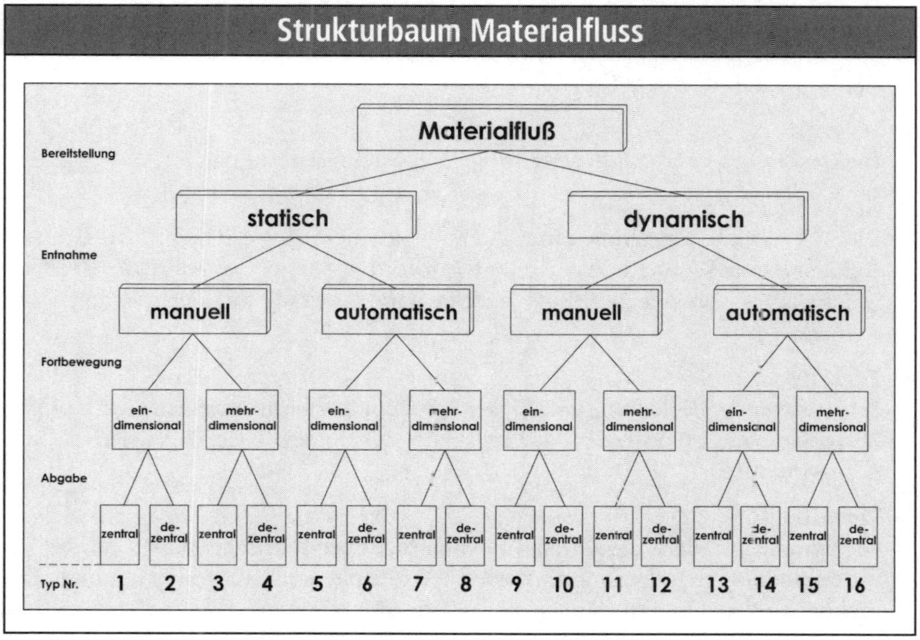


*Abb. 1: „Strukturbaum Materialfluss" nach VDI 3590, Blatt 1*

Zur Erfüllung der Kommissionieraufgaben stellt die Intralogistik eine Vielzahl unterschiedlichster Techniken und Verfahren zur Verfügung, deren gängigste hier vorgestellt werden. Bei all diesen Techniken und Verfahren steht auch heute vor allem der Mensch im Mittelpunkt.

Die Gründe hierfür sind (nach SCHULTE 1993):

- seine hohen sensorischen Fähigkeiten
- seine selbstständige Lernfähigkeit
- seine hohe Anpassungsfähigkeit bei wechselnden Randbedingungen im Kommissionierbereich
- seine geringen Kosten im Vergleich zu Kommissionier-Robotern

Kommissioniersysteme mit vollautomatischen Entnahmesystemen (Kommissionier-Roboter, Schachtautomaten u. a.) werden wegen ihrer geringen Zahl an praktischen Anwendungen nur gestreift.

## 4.3 Der Faktor Mensch

Bei der Analyse einer Kommissionieraufgabe stehen immer wieder die benötigten Zeitanteile für die Kommissionierung im Vordergrund, die sich in folgende Komponenten unterteilen lassen:

**Kommissionierzeit = Basiszeit + Wegzeit + Greifzeit + Totzeit + Verteilzeit**

- **Basiszeit:**
  Zeit für organisatorische Tätigkeiten vor bzw. nach der Kommissionierung, z. B. für das Annehmen und Erfassen von Kommissionieraufträgen, das Präparieren des Kommissionierwagens (Bestücken mit Behältern), das Abgeben des Kommissioniergerätes an einem Sammelpunkt etc.
- **Wegzeit:**
  Die Gesamtzeit für die Fortbewegung eines Kommissioniervorgangs.
- **Greifzeit:**
  Die Zeit für die Entnahme eines Artikels aus dem Regal (Hinlangen, Greifen, Herausnehmen) und für das Hineinlegen in den Sammelbehälter; die Greifzeit ist abhängig von der Greifhöhe, -tiefe, dem Gewicht und dem Volumen der Artikel.
- **Totzeit:**
  Zeit für Nebentätigkeiten, wie Lagerplatzsuche (Orientierungszeit), Öffnen von Verpackungen, Etikettieren, Vorverpacken, Zählen sowie für Quittierungs- und Scan-Vorgänge.
- **Verteilzeit:**
  Die Verteilzeit erfasst die Zeiten, in denen nicht produktiv gearbeitet wird. Man unterscheidet zwischen persönlichen Verteilzeiten (z. B. Toilettengang) und sachlichen Verteilzeiten (Mangel an Arbeit, Warten auf Transportmittel oder Informationen).

Alle Maßnahmen, die zur Verkürzung einer oder aller dieser Komponenten der Kommissionierzeit führen, verbessern die Produktivität des Kommissionierers. Diese wird meist durch die Kennzahl

**Anzahl Auftragspositionen pro Kommissionierer und Stunde**

ausgedrückt.

Auf einige Möglichkeiten zur Verringerung der Weg- und Greifzeit wird im Nachfolgenden näher eingegangen.

➥ **Verringerung von Wegzeiten**
Die Wegzeit macht bei manuellen Kommissioniersystemen den größten Anteil an der Kommissionierzeit aus (teilweise bis zu 60 Prozent der Gesamtzeit (vgl. BODE/PREUSS 2004), vor allem dann, wenn sich das Kommissioniersystem durch ein breites Sortiment und große Bereitstellungseinheiten (z. B. Paletten) auszeichnet.

Bei den Möglichkeiten zur Verbesserung der „mittleren Wegzeit pro Position" geht es einerseits darum, dem Kommissionierer möglichst viele Artikel je Quadratmeter Regalfrontfläche anzubieten (Erhöhung der „Artikeldichte") und andererseits darum, die Anzahl der zu bearbeitenden Positionen je Rundlauf durch organisatorische Maßnahmen (z. B. Auftragsbündelung) zu erhöhen (Erhöhung der „Positionsdichte" pro Rundlauf).

**Möglichkeiten zur Erhöhung der Artikeldichte**

➥ **Trennung von Kommissionierung und Reservelagerung**
Durch eine Trennung der Kommissionierung vom Reservelager lässt sich die Artikeldichte in der Regel deutlich erhöhen, was hauptsächlich daran liegt, dass nur noch die für die Kommissionierung relevanten – meist kleinvolumigen – Greifeinheiten mit kurzer Reichweite in geeigneten Regalsystemen zur Verfügung gestellt werden (z. B. fünf Kartons pro Artikel in einem Fachboden- oder Durchlaufregal) und somit der Kommissionierer nicht mehr an großvolumigen Nachschubeinheiten (z. B. 24 Kartons auf einer Europalette) vorbeigehen bzw. vorbeifahren muss.

Die Trennung von Kommissionierung und Reservelagerung ist jedoch im Einzelfall genau abzuwägen, da der Nachschub für die Kommissionierung aufwändiger wird.

➥ **Optimale Ladehilfsmittel-/Lagerfach-Zuordnung**
Unmittelbaren Einfluss auf das Lagervolumen und somit auch auf den mittleren Wegeanteil in der Kommissionierung hat die Ladehilfsmittel/Lagerfach-Zuordnung. Hiermit ist gemeint, welches Ladehilfsmittel (Größe und Typ des Lagerbehälters) bzw. welches Lagerfach (Größe und Art des Lagerfachs bei loser Lagerung) einer gelagerten Artikelmenge konkret zugeordnet wird. Bei hohem mittleren Füllgrad des Lagers sollte die Anzahl der Ladehilfsmittel- bzw. Lagerfächer nur wenige Standardelemente umfassen, um die flexible Belegung des Lagers zu gewährleisten.

*Abb. 2: Beispiele für geeignete und ungeeignete Lagerung*

Eine optimale Ladehilfsmittel- und Lagerfach-Zuordnung ist also von größerer Bedeutung für die Effizienz des Gesamtsystems hierbei sind eine Reihe teils konkurrierender Kriterien zu berücksichtigen, z. B.:

*Wahl geeigneter Behälter-/Fachgrößen in Abhängigkeit vom Absatz*
Die Wahl der Behälter- bzw. Fachgrößen sollte in Abhängigkeit vom mittleren Absatz des jeweiligen Artikels erfolgen. Wird der Behälter- oder Lagerfach-Typ für einen Artikel zu groß gewählt, wird im Mittel zu viel „Luft" gelagert, wird er zu klein gewählt, erhöht sich der Aufwand beim Umpacken und bei der Einlagerung.

*Standardisierung der Ladehilfsmittel- und Lagerfachtypen*
Im Sinne von hoher Flexibilität und Transparenz bei Lagerplatzauswahl und Lagerverwaltung (u. a. durch chaotische Lagerverwaltung), empfiehlt es sich, die Ladehilfsmittel- und Lagerfachtypen zu vereinheitlichen, d. h. für die Lagerung der Artikel sollte eine eher geringe Anzahl an Standardbehältern bzw. -fächern verwendet werden. Die Artikelbelegung des Lagers lässt sich auf Basis weniger, vereinheitlichter Ladehilfsmittel- und Lagerfachtypen wesentlich einfacher optimieren (beispielsweise um die Positionierung von Langsam- und Schnelldrehern saisonal anzupassen oder um Ungleichgewichte bei der Auslastung von Kommissionierzonen zu verringern etc.).

*Berücksichtigung von maximalen Behälter-/Fachgewichten*
Bei der Festlegung, der Anzahl Teile pro Behälter oder Lagerfach, ist neben dem Volumen auch das maximal zulässige Gewicht des Behälters zu berücksichtigen. Dieses ist bei manuellen Systemen u. a. abhängig von der maximal durch einen Kommissionierer tragbaren Last (vgl. Kap. 4.4) und maßgebend für die maximale Fachlast bzw. die maximale Traglast fördertechnischer Einrichtungen (z. B. Behälterstetigförderer, automatische Regalbediengeräte eines automatischen Behälterlagers, Flurförderzeuge etc.).

*FIFO- und Chargen-Kriterien*
Hat die Lagerentnahme nach dem FIFO-Prinzip („First in, First out") zu erfolgen und ist zudem die Rückverfolgbarkeit von Chargen zu berücksichtigen, muss die Lagerung nach Anlieferungen bzw. Chargen getrennt erfolgen. Bei strikter Einhaltung dieser Kriterien ist eine Einlagerung durch Zulagerung zu einem Behälter bzw. Fach dann kaum noch möglich, es muss also ein neuer Lagerplatz gewählt werden. Je nach Volumen der einzulagernden Menge kann ein Artikel dabei in unterschiedlichen Behälter-/Fachtypen lagern.

*Artikelstreuung*
Insbesondere bei automatischen Kommissioniersystemen (z. B. bei einem AKL) ist es wünschenswert, wenigstens zwei Behälter von einem Artikel zu lagern; dies gilt insbesondere für schnell drehende Artikel, um durch Artikelstreuung über mehrere Gassen den Artikelzugriff auch in Störfällen sicherzustellen (z. B. bei Ausfall einer Gasse eines AKL).

Bezogen auf den mittleren Lagerfüllgrad ist eine chaotische Lagerung auf Basis vereinheitlichter Ladehilfsmittel-/Lagerfachtypen einer Fixplatzlagerung mit individuell auf den einzelnen Artikel angepassten Behältern und Lagerfächern immer vorzuziehen. Die so mögliche Flexibilität bei der Lagerplatzbelegung ermöglicht eine kontinuierliche Optimierung des Lagers, beispielsweise um die Wegzeitanteile in der Kommissionierung im Mittel zu verkürzen (Positionierung von Schnell- und Langsamdrehern etc.).

➥ **Einrichtung von Schnelldreher- und Langsamdreher-Zonen**
Vor allem bei stichgangsorientierten Kommissioniervorgängen lassen sich Weg- und Greifzeiten durch optimale Anordnung (in Bezug auf Ergonomie und Weglängen) von Artikeln mit großen Entnahmehäufigkeiten erheblich reduzieren. Zu beachten ist hierbei, dass sich diese Effekte nicht wieder durch gegenseitige Behinderungen der Kommissionierer aufheben (z. B. in Schnelldreherzonen, vgl. VOIGT 1997).

4

**Schnelldreher bei stichgangsorientierter Kommissionierung**

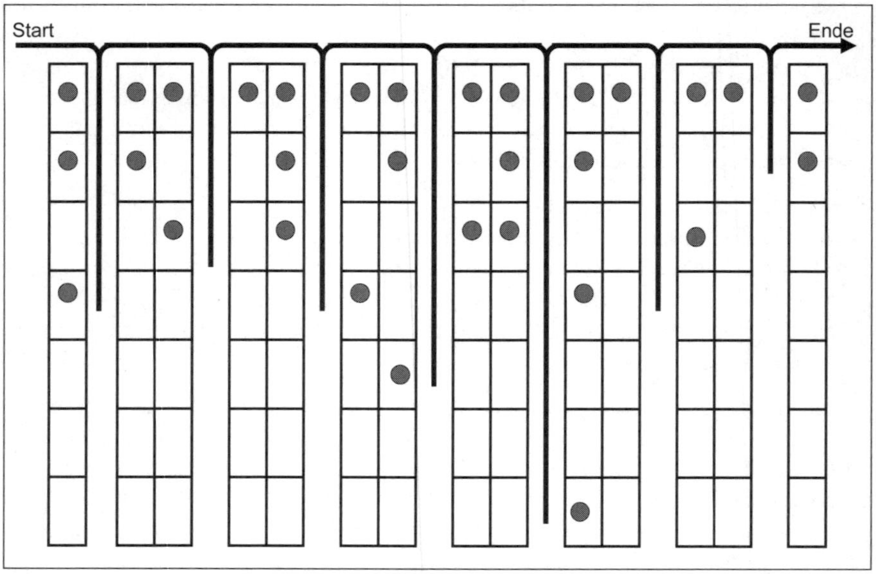


*Abb. 3: Schnelldreher bei stichgangsorientierter Kommissionierung*

**Möglichkeiten zur Erhöhung der Positionsdichte je Rundlauf**

- **Single Order Picking/Multi Order Picking**
  Bei der Einzelauftrags-Kommissionierung, auch als „Single Order Picking" bezeichnet, arbeitet ein Kommissionierer einen Auftrag pro Rundlauf ab (ein Mann = 1 Auftrag je Rundfahrt). Dieses Verfahren ist gut geeignet für Aufträge mit hoher Positionszahl und geringem Entnahmevolumen.

  Bei vielen kleinen Aufträgen, also Aufträgen mit geringer Positionsanzahl (z. B. 1–3 Positionsaufträge), kann die Produktivität durch Auftragsbündelung (ein Mann = mehrere Aufträge je Rundfahrt) deutlich erhöht werden. Die einzelnen Auftragspositionen werden dabei in wegeoptimierten Rundläufen zusammengefasst. Die Ablage erfolgt auftragsrein in separate Auftragsbehälter. Diese Art der Kommissionierung wird als „Multi Order Picking" bezeichnet.

*Abb. 4: Linkes Bild: Kommissioniergestell zur Aufnahme auf die Gabeln eines Kommissionierfahrzeugs; rechtes Bild: Kommissionierwagen, ausgestattet mit „Put to Light"*

Für das Multi Order Picking werden oft spezielle Kommissioniergestelle (vgl. Abbildung 4, linkes Bild) verwendet, die sich auf den Gabeln eines Kommissionierfahrzeugs befinden (z. B. bei der Kommissionierung aus einem Schmalganglager, vgl. Kapitel 24) oder einfach per Hand geschoben werden.

Um die Orientierungszeit sowie die Fehlerquote weiter zu reduzieren, können die Kommissioniergestelle mit Displays unterhalb der Stellplätze für Auftragsbehälter ausgestattet werden („Put to Light"). Diese zeigen dem Kommissionierer an, in welchen Behälter und mit welcher Stückzahl ein Artikel abzulegen ist (vgl. Abbildung 4, rechtes Bild).

- **zweistufige Kommissionierung**
  Bei der artikelweisen Kommissionierung wird der direkte Zusammenhang zwischen dem Kundenauftrag und dem zu kommissionierenden Artikel aufgelöst. Die Entnahme im Zuge der Kommissionierung erfolgt hier zusammengefasst von einem Entnahmeort für alle artikelgleichen Positionen einer Auftragsserie.
  In einem der Artikelentnahme als **erster Kommissionierstufe** nachfolgenden Sortierschritt wird die Vereinzelung der entnommenen Mengen auf die Aufträge vorgenommen (Auftragssortierung als **zweite Kommissionierstufe**). Diese zweite Kommissionierstufe kann manuell oder mit Hilfe eines automatischen Sorters erfolgen.

4

**PRAXISTIPP:**

Die artikelweise Kommissionierung in der ersten Kommissionierstufe führt zu einer Wegzeitersparnis, die umso größer ist, je höher die Anzahl der im jeweiligen Batch angesprochenen gleichen Entnahmepositionen für einen Artikel ist (alle Positionen mit derselben Artikelnummer im Batch können bei nur einem Anlaufen oder Anfahren des entsprechenden Lagerplatzes entnommen werden). Dieser Vorteil kann allerdings durch den Aufwand für die zweite Kommissionierstufe, der Auftragssortierung, überkompensiert werden.

### 4.3.1 Verringerung von Greif- und Totzeiten

Je nach Umfang der Nebentätigkeiten macht die Summe aus Greif- und Totzeit (vom ersten Hinlangen bis zum Beschleunigen, um zum nächsten Entnahmeort zu gehen bzw. zu fahren) zwischen 15 und 55 Prozent der gesamten Kommissionierzeit aus (BODE/PREUSS 2004).

Möglichkeiten, die Leistung des Kommissionierers hier zu steigern, ergeben sich einerseits

- durch die Vereinfachung des Greifvorgangs, u. a. durch
  - Bereitstellung von schweren und gängigen Artikeln in einer optimalen Greifhöhe von etwa einem Meter im Fachboden-/Durchlaufregallager (leicht zu greifende und seltener nachgefragte Artikel lagern darüber oder darunter)
  - Bevorzugung der Paletten-Quereinlagerung bei einer Kommissionierung von der Palette,
- andererseits in der Reduzierung von Nebenaktivitäten (Totzeiten) u. a. durch
  - Wegfall von Belegbearbeitungen durch beleglose Kommissioniermethoden,
  - Verringerung der Zeiten für Orientierung und Lagerplatzsuche und
  - Verringerung der Zeiten für Scan- und Quittiervorgänge.

Im Folgenden wird auf beleglose Kommissioniermethoden, wie Pick by Light, Kommissionierung mit Handhelds und Pick by Voice näher eingegangen. Mit diesen Methoden lassen sich jeweils deutliche Produktivitätssteigerungen im Vergleich mit einer belegorientierten Kommissionierung mit dem Pickzettel erzielen.

- **Pick by Light**

  Bei Pick-by-Light-Systemen (siehe Abbildung 5) werden die Anweisungen an den Kommissionierer direkt am Lagerfach gegeben. Hierzu werden elektronische Lagerfachanzeigen, kombiniert mit einer Signalleuchte und einem oder mehreren Tastern (Quittierungstaste und evtl. Eingabe- bzw. Korrekturtasten), am Lagerfach montiert. Die Informationen werden durch die direkte Anbindung an das Lagerverwaltungssystem übermittelt.

  Der Lagerarbeiter erkennt eindeutig das Lagerfach und welche Stückzahl er zu entnehmen hat. Nach der Entnahme der Ware drückt er die Quittiertaste und die Anzeige erlischt. Die Änderung wird sofort im Lagerverwaltungssystem verbucht.

*Abb. 5: Pick-by-Light-Anlage*

**Vorteile:**
- Verringerung der Suchzeit
- „Freie Hände“ für das Greifen
- Online-Kopplung zur Lagerverwaltung
- Weniger Pickfehler

**Nachteile:**
- beschränkt auf einen Auftrag pro Zone zu einer Zeit

### Kommissionierung mit Handhelds

Bei der Kommissionierung mit sogenannten „Handhelds“ (siehe Abbildung 6) werden die Anweisungen für den Kommissionierer vom Lagerverwaltungssystem per Datenfunk auf dem Handheld angezeigt.

Handhelds sind mit Barcode-Scannern in einem Gerät kombiniert. Plausibilisierungen werden durch Scannen des Lagerplatz-Barcodes bzw. des Artikel-Barcodes vorgenommen.

*Abb. 6: Handheld*

**Vorteile:**
- verringerte Suchzeit
- Online-Kopplung zur Lagerverwaltung
- weniger Pickfehler

**Nachteile:**
- Durch das Gerätehandling zur Identifikation von Lagerorten oder Artikeln sind Hände und Augen nicht durchgängig frei für das Kommissionieren.

### „Pick by Voice“

Bei der beleglosen Kommissionierung mittels „Pick by Voice“ (siehe Abbildung 7) erfolgt die gesamte Kommunikation zwischen Kommissionierer und Lagerverwaltungssystem über Sprache. Per Funk und in Sprache erhält der Kommissionierer vom Lagerverwaltungssystem den jeweils anzusteuernden Lagerplatz genannt. Dort angekommen, spricht der Kommissionierer die am Lagerplatz befindliche Prüfziffer in ein Mikro und bestätigt so seine korrekte Position.

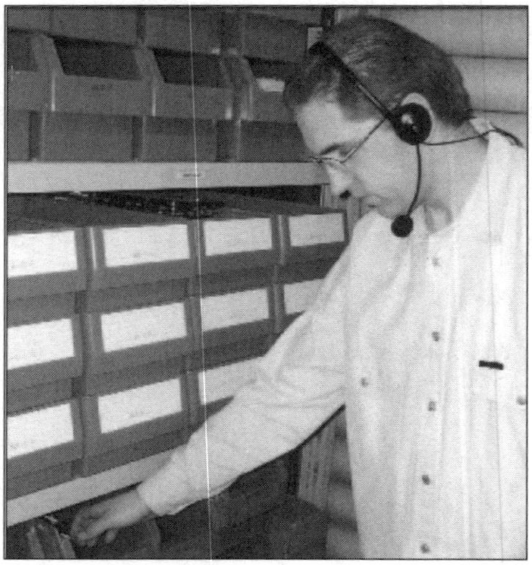

*Abb. 7: Pick by Voice*

Nach dieser Bestätigung weist das System an, welche Mengen dem Lagerfach entnommen werden sollen. Die Warenentnahme und Stückzahl bestätigen die Kommissionierer mit Schlüsselworten.

**Vorteile:**
- Hände und Augen frei beim Kommissionieren.
- verringerte Suchzeit
- schnelle verbale Plausibilisierungs- und Quittierungsvorgänge (hier kein Scannen erforderlich)
- höhere Konzentration durch Zuhören und reduzierte Kollegengespräche
- Online-Kopplung zur Lagerverwaltung
- weniger Pickfehler

**Nachteile:**
- eingeschränkte Kommunikation zwischen den Kommissionierern

## 4.4 Systembeispiele von Mann-zur-Ware-Systemen

Bei der Bestimmung eines „Mann-zur-Ware"-Kommissioniersystems (abgekürzt MzW-Systeme) spielt das Lagergut eine große Rolle: Art, Größe und Gewicht der Lagergüter beeinflussen maßgeblich die möglichen Lagertechniken. Deshalb werden die Kommissioniersysteme vorab nach Art und Größe der Lagergüter typisiert:

➡ Kleinteile → Kleinteilelager
- Kleine Einzelstücke, Bündel oder Einzelteile in Umkartons/Behältern (Abmaße der Umkartons/Behälter bis max. L x B = 600 mm x 400 mm)
- Lagerung in Behältern oder lose auf einem Fachboden

- Kommissionierung durch Griff in den Behälter/Umkarton oder Entnahme loser Greifeinheiten (Einzelstücke oder Bündel) vom Fachboden

➡ Mittelteile → Paletten/Gitterboxlager
- Größere Packeinheiten (Kartons/Umkartons, Sperrigteile etc.), die für eine Lagerung im Kleinteilelager ungeeignet sind (zu lang/breit, zu voluminös, zu schwer)
- Lagerung auf Paletten oder in Gitterboxen
- Kommissionierung von der Palette oder aus einer Gitterbox

➡ Langteile → Langteilelager
- Langteile von ein bis über sechs Meter, z. B. Profile, lange Stangen (teilweise gebündelt), die für die Lagerung im Kleinteile oder Palettenlager ungeeignet sind;
- Lagerung lose im Langteillager (z. B. auf Kragarmen) oder auf Paletten/Großpaletten, in Langgutkassetten oder in Kisten verpackt
- Kommissionierung von Einzelstücken, Bündeln bzw. von kompletten Transporteinheiten (Paletten mit Überständen, Großpaletten/-kisten, Langgutkassetten)

Darüber hinaus sind bei der Planung der MzW-Kommissioniersysteme die gesetzlichen Richtlinien für das Kommissionieren von Lasten zu beachten (siehe u. a. „Lastenhandhabungsverordnung"). So sollten zur Vermeidung von Rückenschäden auch bei gerader Haltung die zu pickenden Einheiten ein bestimmtes Gewicht nicht überschreiten: für Frauen 15 kg, ab dem 40. Lebensjahr 10 kg; für Männern 25 kg, ab dem 40. Lebensjahr 20 kg. Bei sehr schweren Greifeinheiten ist eine Kommissionierung nur noch mit Hebehilfen (z. B. Kran etc.) möglich, weshalb die Kommissionierung in solchen Fällen nicht mehr als MzW-Kommissionierung, sondern an geeignet ausgestatteten stationären Arbeitsplätzen als Ware-zum-Mann-Kommissionierung durchgeführt wird.

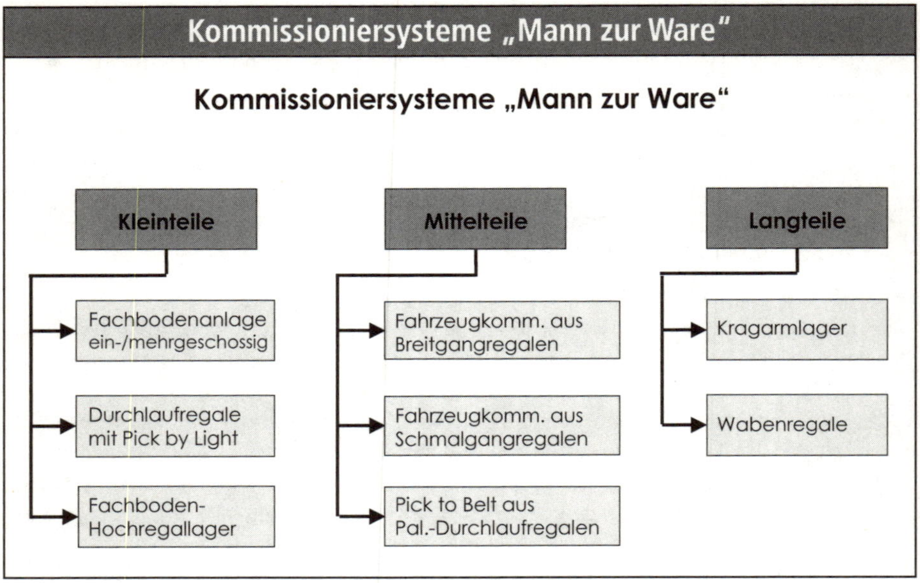


*Abb. 8: Übersicht typischer Kommissioniersysteme „Mann zur Ware"*

Die Gestaltungsmöglichkeiten und Ausführungsvarianten von MzW-Kommissioniersystemen sind extrem vielfältig und vollumfänglich im Rahmen dieses Kapitels nicht darstellbar. Nachfolgend wird eine Auswahl der typischsten Vertreter von MzW-Kommissioniersystemen (siehe Abbildung 8) vorgestellt.

## 4.4.1 Mann-zur-Ware-Kommissionierung von Kleinteilen

### Ein-/mehrgeschossige Fachbodenregalanlage

- **Kurzbeschreibung**
  Fachbodenregale werden zur Lagerung und Kommissionierung von nicht palettierten Lagereinheiten verwendet, z. B. Kleinteilen in Behältern, Umverpackungen oder Lagergut in loser Form. Durch eine Vielzahl von Zusatzkomponenten, mit denen sich Fachbodenregale im Baukastensystem auch nachträglich ergänzen lassen, ist es möglich, unterschiedlichste Güter aus allen Branchen in Fachbodenregalen sinnvoll zu lagern.

**PRAXISTIPP:**

Um die Raumhöhe auszunutzen, können Fachbodenregale in mehrgeschossigen Fachbodenregalanlagen (typisch: zwei- bis dreigeschossige Anlagen) integriert werden. Die Fachbodenregale fungieren bei integrierten Fachbodenregalanlagen gleichzeitig als tragende Konstruktion für die Bühnenflächen, was diese im Vergleich mit „selbsttragenden" Bühnen sehr viel günstiger macht.

zweigeschossige Fachodenregalanlage

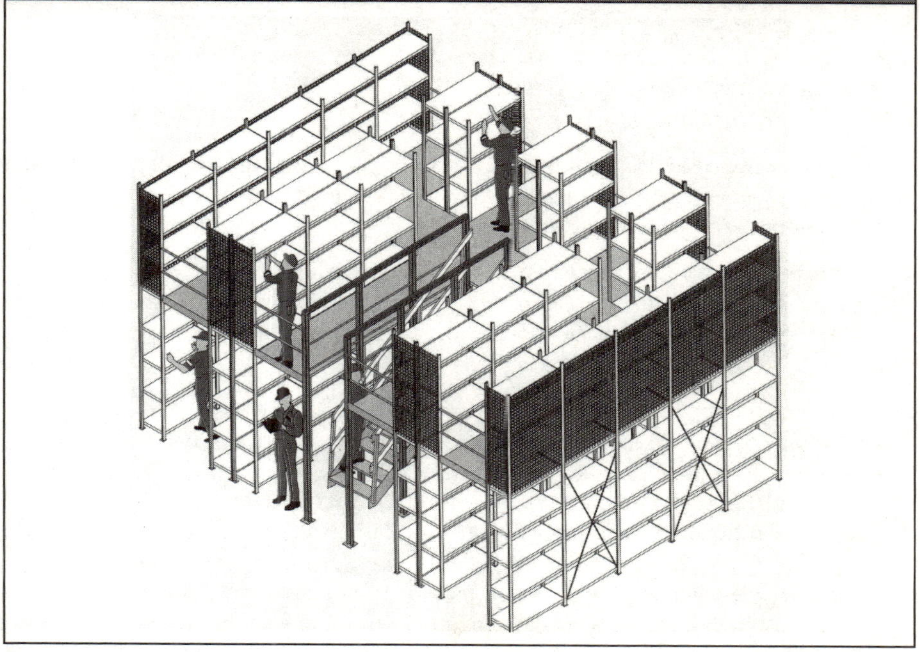

*Abb. 9: zweigeschossige Fachodenregalanlage* *(Quelle: Bito)*

**Vorteile:**

- flexibel (z. B. gegenüber Strukturveränderungen, da einfach umzurüsten)
- gleichzeitige Bearbeitung von Eilaufträgen, Einzelaufträgen und Auftragsserien möglich
- keine Ausfallgefahren im Vergleich zu automatischen Systemen
- Nutzung der Raumhöhe durch integrierte Bühne möglich
- geringe Investitionskosten
- kombinierbar mit versorgender/umlaufender Fördertechnik
- verschiedene Lagerstrategien darstellbar (parallele Kommissionierung, Weiterreichsystem etc.)

**Nachteile:**

- teilweise schlechte Ergonomie bei Kommissionierung aus den untersten oder obersten Ebenen
- höherer Personalaufwand, da die Kommissionierleistung nicht so hoch ist, wie bei automatischen Ware-zum-Mann-Systemen (z. B. AKL)
- relativ lange Wegstrecken
- bei Einsatz von Lagerbehältern ist die Lagerraumnutzung geringer
- bei großen Artikelbeständen Notwendigkeit eines getrennten Reservelagers
- bei mehrgeschossigen Anlagen:
  - zusätzlicher vertikaler Transportaufwand (über Treppen, über Lastenaufzug)
  - eingeschränkte Luft- und Lichtverhältnisse in den Ebenen

4

**Eignung**
Ein-/mehrgeschossige Fachbodenregalanlagen sind für die Kleinteilekommissionierung geeignet; hier insbesondere bei
- hoher Artikelanzahl
- mittlerer Lagermenge pro Artikel
- mittlerer Umschlagsleistung.

Durch ihre hohe Flexibilität und die vergleichsweise geringen Investitionskosten ist die ein-/mehrgeschossige Fachbodenregalanlage vor allem bei Kontraktlogistikern ein bevorzugtes Lagersystem.

**Kommissionierstrategien in Fachbodenregalanlagen**
Es sind verschiedene Strategien der MzW-Kommissionierung in einer Fachbodenregalanlage möglich, von denen drei gängige nachfolgend dargestellt werden:

*Kommissionierung im Rundgang*
Bei dieser Kommissionierung bewegt sich die Kommissionierer nach dem „Supermarktprinzip" mit einem Kommissionierwagen im Rundlauf (im Single-Order-Picking- oder Multi-Order-Picking-Verfahren) durch die verschiedenen Bereiche und Ebenen der Fachbodenregalanlage zu den jeweiligen Entnahmeplätzen, die vom Lagerverwaltungssystem vorgegeben werden. Der Kommissionierer entnimmt die geforderten Mengen und legt sie in einem Sammelbehälter auftragsrein ab. Nach Beendigung des Rundgangs wird die kommissionierte Ware an einem Auftragssammelplatz abgegeben. Ein Ebenenwechsel kann beispielsweise mit Hilfe eines begehbaren Lastenaufzugs vollzogen werden.
Diese mit geringem technischem Aufwand realisierbare Kommissioniermethode zeichnet sich durch organisatorische Einfachheit aus und verfügt bei entsprechendem Personaleinsatz über eine eine hohe Flexibilität gegenüber Auftragsschwankungen. Problematisch sind jedoch – gerade bei großen Artikelsortimenten – die langen Kommissionierwege und die damit verbundenen langen Auftragsdurchlaufzeiten.

*Weiterreichsystem*
Zur Reduzierung der Wegezeiten bearbeitet der Kommissionierer nur eine Zone der Regalanlage (bei einer mehrgeschossigen Bühne kann dies auch eine komplette Geschossebene sein). Die Kommissionierung der Teilaufträge innerhalb einer Zone erfolgt z. B. mittels Pick by Light oder auch im Multi-Order-Picking-Verfahren.
Nach – dezentraler – Abgabe der Kommissionierposition in einen bereit stehenden Auftragsbehälter wird dieser in die nächste Zone (z. B. Ebene) der Regalanlage „weitergereicht", hier werden von einem anderen Kommissionierer weitere Positionen ergänzt. Ist ein Auftrag fertig oder der Auftragsbehälter voll, wird dieser über die Fördertechnik z. B. in die Packerei befördert. Ist der Sammelbehälter der Versandkarton (im Falle von Pick & Pack), wird er direkt in den Versand transportiert.
Die Vorteile des Weiterreichsystems sind kürzere Wege und damit verbundene höhere Pick-Leistungen der Kommissionierer.
Nachteilig beim Weiterreichsystem sind höhere Investitionen durch den Ein-

satz umfangreicher Fördertechnik zur Verbindung der Kommissionierzonen, ungleichmäßige Auslastung der einzelnen Zonen und relativ hohe Auftragsdurchlaufzeiten.

*Parallele Kommissionierung aus den Ebenen*
Jeder Kundenauftrag wird den Zonen (z. B. Ebenen) entsprechend in Teilaufträge getrennt, so dass die Kommissionierung aus den einzelnen Ebenen parallel erfolgen kann. Im Anschluss sind die einzelnen Teilaufträge zusammenzuführen (z. B. in der Packerei oder in der Versandbereitstellung). Durch die Bildung von Teilaufträgen entstehen meist mehr Auftragsbehälter als bei der konventionellen Kommissionierung bzw. beim Weiterreichsystem, da pro Auftrag und beteiligter Zone mindestens ein Auftragsbehälter gebildet werden muss.
Der große Vorteil der parallelen Kommissionierung ist eine deutliche Verkürzung der Auftragsdurchlaufzeiten. Dafür ergibt sich das Problem einer aufwendigen Zusammenführung der Auftragsbehälter. Hierbei können zwischen dem ersten und letzten Auftragsbehälter je nach Auslastung der verschiedenen Zonen große Zeitspannen liegen; die bereits fertig kommissionierten Sammelbehälter müssen also zwischengepuffert werden. Um die Packerei von den Funktionen der Behältersortierung, -zusammenführung und -pufferung zu entlasten, wird vor die Packerei oft ein „dynamischer Puffer" gesetzt, beispielsweise in Form eines automatischen Mini-AKL (z. B. als eingassiges Behälterlager).

**Prinzipskizze einer mehrgeschossigen Fachbodenregalanlage**

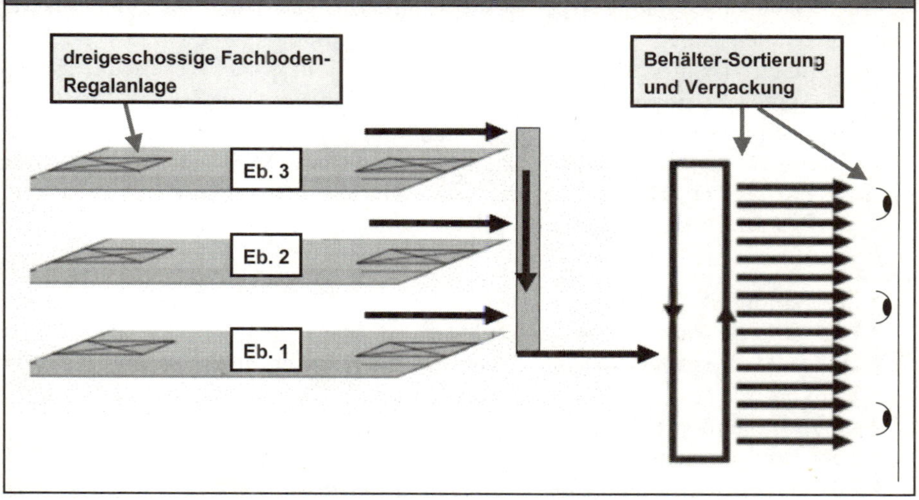


*Abb. 10: Prinzipskizze einer mehrgeschossigen Fachbodenregalanlage mit paralleler Kommissionierung*

**Durchlaufregalanlage mit Pick by Light**

**Kurzbeschreibung**

Durchlaufregalanlagen werden in der Regel mit Pick by Light und integrierter Fördertechnik als Weiterreichsystem realisiert. Aufgrund hoher Produktivitäts- und geringer Fehlerraten ist dieses Kommissioniersystem in vielen Branchen häufig anzutreffen (besonders im Pharma- und Buchhandel).

**Prinzipskizze einer Pick-by-Light-Anlage**

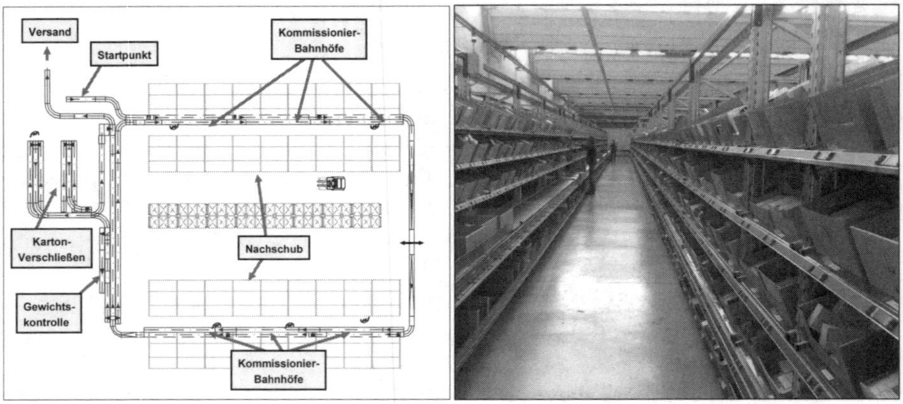


*Abb. 11: Linkes Bild: Prinzipskizze einer Pick-by-Light-Anlage; rechtes Bild: Blick in die Gasse einer Pick-by-Light-Anlage*

An einem Startpunkt werden voretikettierte Versandkartons durch die IT identifiziert und auf die Fördertechnik gesetzt. Die Größe des einzelnen Versandkartons wird vom LVS durch eine Volumenabschätzung ermittelt. Je nach Auftragszusammensetzung werden die Versandkartons von der Fördertechnik in die jeweiligen Zonen ausgeschleust (in diesem Zusammenhang wird auch von „Bahnhöfen" gesprochen). Für den ersten Karton in einem Bahnhof leuchten die entsprechenden Pick-by-Light-Anzeigen mit Mengenangaben auf. Der Kommissionier pickt und quittiert die aufleuchtenden Artikelpositionen und schiebt den fertigen Versandkarton zurück auf die Fördertechnik. Ist ein Versandkarton fertig, wird er verschlossen, umreift und in den Versand transportiert, wo er mit weiteren Kartons desselben Auftrags zusammengeführt wird.

**Vorteile:**
- „freihändiges" Kommissionieren
- Pick-&-Pack-Kommissionierung
- Online-Mengenänderung und Inventurunterstützung direkt an den Displays möglich
- kurze Wege innerhalb der Kommissionierzonen
- hohe Produktivität der Kommissionierer
- FIFO-Prinzip durch die Durchlaufregale implizit realisiert; die Überwachung von Haltbarkeiten wird dadurch erleichtert
- Keine Behinderung der Kommissionierer durch die Trennung von Kommissionierung und Nachschub
- geringe Fehlerquote

**Nachteile:**
- ungleichmäßige Auslastung der Zonen
- es kann immer nur ein Versandkarton pro Zone „gleichzeitig" bearbeitet werden

- geringe Flexibilität bei Veränderungen der Leistungsanforderungen
- hoher Aufwand bei Anpassungen der Röllchenbahnen im Durchlaufregal an wechselnde Artikel bzw. aufgrund von Artikel-Umlagerungen
- Zeitverluste durch Umsortieren bei fast vollen Versandkartons, da die Volumenvorausberechnung durch die IT je nach Beschaffenheit der Lagergüter zu ungenau ist
- bei großen Artikelbeständen Notwendigkeit eines getrennten Reservelagers
- relativ hoher Invest

**Eignung**

Die Kommissionierung aus Durchlaufregalen mit Pick by Light ist für die Kleinteilekommissionierung geeignet, bei

- hoher Artikelanzahl
- mittlerer Lagermenge pro Artikel
- rel. konstantem Artikelsortiment
- Kommissionierung von Kleinteilen aus Umkartons
- mittlerer bis hoher Umschlagsleistung.

### Fachboden-Hochregallager

**Kurzbeschreibung**

Die Fachbodenkommissionierung von Kleinteilen kann auch aus einem Fachboden-Hochregalsystem mit Hilfe geeigneter Vertikalkommissionierstapler erfolgen. Die Fahrgassen sind hierbei als schmale Gänge ausgeprägt, Überholvorgänge der Stapler innerhalb der Gassen sind nicht möglich.

Der große Vorteil ist die mögliche Nutzung von Raumhöhen mit einer obersten Abnahme des Kommissionierers bei ca. 10–11m. Die Kleinteile werden hierbei in Standardbehältern unterschiedlicher Größen auf dem Fachboden gelagert.

Die beleglose Kommissionierung (z. B. mit Handhelds) erfolgt im Rundlauf je nach Auftragsgröße als Single-Order-Picking- oder Multi-Order-Picking-Kommissionierung.

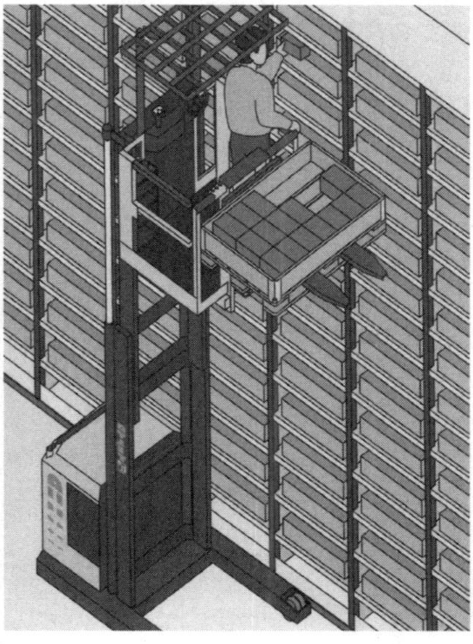

*Abb. 12: Vertikalkomm.-Fahrzeug (Quelle: Atlet)*

4

**PRAXISTIPP:**

Um die Kommissionierleistung zu erhöhen, empfiehlt es sich, vordere und hintere Umsetzgänge für den Vertikal-Kommissionierstapler vorzusehen und die Regalplätze in Schnell-, Mittel- und Langsamdreher-Zonen aufzuteilen.

**Vorteile:**
- Nutzung der Raumhöhe bis ca. 10,5 m (oberste Abnahme durch den Kommissionierer)
- hohe Produktivität bei niedrigen bis mittleren Umschlagsleistungen

**Nachteile:**
- Bei hohen Umschlagsleistungen kommt es schnell zu Behinderungen der Vertikalkommissionierstapler innerhalb der Gänge
- Zählverwiegungen bei Schüttgut sind aufgrund von Vibrationen und Schwingungen auf dem Stapler oft zu ungenau. In solchen Fällen ist die Verwiegung an stationären Plätzen vorzunehmen, was zusätzliche Fahrten und zusätzliches Handling bedeutet und somit die Produktivität deutlich reduziert.

➡ **Eignung**

Die Kommissionierung aus dem Fachboden-Hochregallager ist für die Kleinteilekommissionierung geeignet bei
- hoher Artikelanzahl
- geringer bis mittlerer Lagermenge pro Artikel
- Kommissionierung von Kleinteilen aus Lagerbehältern (keine lose Lagerung)
- Niedriger bis mittlerer Umschlagsleistung.

Das Fachboden-Hochregallager bietet sich insbesondere dann an, wenn es gilt, vorgegebene Flächen optimal (viele Artikel auf geringer Fläche) zu nutzen.

## 4.4.2 Mann-zur-Ware-Kommissionierung von Mittelteilen

### MzW-Kommissionierung aus Breitgangregalen

➡ **Kurzbeschreibung**

Die MzW-Kommissionierung aus Breitgangregalen (Arbeitsgangbreiten zwischen 3,2 m und 3,4 m) wird für die Kommissionierung direkt von der Palette bzw. aus einer Gitterbox eingesetzt. Die Waren werden auf ebenerdigen Palettenplätzen bereitgestellt und stehen im Regal so, dass die Länge der Palette beziehungsweise Gitterbox längs zum Regalgang gelagert wird, um eine günstige Greiftiefe (< 800 mm) zu ermöglichen.

Aus dem Breitganglager wird Ware kommissioniert, die aufgrund ihrer Eigenschaften nicht für die Kleinteile-Kommissionierung geeignet ist. Dazu gehören z. B. Waren mit hohem Umschlag, Waren, die als Kartons/Umkartons kommissioniert werden, Dosenwaren, CHEP-Paletten etc.

Als Fahrzeuge werden so genannte Niederhubkommissionierfahrzeuge eingesetzt, wahlweise mit höhenverstellbaren Gabeln und hebbarer Fahrerstandplattform (Standhöhe < 1,2 m) für die ergänzende Kommissionierung von Langsamdrehern aus der zweiten Ebene. Die kommissionierten Artikelpositionen werden vom Kommissionierer auf Auftragspaletten oder in Rollcontainer abgelegt. Je nach Länge der Gabel können 1–3 Auftragspaletten für eine Rundfahrt mitgenommen werden, dementsprechend erfolgt die Kommissionierung als Single-Order- (bei nur einer Auftragspalette) bzw. Multi-Order-Kommissionierung (bei zwei oder drei Auftragspaletten). Der Nachschub wird von den oberen Ebenen mit Hilfe eines Schubmaststaplers vorgenommen.

*Abb. 13: Fahrzeugkommissionierung aus dem Breitganglager* *(Quelle: Jungheinrich)*

Die Fahrzeuge sind üblicherweise per Datenfunk online mit dem LVS verbunden, in der Regel über fest installierte Staplerterminals. Die Anfahrpositionen werden den Kommissionierern vom LVS wegeoptimiert vorgegeben.

**PRAXISTIPP:**

Es ist sinnvoll, die Kommissionierbereiche in Langsamdreher-Zonen (mit langen Wegen, ggf. mit zweiter Kommissionierebene im Palettenregal) und Schnelldreher-Zonen (mit kurzen Wegen, Kommissionierung nur von der Bodenebene) aufzuteilen. Konflikte bei der Bildung von wegoptimierten Rundfahrten ergeben sich immer dann, wenn zusätzliche Kriterien (z. B. Gewichtskriterien, d. h. schwere Artikel müssen unten liegen) bei der Kommissionierreihenfolge zu berücksichtigen sind.

**Vorteile:**

- flexibel gegenüber Auftragsschwankungen durch Einsatz zusätzlicher Kommissionierer

4

- Reduzierung von Wegzeiten durch den Einsatz von Kommissionierfahrzeugen
- Überholvorgänge in den Gängen des Breitganglagers möglich
- hohe Produktivität bei mittleren Umschlagsleistungen
- Nutzung der Raumhöhe bis zu ca. 12 m
- Verwendung von Standardsystemen für Regale und Flurförderzeuge, somit schnelle und einfache Erweiterung
- geringe Investitionen
- Integrierter Kommissionier- und Nachschubbereich; Nachschub befindet sich in unmittelbarer Nähe zum Kommissionierplatz
- Kommissionierung von Vollpaletten aus oberen Palettenebenen mit Hilfe eines Schubmaststaplers

**Nachteile:**
- Bei hohen Umschlagsleistungen kann es zu Behinderungen mit anderen Kommissionierern bzw. mit den Nachschubstaplern kommen
- nur niedrige bis mittlere Artikelanzahlen sinnvoll, da die Kommissionierung nur aus der untersten bzw. den beiden untersten Ebenen erfolgt
- relativ flächenintensiv (z. B. im Vergleich zum Schmalganglager)
- Der Kommissionierer kann auf den Bestand der Nachschubpalette nicht zugreifen. Ist der Bestand auf einer Kommissionierpalette für die Erfüllung einer Auftragsposition nicht ausreichend, muss auf den Nachschubvorgang durch den Schubmaststapler gewartet oder in einem späteren Rundlauf (nach erfolgter Umlagerung) die Restmenge kommissioniert werden.
- Wird eine Kommissionierpalette leer, müssen die Leerpaletten gesondert entsorgt werden (z. B. durch Sammelrundfahrten für Leerpaletten)

### ➥ Eignung
Die Fahrzeugkommissionierung aus dem Breitganglager ist für die Kommissionierung von mittelgroßen Teilen geeignet, insbesondere bei
- Kommissionierung von Kartons, sperrigen Waren, großen Auftragsmengen pro Position etc., die für eine Kommissionierung aus dem Kleinteilelager ungeeignet sind
- niedriger bis mittlerer Artikelanzahl
- mittleren bis großen Lagermengen pro Artikel
- mittlerer Umschlagsleistung.

Durch seine hohe Flexibilität und seine vergleichsweise geringen Investitionskosten ist die Kommissionierung aus dem Breitganglager ein sehr beliebtes Kommissionier- und Lagersystem, gerade auch bei Kontraktlogistikern.

## Kommissionierung aus dem Schmalganglager

### ➥ Kurzbeschreibung
In einem Schmalganglager können mit Hilfe von Schmalgangstaplern (Kombi- oder Schmalgangstapler mit Teleskopgabeln) ganze Paletten ein- bzw. ausgelagert werden. Meistens wird jedoch im Schmalganglager auch kommissioniert – für Kundenaufträge oder für den Nachschub (beispielsweise Anbruchmengen für die Kleinteilekommissionierung).

Die Waren werden auf Paletten oder Gitterboxen bereitgestellt und sollten für die Kommissionierung längs zum Regalgang gelagert werden, um eine günstige Greiftiefe (≤ 800 mm) zu ermöglichen.

In diesem Kommissionierbereich werden wie im Breitganglager Waren kommissioniert, die aufgrund ihrer Eigenschaften für die Kommissionierung aus dem Kleinteilelager nicht geeignet sind. Dazu gehören z. B. Waren, die als Kartons/Umkartons kommissioniert werden, und weitere.

Für die reine Kommissionierung können in den Schmalgängen ergänzend auch schnellere und wendigere Vertikalkommissionierstapler (siehe Kapitel 4.4.1) eingesetzt werden, mit denen allerdings keine Paletten ein- und ausgelagert werden können.

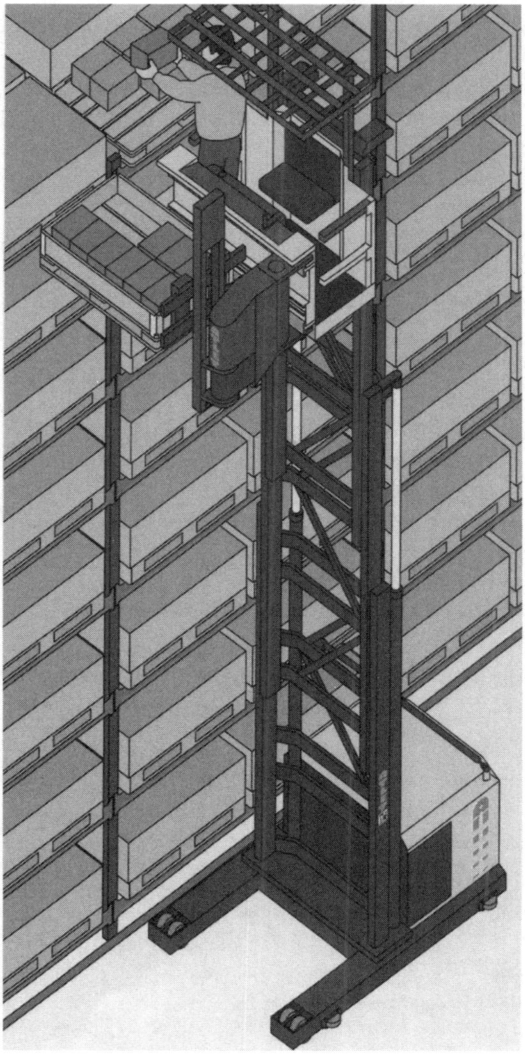

Eine Mann-zur-Ware-Kommissionierung aus dem Schmalganglager ist nur bei Greifeinheiten mit einem Gewicht kleiner 10–15 kg möglich. Bei schweren und sehr sperrigen Teilen muss die Kommissionierung nach dem Prinzip Ware-zum-Mann" an stationären Arbeitsplätzen, die mit geeigneten Hebehilfen ausgestattet sind (z. B. Krane), erfolgen.

Neben dem hohen Flächennutzungsgrad stehen bei der Kommissionierung aus Schmalganglagern deutlich mehr Artikel als im Breitganglager für die Kommissionierung bereit, da mit dem Schmalgangstapler der Zugriff auch auf die oberen Palettenebenen möglich ist.

*Abb. 14: Kombistapler (Quelle: Atlet)*

**Vorteile:**
- hoher Flächennutzungsgrad; Lagerhöhen bis zu 16 m
- geeignet für hohe Artikelanzahlen, da mit dem Schmalgangstapler der Zugriff auf jede Palette möglich ist.
- Ein-/Auslagerung sowie Kommissionierung mit einem Staplertyp möglich; für die Kommissionierung können ergänzend auch Vertikalkommissionierfahrzeuge im Schmalgang eingesetzt werden.
- direkte Kommissionierung ganzer Vollpaletten möglich
- integrierter Kommissionier- und Reservelagerbereich
- durch Verwendung von Kommissioniergestellen ist Multi-Order-Kommissionierung möglich

**Nachteile:**
- Aufgrund der Größe der Schmalgangstapler ist die Ein- und Auslagerung von Paletten in der Regel ein zweistufiger Transport, d. h. die ein- bzw. auszulagernden Paletten werden auf Übergabeplätzen vom Schubmaststapler auf den Schmalgangstapler übergeben und umgekehrt. Bei Einsatz von kleineren und wendigeren Vertikalkommissionierfahrzeugen können die kommissionierten Paletten auch direkt vom Vertikalkommissionierer in den Versand transportiert werden
- Die Kommissionierung von der Palette ist von einem Kommissionierstapler aus ergonomisch ungünstiger als die Kommissionierung von der untersten Ebene des Breitganglager (hier ist ggf. ein Betreten der Palette möglich), dadurch bedingt relativ lange Auftragsdurchlaufzeiten
- geringe Flexibilität gegenüber großen Auftragsspitzen (hierzu wäre die Beschaffung teurer Regalfahrzeuge erforderlich)
- gesonderte bauliche Anforderungen sind vorzusehen (Estrich in den Fahrspuren des Schmalganglagers, ggf. Betonsockel beim Einsatz von Kombistapler), dadurch nicht so flexibel gegenüber Veränderungen wie das Breitganglager
- relativ hoher Invest
- in Schmalganggassen sind keine Überholvorgänge möglich
- bei hohen Umschlagsleistungen kann es zu Behinderungen mit anderen Kommissionierern kommen
- gesonderte Leerpalettenentsorgung erforderlich (z. B. durch Leerpaletten-Sammelfahrten)

### ➡ Eignung

Die Mann-zur-Ware-Kommissionierung aus dem Schmalganglager ist für die Kommissionierung von mittelgroßen Teilen geeignet, insbesondere bei
- Kommissionierung von Kartons/Umkartons etc., die für eine Kommissionierung aus dem Kleinteilelager ungeeignet sind
- Greifeinheiten mit einem Eigengewicht < 10–15 kg
- mittlerer bis hoher Artikelanzahl
- niedriger bis mittlerer Umschlagsleistung
- mittleren bis großen Lagermengen pro Artikel

## Pick-to-Belt-Kommissionierung aus Paletten-Durchlaufregalen

### ➠ Kurzbeschreibung

Bei der Pick-to-Belt-Kommissionierung aus einem ein-/mehrgeschossigen Paletten-Durchlaufregallager (in der Regel zweifach tief) werden anlagengeeignete Kartons (z. B. Verkaufseinheiten in Orginalkartons) manuell kommissioniert, direkt auf ein Förderband gelegt und in Richtung Versand abtransportiert. Die Kartons werden dann einem Sorter (bei sehr hohen Leistungen handelt es sich hierbei um Hochleistungssorter mit bis zu 9.000 Kartons pro Stunde) zugeführt, der die Ware den entsprechenden Aufträgen oder Destinationen zuordnet.

**Prinzipskizze „Pick-to-Belt"**

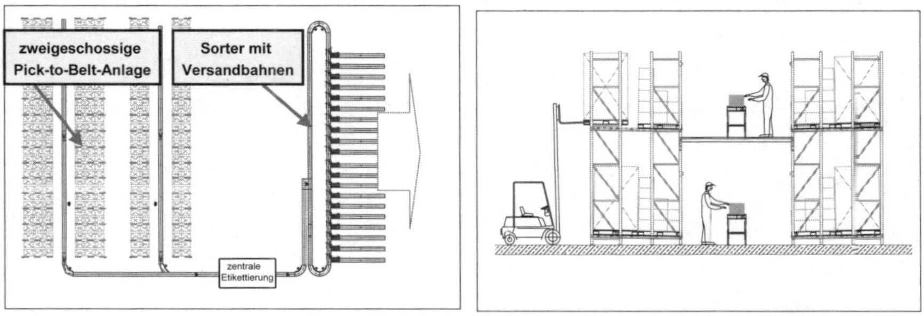


*Abb. 15: Linkes Bild: Prinzipskizze einer „Pick-to-Belt"-Kommissionierung; rechtes Bild: Regalschnitt durch eine Paletten-Durchlaufregalanlage mit „Pick-to-Belt"*

Ist eine lose Kartonverladung möglich, können die Kartons sogar automatisch bis in den Lkw/Container über Teleskopbänder weitergefördert werden.

Die Kommissionierung erfolgt beleglos über Datenfunk (per Handheld oder Pick by Voice) oder in Kombination mit Pick-by-Light-Anzeigen. In allen drei Fällen wird dem Kommissionierer von der Lagerverwaltung mitgeteilt, welche Artikel in welcher Menge von den Lagerplätzen auf die Fördertechnik zu legen sind.

Bei der Kommissionierung können parallel mehrere Aufträge einer Auftragsserie zusammengefasst werden. Die Mitarbeiter entnehmen also die für die Auftragsserie gebündelte Warenmenge eines Artikels und legen sie auf das Förderband. Die Wegeanteile werden bei dieser Kommissioniermethode extrem reduziert (pro Auftragsserie wird ein Artikel nur noch einmal angelaufen), was die Kommissionierung hochproduktiv macht.

Für die automatische Sortierung durch den Sorter müssen die Kartons etikettiert werden (z. B. durch Versandlabels). Dies kann durch den Kommissionierer mit vorgedruckten Versandlabels erfolgen. Sind die Kartoneinheiten bereits mit Artikel-Barcodes voretikettiert, können die Kartons auch direkt auf das Förderband gestellt werden. Deren Barcodes werden dann vor einer zentralen Druckstation durch einen Scanner gelesen, einem Auftrag zugeordnet und anschließend automatisch mit einem Versandetikett gelabelt.

Der Nachschub erfolgt mittels Kommissionierstapler aus einem Palettenreservelager. Alternativ kann der Nachschub auch über automatische Regalbediengeräte erfolgen.

**PRAXISTIPP:**

Dem Entfernen von Leerpaletten sollte bereits in der Planungsphase besondere Beachtung geschenkt werden. Hierfür bieten sich verschiedene Möglichkeiten an: Eine gängige Methode ist beispielsweise, gesonderte Rückführkanäle für Leerpaletten einzurichten, auf denen die Leerpaletten gesammelt und durch einen Entsorgungsstapler auf der anderen Seite abgenommen werden. Aufgrund seiner hohen Produktivität eignet sich die Pick-to-Belt-Kommissionierung vor allem für die Kommissionierung von schnell drehenden Artikeln, die in großen Mengen als Orginalkartons zu kommissionieren sind.

**Vorteile:**
- gebündelte Entnahme pro Auftragsserie (batch picking)
- hohe Produktivität bei hohen Umschlagsleistungen pro Artikel (Schnelldreher)
- kein Kommissionierabriss → permanente Artikelverfügbarkeit durch Palettendurchlaufregal mit mindestens zwei Paletten pro Durchlaufkanal
- kurze Durchlaufzeiten durch gleichzeitiges Kommissionieren auf mehreren Ebenen
- DV-gesteuerter Nachschub von Vollpaletten aus einem Reservelager (bzw. direkt aus dem Wareneingang)
- Nutzung der Raumhöhe möglich (mehrgeschossige Durchlaufregalanlage)

**Nachteile:**
- Leistung in Stufen erweiterbar, aber teuer, da hierfür neuer Sorter gebraucht wird
- relativ flächenintensiv, da jeder Artikel einen ganzen Kanal beansprucht; daher eher nicht geeignet (weil schlechtes Kosten-Nutzen-Verhältnis) für die Kommissionierung von Langsamdrehern
- Flexibilität gegenüber Auftragsspitzen gegeben – allerdings nur bis zu einer Grenze, welche durch die Anlagenleistung (meist maximale Leistung des Sorters) bestimmt wird. Um darüber hinausgehende Leistungsdimensionen zu ermöglichen, ist die Anlage aufwendig zu erweitern (beispielsweise durch einen weiteren Sorter)
- Rück-/Umlagerungen von Artikeln aus den Kanälen sehr aufwendig
- Leerpaletten müssen gesondert entsorgt werden
- für den Nachschub ist ein gesondertes Reservelager (z. B. Schmalganglager oder automatisches Paletten-Hochregallager) vorzusehen
- hoher Invest (u. a. durch aufwendige Sortierung)

**➥ Eignung**

Die Pick-to-Belt-Kommissionierung aus einem Paletten-Durchlaufregallager ist für die Kommissionierung von mittelgroßen Teilen geeignet, insbesondere bei
- Kommissionierung von anlagengeeigneten Kartons mit großen Auftragsmengen pro Position etc.
- niedriger bis mittlerer Artikelanzahl mit hoher Umschlagsleistung (Schnelldreher)
- mittleren bis großen Lagermengen pro Artikel

### 4.4.3 Mann-zur-Ware-Kommissionierung von Langteilen

**Kragarmregal**

**Kurzbeschreibung**

Kragarmregale eignen sich besonders für die Lagerung von Langgut und sperrigen Bauteilen. Bei diesem Lagersystem werden Kragarme horizontal in die vertikalen Ständer eingehängt. Die Kragarmregale können einseitig oder doppelseitig genutzt werden. Kragarmregale können bis zu einer Höhe von ca. 11 m gebaut werden und erlauben dadurch eine flächenoptimierte Lagerung von Langteilen.

Eine Mann-zur-Ware-Kommissionierung aus dem Kragarmregal ist jedoch eigentlich nur bei leichtem (< 10 kg) und nicht zu langem Langgut (< 2,5 m) möglich. Häufig werden diese „leichten" Langgutregale für die Kommissionierung in mehrgeschossige Regalanlagen integriert (siehe Abbildung 15, rechtes Bild).

Im staplerbedienten Kragarmregal für schweres und langes Langgut (> 2,5 m) kann die Kommissionierung in der Regel nur noch nach dem Prinzip „Ware zum Mann" an stationären Arbeitsplätzen erfolgen, die mit geeigneten Hebehilfen ausgestattet sind (z. B. Krane). Die Ein- und Auslagerung erfolgt hierbei mit Vier-Wege-Staplern. Allenfalls lässt sich eine Kommissionierung per Hand aus der untersten Kragarmebene realisieren.

*Abb. 16: Linkes Bild: Kragarmlager für schweres Langgut; rechtes Bild: Kragarmregale auf einer Kommissionierbühne für leichtes Langgut*

**Vorteile:**

- Nutzung der Lagerhöhe (bis zu 11 m, durch Verwendung von geeigneten Vier-Wege-Flurförderzeugen)
- Durch Gitterroste lässt sich ein Kragarmregal in ein Fachbodenregal ohne störende Ständer verwandeln.

**Nachteile:**

- Teilweise nur LIFO („last in – first out") möglich, da unten liegendes Material schlecht greifbar ist.
- Direkter Zugriff („Mann zur Ware") nur bedingt möglich, da Langgutmaterial meistens unhandlich und schwer ist. Für die Kommissionierung ist in aller Regel der Einsatz von Flurförderzeugen (Vier-Wege-Stapler) und Kränen erforderlich.

4

- Relativ kompliziert abzubildende Prozesse in der Lagerverwaltung, daher relativ hohe Realisierungskosten für die Lagerverwaltung.

**Eignung**

Kragarmregale eignen sich für die Lagerung von Langteilen mit mittleren und hohen Eigengewichten (Rohre, Profile etc.) oder für die Lagerung von Langgutkassetten in kleinen und großen Mengen je Artikel bei mittlerer Umschlagsleistung.

Weiterhin können sie bei mehrgeschossigen Regalanlagen für die Lagerung von leichtem Langgut eingesetzt werden.

Eine Mann-zur-Ware-Kommissionierung von Langteilen aus Kragarmregalen ist möglich, bei

- leichtem Langgut (< 10 kg und < 2,5 m)
- bei niedriger bis mittlerer Artikelanzahl
- bei geringer Umschlagsleistung
- kleinen bis mittleren Lagermengen pro Artikel

In allen anderen Fällen muss die Kommissionierung nach dem Ware-zum-Mann-Prinzip an stationären Arbeitsplätzen erfolgen.

### Wabenregal

**Kurzbeschreibung**

Wabenregale (siehe Abbildung 17) sind ein geeignetes Lagersystem, um unterschiedlichstes Langgut (z. B. Eisenstangen, Profile, kleinere Rohre, Holzlatten, Stäbe) in jeweils geringeren Mengen in sehr kompakter Form zu lagern. Bei Wabenregalen bestimmen relative kleine Feldbreiten und -höhen das Konstruktionsbild, weshalb die Frontseite schachbrettartig aussieht. Es kann von beiden Seiten bedient werden. Die Regaltiefe ist je nach Anforderung variabel (von zwei bis über sechs Meter).

*Abb. 17: Wabenregallager*

Das Wabenregal wird überwiegend für Langgut (vorwiegend Profile) genutzt, wenn mittlere Mengen pro Artikel vorhanden sind. Bei geringer Zugriffsmenge, leichten Stangengewichten und geringer Zugriffshöhe kann das Material von Hand herausgezogen werden.
Bei Einsatz von Langgut-Kassetten kann das Langgut nach Ausfahren der Kassette mit einem am Wabenlager angebundenen Ausrollbock mit der Hand bzw. Kran (Entnahme von schwerem Langgut oder Bündeln) entnommen und wieder eingelagert werden.
Bei sehr hoher Artikelanzahl im Stangenlager können die Regale in Verbindung mit speziellen Regalfahrzeugen auch als Hochregal gebaut werden. Da diese Spezialfahrzeuge jedoch sehr selten gebaut werden, sind sie verhältnismäßig teuer (beispielsweise im Vergleich zu einem Schmalgang-Kombistapler).

**Vorteile:**
- Nutzung der Raumhöhe möglich (bei Hochregallager mit speziellem Regalfahrzeug)
- Zugriff auf alle Artikel
- Mann-zur-Ware-Kommissionierung möglich

**Nachteile:**
- Zugriffsverfügbarkeit durch Sonderregalfahrzeuge eingeschränkt
- hoher Invest bei Einsatz von Sonderregalfahrzeugen
- Im Falle von Sonderfahrzeugen: kaum Flexibilität gegenüber Leistungsspitzen
- Die stirnseitige Entnahme kann bei lackiertem Langmaterial (z. B. Profilen) leicht zu Beschädigungen führen.

**Eignung**
Wabenregale eignen sich für die Lagerung von Langteilen (z. B. Profilen), wenn mittlere Mengen pro Artikel vorhanden sind. Eine Mann-zur-Ware-Kommissionierung (ggf. in Verbindung mit einem speziellen Regalfahrzeug) von Langteilen aus Wabenregalen ist sinnvoll, bei
- leichtem Langgut (< 10 kg mittlerer Länge, bis 6 m)
- bei mittlerer bis hoher Artikelanzahl
- kleinen bis mittleren Lagermengen pro Artikel
- bei geringer Umschlagsleistung

## 4.5 Ware-zum-Mann-Kommissioniersysteme

Bei Ware-zum-Mann-Systemen (abgekürzt WzM-Systeme) erfolgt die Auftragskommissionierung an statischen Kommissionierplätzen, sehr häufig in der Vorzone eines automatischen Kleinteilelagers (siehe Abbildung 17). An den jeweiligen Kommissionierplätzen ist zuvor die zu entnehmende Artikelposition in einer entsprechenden Lagereinheit von dem automatischen Kommissioniersystem für die Entnahme zur Verfügung zu stellen. Auch die Vorzonen automatischer oder konventioneller Palettenläger (letzteres z. B. ausgeprägt als Schmalganglager) werden regelmäßig mit statischen Kommissionierplätzen (z. B. ausgestattet mit Handhabungshilfen für die Kommissionierung sperriger oder schwerer Teile) versehen.

Die entnommenen Positionen werden im Anschluss in einen am Kommissionierplatz bereit stehenden Auftragsbehälter (z. B. ausgeprägt als Behälter, Kartons, Palette oder Sondergestell) abgelegt, welcher dann von einem Fördersystem (Stapler, Stetigförderer u. a.) für die weitere Bearbeitung (Packen, Konsolidieren, Versandbereitstellung etc.) übernommen wird. Es erfolgt also in der Regel eine „dezentrale“ Abgabe gemäß VDI 3590 (vergleiche Abbildung 1). Die Lagereinheit mit der verbleibenden Restmenge des Artikels wird (automatisch oder konventionell per Stapler) wieder zurückgelagert.

*Abb. 18: Kommissionier-Platz AKL* *(Quelle: Viastore)*

Auch bei Planung und Auslegung von WzM-Systemen spielt also zunächst das Lagergut eine ganz wesentliche Rolle: Art, Größe und Gewicht der Lagergüter begrenzen – wie bei den MzW-Systemen (siehe Kapitel 4.4) – maßgeblich die in Frage kommenden, in der Regel automatisierten Lager- und Kommissioniertechniken. Entsprechend werden die WzM-Kommissoniersysteme nach „Kleinteile“, „Mittelteile“ und „.Langteile“ differenziert:

➡ Kleinteile → Kleinteilelager
- Kleine Einzelstücke, Bündel oder Einzelteile in der Regel in Behältern (Abmaße der Behälter in der Regel gem. Euromaß bis max. L x B = 600 x 400 mm)
- Lagerung der Behälter (oder loser Kartons) direkt im Regalsystem oder auf Tablaren (z. B. mit L x B = 800 x 600 mm, auch als „Großbehälter“ bezeichnet), auf denen mehrere Behälter bzw. Kartons gleichzeitig liegen
- Kommissionierung durch Entnahme loser Greifeinheiten (Einzelstücke, Bündel, Kleinkartons) aus dem Behälter oder vom Tablar

➡ Mittelteile → Paletten-/Gitterboxlager
- größere Packeinheiten (Kartons/Umkartons, Sperrigteile etc.), die für eine

Lagerung im Kleinteilelager ungeeignet sind (zu lang/breit, zu voluminös, zu schwer)

- Lagerung auf Paletten oder in Gitterboxen oder in Sondergestellen; Abmaße der Lagereinheiten bis L x B = 1.400 x 2.000 mm, im Regelfall aber gemäß dem Euro-Palettenmaß von L x B = 1.200 x 800 mm mit geringen Überständen
- Kommissionierung von der Palette oder aus einer Gitterbox bzw. einem Sondergestell an stationärem Kommissionierplatz, ausgestattet mit Hebehilfen (Kran, Sauggreifer etc.)

Langteile → Langteile-Lager

- Langteile mit einer Länge ab ca. 1,5 m bis häufig 6 m (aber auch darüber hinaus), z. B. Profile, Stangen und Rohre (teilweise gebündelt), lange Sondergestelle (Holz, Stahl), welche für die Lagerung im Kleinteile- oder Palettenlager ungeeignet sind;
- Lagerung als Einzelgestell lose im Langteillager (z. B. auf Kragarmen) oder auf Paletten/Großpaletten, in Langgutkassetten oder in Kisten verpackt
- Kommissionierung von Einzelstücken, Bündeln bzw. von kompletten Transporteinheiten (Paletten mit Überständen, Großpaletten/-kisten, Langgutkassetten)

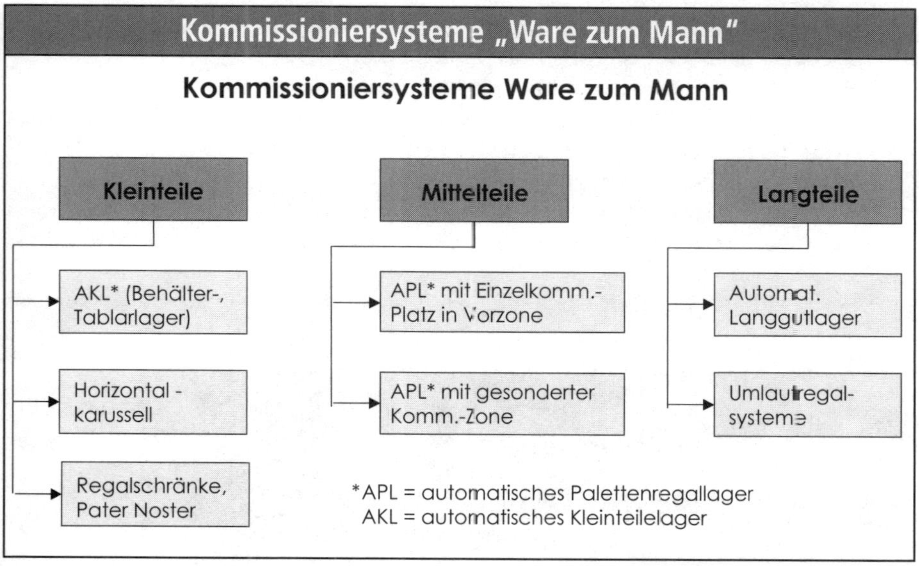


*Abb. 19: Übersicht typischer Kommissioniersysteme „Ware zum Mann"*

Wie bei den MzW-Systemen so sind auch bei der Auslegung der WzM-Kommissioniersysteme die gesetzlichen Regeln für das Kommissionieren von Lasten zu beachten. Bei für den Menschen zu schweren Greifeinheiten (> 15 kg) ist eine WzM-Kommissionierung allerdings besonders vorteilhaft, da die dann stationären Arbeitsplätze ergonomisch sehr günstig gestaltet werden können (u. a. mit Hebehilfen wie Krane, Sauggreifer etc.).

Nachfolgend werden typische und in der Praxis häufig anzutreffende WzM-Kommissioniersysteme (siehe Abbildung 18) ausführlicher beschrieben.

4

## 4.5.1 WzM-Kommissioniersysteme für Kleinteile

### Automatisches Kleinteilelager (AKL)

**Kurzbeschreibung**

Der eindeutig typischste und am häufigsten anzutreffende Vertreter eines WzM-Kommissioniersystems im Kleinteilebereich ist das automatische Kleinteilelager mit fördertechnisch angeschlossenem Kommissionierbereich in seiner Vorzone, im Sprachgebrauch des Logistikers einfach als „AKL" bezeichnet.

Die Lagereinheiten eines üblichen AKL werden üblicherweise auf Tiefenstegen des umgebenden Regalsystems einfachtief gelagert, womit ein direkter Zugriff auf die Lagereinheit mit dem Lastaufnahmemittel (LAM) des Regalbediengeräts (RBG) gewährleistet ist.

Folgende wesentliche Ausprägungen eines AKL sind in der Praxis häufig anzutreffen:

- Lagereinheiten sind meist Behälter (mit L x B bis zu 600 x 400 mm, Behältergewicht bis 50 kg), aber auch Tablare oder Großbehälter mit L x B = 800 x 600 mm oder größer mit einem oder mehreren Behältern oder Kartons (Gewicht der Lagereinheit dann bis 200 kg und mehr);
- Lagerung einfachtief oder zweifachtief (wodurch leistungsmindernde Umlagerungen durch Zugriff auf die hintere Lagereinheit notwendig werden); in Sonderfällen auch Lagerung über zweifachtief hinaus
- Höhe des RBG von 4 m bis 14 m (in Einzelfällen auch höher oder niedriger)
- Ausstattung des RBG mit einem oder zwei LAM; durch ein zweites LAM lässt sich die Ein- und Auslagerleistung des RBG um ca. 40 Prozent steigern (Faustwert)
- Anordnung der fördertechnisch angeschlossenen Kommissionierbereiche in der Vorzone (auf Bodenniveau, auf einer Bühne), seltener an einer der Längsseiten des AKL
- Einbau des AKL in feste Gebäude, in seltenen Fällen ist die Regalkonstruktion des AKL als Tragkonstruktion für ein Regalsilo ausgelegt.

*Abb. 20: Automatisches Kleinteilelager (AKL)*

Aufgrund seiner dynamischen Leistungsfähigkeit (Ein-/Auslagerleistungen pro RBG von je 150 Behältern pro Stunde und mehr), der kompakten Bauweise und seiner Einsetzbarkeit für die Artikelspektren vieler Branchen für deren Bedarfe in Distribution und Produktion, verfügt das AKL heute über eine sehr große Verbreitung in Handel, Industrie und (mit Abstrichen) in der Kontraktlogistik – trotz der mit der Anschaffung eines AKL verbundenen, relativ hohen Investitionen (für Regale und Behälter, für RBG und Stetigfördertechnik, für Steuerung, Materialfluss- und Lagerverwaltung) und Kapitalbindungskosten.

**Vorteile:**
- hohe Kommissionierleistungen möglich: Ø Kommissionierleistungen in einer Bandbreite von 120–200 Positionen/h
- ergonomische Gestaltung der statischen Kommissionier-Arbeitsplätze
- flexibel (hinsichtlich Struktur- und Leistungsveränderungen, generelle Erweiterbarkeit)
- Mehrschichtbetrieb ohne hohen personellen Zusatzbedarf
- Multi-Order-Picking durch gleichzeitig Bereitstellung mehrerer Auftragsbehälter an einem Kommissionierplatz
- trotz hoher Automatisierung: beherrschbare Ausfallgefahren
- hohe Raum- und Flächennutzung, günstige Anpassung an vorhandene Raumstrukturen (Höhen, Flächen)
- hohe Wirtschaftlichkeit

**Nachteile:**
- Investitionen, Fixkosten (Kapitalbindung, Wartung) relativ hoch
- Ausfallrisiko höher als bei rein manuellen Systemen (z. B. mehrgeschossige Fachbodenregalanlage)
- Investitionen bei Erweiterungen relativ hoch
- geringe Eignung als mandantenfähige Anlage in der Kontraktlogistik

**Eignung**

AKLs sind für die Kleinteile-Kommissionierung geeignet; hier insbesondere in Fällen mit
- hoher Artikelanzahl
- mittlere bis geringe Lagermenge pro Artikel
- mittlere bis geringe Umschlagsleistung

Durch ihre hohe Wirtschaftlichkeit und sehr gute Ergonomie sind AKL-Systeme häufig im Ersatzteilbereich und -handel der Industrie (Fahrzeugbau und Zulieferindustrie, Maschinenbau, Flugzeugbau etc.) ein bevorzugtes Kommissioniersystem.

### Horizontalkarussell (HOKA)

**Kurzbeschreibung**

In der Gilde der WzM-Kommissioniersysteme für Kleinteile eher selten anzutreffen sind Horizontalkarusselle, kurz als HOKA bezeichnet.

HOKA sind Umlauflager mit horizontal umlaufenden Gehängen, die für die Kommissionierung im Kleinteilebereich mit Regalböden (ähnlich den Fachböden einer einfachen Fachbodenregalanlage) ausgestattet sind. HOKA-Systeme kommen

4

besonders bei fehlender Raumhöhe (< 6 m) zum Einsatz und stellen ein sehr leistungsfähiges Kommissionier- und Lagersystem dar. Auf den Fachböden der Regalgehänge lagern die jeweiligen Lagereinheiten, vorwiegend artikelreine Behälter mit L x B bis zu 600 x 400 mm.
Ein HOKA stellt ein in sich geschlossenes System dar, welches in der Regel an seiner Kopfseite über eine Automatiktür mit Behältern (manuell oder automatisch) ver- und entsorgt werden kann. Ähnlich dem AKL können mehrere WzM-Kommissionierplätze in der HOKA-Vorzone fördertechnisch an – dann in der Regel mehrere – HOKA angebunden werden (siehe Abbildung 21). Über entsprechende Greifsysteme werden die Lagerbehälter von den HOKA-Fachböden automatisch entnommen und an die Vorzonenfördertechnik übergeben. Hierdurch wird eine schnelle und effiziente Warenbereitstellung ermöglicht (ähnlich der beim AKL).

*Abb. 21: Systembild Horizontalkarussell (HOKA)*

Folgende wesentliche Ausprägungen eines HOKA sind in der Praxis häufig anzutreffen:

- Lagereinheiten sind meist Behälter (mit L x B bis zu 600 x 400 mm, Behältergewicht bis 50 kg), aber auch Kartons
- Lagerung auf Fachböden wie in einem konventionellen Fachbodenlager mit üblichen Abmessungen der Fachböden (Tiefe 400–600 mm, Breite 1.000–1.300 mm)
- übliche Höhen eines HOKA zwischen zwei und fünf Metern (in Einzelfällen auch höher)
- Anordnung mehrerer HOKA nebeneinander, auch übereinander möglich
- Anordnung der fördertechnisch angeschlossenen Kommissionierbereiche in der HOKA-Vorzone (auf Bodenniveau, auf einer Bühne)
- Einbau des HOKA ausschließlich in feste Gebäude

**PRAXISTIPP:**

Aufgrund seiner dynamischen Leistungsfähigkeit, Einbaumöglichkeit in vorhandene, auch niedrige Räume, Einsetzbarkeit für die Artikelspektren vieler Branchen für deren Bedarfe in Distribution und Produktion, ist das HOKA heute eine sehr interessante Alternative zum AKL – trotz der mit der Anschaffung eines HOKA verbundenen relativ hohen Investitionen und somit Kapitalbindungskosten.

**Vorteile:**

- hohe Kommissionierleistungen möglich: Ø Kommissionierleistungen in einer Bandbreite von 120–200 Positionen/h
- ergonomische Gestaltung der statischen Kommissionier-Arbeitsplätze
- Mehrschichtbetrieb ohne hohen personellen Zusatzbedarf
- Multi Order Picking durch gleichzeitige Bereitstellung mehrerer Auftragsbehälter an einem Kommissionierplatz
- trotz hoher Automatisierung: beherrschbare Ausfallgefahren
- günstige Anpassung an vorhandene Raumstrukturen (Höhen, Flächen)
- hohe Wirtschaftlichkeit

**Nachteile:**

- Investitionen, Fixkosten (Kapitalbindung, Wartung) hoch
- seltene Anwendungen, geringe Verbreitung, wenig Anbieter
- Ausfallrisiko höher als bei rein manuellen Systemen (z. B. mehrgeschossige Fachbodenregalanlage)
- Investitionen bei Erweiterungen relativ hoch
- Raum- und Flächennutzung schlechter als beim AKL (wegen der geringen Bauhöhen)
- eingeschränkte Flexibilität (hinsichtlich Struktur- und Leistungsveränderungen, generelle Erweiterbarkeit)
- geringe Eignung als mandantenfähige Anlage in der Kontraktlogistik

➡ **Eignung**

HOKA sind für die Kleinteilekommissionierung geeignet; hier insbesondere in Fällen mit

- mittlere Artikelanzahl
- mittlere bis geringe Lagermenge pro Artikel
- mittlere bis geringe Umschlagsleistung
- Einbau in niedrige Bestandsgebäude

Durch gute Wirtschaftlichkeit und sehr gute Ergonomie sind HOKA-Systeme (auch als Einzelsysteme) in vielen Bereichen von Industrie und Handel (Produktion, Distribution) einsetzbar.

### Automatische Regalschrank- und Paternostersysteme

➡ **Kurzbeschreibung**

Automatische Regalschränke und Paternoster werden häufig und gerne als Einzelsysteme für kleinere Anwendungen oder als Ergänzungen für MzW- oder WzM-Kommissioniersysteme eingesetzt. Als in sich geschlossene kommissioniertechnische Hauptsysteme (wie ein AKL oder eine mehrgeschossige Fachbodenregalanlage) kommen sie – aus Gründen der Wirtschaftlichkeit im Vergleich mit einem AKL oder einem HOKA – nur äußerst selten zum Einsatz.

In einem automatischen, senkrecht stehenden Regalschrank (siehe Abbildung 22, linkes Bild) werden Tablare (z. B. mit B x L = 1.000 x 800 mm) als Träger für die Lagereinheiten (Behälter, Kartons etc.) durch ein im Schrank installiertes automatisches Bediengerät einer Bedienöffnung automatisch zugeführt. Die Tablare lagern sowohl auf der Seite der Bedienöffnung als auch auf der gegenüberliegenden Seite.

Unmittelbar vor der Bedienöffnung befindet sich der WzM-Kommissionierplatz, an dem ergonomiegerecht Ware von dem jeweils bereitstehenden Tablar (bzw. aus Behältern auf dem Tablar) entnommen werden kann.

Nach dem gleichen Kommissionierprinzip arbeitet das Paternostersystem (Abbildung 22, ganz rechtes Bild). Dieses stellt ein vertikales Umlaufregal dar, welches an zwei Kettensträngen geführte Tablare einer Bedienöffnung automatisch zur Verfügung stellt. Übliche Tablarabmessungen eines Paternosters betragen 2.000–3.000 mm in der Breite und 400–600 mm in der Tiefe.

Die mittleren Bereitstellzeiten der Tablare eines Regalschrankes sind im direkten Vergleich deutlich kürzer. Durch Bediengeräte, welche nicht nur vertikal, sondern auch horizontal verfahrbar sind, lassen sich zwei oder mehr Regalschränke kostengünstig nebeneinander anordnen.

Durch fördertechnische Verbindungen der Bedienöffnungen und automatische Behältergreifsysteme lassen sich mehrere Schrank- und/oder Paternostersysteme zu kompletten WzM-Kommissioniersystemen ausbauen, was in der Praxis jedoch aus Wirtschaftlichkeitsgründen äußerst selten vorkommt.

*Abb. 22: Systembild automatischer Regalschrank und Paternoster*

**Vorteile:**
- günstige Anpassung an vorhandene Raumstrukturen (mit großen Raumhöhen und geringen Flächen)
- hohe Raumnutzung
- ergonomische Gestaltung der statischen Kommissionier-Arbeitsplätze
- wahlfreie Anordnung von Kleinteilen lose oder in Behältern auf den jeweiligen Tablaren
- für vielfältige Zwecke in vielen Branchen als Einzelsystem in Handel und Industrie einsetzbar

**Nachteile:**
- Investitionen, Fixkosten (Kapitalbindung, Wartung) hoch
- Ausfallrisiko
- Investitionen bei Erweiterungen relativ hoch
- eingeschränkte Flexibilität (hinsichtlich Struktur- und Leistungsveränderungen, generelle Erweiterbarkeit)
- zusätzliche Wegzeiten, wenn mehrere Einheiten nacheinander zu bedienen sind

**Eignung**

Regalschränke und Paternostersysteme sind typische Kleinteile-Kommissioniersysteme; hier insbesondere in Fällen mit
- hoher Artikelanzahl
- geringe Lagermenge pro Artikel
- geringe Umschlagsleistung, geringe Anzahl an Zugriffen

Als kommissioniertechnische Einzelsystems und Ergänzungen lassen sich Regalschränke und Paternoster in vielen Bereichen von Industrie und Handel (Produktion, Forschung und Entwicklung, Distribution, Verkaufsräume) in vorhandenen Räumlichkeiten wirtschaftlich und flexibel einsetzen. Als komplette, eigenständige Kommissioniersysteme für größere und komplexere logistische Anwendungen sind sie, besonders im Vergleich mit AKL- und HOKA-Systemen, aus ökonomischen Gründen eher ungeeignet.

## 4.5.2 WzM-Kommissioniersysteme für Mittelteile (auf Paletten)

WzM-Kommissioniervorgänge im Zusammenhang mit mittelgroßen Teilen, die in der Regel auf Paletten oder in Gitterboxen lagern, kommen in der logistischen Praxis regelmäßig in Verbindung mit automatischen Palettenregalsystemen (APL) vor.

In Verbindung mit manuellen, d. h. staplerbedienten Breitgang- oder Schmalgangsystemen finden derartige Kommissionierungen nur statt, wenn es sich um schweres oder unhandliches Gut handelt, welches im Mann-zur-Ware-Betrieb nicht kommissionierbar ist. Hierauf wurde bereits unter Punkt 4.4.2 eingegangen, insofern wird im Folgenden nur die WzM-Kommissionierung im Zusammenhang mit einem APL behandelt.

### WzM-Kommissionierung und Automatisches Palettenlager (APL)

Hauptanwendung automatischer Palettenregalsysteme ist das Ein- und Auslagern kompletter Lagereinheiten, hier also Paletten (Europaletten, Industriepaletten,

4

Sonderpaletten) oder auch Gitterboxen. Die ausgelagerten Paletten werden z. B. als Nachschub in gesonderte Kommissionierzonen umgelagert (in denen dann auch Einzelentnahmen direkt von der Palette erfolgen) oder direkt für den Weitertransport in den Versand bereitgestellt.

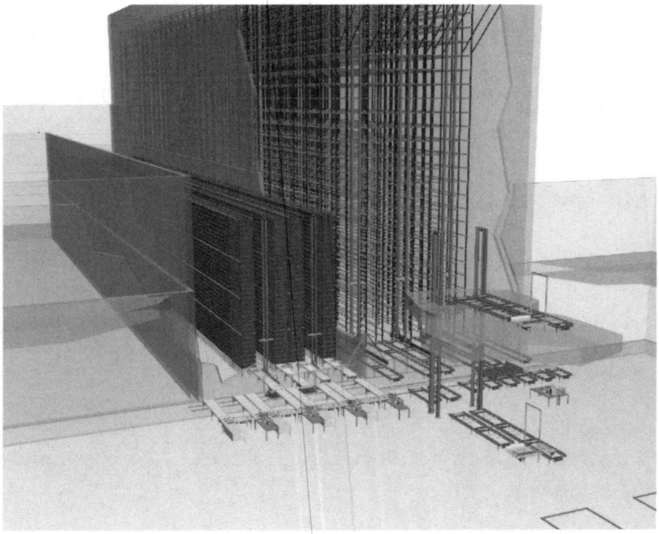

*Abb. 23: Kombination aus AKL (im Vordergrund) und automatischem Palettenlager (APL)*

Kommissioniervorgänge (d. h. Teilentnahmen von Paletten) an gesonderten WzM-Kommissionierplätzen in einer APL-Vorzone, die über Palettenfördertechnik an das APL angeschlossen sind, werden nur selten vorgesehen (Abbildung 21). Der Grund hierfür ist die begrenzte dynamische Leistungsfähigkeit von Paletten-Regalbediengeräten, die den Transport sowie die Ein- und Auslagerung ganzer Paletten mit Gewichten von häufig einer Tonne und mehr vornehmen müssen.

**PRAXISTIPP:**

Es gilt folgender Faustwert: je 25–30 Ein- und Auslagerungen pro Stunde und Regalbediengerät bzw. 35–40, wenn pro Gerät gleichzeitig zwei Paletten transportiert werden.

Größere Kommissionieranteile, jeweils verbunden mit Rücklagerungen der dann nur noch teilgefüllten Paletten, führen somit sehr schnell zu leistungstechnischen Engpässen von Regalbediengeräten und Palettenfördertechnik; zudem können größere Kommissioniervorgänge beträchtliche Füllgradreduzierungen im APL auf Grund vermehrt entstehender und dann nur noch schlecht gefüllter Anbruchpaletten zur Folge haben.

Es ist also grundsätzlich darauf zu achten, WzM-Kommissioniervorgänge in der Vorzone eines APL mit einem nur sehr geringen Anteil vorzusehen (z. B. für extrem langsam drehende Artikel oder für geringe Einzelentnahmen in Montage und Produktion).

WzM-Kommissioniervorgänge in Verbindung mit einem APL sind in der Praxis regelmäßig anzutreffen. Selbst bei ursprünglicher Beachtung der vorgenannten Aspekte können im täglichen Betrieb bereits geringe strukturelle Änderungen die erwähnten Engpasssituationen bei einem regelmäßig mit hohen Investitionen verbundenen APL herbeiführen.

Anders verhält es sich, wenn am APL-Kommissionierplatz Paletteneinheiten komplett abgepackt werden (z. B. für die direkte Beschickung einer automatischen Versandsortierung), so dass eine Rücklagerung von angebrochenen Paletten entfällt.

## 4.5.3 WzM-Kommissionierung von Langteilen

Mit den hier angesprochenen Langteilen sind gemeint

- Teile mit einer Länge ab ca. 1,5 m bis häufig 6 m (aber auch darüber hinaus), z. B. Profile, Stangen und Rohre (teilweise gebündelt), lange Sondergestelle (Holz, Stahl), welche für die Lagerung im Kleinteile- oder Palettenlager ungeeignet sind;
- Lagerung der Langteile als Einzelgestell lose im Langteillager (z. B. auf Kragarmen) oder auf Paletten/Großpaletten, in Langgutkassetten oder in Kisten verpackt
- Kommissionierung der Langteile als Einzelstück, im Bund bzw. als komplette Transporteinheiten (Paletten mit Überständen, Großpaletten/-kisten, Langgutkassetten)

WzM-Kommissioniervorgänge im Zusammenhang mit Langteilen kommen in der logistischen Praxis sowohl in Verbindung mit automatischen Langgutregalsystemen als auch in Verbindung mit manuellen, d. h. staplerbedienten Kragarmregal systemen (als Breit- oder Schmalgangsystem ausgeführt) vor. Letztere wurden bereits beschrieben, insofern wird im Folgenden nur die WzM-Kommissionierung im Zusammenhang mit automatischen Langgutlägern beschrieben.

### WzM-Kommissionierung im Automatischen Kassettenlager

In einem automatischen Kassettenlager, gängigster Vertreter eines automatischen Langgutlagers und ausführbar bis Höhen von 20 m, werden die einzelnen Langteile in so genannten Langgut-Kassetten gelagert. Diese in vielen Fällen ca. 6 m langen Lagereinheiten lagern längs in einem mit Laufrollen ausgestatteten Regalsystem. Die Ein- und Auslagerung der Kassetten erfolgt mit automatischen Langgut-RGB (Regalbediengeräten), die die Kassetten zwischen dem Übergabepunkt in der Vorzone des automatischen Kassettenlagers und dem Regalfach transportieren (Abbildung 24).

Bei der Ganzauslagerung der Kassetten (Gewichte bis zwei Tonnen und mehr) werden die am Auslagerpunkt vom Langgut-RBG bereit gestellten Kassetten in der Regel von einem geeigneten Stapler oder Kran übernommen und der Folgeverwendung (z. B. Transport in die Produktion oder direkte Verladung) zugeführt.

Die Teilentnahme von einzelnen Langteilen aus der Kassette erfolgt an einem gesonderten WzM-Kommissionierplatz in der Vorzone des Kassettenlagers (auch

4

seitlich ausführbar; Kommissionierplätze ausgestattet mit Hebehilfen für die Entnahmen der häufig sehr schweren Langteile) mit anschließender automatischer Wiedereinlagerung der Lagerkassette durch das automatische RBG. Die Langgut-RBGs sind geeignet für eine Leistung von 40 bis 50 Ein- und Auslagerungen pro Stunde.

*Abb. 24: Systembild Automatisches Kassettenlager*

**HINWEIS:**

Die Anwendungsfälle für automatische Kassettenläger sind eher selten, meist als Produktionslager in metallverarbeitenden Betrieben. Ihre Anschaffung ist mit hohen Investitionen verbunden: Die notwendigen Investitionen für ein solches System mit 1.000 Kassettenstellplätzen und einem RBG liegen nahe einer Million Euro (inkl. Regalsystem, Kassetten, RBG, Materialflusssteuerung, Kommissionierplatzausstattung). Ergänzend sind Investitionen für erforderliche Gebäude hinzuzufügen (Anpassung vorhandener bzw. neue).

### WzM-Kommissionierung mit Langgutpaternoster und andere

Ein weiteres gängiges Lager- und Kommissioniersystem für Langteile ist das Langgutpaternoster, ein vertikales Umlaufregalsystem für Langgutkassetten, ähnlich dem Paternostersystem für Kleinteile.

*Abb. 25: Systembild Langgutpaternoster*

Die Teilentnahme von einzelnen Langteilen aus der Kassette erfolgt an einem gesonderten WzM-Kommissionieplatz in der Vorzone des Paternosters (auch hier seitlich ausführbar; Kommissionierplätze sind mit Hebehilfen für die Entnahmen der häufig sehr schweren Langteile ausgestattet). Die Anwendungsfälle für dieses sehr kompakt und flächensparend ausführbaren Lagersysteme sind ebenso eher selten, meist ebenfalls als Produktionslager in metallverarbeitenden Betrieben.

Neben den hier aufgeführten gängigen Typen automatischer Langgut-Lagersysteme gibt es weitere Systeme (Überfahr- und Portallager, Vertikallager mit Kassetten), die aber in der betrieblichen Praxis eine nur sehr geringe Bedeutung haben und daher hier nicht weiter aufgeführt sind.

## 4.6 Automatische Kommissioniersysteme, Sondersysteme

In den vorhergehenden Kapiteln dieses Beitrages sind gängige Kommissioniersysteme der heutigen logistischen Praxis, strukturiert nach Mann-zur-Ware- und Ware-zum-Mann-Systemen, vorgestellt worden. Bei diesen Systemen steht auch heute noch der Mensch mit seinen besonderen Fähigkeiten im Mittelpunkt des Geschehens.

Nicht konkret eingegangen wurde auf automatische Sortier- und Verteilsysteme (siehe Abbildung 27), da diese keinen Kommissionierprozess im engeren Sinne abbilden: Hier erfolgt lediglich in einer zweiten „Kommissionierstufe" die automatische Zuordnung der zuvor kommissionierten Greifeinheiten nach bestimmten, z. B. zuvor festgelegten Versandrelationen.

*Abb. 26: Sortertechniken (linkes Bild: Kippschalensorter; mittleres Bild: Quergurtsorter; rechtes Bild: „Shoe"-Sorter)*

Darüber hinaus gibt es für bestimmte Anwendungen mittlerweile eine Reihe vollautomatischer Systeme, bei denen der Mensch am eigentlichen physischen Kommissionierprozess praktisch nicht mehr beteiligt ist. Beispiele für solche vollautomatischen Systeme sind z. B. der Schachtkommissionierautomat im Pharmagroßhandel oder Roboter-unterstützte Kommissioniersysteme in der Pharmaindustrie und der Getränkeindustrie bzw. im Lebensmittelhandel.

*Abb. 27: Linkes Bild: Schachtkommissionierautomat (auch als „A-Frame" bezeichnet); rechtes Bild: Kommissionier-Roboter*

Derartige Spezialanwendungen, die nicht unmittelbar Gegenstand dieses Beitrages waren, sind nach wie vor selten, die Entwicklung wird hier jedoch weiterverfolgt und zum Teil im Rahmen dieses Buches aufgegriffen (siehe Teil III dieses Buches zu innovativen Kommissioniersystemen).

4

## Literaturverzeichnis

ARNOLD ET AL. (2007): Arnold, D., Isermann, H., Kuhn, A., Tempelmeier, H. Furmans, K. (Hrsg.): Handbuch Logistik. §. Auflage, Berlin.

ATLET: Atlet Flurförderzeuge GmbH: Leitfaden für den Materialfluß, Oberhausen.

BITO: Bito-Lagertechnik Bittmann GmbH: Systemhandbuch – Lager und Kommissioniersysteme. Ausgabe 1, Meisenheim.

BODE/PREUSS (2004): Bode, Wolfgang, Preuß, Rüdiger W: Intralogistik in der Praxis. Ein Fachbuch der Still-Akademie, Suhl.

GÜNTHNER/HEPTNER (2007): Günthner, Willibald A., Heptner, Klaus: Technische Innovationen für die Logistik, München.

GUDEHUS (2005) Gudehus, Timm: Logistik. Grundlagen – Strategien – Anwendungen, Berlin, Heidelberg, New York.

SCHULTE (1993): Schulte, Joachim: Praxis des Kommissionierens – Warenfluß ohne Reibungsverluste – Handbuch für die betriebliche Praxis, Königsbrunn.

VOIGT (1997): Voigt, Gert: Das neue Kommissionier Handbuch. Sonderpublikation der Zeitschrift Materialfluss, Landsberg.

VOIGT (1986): Voigt, Gert: Lagerplanung. Sonderpublikation der Zeitschrift Materialfluss, Landsberg.

5

# 5 INFORMATIONSTECHNOLOGISCHE UNTERSTÜTZUNG DER KOMMISSIONIERUNG

*(Jörg Schietinger)*

## 5.1 Einleitung

Informationstechnologische (IT-)Unterstützung in der Kommissionierung ist kein Selbstzweck, sondern im Prinzip schon bei einfachen Anforderungen an die Kommissionierung eine Notwendigkeit.

In welcher Art und Weise die Kommissionierung informationstechnologisch, also mit Hilfe der EDV, unterstützt werden kann, hängt ganz wesentlich von den Anforderungen an die Kommissionierung ab, die wiederum aus Anforderungen der Kunden, des definierten Serviceniveaus, des Sortiments und der Auftragsstruktur resultieren.

Dieser Beitrag konzentriert sich auf die Optimierung der Kommissionierung durch Zusammenfassung von Kundenaufträgen zu „internen“ Kommissionieraufträgen. Zudem stehen manuelle Kommissioniersysteme nach dem Prinzip „Person zur Ware“ im Vordergrund.

## 5.2 Von der einfachen Kommissionieraufgabe zum komplexen Kommissioniersystem

Die **einfache Kommissionieraufgabe** lautet: ein Mitarbeiter bearbeitet bei einem Kommissionierrundgang einen Auftrag. Das heißt: Der Kommissionierer sammelt sämtliche Positionen des Auftrags während seines Rundgangs durch das Lager ein. Schematisch ist dies in Abbildung 1 dargestellt.

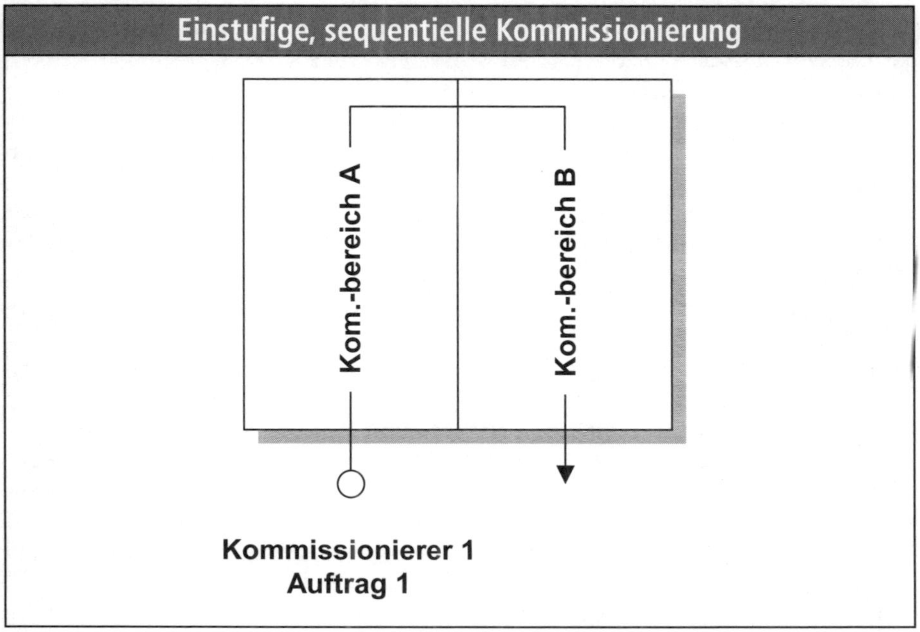


*Abb. 1: Einstufige, sequentielle Kommissionierung*

Die notwendige informationstechnologische Unterstützung bei dieser Art der Kommissionierung ist minimal. Im Prinzip kann diese in einem Stück Papier, etwa in Form eines Lieferscheins oder einer Pickliste, bestehen. Es sollte nicht unterschlagen werden, dass dieses Kommissionierkonzept in vielen Lägern Anwendung findet und durchaus den Anforderungen im Hinblick auf Produktivität, Durchlaufzeit und Kosten genügt.

**PRAXISTIPP:**

Einfache Kommissionierkonzepte, wie oben beschrieben, sind – auch wenn sie augenscheinlich nicht den „state of the art" darstellen – den Anforderungen häufig völlig gewachsen. Überlegen und analysieren Sie deshalb vor einem Systemwechsel sehr sorgfältig, welche Ziele Sie mit einem neuen System erreichen wollen.

Es liegt allerdings auch auf der Hand, dass bei diesem Kommissionierkonzept schnell Grenzen erreicht werden, z. B. dann, wenn

- die Kommissionieraufträge bzw. das zu kommissionierende Volumen so groß ist/wird, dass die Kapazität des Kommissionierhilfsmittels (z. B. Kommissionierwagen, Kommissionierstapler) nicht mehr ausreicht.
- das Artikelsortiment bzw. das Artikelspektrum so groß wird, dass der Kommissionierweg lang und die Durchlaufzeit für einen Auftrag hoch wird.

In vielen Logistikzentren sind aus den verschiedensten Gründen (auch den oben genannten) wesentlich komplexere Kommissioniersysteme vorzufinden bzw. notwendig.

5

**Komplexe Kommissioniersysteme** weisen u. a. folgende Merkmale auf:

- Aufträge müssen aus einem großen Artikelsortiment (z. B. > 20.000 Artikel) kommissioniert werden.
- Das Artikelsortiment ist nicht nur umfangreich, sondern bezogen auf Artikeldimensionen und -gewichte heterogen (z. B. von einem kleinen Bohrer bis hin zu einer Werkbank).
- Es herrscht eine inhomogene Auftragsstruktur, d. h. im Logistikzentrum muss ein Auftrag mit einer Position, die ein Stück eines Artikels umfasst, ebenso abgewickelt werden wie ein Auftrag mit mehreren hundert Positionen.
- Es ist eine Vielzahl von Aufträgen (z. B. > 2.000 pro Tag) und/oder Positionen (z. B. > 10.000 pro Tag) abzuwickeln.
- Die Durchsatzanforderungen schwanken stark – nicht nur saisonal, sondern auch von Tag zu Tag bzw. innerhalb eines Tages.
- Aufgrund der Heterogenität der Artikel- und Auftragsstruktur und der Größe des Sortiments kann ein Kundenauftrag nicht in einem einzigen Lager- bzw. Kommissionierbereich bearbeitet werden. Um jedoch alle Positionen des Kundenauftrags in einer Sendung an den Kunden auszuliefern (ein Sendungssplit ist nicht zulässig, d. h. die Kunden wollen in einer Lieferung alle bestellten Artikel erhalten) müssen diese vor dem Versand zusammengeführt werden.
- Die Durchlaufzeiten im Logistikzentrum, und damit auch in der Kommissionierung, sind auf Grund der Kundenanforderungen nach kurzen Lieferzeiten gering.
- Die Fehlertoleranz geht gegen Null.

Komplexe Kommissioniersysteme dieser Art können in der Regel nicht ohne IT-Unterstützung erfolgreich und wirtschaftlich betrieben werden.

## 5.3 IT-Systeme im Logistikzentrum

Die Prozesse in einem Logistikzentrum werden häufig durch folgende IT-Systeme unterstützt:

- WWS (WarenWirtschaftSystem) oder ERP (Enterprise Resource Planning)-System, z. B. für die summarische Bestandsführung eines Artikels. In diesem System werden beispielsweise aber auch die logistikrelevanten Materialstammdaten geführt.
- Lagerverwaltungs- und -steuerungssystem (LVS), z. B. für die lagerplatzbezogene Bestandsführung und die Steuerung der Kommissionierung.
- Versandabwicklungssystem, z. B. für die Erstellung von dienstleisterspezifischen Adress- und Routingetiketten.
- Materialflusssteuerung, z. B. für die Steuerung von Behältern auf einer Fördertechnik.
- so genannte „unterlagerte Steuerungen".

Häufig wird an dieser Stelle von einem so genannten „Ebenen-Modell" gesprochen.

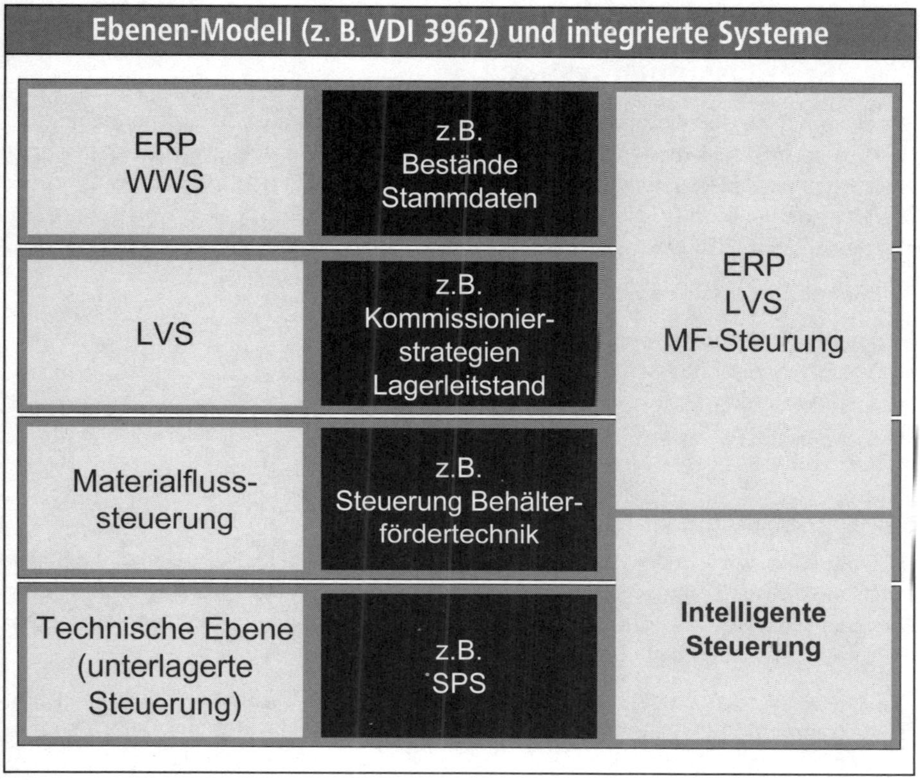


*Abb. 2: Ebenen-Modell (z. B. VDI 3962) und integrierte Systeme*

Stellten die vier (oder auch mehr oder weniger) Ebenen früher gleichzeitig vier verschiedene Systeme dar, die über Schnittstellen miteinander kommunizierten, ist heute ein Trend in Richtung „integrierte" Systeme erkennbar. Dies hängt u. a. damit zusammen, dass einerseits die Hardware eine immer bessere Performance bietet, andererseits die Steuerungen „intelligenter" werden.

Unabhängig davon sind aber die oben kurz skizzierten Aufgaben bzw. Funktionen abzubilden. Welche Systeme in welcher Konstellation in einem Logistikzentrum oder in den Logistikzentren eines Unternehmens eingesetzt werden und welche Aufgaben die einzelnen Systeme jeweils übernehmen, hängt von verschiedenen Faktoren, z. B. der IT-Strategie eines Unternehmens oder den logistischen Anforderungen ab. Es ist ein Unterschied, ob lediglich ein manuelles Lager verwaltet oder aber ein automatisches Kleinteilelager mit mehreren zigtausend Stellplätzen gesteuert werden muss.

Die in den folgenden Abschnitten beschriebenen Möglichkeiten der IT-Unterstützung in der Kommissionierung, nämlich die Bündelung von Kundenaufträgen zu Kommissionieraufträgen und der Lager- oder Kommissionierleitstand sind als Funktionalitäten eines Lagerverwaltungs- und -steuerungssystems zu sehen. Vor dem Hintergrund der Komplexität macht es deshalb sicherlich auch Sinn, wenn hier von Warehouse Management System (WMS) gesprochen wird.

5

## 5.4 Analyse der Anforderungen an IT-gestützte Kommissioniersysteme

Bei der Analyse der Anforderungen an IT-gestützte Kommissioniersysteme geht es im Prinzip um dieselben Analysen, die generell und mindestens bei der Planung eines Kommissioniersystems bzw. bei der Planung eines Logistikzentrums durchgeführt werden sollten (vlg. hierzu auch die Kapitel 3 „Planung von Kommissioniersystemen“ und Kapitel 24 „Leitfaden“).

Der Fokus wird auf die folgenden Analysen gelegt:

- Analyse der Auftragsstruktur
- Analyse der Artikelstruktur
- Analyse der Zeitanteile in der Kommissionierung
- Geschäftsmodell des Unternehmens
- Vorhandene Logistik-Technik und Logistik-Gebäudestrukturen.

### 5.4.1 Analyse der Auftragsstruktur

Im Folgenden wird unter Auftrag ein Kundenauftrag verstanden, der im Logistikzentrum in einen Kommissionierauftrag umgesetzt wird. Jeder Auftrag umfasst eine oder mehrere Auftragpositionen. Jede Auftragsposition wiederum kann aus einem oder mehreren Picks bestehen.

Die Auftragsstruktur hat einen ganz entscheidenden Einfluss auf die Gestaltung eines Kommissioniersystems. Geht man an dieser Stelle weiter ins Detail, sollten durch eine Analyse zumindest die folgenden Fragen beantwortet werden:

- Wie viele Aufträge sind täglich zu bearbeiten?
- Wie ausgeprägt sind Schwankungen?
- Gibt es innerhalb eines Tages Spitzen und Täler?
- Wie viele Positionen hat durchschnittlich ein Auftrag?
- Welche Spreizung lässt sich hier feststellen?
- Wie viele Picks hat durchschnittlich eine Auftragsposition?
- Welche Spreizung lässt sich hier feststellen?
- Welchen Umfang hat eine Position bzw. ein Pick (Verpackungseinheit)?

### 5.4.2 Analyse der Artikelstruktur

Ebenso wie die Auftragsstruktur ist auch die Artikelstruktur ein wesentlicher Einflussfaktor für die Gestaltung eines Kommissioniersystems. Bei dieser Analyse stehen folgende Überlegungen im Vordergrund:

- Wie viele (bestandsgeführte) Artikel umfasst das Sortiment?
- Wie stellt sich die ABC-Struktur bezogen auf die Zugriffshäufigkeit dar?
- Welche Dimensionen haben die Artikel (Größe, Sperrigkeit, Gewicht)?
- Gibt es Artikel mit ausgeprägter Saisonalität?
- Gibt es Artikel mit Aktionscharakter?

### 5.4.3 Analyse der Zeitanteile in der Kommissionierung

Es erscheint sinnvoll, die gängige Struktur bzw. Aufteilung der Kommissionierzeit nach

- Basiszeit
- Totzeit
- Wegzeit
- Greifzeit

zu verfeinern. Häufig werden z. B. schon während der Kommissionierung Etiketten auf die Produkte angebracht oder die Entnahmemenge entspricht nicht der Verpackungseinheit, so dass ein Anbruch gebildet und der Rest wieder entsprechend ins Kommissionierfach zurück gelegt werden muss.

Eine weitere wichtige Komponente der Kommissionierzeit ist – vor allem bei zweistufigen Kommissioniersystemen – die Sortierzeit.

Die Komponenten der Kommissionierzeit sind in der folgenden Abbildung dargestellt:

**Komponenten der Kommissionierzeit**

| | | |
|---|---|---|
| Organisationszeit | Auftrag | ▪ administrative Tätigkeiten<br>▪ Hilfsmittel holen<br>▪ Aufnehmen Palette/Behälter<br>▪ Abgeben der Ware |
| Wegzeit | Auftrag/Auftragsserie/Batch | ▪ Zeit zwischen Beginn des Kommissionierrundgangs und der ersten Entnahmestelle<br>▪ Zeit zwischen zwei Entnahmestellen<br>▪ Zeit zwischen der letzten Entnahmestelle und Abgabe der Ware |
| Pick- und Put-Zeit | Position | Zeit für<br>▪ Hinlangen<br>▪ Entnehmen<br>▪ Ablegen |
| Informationszeit | Position | ▪ Finden des Artikels<br>▪ Lesen<br>▪ Zählen, Wiegen<br>▪ Kontrollieren<br>▪ Vergleichen<br>▪ Quittieren |
| Zeiten für Sonderbehandlung | Position | ▪ Anbruch bilden / verpacken<br>▪ Etikettieren |
| Fehlzeit | Position | ▪ Zeit für die Behandlung und Korrektur von Fehlern<br>▪ Wartezeiten<br>▪ Suchen<br>▪ Bestandsdifferenzen<br>▪ ungeplanter Nachschub |
| Sortierzeit | Position | ▪ Zeit für die Sortierung der Artikel auf die Kundenaufträge |

*Abb. 3: Komponenten der Kommissionierzeit*

5

Es kann keine allgemeingültige Aussage zu den prozentualen Zeitanteilen der Kommissionierzeit gemacht werden. Allerdings kann durchaus festgestellt werden, dass in vielen manuellen Kommissioniersystemen die Wegzeit einen ganz erheblichen Anteil hat. Aufgrund veränderter Auftragsstrukturen (Trend zu kleineren Aufträgen mit wenigen Positionen) stellt jedoch auch die Organisations- und Basiszeit einen Zeitanteil dar, der nicht unterschätzt werden darf.

### 5.4.4 Berücksichtigung des Geschäftsmodells des Unternehmens

Neben den bereits genannten Analysen bzw. ihren Ergebnissen spielt das Geschäftsmodell des Unternehmens und die damit verbundenen Konsequenzen für die Logistik, besser: die Prozesse im Logistikzentrum des Unternehmens, eine wichtige Rolle. Was im Prinzip völlig selbstverständlich erscheint, findet sich in der einschlägigen Literatur zum Thema doch eher selten. Was ist damit gemeint?

- Es ist für die Gestaltung eines Kommissioniersystems ein wesentlicher Unterschied, ob z. B. für ein Unternehmen die Notwendigkeit besteht, Kundenaufträge, die heute eingehen, noch am gleichen Arbeitstag auszuliefern oder ob die Auslieferung auch noch am nächsten Arbeitstag möglich ist.
- Es ist für die Gestaltung eines Kommissioniersystems ebenfalls ein wesentlicher Unterschied, ob die Lieferungen an Endkunden gehen oder z. B. eigene Filialen beliefert werden.

Wie könnten sich diese Unterschiede im Hinblick auf ein Kommissioniersystem auswirken? In der folgenden Tabelle werden hierzu einige Hinweise gegeben, wobei bedacht werden muss, dass in der Praxis wesentlich komplexere Zusammenhänge bestehen, als an dieser Stelle dargestellt werden können.

| Geschäftsmodell | Auswirkungen auf das Kommissioniersystem | IT-Unterstützung |
|---|---|---|
| „Heute bestellt, morgen geliefert" | Tendenziell kleine Aufträge, da Kunden evtl. mehrfach täglich bestellen. | ➥ Sammeln der Aufträge im System bis zu einem definierten Zeitpunkt, damit verschiedene Aufträge eines Kunden zusammen zur Auslieferung kommen.<br>➥ Zusammenfassung von (kleinen) Aufträgen, um bei der Kommissionierung die Wegzeit pro Position zu reduzieren. |

| Geschäftsmodell | Auswirkungen auf das Kommissioniersystem | IT-Unterstützung |
|---|---|---|
| „Heute bestellt, übermorgen geliefert" | Möglichkeit, Aufträge im System zu sammeln und dadurch bei der Kommissionierung geeignete Aufträge zu Auftragsserien/Batches zusammen zu fassen. | ➠ Zusammenfassung von Aufträgen zu Auftragsserien/ Batches |
| Filialbelieferung | Tendenziell größere Aufträge, bei denen die Artikel in einer bestimmten Reihenfolge (Regalbestückung in der Filiale) kommissioniert werden müssen. | ➠ Bildung von filialorientierten Kommissionierrundgängen. |

*Abb. 4: Auswirkungen unterschiedlicher Geschäftsmodelle auf die Kommissionierung*

### 5.4.5 Berücksichtigung vorhandener Logistiktechnik- und Gebäudestrukturen

Im Zusammenhang mit der Planung von Kommissioniersystemen wird häufig von einer Lösung „auf der grünen Wiese", also dem Neubau eines Logistikzentrums, ausgegangen. Viele Kommissioniersysteme sind aber von bestimmten technischen und räumlichen Rahmenbedingungen geprägt. So kann es z. B. durchaus sein, dass räumliche Gegebenheiten den Einbau eines Sorters und damit eines zweistufigen, artikelorientierten Kommissioniersystems ausschließen. Eine andere Restriktion ist beispielsweise die, dass die vorhandene Behälterfördertechnik mit bestimmten Dimensionen den Einsatz anderer Behälter oder Tablare mit Versandkartons nicht zulässt, was wiederum bedeutet, dass ein Kommissioniersystem nach dem Weiterreichprinzip und „Pick und Pack" nicht möglich ist.

Oder aber vorhandene Regallayouts verbieten den Einsatz größerer Kommissionierwagen und die Implementierung von Fördertechnik.

Diese Aspekte sind bei der Durchführung einer Analyse ebenfalls zu bedenken.

### 5.4.6 Planungsbasis

Die beschriebenen Analysen stellen sozusagen eine Momentaufnahme dar und müssen mit der prognostizierten Geschäftsentwicklung hochgerechnet werden. Die so ermittelten Daten stellen dann die Planungsbasis dar, bzw. besser: können die Planungsbasis darstellen.

Damit verbunden ist aber auch ein nicht unerhebliches Risiko, denn niemand vermag die tatsächliche Entwicklung über fünf oder gar zehn Jahre vorherzusagen. So kann beispielsweise ein neues Geschäftfeld, das nach fünf Jahren hereingenommen wird, die Auftrags- und Artikelstruktur deutlich verändern.

5

Aus diesem Grund ist es von entscheidender Bedeutung, bei der Planung, der Reorganisation bzw. dem Tuning von Logistikzentren und Kommissioniersystemen die Skalierbarkeit im Auge zu behalten. Darunter wird einerseits verstanden, dass die verschiedenen Funktionsbereiche eines Logistikzentrums (Wareneingang, Kommissionierbereiche, Verpackungsbereiche, Warenausgang etc.) jeweils für sich erweiterbar sind. Darunter wird aber auch verstanden, dass diese Bereiche für sich ggf. zu Gunsten anderer Funktionsbereiche wieder zurück gebaut werden können. Bei Erweiterbarkeit und Rückbau geht es nicht nur um Flächen, sondern z. B. auch um die Anzahl von Wareneingangsbearbeitungsplätzen, Packplätzen etc.

**PRAXISTIPP:**

So wichtig gründliche und (bezüglich der Daten) konsistente Analysen sind: Achten Sie darauf, dass Sie vor lauter Analysen die Umsetzung nicht aus dem Auge verlieren. Auch hier gilt: Weniger ist oft mehr. Entscheidend ist natürlich, die richtigen Analysen durchzuführen und die Ergebnisse richtig zu interpretieren und umzusetzen. Es gibt aber keinen Automatismus der exakt zum „richtigen" Kommissioniersystem führt.

## 5.5 Fallbeispiel: Reorganisation/Optimierung eines Kommissioniersystems

In den folgenden Abschnitten wird auf Basis der vorhergehenden Ausführungen die Optimierung bzw. Weiterentwicklung eines Kommissioniersystems im Logistikzentrum eines Handelsunternehmens beschrieben.

### 5.5.1 Strukturdaten

**Auftragsstruktur**

Die Kerndaten der Auftragsstruktur sind in der folgenden Tabelle dargestellt:

| | |
|---|---|
| Aufträge pro Tag (durchschnittlich) | 5.000 |
| Schwankungen beim täglich zu bearbeitenden Volumen | +/- 30%, d. h. 3.500 bis 6.500 |
| Spitzen und Täler im Tagesverlauf | siehe Abbildung 6 |
| Positionen pro Tag (durchschnittlich) | 20.000 |
| Positionen pro Auftrag (durchschnittlich) | 3 |
| %-Anteil Ein-Positionsaufträge | 70% |
| Spreizung (Positionen/Auftrag von…bis) | 1 bis 1.200 |
| %-Anteil Aufträge > 5 Positionen | 5% |
| Picks pro Auftragsposition | 1,2 |
| Spreizung (Picks/Position von…bis) | 1 bis 17 |

*Abb. 5: Auftragsstruktur*

5

Die Spitzen und Täler im Tagesverlauf lassen sich grafisch besser darstellen:

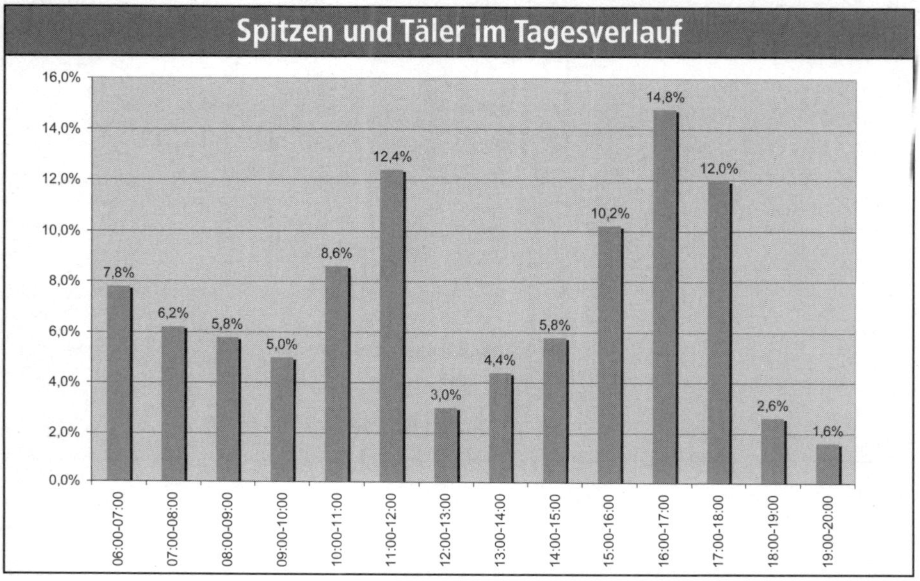


*Abb. 6: Spitzen und Täler im Tagesverlauf*

### **Artikelstruktur**

| | |
|---|---|
| Artikel im Sortiment | 80.000 |
| ABC-Struktur (Zugriffe, hier: Positionen) | siehe Abbildung 8 |
| Artikeldimensionen | 93% der Artikel sind behälterfähig, d. h. passen in die Behälter, die über die Behälterfördertechnik laufen.<br>7% der Artikel sind sperrig, d. h. können nicht über die Behälterfördertechnik transportiert werden. |
| Artikel mit ausgeprägter Saisonalität | nicht im Sortiment |
| Artikel mit Aktionscharakter | nicht im Sortiment |

*Abb. 7: Artikelstruktur*

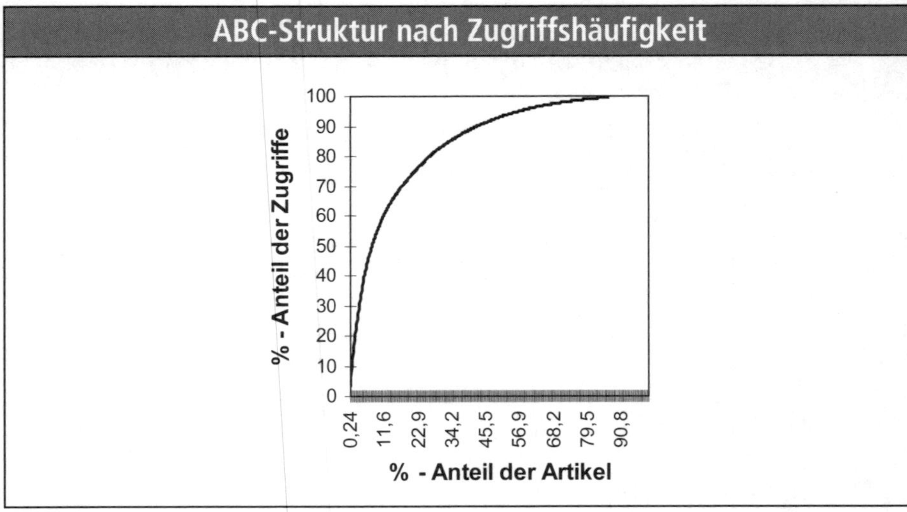


*Abb. 8: ABC-Struktur nach Zugriffshäufigkeit*

### ➡ Zeitanteile in der Kommissionierung

Die Analyse der Kommissionierzeit bringt folgendes Ergebnis:

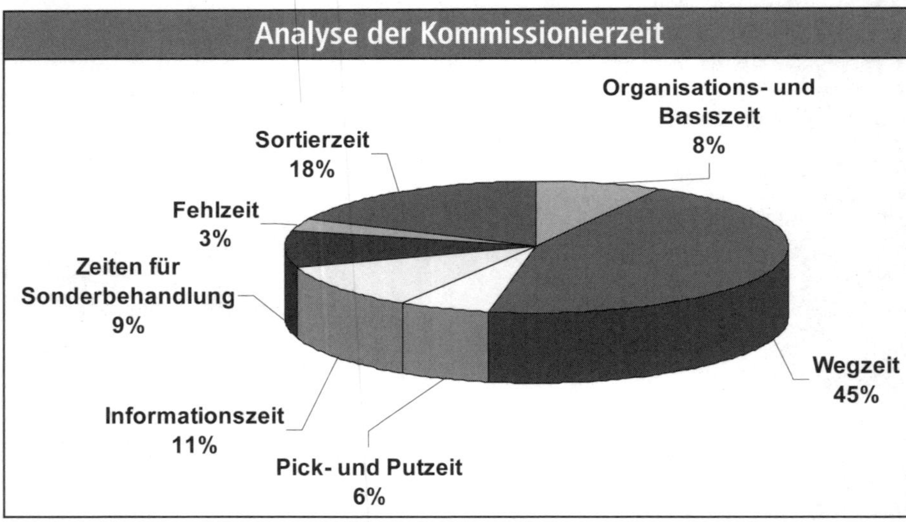


*Abb. 9: Analyse der Kommissionierzeit*

### ➡ Logistikgebäude und Logistiktechnik

Beim Logistikzentrum handelt es sich um einen viergeschossigen Bau. Im Erdgeschoss befinden sich der Warenein- und -ausgang sowie die Packbereiche für Pakete und Paletten. Die Lager-/Kommissionierbereiche für kleine Artikel befinden sich in den drei Obergeschossen. In einem der Obergeschosse ist zudem der Bereich für die Abwicklung von Value Added Services (VAS) untergebracht. Ergänzt wird dieses Gebäude durch ein staplerbedientes Regallager für Paletten und sperrige Artikel.

Die Geschosse sind durch Vertikalförderer für Behälter miteinander verbunden. Auf den Geschossen ist ebenfalls Behälterfördertechnik installiert. Der Transport von Paletten zwischen den Geschossen erfolgt über Lastenaufzüge. Die Lagerung der kleinen Artikel erfolgt in Fachbodenregalen.

### 5.5.2 Beschreibung des Kommissioniersystems in der Ausgangssituation

Die Ausgangssituation lässt sich wie folgt beschreiben:

- Kommissioniersystem nach dem Prinzip „Person zur Ware".
- Sofern Aufträge mehrere Kommissionierbereiche betreffen: parallele Kommissionierung und sequenzielle Konsolidierung.
- Zentrale Abgabe des Kommissionierbehälters.
- Kommissionierung aus Fachboden- und Palettenregalen.
- Beleglose Kommissionierung mit mobilen Terminals (MDE).
- Zusammenfassung von Aufträgen, d. h. Bildung von Auftragsserien in der Kommissionierung zur Reduzierung der Wegzeit. Je nach Artikelstruktur „Sort while pick" d. h. Sortierung der Artikel auf die Aufträge bereits während der Kommissionierung (in Kommissionierschalen) – in der Regel bei kleinvolumigen, leichten Artikeln –, oder „Sort after pick", d. h. Sortierung der Artikel auf die Aufträge nach Abschluss des Kommissionierrundgangs (in der Regel bei etwas größeren Artikeln). Die Sortierung der Artikel auf die Aufträge erfolgt bei beiden Verfahren nicht IT-unterstützt, sondern mit Hilfe von Belegen, die vor Beginn des Kommissionierrundgangs erstellt werden („Sortierbelege").
- Ab einer bestimmten Größe werden Aufträge nicht mehr zusammen mit anderen Aufträgen zu Serien zusammengefasst, sondern auftragsorientiert-parallel kommissioniert.
- In jedem Fall müssen die kommissionierten Artikel nach Abschluss des Kommissioniervorgangs auftragsrein in Transportbehälter gelegt und auf die Behälterfördertechnik aufgegeben werden. In die Behälter können Trennwände eingebracht werden, so dass es möglich ist, bis zu vier Aufträge in einen Behälter abzulegen. Ein Ablegen der Artikel direkt in die Transportbehälter während der Kommissionierung ist nicht möglich, da die Kommissionierwagen nicht über die entsprechende Kapazität und Ausstattung verfügen.
- Umfassen die Aufträge nur Artikel aus einem Kommissionierbereich (= Geschoss), werden die Transportbehälter über die Behälterfördertechnik in den Verpackungsbereich transportiert, wo die Aufträge/Artikel in Versandkartons verpackt werden.
- Sind mehrere Kommissionierbereiche tangiert, werden die Transportbehälter mit den Teilaufträgen über die Behälterfördertechnik zunächst in einen Konsolidierungsbereich transportiert, dort konsolidiert und dann dem Verpackungsbereich zugeführt.

5

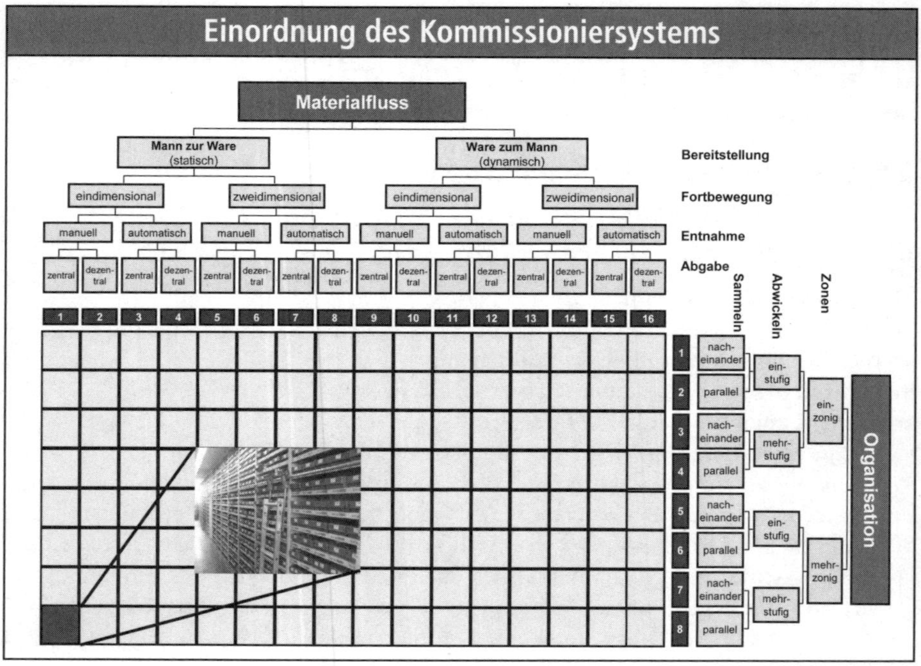


*Abb. 10: Einordnung des Kommissioniersystems*

Unter den beiden elementaren Aspekten „Produktivität" und „Qualität" können zum bestehenden Kommissioniersystem folgende Aussagen gemacht werden:

- Trotz der Zusammenfassung von Aufträgen zu Auftragsserien hat die Wegzeit einen ganz erheblichen Anteil.
- Je mehr Positionen innerhalb eines Kommissionierrundgangs zusammengefasst werden, desto geringer ist die anteilige Wegzeit pro Position. Die Reduzierung der Wegzeit wird jedoch durch eine Erhöhung der Sortierzeit wieder ausgeglichen. Die folgende Abbildung verdeutlich dies:

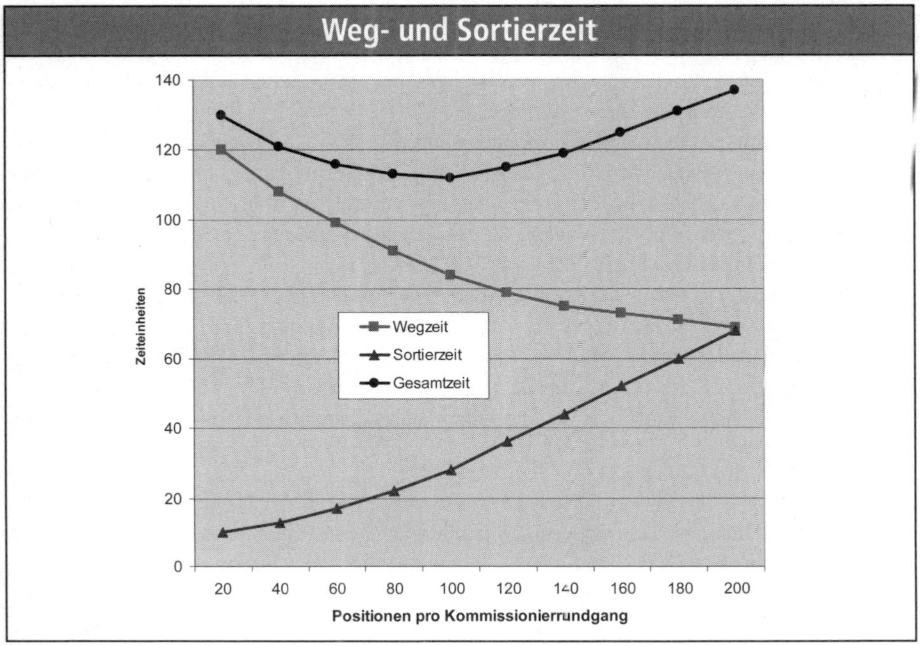


*Abb. 11: Weg- und Sortierzeit*

- Die Kombination von belegloser Kommissionierung und belegorientierter Sortierung stellt einen „Medienbruch" dar.
- Durch den je Kommissionierbereich unterschiedlichen Prozess (Sortierung während der Kommissionierung und Sortierung nach der Kommissionierung) wird der Austausch von Mitarbeitern zwischen den verschiedenen Kommissionierbereichen erschwert.
- Die manuelle Konsolidierung von Aufträgen bei paralleler Kommissionierung stellt ebenfalls einen zusätzlichen Handlingaufwand dar.
- Bei beiden Kommissionierkonzepten (Sortierung während der Kommissionierung und Sortierung nach der Kommissionierung) ist durch die fehlende Systemunterstützung eine Fehlerquelle gegeben.

Zu den beiden angewandten Strategien **„Sortierung während der Kommissionierung"** und **„Sortierung nach der Kommissionierung"** lassen sich speziell noch folgende Aussagen treffen:

- Sortierung der Artikel auf die Kundenaufträge **während der Kommissionierung**
  - Die Anzahl der Aufträge/Positionen pro Kommissionierrundgang wird begrenzt durch die Kapazität des Kommissionierwagens bzw. der maximal auf dem Kommissionierwagen anzuordnenden Kommissionierschalen.
  - Keine (IT)-Unterstützung bei der Aufteilung der Artikel auf die Kommissionierschalen (= Aufträge). Das geschieht nur durch eine optische Identifikation des Artikels und einen Abgleich mit der „Sortierliste".
  - Dieser optische Abgleich stellt eine nicht unerhebliche Fehlerquelle dar. Der

Fehler kann zwar dadurch wieder entdeckt werden, dass bei einem anderen Auftrag dann ein Artikel fehlt. Dies führt dann aber dazu, dass der Kommissionierer die Zuordnung aller bereits kommissionierten Artikel nochmals überprüfen muss.
- Die Kommissionierschalen sind zu klein für das Auftragsvolumen. Der Kommissionierer muss während des Kommissionierprozesses improvisieren und eine neue Kommissionierschale eröffnen, die dann aber auf Grund des oben bereits angesprochenen Volumens des Kommissionierwagens nur in eine andere Kommissionierschale „genestet" werden kann.
- Der Kommissionier- und Sortierprozess hat eine Gangwiederholung zur Folge, da die Sortierung des Artikels auf den Auftrag unmittelbar nach der Entnahme aus dem Lagerfach erfolgen muss. Werden mehrere Artikel innerhalb eines Regalgangs entnommen, nimmt das Fehlerrisiko zu.
- Der eigentliche Kommissionierprozess wird durch einen Sortierprozess „unterbrochen".

➠ Sortierung der Artikel auf die Kundenaufträge **nach der Kommissionierung**
- Die Anzahl der Aufträge/Positionen pro Kommissionierrundgang wird begrenzt durch das Handling bei der manuellen Sortierung. Werden zu viele Aufträge/Positionen zusammengefasst, geht die Übersichtlichkeit bei der anschließenden Sortierung verloren. Zudem wird erheblich Platz für das Auslagen der Artikel benötigt.
- Auch hier besteht die Gefahr, Artikel nicht richtig zuzuordnen. Der Fehler kann zwar erkannt werden, wenn am Ende des Sortierprozesses ein oder mehrere Artikel übrig bleiben oder fehlen. Dies hat dann aber wiederum eine sehr zeitaufwändige Fehlersuche zur Folge.
- Es gibt im bestehenden System aktuell keine geeigneten Arbeitsplätze für den Sortierprozess (siehe auch oben: Auslage der Artikel).

Es wird aus der o. a. Beschreibung deutlich, dass der Kommissionier- und Sortierprozess eine (verstärkte) IT-Unterstützung verlangt, um die Kommissionierung und damit das gesamte Logistikzentrum hinsichtlich der Produktivitäts- und Qualitätsziele weiter voranzubringen.

### 5.5.3 Weiterentwicklung des Kommissioniersystems mit IT-Unterstützung

Unter Berücksichtigung der oben geschilderten Rahmenbedingungen können die beiden o.g. Kommissionierstrategien jeweils mit entsprechender IT-Unterstützung weiterentwickelt werden. An dieser Stelle soll es bewusst um eine Weiterentwicklung gehen, also sozusagen um das Tuning des bestehenden Systems und nicht um einen grundsätzlichen Systemwechsel, z. B.

➠ Umstellung auf ein Weiterreichsystem (auftragsorientiert-sequentielle Kommissionierung)

➠ Umstellung auf ein Ware-zur-Person-System, z. B. automatisches Kleinteilelager (AKL) oder Horizontalkarusselle

Die Ziele und Prämissen für die Weiterentwicklung/das Tuning des Kommissioniersystems sind:

- Kommissionierung nach dem Prinzip „Person zur Ware", um bezüglich der Spitzen und Täler eine möglichst hohe Flexibilität zu erhalten und weiter auszubauen.
- Unterstützung des Kommissionier- und Sortierprozesses durch IT.
- Steigerung der Produktivität durch Reduzierung der Weg- und Sortierzeit.
- Minimierung der Fehlerquellen bei der Sortierung.

Bereits bei der Beschreibung des Kommissioniersystems in der Ausgangssituation wurde deutlich, dass möglichst viele Auftragspositionen für einen Kommissionierrundgang zusammengefasst werden sollten, um die Wegzeit pro Auftragsposition und damit auch die Gesamtwegzeit zu reduzieren. Einer Reduzierung der Wegzeit steht – wie festgestellt – eine Erhöhung der Sortierzeit gegenüber. Zwei Möglichkeiten, diese zu reduzieren, sind

a) zweistufige, auftragsorientiert-parallele Kommissionierung mit der Bildung von Auftragsserien und Auftragszusammenführung.
Der Kommissionerwagen wird mit Pick-to-light-Anzeigen für jeden Kommissionier- bzw. Auftragsbehälter ausgestattet. Bei der Quittierung der Entnahme am MDE-Gerät leuchtet die Anzeige des Behälters, in den der Artikel gelegt werden muss.
Der Sortierprozess wird effizient unterstützt, die Sortierzeit reduziert und Verwechslungen von Artikeln im Grunde vollständig ausgeschlossen.
Dennoch bleibt die Anzahl der Aufträge und der Auftragspositionen je Kommissionierrundgang durch die Dimensionen des Kommissionierwagens eingeschränkt. Abbildung 12 verdeutlicht dies:

b) je nach Auftrags- und Artikelstruktur können bei diesem Kommissionierkonzept zwischen vier und zwanzig Aufträge zu einer Auftragsserie zusammengefasst und in einem Rundgang kommissioniert werden.

c) zweistufige, artikelorientiert-parallele Kommissionierung mit der Bildung von Batches und anschließender Sortierung. Diese Alternative wird im folgenden Abschnitt vertiefend dargestellt.

*Abb. 12: Kommissionierwagen*

## 5.5.4 Kommissioniersystem „Lean Batch"

Die Bezeichnung „Lean Batch" steht für die Bildung von kleinen, schlanken Auftragsserien für die Kommissionierung. Die Sortierung der in der ersten Kommissionierstufe gepickten Artikel auf die Kundenaufträge erfolgt mit intelligenter

IT-Unterstützung manuell (im Gegensatz zu automatisierter Sortierung mit Hochleistungssortern) in der zweiten Kommissionierstufe.

Auf Grund der Auftrags- und Artikelstruktur (siehe 5.4.1 und 5.4.2) ist es nicht sinnvoll und auch nicht möglich, alle Aufträge mit dem Lean-Batch-Konzept abzuwickeln.

Exemplarisch seien hier Großaufträge (z. B. >50 Positionen) genannt. Es erscheint sinnvoll, solche Aufträge auftragsorientiert-parallel zu kommissionieren. Ein weiteres Beispiel sind Aufträge, die nicht-behälterfähige Artikel umfassen, also nicht über die Behälterfördertechnik transportiert werden können.

Das gesamte Kommissioniersystem ist deshalb eine sogenannte Hybridlösung, d. h. die Anforderungen können nicht vollständig mit nur einem einzigen Kommissioniersystem bzw. Kommissionierkonzept abgedeckt und abgebildet werden.

**PRAXISTIPP:**

Vielfach ist es nicht möglich, alle Anforderungen, die sich aus den Strukturen ergeben, mit nur einem Kommissioniersystem bzw. Kommissionierverfahren abzudecken. Häufig sind deshalb Hybrid-Lösungen notwendig. Im Hinblick auf die Reduzierung der Komplexität und der Beherrschbarkeit von Prozessen ist es aber dennoch sinnvoll, zunächst zu versuchen, nur ein Kommissionierverfahren anzuwenden.

Auf Basis der Auftrags- und Artikelstruktur wird folgendes Cluster mit den entsprechenden Kommissionierverfahren gebildet:

**Cluster mit Kommissionierverfahren**

| Auftragsstruktur | Artikelstruktur | Kommissionierkonzept |
|---|---|---|
| 1 Position | behälterfähig | Lean-Batch |
| 2 bis 29 Positionen | behälterfähig | Lean-Batch |
| > 29 Positionen | behälterfähig | auftragsorientiert-parallel |
| 1 Position | nicht behälterfähig | auftragsorientiert |
| > 1 Position | behälterfähig / nicht behälterfähig | auftragsorientiert-parallel |

*Abb. 13: Cluster mit Kommissionierverfahren*

Den „Kern" des Kommissioniersystems bildet das Lean-Batch-Kommissionierkonzept. Dieses kann wie folgt charakterisiert werden:

**➥ Mehr-Positionsaufträge (2 bis 29 Positionen), Artikel behälterfähig**

- Zusammenfassung von 40 bis 80 Kundenaufträgen (bei der angenommenen Struktur ca. 160 bis 240 Auftragspositionen), die mehr als eine Position umfassen, zu kleinen, „schlanken" Batches.
- Artikelorientiert-parallele Kommissionierung in den jeweiligen Kommissionierbereichen. Im Fokus steht dabei aber nicht in erster Linie die Optimierung auf möglichst wenige Artikel – das kann bei bestimmten Strukturen auch sein – sondern die Idee, in den einzelnen Kommissionierbereichen pro Kommissionierrundgang eine möglichst hohe Pickdichte zu erreichen.
- Da nicht davon ausgegangen werden kann, dass die Kommissionierung der jeweiligen Batches in allen Kommissionierbereichen nahezu zeitgleich abgeschlossen werden kann, ist es sinnvoll, zwischen der Kommissionierung und der Sortierung einen „Batch-Puffer" zu implementieren. Dieser Batch-Puffer kann in Form relativ einfacher Fördertechnik ausgestaltet werden. In diesem Batch-Puffer werden alle zu einem Batch gehörenden Transportbehälter gepuffert, bis die Kommissionierung in den Kommissionierbereichen abgeschlossen ist und somit alle Artikel für die Aufträge, die sich im Batch befinden, zur Verfügung stehen.
- Der Sortierbereich ist mit Auftragsfächern ausgestattet, die jeweils über ein Put-to-light-Modul verfügen. Die Artikel werden aus den Transportbehältern entnommen, der Artikelbarcode gescannt und damit durch das LVS die Verknüpfung zum Auftrag hergestellt. Am entsprechenden Auftragsfach leuchtet das Put-to-light-Modul auf und der Artikel wird ins Fach gelegt. Ist der Auftrag komplett, wird dies ebenfalls durch das „Light-Modul" angezeigt und es kann mit der Verpackung begonnen werden.

**➥ Ein-Positionsaufträge, Artikel behälterfähig**

- Zusammenfassung von 80 bis 100 Kundenaufträgen zu Batches.
- Artikelorientiert-parallele Kommissionierung in den jeweiligen Kommissionierbereichen. Im Fokus steht dabei aber nicht in erster Linie die Optimierung auf möglichst wenige Artikel – das kann bei bestimmten Strukturen auch sein – sondern die Idee, in den einzelnen Kommissionierbereichen pro Kommissionierrundgang eine möglichst hohe Pickdichte zu erreichen.
- Sobald ein Transportbehälter voll ist, kann dieser auf die Behälterfördertechnik aufgegeben und in den Verpackungsbereich transportiert werden.
- Eine Sortierung im eigentlichen Sinn ist nicht notwendig. Die Artikel werden aus den Transportbehältern entnommen, der Artikelbarcode gescannt und damit durch das LVS die Verknüpfung zum Auftrag hergestellt. Da der Auftrag bereits mit der einen Position komplett ist, kann mit der Verpackung begonnen und die Lieferpapiere gedruckt werden.

5

Grafisch ist das Prinzip in der folgenden Abbildung dargestellt:

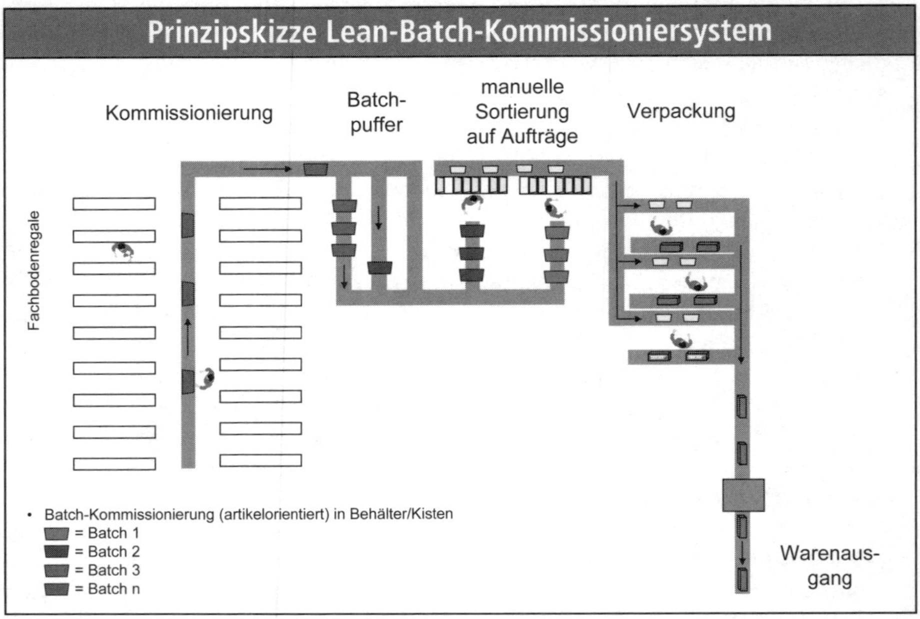


*Abb. 14: Prinzipskizze Lean-Batch-Kommissioniersystem*

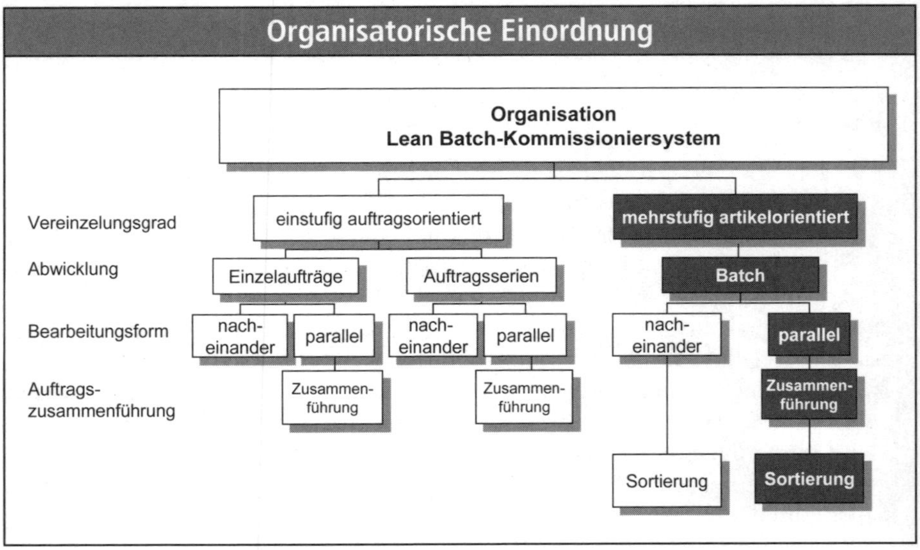


*Abb. 15: Organisatorische Einordnung des Lean-Batch-Kommissioniersystems*

**PRAXISTIPP:**

Auf Basis der Auftrags- und Artikelstruktur ist es bereits möglich, die Anzahl der in Frage kommenden Kommissionierverfahren deutlich zu reduzieren. Andererseits sollte aber planerisch vermieden werden, dass eine bestimmte vorliegende Struktur „automatisch" zu einer Lösung führt. Hier sind vielmehr Kreativität und Sorgfalt gefragt.

Die manuelle Sortierung und die Verpackung können auch integriert, d. h. in einem Arbeitsbereich abgebildet werden.

### 5.5.5 Ergebnisse

Sowohl die Wegzeit als auch die Sortierzeit können durch das Lean-Batch-Konzept deutlich reduziert werden. Ein gewichtiger Vorteil gegenüber dem bestehenden Kommissioniersystem und auch gegenüber der Auftragsserienbildung ist der, dass wesentlich mehr Aufträge und Positionen innerhalb eines Rundgangs kommissioniert werden können. Zudem besteht die Möglichkeit, die Kommissionierbereiche in Zonen zu unterteilen und dadurch den Hauptweg für die einzelnen Kommissionierer noch weiter zu reduzieren.

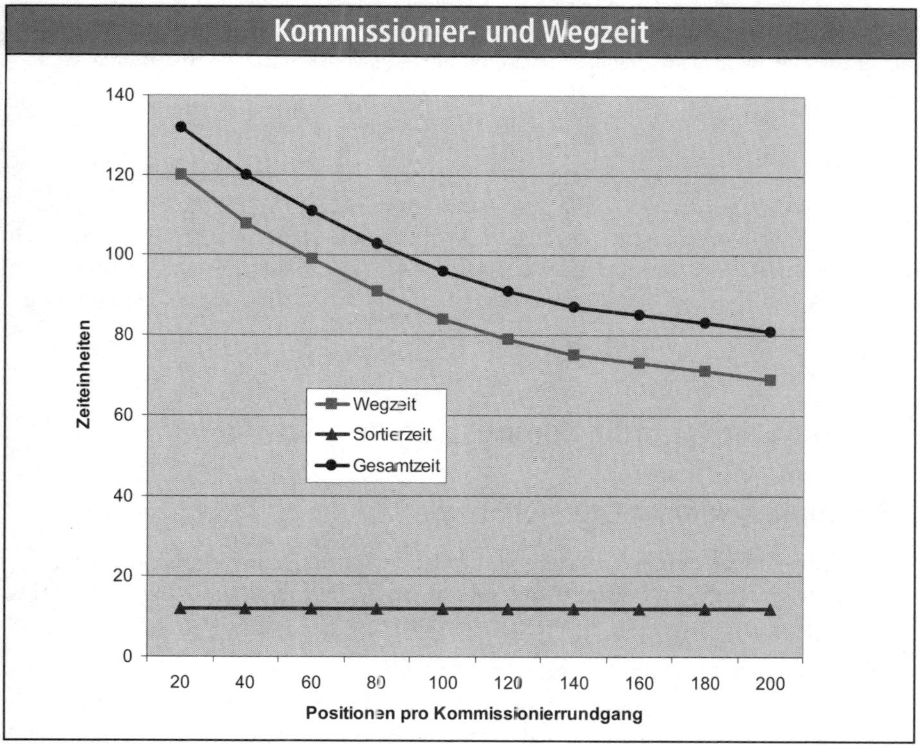


*Abb. 16: Kommissionier- und Wegzeit beim Lean-Batch-Kommissioniersystem*

Am Beispiel der Kennzahl „Positionen pro Mitarbeiterstunde" soll das Ergebnis des Lean-Batch-Kommissioniersystems dargestellt werden. Ausgehend vom bestehenden Kommissioniersystem sind in der folgenden Tabelle die Auftragspositionen pro Mitarbeiterstunde indexiert dargestellt.

**Positionen pro Mitarbeiterstunde**

| Kommissioniersystem | Pos/h |
|---|---|
| Ist | 100% |
| Auftragsserien | 152% |
| Lean Batch | 225% |

*Abb. 17: Positionen pro Mitarbeiterstunde (indexiert)*

**PRAXISTIPP:**

Technischer Aufwand und hohe Investitionen haben hohe Fixkosten zur Folge. Häufig sind manuelle Kommissioniersysteme bei schwankenden Leistungskennzahlen wirtschaftlicher als (hoch-)automatisierte Lösungen.

Die Batch-Planung und -Freigabe ist ein weiterer Bereich, bei dem Informationstechnologie (ein Lagerverwaltungs- und -steuerungssystem) die entsprechende Unterstützung bieten kann. Im Prinzip ist die Batch-Planung und -Freigabe auch nur mit einem LVS-System denkbar und wirtschaftlich abzubilden. Im folgenden Abschnitt soll dieses Thema unter der Überschrift „Lagerleitstand" eingehender behandelt werden.

## 5.6 Lagerleitstand / Kommissionierleitstand

### 5.6.1 Aufgaben eines Lagerleitstandes

Die zentrale Aufgabe eines Lagerleitstandes ist die Optimierung der Gesamtprozesse im Logistikzentrum. Im Vordergrund stehen dabei die folgenden Ziele und Aufgaben:

- Ein permanenter Abgleich der verfügbaren Kapazitäten (z. B. Anzahl der Mitarbeiter in den verschiedenen Bereichen des Logistikzentrums, Sortierkapazität eines Sorters, Ein- und Auslagerungsleistung eines Regalbediengerätes im automatischen Kleinteilelager) mit den „Kapazitätsverbrauchern" (z. B. zu vereinnahmende Wareneingangspositionen, einzulagernde Paletten, Kommissionierauftragspositionen, zu verpackende Pakete), um damit eine möglichst optimale Kapazitätsauslastung zu erreichen.

- Transparenz bezüglich des Arbeitsaufkommens („Was muss heute noch bearbeitet werden?“) und Auftragsstatus („In welchem Bearbeitungsstatus befinden sich welche Aufträge oder Wareneingänge?“).
- Unterstützung bei der Personaleinsatzplanung („Welche Mitarbeiter müssen eventuell vom Wareneingang in die Kommissionierung?“).
- Transparenz bzgl. verschiedener Belegungsstati (Hochregallager-Paletten, automatisches Kleinteilelager etc.).
- Einplanung von Aufträgen, eventuell mit einem Simulationstool („Welche Auswirkung hätte die Freigabe von bestimmten Aufträgen und/oder Auftragspaketen auf die einzelnen Bereiche des Logistikzentrums und auf das Gesamtsystem?“). Dabei sollen auch ad-hoc eintreffende Aufträge („Eilaufträge“) berücksichtigt werden können.
- Auftragsplanung und -steuerung nach Prioritäten und Abholzeiten der Transportdienstleister (siehe Kap. 5.6.4).
- Auswertungsfunktionen, z. B. Lagerbelegung, Auftragsstrukturen, offene Transportaufträge, Durchlaufzeiten, Termineinhaltung, Produktivitäten etc.
- Bei entsprechendem Automatisierungsgrad eines Logistikzentrums: Anlagenvisualisierung und Störfallmeldung/-analyse.

## 5.6.2 Mögliche Arbeitsweise eines Lagerleitstandes

Die folgende Beschreibung stellt eine mögliche Arbeitsweise eines Lagerleitstandes dar. Bezug genommen wird dabei auf das oben beschriebene Lean-Batch-Kommissioniersystem.

- **Zeitscheiben**
  Der Arbeitstag wird in Zeitscheiben eingeteilt. Eine Zeitscheibe kann z. B. eine Stunde umfassen. In der Praxis haben sich aber auch andere Zeitintervalle, z. B. 45 Minuten, bewährt. Entscheidend ist, dass die Dauer einer Zeitscheibe gleichzeitig die zulässige Bearbeitungszeit der in dieser Zeitscheibe freigegebenen Aufträge darstellt. Beim Lean-Batch-Kommissioniersystem ist die Dauer einer Zeitscheibe im Wesentlichen auch abhängig von der Anzahl der Endstellen bzw. Auftragsfächer für die Kundenaufträge.

- **Planungsläufe**
  Planungsläufe sind die Zeitintervalle, in denen das Lagerverwaltungssystem (LVS) die vorliegenden Aufträge bzw. Batches automatisch in Zeitscheiben einlastet, z. B. ebenfalls stündlich oder alle 45 Minuten.

  Die Planungsläufe werden in den definierten Zeitintervallen vom LVS automatisch durchgeführt. Die Zeitabstände können von den Mitarbeitern im Lagerleitstand eingestellt werden. Diese können im Bedarfsfall einen Planungslauf auch manuell starten.

- **Kapazität**
  Die Kapazität einer Zeitscheibe wird beispielsweise bestimmt durch die Anzahl der anwesenden Mitarbeiter je Arbeits-/Funktionsbereich, durch die Ein- und Auslagerleistung von Regalbediengeräten, durch die Leistung eines Sorters usw.

Die Kapazität wird definiert, indem für jeden Teilprozess die notwendige Bearbeitungszeit ermittelt und festgelegt wird. So werden beispielsweise für das Verpacken einer kommissionierten Palette 240 Sekunden benötigt. Bei einem Leistungsgrad von 85 Prozent kann also ein Mitarbeiter in der Stunde 13 Paletten verpacken, zwei Mitarbeiter 26 usw.

Exemplarisch ist das in Abbildung 18 dargestellt.

**Ermittlung der Kapazität je Arbeitsbereich**

| Arbeitsbereich | Bearbeitungszeit pro Einheit [s] | Einheit | Parameter: Anzahl Mitarbeiter | Parameter: Leistungsgrad | Kapazität |
|---|---|---|---|---|---|
| Kommissionierung Kartons | 25 | Karton | 8 | 85% | 979 Kartons/h |
| Auslagerung Vollpalette | 90 | Palette | 2 | 85% | 68 Paletten/h |
| Nachschub (Umlagerung) | 200 | Palette | 3 | 85% | 46 Paletten/h |
| Verpacken Kommissionierpalette | 240 | Palette | 2 | 85% | 26 Paletten/h |
| Verpacken Vollpalette | 180 | Palette | 2 | 85% | 34 Paletten/h |
| Verpacken Paket | 150 | Paket | 6 | 85% | 122 Pakete/h |

*Abb. 18: Ermittlung der Kapazität je Arbeitsbereich*

**Batch-Bildung**
Bei der Batch-Bildung werden die vorliegenden Aufträge zu Batches zusammengefasst. Beim Lean-Batch-Prinzip sind das in der Regel so viele Aufträge, wie es Auftragsfächer gibt, also ca. 40-60. Gleichzeitig entspricht die durchschnittliche Bearbeitungsdauer eines Batches der Dauer einer Zeitscheibe. Bei der Batch-Bildung und der Einlastung des Batches in die Zeitscheibe werden vom Lagerverwaltungssystem folgende Regeln berücksichtigt:

- Liegen Aufträge mit identischer Empfängeranschrift vor, werden diese für die gleiche Zeitscheibe geplant.
- Aufträge mit Versandart „Spedition" haben – in Abhängigkeit von den Verladezeitpunkten – eine höhere Priorität als Aufträge mit der Versandart „Paketdienst".
- Aufträge, deren Bedarf aufgrund des Bestandes im Kommissionierlager nicht gedeckt werden kann, werden in die nächste Zeitscheibe verschoben (damit in der aktuellen Zeitscheibe der Nachschub gefahren werden kann).
- Aufträge, die trotz der genannten Regeln nicht in die aktuelle Zeitscheibe eingelastet werden konnten, erhalten eine höhere Priorität.
- Aufträge, die in der Zeitscheibe n und n+1 nicht eingelastet werden konnten, werden auf jeden Fall in der Zeitscheibe n+2 eingelastet.

**Kapazitätsbedarf**
Der Kapazität steht nun bei konkreter Einplanung des Batches in eine Zeitscheibe ein Kapazitätsbedarf gegenüber.

In Abbildung 19 sind die oben dargestellten Begriffe und Zusammenhänge nochmals grafisch dargestellt.

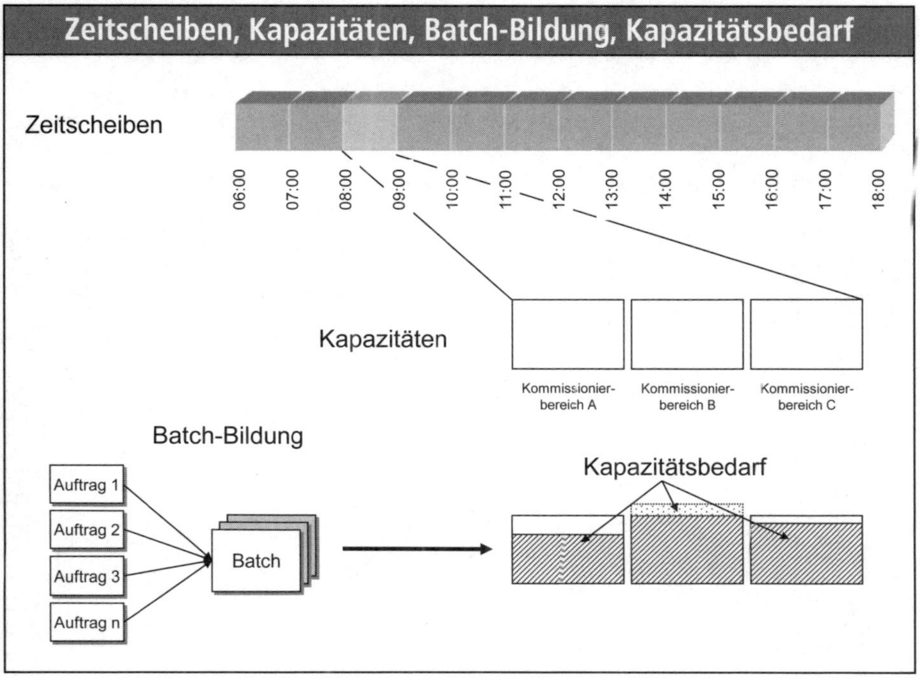


*Abb. 19: Zeitscheiben, Kapazitäten, Batch-Bildung, Kapazitätsbedarf*

Es wird deutlich, dass bei der Einplanung eines Batches in eine Zeitscheibe keine „Punktlandung" erreicht wird, d. h. Kapazitätsangebot und Kapazitätsbedarf je Arbeitsbereich sind nicht identisch.

Um aber eine möglichst hohe Übereinstimmung zwischen Kapazitätsangebot und Kapazitätsbedarf zu erreichen sind prinzipiell folgende Alternativen denkbar.

- Bereits eingeplante Aufträge werden wieder aus dem Batch „herausgenommen" und durch andere ersetzt.
- Durch Verschiebung von Kapazitäten wird die Kapazität von Arbeitsbereichen erhöht oder verringert. Dies ist aber eigentlich nur in manuell bedienten Bereichen durch Verschiebung von Mitarbeitern möglich.

Die beiden Möglichkeiten werden in Abbildung 20 und 21 verdeutlicht.

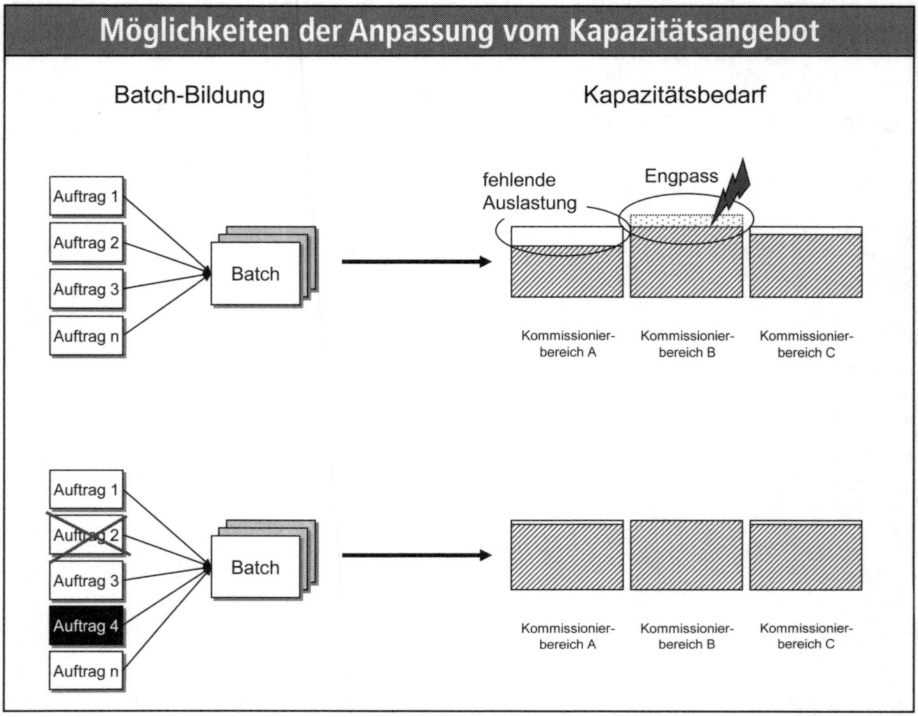


*Abb. 20: Möglichkeiten der Anpassung vom Kapazitätsangebot an den Kapazitätsbedarf: Austausch von Aufträgen*

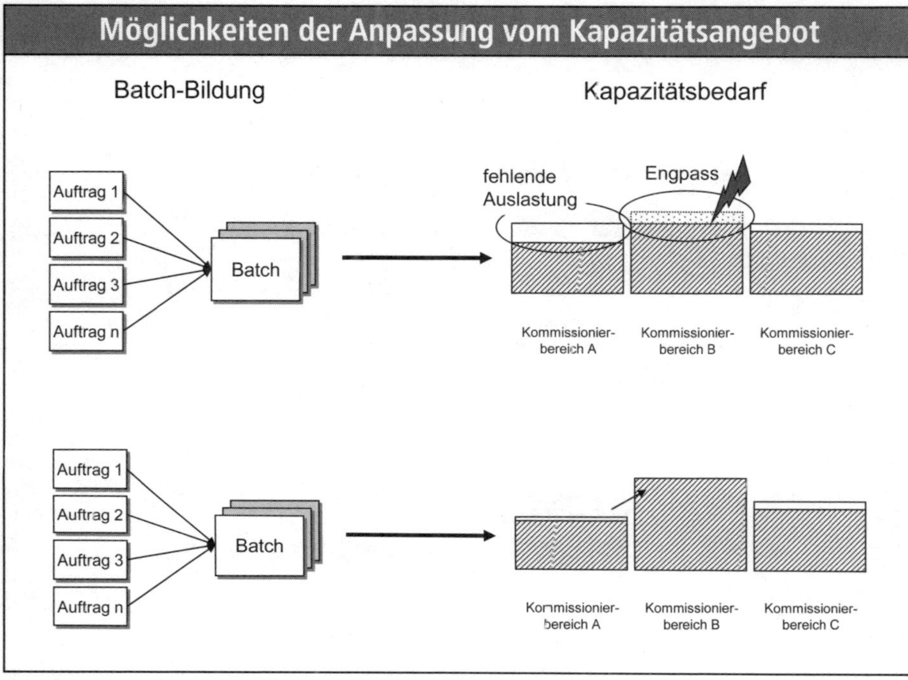


*Abb. 21: Möglichkeiten der Anpassung vom Kapazitätsangebot an den Kapazitätsbedarf: Verschiebung von Kapazitäten*

Durch entsprechende Algorithmen im Lagerverwaltungssystem erfolgt die Ein- und Umplanung von Aufträgen automatisch. Bei Kapazitätserhöhung erhält der Disponent im Leitstand eine entsprechende Empfehlung.

## 5.6.3 Fallbeispiel: Batch-Planung nach Artikellokationen

Bezug genommen wird in diesem Fallbeispiel auf das unter 5.5 beschriebene Kommissioniersystem. Die Bereitstellung der Artikel in den Kommissionierfächern des Fachbodenregals erfolgt nach Zugriffshäufigkeit. Das heißt: Vom Hauptgang aus gesehen werden die Artikel nach Zugriffshäufigkeit absteigend im Regal bereitgestellt. Dies geschieht mit dem Ziel, den Gangweg, also den Weg und damit die Zeit in den Kommissioniergang hinein und – bei einer Stichgangstrategie – auch wieder heraus, zu reduzieren (vgl. auch Abbildung 22).

5

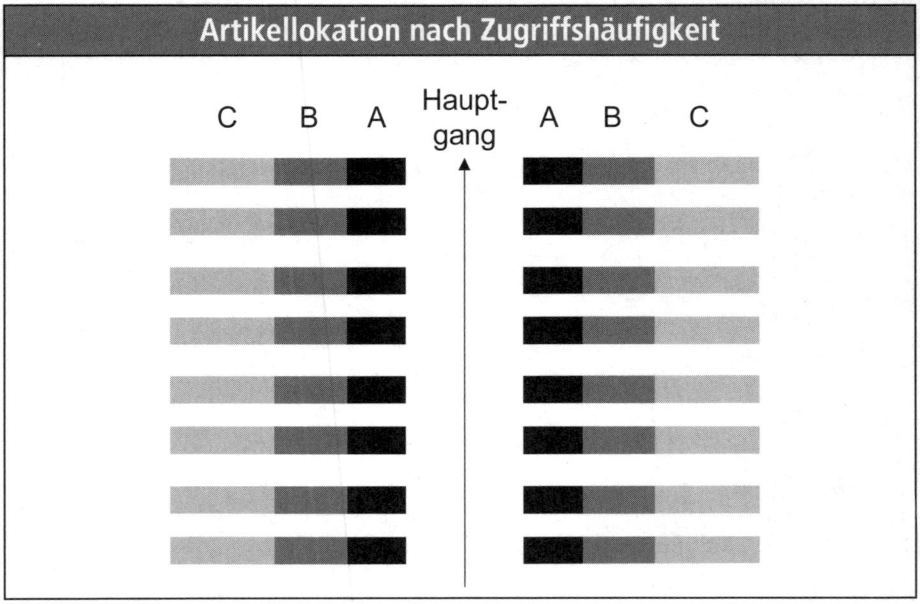


*Abb. 22: Artikellokation nach Zugriffshäufigkeit*

Darüber hinaus besteht aber die Möglichkeit – ebenfalls mit dem Ziel der Minimierung des Kommissionierwegs – im Rahmen der Batch-Planung die Kommissionierplätze zu berücksichtigen. In diesem Fall werden die Aufträge gemeinsam in einen Batch eingeplant, die Artikel enthalten, die im Kommissionierlager möglichst nahe beieinander liegen. Dabei geht es nicht in erster Linie darum, auf einen Artikel zu optimieren (d. h. die Aufträge in einem Batch zusammenzufassen, die denselben Artikel enthalten), sondern darum, die Aufträge mit den Artikeln zu finden, die dann innerhalb des Batches einen möglichst kurzen Kommissionierweg zur Folge haben.

Die Komplexität ist dabei nicht zu unterschätzen, da das Lagerverwaltungssystem vor der Einlastung die vorliegenden Aufträge und die Artikellokationen „durchsuchen" und eine möglichst optimale Zusammenstellung bilden muss.

## 5.6.4 Fallbeispiel: Prioritätssteuerung

Ein Logistikzentrum versorgt den europäischen Markt. In der Regel soll am Arbeitstag t bestellte Ware am Arbeitstag t+1 an die Kunden ausgeliefert werden. Je nach Auftragsgröße und -volumen werden sowohl Speditionsdienstleister für den Versand von Paletten als auch Paketdienstleister für den Versand von Paketen eingesetzt. Je nach Land bzw. Empfangsgebiet gestalten sich bei Vorgabe der t+1-Auslieferung die Abholzeiten der Dienstleister. An den Abholzeiten wiederum orientiert sich die Prioritätssteuerung für die Kundenaufträge. Die Prioritätssteuerung ist dabei von folgenden Faktoren abhängig:

- Zeitpunkt des Auftragseingangs, besser: Wann steht der Auftrag zur Bearbeitung im Logistikzentrum bereit?

- ➥ Durchlaufzeit des Auftrags.
- ➥ Konkurrenzsituation mit anderen Aufträgen, d. h. möglicherweise befinden sich mehr Aufträge im System, als Kapazitäten zur Verfügung stehen, um diese fristgerecht, d. h. bis zur Abholung durch den Logistikdienstleister bereit zu stellen.

**Prioritätssteuerung**

| Auftrag | Versandart | Bereitstellung zur Bearbeitung im LZ ab | Abholzeit | Durchlaufzeit | spätester Startzeitpunkt | Startpriorität |
|---|---|---|---|---|---|---|
| 1000 | Paketdienst | 14:30 | 17:30 | 01:30 | 16:00 | 60 |
| 2000 | Spedition | 14:30 | 17:00 | 02:00 | 15:00 | 20 |

| Auftrag | Dauer bis zum spätesten Startzeitpunkt | Änderung Priorität nach h | Änderung der Priorität um | neue Priorität |
|---|---|---|---|---|
| 1000 | 01:15 | 00:15 | 10 | 50 |
| 2000 | 00:30 | | | 10 |

*Abb. 23: Prioritätssteuerung*

Der Auftrag 1000 in Abbildung 23 steht ab 14:30 Uhr zur Bearbeitung im Logistikzentrum bereit. Auf Grund der Zeitdauer (1 h 30 min) bis zum spätestens möglichen Startzeitpunkt erhält dieser Auftrag die Startpriorität 60. Nachdem zum Zeitpunkt der Bereitstellung noch andere Aufträge zur Bearbeitung anstehen bzw. sich bereits in Bearbeitung befinden, wird dieser Auftrag aber noch nicht zur Kommissionierung freigegeben.

Das Lagerverwaltungssystem „durchsucht" alle 15 Minuten den Auftragspool. Da sich dieser Auftrag nach den ersten 15 Minuten noch immer im Pool befindet, wird die ursprüngliche Startpriorität um 10 Punkte reduziert. Die neue Priorität liegt jetzt bei 50.

5

## Prioritätssteuerung

| Auftrag | Versandart | Bereitstellung zur Bearbeitung im LZ ab | Abholzeit | Durchlaufzeit | spätester Startzeitpunkt | Startpriorität |
|---|---|---|---|---|---|---|
| 1000 | Paketdienst | 14:30 | 17:30 | 01:30 | 16:00 | 60 |
| 2000 | Spedition | 14:30 | 17:00 | 02:00 | 15:00 | 20 |

| | Auftrag | Dauer bis zum spätesten Startzeitpunkt | Änderung Priorität nach h | Änderung der Priorität um | neue Priorität |
|---|---|---|---|---|---|
| Erhöhung Priorität | 1000 | 01:15 | 00:15 | 10 | 50 |
| | 2000 | 00:30 | | | 10 |
| Erhöhung Priorität | 1000 | 01:00 | 00:15 | 10 | 40 |
| | 2000 | 00:15 | | | 0 |
| Erhöhung Priorität | 1000 | 00:45 | 00:15 | 10 | 30 |

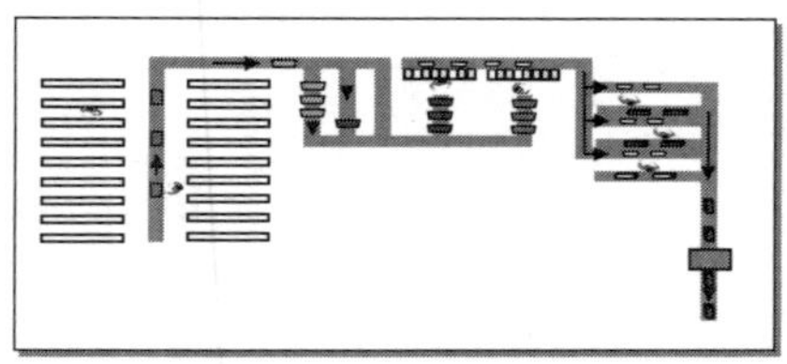

*Abb. 24: Prioritätssteuerung*

Je näher der späteste Startzeitpunkt rückt, desto stärker wird die ursprüngliche Prioritätszahl reduziert, also die Priorität erhöht.

Nun können zwei Fälle eintreten: Entweder wird der Auftrag vor oder spätestens zum Erreichen des spätesten Startzeitpunktes zur Kommissionierung eingelastet oder der späteste Startzeitpunkt wird aufgrund der Konkurrenzsituation überschritten. In diesem Fall gibt es dann wiederum zwei Möglichkeiten. Der Auftrag wird – sofern es die Kapazität zulässt – zu einem späteren Zeitpunkt desselben Tages freigegeben oder aber mit der höchsten Priorität auf den nächsten Tag verschoben.

Die Priorität wird dynamisch in Abhängigkeit von der Zeitdauer bis zum spätesten Startzeitpunkt eines Auftrags angepasst. Auftrag 2000 steht ebenfalls ab 14:30 Uhr zur Bearbeitung bereit. Dieser Auftrag hat jedoch eine frühere Abholzeit und auch eine längere Durchlaufzeit. Der spätestens mögliche Bearbeitungsstart ist somit um 15:00 Uhr. Dieser Auftrag erhält die Startpriorität 20 und damit eine höhere Priorität als Auftrag 1000.

## 5.6 Zusammenfassung

Vor der Überlegung, welche Unterstützung IT-Systeme in der Kommissionierung bieten können, steht auch hier eine einerseits sorgfältige, andererseits aber praxisorientierte Analyse der relevanten Daten, wie z. B. Artikel- und Auftragsstruktur. Häufig vernachlässigt wird die Analyse der bestehenden Systeme, d. h. der Möglichkeiten, die durch bestimmte Rahmenbedingungen bestimmt bzw. reglementiert werden.

Durch intelligente IT-Unterstützung kann auch mit manuellen Kommissioniersystemen ein relativ hoher Durchsatz bei gleichzeitig hoher Qualität in der Abwicklung realisiert werden. Als ein entscheidender Vorteil ist dabei die Flexibilität zu nennen und zwar hinsichtlich Durchsatz, Artikel- und Auftragsstruktur. Die Möglichkeiten, die IT-Systeme bieten, sind vielfältig. Allerdings sollte immer sehr genau zwischen dem „nice to have" und „must have" differenziert werden; nicht alles, was denk- und machbar ist, ist auch für die Abwicklung notwendig.

6

# 6 ARTIKELALLOKATION UND BEHÄLTERWAHL IN DER KOMMISSIONIERUNG

*(Frieder Töpfer)*

Die Aufgabenstellung bei der Neuplanung oder Restrukturierung von Lagern ist eigentlich immer die gleiche: Wie kann man den Kommissionierprozess optimal gestalten? Ein Blick auf die Personalverteilung im Lager macht klar, dass das Gros der Mitarbeiter in der Kommissionierung gebunden ist. Lässt man Sondertätigkeiten wie kundenspezifische Auszeichnungen oder andere Value Added Services weg, so sind dies häufig annähernd 50 Prozent der Mitarbeiter. Vernachlässigt man zudem Packerei und Versand sowie die allgemeine Administration, die für die hier angestellte Betrachtung nicht relevant sind, so sind es sogar 2/3 der Belegschaft. Genau hier muss man ansetzen, um Produktivitätssteigerungen zu erzielen.

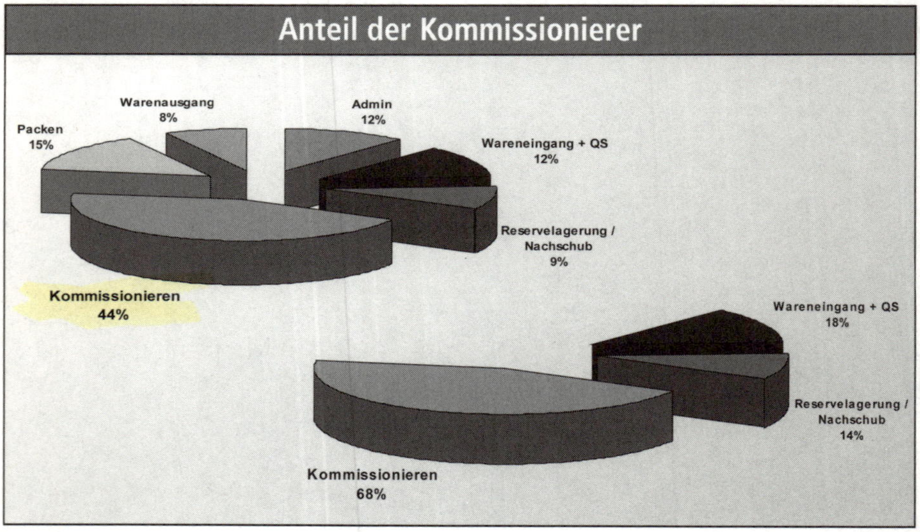


*Abb. 1: Typischer Anteil der Kommissionierer am Lagerpersonal*

## 6.1 Zeitreduzierung durch kürzere Wege

Klassischerweise[1] wird die Kommissionierzeit in vier Zeitbestandteile aufgeteilt: Basiszeit + Wegzeit + Orientierungszeit + Greifzeit. Die Basiszeit kann man mit geeigneter Organisation positiv beeinflussen, die Orientierungszeit wurde mit Pick by

1 Vgl. MIEBACH *(1971)*: Miebach, Joachim, Die Grundlagen einer Systembezogenen Planung von Stückgutlagern, dargestellt am Beispiel des Kommissionierlagers. Dissertation, Berlin.

light, Pick by Voice und anderen Methoden optimiert. Auf die eigentliche Greifzeit kann man wenig Einfluss ausüben; so bleibt die Wegzeit mit einem Anteil von rund 30 Prozent an der Kommissionierzeit als wesentliche Stellgröße übrig. Allerdings gibt es hier diverse Methoden, diese Zeit zu reduzieren.

Am besten wäre es natürlich, die Wegzeit einfach ganz weglassen zu können: Automatisierte Ware-zum-Mann-Systeme sind eine Möglichkeit, aber nur unter bestimmten Rahmenbedingungen einsetzbar: Hohe Durchsätze, möglichst Mehrschichtbetrieb, um die teure Automatisierung auszulasten, geringe Spitzen und standardisierte Ladehilfsmittel sollten den Rahmen dieser Lösung bilden. Leider passt das nicht in allen Fällen. Zudem muss man die Prozesszeit der Automatiksysteme berücksichtigen. Diese zu minimieren erfordert aufwändige Fördertechnik, die wiederum zusätzliche Kosten verursacht.

Am effizientesten wäre es natürlich, dem Kommissionierer nur die Artikel (in der benötigten Menge) anzubieten, die er für den gerade in Arbeit befindlichen Auftrag benötigt. Dann wäre die Kommissionierung extrem einfach, der Aufwand würde dabei aber nur an eine andere Stelle verlagert werden, z. B. an Automatiksysteme. Wie kann man aber Effekte in diese Richtung ohne Zusatzaufwand erzielen?

## 6.2 Fallbeispiel Restrukturierung

Bei einem unserer Kunden gab es zu Projektstart ein großes Palettenregal mit Kommissionierung mit Hilfe von Kommissionierstaplern in den unteren Ebenen, darüber Reserven sowie eine dreigeschossige Fachbodenregalanlage, die über eine Behälterfördertechnik miteinander verbunden waren. Die Anlage war an Kapazitätsgrenzen gestoßen (Durchsatz und Sortiment) und musste erweitert werden. Unser Kunde dachte zunächst an eine Spiegelung der Einrichtung um möglichst „im System" bleiben zu können.

Nach intensiver Analyse des Artikelverhaltens kamen wir dann aber zu einer ganz anderen Lösung: Wir haben Paletten- und Behälterdurchlaufregale (Abmessungen der Behälter: 500 x 300 x 300 mm) eingeführt und jeden einzelnen Artikel entsprechend seiner Gängigkeit **und** seines Durchsatzvolumens den nun vier Arten der Bereitstellung in der Kommissionierung zugeordnet:

- Palettendurchlaufregale: Artikel mit einem Durchsatz von mehr als 2 Paletten/Woche
- Behälterdurchlaufregale: Artikel mit einem Durchsatz von mehr als 3 Behältern/Woche
- Vorhandene Palettenregale: große und schwere Artikel, für die manueller Behälternachschub ergonomisch schwierig ist
- Vorhandene Fachbodenregalanlage: alle anderen Artikel

Diese Grundregel gilt für A-Artikel und wurde für B- und C-Artikel leicht angepasst.

Im Ergebnis wurden alle Schnelldreher bis auf ganz wenige Ausnahmen im Erweiterungsbereich konzentriert, der alte Bereich wird für Reserven und für die vielen Langsamdreher verwendet, die man zur Sortimentsabrundung benötigt.

**Bereitstellung von Artikeln für die Kommissionierung**

| Fachbodenregale | Palettenregale | Behälterdurchlaufregale | Palettenpickplätze |
|---|---|---|---|
| dreigeschossige Anlage mit Fördertechnik verbunden<br>Multi-Order-Kommissionierung mit Pick+Pack | Kommissionierung in den unteren Ebenen, darüber Reserven<br>Multi-Order-Kommissionierung mit Pick+Pack | im Weiterreichsystem mit Pick by Light | angebunden an das Weiterreichsystem mit Pick by Light |

*Abb. 2: Unterschiedliche Formen der Bereitstellung von Artikeln für die Kommissionierung bei RECA NORM (Quelle: TIM CONSULT)*

Ein zweiter Effekt: Ca. 1.000 Artikel wurden vom Paletten- ins Behälterdurchlauflager verlegt, einige wenige (ca. 100) ins Palettendurchlauflager. Dies bedeutet, dass viele Artikel nicht palettenweise nachgeschoben werden, sondern als Behälter. Dies wiederum erfordert ein Umpacken im Wareneingang sowie einen deutlich höheren Aufwand im Nachschub. Aber die Einsparungen in der Kommissionierung sind größer, denn auf einem laufenden Regalmeter werden jetzt nicht ein oder zwei Artikel präsentiert, sondern 15. Entsprechend kürzer wird der Kommissionierweg, man erreicht somit eine deutlich höhere Pickdichte. Obendrein kann man durch die Wahl der Greifhöhe auf ABC-Eigenschaften eingehen. Weitere 2.500 Artikel sind vom Fachbodenbereich ins Behälterdurchlaufregal gewandert. Mit den nun etwa 3.500 Artikeln (30 Prozent von Gesamt) in diesem Kommissionierbereich werden 7.500 Picks/Tag abgedeckt (ca. 50 Prozent von Gesamt).

Diese neue Artikelallokation wurde durch zwei Maßnahmen flankiert:

- Der neue Bereich wurde mit einem Weiterreichsystem und einer Pick-by-Light-Anlage ausgestattet, die das bereits vorhandene Pick-&-Pack-System optimal ergänzen.
- Zur Lagerung der Behälterreserven wurde ein automatisches Kartonlager eingeplant um den aufwendigeren Nachschub möglichst effizient durchführen zu können. Die Behälter werden vom Wareneingang direkt ins Kartonlager gebracht und dann per Fördertechnik automatisch in die entsprechenden Kommissionierzonen nachgeschoben.

Der Effekt war enorm. Lag die Pick-Leistung bezogen auf alle Mitarbeiter im Lager zuvor bei 180 Picks/Tag, so steigerte sich dieser Wert auf fast 250 Picks/Tag. Bezogen auf die Kommissionierung wurde eine Steigerung von durchschnittlich etwa 70 auf 110 Picks/Stunde erreicht, da im neuen Hochleistungsbereich nun über 200 Picks/Stunde gemacht werden.

Die Auswahl der oben genannten Grenzen war noch relativ intuitiv. Zunächst wurde, wie bei der Konzeption üblich, ein Mengengerüst für einen Planungshorizont von 10–12 Jahren definiert und dieses Gerüst in Ausbaustufen heruntergebrochen.

**Effekte der veränderten Bereitstellung**

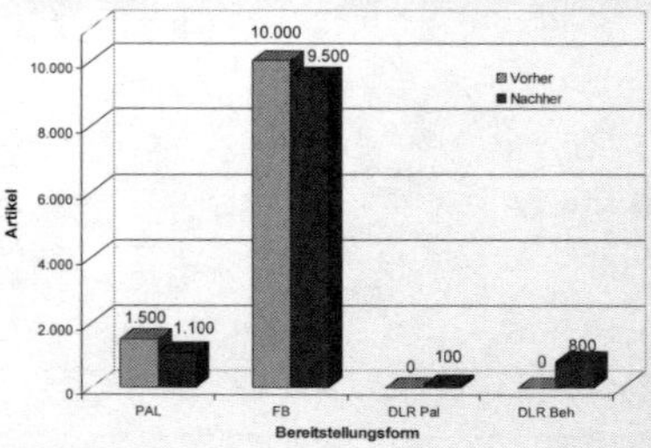


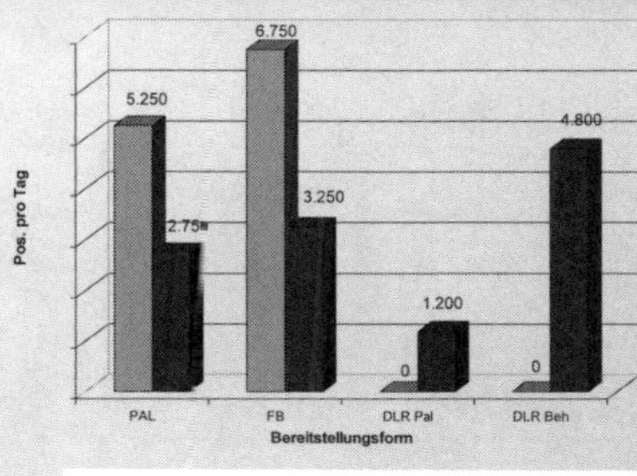


**Produktivitäten [Picks / h]**

| | PAL | FB | DLR Pal | DLR Beh |
|---|---|---|---|---|
| Vorher | 65 | 90 | 0 | 0 |
| Nachher | 60 | 85 | 250 | 250 |

**Kommissionierzeit [h / Tag]**

| | PAL | FB | DLR Pal | DLR Beh | Summe |
|---|---|---|---|---|---|
| Vorher | 81 | 75 | 0 | 0 | 156 |
| Nachher | 46 | 38 | 5 | 19 | 108 |

© TIM CONSULT 2009

**Ergebnisse**

Einführung Durchlaufregale mit großem Effekt:

- 30% der Artikel mit 50% der Positionen jetzt im Durchlaufbereich
- Anteil Palettenkommissionierung stark gesenkt
- Reduzierung Kommissionierzeit um 27%

*Abb. 3: Effekte der veränderten Bereitstellung der Artikel für die Kommissionierung*

Hieraus ergeben sich notwendige Kommissionierplätze mit entsprechenden Zugriffen und Reservebestände mit entsprechenden Nachschubbewegungen für die einzelnen Ausbaustufen. In der ersten Ausbaustufe wollte man die vorhandenen Kapazitäten natürlich auslasten. Neben diesem Kriterium wurden die Grenzen über eine einfache Rechnung abgeschätzt:

- Was kann man bei Verwendung kleinerer Gebinde pro Zugriff an Wegzeit gegenüber der Palette sparen?
- Was kostet das Umpacken und Nachschieben dieser kleinen Gebinde mehr als bei einer Palette?

Über den Volumendurchsatz und die notwendige Anzahl Zugriffe, die die Einsparungen in der Kommissionierung rechtfertigen, konnten Kriterien zur Bewertung von ca. 10.000 Artikeln entwickelt werden.

Dabei spielt neben dem Volumenverbrauch auch die typische Zugriffsstruktur eines Artikels (Anzahl Stück/Positon) eine wichtige Rolle. In Abbildung 5 sind unterschiedliche Durchsatzvolumen bei gleicher Struktur dargestellt. Bei geringem Volumen ist der Behälter trotz hohem Umpackaufwand deutlich günstiger (47 Prozent Einsparung gegenüber der Palette), bei hohen Durchsätzen gewinnt die Palette.

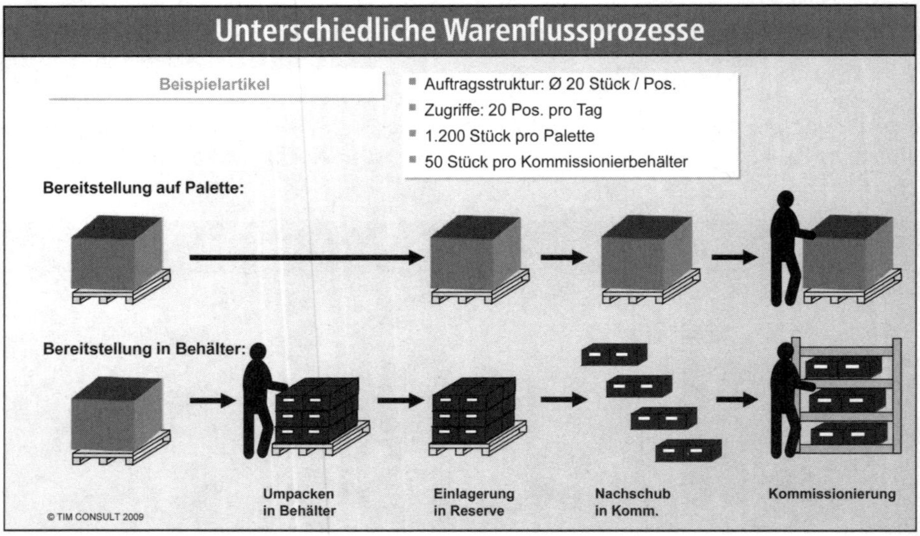


*Abb. 4: Warenflussprozesse bei unterschiedlichen Formen der Bereitstellung*

## PRAXISTIPP:

Wenn man es schafft, dass die Zulieferer zeitnah und in den eigenen Ladehilfsmitteln anliefern, reduziert sich der Umpackaufwand im Wareneingang. Dann werden tendenziell mehr Artikel in Behältern bereitgestellt. Also spielen auch Einkauf und Disposition eine Rolle in der Entscheidung.

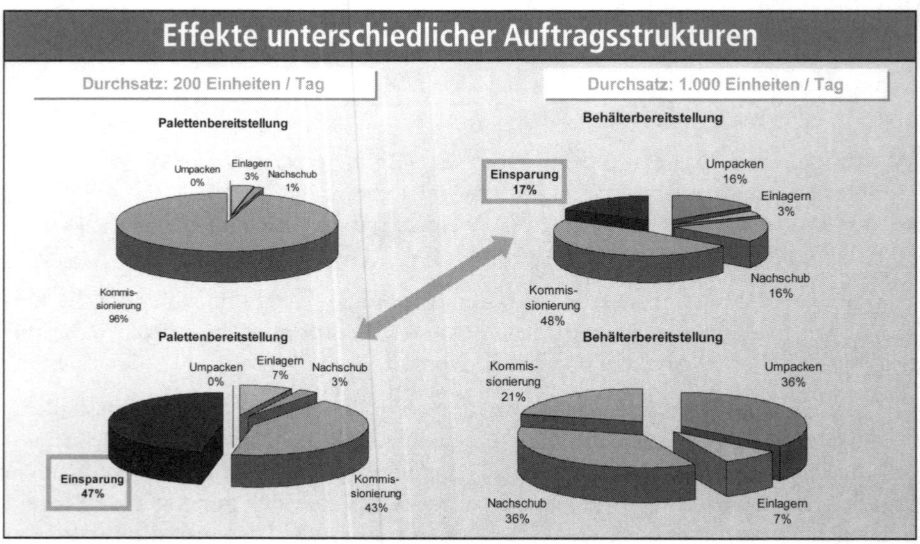


*Abb. 5: Effekte unterschiedlicher Auftragsstrukturen auf die optimale Art der Bereitstellung*

In einem anderen Projekt war es einfacher. Hier wurde „auf der grünen Wiese" geplant, die Restriktion der Verwendung vorhandener Kapazitäten fiel weg. Die Grenzen wurden extremer gesetzt, der Effekt war noch größer: Noch mehr Artikel wurden von der Palette auf Behälter verlagert, noch mehr Wegezeit konnte eingespart werden.

Parallel wurde dort ein anderes Kommissioniersystem eingeführt. Im alten Distributionszentrum war ein paralleles System mit Sorter im Einsatz, im neuen kam ein serielles Weiterreichsystem mit „dynamic forwarding" zum Einsatz. Dieses System wählt bei der Auftragseinlastung bzw. beim Ansteuern der nächsten Kommissionierstation ganz bewusst Bereiche mit einer geringen Auslastung an, um eine kürzere Durchlaufzeit und eine bessere Auslastung der Bereiche zu erzielen. Auch das liefert natürlich einen deutlichen Beitrag zur besseren Produktivität.

**Reduzierung Kommissionierzeit**

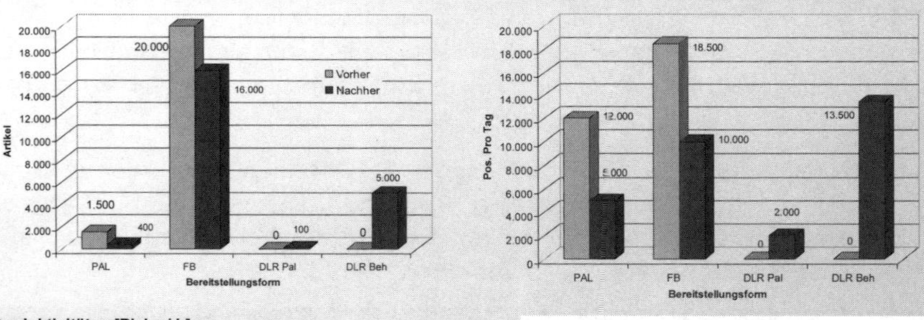


**Produktivitäten [Picks / h]**

| | PAL | FB | DLR Pal | DLR Beh |
|---|---|---|---|---|
| Vorher | 70 | 60 | 0 | 0 |
| Nachher | 60 | 80 | 160 | 185 |

**Kommissionierdauer [h / Tag]**

| | PAL | FB | DLR Pal | DLR Beh | Summe |
|---|---|---|---|---|---|
| Vorher | 171 | 308 | 0 | 0 | 480 |
| Nachher | 83 | 125 | 13 | 73 | 294 |

**Ergebnisse**

Größere- Freiheitsgrad bei Prozessplanung durch Neubau "auf der grünen Wiese"

+ neues Kommissioniersystem

- Starke Verlagerung in den Durchlaufbereich
- Reduzierung Kommissionierzeit um 39 %

*Abb. 6: Reduzierung Kommissionierzeit bei einer Planung „auf der grünen Wiese"*

Aber auch in diesem Fall handelte es sich immer noch um ein Annähern an das Optimum ohne alle Faktoren zu berücksichtigen.

## 6.3 Definition des Optimums

Wo aber liegt nun das Optimum? Welche Einflussgrößen sind relevant? Wie kann man die Frage für eine Vielzahl von Artikeln beantworten?

Betrachtet man alle Schritte von der Vereinnahmung der Ware bis zur Kommissionierung dann sind dies in fast jedem Unternehmen folgende Prozesse:

- Entladen – nicht relevant, da unabhängig vom Lagerbehälter
- Wareneingangsprüfung inkl. Qualitätssicherung – nicht relevant, da unabhängig vom Lagerbehälter

6

- Evtl. Umpacken in Lagerbehälter – relevant, Handling
- Wareneingangsbuchung – relevant, Handling
- Einlagern ins Reserve- oder Kommissionierlager – relevant, Handling und Einrichtung
- Lagern im Reservelager – relevant, Kosten Fläche und Einrichtung
- Nachschieben vom Reserve- ins Kommissionierlager – relevant, Handling und Einrichtung
- Lagern im Kommissionierlager – relevant, Kosten Fläche und Einrichtung
- Kommissionieren – relevant, Handling
- Packen – nicht relevant, da unabhängig vom Lagerbehälter
- Versand – nicht relevant, da unabhängig vom Lagerbehälter

Es bleiben also sieben Prozessschritte, die kostenmäßig für die Entscheidung relevant sind, in welchen Ladehilfsmitteln die Artikel in der Kommissionierung bereitgestellt werden.

TIM CONSULT hat daraufhin ein Software-Instrument entwickelt, das die Kostenelemente genau dieser Faktoren für unterschiedliche Ladehilfsmittel berechnet und damit das günstigste ermittelt – und das für eine beliebige Anzahl von Artikeln.

Zunächst müssen hierzu die Ladehilfsmittel (LHM) definiert werden und zwar diejenigen, in denen die Ware angeliefert wird und diejenigen, die im Lager eingesetzt werden sollen. Hier beginnt der kreative Prozess, bei dem ein Katalog sinnvoller, aufeinander abgestimmter Ladehilfsmittel definiert wird.

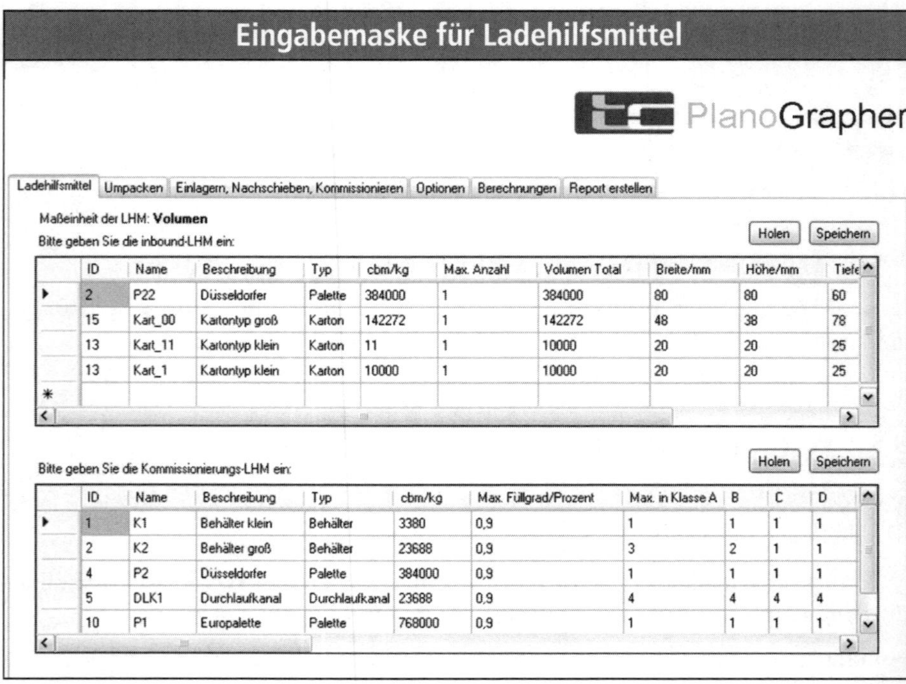


*Abb. 7: Eingabemaske für Ladehilfsmittel (LHM)*

Durch Analyse der Wareneingangsdaten werden jedem Artikel ein bis max. zwei Wareneingangs-LHM zugewiesen. Entweder man verwendet existierende LHM, die aber meist in den Stammdaten nicht hinterlegt sind, oder das Programm ordnet aufgrund der Wareneingangsmengen pro Anlieferung und dem Volumen der Teile passende LHM aus dem zuvor definierten Katalog zu.

Für die Lager-LHM müssen darüber hinaus auch die Flächen- und Einrichtungskosten für das Reserve- und das Kommissionierlager angegeben werden. Danach werden alle Handlingstufen (s. o.) mit Prozesszeiten hinterlegt und zwar für alle Kombinationen aus Wareneingangs- und Lager-LHM.

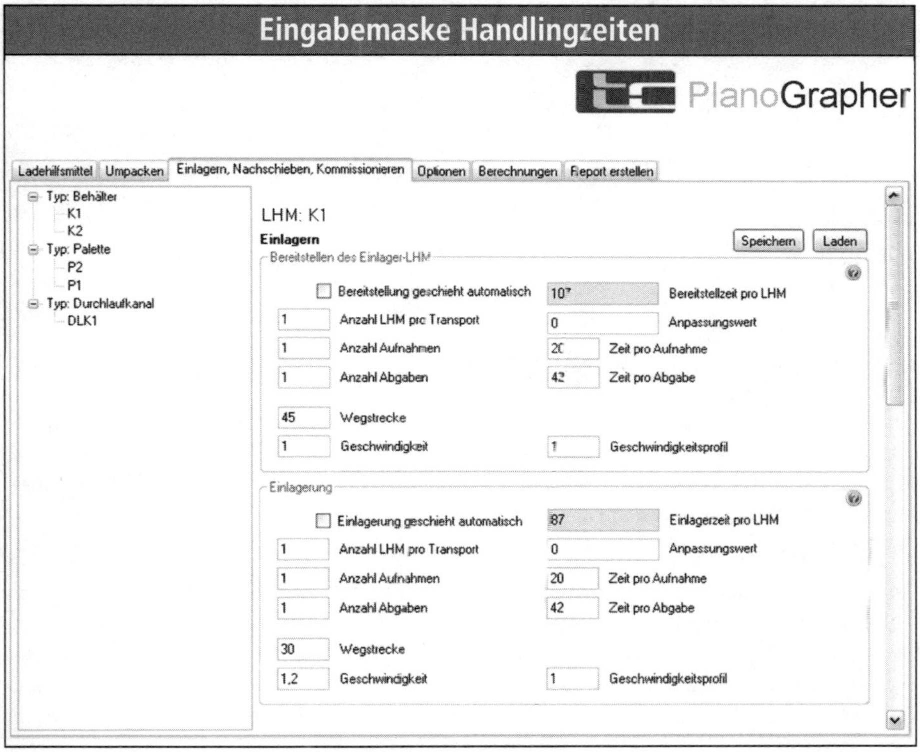


*Abb. 8: Eingabemaske Handlingzeiten*

Zur Vereinfachung der Eingabe kann dies auch in Gruppen erfolgen. Das klingt aufwändig, mit einiger Erfahrung gelingt die Parametrisierung aber innerhalb kurzer Zeit.

Das Programm errechnet dann für jeden Artikel die gesamten Handlings- und Einrichtungskosten für jedes definierte Lager-LHM und zeigt das Ergebnis summarisch oder je Artikel in übersichtlichen Graphen. Mit diesem Tool kann man erstmals eine exakte Zuordnung der Ladehilfsmittel zu Artikeln treffen. Aber es ist nur ein Hilfsmittel, ein Schritt in die „Industrialisierung der Beratung".

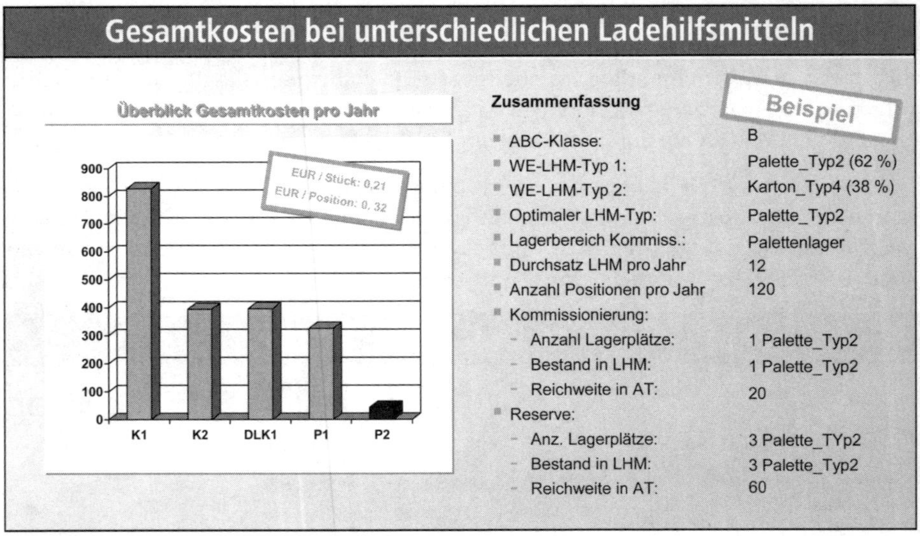


*Abb. 9: Darstellung Ergebnis*

## 6.4 Weniger Aufwand durch richtige Behälterwahl

Zurück zur Grundidee: Wie kann man den Aufwand in der Kommissionierung reduzieren? Lösungsansatz hier: Verringerung der Wegezeit durch Verkleinerung der Lager-LHM unter Inkaufnahme von Umpackaufwand – und dann lieber häufiger nachfüllen. In Summe muss der Vorteil entstehen.

Wo kann man diesen Ansatz anwenden? Das hängt zum Einen sehr stark vom Sortiment ab. Weiße und Braune Ware (große Haushaltsgeräte bzw. Unterhaltungselektronik) sind denkbar ungeeignet. Weiße Ware wird zumeist im Blockstapel gelagert und mit Klammerstaplern bewegt – da kann man keine LHM verkleinern. Für Braune Ware gilt ähnliches. Zwar ist hier die Palette das übliche LHM, aber auch das kann nicht verkleinert werden. Ähnlich schwierig sind Food und andere FMCGs (Fast Moving Consumer Goods), da hier im Lager zumeist ganze Gebinde/Kartons gehandelt werden, sodass auch hier die Palette das LHM der Wahl ist.

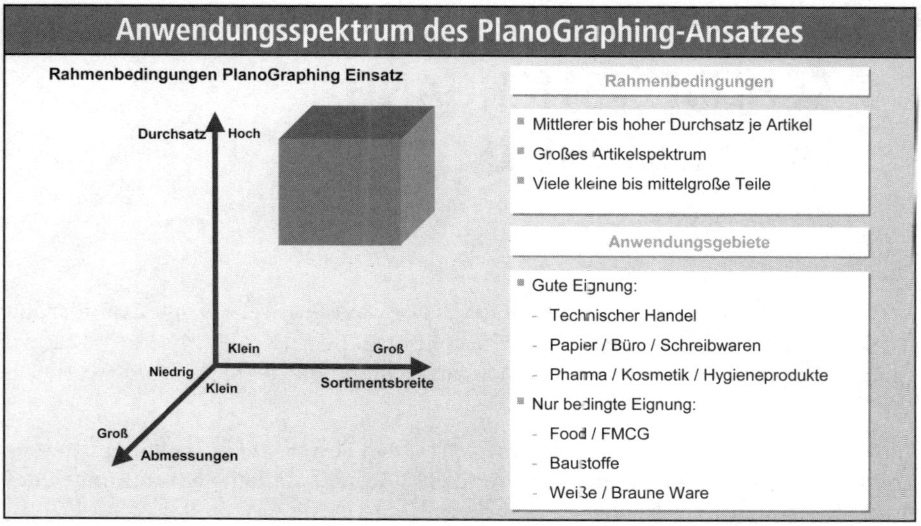


*Abb. 10: PlanoGraphing ist insbesondere für schnelldrehende Kleinteile geeignet.*

Gut geeignet sind der Kleinteilebereich bei Ersatzteilen, der technische Teilehandel und alle Branchen mit mittleren und kleinen Teilen. Wichtig ist auch eine gewisse Sortimentsbreite um entsprechende Wege zu haben, damit der Einsparungseffekt wirkt und dann natürlich aus dem gleichen Grund eine entsprechende Durchsatzmenge. Bereits weitgehend umgesetzt ist der Ansatz im Pharmagroßhandel. Hier passen Sortimentsbreite (in der Regel >50.000 Artikel), Durchsatz in der Mittagsspitze und Abmessungen der Produkte geradezu ideal. Lagertechnisch findet man hier dann auch neben den Schachtkommissionierern (A-Frames) für die absoluten Renner Durchlaufregale für die Mitteldreher und Fachbodenregale mit sehr kleinen Fächern für die Langsamdreher. Palettenregale kommen nur für sperrige Produkte zum Einsatz.

Wann kann man die Idee einsetzen? Natürlich bei Neuplanungen oder (wie beschrieben) bei Erweiterungsplanungen. Aber auch beim Re-Engineering von Lager- und Kommissioniersystemen oder bei der routinemäßigen Überprüfung der Allokation der Produkte, da diese ihr Verhalten über ihren Lebenszyklus hinweg verändern. Immer dann ist es sinnvoll darauf zu achten, wie man die Produkte in der Kommissionierung bereitstellt.

Dies gilt sowohl bei manuellen Systemen – da insbesondere – aber auch für teil- oder vollautomatisierte Systeme. Es macht keinen Sinn, für kleine Entnahmemengen immer eine ganze Palette aus dem Lager zu fahren; die Leistung der Regalbediengeräte in automatischen Hochregallagern (HRL) ist zu gering und zu teuer, ein automatisches Kartonlager hingegen ist viel schneller und billiger.

Außerdem erreicht man damit auch eine bessere Lagerauslastung. Eine halbleere Anbruchpalette benötigt einen halben Kubikmeter Raumanteil, ein halbleerer Behälter, von dem z. B. 24 auf eine Palette passen, nur einen Bruchteil davon. Die anderen 12 Plätze können bereits mit anderen Artikeln belegt werden.

Es spricht also viel dafür, über die Auswahl der Ladehilfsmittel in der Lagerung und Kommissionierung gründlich nachzudenken.

7

# 7 KOMMISSIONIERSTRATEGIEN: SCHLEIFE, STICHGANG, WALKING THE U

*(Dr. Harald Gerking)*

Trotz vieler Diskussionen über manuelle oder automatische Kommissionierung steht nach wie vor der Mensch im Mittelpunkt der Aktivitäten. In vielen Lägern ist immer noch die manuelle Kommissionierung Stand der Technik – und zwar nach dem Prinzip „Mann zur Ware".

Besonders der Handel setzt weiterhin auf „Man Power". Er muss mit einem sehr breiten Sortiment an kleinvolumigen Artikeln und sehr starken Schwankungen des Aufkommens bzw. der Nachfrage umgehen.

In der Literatur sind im Wesentlichen zwei Standard-Kommissionierverfahren bekannt: die Schleifen- oder Durchgangstrategie und die Stichgangstrategie. In der englischen Literatur werden diese Verfahren auch „S-shape" oder „transversal policy" bzw. als „return policy" bezeichnet.

Eine weitere Strategie, die im Rahmen eines Projektes umgesetzt wurde, ist eine in Anlehnung an die in der amerikanischen Literatur bekannte Strategie „Walking the U". Dabei werden Schleifen- und Stichgangstrategie kombiniert. Sie werden zu einem U-förmigen Rundgang (Schleife) zusammengefügt, von dem aus Stichgänge nach links und rechts abzweigen.

In der ersten Hälfte dieses Beitrages wird diese noch wenig bekannte Strategie vorgestellt und mit den Standard-Kommissionierverfahren verglichen. Im zweiten Teil wird sie den herkömmlichen Kommissionierverfahren nochmals genauer gegenüber gestellt.

## 7.1 Einsatzbereiche

Alle Kommissionierstrategien haben ihre spezifischen Einsatzbereiche. Diese hängen z. B. ab von

- Sortimentsbreite (Anzahl Artikel)
- Sortimentsstruktur (Anteil Schnell-, Mittel-, Langsamdreher)
- durchschnittlichen Größe der Kommissionieraufträge
- maximalen Zeit, die für die Bearbeitung zur Verfügung steht
- bestehenden Infrastruktur

Alle diese Faktoren unterliegen nicht nur jahreszeitlichen Schwankungen, sondern auch langfristigen Veränderungen (z. B. dem technischen Fortschritt). Aus diesem Grund ist es ratsam, die Lager- und Kommissionierstrategie alle drei bis fünf Jahre auf ihre Gültigkeit zu überprüfen.

## 7.2 Schleifen- und Stichgangstrategie auf dem Prüfstand

Die gängigsten Kommissionierverfahren sind die Schleifen- und die Stichgangstrategie. Dabei kommt es häufig vor, dass innerhalb eines Lagers beide Verfahren zur Anwendung kommen, z. B. Schleifenstrategie im Kommissionierlager, Stichgangstrategie im Reservelager.

Bei der **Schleifenstrategie** (oder auch Durchgangsstrategie) durchläuft oder durchfährt der Kommissionierer nur die Gänge, in denen sich Artikel für den in Arbeit befindlichen Auftrag befinden (siehe Abbildung 1, rechts). Alle übrigen Gänge werden ausgelassen.

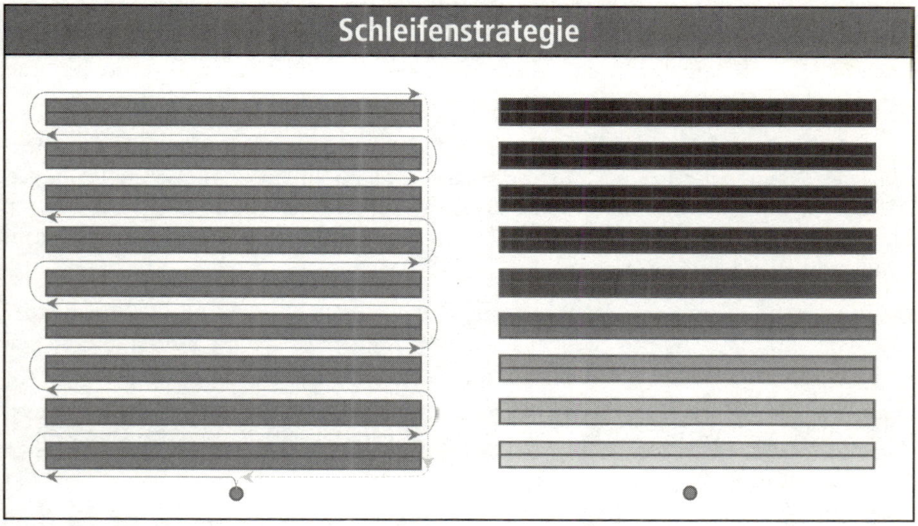


*Abb. 1: Schleifenstrategie und zugehörige ABC-Verteilung der Sortimente*

Um aber die Wegstrecken so kurz wie möglich zu halten, sind dabei folgende Maßnahmen zu berücksichtigen:

- Schnelldrehende Artikel sind unbedingt in den ersten Reihen zu lagern (siehe Abbildung 1, rechts unten).
- Frei werdende Plätze sollten regelmäßig verdichtet werden.
- Statt einer Festplatzordnung sollte eine chaotische Lagerplatzordnung gewählt werden. Dadurch wird vermieden, dass übermäßig viele freie Lagerplätze existieren. Findet in einer Gasse keine Kommissionierung statt, dann kann diese Gasse übersprungen werden und die übernächste Gasse wird in der entgegengesetzten Richtung bearbeitet. Aus diesem Grund müssen die Gassen so breit ausgelegt werden, dass sowohl Überholvorgänge als auch Begegnungen möglich sind.

7

## DER EINFLUSS DER EINLAGERSTRATEGIE

Bei allen Verfahren nach dem Prinzip „Mann zur Ware" hat die Einlagerstrategie einen wesentlichen Einfluss auf die Länge der Kommissionierwege. So ist die Wegstrecke bei einer strengen ABC-Verteilung der Artikel in einem Kommissionierbereich um ca. 17 Prozent kürzer als bei einer Gleichverteilung.
Da zudem der Wegeanteil in einer manuellen Kommissionierung 50–70 Prozent der Gesamtzeit ausmacht (siehe z. B. Schulte 2003), resultiert aus einer schlechten oder falschen Einlagerstrategie eine bis zu zehn Prozent schlechtere Kommissionierleistung.

Bei der Anwendung von Pick-&-Pack-Kommissionierung ist außerdem zu beachten, dass schwere Artikel am Anfang eines Kommissionierrundganges platziert sind. So wird sichergestellt, dass diese als erste in den Behälter gelegt werden und leichtere bzw. druckempfindliche Artikel nicht beschädigt werden können.

Im Falle der **Stichgangstrategie** bewegt sich der Kommissionierer an der Stirnseite der Gänge entlang und fährt oder läuft nacheinander in die Gänge, in denen Artikel für den in Arbeit befindlichen Auftrag liegen (siehe Abbildung 2, links). Ob die Stichgangstrategie mit oder ohne Gangwiederholung realisiert werden kann, hängt von zwei Faktoren ab:

- von den zu kommissionierenden Mengen bzw. deren Gewicht und Volumen und
- davon, ob die Gänge so breit ausgelegt wurden, dass der Kommissionierer den Kommissionierwagen mitnehmen kann oder nicht.

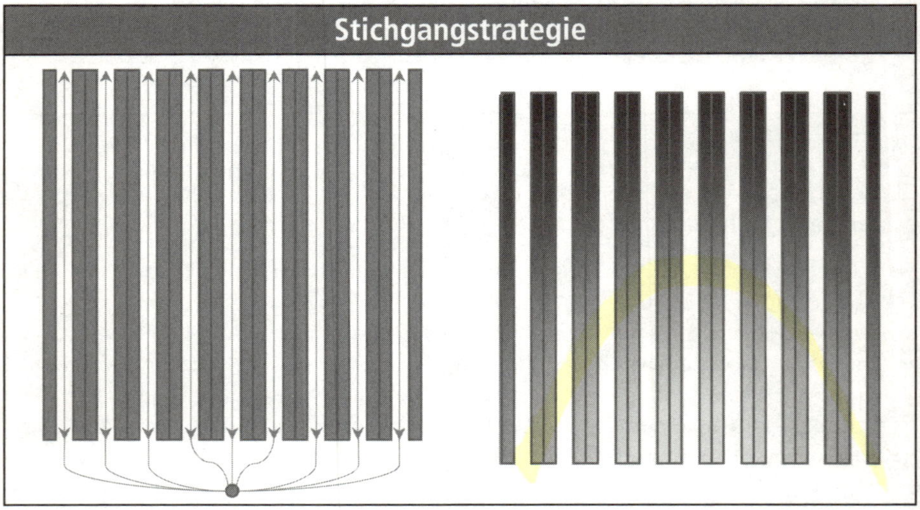


*Abb. 2: Stichgangstrategie und zugehörige ABC-Verteilung der Sortimente*

Bei der Stichgangstrategie sind die schnelldrehenden Artikel am Anfang der Gassen zu lagern, während die langsam drehenden Artikel eher an den Enden der Gassen gelagert werden. Optimal ist eine Radial – Verteilung um den Start-/Endpunkt der Kommissionierung herum (siehe Abbildung 2, rechts).

Zusätzlich zu diesen beiden Standardstrategien werden in der Literatur einige weitere Verfahren diskutiert (siehe Roodbergen 2001), wie z. B.:

- „Midpoint"-Verfahren
- „Largest Gap"-Verfahren
- „Composite"-Verfahren
- „Optimal Routing"-Verfahren
- „Combined"-Verfahren

In der Praxis haben sich diese Verfahren jedoch nicht durchsetzen können. Gründe dafür sind

- höhere Komplexität bei der Berücksichtigung in den Lagerverwaltungs- bzw. Kommissioniersystemen,
- höheres Unfallrisiko wegen der Wahrscheinlichkeit von Kreuzungs- und Begegnungsverkehren und
- Uneinheitlichkeit der Kommissionierrouten und damit die Nichtberücksichtigung von Produkteigenschaften (z. B. „schwer unten, leicht oben").

Die aber wohl wichtigsten Gründe, eines der beiden Standardverfahren einzusetzen, ist der geringe Produktivitätsgewinn (siehe Petersen 1999) in Kombination mit den schwer vermittelbaren, auf den ersten Blick „unsinnigen" Wegen, die sich bei den optimierten Verfahren ergeben.

## 7.3 „Walking the U"

Im Rahmen eines europaweiten Projekts zur Effizienzsteigerung in verschiedenen Ersatzteillägern wurde die Kommissionierstrategie „Walking the U" umgesetzt. Das Verfahren kombiniert die Schleifen- mit der Stichgangstrategie. Der Hauptweg wird als Schleife in Form eines „U" angelegt, von dem aus zu beiden Seiten Stichgänge abzweigen (siehe Abbildung 3). Damit kann das Verfahren als eine Sonderform des Zentralganglayouts betrachtet werden.

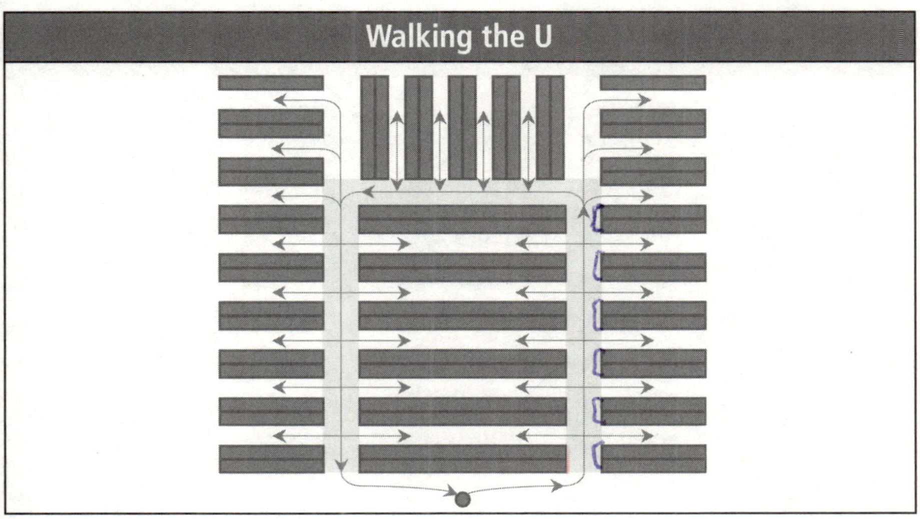


*Abb. 3: Walking the U*

Der Hauptgang ist dabei so breit angelegt, dass sich die Kommissionierer überholen können. Auch der Einsatz von Flurförderzeugen ist hier möglich. An den Kopfenden der Regale können entweder Sammelbehälter für Abfälle oder auch Schnellstdreher bzw. Saisonartikel platziert werden.

Innerhalb der Stichgänge sind die Artikel nach Gängigkeit sortiert, d. h. schnelldrehende Artikel werden entlang des Hauptganges, jeweils am Anfang eines Stichganges platziert, langsamdrehende Artikel am Ende (siehe Abbildung 4).

Da im Vergleich zur Stichgangstrategie die Anzahl der Stichgänge ca. dreimal so hoch ist, besteht hier ein wesentlich geringeres Risiko, dass sich mehrere Kommissionierer in einem Gang begegnen. Aus diesem Grund können die Stichgänge ohne Risiko enger und damit platzsparender ausgelegt werden.

Auch im Vergleich zum Zentralganglayout sind die Stichgänge wesentlich kürzer, was insbesondere bei langsam drehenden Sortimenten die Wegstrecken minimiert.

## 7.3.1 Vorteile und Nachteile

Aus der Tatsache, dass die Kommissionierstrategie „Walking the U“ eine Kombination von Schleifen- und Stichgangstrategie ist, folgt, dass sie die Vorteile beider Verfahren kombiniert und deren Nachteile (teilweise) kompensiert.

Dadurch, dass das U (d. h. der Hauptgang) die Mindestwegstrecke darstellt, ist dieses Verfahren bei einem hohen Anteil von Kommissionieraufträgen mit wenigen Pick-Positionen im Nachteil. Eine Möglichkeit diesen Nachteil zu reduzieren, besteht darin, mindestens einen Quergang im Mittelteil so breit auszulegen, dass er als Abkürzung genutzt werden kann.

Ein wesentlicher Vorteil im Vergleich zu den anderen Verfahren ist die Auslegung des Hauptgangs als Einbahnstraße. Gegenverkehre kommen nicht vor, Überholvorgänge sind aufgrund der Breite des Ganges leicht möglich, ebenso eine gleichzeitige Nutzung durch Flurförderzeuge und manuelle Kommissionierer. Das Unfallrisiko wird erheblich reduziert.

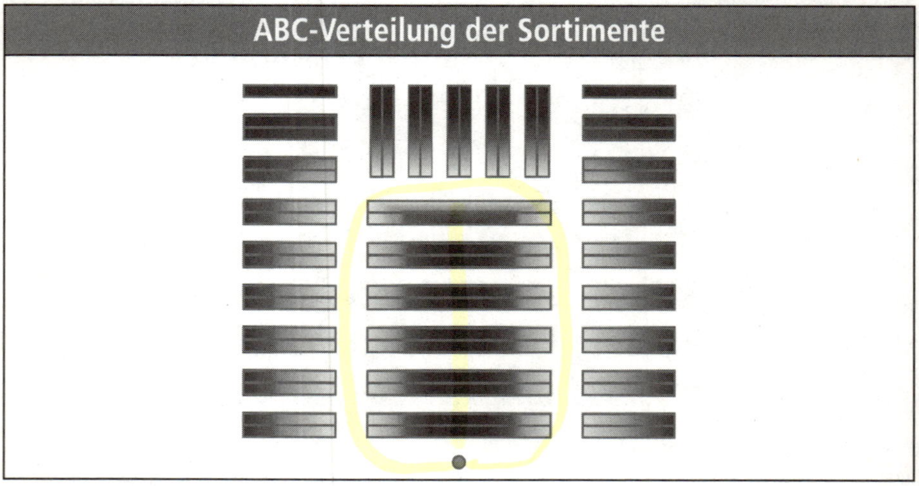


*Abb. 4: ABC-Verteilung der Sortimente*

In Bezug auf die Erweiterungsflexibilität steht das Verfahren den anderen Methoden in nichts nach. Aufgrund des großzügig bemessenen Hauptganges ist die Bewältigung eines höheren Durchsatzes leicht möglich. Die Anpassung an eine Sortimentserweiterung kann durch eine Vergrößerung des Bereiches oder durch eine zusätzliche Etage realisiert werden.

Eine Verbreiterung des Kommissionierbereichs ist dabei leicht möglich. Dafür sollte die Breite des Hauptgangs einem Vielfachen der Regalbreite entsprechen. Auf diese Weise kann der Hauptgang durch Regale geschlossen und an anderer Stelle ein neuer Hauptgang eröffnet werden. Auf diese Weise bleibt die Symmetrie gewahrt.

Bei einer starken Ausweitung des Sortiments bietet es sich an, ein zweites U zu errichten und die Teilkommissionen später zu konsolidieren. Alternativ und wenn die Infrastruktur es zulässt, kann auf den Regalen ein Zwischenboden errichtet und eine zweite Kommissionierebene eingebaut werden.

## 7.4 Vergleich: Schleifenstrategie – Stichgangstrategie – Walking the U

Die **Schleifenstrategie** hat sich bewährt in Lägern mit großen Aufträgen und stark schwankender Belastung. Aufgrund der breiten Gänge und der guten Überholmöglichkeiten lässt sich der Personaleinsatz gut an den Bedarf anpassen, ohne dass es zu Behinderungen und damit zu größeren Produktivitätsverlusten kommt.

Eine Daumenregel besagt, dass die Schleifenstrategie der „Largest Gap"-Methode (eine Variante der Stichgangstrategie) vorzuziehen ist, wenn durchschnittlich mindestens 3,8 Artikel pro Gang zu kommissionieren sind, andernfalls ist das „Largest Gap"-Verfahren zu bevorzugen (Hall 1993).

Die Schleifenstrategie kommt im Wesentlichen in Kommissionierlägern des Handels zum Einsatz. In einigen modernen Anwendungen wird sie unterstützt durch fahrerlose Transportsysteme und Pick by Voice bzw. durch Hängebahnsysteme mit automatischer Wiegevorrichtung.

Die **Stichgangstrategie** ist die Standardmethode in automatischen Hochregallagern. Sie eignet sich insbesondere für kleine Aufträge mit einem hohen Anteil an schnelldrehenden Artikeln. In der Regel wird versucht, möglichst viele Aufträge zu einem Kommissionierauftrag zusammenzufassen, damit der Wegeanteil gering ist. Es gibt jedoch Situationen, in denen sich diese Aufträge nicht zusammenfassen lassen, z. B. bei Express- oder Eilaufträgen. Damit eignet sich die Stichgangstrategie insbesondere für lokale Ersatzteilläger mit einem überschaubaren Sortiment.

Aufgrund der im Vergleich zur Stichgangstrategie langen Mindestwegstrecke ist die Strategie „**Walking the U**" besonders bei mittleren bis großen Kommissionieraufträge mit einem hohen Anteil an Mittel- und Langsamdrehern (siehe Abbildung 5, S. 154) vorzuziehen. Dies ist insbesondere gegeben bei zentralen Ersatzteillägern der Industrie und des Großhandels.

Wenn in dem Lager ausschließlich Kleinaufträge abgewickelt werden, so ist die

Stichgangstrategie im Vorteil, da in diesem Fall der Hauptgang des U länger ist als wenige kurze Wege.

Ebenso verhält es sich bei sehr großen Aufträgen. In diesem Fall ist die Schleifenstrategie im Vorteil, da die Summe der Wege zwischen den einzelnen Picks kleiner ist als die Hin- und Rückwege in die Stichgänge beim U.

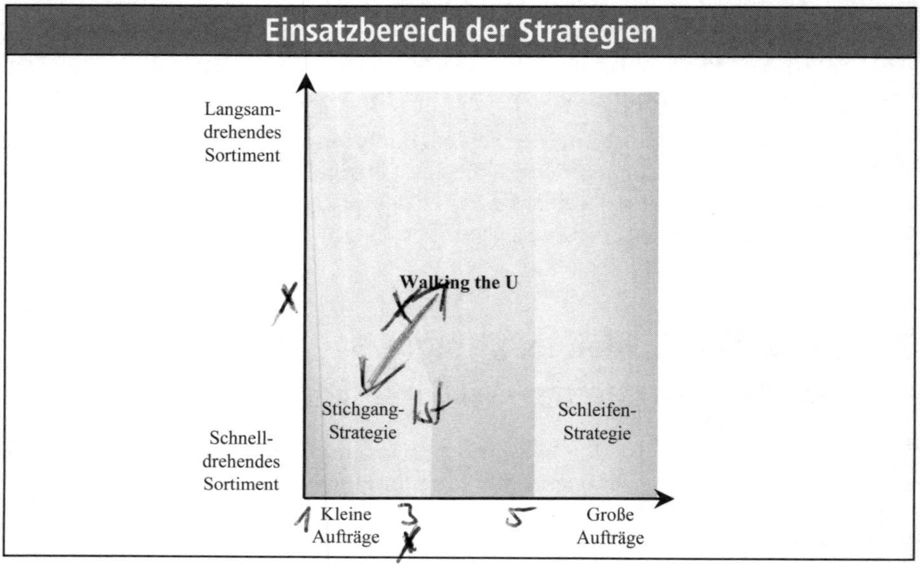


*Abb. 5: Einsatzbereich der Strategien*

## 7.5 Zusammenfassung

Auch mit dem Einsatz neuer Technologien (wie z. B. Pick by Voice) wird die Optimierung der Kommissionierwege weiterhin bedeutsam sein für die Effizienz eines Lagers. Aus diesem Grund ist es wichtig, sich auch weiterhin mit dem Thema der optimalen Kommissionierstrategie zu beschäftigen. Dieser Beitrag sollte einen Anstoß dazu geben.

Es bleibt der Forschung überlassen, die qualitativen Aussagen zu dem Anwendungsbereich bzw. die Abgrenzung zur Schleifen- und Stichgangstrategie zu quantifizieren und somit den Praktikern ein Schema für die Realisierung an die Hand zu geben. Bis dahin werden fallbezogene Simulationen notwendig sein, um die Vorteile der Strategie zu verifizieren.

## Literaturverzeichnis

DÖRNER (2004): Dörner, H., Reeh, M., Strauss, Ch., Wäscher, G.: Evaluation von Artikelanordnungsmustern in der Mann-zur-Ware-Kommissionierung. Working Paper 3/2004, Otto-von-Guericke-Universität Magdeburg, Fakultät für Wirtschaftswissenschaften, Magdeburg.

FRAZELLE (2002): Frazelle, E. H.: World-Class Warehousing and Material Handling, Columbus.

GALKA (2008): Galka, S., Ulbrich, A., Günthner, W.A.: Performance Calculation for Order Picking Systems by Analytical Methods and Simulation. 3. Deutsch-Russischer Logistik-Workshop, Moskau.

GUDEHUS (2005) Gudehus, Timm: Logistik. Grundlagen – Strategien – Anwendungen, Berlin, Heidelberg, New York.

HALL (1993): Hall, R.W.: Distance approximations for routing manual pickers in a warehouse, in: IIE Transactions 25(4), S. 76 – 87.

PETERSEN (1999): Petersen, C.G. II, Schmenner, R.W.: An evaluation of routing and volume-based storage policies in an order picking operation, in: Decision Sciences 30(2), S. 481 – 501.

ROODBERGEN (2001): Roodbergen, K.J.: Layout and routing methods for warehouses, Ph.D. Thesis, Erasmus University Rotterdam.

SADOWSKY (2007): Sadowsky, V.: Beitrag zur analytischen Leistungsermittlung von Kommissioniersystemen. Dissertation, Dortmund.

SCHULTE (2003): Schulte, J.: Gestaltung von Kommissioniersystemen 2: Auftragsstrukturen und Kosten der Aufbauorganisation, in: Hebezeuge und Fördermittel (7-8) 2003, Berlin.

8

# 8 DER MENSCH IN DER KOMMISSIONIERUNG

## 8.1 Ergonomie in der Kommissionierung

*(Dieter Haberl)*

### 8.1.1 Theorie der Ergonomie

Die Ergonomie ist die Lehre von der menschlichen Arbeit und befasst sich mit der optimalen Anpassung der Arbeit an die Eigenschaften und Fähigkeiten des arbeitenden Menschen.

Der Begriff „Ergonomie" setzt sich aus den griechischen Wörtern „ergon" (Arbeit) und „nomos" (Lehre, Gesetz) zusammen.

Ziele der Ergonomie sind

- **die Humanität** (u. a. Gestaltung von Arbeitsplätzen nach den Anforderungen des Menschen, Einsatz des arbeitenden Menschen nach körperlicher und geistiger Eignung, optimale Schulung und Ausbildung der arbeitenden Menschen, menschengerechte Gestaltung des Arbeitsplatzes, Anpassung von Werkzeugen und technischen Einrichtungen),
- **die Wirtschaftlichkeit** (u. a. Arbeitsablaufoptimierung, optimale Anpassung der Mittel an die Aufgaben) und
- **die Arbeitssicherheit:** Bei der ergonomischen Arbeitsplatzgestaltung kommt es darauf an, eine effiziente und fehlerfreie Arbeitsausführung sicherzustellen und das Personal vor gesundheitlichen Schäden auch bei langfristiger Ausübung einer Tätigkeit zu schützen. Somit besitzt die Ergonomie ebenfalls große Bedeutung im Bereich des präventiven Arbeitsschutzes und für die Arbeitssicherheit.

Die Erkenntnisse der Ergonomie fließen in das Arbeitsstudium ein und sind bei der Arbeitsplatzgestaltung zu berücksichtigen.

Vordergründig wird die Ergonomie, bzw. das Arbeitsstudium angewendet, um

- hohe Produktivität
- beste Arbeitsqualität
- hohe Mitarbeitermotivation
- geringe Krankheitsquote
- optimale Nutzung der Betriebsmittel
- Sicherung des Betriebsstandortes
- und damit maximalen Gewinn für das Unternehmen

zu gewährleisten.

**Ergonomische Arbeitsplatzgestaltung**

Der Gesetzgeber regelt derzeit bereits einen Großteil der Gestaltung von Arbeitsplätzen.

Danach ist der Arbeitergeber z. B. verpflichtet, für jeden Arbeitsplatz eine **Gefährdungsbeurteilung** durchzuführen, d. h. die mit der Arbeit verbundenen Gefährdungen zu ermitteln, zu beurteilen und gegebenenfalls geeignete Maßnahmen zur Minimierung der Gefährdungen festzulegen. Die Arbeitsplatzanalyse ist ein Teil dieser Gefährdungsbeurteilung.

**REFA und MTM**
Durch den MTM-Ansatz (Method Time Measurement) erschließen sich jedoch weitere Rationalisierungspotentiale, welche die tägliche Arbeit erleichtern sollen. Je leichter eine auszuführende Arbeit ist und je kürzer die zurückzulegenden Wege sind, desto kürzer ist folglich auch die Bearbeitungszeit.

Somit ist Ergonomie nicht nur ein wichtiges Gestaltungswerkzeug der Arbeitssicherheit, sondern im Sinne von MTM auch ein zeitliches Argument:
Jeder manuelle Vorgang in der Kommissionierung besteht normalerweise aus den „Grundbewegungen"

- Blickfunktion,
- Hinlangen,
- Greifen,
- Bringen sowie
- Loslassen,

und eventuell:

- Drücken,
- Trennen,
- Drehen (bzw. andere Körperbewegung usw.) und
- dem unproduktivsten Vorgang „Warten".

**Zeitbaustein**

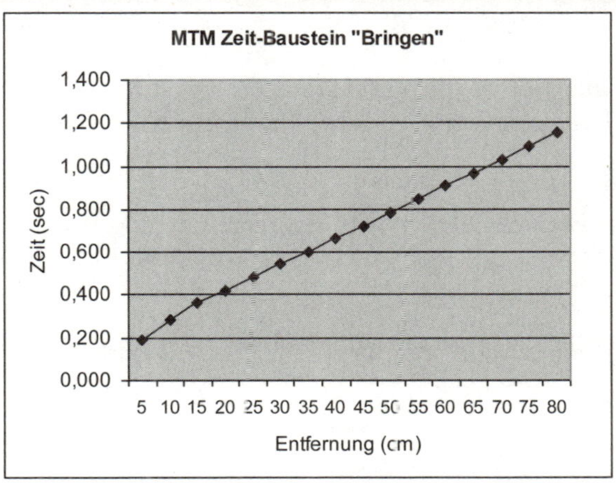


*Abb. 1: Beispiel des Zeitbausteins „Bringen"*

Durch unterschiedliche Bewegungslängen, Schwierigkeitsgrad, Gewicht usw. ergeben sich unterschiedliche Belastungen und auch der entsprechende Zeitbedarf für den Kommissioniervorgang.

8

## Checkliste zur ergonomischen Arbeitsgestaltung

### Arbeitsphysiologie

- Kann im Sitzen oder Stehen gearbeitet werden?
- Sind die Arbeitshöhe und Körperhaltung richtig?
- Werden ermüdende Bewegungen oder anstrengende statische Haltearbeiten vermieden?
- Wird das Heben und Transportieren von schweren Lasten vermieden?
- Ist der Lärm auf ein Mindestmaß reduziert?
- Ist das Licht blend- und schattenfrei?
- Ist die Temperatur für den Arbeitsvorgang geeignet?

### Arbeitsmethode

- Sind alle Bewegungen oder Arbeitsstufen überhaupt nötig?
- Sind die Bewegungen auf die niedrigste „Klasse" beschränkt?
- Sind die Bewegungslängen auf ein Mindestmaß reduziert?
- Sind genau gezielte Bewegungen weitgehend ausgeschaltet?
- Werden scharfe Richtungsänderungen vermieden, damit der Bewegungsrhythmus nicht gestört wird?
- Sind Arbeitsmittel und Betriebsmittel für Beidhandarbeit ausgelegt?
- Wird Haltearbeit einer Hand vermieden?
- Sind die Bewegungen der linken und rechten Hand gleichzeitig von innen nach außen symmetrisch?
- Sind unproduktive oder verzögernde Bewegungen ausgeschaltet?
- Sind Bedienungselemente und Teilebehälter im Bewegungsverlauf angeordnet?
- Sind die am häufigsten zu greifenden Teile im Blickfeld und am nächsten angeordnet?
- Sind Bedienungselemente (Quittierungstaste, Schreibzeug usw.) immer an der selben Stelle und in Bewegungsrichtung und Größe sinnvoll angebracht?
- Sind Fußbedienungen möglich und sinnvoll?
- Werden die Unfallverhütungsvorschriften beachtet?

### Stellenwert der Ergonomie

Auch bei der Frage, welchen Stellenwert ergonomische Erkenntnisse in der Gestaltung von Prozesse haben, gilt die alte Regel „Man hüte sich vor Verallgemeinerungen".

Trotzdem ist interessant, dass die Ergonomie einen unterschiedlichen Stellenwert hat, z. B.

| – Höher | – Niedriger |
|---|---|
| Metall- und Elektrobranche | Textilbranche |
| Produktion | Handel |
| Produkt-orientierten Firmen | Finanz-orientierten Firmen |
| Personengesellschaften | Aktiengesellschaften |

8

## 8.1.2 Praktische Anwendung der Erkenntnisse aus der Ergonomie

Die gezeigten Beispiele basieren auf den Erfahrungen und praktischen Anwendungen bei AVON Products Inc., einem der weltweit größten Direktvertriebsunternehmen für Kosmetik, Wäsche und Artikeln des täglichen Bedarfs. In den einzelnen Niederlassungen werden täglich bis zu 500.000 Stück kommissioniert und versandt. Zwischen den internationalen Niederlassungen besteht trotz des internen Wettbewerbs um die besten Ergebnisse ein reger Informationsaustausch.

**Bewegungslängen reduzieren**

Wenn ich mit meinem Auto in München wegfahre und mein Ziel liegt in Augsburg, so habe ich es schneller erreicht, als wenn mein Ziel in Stuttgart liegen würde. Dies ist für jeden selbstverständlich. Aber in der Kommissionierung werden die Lehren von REFA und MTM sehr oft nicht beachtet. Sogar bei neuen Anlagen steht oft die Technik im Vordergrund, die Erkenntnisse des Arbeitsstudiums werden vielfach vernachlässigt.

**Optimierung der Kommissionier-Station**

In der Reduzierung der Bewegungslängen für die Kommissionierer (Abb. 2a, 2b) liegt erhebliches Rationalisierungspotenzial bei minimalen Investitionen.

**FALLBEISPIEL:**

Ein Produkt einsammeln (Lohnstunde inkl. Verteilzeiten)

| | | | | |
|---|---|---|---|---|
| aus | **0,5 m** entfernten Fach | = 3,3 Sec. | **Produktivität:** | **1.090 Picks / Std. / Pers** |
| | **1,0 m** | = 5,3 Sec. | | **680 Picks / Std. / Pers** |
| | **2,0 m** | = 7,1 Sec. | | **507 Picks / Std. / Pers** |

Die Produktivität kann durch die Reduzierung der „Greifwege" ganz erheblich gesteigert werden!

*Abb. 2a: Ungünstig: weite Bewegungslängen*

*Abb. 2b: Besser: Kurze Bewegungen*

Die Möglichkeiten zur **Reduzierung der Bewegungslängen** des Kommissionierers hängen von den individuellen Verhältnissen ab.

Folgende Überlegungen sollten geprüft werden:

- Sollen die Regale näher an das Förderband?
- Müssen Seiten- und Rückregale näher zum Kommissionierer?
- Lohnt sich eine kleinere Frontfläche der Produktfächer anstatt Kartonfächern? (Achtung, das bedeutet auch: Nachfüllung organisieren!)
- Sind mehr Ebenen in den Einsammelregalen sinnvoll?
- Kommt man mit weniger Fächern pro Kommissionierstation aus? (Nachteil: weniger Picks pro Auftrag/Station)

Diese Regeln gelten sowohl für beleglose Kommissionierung, als auch mit Beleg.

**Die manuelle Einsammelstation**
Die manuellen Einsammelstationen sind so angeordnet, dass sowohl für die Einsammlerinnen als auch für die Warenversorger kürzeste Wege zurück zu legen sind und sie sich nicht gegenseitig behindern. Die Kommissionierregale werden jeweils von hinten befüllt. Die Kommissioniererin steht in der Einsammelstation mit dem Front- und den beiden Seitenregalen.

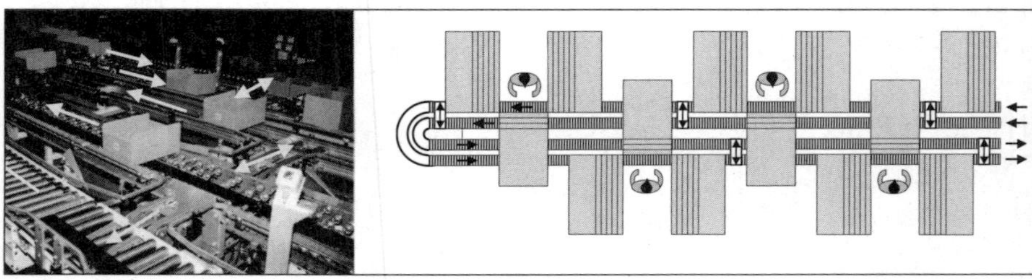

*Abb. 3a: Automatische Kartonbeförderung*

Die Versandkartons werden automatisch nur in diejenigen Einsammelstationen gefördert, aus denen Ware benötigt wird. Die anderen Versandkartons werden an der jeweiligen Einsammelstation vorbei gefördert.

*Abb. 3b: „Compact-Station" mit kleinen Produktfächern in den Seitenregalen.*

Die „Compact-Station" (Abb. 3) wurde nach den bekannten MTM-Grundsätzen der kürzesten Bewegungslängen konzipiert.

Im Frontregal sind für die „Schnelldreher-Artikel" drei Ebenen mit Kartonfächern angeordnet.

Im Seitenregal sind Fächer mit verkleinerter Frontfläche. Dadurch konnte die Länge der neuen Seitenregale um 1,3 m gegenüber den alten Seitenregalen (mit Kartonfächern) verkürzt werden.

Alleine durch die Reduzierung der Länge wurde eine **Produktivitätssteigerung von 15 Prozent** erreicht.

Der Nachteil bei der Befüllung der Seitenregale betrifft nur die „Langsamdreher-Artikel" und wird durch die Vorteile beim Frontregal ausgeglichen, weil die Kartonlaschen nicht mehr fixiert, sondern nur noch umgeklappt werden müssen.

In der deutschen AVON-Niederlassung sind insgesamt 64 „Compact-Stationen" im manuellen Kommissionier-Bereich.

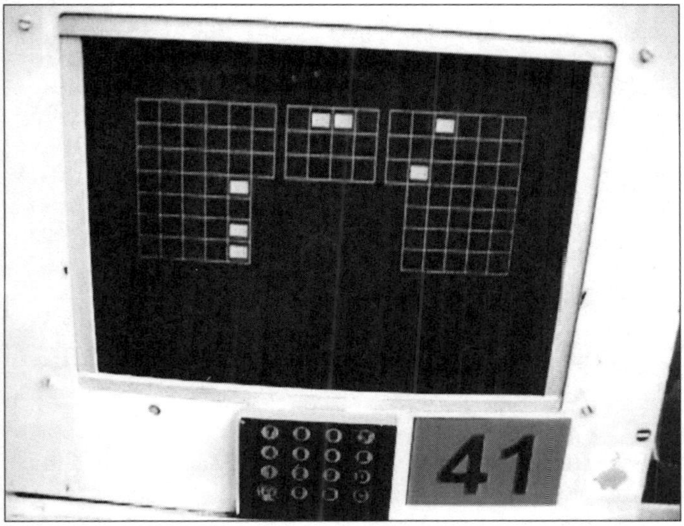


*Abb. 3c: Bildschirm in der Kommissionier-Station*

## Ablauf der manuellen Kommissionierung

- Der Versandkarton läuft automatisch in die Kommissionier-Position.
- Auf dem Bildschirm (Abb. 3c) erscheint das Stations-Layout, die „benötigten Fächer" werden angezeigt.
- In den benötigten Regalfächern werden die Produkte angestrahlt.
- Am jeweiligen Fach wird die benötigte Stückzahl angezeigt.
- Die Einsammlerin soll immer erst vom linken Seitenregal, dann zur Mitte und schließlich aus dem rechten Seitenregal einsammeln. (Keine Fachquittierung!!!)
- Mit der rechten Hand entnimmt sie das letzte Produkt aus dem rechten Seitenregal und drückt gleichzeitig mit der linken Hand die „Karton-Quittierungstaste".
- Sofort erscheint die neue Karton-Information am Bildschirm und den Fächern.
- Der nächste Karton wird immer schneller in die Einsammelposition gefördert (ca. 10 cm), als die Einsammlerin das Produkt greifen kann.

8

- Solange Kartons im „Warte-Bereich“ für die Einsammelposition sind, kann sie ohne Wartezeit kommissionieren.

### Zeitaufwand für die einzelnen Produktfächer

Um ein Produkt aus dem „besten Einsammelfach“ (direkt über dem Transportbehälter) zu entnehmen und in den Behälter zu legen wird ein Zeitaufwand von 100 Prozent benötigt (Abb. 4).

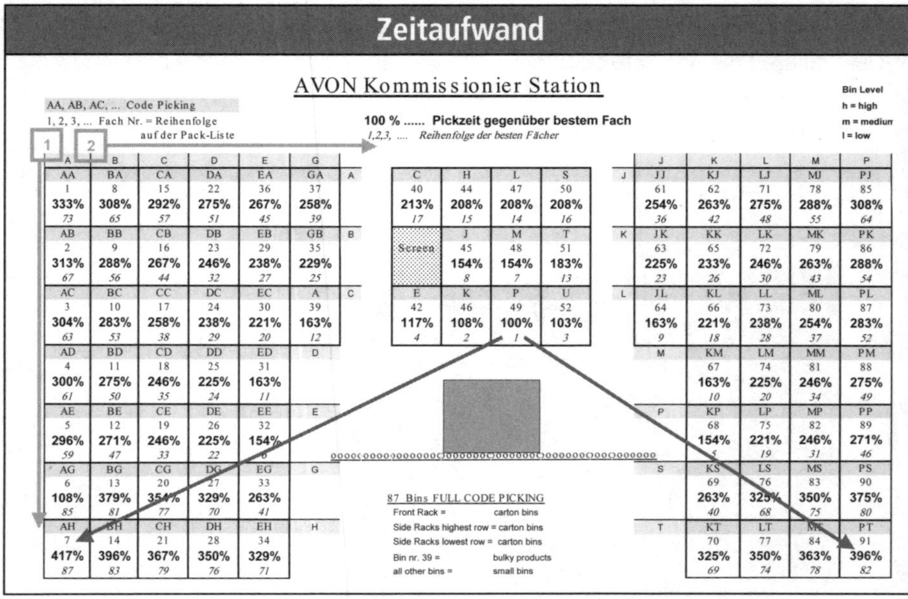


*Abb. 4: Zeitaufwand, um ein Produkt aus einem Fach zu kommissionieren*

Wenn ein Produkt aus dem „schlechtesten Einsammelfach“ (für Rechtshänder links unten) kommissioniert wird, wird dafür die vierfache Zeit benötigt (wegen längerer Bewegungslänge, Drehen, Bücken usw.).

Daraus ergibt sich eine Reihenfolge der besten Einsammelfächer, die hier in jedem symbolischen Fach unten dargestellt ist.

### Gut verkaufende Artikel vorne, schlechte Artikel hinten

Die „Schnelldreher-Artikel“ in einem bestimmten Zeitraum sollen den „guten Fächern“ zugeordnet werden, die „Langsamdreher-Artikel“ sollen in die „schlechten Fächer“. Aber es sind noch viel mehr Kriterien zu berücksichtigen, die später bei der „Line Balance“ der Kommissionierlinien besprochen werden.

### Reihenfolge der Einsammelfächer

Die Reihenfolge lässt sich am besten beim „Kommissionieren mit Beleg“ darstellen. Um eine ergonomische Arbeitsweise zu erreichen, soll die Einsammlerin die benötigten Produkte immer in der Reihenfolge von links oben (Fach 1) nach links unten, dann in der nächsten Reihe von oben nach unten greifen. Dies ist in der symbolischen Darstellung (Abb. 4) mit [1] ↓ und [2] → dargestellt. So werden die kürzesten Wege und die höchste Produktivität erreicht.

8

**Griff-Freudigkeit von unterschiedlichen Produktgruppen**
Für die Berechnung der Arbeitsbelastung einer manuellen Kommissionierstation ist nicht nur die Stückzahl eines Produktes und die Entfernung zum Produktfach wichtig, sondern auch die Beschaffenheit des Artikels.

Abhängig von der Artikelgröße, der Form, dem Gewicht usw. hängt es ab, ob der Artikel mit einer oder zwei Händen gegriffen wird, bzw. ob ein oder mehrere Produkte eines Artikels gleichzeitig gegriffen werden können (Abb. 5).

Beim Greifen von vier Produkten benötigt man z. B. für große Wäschestücke **die dreifache Zeit** verglichen mit Broschüren.

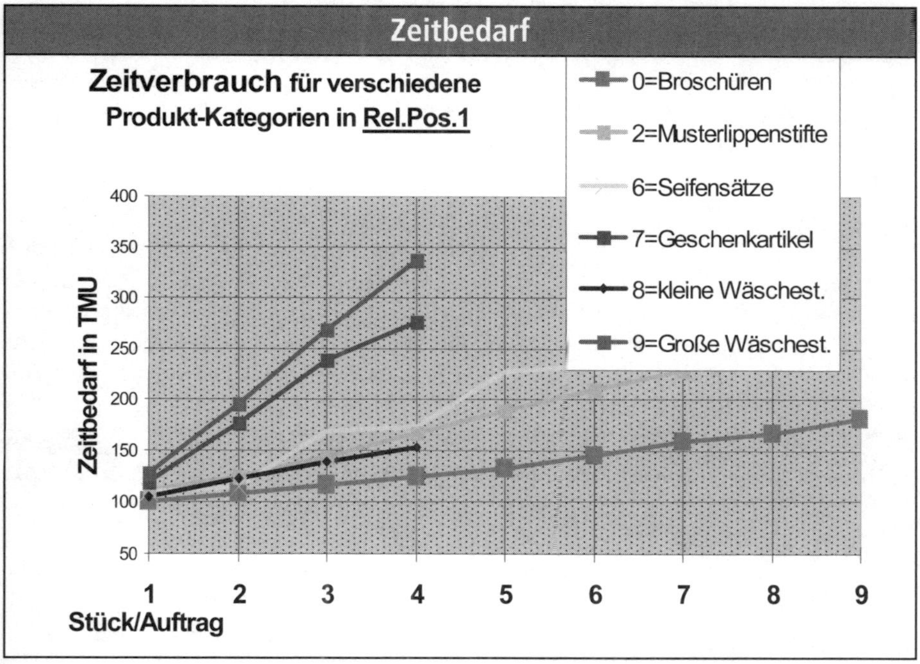


*Abb. 5: Zeitbedarf für das „Greifen" von Produkten*

**Transport der Kommissionierbehälter**
Die Planung der internen Transportsysteme wird häufig den Fördermittelherstellern überlassen, weil dies vermeintlich billiger ist als die eigene Planung.

In den meisten (auch neuen) Kommissionieranlagen werden die Behälter in Längsrichtung transportiert. Gründe hierfür sind:

- Der Behältertransport um Kurven oder bei Umsetzern ist einfacher
- Es können längere Transportstrecken verkauft werden.

Für die Produktivität in der Kommissionierung ist aber der Quertransport der Behälter im Allgemeinen sinnvoller (Abb. 6).

**Anstatt Längs- besser Quertransport der der Behälter**

8

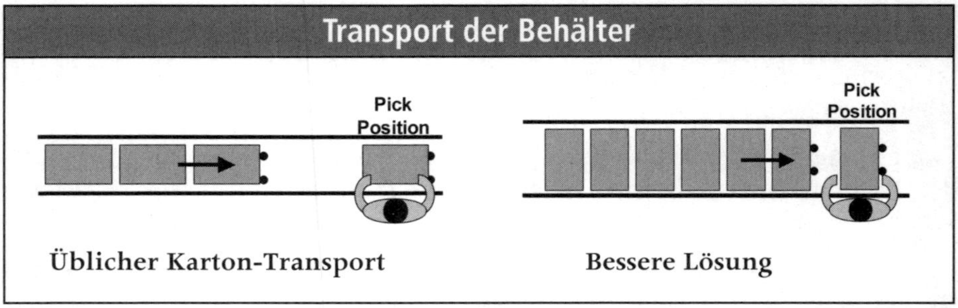


*Abb. 6: Transport der Behälter in der Kommissionierstation*

**Vorteile:**

- Mehr Kartonvorrat in der Station, dadurch besserer Ausgleich von Belastungs-Spitzen = Besserer Workload-Ausgleich
- Kurzer Kartonabstand vor der Pick-Position
- Schnellerer Kartonwechsel

**Vollcodierung bei Kommissionierung mit Beleg**

In manchen Fällen, z. B. bei geringem Sortiment oder geringen Verkaufszahlen „rechnet sich" die Investition für eine beleglose Kommissionierung nicht. In diesen Fällen sollte wenigstens eine Vollcodierung der Einsammelfächer verwendet werden. In verschiedenen kleinen AVON-Niederlassungen wurden früher unterschiedliche Methoden für die Fachkennzeichnung angewendet, z. B. mit Ziffern, mit Symbolen, mit einfachen Worten usw.

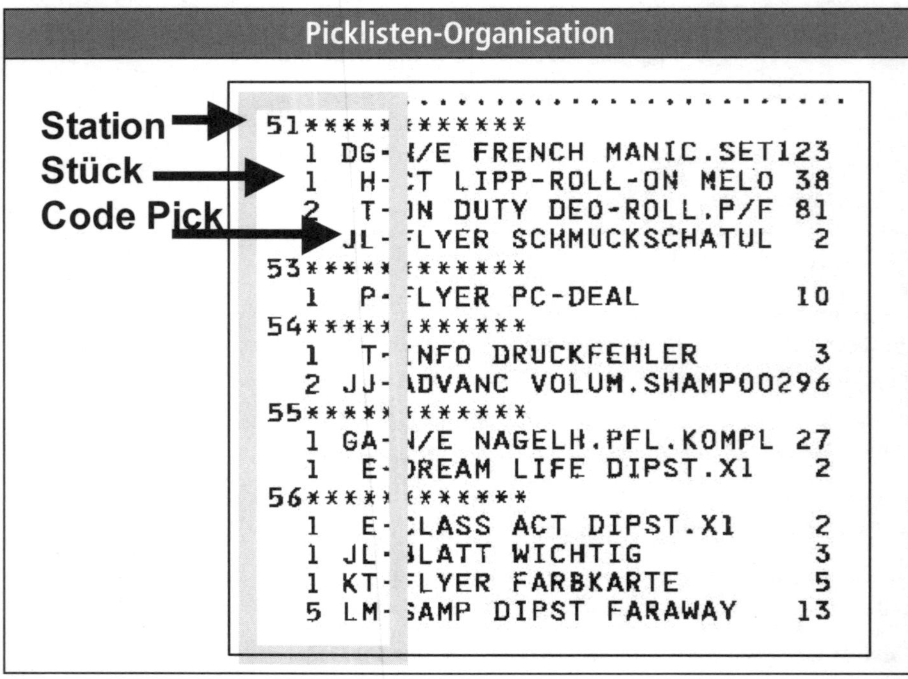


*Abb. 7: Picklisten-Organisation*

Am besten hat sich die Matrix-Codierung mit Buchstaben bewährt, die in der symbolischen Darstellung auf den vorigen Seiten gezeigt wird (Abbildung 4). In Abbbildung 7 wird das Beispiel einer „Vollcodierung“ gezeigt.

So wird z. B. in Station 51 erst ein Produkt aus dem Fach „DG“ im linken Seitenfach (2 Buchstaben = Langsamdreher) entnommen, dann ein Produkt aus dem Fach „H“ (1 Buchstabe = Schnelldreher), danach 1 Produkt aus dem Fach „JL“ im rechten Seitenregal (2 Buchstaben = Langsamdreher).

Mit der Vollcodierung kann jeder Mitarbeiter, auch ohne Produktkenntnis, in jeder Einsammelstation und nach kürzester Anlernzeit kommissionieren.

**Arbeitsorganisation für eine hohe Kommissionierleistung**
Von insgesamt etwa 8.000 Artikeln sind in der Kommissionierung in einer Verkaufskampagne 3.000–3.500 Artikel ständig im Zugriff.

In jeder Verkaufskampagne (Dauer ca. drei Wochen) werden andere Artikel besonders günstig angeboten. Diese werden daduch in höherer Stückzahl verkauft. Darum können diese in höherer Stückzahl produziert und dadurch letztlich wieder zum günstigen Preis angeboten werden.

**Arbeitsvorbereitung für die Kommissionierung**
Ein relativ gutes **Prognosesystem** liefert die Verkaufszahlen für jedes einzelne Produkt in den nächsten Verkaufskampagnen. In jeder Kampagne (alle drei Wochen) werden die Produkte im Kommmissionierbereich nach ihrer Verkaufshäufigkeit und der Griff-Freudigkeit des einzelnen Produktes umgestellt. Grundlage für diese Umstellung ist das „**Computerized Line Balance Program**“, das die Anzahl Einsammellinien und Einsammelstationen in Abhängigkeit vom Verkaufsvolumen festlegt. Diese Line Balance ist die „Arbeitsvorbereitung“ für ca. 70 Einsammlerinnen und ca. 20 Warenversorger.

**Das AVON-Verkaufsprognosesystem**
Das Prognosesystem ist die Grundlage für vielfältige andere Prozesse im Unternehmen, z. B. für

- die Kostenschätzung für neue Produkte
- die Werkzeugerstellung für die Produktionsmaschinen (aufwändiger für große Verkaufsmengen, einfacher und billiger für geringe Stückzahlen)
- Lieferantenaufträge für Rohstoffe und Komponenten
- Personalbedarfsplanung
- Produktionsplanung
- Materialdisposition (Abruf-Parameter für Produktions-Materialien)
- Kapazitätsauslastung der Produktionsmaschinen
- Reduzierung des Risikos von Über- bzw. Unterproduktion
- überhöhte Inventurbestände, bzw. Service-Problem
- Basis der computerisierten „Shipping Line Balance“ und damit für die Personalplanung des gesamten Kommissionierbereichs (festes und „befristetes“Personal, flexible Agentur-Kräfte)

In das Prognose-System laufen verschiedene Informationen ein; die Prognosen erfolgen in mehreren Schritten, welche die Genauigkeit kontinuierlich verbessern (Abbildung 8).

8

- **Gesamtverkaufsprognose**
  - Prognosen von Wirtschaftswissenschaftlern
  - Umsatz der Vorjahreszeiträume
  - Aktueller Beraterinnen- und Kundenstand
  - Beraterinnen-Aktivität
  - Durchschnittliche Kundenkontakte pro Beraterin
  - Kundenumsatz in EUR

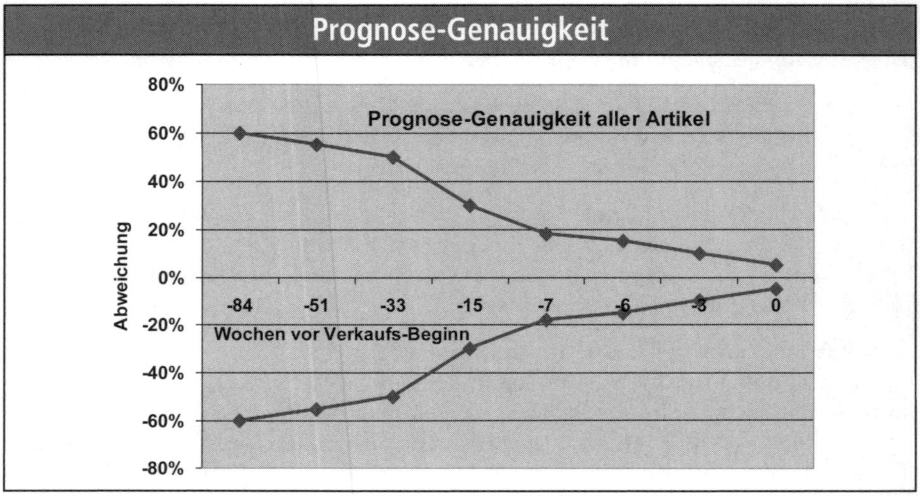


*Abb. 8: Die Prognose-Genauigkeit verbessert sich in mehreren Schritten)*

- **Produktprognosen** (24-30 Wochen vor Verkaufsbeginn)
  für Produkte, Preisprogramme, und Drucksachen
  - Marktdaten, Preisvergleiche
  - Marktpotential
  - History
  - Datenbank Verkaufsprofil
  - Erfahrung und Gefühl der „Schätz-Spezialisten“

- **„Early Warning System“** (13 Wochen vor Verkaufs-Beginn)
  Meinungsumfragen an ausgewählte Zielgruppe für alle Produkte mit langer Lieferzeit:

**1. Trend** (4 Wochen vor Verkaufsbeginn)
**2. Trend** (3 Wochen vor Verkaufsbeginn)

Ca. 2.000 „Trender-Beraterinnen“ verkaufen früher das jeweils neue Angebot.

- **Tägliche Hochrechnungen**
  aus den aktuellen Verkäufen, zur Berechnung der endgültigen Verkaufsmenge pro Artikel

**Verkaufsmengen pro Artikel**

- extreme Langsamdreher 1 Stück/Tag
- extreme Schnelldreher bis 35.000 Stück/Tag

**Zuordnung der Produkte auf die Kommissionierstationen und -fächer**
(Computerized Shipping Line Balance)

Nicht nur innerhalb der Einsammelstationen müssen die Produkte optimal zugeordnet werden, sondern die Arbeitsbelastung (Workload) aller hintereinander liegenden Stationen muss auch gleich hoch sein, damit die gesamte Kommissionierlinie die beste Leistung erbringen kann.

Die Arbeitsbelastung der Einsammelstationen ergibt sich für jedes Produkt aus den Stückzahlen und den individuellen Zeiten für das „Picken" der Produkte. Es gilt dabei der Grundsatz: Arbeitsbelastung des Kommissionierers pro Artikel = Verkaufshäufigkeit im Zeitraum x (Zeit für den Weg zum Produktfach + Zeit für die Griff-Freudigkeit des Artikels).

**FALLBEISPIEL:**

Von einem bestimmten Artikel werden 7.000 Stück/Tag verkauft.
7.000 Stück/Tag x (2,3 sec.+0,2 sec.) = eine Arbeitsbelastung von 4,9 Std./Tag alleine für diesen einen Artikel.

Aus dieser Erkenntnis ergeben sich verschiedene Alternativen, z. B. eine Einsammelstation mit nur wenigen weiteren Artikeln, mehrere parallele Stationen mit mehr Artikeln, um die Workload zu verteilen oder Zwischenlösungen.

**Forderungen an die „Shipping Line Balance"**
Bei der Zuordnung der Artikel muss eine Vielzahl von zum Teil konkurrierenden Forderungen erfüllt werden, um eine hohe Kommissionierleistung in der geforderten Qualität zu erreichen:

- Minimaler Personaleinsatz in **Abhängigkeit von der Gesamt-Verkaufsmenge** pro Zeitraum.
- Alle angebotenen **Artikel** müssen im Kommissionierbereich den Einsammelstationen und -fächern **zugeordnet** werden.
- Die Arbeitsbelastung der einzelnen Einsammelstationen (Einsammlerinnen) darf nur **maximal fünf Prozent differieren.**
- **„Schnelldreher-Artikel"** müssen in den **griffgünstigsten, vorderen Einsammelpositionen** der Station zugeordnet werden.
- **Werbematerial** (Kataloge, Broschüren, Blätter usw.) muss in den ersten Stationen untergebracht sein, damit diese auf dem glatten Kartonboden liegen.
- **Großvolumige Produkte** müssen in den ersten Stationen angeordnet werden, damit sie in den fast leeren Auftragsbehälter gelegt werden können.
- **Extrem große Produkte** nur in die dafür vorgesehenen Spezialfächer in den Einsammelstationen.
- **Ähnlich aussehende Produkte** dürfen in den Einsammelstationen nicht nebeneinander angeordnet sein.
- **Schwere Produkte** dürfen nicht den oberen Stationsfächern zugeordnet sein, um die Arbeit der Stationsversorger und Einsammlerinnen nicht unnötig zu erschweren.
- **„Trender-Produkte"** für die nächste Verkaufskampagne müssen festen Einsammelfächern zugeordnet werden.

8

- Die **Verkaufsprognosen der nächsten Verkaufskampagne** sollen bereits in der jetzigen Line Balance berücksichtigt werden.
- Bei der **„Kampagnenumstellung“** sollen die Medium- und Slow-Mover möglichst wenig bewegt werden (Umstellzeit für ca. 3.000 verschiedene Artikel maximal drei Stunden).
- Auch **„Nachbestellungen“**der Beraterinnen aus der letzten Verkaufscampagne müssen berücksichtigt werden.

Eine **schlechte Balance** verursacht eine **niedrige Produktivität** und kann auch durch extreme Anstrengungen der Einsammlerin **nicht ausgeglichen** werden!

**Auswirkungen von Unterlast oder Überlast einer Einsammelstation**
Gleiche Arbeitsbelastung für alle Stationen = höchste Gesamt-Produktivität
Das erste Beispiel (Abb. 9a, 9b) zeigt die **Original-Balance**, d. h. die Arbeitsbelastung der einzelnen Einsammelstationen mit den Verkaufsprognosen aller Artikel. Im Idealfall haben alle Stationen ungefähr die gleiche Arbeitsbelastung in Stunden. Nur die erste und letzte Station sollen eine etwas geringere Arbeitsbelastung haben, um einen flüssigeren Linien-Einlauf und -Auslauf zu gewährleisten. Die gesamte Linienauslastung liegt hier bei **sehr guten 99 Prozent.**

Durch Veränderungen gegenüber den Verkaufsprognosen oder durch Wetteränderungen kann sich z. B. bei Sonnenschutz-Artikeln ein Überverkauf oder ein Unterverkauf ergeben. Dadurch kann sich die Arbeitsbelastung von einzelnen Einsammelstationen ändern.

**Berechnung der Auslastung**

**Balance der manuellen Kommissionierung**

| | Original-Balance der Kommiss.-Stationen | | Unterlast einer Station | | Überlastung einer Station | | |
|---|---|---|---|---|---|---|---|
| Station | Workload Std./Camp. | Aus-lastung | Workload Std./Camp. | Aus-lastung | Workload Std./Camp. | Aus-lastung | Wirkliche Produktiv- Std./Camp. |
| 41 | 95 Std. | 95% | 95 Std. | 95% | 95 Std. | 48% | 48 Std. |
| 42 | 100 Std. | 100% | 100 Std. | 100% | 100 Std. | 50% | 50 Std. |
| 43 | 100 Std. | 100% | 100 Std. | 100% | 100 Std. | 50% | 50 Std. |
| 44 | 100 Std. | 100% | 100 Std. | 100% | 100 Std. | 50% | 50 Std. |
| 45 | 100 Std. | 100% | 100 Std. | 100% | 100 Std. | 50% | 50 Std. |
| 46 | 100 Std. | 100% | 100 Std. | 100% | 100 Std. | 50% | 50 Std. |
| 47 | 100 Std. | 100% | 100 Std. | 100% | 100 Std. | 50% | 50 Std. |
| 48 | 100 Std. | 100% | 100 Std. | 100% | 100 Std. | 50% | 50 Std. |
| 49 | 100 Std. | 100% | ➡ **50 Std.** | 50% | ➡ **200 Std.** | 100% | 100 Std. |
| 50 | 100 Std. | 100% | 100 Std. | 100% | 100 Std. | 50% | 50 Std. |
| 51 | 100 Std. | 100% | 100 Std. | 100% | 100 Std. | 50% | 50 Std. |
| 52 | 100 Std. | 100% | 100 Std. | 100% | 100 Std. | 50% | 50 Std. |
| 53 | 100 Std. | 100% | 100 Std. | 100% | 100 Std. | 50% | 50 Std. |
| 54 | 100 Std. | 100% | 100 Std. | 100% | 100 Std. | 50% | 50 Std. |
| 55 | 100 Std. | 100% | 100 Std. | 100% | 100 Std. | 50% | 50 Std. |
| 56 | 95 Std. | 95% | 95 Std. | 95% | 95 Std. | 48% | 48 Std. |

| | Original-Balance | | Unterlast | | Überlastung | | |
|---|---|---|---|---|---|---|---|
| | Max.Workl | | Max.Workl | | Max.Workl | | |
| | 100 Std. | = 100 % | 100 Std. | = 100 % | 200 Std. | = 100 % | |
| | Linien Auslastung | | Linien Auslastung | | Linien Auslastung | | |
| | Mittelwert | 99% | Mittelwert | 96% | Mittelwert | 53% | 53 Std. |

*Abb. 9a: Berechnung der Auslastung der gesamten Kommissionierlinie bei Unter- oder Überlast einer Station*

**Unterlast**
Im zweiten theoretischen Beispiel wird angenommen, dass eine Station (49) verglichen mit den anderen nur die halbe Arbeitsbelastung hat. Die Auswirkung auf die Leistung der gesamten Linie ist minimal, es wird immer noch eine Linien-**Auslastung von 96 Prozent** erreicht.

**Überlast**
Im dritten theoretischen Beispiel wird ein sehr viel kritischerer Fall angenommen, nämlich dass die Station 49 wegen Überverkäufen einzelner Produkte die **doppelte Arbeitsbelastung**, wie die anderen Stationen hat.

Dadurch wird diese Station zum Flaschenhals, die alle anderen Einsammel-Stationen beeinflusst. Auch wenn die Einsammlerin in dieser Station überlastet ist, wird sie nicht mehr als 100 Prozent ihrer Leistung erbringen. Die Stationen 41-48 können wegen Rückstau der Einsammel-Behälter nur bedingt arbeiten. Die Stationen 49-56 bekommen nur so viele Aufträge wie die Station 48 bearbeiten kann.

**Berechnung der Auslastung**

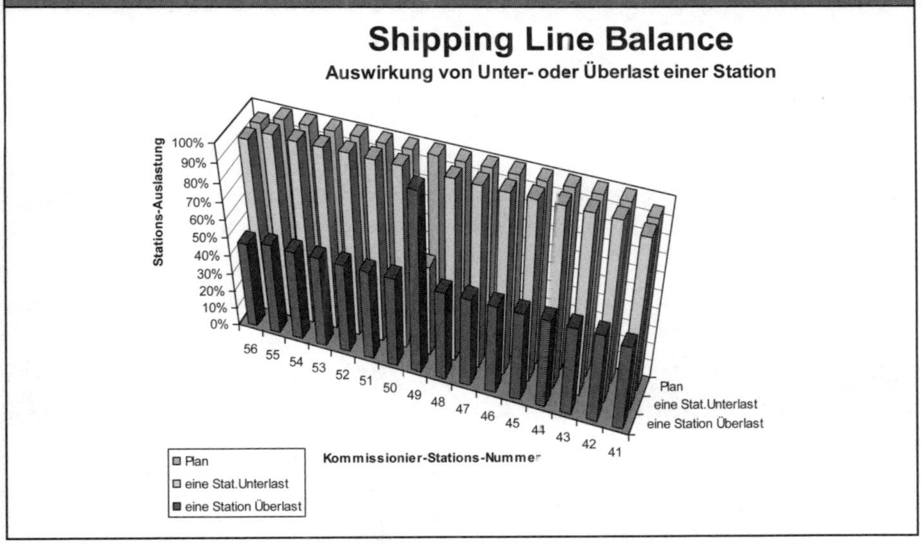


*Abb. 9b: Die überlastete Kommissionierstation kann auch nur 100 Prozent Leistung erbringen und wird zum „Flaschenhals" für die anderen Stationen*

Wenn eine Station überlastet ist, können die anderen Stationen nur eine geringe Leistung erbringen, weil sie nicht so viele Aufträge zur Bearbeitung bekommen, wie sie bearbeiten könnten.

Die Linien-Auslastung sinkt in diesem Beispiel auf **dramatische 53 Prozent**, auch wenn alle Einsammlerinnen sich um beste Auftragsbearbeitung bemühen. **Folgerung: Unterlast** einer Station = **unkritisch**, aber **Überlast** einer Station = **dramatisch.**

Erst wenn durch gesamte Überverkäufe wieder **alle Stationen gleichmäßig** überlastet sind, **steigt die Leistungsfähigkeit der gesamten Kommissionierlinie.**

8

**Wartezeiten der Kommissionierer verringern**
Im Werk Neufahrn werden die Kundenaufträge für mehrere europäische Länder abgefertigt. Die „Line Balance" wird jeweils für einen Zeitraum von ca. drei Wochen (Verkaufskampagne) erstellt mit den Verkaufszahlen für alle neun belieferten Märkte.

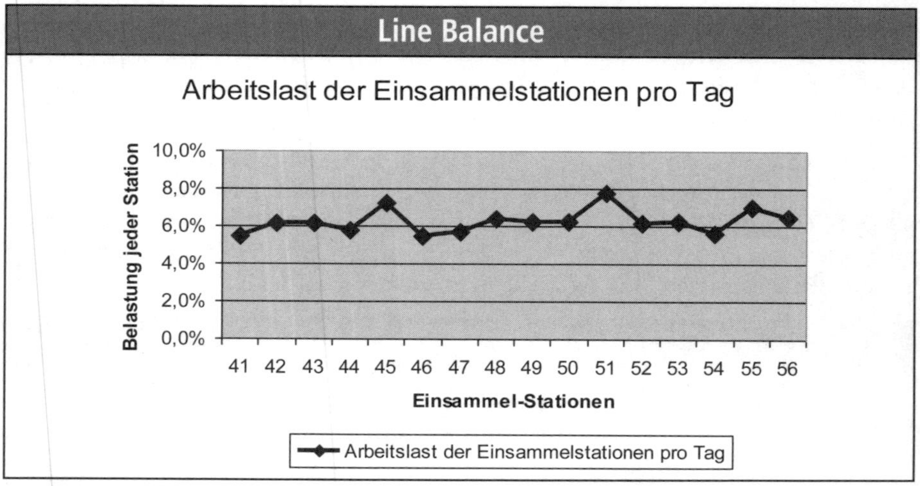


*Abb. 10: Line Balance*

Mit den aktuellen Gesamtverkaufszahlen über die kompletten 3 Wochen passt die Line Balance in diesem Beispiel relativ gut (Abbildung 10) und liegt für jede der 16 Stationen etwa bei 100 Prozent/16 Stationen = **6,25 Prozent** (Plan).

Die Arbeitsbelastung der einzelnen Einsammelstationen bezogen auf einen **ganzen Tag** ist noch relativ zufriedenstellend.

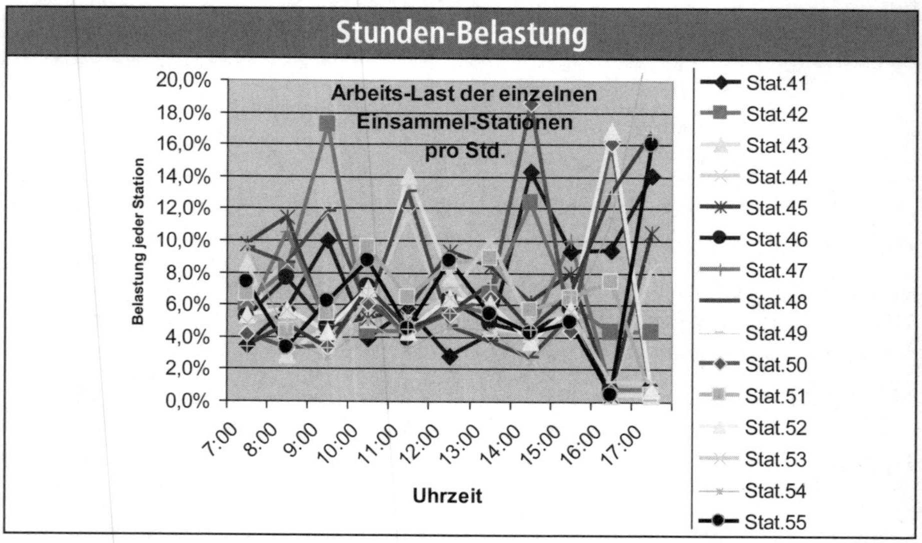


*Abb. 11: Stunden-Belastung der Kommissionierstationen*

8

Aber die Aufträge aus den einzelnen Ländern haben unterschiedliche Verkaufsprofile, d. h. je nachdem, welche Aufträge gerade abgefertigt werden, stimmt die Line Balance mehr oder weniger gut.

Bei der Analyse der **stündlichen Arbeitsbelastung** (Abbildung 11) in den einzelnen Einsammelstationen zeigen sich zum Teil sehr große Abweichungen von dem idealen Durchschnittswert von 6,25 Prozent.

Wenn die Arbeitsbelastung der einzelnen Stationen unterschiedlich ist, ergeben sich Wartezeiten, welche die Gesamtproduktivität der Einsammellinie ganz massiv beeinflussen.

**FALLBEISPIEL:**

Bei einer Videoaufzeichnung über 15 Minuten Dauer wurde die Produktivität in einer Einsammelstation z. B. mit 1.950 Picks/Person je Stunde ermittelt. In einem längeren Zeitraum wirkt sich die unterschiedliche Arbeitsbelastung in den einzelnen Einsammelstationen durch die unterschiedlichen Auftragsstrukturen stark aus und die durchschnittliche Produktivität sinkt ganz dramatisch.

| | |
|---|---|
| Kurzzeitige Produktivität einer Einsammlerin | = 1.950 Picks/Pers./Std. |
| Durchschnittliche Produktivität einer bezahlten Lohn-Std. | = 1.100 Picks/Lohn-Std. |

| **Produktive Zeiten nach MTM: 56%** | **Unproduktive Zeiten: 44%** |
|---|---|
| – Erfassen der Pick-Information | – Warten wegen Rückstau von der nächsten Station |
| – Hinlangen zum Produkt | – Warten wegen Überlast der vorderen Station |
| – Greifen der Produkte | – Mangelnde Produktverfügbarkeit |
| – Bringen zum Karton | – Systemausfall (mechanische oder Datenprobleme) |
| – Ablegen im Versand-Karton | – (Umstellung wegen Sortimentswechsel) |
| – (Drücken der Quittierungstaste) | – (Bezahlte Pausen) |

Die Reduzierung der „unproduktiven Zeiten" ist eine **ständige Herausforderung!**

**Ergonomische Gestaltung des Kommissionier-Bereiches**

**Optimierung der Anzahl Stationen und der Anzahl Fächer pro Station**
Normalerweise werden bei der manuellen Kommissionierung für die Mittel- und Schnelldreher-Artikel mehrere, parallele Einsammellinien eingesetzt. Die Kommissionierstationen der parallelen Linien werden spiegelbildlich angeordnet, um eine leichtere Warenversorgung zu erreichen.

Die Optimierungsmöglichkeit besteht in der Konfiguration der Einsammelstationen und Linien. Die Gewichtung der einzelnen Argumente ist abhängig von den individuellen Verhältnissen und dem Automatisierungsgrad.

8

**Vor- und Nachteile:**
Mehrere parallele kurze Linien mit **wenigen** Stationen und **vielen** Fächern

| | |
|---|---|
| ➡ schneller Auftragsdurchlauf | Produktivität ↑ |
| ➡ wenige Stations-Stopps | Produktivität ↑ |
| ➡ mehr „Picks" pro Auftrag pro Station | Produktivität ↑ |
| ➡ viele Fächer, weitere Wege | Produktivität ↓ |
| ➡ viele parallele Lagerorte | Produktivität ↑ |

Wenige lange Linien mit **vielen** Stationen und **wenig** Fächern

| | |
|---|---|
| ➡ Negativ-Einfluss von anderen Stationen | Produktivität ↓ |
| ➡ kurze Wege zu den Fächern | Produktivität ↑ |
| ➡ wenige Picks pro Auftrag pro Station | Produktivität ↓ |
| ➡ viele Stations-Stopps | Produktivität ↓ |

**Layout-Optimierung des manuellen Kommissionierbereiches**
(Die „automatenfähigen Artikel" und die D-Artikel werden separat behandelt)

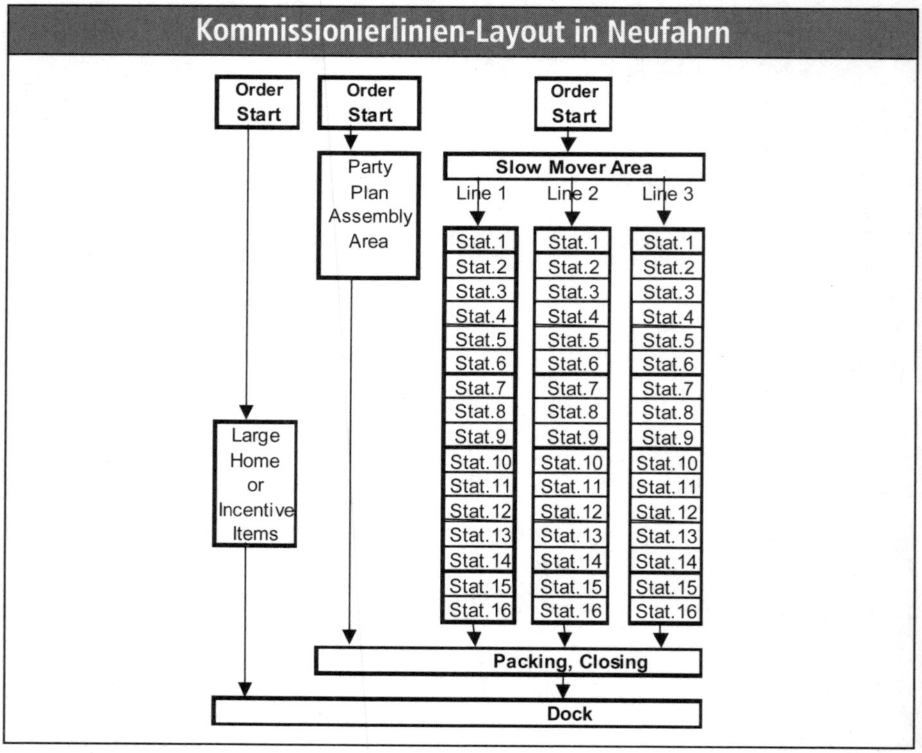


*Abb. 12: Kommissionierlinien-Layout in Neufahrn*

**A-, B- und C-Artikel in allen Stationen**
Dies ist die klassische Anordnung des manuellen Kommissionier-Bereiches (Abbildung 12):

➡ Die drei parallelen Einsammel-Linien sind spiegelbildlich angeordnet, um den Material-Nachschub zu erleichtern.

- ➥ In allen drei Einsammelstationen mit einer Nummer sind die gleichen Artikel in den gleichen Einsammel-Positionen angeordnet.
- ➥ Jede Einsammel-Linie hat eine „Bypass-Linie“ um diejenigen Stationen zu überholen, aus denen keine Ware für bestimmte Aufträge benötigt werden. (Die Bypass-Linien sind hier nicht dargestellt.)

**Vorteile: Produktivität ↑**

- ➥ Die besten, griffgünstigsten Fächer in jeder Station werden für die bestverkaufenden Artikel verwendet.
- ➥ Die Mittel- und Langsamdreher-Artikel werden in die schlechteren Fächer positioniert.
- ➥ Diese Linien-Anordnung erlaubt die leichteste und klarste Line Balance.
- ➥ Die Aufträge können willkürlich an jeder Linie gestartet werden.
- ➥ Die Kapazität der Linien kann maximal genutzt werden.

**Nachteile: Produktivität ↓**

- ➥ Fast alle Aufträge durchlaufen alle Stationen, weil in jeder Station auch Schnelldreher-Artikel untergebracht sind.
- ➥ Auch Langsamdreher-Artikel, die nur in geringer Stückzahl verfügbar sind, werden auf drei parallele Stationen aufgeteilt.

**Spezielle Stationen für A-, B- und C-Artikel**

Auch bei dieser Linienanordnung (Abbildung 13) gibt es Bypass-Linien um die (von einzelnen Aufträgen) nicht benötigten Stationen zu umfahren.

In USA bevorzugtes Kommissionier-Layout

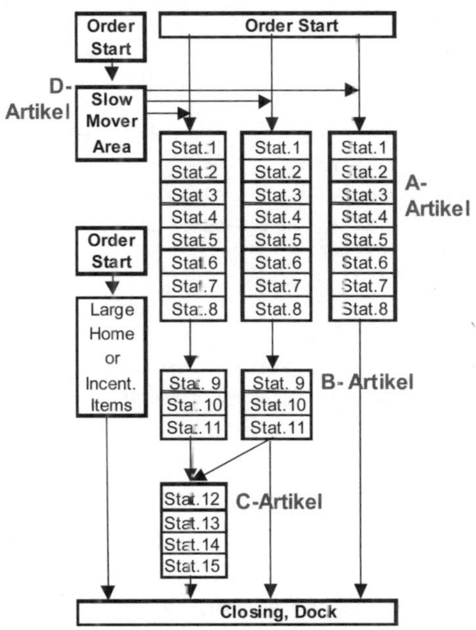


*Abb. 13: In USA bevorzugtes Kommissionier-Layout*

8

Diese Anordnung ist speziell in USA favorisiert. Dort herrscht eine viel aggressivere Preisgestaltung bei Sonderangeboten. Darum besteht ein Großteil der Aufträge nur aus diesen Sonderangeboten, die in riesigen Stückzahlen verkauft werden. Diese Aufträge brauchen nur die Stationen 1–8 zu durchlaufen und können danach sofort abgefertigt werden. Die Stationen 1–8 in den drei Linien enthalten nur die A-Artikel. Die höchstverkaufenden Artikel werden in den besten Positionen untergebracht. Die anderen A-Artikel in den mittleren und schlechten Fächern der Einsammel-Stationen 1–8. Weil in dem A-Artikel-Bereich die meisten Produkte eingesammelt werden, sind die Stationen 1–8 gleich drei mal vorhanden.

Manche Aufträge benötigen Ware aus dem A-Artikel-Bereich und aus dem B-Artikel Bereich. Diese Aufträge werden auf der mittleren Einsammel-Linie gestartet. Aufträge, die auch Ware aus dem C-Artikel Bereich benötigen, werden auf der ersten oder zweiten Linie gestartet. Auf den Auftragspapieren ist bereits ausgedruckt, auf welcher Linie jeder Auftrag gestartet werden soll. Dies wurde vorher im Computer optimiert.

**Vorteile: Produktivität ↑**
- Viele Aufträge durchlaufen nur den A-Artikel-Bereich
- Schneller Auftragsdurchlauf wegen Bypass der anderen Stationen
- Wenig Lagerorte für B- und C-Artikel

**Nachteile: Produktivität ↓**
- Schwierige und unflexible Workload Balance
- Schnelldreher-Artikel sind auch in schlechten Fächern der Stationen 1–8
- Langsamdreher-Artikel sind auch in guten Fächern der Stationen 12–15
- Vorbestimmter Orderstart
- Schlechte Kapazitätsauslastung, wenn die Aufträge nicht im vorausberechneten Verhältnis eintreffen (für A-Bereich, oder für A+B-Bereich usw.)
- Unflexibel bei Störungen in den Einsammellinien

**„Überlast-Linie“ zur Aufnahme der Spitzenbelastung**
In jedem Kommissionierbereich treten zeitlich **ungleichmäßige Belastungen** der einzelnen **Einsammelstationen** auf. Im deutschen Distributionszentrum von AVON ist dies wegen der Auftragsbearbeitung der anderen Länder innerhalb zeitlicher Restriktionen besonders krass.

Zusätzliche negative Einflüsse:
- Ungenaue Verkaufprognosen beeinflussen die „Line Balance“
- Unterlast wegen momentan nicht verfügbarer Produkte
- Überlast wegen Nachlieferungen aus der Vor-Kampagne
- Überlast wegen geplanten Substitutionen (z. B. 2 x 500 ml anstatt 1 x 1.000 ml)
- Niedrigere Leistung einzelner Einsammlerinnen
- Technische Probleme in einer Einsammelstation

Die am stärksten belastete Einsammelstation ist der **Flaschenhals** der gesamten Linie und beeinflusst die Produktivität der gesamten Kommissionierung. Die „Springerin“ kann der überlasteten Einsammlerin nur bedingt helfen, denn die beiden Damen behindern sich gegenseitig in der Station, die Fehlerwahrscheinlichkeit steigt und die Fehlerzuordnung ist schwieriger.

Die Gesamtleistung kann verbessert werden, wenn die Wartezeiten durch die ungleichmäßige Belastung einzelner Stationen verringert wird. Die jeweils aktuelle Überlast in einzelnen Stationen soll auf die entsprechenden Stationen einer **„Überlast-Linie“ mit nur wenigen Einsammlerinnen** verlagert werden (Abbildung 14).

**Ablauf**

Die Auftragskartons laufen in die regulären Kommissionier-Linien und werden von den einzelnen Stationen bearbeitet. Wenn ein Auftragskarton **nicht** in die Staustrecke vor einer benötigten Station einlaufen kann, weil diese schon mit anderen Kartons besetzt ist, dann läuft er über die Bypass-Linie an dieser besetzten Station vorbei und weiter zur nächsten benötigten Station.

Am Ende der regulären Einsammellinie wird der Karton nicht noch mal über die Bypass-Linie in die vorher besetzte Station gefördert, sondern zur „Überlast-Linie“, in der spiegelbildlich die gleichen Stationen und Produkte sind, die aber nur mit zwei bis drei Einsammlerinnen (Springerinnen) besetzt ist. Die Einsammlerinnen gehen jeweils zu den Stationen, in denen sich mehrere Kartons angesammelt haben und dies durch Signalleuchten angezeigt wird.

(Wenn das System feststellt, dass die vorher besetzte Station der regulären Linie jetzt wieder Kartons aufnehmen kann, läuft der gleiche Karton nochmals in diese Station.)

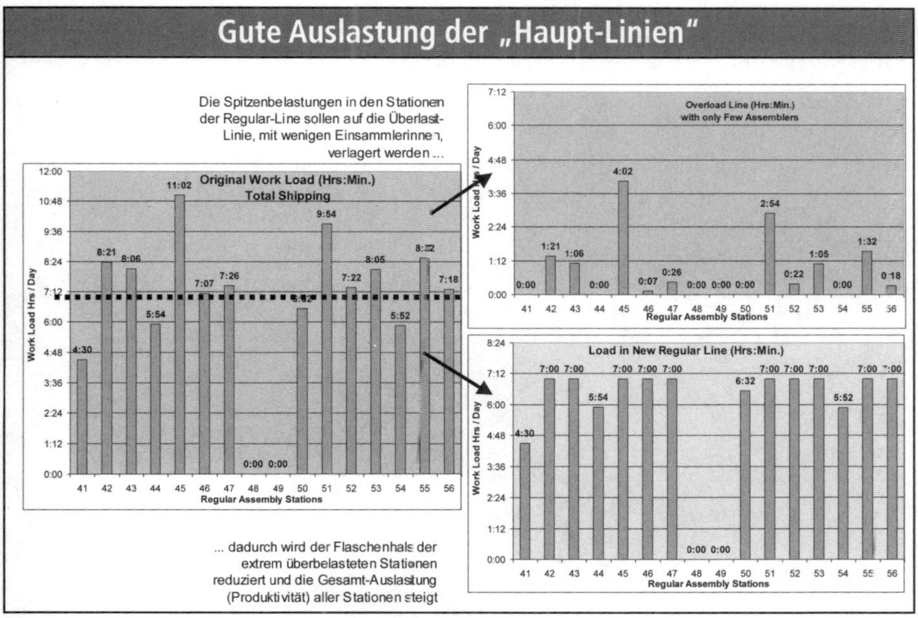


*Abb. 14: Gute Auslastung der „Haupt-Linien“, Belastungsspitzen werden in die „Überlast-Linie“ geleitet*

**Vorteile**

- Minimierung von Wartezeiten durch Rückstau oder fehlende Auftragskartons in den Einsammelstationen der regulären Kommissionierlinien

8

- Alle Stationen der regulären Linien bekommen in etwa gleichmäßige Workload
- Personaleinsatz in der Überlast-Linie nur nach Bedarf
- Schnellerer Auftragsdurchlauf
- Keine Staus in den Kommissionierlinien
- Humaneres arbeiten, keine Überlastung der Einsammlerinnen, weniger Fehler
- Produktivitätssteigerung von ca. 20 Prozent, je nach den Verhältnissen

**Nachteile**

- Eine zusätzliche Kommissionierlinie ist erforderlich, oder Überlast-Nutzung nur dann, wenn nicht die volle Linienkapazität benötigt wird
- Änderung der bestehenden Fördermittel und der Steuerung
- Schwierige Fehlerzuordnung auf die einzelnen Einsammlerinnen in der Überlast-Linie
- Die Einsammlerinnen können bewusst langsamer arbeiten, weil die anderen Stationen nicht beeinträchtigt werden, wenn die Kartons in die Überlast-Linie laufen
- Der erste und letzte Karton eines Auftrages können einen zeitlich noch größeren Abstand bekommen.
- Beim „Sortimentswechsel" (Verkaufskampagne) müssen zusätzlich die Artikel in der Überlast-Linie umgestellt werden.
- Auch an der Überlast-Linie müssen Warenversorger eingesetzt werden.
- Auch wenn normalerweise zwei Linien ausreichen, müssen drei Linien beim Kampagnenwechsel eingerichtet werden

**Ergonomisch optimale Versandkartons**

Sehr hohe Einsparungen können bei der Optimierung der Versandkartons realisiert werden, weil sie einen enormen Kostenfaktor darstellen: Im AVON Distribution Center Neufahrn werden pro Jahr mehrere Millionen Kartons verschickt.

*Abb. 15: Standardkartongrößen mit gleicher Grundfläche*

**Karton-Spezifikation**

Bei der Konzeption der optimalen Versandkartons oder Überprüfung der aktuellen Kartons müssen sehr viele Aspekte berücksichtigt werden, z. B.

**Kartonkonstruktion**

- Faltkarton, Stülpdeckel, Blissbox usw. (Abbildung 15)
- Stören aufstehenden Laschen (wie beim Faltkarton), beim Kommissionieren oder verpacken (Abbildung 16)
- Kann an bestimmten Stellen die Doppelwelle erreicht werden, oder nur Einfachwelle?
- Wie wird der Karton verschlossen (manuell oder maschinell mit Heißleim, Klebeband, Umreifung usw.)?
- Wie erfolgt die Produktsicherung im Karton während des Transportes?

*Abb. 16: Hinderliche Karton-Laschen*

**Kartongrößen**

- So wenige Größen wie möglich, aber verschiedene Größen für die unterschiedlichen Auftragsvolumina in jeder Saison des Jahres.

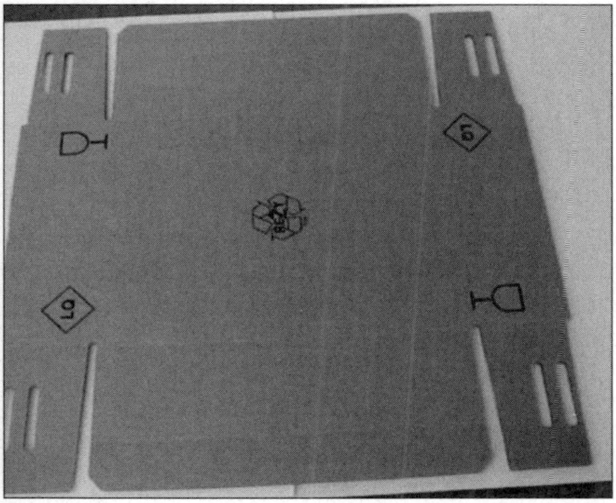

*Abb. 17: Gute Nutzung des Materials*

8

- Wie können die Größen optimal kombiniert werden?
- Nutzung des Karton-Materials → wenig Abfall (Abbildung 17)?
- Wie passen die Kartonzuschnitte zu den Produktionsmaschinen der Kartonagenhersteller (geringster Abfall)?
- Wie werden gleiche Stapelhöhen auf der Palette erreicht (z. B. kleiner und mittlerer Karton = gleiche Höhe wie der große Karton)?
- Soll der größte Karton begrenzt werden, damit der befüllte Karton nicht zu schwer wird? So wäre bei AVON beispielsweise das rechnerisch optimale Volumen 30 Liter; der gefüllte Karton könnte dadurch aber zu schwer werden, darum wurde der große Karton auf 25 Liter begrenzt.

➡ **Karton-Abmessungen** (Abbildung 18a, 18b)
- Passen die Karton-Abmessungen zu den bestehenden Fördermitteln (gleiche Grundfläche, nur unterschiedliche Höhen)?
- Passen die Kartons optimal auf die Euro- und die Industrie-Palette in Verbund- oder Blockstapelung? (Grundfläche der AVON-Kartons 295 x 395 mm)
- Ist eine Harmonisierung der Stapelhöhen möglich?
- Gibt es Restriktionen der Post oder Spediteure beim Transport zum Kunden?
- Werden die Transportkosten nach gelieferten Paketen, oder wird pro Auftrag (Adresse) bezahlt, unabhängig von der Anzahl Kartons?

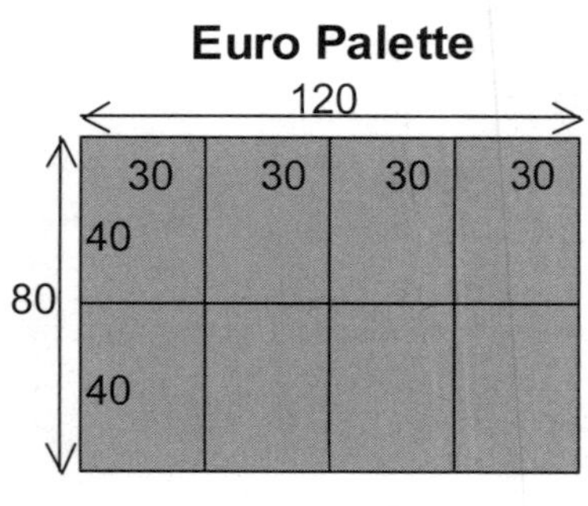


*Abb. 18a: Turm-Stapelung auf der Euro-Palette*

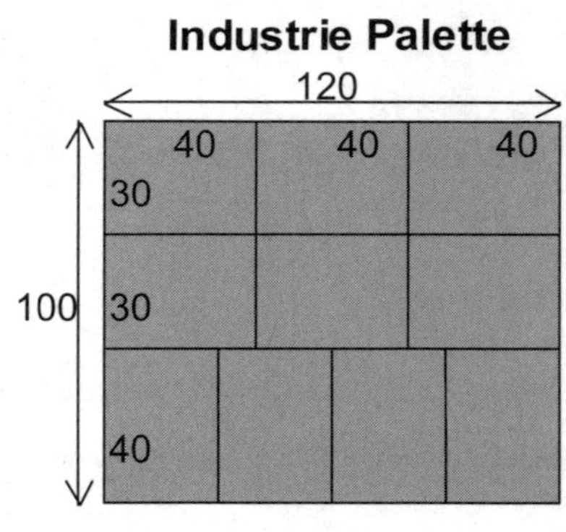


*Abb. 18b: Verbundstapelung auf der Industrie-Palette*

**Beste Kartonkonfiguration für jeden Auftrag**

Bei AVON wird in der Kommissionierung direkt in den Versandkarton eingesammelt. Die Berechnung der optimalen Kartonkonfiguration wird im Host-Computer vor dem Druck der Auftragspapiere durchgeführt. Das Programm bestimmt, in welchen Versandkarton jedes bestellte Produkt zu kommissionieren ist.

Voraussetzung hierfür sind

➡ alle spezifischen Produktdaten, wie z. B. Produktabmessungen, Gewicht, kartoniert oder nicht, besonders empfindlich, Markierung für ungünstige Form usw.

➡ die Daten der Line Balance mit den aktuellen Zuordnungen der Produkte in den Einsammelstationen und Fächern

- die festgelegten Regeln für die Optimierung

Die bestellten Produkte eines Auftrages müssen im Rechner in der Reihenfolge der Einsammelstationen und Fächer sortiert werden Das Volumen aller für den Auftrag bestellten Artikel wird berechnet und danach die Zahl der benötigten Versandkartons ermittelt.

Bei der Karton-Konfiguration werden zum Teil Forderungen mit gegensätzlichen Zielen gestellt.

Im Fokus stehen hierbei
- **Materialkosten**
- **Produktbeschädigungen**
- **Arbeitsbelastung**
- **Transportkosten**

Das Optimierungsprogramm muss hierfür die beste Kombination finden:

- Die Kartonkonfiguration mit den günstigsten Materialkosten wählen.
- Eine Kartonkonfiguration wählen, die den geringsten „Hohlraum" in den Kartons ergibt.
- Für den Auftrag die geringste Kartonanzahl verwenden, damit nicht so viele Kartons im Kommissionierbereich sind.
- Transportkosten zum Kunden berücksichtigen.
- Drucksachen zuerst in den Karton für die „kleinen empfindlichen Artikel".
- Die Einsammelstationen von möglichst wenigen Kartons „besuchen" lassen (möglichst nicht zwei Kartons eines Auftrages in die gleiche Station, weil jeder Stationswechsel Zeit kostet).
- Hintereinander liegende Einsammelstationen mit einem Karton „abarbeiten", damit sich wenig Belastung für die Bypass-Linien ergibt.
- Schwere Produkte und empfindliche Produkte nicht in den gleichen Karton einsammeln.
- Eventuell kartonierte Produkte und „unkartonierte Produkte" in verschiedene Kartons packen.
- Das Maximalgewicht von 14 kg pro gefüllten Karton nicht überschreiten.
- Den eventuell freien Raum aus der Gewichtsbegrenzung mit Wäsche oder unkartonierten Produkten auffüllen.
- Bestimmte Produkte haben ein kleines Volumen, aber ungünstige Abmessungen, so dass z. B. ein Produkt mit dem Volumen von 7 Liter nicht in den 10-Liter-Karton passt, sondern die nächste Kartongröße verwendet werden muss.
- Manche „Schnelldreher-Artikel" sind wegen der übermäßig großen Verkaufsmenge auf zwei Einsammelstationen verteilt. Dies muss berücksichtigt werden.
- Separate Packliste für extrem voluminöse Produkte.

8

## 8.2 Anreizsysteme in der Kommissionierung

*(Sabine Maria Walter)*

### 8.2.1 Einführung und Zielsetzung

Steigende Komplexität, Dynamik und Wettbewerbsdruck zwingen die Unternehmen zu noch effizienteren Lösungen in der Logistik. Nicht immer sind automatisierte Systeme im Hinblick auf eine langfristige Perspektive flexibel genug. Der Mensch ist bei gewissen Aufgabenstellungen, vor allem in der Kommissionierung, immer noch unschlagbar – nämlich da, wo Automatisierung aufgrund der Produkt- und Sortimentseigenschaften sowie der Auftragsstruktur und Ablauforganisation keine Lösung darstellt. Deshalb wird der Mensch weiterhin Dreh- und Angelpunkt in der Logistik bleiben.

Die hohe Bedeutung der Mitarbeiter ergibt sich insbesondere in der Logistik auch daraus, dass einerseits die Personalkosten in Distributionszentren auch bei effizient ausgelegten Logistikprozessen immer noch durchschnittlich 50 Prozent der Betriebskosten ausmachen (und dabei nach Meinung der Unternehmen die Möglichkeiten zur betriebswirtschaftlich sinnvollen Automatisierung bereits weitgehend ausgeschöpft sind), andererseits aber heute auch Aufgabenbereiche auf die Mitarbeiter in den logistischen Einheiten hinzukommen, die noch vor kurzem von anderen Gliedern der Wertschöpfungskette (Supply Chain) erledigt wurden.

Es ist eigentlich unnötig zu erwähnen, dass nur die Unternehmen in einem immer härter werdenden globalisierten Wettbewerb bestehen können, die mit absoluter Überzeugung ihren Mitarbeiterstamm als eines ihrer Erfolgspotenziale bezeichnen können. Ein solcher Mitarbeiterstamm, häufig bestehend aus Festangestellten und Zeitarbeitskräften (deren Anteil in den nächsten Jahren wachsen wird), entsteht nicht von allein. Es ist das Ergebnis eines mitarbeiteradaptierten konsequenten Lenkungs-, Einschätzung- und Entwicklungsprozesses. Dabei spielt das Anreizsystem eine wichtige Rolle. Mit dem Anreizsystem hat das (Logistik-)Management ein vielfältiges, wenn auch nicht ganz einfach zu gestaltendes Instrument zur Verfügung. Es kann Mitarbeiterverhalten aktivieren, steuern, intensivieren und/oder verändern. Von der Qualität des Mitarbeiterverhaltens hängt letztlich der Erfolg einer Unternehmung wesentlich ab.

Zu den großen Herausforderungen des Managements logistischer Organisationen (wie sie die Distributionszentren des Handels und der Konsumgüterindustrie darstellen) gehört deshalb, Engagement, Motivation, innovative Kapazität und Leistungsbereitschaft besonders der operativen Mitarbeiter zu erschließen und zur Effizienzsteigerung einzusetzen. Hierzu eingesetzte Lösungsstrategien basieren auf einer weiter gefassten Sichtweise auf Anreizsysteme in Kombination mit einer Leistungsmessung. Letztere muss methodisch akzeptiert sein und zu reproduzierbaren Ergebnissen führen. Damit sie ihre Wirkung entfalten kann, muss sie von den Mitarbeitern als gerecht empfunden und verstanden werden.

Zunächst wird auf den folgenden Seiten auf die besondere Problematik von Anreizsystemen innerhalb des Führungs- bzw. Managementsystems eingegangen. Darauf wird der Bezug zur Unternehmensstrategie hergestellt. In einem weiteren

Schritt werden die verschiedenen Arten von Anreizen unterschieden und ausgewählte Anreize auf ihre tendenzielle Wirkung erläutert. Desweiteren wird das Verfahren der Leistungsmessung in der Logistik insbesondere für die Kommissionierung als wesentliche Grundlage dargestellt. Anhand einer beispielhaften Lösung wird gezeigt, wie die Voraussetzungen geschaffen werden, das Leistungspotenzial der Mitarbeiter optimal zu nutzen und ihnen zugleich Orientierung und Zufriedenheit zu vermitteln. Damit wird das übergeordnete Ziel einer fairen Leistungsmessung und demzufolge einer leistungsgerechten Entlohnung für den einzelnen Mitarbeiter oder für eine Gruppe verfolgt. Nur so können die stärksten menschlichen Motivationsfaktoren, das Erfolgserlebnis, die Anerkennung und die Belohnung, herangezogen werden, um Produktivitätssteigerung bei gleichzeitiger Verbesserung der Qualität zu erreichen. Die Darstellung beschränkt sich dabei auf die wesentlichen Gestaltungselemente und erhebt keinen Anspruch auf Vollständigkeit.

### 8.2.2 Grundlagen und Definition von Anreizsystemen

Ein effektives Anreizsystem greift bei einem großen Personenkreis. Außerdem gehören Anreizsysteme – neben Personalentscheidungen und den Handlungsweisen des obersten Managements – zu den stärksten Signalen und Einflüssen auf die Unternehmenskultur. Menschen orientieren sich an den Signalen, die von Personalentscheidungen ausgehen. Vor allem Menschen in Schlüsselpositionen geben hier ein sichtbares Beispiel (vgl. Malik 2007, S. 244ff.). Denn Anreizsysteme vermitteln Informationen. Sie sorgen für positive Verstärkung bei unternehmerischem Wohlverhalten und Sanktionen bei Fehlverhalten. Sie geben somit die allgemeinen Richtlinien im Hinblick auf akzeptables bzw. inakzeptables Verhalten am Arbeitsplatz vor.

**DEFINITION:**

Anreizsysteme bezeichnen die Gesamtheit der einem Individuum gewährten materiellen und immateriellen Anreize (durch den Vorgesetzten und das Unternehmen), die für den Empfänger einen subjektiven Wert (Anreizwert, Nutzen) besitzen und dessen Leistungsverhalten positiv (im Hinblick auf das unternehmerische Zielsystem) steuern sollen.

Grundsätzlich dienen Anreizsysteme als organisatorisch verankertes Führungsinstrument der Erreichung von Unternehmenszielen. Grundgedanke dabei ist, dass durch das Anreizsystem den Beweggründen (Motive und Bedürfnisse) des Mitarbeiters mit darauf abgestimmten Anreizen begegnet wird, um so eine erhöhte Motivation und Arbeitszufriedenheit des Mitarbeiters zu bewirken. Anreize werden somit als Instrumente aufgefasst, die das Leistungsverhalten und -bereitschaft der Mitarbeiter positiv (im Hinblick auf das unternehmerische Zielsystem) steuern sollen.

Somit stellt sich die grundlegende Frage „Welche Anreize beeinflussen den Mitarbeiter in seiner Leistungsbereitschaft und -fähigkeit?" und „Wie stark wirken sie?" Dabei wird in der Literatur kontrovers diskutiert, was Mitarbeiter motiviert. Je nach Menschenbild dominiert entweder die Bedeutung der finanziellen bzw. materiellen oder die Bedeutung bestimmter immaterieller Anreize.

8

In einem Unternehmen mit seinen vielen unterschiedlichen Menschen mit ihren individuellen Erwartungen und persönlichen Zielen sollen möglichst viele angesprochen und zu höherer Leistungsbereitschaft motiviert werden. Einer Individualisierung der Anreizsysteme sind jedoch Grenzen gesetzt, da sie nur in den seltensten Fällen genau auf einzelne Mitarbeiter ausgerichtet werden können. Der organisatorische Aufwand darf hierbei nicht unterschätzt werden. Von Vorteil ist allerdings eine Ausrichtung auf bestimmte Gruppen von Mitarbeitern mit ähnlichen Arbeitsinhalten wie etwa der hier am Beispiel dargestellten Ausrichtung auf die Kommissionierung.

### 8.2.3 Anreizsysteme als Subsysteme eines strategieorientierten Management- bzw. Führungssystems

Geht man von der oben erläuterten Definition aus, so kann im Grunde das gesamte Führungssystem mit seinen Subsystemen als Anreizsystem bezeichnet werden. Führungssysteme dienen der Gestaltung, Lenkung und Entwicklung eines Unternehmens (vgl. SCHANINGER 1994, S. 15f.) Denn letztendlich richtet sich das Führungssystem durch seine zielgerichtete Gestaltung im Wesentlichen auf das Verhalten der Mitarbeiter.

Betrachtet man jedoch das Anreizsystem (im engeren Sinne) als Subsystem, so ist es als Bestandteil des Personalmanagementsystems in das Führungs- und Managementsystem eingebettet. Auf dieser Ebene werden die zentralen Anreizgrundsätze, Belohnungsrichtlinien, Leistungsmessung und -bewertung, Berechnungs- und Zuteilungsverfahren konkret für einzelne Mitarbeiter oder Gruppen formuliert. Das Unternehmen setzt z. B. für die Logistik ein individuelles Anreizsystem ein.

Für die Gestaltung des Anreizsystems ist die Ausrichtung auf die Unternehmensstrategie, d. h. auf die unternehmenspolitischen (Logistik-)Ziele von entscheidender Bedeutung. Denn Anreizsysteme haben die Aufgabe, die Mitarbeiter zu zielorientiertem Handeln zu motivieren, die dazu beitragen, die Unternehmensziele zu verwirklichen (vgl. PETERSEN 1989, S.12). Ist beispielsweise innerhalb der Unternehmens- oder Logistikstrategie die Qualitätsführerschaft angestrebt, muss im Anreizsystem die Qualität verankert und demzufolge auch gemessen werden. Ansonsten wird das angestrebte Ziel verfehlt. Die strategische Orientierung ist deshalb ein wesentlicher Erfolgsfaktor bei bestehenden Anreizsystemen oder der Implementierung neuer Anreizsysteme.

Sollen Anreizsysteme den gewünschten Erfolg erzielen, ist zudem die Abstimmung der einzelnen Subsysteme (beispielsweise Zielfindungs-/-vereinbarungs-, Planungs- oder Controllingsysteme, Informationssysteme, Personalmanagementsysteme) innerhalb des Managementsystems entscheidend. So kann die Implementierung des Anreizsystems in der Praxis erleichtert oder erschwert werden, je nachdem, wie gut die jeweils anderen Subsysteme auf die anreizpolitischen Grundsätze abgestimmt sind. Wird ein Anreizsystem nicht im Gesamtkonzept entwickelt, so können andere (entgegenstehende) Führungssysteme das Wirken des Anreizsystems neutralisieren oder überkompensieren (vgl. WÄCHLI 1995, S.87ff.). Für die Logistik und insbesondere für die Kommissionierung bedeutet dies, dass beispielsweise zwischen Anreizsystem und Controllingsystem grundlegende Steuerungsgrößen abgestimmt werden müssen, um so eine Identität von Kennziffern der Unternehmens- und Logistiksteuerung mit Bemessungsgrößen der Anreizgewährung zu erreichen. Generell sind Methoden und deren Umsetzung innerhalb eines jeden Management-Systems zu koordinieren, um effektiv zu sein (vgl. GREWE 2006, S.11f.). So sind Zielvereinbarungs-, Mitarbeiterbeurteilungs- und Vergütungssysteme nur dann gemeinsam zielorientiert wirkend, wenn gegenseitig eine unterstützende und sinnvolle Vernetzung besteht.

Um die Gesamtwirkung zu gewährleisten, muss die Integration in das übergeordnete Führungskonzept bzw. Managementsystem berücksichtigt werden. Oberste Priorität hat ein konsistentes Anreizsystem, d. h. dass Anreize sich sinnvoll ergänzen und nicht widersprechen.

### 8.2.4 Arten der Anreize

In Abbildung 1 sind die unterschiedlichen Anreize dargestellt, die sich aufgrund der weiter gefassten Definition eines Anreizsystems ergeben. Eine Klassifizierung kann entsprechend der Art der Anreize in monetäre (materielle) und nicht-monetäre (immaterielle) Anreize vorgenommen werden.

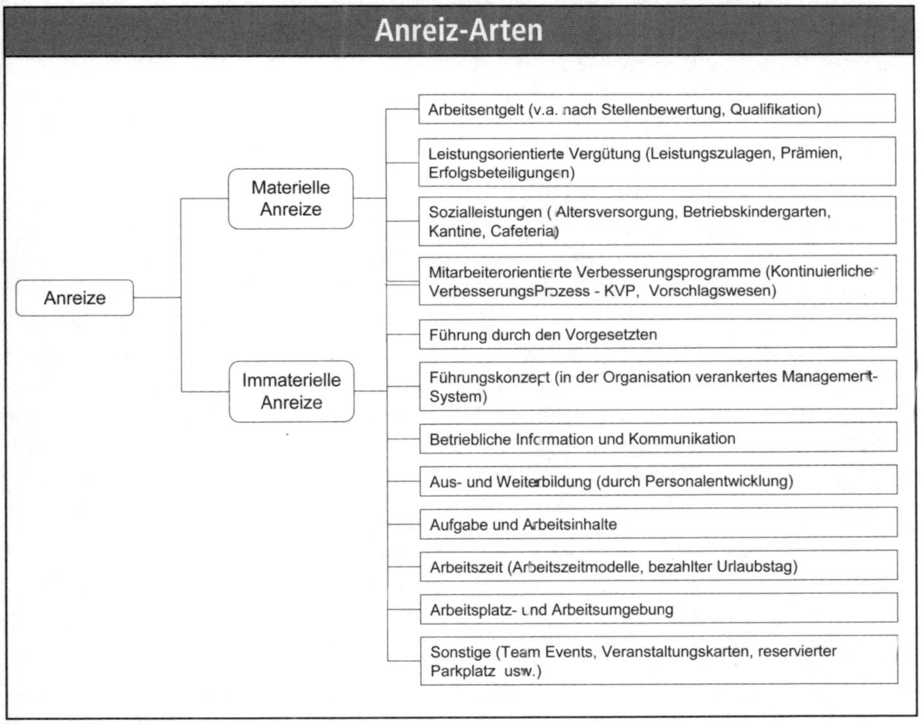


*Abb. 1: Anreiz-Arten*

**Materielle Anreize**

Unter monetären Anreizen wird die Summe aller vom Unternehmen angebotenen und zu zahlenden materiellen Belohnungen für die von den Mitarbeitern erbrachten Arbeitsleistungen verstanden. Dabei gestaltet sich für die gewerblichen Mitarbei-

8

ter das Arbeitsentgelt häufig aus verschiedenen Grundformen in Verbindung mit Leistungszulagen (Zeit-, Akkord-, Prämienlohn), den Sozialleistungen (Altersversorgung, Urlaubs-/Weihnachtsgeld, ...) sowie den sonstigen Zusatzleistungen (Prämien oder Erfolgsbeteiligungen).

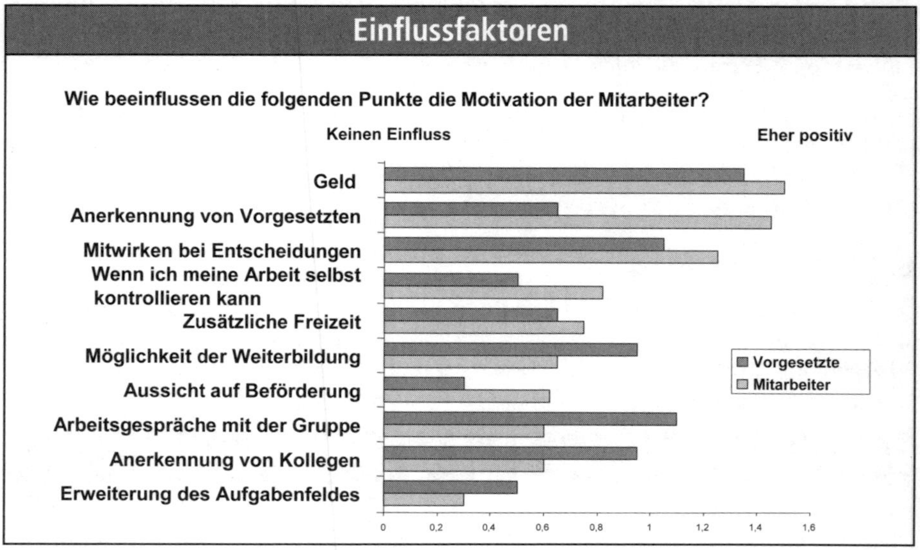


*Abb. 2: Unterschiedliche Einflussfaktoren auf die Motivation (nach PFOHL 2004, S. 117)*

Ergebnisse einer Befragung unter gewerblichen Mitarbeitern und Führungskräften in der Logistik belegen, dass der monetäre Anreiz (Geld) bei den Mitarbeitern eine nach wie vor hohe Bedeutung hat; er dient der Existenzsicherung und der Befriedigung verschiedenster Bedürfnisse (vgl. PFOHL 2004, S.117). Generell wird eine Steuerwirkung der materiellen Komponenten in Bezug auf das Mitarbeiterverhalten jedoch als nicht hoch angesehen. Nach der Herzbergschen Zwei-Faktoren-Theorie gehört das Arbeitsentgelt zu den Hygienefaktoren, also Faktoren, die Arbeitsunzufriedenheit vermeiden, aber Menschen nicht dazu motivieren können, dauerhaft härter und besser zu arbeiten. (Vgl. HERZBERG 2003, S. 51ff.)

Es besteht daher bei den fixen monetären Anreizen (Gehalt/Lohn) keine unmittelbare Beziehung zwischen Anreiz und individueller Leistung. Eine Wirkung wird lediglich durch entsprechende Höhe bei den Leistungszulagen erreicht.

**Immaterielle Anreize**

Immaterielle Anreize aktivieren immaterielle Bewegründe. Sie werden einerseits durch das übergeordnete Führungskonzept selbst und andererseits durch die Gestaltung der Führungssubsysteme gesetzt. Vor allem mit folgenden nicht-monetären Anreizen können vielfältige Wirkungen verbunden sein.

- **Das Führungskonzept bzw. Managementsystem**
  Das Management-System beantwortet die Frage „wie und womit das Unternehmen in seiner Umwelt gelenkt werden soll" (MALIK 2008, S. 227). Abstrakt formuliert sind Managementsysteme für das Management von produktiven sozialen Gebilden

erforderlich. Darunter sind die formal verankerten Systeme für Gestaltung, Lenkung und Entwicklung von Unternehmungen zu subsumieren. Sie sollen durch strukturelle Vorkehrungen zu einer möglichst weit in die Zukunft reichenden Sicherung der Lebensfähigkeit und Entwicklung einer Unternehmung führen. Es ist ein Konzept mit klarer Vorgabe für die Führungskräfte des Unternehmens, ihre Managementaufgaben nach den Prinzipien und Inhalten dieses Systems zu erfüllen. Innerhalb dieses Systems werden z. B. Führungsgrundsätze, -aufgaben und -werkzeuge für die Führungskräfte und somit für das Unternehmen festgelegt und dadurch die Unternehmenskultur maßgeblich beeinflusst. Einen Anreiz stellt es insofern dar, als im gesamten Unternehmen ein und dasselbe Managementsystem angewendet wird, dieselben Vorstellungen über Management gelten, somit dieselben Begriffe und Inhalte das Handeln leiten und dieselben Methoden und Instrumente verwendet werden. (Vgl. MALIK 2008, S. 227ff.) Ein Beispiel für ein solches anreizstiftendes Konzept bietet Toyota durch das Toyota-Produktionssystem. Toyota ist in vielerlei Hinsicht ein interessantes Beispiel für das Zusammenspiel von Unternehmensstrategie, Unternehmensführung und Unternehmenskultur. Durch effiziente Produktions- und Arbeitsprozesse sowie eine hohe Identifikation der Mitarbeiter mit ihren Aufgaben und ihrem Unternehmen konnten weltweit bemerkenswerte Erfolge erzielt werden.

**Führung durch den Vorgesetzten**

Eine ausführliche Darstellung zu wirksamer Mitarbeiterführung sprengt an dieser Stelle den Rahmen. Deshalb soll sich diese Ausführung auf wenige grundsätzliche Punkte beschränken.

Die Einflüsse der Führung auf Leistung und Motivation der Mitarbeiter sind komplex und vielschichtig. Vor allem in schwierigen Zeiten wird eine funktionierende Führung verstärkt als individueller Anreiz wahrgenommen. In diesem Zusammenhang stößt man häufig auf die Forderung, Mitarbeiter durch die Führungskraft im Sinne eines aktiven Handelns dauerhaft zu motivieren. Dies kann von keiner Führungskraft ernsthaft erwartet werden. Dauerhafte und somit die stabilere Motivation entsteht grundsätzlich durch Vertrauen. Vertrauen entsteht durch Verlässlichkeit und konsistentes Verhalten sowie charakterliche Integrität (vgl. MALIK 2007, S. 252). Es ist die Voraussetzung dafür, dass Motivation überhaupt möglich ist. Jeder, der einen Vorgesetzten hat, dem er Vertrauen entgegen bringt, braucht im Grunde nicht mehr motiviert zu werden. „Die wahre Bedeutung von Vertrauen zeigt sich im negativen Falle, dann, wenn kein Vertrauen gegeben ist: Unter diesen Umständen ist es vergeblich, motivieren zu wollen; es greift nicht und führt zusätzlich fast immer ins Gegenteil" (MALIK 2007, S. 251). Der Faktor Vertrauen gehört wohl zu den am meisten unterschätzten Faktoren in der Führung.

Eine wesentliche Qualität von Führungskräften liegt darin, dem Mitarbeiter die Wichtigkeit und Bedeutung seiner Aufgabe zu vermitteln. Dadurch erhält der Mitarbeiter eine Aufgabe, die für ihn Sinn hat. Sinn ist ein entscheidender Motivator. Ähnliche immaterielle Anreize wie Lob und Anerkennung – angemessen und für die richtigen Leistungen – sind ganz wesentliche menschliche Bedürfnisse. Da Mitarbeiter ein sehr feines Gespür dafür haben, was gerecht und berechtigt ist und was nicht, kann auch Leistungsmessung (vgl. 8.2.5) für die Kommissionierung einen Beitrag leisten, z. B. persönliche Belobigungen für außergewöhnliche Leistungen des Mitarbeiters oder den Mitarbeiter, der sich am meisten verbessert hat. Im Falle von Fehlleistung des Mitarbeiters ist jedoch die Unterstützung bzw. das konstruktive Feedback des Vorgesetzten ebenso wichtig.

Das Informations- und Kommunikationsverhalten des Vorgesetzten ist ein weiterer wichtiger Anreiz für Mitarbeiter. Entscheidend ist, dass Führungskräfte in regelmäßigen Mitarbeitergesprächen über strategische Ziele der Abteilung und für das gesamte Unternehmen informieren, um deutlich zu machen, worin die Leistungen der Organisation bestehen und was als gute und was als nicht akzeptable Leistung verstanden wird. Damit werden individuelle Ziele im Gesamtzusammenhang erkannt und somit der Beitrag zum Ganzen gesehen (Sinn). „Beizutragen zu einem größeren Ganzen ist es auch, was jene Motivation bewirkt, die man in einer Organisation braucht" (MALIK 2006, S. 104).

**Aufgabe und Arbeitsinhalt**

Die Aufgaben und Arbeitsabläufe von Mitarbeitern in der Kommissionierung zeichnen sich durch einen hohen Routineanteil aus. Eine Anreizwirkung durch die Aufgabe und den Arbeitsinhalt wird daher häufig in einer Erweiterung des Aufgabenbereiches gesehen. Die Frage, ob dadurch wirklich ein Anreiz entsteht, hängt von der Persönlichkeit, den spezifischen Stärken und den individuellen Bedürfnissen des Mitarbeiters ab. Es gibt Mitarbeiter, die einen hohen Routineanteil, d. h. Wiederholungseffekte brauchen, um gut zu sein. Sie sehen einen erweiterten Aufgabenbereich und anspruchsvollere Arbeitsinhalte eher als Belastung.

Der Vorgesetzte muss hier individuell und mitarbeiterbezogen vorgehen. Zunächst sind folgende Fragen richtungsweisend:

- Welche Stärken hat der Mitarbeiter?
- Welche Bedürfnisse hat der Mitarbeiter im Hinblick auf die Erweiterung seiner Fähigkeiten und Fertigkeiten?
- Wie entwickelt sich der Mitarbeiter insgesamt?
- Welche Art von Tätigkeit muss für die Person vorgesehen werden?

Im zweiten Schritt ist eine individuelle Arbeitsstrukturierung mit attraktiven Aufgaben für den Mitarbeiter möglich. Dabei sollten möglichst die Stärken des Mitarbeiters mit der Aufgabe korrespondieren. „Man braucht niemanden zu motivieren, dort gut zu sein, wo er gut ist, wo er eben seine Stärken hat" (MALIK 2006, S. 125). So kann z. B. einem im Umgang mit Kunden „starken" Mitarbeiter durch eine Erweiterung seines Verantwortungsbereiches ein Anreiz gegeben werden, indem er für einen bestimmten Kunden Hauptansprechpartner wird.

**Aus- und Weiterbildung, Beförderungen**

Gerade in der heutigen Zeit wissen Mitarbeiter, dass sie im Berufsleben auf Dauer nur bestehen können, wenn sie ihre Qualifikation anpassen und erweitern. Deshalb ist die individuelle Förderung durch den Vorgesetzten, kombiniert mit Programmen der Personalentwicklung, ein weiterer wichtiger Anreiz.

**Betriebliches Informations- und Kommunikationssystem**

Regelmäßige, rechtzeitige und umfassende Informationen über aufgaben- und unternehmensrelevante Entwicklungen stellen deutlich positive Anreize dar. Innerbetriebliche Information und Kommunikation durch das Unternehmen wie auch durch die Führungskraft ist ein wirksames Instrument, um die Wertschätzung gegenüber Mitarbeitern auszudrücken. Mitarbeiter fühlen sich ernst genommen.

- **Mitarbeiterorientierte Verbesserungsprogramme**
  Problemlösungsmethoden können sowohl monetäre als auch nicht-monetäre Anreize für den Mitarbeiter darstellen. Häufig vergüten Unternehmen die Generierung von Verbesserungsideen durch einmalige (Geld- oder Sach-)Prämien. Viele Programme bieten aber auch eine Reihe nicht-monetärer Anreize für die Mitarbeiter, wie die Möglichkeit, sich in den Problemlösungs- und Leistungserstellungsprozess einzubringen. Wichtig hierbei ist die individuelle Mitwirkung, die über reine Ausführungstätigkeiten hinaus gehen muss. Dadurch wird die Intensität der Kommunikation zwischen unterschiedlichen Hierarchieebenen positiv beeinflusst. So kommen bei KVP- (Kontinuierlicher Verbesserungsprozess-) Programmen unterschiedliche hierarchische Ebenen miteinander ins Gespräch. Führungskräfte erfahren, welche Probleme die Mitarbeiter sehen; Mitarbeiter erkennen, dass Entscheidungen von vielfältigen, sich mitunter auch widersprechenden Kriterien beeinflusst werden. Es entsteht mehr Verständnis füreinander; horizontale und vertikale Distanzen werden verringert; bestehende Normen und Regeln können auf die Probe gestellt und gemeinsam neu fixiert werden. In diesem Sinne führt KVP immer auch zu Veränderungen in der Kultur des Unternehmens.

Ein weiterer positiver Aspekt ist, dass der Prozess das Unternehmen insgesamt in Bewegung setzt. Identifizierte Probleme warten auf Bearbeitung, Lösungsvorschläge auf Entscheidungen, verabschiedete Verbesserungsmaßnahmen auf ihre Realisierung. Führungskräfte und Mitarbeiter werden zu Handlungen gezwungen und starre Abteilungs-, Bereichs- und Denkstrukturen werden in Frage gestellt.

Zusammengefasst ergeben sich für die Mitarbeiter folgende Anreize:

- Bearbeitung und Lösung von vorhandenen Problemen (Abweichungen, Differenzen, Fehler und Mängel im Arbeitsprozess, die Mitarbeiter an einer termin-, kosten- und qualitätsgerechten Ausführung ihrer Tätigkeit hindern)
- Möglichkeit der Mitwirkung an Entscheidungen
- Erweiterte Handlungs- und Entwicklungsmöglichkeiten
- Lerneffekte in Bezug auf Zusammenhänge im Unternehmen und Hintergründen von Entscheidungen
- Integration in die innerbetriebliche Kommunikation (hierarchieübergreifend und in Gruppen)
- Anerkennung durch den Vorgesetzten

mit den folgenden möglichen positiven Auswirkungen:

- Erhöhung des Engagements und Einsatzes der Mitarbeiter
- Erhöhung der Verantwortlichkeit, Gewissenhaftigkeit und Sorgfalt der Mitarbeiter
- Verbesserung der Kommunikation (hierarchieübergreifend und in Gruppen)

8

- Verbesserung der Zusammenarbeit und des gegenseitigen Verständnisses
- Verbesserung der Teamfähigkeit

Abschließend ist das Ergebnis einer empirischen Untersuchung in der Logistik aus dem Jahr 2003 interessant, in der gewerbliche Mitarbeiter allein zu immateriellen Anreizen befragt wurden. Sie wurden nach Aspekten befragt, die ihrer Meinung nach die Freude an der Arbeit steigern. Hier zeigte sich, dass die wichtigsten Anreize in mehr Anerkennung der Leistung, besserer Informationspolitik und mehr Mitsprache bestehen. Auffallend war, dass die Führungskräfte, die ebenfalls nach ihrer Einschätzung befragt wurden, die Bedürfnisse der Mitarbeiter oft anders einschätzten (vgl. PFOHL 2004, S. 115).

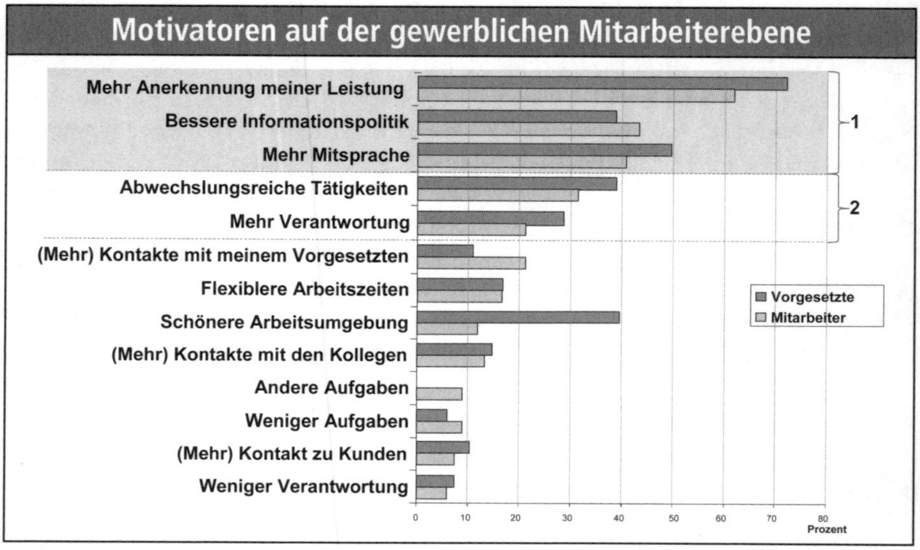


*Abb. 3: Motivatoren auf der gewerblichen Mitarbeiterebene (nach PFOHL 2004, S. 115)*

## 8.2.5 Leistungsmessung[1]

Voraussetzung für Leistungsmessung ist eine möglichst exakte und mess- bzw. überprüfbare Definition von Leistung. Nur so lässt sich ihre gerechte Bewertung sicherstellen. In der Logistik ist kein Arbeitsgang identisch. Besonders deutlich wird dies bei dem Versuch, Kommissionierleistungen direkt zu vergleichen. Jeder einzelne Kommissionierauftrag ist unterschiedlich hinsichtlich Menge, Volumen und Wegstrecke, selbst wenn die Anzahl der Kommissionierzeilen gleich ist. Das erfordert eine neue Leistungsdefinition und stellt traditionelle Ansätze zur Leistungsmessung, die sich möglicherweise in der Produktion gut bewährt haben (z. B. den in der Produktion verwendeten Akkordlohn), vor unlösbare Aufgaben. Zusätzlich ist in der Logistik die zu erbringende Leistung häufig sehr komplex, d. h. die Leistung besteht oft aus vielen unterschiedlichen Einzelelementen. So ist z. B. ein Mitarbeiter in der Kommissionierung auch für Aufgaben zur Fehlerbehandlung verantwortlich, die verglichen mit den Hauptprozessen wesentlich komplexer

1 Zu diesem Thema findet sich eine ausführlichere Darstellung mit Fallstudie bei BOOS/WALTER (2004), S. 261ff.

ausfallen können. Je nach betrieblicher Organisation kommen u. a. noch das Bereitstellen von Gerätschaften, Störungsfrüherkennung und -beseitigung sowie ständige Prozessverbesserung hinzu. Die menschliche Arbeitsleistung in der Logistik ist also sehr vielseitig.

Die allein Outputgrößen-orientierte Betrachtung ist nicht zweckmäßig. Für die Logistik ist die Leistungsdefinition deshalb wie folgt in eine Inputgrößen-orientierte abzuwandeln:

**DEFINITION:**

Leistung ist definiert als die aufgewendete Arbeitszeit, die zur Erbringung der mess- oder zählbaren Arbeitsresultate (Menge, Qualität) einer spezifischen Aufgabe benötigt wird.

Mit dieser Definition erschließt sich eine geeignete Bemessungsgrundlage für ein mess- und überprüfbares Mitarbeiterverhalten für die Gewährung von Anreizen. Die Leistung eines jeden einzelnen Mitarbeiters oder einer Gruppe lässt sich ermitteln, indem die tatsächlich benötigte Zeit für eine Arbeitsaufgabe mit einer normierten Vorgabezeit verglichen wird. Während die tatsächlich verwendete Zeit relativ einfach festgehalten werden kann, wirft die Ermittlung einer Vorgabezeit eine Reihe von Fragen auf, die für die Praxis zu lösen sind:

- Welche Einflussmöglichkeiten hat der Arbeitnehmer auf die Inputgrößen?
- Wie lassen sich mit einem vertretbaren Aufwand aufgabenbezogene Vorgabezeiten ermitteln?
- Wie sichert man die Einhaltung der Standardarbeitsprozesse?

**Einflussmöglichkeiten der Arbeitnehmer**

In engem Zusammenhang mit der Definition von Leistung steht die Auswahl der mitarbeiterbezogenen Einflussfaktoren auf Leistung. Die Auswahl der relevanten Faktoren ist deshalb ein zentrales Gestaltungselement, weil gerade hiervon die gewünschte Anreiz- und Steuerungswirkung ausgehen soll. In der Logistikpraxis haben sich folgende Faktoren herausgebildet, mit denen Mitarbeiter ihre Leistung bestmöglich beeinflussen können:

- Anwendung von Standard-Arbeitsmethoden, d. h. die Art und Weise, wie ein Mitarbeiter den Arbeitsprozess durchführt. Bewertet wird hier, inwieweit der Mitarbeiter die für die Aufgabe vorgesehene (optimale) Standardmethode anwendet.
- Die Auslastung mit produktiven Tätigkeiten, d. h. der prozentuale Anteil der Zeit, in der während einer Schicht „produktive" Aufgaben durchgeführt werden. Unter produktiv sind hier nicht nur solche Tätigkeiten zu verstehen, die direkt der Leistungserbringung zuzurechnen sind, sondern auch solche Unterstützungs- oder Erhaltungstätigkeiten, die Leistungserbringung erst ermöglichen.
- Die Arbeitsgeschwindigkeit, d. h. die Geschwindigkeit, mit der ein eingearbeiteter Mitarbeiter seine Arbeit während der gesamten Schicht ausführt.

Aus der Multiplikation dieser Faktoren lässt sich zwar ein Leistungsindikator ermitteln, dieser ist aber in der Praxis als Grundlage für die kontinuierliche Leistungsmessung nicht geeignet. Die Erhebung kann nur durch qualifizierte Beobachtung des Mitarbeiters erfolgen. Der Erhebungsaufwand als allgemeine Messgröße ist daher zu hoch. Hier bietet die unten vorgestellte Leistungsmessung über das Kriterium „Zeit" eine effizientere Methode.

**Standard-Arbeitsmethode**
Vorgabezeiten werden nur dann von den Mitarbeitern als relevant und gerecht empfunden, wenn sie möglichst genau die aufgrund der Arbeitsaufgabe tatsächlich benötigte Zeit widerspiegeln. Gerade in der Logistik ergibt sich aber häufig das Problem, dass die Arbeitsmethode oder sogar der Arbeitsprozess vom Einzelnen in wesentlichen Teilen frei gestaltet werden kann. Signifikante Leistungsunterschiede beruhen häufig weniger auf unterschiedlichen Arbeitsgeschwindigkeiten und Auslastungen, als auf geschickteren Arbeitsmethoden.

Unterschiedliche Arbeitsmethoden sind problematisch, da sich keine relevante Vorgabezeiten definieren lassen. Für ein Unternehmen ist es natürlich wünschenswert, wenn alle Mitarbeiter die optimierte Methode einsetzen. Daher muss vor der Einführung der Leistungsmessung und Vorgabezeiten immer eine Methodenanalyse und -optimierung vorgeschaltet werden.

In der Praxis gestaltet es sich oft schwierig, Mitarbeiter zur Akzeptanz der neuen Methoden zu bewegen. Gerne arbeiten Mitarbeiter neben den Standardarbeitsmethoden auch nach eigenen, an ihren Vorlieben ausgerichteten, Arbeitsmethoden. Hier liegt bei der Einführung von Leistungsmessung eines der größten Probleme. Der Einsatz eines konzeptorientierten Change Managements – mit förderndem Engagement durch das Management, Agent-Netzwerk, prozessorientierter Implementierung, zielgruppenspezifischem Trainings- und Controllingkonzept sowie Kommunikationsstrategien – ist unerlässlich, da direkt in das persönliche Arbeitsverhalten eines jeden Mitarbeiters eingegriffen wird. Darüber hinaus hat sich gezeigt, dass eine enge Zusammenarbeit mit den Mitarbeitern bei der Methoden- und Prozessgestaltung ein deutlich höheres Verständnis und damit auch eine höhere Akzeptanz generiert, die zu verstärkter Verwendung der Methodenstandards führt. Dabei entwickeln die Mitarbeiter einen Handlungswillen und eine Denkweise dafür, dass auch Standards weiter optimiert werden können und müssen. Ein geeigneter Ansatz, der die Einbeziehung der Mitarbeiter in die Methodengestaltung beinhaltet und fördert, ist die Einführung eines kontinuierlichen Verbesserungsprozesses (KVP), indem unproduktive Elemente erkannt und eliminiert werden.

Die Standardisierung der individuellen Arbeitsmethoden ist Voraussetzung für eine Leistungsmessung, deren Ergebnisse Rückschlüsse auf individuelle Leistung von Mitarbeitern und Prozessen zulassen und damit auch Verbesserungsoptionen aufzeigen. Dabei summieren sich auch kleine Verbesserungen zu nennenswerten Effizienzsteigerungen.

**Vorgabezeiten als Bemessungsgrundlage**
Vorgabezeiten beschreiben die für eine bestimmte Tätigkeit anzusetzende Normalleistung. So dienen Vorgabezeiten als Maßstab für die Bewertung individueller Leistung. In der Praxis ist es aber nicht immer sinnvoll, für alle Tätigkeiten Vorgabezeiten zu ermitteln. Häufig findet man in Unternehmen eine Mischung aus Tätigkeiten, für die Vorgabezeiten hinterlegt sind und solche, bei denen dies nicht der Fall ist. Dieser Zusammenhang ist in der Grafik dargestellt:

**Kriterienmatrix**

| | nicht gemessen | gemessen |
|---|---|---|
| **produktiv** | III **Kriterien**: • Tätigkeiten, die für die Bewältigung der logistischen Aufgabe wesentlich sind und im direkten Zusammenhang mit dem Materialfluss stehen • Kein offensichtlicher Zusammenhang zwischen individuellen Zielvorgaben und Durchsatz der Anlage • Leistung kann nicht bewertet werden • Beispiele: Nicht-standardisierte Tätigkeiten Administration | I **Kriterien**: • Tätigkeiten, die für die Bewältigung der logistischen Aufgabe wesentlich sind und im direkten Zusammenhang mit dem Materialfluss stehen • Individuelle Leistung kann objektiv bewertet werden • Objektive Rückmeldung und Anerkennung / Entlohnung basieren auf Leistungsmessung • Beispiele: Warenvereinnahmung, Kommissionierung |
| **nicht produktiv** | IV **Kriterien**: • Tätigkeiten, die nicht direkt im Zusammenhang mit dem Materialfluss stehen • Kein offensichtlicher Zusammenhang zwischen individuellen Zielvorgaben und Durchsatz der Anlage • Leistung kann nicht bewertet werden • Berücksichtigung über Budgetvorgaben • Beispiele: Systemausfälle, Aufräumen, Meetings | II **Kriterien**: • Tätigkeiten, die nicht direkt im Zusammenhang mit dem Materialfluss stehen • Individuelle Leistung kann objektiv bewertet werden • Objektive Rückmeldung und Anerkennung / Entlohnung basieren auf Leistungsmessung • Beispiele: Unterstützungsfunktionen |

*Abb. 4: Kriterienmatrix*

In vielen Unternehmen liegt der Anteil der Aktivitäten in den Quadranten III und IV bei 25 Prozent und mehr. Dies ist eindeutig zu hoch. Unternehmen sollten eine Quote von 10–15 Prozent anstreben. Das kann z. B. durch die Verringerung der nicht-produktiven Aktivitäten durch Prozessoptimierung, und zum anderen durch die Ausweitung der Leistungsmessung auf alle produktiven Tätigkeiten erreicht werden.

Vorgabezeiten lassen sich sowohl für Teams als auch für Einzelpersonen ermitteln und erlauben so einen aufgabenbezogenen Mix der Leistungsmessung, der dem jeweiligen Aufgabentyp angepasst ist. Die oft gestellte Frage, ob ein Gruppenlohn besser als ein Individuallohn ist, ist der falsche Ansatz. Die entscheidende Frage lautet vielmehr: „Für welche Tätigkeiten ist Gruppenlohn und für welche ist der Individuallohn der geeignete Anreiz?"

Bei der Ermittlung der Vorgabezeiten oder auch Standards gibt es zwei prinzipiell verschiedene Vorgehensweisen:

- Abgeleitete Standards
- Determinierte Standards

**Abgeleitete Standards** haben ihren Ursprung in der Akkordlohnberechnung der Fertigungsindustrie. Durch Beobachtung der Mitarbeiter werden Standardabläufe (z. B. Kommissionierung Kleinteile oder Hängeware) festgelegt, für die dann Standard- oder Vorgabezeiten ermittelt werden (z. B. mit Datenerfassungsmethoden wie Refa, MTM, siehe hierzu auch Kapitel 8.1). Abgeleitete Standards sind zwar sehr verbreitet, haben aber aufgrund ihrer Ermittlungsweise eine Reihe von Schwachstellen. Sie gehen z. B. davon aus, dass alle Aufgaben, die unter den Standard subsumiert werden, homogen hinsichtlich ihrer Leistungsanforderungen sind. Die ermittelten Vorgabezeiten sind in der Logistik allenfalls über große Zeiträume oder eine große Zahl von Einzelvorgängen richtig und damit als aktuelle Planungshilfe und Orientierung für den Mitarbeiter nicht zu gebrauchen.

## FALLBEISPIEL:

In einer Kleinteilekommissionierung für Automobile Ersatzteile waren die Artikel streng nach Gängigkeit den einzelnen Lagergassen zugeordnet. Somit entstand in den vorderen Gassen der Anlage eine hohe Kommissionierdichte, während in den weiter entfernten Gängen die Wegeanteile pro Pick deutlich höher waren. Die Vorgabezeit für das Kommissionieren betrug 42 Sekunden pro Auftragszeile. Mitarbeiter kommissionierten immer in Zonen, denen sie rotierend tageweise zugeteilt waren. Mitarbeiter, die im Jahresdurchschnitt 48 Sekunden pro Zeile benötigten, erzielten an den Tagen, an denen sie in den ersten Gängen eingeteilt waren, Leistungen von unter 16 Sekunden pro Zeile, während sie an anderen Tagen in anderen Zonen deutlich länger brauchten als die Vorgabezeit angab. Damit hatte die Vorgabezeit für die Mitarbeiter jegliche Relevanz als Orientierungshilfe und Anreiz verloren. Eine Aufgliederung der Vorgabezeiten in mehr Zonen war für das Unternehmen nur schwer durchführbar, da bereits 150 verschiedene Standards unterhalten werden mussten. Damit wird die nächste Schwachstelle deutlich: Abgeleitete Standards setzen immer eine konstante Struktur des Materialflusses voraus. Dies ist aber heute nur noch in den seltensten Fällen gegeben. Der Anpassungsaufwand für das System ist oft erheblich.

**Determinierte Standards** wurden für die speziellen Belange der Logistik entwickelt. Ausgehend von der Erkenntnis, dass in der Logistik die einzelnen Arbeitsaufträge von der Struktur und damit von den Arbeitsinhalten her unterschiedlich sind, wird für jeden anfallenden Vorgang die spezielle Vorgabezeit bei der Erstellung des Arbeitsauftrags in Echtzeit berechnet. Determinierte Standards unterscheidet man in Haupteinflussfaktoren, für die eine Neuberechnung jedes Mal durchgeführt wird, und Nebenfaktoren, die je nach Bedarf zugeschlagen werden.

Die Werte der Nebenfaktoren werden genau wie „Abgeleitete Standards" bei der Implementierung ermittelt, als Konstanten hinterlegt und dann später nur noch gepflegt.

Haupteinflussfaktoren wie zurückzulegender Weg, Gewicht, Volumen der zu handelnden Artikel sowie die zu überwindenden Höhen beeinflussen dagegen den zu erbringenden Arbeitsaufwand am meisten. Die auf diesen Faktoren beruhenden Zeitverbräuche werden für jede einzelne Aktivität jeder tatsächlichen Materialflussbewegung immer wieder erneut berechnet. Die folgende Übersicht fasst noch einmal alle Haupteinflussfaktoren zusammen.

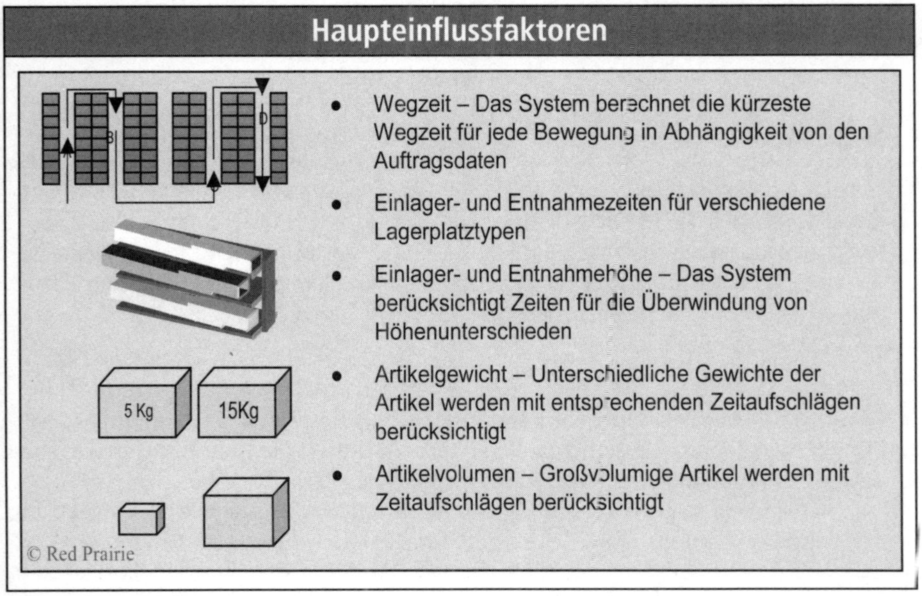


*Abb. 5: Haupteinflussfaktoren der Vorgabezeitberechnung (Quelle: Red Prairie)*

Das folgende Rechenbeispiel zeigt noch einmal das Zusammenspiel von Haupt- und Nebenfaktoren:

**Berechnungsbeispiel**

**Haupteinflussfaktoren** - *Layout*

| | | |
|---|---|---|
| • Palette entnehmen (aus 7 Meter Höhe) | = | 670 TMUs |
| • Beschleunigen, Fahren und Bremsen (Fahren 167 Meter mit 10,5 TMU/Meter plus 110 TMU für Bremsen und Beschleunigen | = | 1860 TMUs |
| • Palette absetzen (auf 8 Meter Höhe) | = | 420 TMUs |
| | **=** | **2950 TMUs** |

**Nebenfaktoren** - *Konstante*

| | *Qty* | | | *TMU Wert* |
|---|---|---|---|---|
| • Auftragsfixe Zeit | 1 x 1280 | = | | 1280 TMUs |
| • Palette scannen, lesen, etikettieren | 1 x 980 | = | | 980 TMUs |
| | | **=** | | **2260 TMUs** |

**Vorgabezeit für Palettenentnahme:**

**2950 + 2260 = 5210 TMUs * 1,10 (Verteilzeit) =**
**5731 TMUs oder** 3 Minuten & 25 Sekunden

**Anmerkung: TMU= Zeitmaß in MTM Berechnungen 1 TMU = 0,036 Sekunde**

© Red Prairie

*Abb. 6: Berechnungsbeispiel für Determinierte Standards (Quelle: Red Prairie)*

8

So wird beispielsweise mit Hilfe einer EDV-technischen Hinterlegung eines dreidimensionalen Lagerplanes für jede Entfernung und Bewegung sowie der bekannten Geschwindigkeit eines spezifischen Geräts die Vorgabezeit exakt berechnet.

**FALLBEISPIEL:**

Wenn z. B. ein Staplerfahrer eine Palette in einen benachbarten Bereich transportieren muss, die in einem Regal in sieben Metern Höhe eingelagert ist, werden neben der Distanz zu diesem Bereich auch Höhe des Regals/der Entnahme und Geschwindigkeit des Staplers in die Berechnung der Vorgabezeit mit einbezogen. Darüber hinaus wird in die Betrachtung eingerechnet, wie hoch die Palette über dem Boden lagert und wie viel Zeit benötigt wird, um mit der Gabel die Palette zu erreichen.

Diese Art von Berechnung verlangt eine hohe Interaktion mit einem Lagerverwaltungs- oder Materialflussrechner, um aktuelle Auftragsdaten, Positionsangaben und Artikelstammdaten zu erhalten. Daher werden solche Systeme von spezialisierten Anbietern von Lagerverwaltungssystem entweder als integrierte Anwendung in das Lagerverwaltungssystem oder als Stand-Alone-Lösung (z. B. von RedPrairie) angeboten. Zusätzlich sind Schnittstellen zu Zeitsystemen, dem Lohnsystem und über Reportingfunktionen auch zur Kostenrechnung notwendig. Stand-alone-Systeme sind hier häufig flexibler und bieten insgesamt eine höhere Funktionalität.

Determinierte Standards haben gegenüber abgeleiteten Standards wesentliche Vorteile:

- Dadurch, dass die Zeiten für eine einzelne Aufgabe ermittelt wurden, können sie dem Mitarbeiter als Orientierungs- und Messgröße gleichzeitig mit der Erteilung des Arbeitsauftrags mitgeteilt werden. Wird gleichzeitig noch die tatsächlich aufgewendete Zeit gemessen, ist eine sofortige Rückkopplung möglich (siehe Abbildung 7: RDT-Screenshot). Durch diese besseren und genaueren Vorgabezeiten wird in der Regel zwischen 3 Prozent und 5 Prozent mehr Produktivität erreicht als bei der reinen Verwendung von abgeleiteten Standards.
- Der Unterhaltungsaufwand ist deutlich geringer, da selbst größere Veränderungen in der Materialflussstruktur korrekt abgebildet werden.
- Transporttätigkeiten mit Staplern können mit einer Vorgabezeit versehen werden.
- Die Interessenvertreter der Mitarbeiter (Betriebsrat und Gewerkschaften) sind eher bereit diese Standards zu akzeptieren, da die Mitarbeiter sie als gerechter und relevanter erfahren.
- Die Personaleinsatzplanung wird durch stundengenaue Planungen verbessert, da die Zeitvorgaben an die tatsächliche Materialflussstruktur angepasst sind.

**Funkterminal**

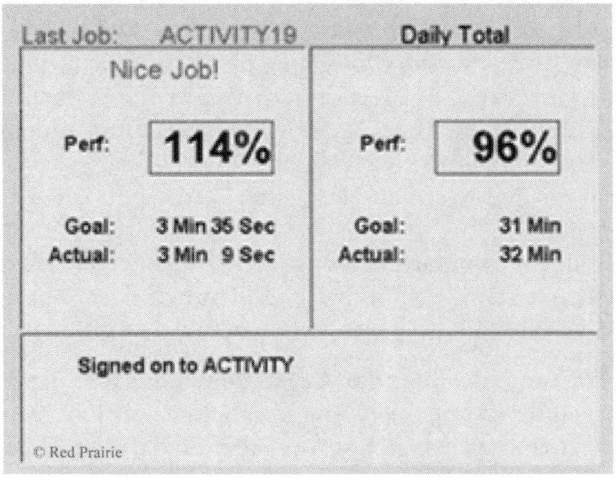


*Abb. 7: Funkterminal (Screenshot), Online-Rückmeldung* *(Quelle: Red Prairie)*

**Messen der Leistung/Zeit**

Bei der Messung der Leistung anhand der Vorgabezeitmethode, auf die wir uns hier beschränken müssen, werden zwei Variablen gemessen:

- Die vom Unternehmen bezahlte Anwesenheitszeit.
- Die für die Aufgabenerledigung verwendete Zeit und damit implizit die erfolgreiche Durchführung der zugewiesenen Aufgabe.

In der Realität sind beide Informationen nicht so einfach zu erfassen, wie dies den Anschein hat. Es haben sich dafür verschiedene Methoden entwickelt. Die Anwesenheitszeit des Mitarbeiters wird meist aus Informationen der Lohn- und Stundenerfassung zu erhalten sein. Dazu werden in den Anlagen meistens Zeiterfassungssysteme eingesetzt, die ermöglichen, die Zuordnung eines Mitarbeiters zu einem Bereich oder einer Tätigkeit zu erfassen.

**PRAXISTIPP:**

Die Messung der für die Aufgabenerledigung tatsächlichen benötigten Zeit gelingt am besten über integrierte Systeme. Immer wenn eine Aufgabe zugewiesen wird, wird der Zeitpunkt miterfasst. Hierbei hat es sich als praktisch erwiesen, den Endzeitpunkt nicht separat zu erfassen, sondern zu definieren, dass der Start der nächsten Aufgabe die Beendigung der vorherigen markiert. Damit werden Leerzeiten vermieden und die Mitarbeiter haben ein Interesse, die nächste Aufgabe schnell zu starten.

Qualitative, nicht direkt erfassbare Leistungskriterien werden indirekt über Indikatoren berücksichtigt. So wird in der Logistik die Qualität der Arbeitsleistung mit Kennziffern, wie z. B. Anzahl der Pick-Fehler (Fehlerquote), erfasst.

Die Ergebnisse werden in Beziehung zur Normalleistung gestellt. Die Identifizierung einer Mehrleistung oder auch individuellen Leistung setzt natürlich voraus,

8

dass sie einer normierten Vergleichsleistung gegenübergestellt werden kann. Die Normalleistung ergibt sich, wenn ein Mitarbeiter

- mit einer Arbeitsgeschwindigkeit arbeitet, die von jedem im erforderlichen Maße geeigneten, geübten und voll eingearbeiteten Arbeiter auf Dauer und im Mittel der Schicht erbracht werden kann, sofern er für persönliche Bedürfnisse und gegebenenfalls auch für Erholung vorgegebene Zeiten einhält und eine freie Entfaltung seiner Fähigkeiten nicht behindert wird,
- seine Arbeitszeit mit produktiven Tätigkeiten verbringt, für die eine Standardvorgabezeit definiert ist,
- unter Anwendung der Standardmethode seine Aufgaben erfüllt und
- dabei sicherstellt, dass keine fehlerhaften Leistungen aus dem von ihm ausgeführten Prozess an den Nachfolgeprozess weitergeleitet werden.

Mit dieser Normalleistung, die über die Vorgabezeiten messbar gemacht wird, kann nun die Individual- oder Gruppenleistung verglichen werden. Der Leistungsgrad kann mit der Formel **Leistungsgrad = Vorgabezeit/Ist-Zeit x 100 %** bestimmt werden.

**Verwendung der Vorgabezeiten und der Leistungsmessung**
Die dargestellte Erfassung der Mitarbeiterleistung lässt sich vielfach nutzen, um zu einer höheren Gesamtproduktivität zu kommen. So bildet eine Leistungsmessung die Grundlage für die Berechnung des Leistungslohn und der Gewährung von nicht-monetären Anreizen. Des Weiteren ergibt sich auf Basis objektiver und jederzeit aktueller Leistungsmessung eine neue Grundlage für Mitarbeitergespräche (Feedback-Gespräche).

- **Beispiel Leistungslohn**
  Der Leistungslohn hat letztlich die Aufgabe, dem Mitarbeiter einen Anreiz in Form eines zusätzlichen Produktivitätsgewinns zu bieten, der aus seinem persönlichen Einsatz entsteht und der über das Maß, das von einem Mitarbeiter normalerweise erwartet werden kann, hinausgeht. Dieser „Gain Sharing"-Gedanke lässt sich nun auch auf den Bereich „Prozessverbesserung durch die Mitarbeiter" ausweiten: Allein dadurch, dass alle Mitarbeiter eine standardisierte Arbeitsmethode einsetzen, wird in der Regel ein Produktivitätsschub erreicht. Der Mitarbeiter muss im Zweifel allerdings seine persönliche Arbeitsweise zu Gunsten der Standardmethode umstellen. Da dies für die Mitarbeiter eine wesentliche Verhaltensveränderung bedeutet, wird auch hier oft ein Anreiz über die Gestaltung der Entgelt-Leistungskurve geschaffen. Meistens wird ein Schwellenwert fixiert, der sich an der Normalleistung des optimierten Prozesses bei etwa 80 Prozent orientiert.

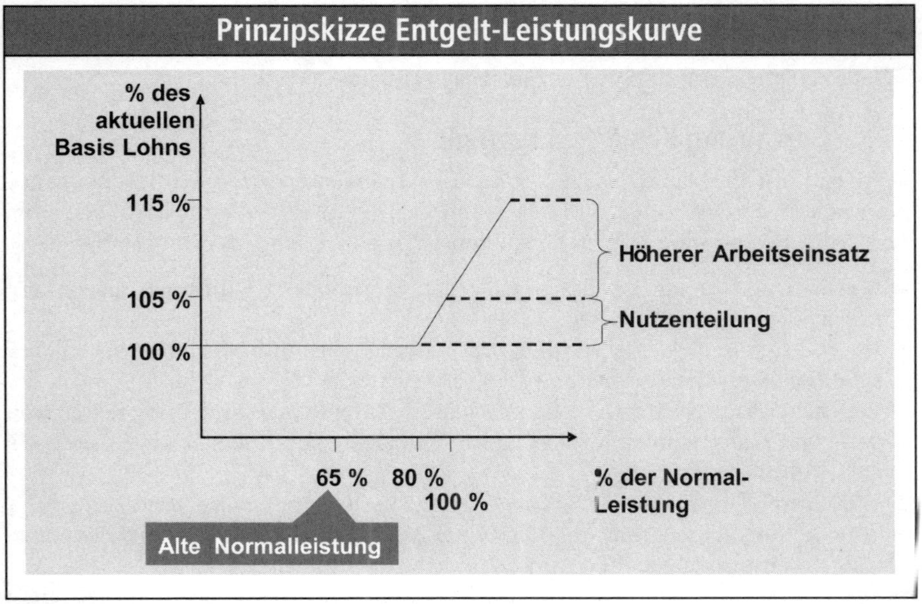


*Abb. 8: Prinzipskizze Entgelt-Leistungskurve*

Dieser Zusammenhang ist in der Abbildung 8 erläutert. Die Normalleistung des Prozesses vor der Optimierung entspricht in diesem Beispiel 65 Prozent der Normalleistung des neuen Prozesses. Um den Mitarbeitern einen Anreiz zu geben, den neuen Prozess auch einzusetzen, fängt der Bonus bereits bei 80 Prozent der neuen Normalleistung an. Durch diese Gestaltung der Kurve ergibt sich gleichzeitig auch noch ein Anreiz, bei der Prozessoptimierung mitzuwirken.

In der Praxis haben sich verschiedene Methoden entwickelt, diesen Anspruch auf Entlohnung abzugelten. Die einfachste Methode ist eine direkte Umsetzung des prozentualen Anspruchs in einen Prämienlohn, d. h. Basislohn plus Leistungsprämie. Hierbei kann sicherlich von der höchsten Wirkung durch monetäre Anreize auf die Leistung des Einzelnen ausgegangen werden. Andererseits kann der Anspruch auch ganz oder teilweise in Freizeit abgegolten werden. Dies wird häufig mit einer Flexibilisierung der Arbeitszeit verbunden. Die Leistungsgradmessung kann auch verwendet werden, um Einstufungen in Lohnleistungsgruppen vorzunehmen. Hier lassen sich dann auch weitere Anreize wie Weiterbildung, Teilnahme an Prozessverbesserungsworkshops oder Komplexität der zu erledigenden Aufgabe und Verantwortung mit einbeziehen.

Die genaue Auswahl und der Mix der Verwendung der verschiedenen Methoden hängen im Wesentlichen von der (strategischen) Zielsetzung ab.

Durch wirklich gut eingeführte Systeme verändert sich auch die Rolle des Vorgesetzten. Bessere Managementwerkzeuge erlauben ihm, sich vermehrt um die eigentliche Aufgabe – das Führen von Menschen und seiner zu verantwortenden organisatorischen Einheit – zu kümmern. Auf Basis objektiver und jederzeit aktueller Leistungsmessung ergibt sich eine neue Grundlage für Mitarbeitergespräche. Hierbei geht es eher darum, dem Mitarbeiter zu helfen, seine Leistung zu verbessern, als darum, ihn zu bewerten. Darum finden diese Gespräche auch sehr viel häufiger statt als nur einmal im Jahr. Das Konzept der Mitarbeitereinflussfaktoren bietet eine gute Grundlage für ein solches Feedback-Gespräch.

### 8.2.6 Gestaltung des Anreizsystems

Die Gestaltung der Anreize muss auf die unternehmensspezifischen Gegebenheiten ausgerichtet werden. Folgende Fragen sind wichtig, um für die Logistik (insbesondere der Kommissionierung) zu einem konsistenten Anreizsystem zu gelangen:

- Welche Elemente umfasst das im Unternehmen etablierte Führungskonzept bzw. Managementsystem?
- Welche Gesamtstrategie verfolgt das Unternehmen und welche Ziele ergeben sich daraus für die Personal- und Logistikstrategie?
- Welche Werte, Normen, Verhaltensweisen, Fähigkeiten und Fertigkeiten verlangt das Unternehmen zu Verfolgung der Strategie? Wie sieht die Unternehmenskultur aus?
- Welches Verfahren wird in der Logistik zur Leistungsmessung herangezogen?
- Welche sonstigen Rahmenbedingungen wie z. B. tarifvertragliche Vereinbarungen müssen eingehalten werden?
- Soll die Honorierung nur aus Geld bzw. geldwerten Äquivalenten (materielle Anreize) oder auch aus Anreizen wie Auszeichnungen, Beförderungen etc. (immaterielle Anreizen) bestehen?
- Soll die Entlohnung leistungsabhängig sein? Und wenn ja in welchem Umfang (fixe versus variable Entlohnung)?
- Soll die Leistung des ganzen Teams berücksichtigt werden oder nur die individuelle?
- Soll die Belohnung sofort oder mit zeitlicher Verzögerung erfolgen?
- An welchen kurz-, mittel- und langfristigen Zielen soll der Anreiz ausgerichtet sein?
- Sollen die einzelnen Entlohnungsarten nach Hierarchieebenen unterschiedlich eingesetzt werden?

### 8.2.7 Zusammenfassung

Anreizsysteme sind ein integrierter Bestandteil im Managementsystem. Sie stellen ein Führungsinstrument der strukturellen Mitarbeiterführung dar, das zur Generierung und Umsetzung des Unternehmenszwecks und der unternehmerischen Ziele dient. Nur durch einen kombinierten Einsatz von materiellen und immateriellen Elementen wird die höchste verhaltens- und motivationsfördernde Wirkung erzielt. Voraussetzung dafür, einen Anreiz schaffen zu können, ist eine objektive Leistungsmessung. Dadurch wird ein Leistungsstandard vorgegeben, den man mit Hilfe von Anreizsystemen individuell oder im Team übertreffen kann, um nicht nur persönliche Vorteile zu erlangen, sondern auch, um für das Unternehmen einen wesentlichen Beitrag zur Erreichung der Unternehmensziele zu leisten.

8

## Literaturverzeichnis

BECKER (2002): Becker, F.G.: Anreizsysteme als Instrument der strukturellen Mitarbeiterführung, in: Eyer, E. (Hrsg.): Praxishandbuch Entgeltsysteme für produzierende Unternehmen, Durch differenzierte Vergütung die Wettbewerbsfähigkeit steigern, Düsseldorf.

BECKER (1990): Becker, F.G.: Anreizsysteme für Führungskräfte: Möglichkeiten zur strategisch-orientierten Steuerung des Managements, Stuttgart.

BOOS ET AL. (2004): Boos, M./Walter, S.M.: Leistungsmessung und Personaldisposition, in: Pfohl, H.-C. (Hrsg.): Personalführung in der Logistik, Innovative Ansätze und praktische Lösungen, BVL-Schriftenreihe Wirtschaft & Logistik, Hamburg.

FRANKL (1982): Frankl, V.: Der Mensch vor der Frage nach dem Sinn, München.

GREWE (2006): Grewe, A.: Implementierung neuer Anreizsysteme, Grundlagen Konzept und Gestaltungsempfehlungen, München.

HERZBERG (2003): Herzberg, F.: Was Mitarbeiter in Schwung bringt, in: Harvard Business Manager 25 (2003) 4, S. 50-62.

MALIK (2008): Malik, F.: Unternehmenspolitik und Corporate Governance. Wie sich Organisationen von selbst organisieren, Frankfurt/Main.

MALIK (2007): Malik, F.: Management: Das A und O des Handwerks, Frankfurt/Main.

MALIK (2006): Malik, F.: Führen Leisten Leben, Wirksames Management für eine neue Zeit, Frankfurt/Main.

PETERSEN (1989): Petersen, T.: Optimale Anreizsysteme, Betriebswirtschaftliche Implikationen der Prinzipal-Agent-Theorie, Wiesbaden.

PFOHL (2004): Pfohl, H.-C. (Hrsg.): Personalführung in der Logistik, Innovative Ansätze und praktische Lösungen, BVL-Schriftenreihe Wirtschaft & Logistik, Hamburg.

SCHWANINGER (1994): Schwaninger, M.: Managementsysteme, Frankfurt/Main.

WÄCHLI (1995): Wächli, A.: Strategische Anreizsysteme, Bern u. a.

WAHREN (1998): Wahren, H.-K.: Erfolgsfaktor KVP, Mitarbeiter in Prozesse der kontinuierlichen Verbesserung integrieren, München.

8

## 8.3 Qualitätsmanagement in der Kommissionierung

*(Dr. Joachim Miebach /Lea Sophie Dahm)*

### 8.3.1 Einführung

Die Realisierung von Wettbewerbsvorteilen durch effiziente und marktgerechte Logistik sowie die Hebung aller Optimierungspotenziale in der Logistik gehören eng zusammen. Dabei konzentrieren wir uns in diesem Artikel vorrangig auf die Kommissionierung: Insbesondere die Null-Fehler-Kommissionierung dient Unternehmen als Mittel, um eigene Kosten zu senken und gleichzeitig die Kundenzufriedenheit dauerhaft zu verbessern.

Um Kommissioniervorgänge fehlerfrei und wirtschaftlich durchzuführen, müssen folgende Faktoren optimiert werden:

- das Vermeiden, Entdecken und Korrigieren von Fehlern an ihren Entstehungsquellen
- eine hundertprozentige Kontrolle im Auftragsdurchlaufprozess
- eine geschlossene Materialflusskontrolle über die gesamte Supply Chain

Konsequentes Qualitätsbewusstsein führt dazu, dass nur noch solche Kommissionierstrategien in die Alternativüberlegungen mit einbezogen werden, welche für jedes Projekt die festzulegenden Mindestanforderungen an die Null-Fehler-Kommissionierung erfüllen. Drei wichtige Gründe sprechen für eine Kommissionierstrategie nach der Konzeption der Null-Fehler-Kommissionierung:

- **Kosten** für Kontrolle und Fehlerbehebung:
  → *Ein Prozent mehr Fehler führt zu etwa zehn Prozent höheren Kosten in der Auftragsabwicklung.*
- **Zeitbedarf** zur Korrektur eines Fehlers im Pick-, im Sortier- oder im Pack-Prozess:
  → *Die Realisierung der Just-in-time-Bereitstellung ist nicht mehr gewährleistet.*
- **Wettbewerbsnachteile** durch einen schlechten Servicegrad und Fehler, die in der Kommissionierung unentdeckt bleiben:
  → *Wiederbestellungen und Image der Firma sinken.*

Anzunehmen, dass der Kommissioniervorgang eine Fehlerquote von 0,00 Prozent aufweisen könnte, wäre unrealistisch. Aber die gezielte Nutzung von Technologien, Verfahren und Organisationsmechanismen, die diese Null-Fehler-Quote annähernd erfüllen können, stellen die Herausforderung an die Kommissionierung dar. Eine detaillierte Darstellung von verschiedenen Möglichkeiten, diese zu optimieren, folgt in den nächsten Abschnitten.

### 8.3.2 Qualitätskosten

Im Allgemeinen versteht man unter „Qualitätskosten" alle Kostenarten, die sich aus den Qualitätsanforderungen der jeweiligen Unternehmen ergeben. Ihr Entstehungsort liegt in der Regel dort, wo Maßnahmen zur präventiven Vermeidung von

Fehlern, zur Qualitätsprüfung sowie zur Beseitigung beziehungsweise Bearbeitung von internen und externen Fehlern ergriffen werden. In der Kommissionierung stellen sie den größten Teil der Kontrollkosten dar; diese können je nach Qualitätsanforderungen divergieren. Um diese Kosten zu minimieren, gilt es eine möglichst fehlerfreie Kommissionierung durchzuführen.

Bei der Entscheidung, in wieweit die Einführung von Kontrollen in den unterschiedlichen Fällen Sinn macht, ist es notwendig, die entstehenden Kontrollkosten im Vergleich zu den Kosten abzuwägen, die durch fehlerhafte Lieferungen, falsche Mengen etc. entstehen. Dieser Sachverhalt ist in Abbildung 1 grafisch dargestellt.

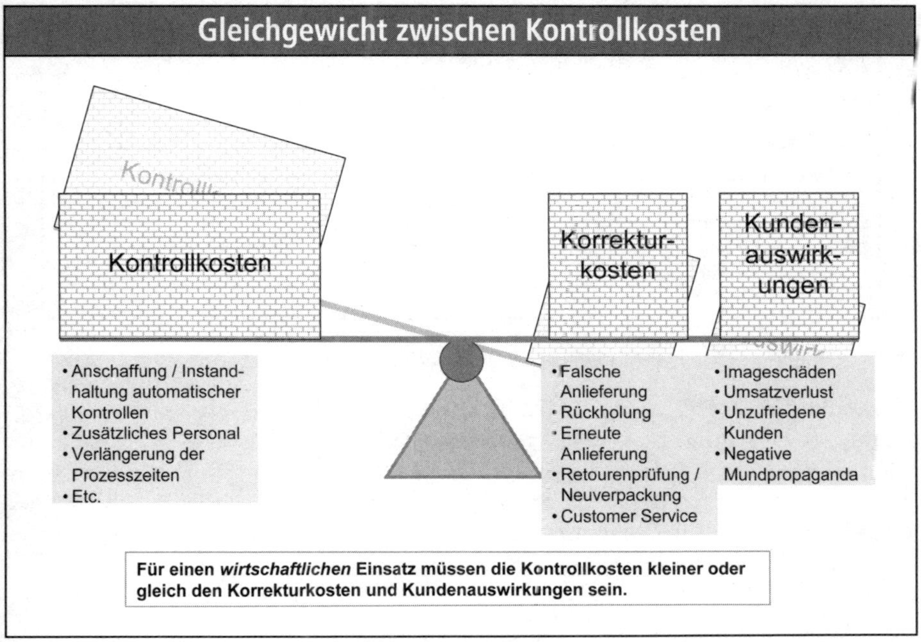


*Abb.1: Gleichgewicht zwischen Kontrollkosten, Korrekturkosten und Kundenauswirkungen*

In Abbildung 2 wird zur Veranschaulichung eine beispielhafte und vereinfachte Wirtschaftlichkeitsanalyse eines Kommissionierprozesses dargestellt. Dabei werden zunächst die Fehlerfolgekosten betrachtet, welche aus einer falschen Einlagerung resultieren. Kommissioniert wurde hierbei mit einer Kommissionierliste und ohne zusätzliche Kontrollen. Im erweiterten Prozess wurde der Kommissionierer mit einem Scanner ausgerüstet, um jeden Artikel und den Lagerplatz einzeln abzuscannen.

8

**Wirtschaftlichkeitsanalyse der Kontrollkosten**

Ausgangssituation: 116.000 einzulagernde Positionen

*Bisheriger Prozess:*

| Fehler | Häufigkeit | Fehlerfolgekosten | Fehlerfolgekosten Gesamt |
|---|---|---|---|
| Falscheinlagerung | 0,5% der kommissionierten Artikel | 58,76 € pro Auftragsposition | 34.081 € |

*Neuer Prozess mit Scannen des Artikelbarcodes und des Lagerplatzes*

| Fehler | Häufigkeit | Fehlerfolgekosten | Fehlerfolgekosten Gesamt |
|---|---|---|---|
| Falscheinlagerung | 0,02% der kommissionierten Artikel | 58,76 € pro Auftragsposition | 1.363 € |

*Wirtschaftlichkeitsrechnung*

| | | |
|---|---|---|
| **Einmalkosten in €** | 15.000 € | IT-Programmierung und Scanner |
| **Laufende Kosten p.a.**<br>**Laufende Einsparungen p.a.** | 1.160 €<br>32.718 € | Scannen<br>Reduzierung der Fehlerfolgekosten |
| **Return on Investment** | ~6 Monate | |

*Abb. 2: Wirtschaftlichkeitsanalyse der Kontrollkosten ohne Kundenauswirkungen*

Die dargestellte Wirtschaftlichkeitsanalyse verdeutlicht, dass bereits eine sehr geringe Fehlerhäufigkeit von 0,5 Prozent erhebliche Fehlerfolgekosten nach sich zieht. Verringert man diese durch den Einsatz von zusätzlichen Kontrollen, reduzieren sich die Kosten um ca. 96 Prozent. Die in diesem Fall zusätzlich anfallenden Investitionskosten für Programmierung und Scanner sowie die laufenden Kosten amortisieren sich bereits nach sechs Monaten.

### 8.3.3 Fehlerarten und Fehlerfolgen in der Kommissionierung

Während des Kommissioniervorgangs entstehen eine Reihe von unterschiedlichen Fehlern. Typische Kommissionierfehler, die je nach verwendeter Kommissioniertechnik unterschiedlich häufig auftreten, sind in der folgenden Tabelle dargestellt:

| Fehlerarten | Beschreibung | Prozentualer Anteil |
|---|---|---|
| Mengenfehler | Entnahme der falschen Menge | 40–50% |
| Typfehler | Entnahme aus einer falschen Bereitstelleinheit, Verwechslung der Artikel, Ablage in den falschen Auftragsbehälter | 30–40% |
| Auslassungsfehler | Auslassen von Positionen, Liegenlassen einzelner Pickaufträge | 5–10% |

| Fehlerarten | Beschreibung | Prozentualer Anteil |
|---|---|---|
| Zustandsfehler | Fehlerhafte Teile gegriffen, zu späte Bereitstellung zum Abholen oder Versand | 5–10% |

*(Quelle: Andreas Lollinger, Institut für Fertigungsvorbereitung)*

Bei der Angabe der prozentualen Anteile handelt es sich allerdings lediglich um grobe Schätzungen. Aufgrund der hohen Anzahl an Einflussfaktoren der unterschiedlichen Kommissioniersysteme ist eine genaue Aussage über die Fehlerhäufigkeit schwierig zu treffen. Wichtige Determinanten für die Art der Fehlervermeidung sind Artikelart sowie Artikelcharakteristika. Aber auch andere Einflussfaktoren wie beispielsweise Ermüdungserscheinungen, Demotivation und geringe Konzentration sind Fehlerquellen, die flächendeckend beseitigt werden müssen.

In den folgenden Abschnitten werden verschiedene Möglichkeiten der Fehlervermeidung in der Kommissionierung und die Folgen, die aus Fehlern entstehen, näher erläutert.

### 8.3.4 Einfluss des Menschen auf die Kommissioniertätigkeit

Trotz immer weiter entwickelter Automatisierungstechnik kann der Mensch in der Kommissionierung nicht ersetzt werden. Jedoch ist es unleugbar, dass uns Menschen Fehler unterlaufen. Um diese zu vermeiden, gibt es neben technischen Maßnahmen zur Fehlerreduzierung eine Reihe von Möglichkeiten, um das Arbeitsumfeld besser zu gestalten und den Menschen in dieses zu integrieren.

Einen Überblick darüber gibt die nachfolgende Abbildung. Das generelle Ziel hierbei sollte sein, bei den Mitarbeitern Kompetenzen und Selbstverständnis aufzubauen, um eine effektive Nutzung der Techniken im Lager zu erreichen.

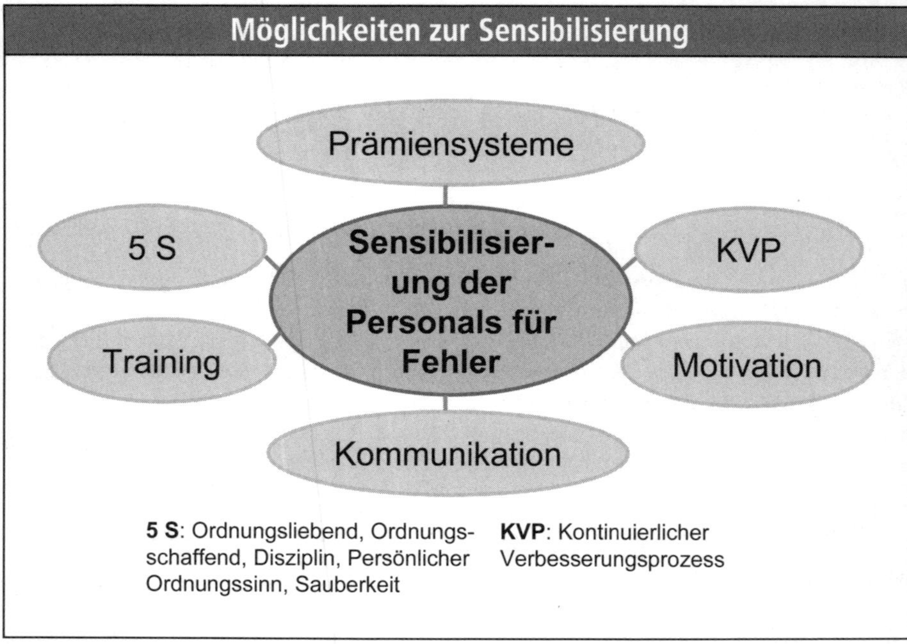


*Abb. 3: Möglichkeiten zur Sensibilisierung des Personals für Fehler*

Werden diese Methoden auf die Kommissionierung angewendet, können dadurch Fehler verhindert werden, bevor überhaupt technische Maßnahmen ergriffen werden müssen. Konkret bedeutet das: Regelmäßiges **Training** unterstützt die Kommissionierer bei ihrer Arbeit und frischt ihr Wissen auf. Die Standardisierung und Visualisierung der Prozesse (bereits zum Zeitpunkt der Einarbeitung der Mitarbeiter!) führt schnell zu einer hohen Produktivität und einer geringen Fehlerquote. Eine rege **Kommunikation** zwischen den Kommissionierern und den übergeordneten Ebenen des Unternehmens ist dabei unerlässlich. Die Führungskräfte müssen Prinzipien aktiv vorleben, durch Lob bestätigen oder durch konstruktive Kritik korrigieren sowie ein offenes Ohr für ihre Mitarbeiter haben.

Durch die Einführung von **Prämien** für erreichte oder übererfüllte Ziele wird das Personal motiviert, konzentriert zu arbeiten. Dabei wirken sich nicht nur die finanziellen Anreize positiv auf die Mitarbeiter aus, sondern auch immaterielle Anreize wie Arbeitsorganisation und -inhalt, Personalentwicklung und -förderung, Ergonomie usw.

Die persönliche Einstellung beziehungsweise die **Motivation** beeinflusst wesentlich die Leistung und das Verhalten eines Menschen. Ein Mitarbeiter, der die Hintergründe seiner Arbeit versteht, dem Firmen- und persönliche Ziele bekannt sind, wird sich besser mit dem Unternehmen identifizieren können und hat einen persönlichen Ansporn, seine Arbeit gut und fehlerfrei zu erledigen.

Der **kontinuierliche Verbesserungsprozess** zielt auf eine stetige Optimierung mit möglichst nachhaltiger Wirkung ab. Dabei analysieren die Mitarbeiter ihren Arbeitsbereich und erarbeiten konkrete Verbesserungsvorschläge. Häufig wird an dieser Stelle nach den Vorgaben des Plan-Do-Check-Act-Kreislaufs agiert, welcher in Abbildung 4 zu sehen ist.

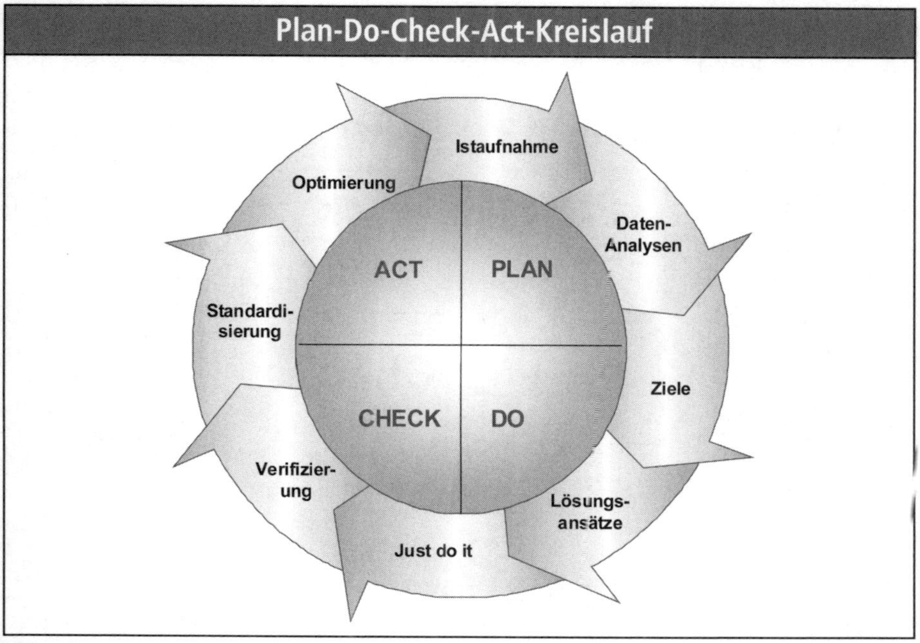


*Abb. 4: Plan-Do-Check-Act-Kreislauf*

Die Methode **5 S** soll die Rahmenbedingungen im Lager optimieren. Durch mangelnde Sauberkeit oder eventuelle Rutschgefahr aufgrund herumliegender Teile kann es etwa zu Verletzungen von Mitarbeitern, Beschädigung der Ware und Leistungsverlusten kommen. Das Befolgen der 5-S-Prinzipien hilft diese Probleme und Fehler im Lager und während der Kommissionierung zu verhindern. Grundlegend sich dabei die fünf Organisationsprinzipien:

- Selektieren (Überflüssiges wird entsorgt)
- Sortieren (alle benötigten Teile bekommen einen festen Platz)
- Sauberkeit (der Arbeitsplatz wird rein gehalten)
- Standardisierung (Abläufe, Lagerorte etc. werden einheitlich festgelegt)
- Selbstdisziplin (jeder Mitarbeiter hält sich an die vereinbarten Prizipien)

Gewährleistet die Lagerorganisation alle diese Punkte und legt somit den Grundstein für ordentliches, fehlerfreies Arbeiten, dann können technische Maßnahmen ergriffen werden, um die Null-Fehler-Kommissionierung weiter voranzutreiben. Im Folgenden werden diese Maßnahmen nun genauer erläutert.

## 8.3.5 Technische Maßnahmen zur Fehlerreduzierung

**Beschreibung der verschiedenen Kommissionierstrategien**

Die Organisation und Umsetzung der Kommissionierung lässt sich auf die unterschiedlichste Art und Weise arrangieren. Vier mögliche Strategien werden hier nun

8

dargestellt und im Folgenden beschrieben. Die Beschreibungen wurden dabei zum Teil an den VDI-Bericht Nr. 1131 angelehnt.

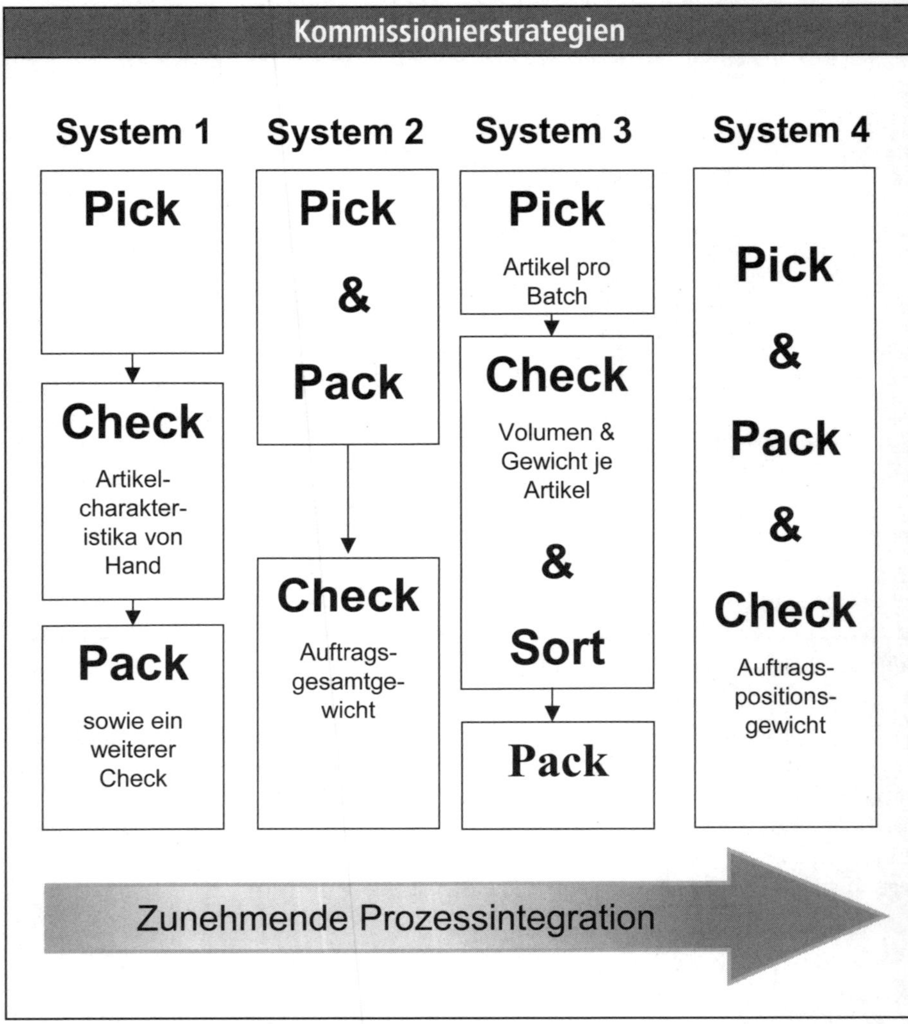


*Abb. 5: Kommissionierstrategien*

Je integrierter die einzelnen Handlingstufen des Kommissionierprozesses sind, desto früher werden Fehler entdeckt und können behoben werden. Ein durchgängiger Kommissionierprozess kann somit realisiert werden.

In Abbildung 6 wird bildlich erläutert, welche einzelnen Schritte der Kommissionierer während des **Entnahmevorgangs** der verschiedenen Systeme parallel erledigt. System 3 wird bei dieser Darstellung außer acht gelassen, da dieses eine etwas abgewandelte Form beschreibt und nicht simultan zu den anderen drei Systemen dargestellt werden kann.

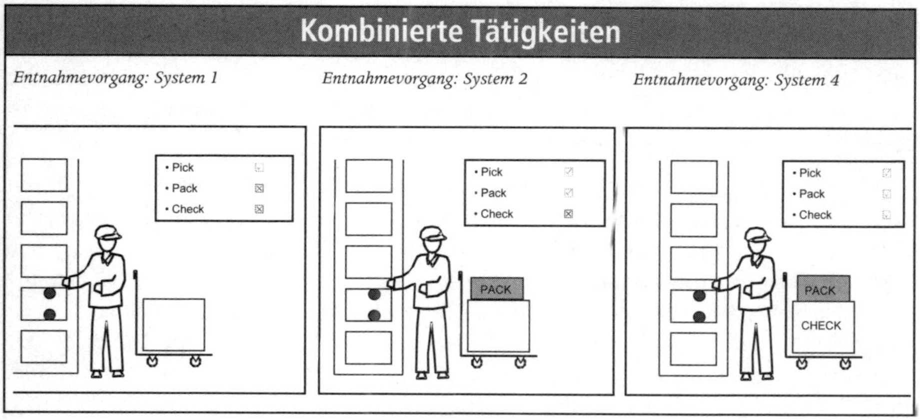


*Abb. 6: Kombinierte Tätigkeiten während des Entnahmevorganges*

Das **System 1** stellt eine konventionelle Kommissionierstrategie dar, in dem die einzelnen Auftragspositionen erst vollständig in einen Sammelbehälter kommissioniert, am Ende des Auftragssammelprozesses kontrolliert und anschließend gepackt sowie wiederum kontrolliert werden. Abgesehen davon, dass dieser Ablauf aufgrund der hohen Zahl der Handlingstufen umständlich, zeitraubend und kostenintensiv ist, entstehen hierbei oft Warteschlangen im Förderfluss, die zu zusätzlichen Behinderungen führen. Mögliche Fehler werden erst nach dem eigentlichen Kommissionierprozess entdeckt und können nur mit erheblichem Aufwand behoben werden.

Das **System 2** funktioniert nach dem Pick-&-Pack-Prinzip. Hier werden (meist unter Einsatz von Weiterreichsystemen) die Auftragspositionen direkt in den Versandkarton gepackt. Der Kontrollprozess erfolgt automatisiert am Ende einer Auftragssammelstrecke durch eine Gesamtwiegung des Auftrages. Bei der Anwendung dieser Strategie können im Vergleich zu System 1 aufgrund der Einsparung von Packpersonal sowohl Kosten als auch Fehler reduziert werden. Letzteres wird durch frühe Fehlererkennung bewirkt. Dennoch kann man an diesem Punkt noch nicht von einer perfekten Fehlervermeidungsstrategie sprechen, da die teilweise sehr hoch angesetzten kumulierten Gewichtstoleranzen zu einer relativ hohen Ungenauigkeit des Kontrollergebnisses führen.

**System 3** stellt ein weiteres Verfahren dar, durch das die Null-Fehler-Kommissionierung annähernd realisiert werden kann. Hierbei werden Fehler vollautomatisch erkannt und zusätzlich für spezifische Artikelsortimente auch die Packvorgänge automatisiert. Bei diesem Verfahren wird die Gesamtmenge einer Artikelposition auf einmal entnommen und dabei kundenauftragsorientiert mit Labeln zur Erkennung versehen. In der Praxis kommen dabei häufig Barcodelabel zum Einsatz. Bei der dezentralen Sortierung wird das Artikellabel ausgelesen und über ein automatisches Erkennungssystem identifiziert sowie über Wiege- und Volumenchecks kontrolliert (vgl. Abschnitt „Techniken zur Optimierung der Kommissionierung"). Von dort geht es direkt in Versandkartons oder -rutschen. Die Auftragszusammenstellung wird durch dieses System derart vom menschlichen Einwirkungsbereich abgekoppelt, dass interne Fehler nahezu nicht mehr vorkommen. Um diesen schnellen und hochwirtschaftlichen Ablauf zu ermöglichen, sind allerdings im Wareneingang gewisse Vorleistungen vonnöten. Hier müssen die erforderlichen Artikelstammdaten mit hoher Präzision erfasst und im Rechner eingespeichert werden, um in der automatisierten Auftragskontrolle/-sortierung auf diese Daten zurückgreifen zu können.

Alternativ und zur weiteren Verbesserung könnten die verwendeten Label durch Radio-Frequency-Identification-(RFID)-Transponder ersetzt werden. Dies reduziert Fehler (wie z. B. das Vertauschen von Kartons) weiter. Momentan ist der Einsatz von RFID allerdings in der Kommissionierung noch nicht weiträumig bzw. wirtschaftlich einsetzbar, da die Transponder und Lesegeräte zu teuer sind und jeder einzelne Artikel mit einem Chip versehen werden muss. Außerdem ist die Datenschutz-Problematik immer noch nicht zufriedenstellend gelöst. In der näheren Zukunft wird diese Technologie jedoch die Kommissionierung sowie andere Einsatzbereiche verbessern und optimieren helfen.

Dem Ziel der Null-Fehler-Kommissionerung am nächsten kommt die Pick-&-Pack-&-Check-Kommissionierstrategie (**System 4**). Bei diesem System wird der Artikel am Ort der Entnahme direkt in einen Versandkarton eingelegt und die Gewichtszunahme durch diese Artikelposition automatisch über integrierte Waagen ermittelt (vgl. Abbildung 7). Nur bei Übereinstimmung mit dem Sollwert kann der Kommissioniervorgang fortgesetzt werden. Diese Kommissionierstrategie stellt sicher, dass sowohl eine Verwechslung zwischen verschiedenen Versandkartons oder Pick Trolleys unmöglich wird, als auch, dass der richtige Artikel in der richtigen Menge entnommen wurde. Die folgende Abbildung zeigt den Ablauf der Pick-&-Pack-&-Check-Strategie (Abbildung siehe S. 209).

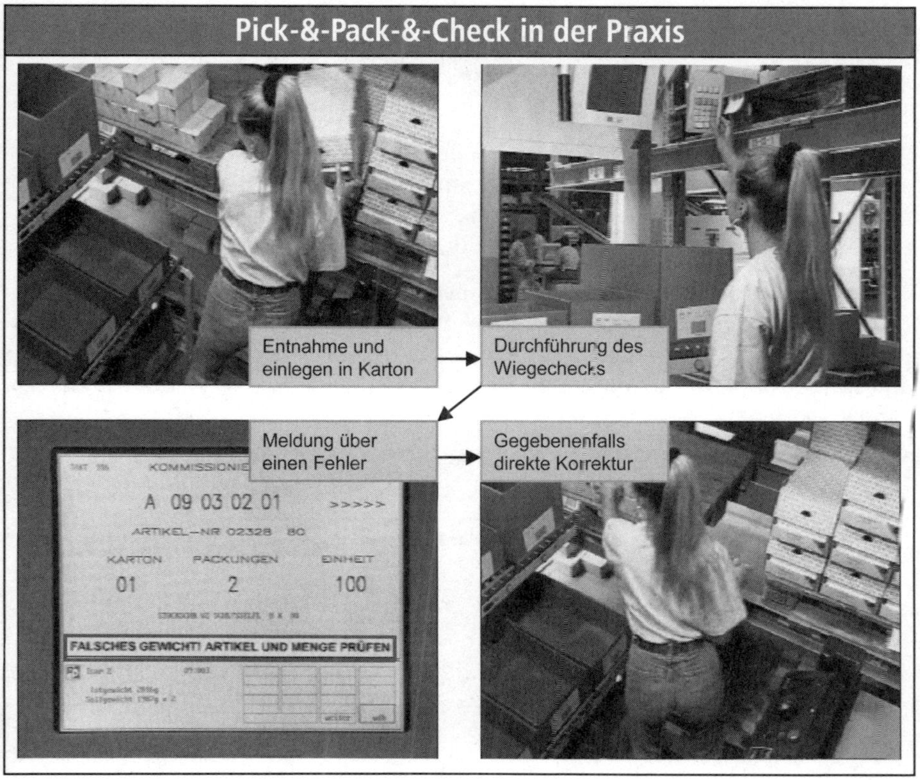


*Abb. 7: Pick-&-Pack-&-Check in der Praxis*

Fehler bei der Kommissionierung werden somit schon am Entstehungsort entdeckt und können sofort und ohne erheblichen Kostenaufwand berichtigt werden. Um ein nachträgliches Vertauschen der Versandkartons zu vermeiden, erfolgt beim Aufsetzen der Kartons auf den Trolley beziehungsweise auf das Weiterreichsystem eine Etikettierung mit dem Versandaufkleber am Auftragsstart. Dessen richtige Zuordnung wird wiederum durch einen mit angedrucktem Barcode kontrolliert. Am Ende des Auftragsdurchlaufes sind somit lediglich Stichproben erforderlich sowie abschließend eine Endverpackung der Kartons in Form eines Ausstopfens und Deckelns. Auch hier ist die Verwendung der RFID-Technologie anstelle von Barcodes in der näheren Zukunft vorstellbar und würde diese Kommissionierstrategie weiter optimieren.

Bei Kommissionierstrategien, bei denen die Kommissionierung direkt in die Versandkartons erfolgt, ist zu beachten, dass vor der Kommissionierung eine „Case Calculation“ durchgeführt werden muss, damit jeder Karton beziehungsweise jede Verpackung für die unterschiedlichen Aufträge optimal proportioniert ist.

Abschließend kann gesagt werden, dass die vier vorgestellten Kommissionierstrategien einen guten Optimierungsbeitrag leisten. Jedoch ist bei der Beurteilung zu beachten, dass nicht für alle Lager oder Kommissionierbereiche alle vier Vorgehensweisen gleichwertig einsetzbar sind. Je nach Lagergröße, Artikelstruktur und

Qualitätsstandards muss immer individuell entschieden werden, welche Strategie optimal ist beziehungsweise welche Veränderungen der verschiedenen Taktiken notwendig sind, um sie sinnvoll anzuwenden. Eine Standardlösung gibt es logischerweise nicht.

Die hier vorgestellten Systeme stellen den groben Aufbau beziehungsweise Ablauf der Kommissionierung dar. Der Entnahmevorgang an sich kann mit Hilfe vieler unterschiedlicher Verfahren durchgeführt werden. Eine Auswahl dieser Entnahmestrategien wird im folgenden Abschnitt nun näher erläutert.

**Verschiedene Techniken des Entnahmevorgangs**
In der Kommissionierung gibt es diverse Möglichkeiten, um den Menschen technisch zu unterstützen und zu kontrollieren. In der nachstehenden Abbildung sind einige ausgewählte Entnahmestrategien dargestellt, die häufig in der Praxis verwendet werden.

**Verschiedene Entnahmestrategien im Überblick**

| | Kommissionierung mit Beleg | Mobile Terminals und Scanner | Pick by Light | Pick by Voice |
|---|---|---|---|---|
| **Pickleistung** | Mittel | Gut | Sehr gut | Gut |
| **Lagerort-identifizierung** | Visuell über Liste | Visuell über Terminal | Visuell über Lichtsignal | Auditiv über ein Headset |
| **Entnahme-bestätigung** | Abhaken der Positionen auf der Kommissionierliste | Scannen der Label | Über eine Taste am Regal | Über Sprach-eingabe |
| **Fehler-anfälligkeit** | Hoch | Mittel | Niedrig | Niedrig |
| **Kosten für zusätzliche Lagerorte** | Niedrig | Niedrig | Hoch | Niedrig |
| **Kosten für zusätzliche Mitarbeiter** | Niedrig | Hoch | Niedrig | Hoch |
| **Kosten steigen mit Anzahl der:** | Kommissionierer | Kommissionierer | Lagerorte | Kommissionierer |

*Abb. 8: Verschiedene Entnahmestrategien im Überblick*

Die verschieden Entnahmestrategien sind je nach Verwendungszweck unterschiedlich einzusetzen. Bei sehr kleinen Kommissionierbereichen mit einer niedrigen Anzahl an zu kommissionierenden Artikeln pro Tag kann es ausreichend sein, die sehr einfache und kostengünstige **Kommissionierung mit Beleg** zu wählen. Diese Entnahmetechnik ist allerdings sehr unflexibel. Dadurch kann sie bei Kommissionierbereichen, bei denen eine schnelle Adaption des Kommissionierverhaltens auf wechselnde Systemzustände nötig ist, nicht wirtschaftlich eingesetzt werden.

Im Gegensatz dazu eignet sich die **Pick-by-Light-Strategie** und das **Kommissionieren mit mobilen Terminals** sehr gut für Lagerbereiche, in denen viele Artikel in kurzer Zeit kommissioniert werden müssen. Hierbei ist eine hohe Reaktionsgeschwindigkeit und Flexibilität erforderlich. Allerdings können dadurch leicht Fehler entstehen. Der Mensch sollte durch technische Komponenten kontrollierbar sein und durch die geeigneten Systeme auf eventuelle Fehler aufmerksam gemacht werden.

**Pick by Voice** ist eine Entnahmestrategie, die sehr gute Pick-Leistungen mit wenigen Fehlern ermöglicht. Häufig wird diese Technik deshalb in Bereichen eingesetzt, bei denen Fehler besonders schwerwiegende Folgen haben, wie z. B. bei der Kommissionierung von Wertstücken oder medizinischen und pharmazeutischen Artikeln. Des Weiteren eignet sich diese Entnahmetechnik (ebenso wie **Pick by Light**) auch in Lagern, in denen sehr schwere und unhandliche Güter deponiert werden. Der Kommissionierer hat während seiner Arbeit die Hände frei und kann uneingeschränkt Güter hochheben, zur Seite schieben und auf den Kommissionierwagen stellen.

Prinzipiell kann gesagt werden, dass die **Kommissionierung mit Beleg** fehleranfälliger ist als die **beleglose Kommissionierung.** Gründe hierfür sind die fehlenden technischen Kontrollmechanismen bei der Kommissionierung und dass einige Aktivitäten bei der beleglosen Kommissionierung gänzlich wegfallen. Der Kommissioniervorgang reduziert sich auf wenige Schritte, wodurch die Anforderungen an den Kommissionierer sinken. Ein vollständiger Kommissionierprozess ist im folgenden Flussdiagramm dargestellt. Durch die farbliche Differenzierung werden die Unterschiede zwischen den beiden Strategien deutlich.

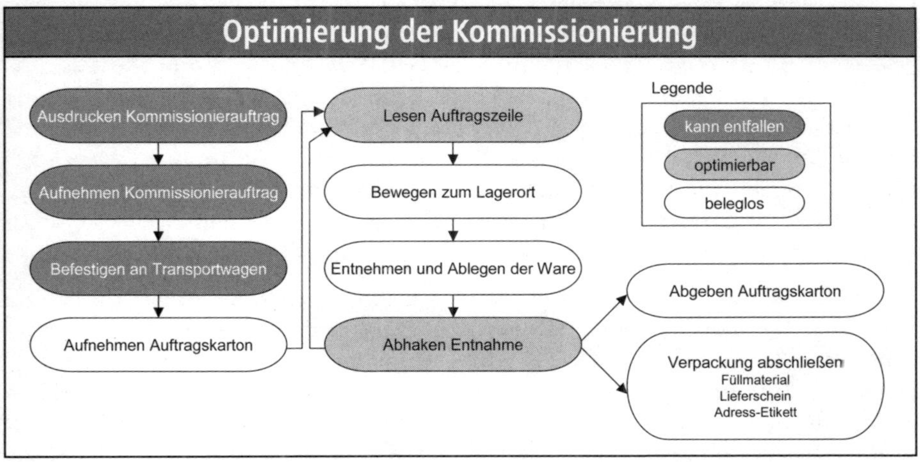


*Abb. 9: Optimierung der Kommissionierung durch belegloses Arbeiten*
*(Quelle: Frauenhofer IML)*

Doch auch bei den anderen aufgelisteten Entnahmestrategien gibt es bestimmte Fehlerquellen, die einer näheren Betrachtung unterzogen werden müssen. Ein Problem, das beispielsweise bei der Verwendung von mobilen Terminals und Scannern auftritt, ist die Verwendung der Barcodetechnologie:

- Starke Beeinflussung durch Schmutz, Nässe und Abnutzung
- Geringe Speicherkapazität
- Sichtverbindung notwendig

- Unbefugte Manipulation und kopieren möglich
- Statische Information

Bei der **Pick-by-Light**-Technologie entstehen Fehler in der Regel dadurch, dass der Kommissionierer in der Praxis dazu tendiert, die Quittierungstaste am Display vor dem Pick zu betätigen. Daraus resultieren dann Mengenfehler. Zur Vermeidung dienen Kombinationen verschiedener Entnahmestrategien. Zusätzlich zu der Verwendung von Pick by Light kann also beispielsweise ein terminalbasiertes Verfahren verwendet werden. Bei dieser Ausführung quittiert der Kommissionierer den Vorgang nicht über die Taste, sondern scannt das Fach beziehungsweise den Artikel direkt ein.

In Hinblick auf die Null-Fehler-Kommissionierung ist es schwierig, eine allgemeingültige Aussage über die Qualität der Entnahmestrategien zu treffen. Jede Technik hat Eigenschaften, die je nach Verwendungszweck für den jeweiligen Einsatzbereich optimal sind. Aus diesen Gründen ist eine von Fall zu Fall detaillierte Analyse notwendig.

**Techniken zur Optimierung der Kommissionierung**
Die je nach verwendeter Entnahmetechnik entstehenden Fehler lassen sich durch integrierte Kontrollen weiter verringern.

Eine häufig eingesetzte Kontrolle ist der **Wiegecheck**. Wie der Name bereits vermuten lässt, werden hierbei die kommissionierten Artikel gewogen. Das gemessene Gewicht wird mit den Stammdaten des Artikels überprüft. Erst bei der Übereinstimmung erfolgt eine Freigabe des Auftrags. Wird mit einem Kommissionierwagen gearbeitet, ist die Waage in diesem integriert (vgl. Strategie 4). Es gibt aber auch Varianten, bei denen sich die Waage im Boden befindet und der Check durchgeführt wird, sobald der Auftrag fertig ist (vgl. Strategie 3). Mit dieser Variante ist aber eine gewisse Ungenauigkeit verbunden, insbesondere wenn viele ähnlich schwere Artikel zu kommissionieren sind. Sie ist demnach nur dann sinnvoll einsetzbar, wenn alle Artikel unterschiedliche Eigengewichte aufweisen beziehungsweise wenn gleich schwere Artikel weit genug von einander entfernt gelagert werden.

Eine andere Kontrollmöglichkeit bei der Kommissionierung bietet der Einsatz von „**Intelligenten Regalen**". Hierzu werden verschiedene Fächer mit einer berührungslosen Sensorik kombiniert. Es gibt drei unterschiedliche Realisierungsmöglichkeiten. Zum einen kann die Anlage (beziehungsweise die Regalfächer) durch ein Lichtgitter ergänzt werden. Durch den Greifvorgang wird das Gitter unterbrochen, wodurch die Anzahl der Greifvorgänge ermittelbar ist. Eine Alternative zum Lichtgitter stellt die Ergänzung des Regals durch einen Sensor dar. So werden nach dem gleichen Prinzip die einzelnen Greifvorgänge gezählt und vom System überprüft. Zum anderen ist es möglich, das Kommissioniersystem mit einem Laserscanner an der Regalfront auszustatten. Zu diesem Zweck wird die Regalfront in Zugriffsfelder aufgeteilt und jeweils den Artikeln zugewiesen. Signalstab und Hupe melden nun einen richtigen als auch einen falschen Zugriff.

### 8.3.6 Fazit

Die Qualität der Kommissionierung hängt signifikant von der Anzahl und Häufigkeit der Fehler ab. Eine frühe und genaue Fehlererkennung (und die Beseitigung dieser) hat einen übergeordneten Stellenwert in der jeweiligen Strukturierung der Kommissionieraufgaben. Die einzelnen Kommissionierstrategien mit der zunehmenden Prozessintegration tragen ebenso zu annähernden Null-Fehler-Kommissionierung bei wie die beschriebenen Entnahmestrategien.

Diese technischen Maßnahmen alleine sind aber nicht ausreichend, um die Qualität der Kommissionierung zu gewährleisten. Letztendlich führt nur das optimale Zusammenspiel der organisatorischen und technischen Maßnahmen dazu, dass die Kommissionierung einwandfrei funktioniert. All diese Handlungen haben ein gemeinsames Ziel: Den Menschen soweit unterstützen, dass der Spielraum für die Fehlerentstehung minimal ist.

## Literaturverzeichnis

FRAUNHOFER IML (2008): Abschlussbericht zum Fachseminar „Ausgewählte Techniken der beleglosen Kommissionierung" am Fraunhofer Institut für Materialfluss und Logistik: Ganzheitliche Bewertung und Optimierung manueller Arbeitsplätze in Kommissioniersystemen, veröffentlicht unter: www.warehouse-logistics.com.

FISCHER (1994) Fischer , Jan-Hinrich: Zero-Defect-Picking. Neue Strategien in der Kommissionierung, VDI-Berichte Nr. 1131, Düsseldorf.

FRANKE (2006): Franke, Werner/Dangelmaier, Wilhelm (Hrsg.): RFID – Leitfaden für die Logistik, Wiesbaden.

GUDEHUS (2006): Gudehus, Timm: Logistik – Grundlagen, Strategien, Anwendung, 3. Auflage, Berlin,Heidelberg, New York.

LOLLINGER (2002): Lollinger, Andreas: Fehlerraten verschiedener Kommissioniersysteme in der Praxis, in: Zeitschrift für Arbeitswissenschaften 56 (2002) 1–2, S. 112–115.

LOLLINGER (2002a): Lollinger, Andreas: Laborversuche zur Analyse von menschlichen Fehlern in der Kommissionierung, in: Zeitschrift für Arbeitswissenschaften 56 (2002) 1–2, S. 80–92.

NAVE (2006): Nave, Markus: Das optimale Kommissionierkonzept, Management Circle Lektion 4 – Der Lager-Manager.

TEN HOMPEL (2008): ten Hompel, Michael/Schmidt, Thorsten: Warehouse Management – Automatisierung und Organisation von Lager- und Kommissioniersystemen, 2. Auflage, Berlin, Heidelberg, New York.

9

# 9 CONTROLLING IN DER KOMMISSIONIERUNG

*(Michael Pulverich)*

## 9.1 Begriffe und Definitionen

Die Kommissionierung ist das Herzstück eines jeden Distributionszentrums. Durch die Lieferungen hat sie in der Regel die meisten Kundenkontakte und damit auch einen sehr hohen Einfluss auf die Kundenzufriedenheit. Gleichzeitig verursacht sie Kosten, die bei 40 bis 70 Prozent der Lager- und Distributionskosten liegen (siehe auch Abb. 1 im Beitrag von NAVE in diesem Buch).

Daneben ist ein Kommissioniersystem ein relativ komplexes Gebilde mit vielen Beziehungen und gegenseitigen Abhängigkeiten. Dies verdeutlicht Abbildung 1 (LE-DUC 2005, S. 7).

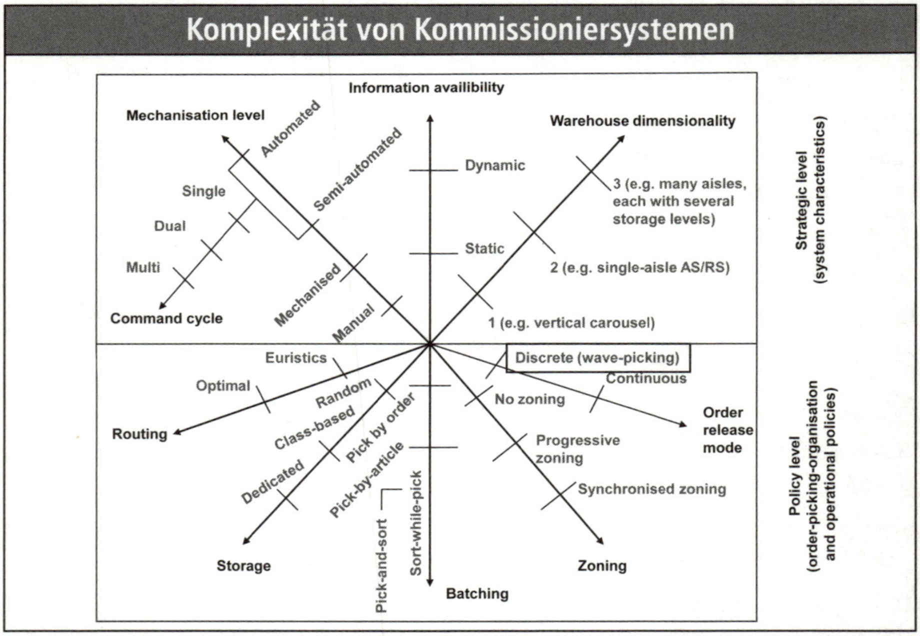


*Abb. 1: Komplexität von Kommissioniersystemen*

Sowohl die externen Kundenanforderungen als auch die internen Erwartungen führen zu einem multiplen Anforderungsprofil für Kommissionierläger mit z. T. gegenläufigen Zielen, siehe Abbildung 2.

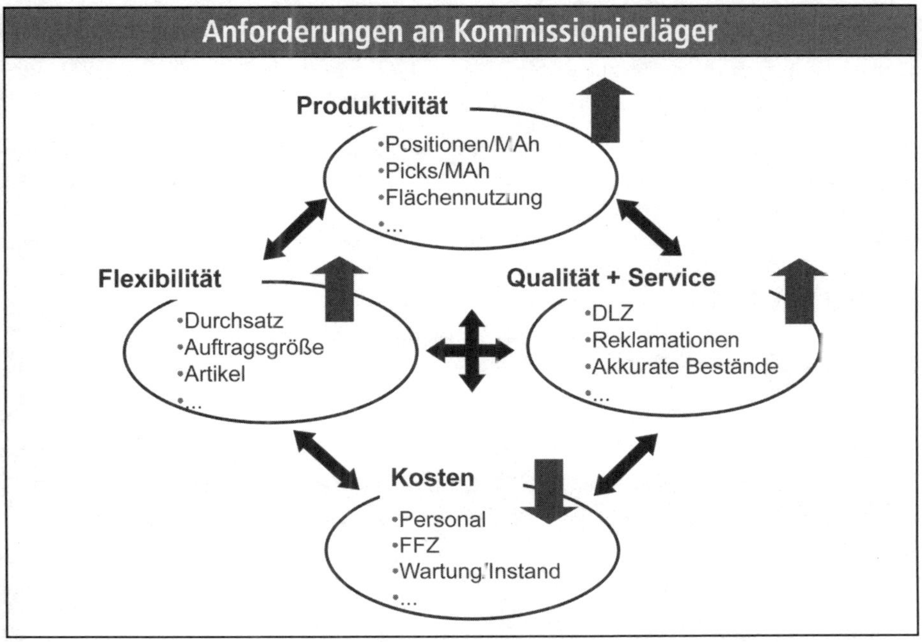


*Abb. 2: Anforderungen an Kommissionierläger Quelle: Jörg Schietinger*

Zu diesen klassischen Zielen kommen zunehmend neuere Anforderungen hinzu (siehe z. B. SELZER 2008, S. 35):

- **Agilität:**
  Geschwindigkeit, mit der die Logistik sich an neue Anforderungen (Markt, Kosten etc.) anpassen kann.
- **Reaktionsfähigkeit:**
  Geschwindigkeit, mit der die Logistik auf ungeplante Anforderungen reagieren kann.
- **Schlankheit:**
  Wertschöpfende Tätigkeiten optimal aufeinander abstimmen und unnötige Tätigkeiten (Verschwendung) vermeiden bzw. minimieren.
- **Innovationsfähigkeit:**
  Fähigkeit, neue Lösungen schnell zu entwickeln und wirtschaftlich umzusetzen.

Ziel des folgenden Kapitels ist es, ausgewählte, praxiserprobte Werkzeuge des Kommissionier-Controllings vorzustellen. Sie finden nachfolgend eine Darstellung ausgewählter Instrumente. Anhand von Praxisbeispielen, Checklisten, Formularen, Ablaufdiagrammen, Übersichten, Implementierungshinweisen, Praxistipps etc. erhalten Sie einen Überblick über die einzelnen Hilfsmittel. Wählen Sie das für Ihre Erfordernisse geeignete Instrument aus!

9

## 9.2 Ziele und Aufgaben des Kommissionier-Controllings

Ein effizientes Kommissionier-Controlling verfolgt im Allgemeinen die folgenden **Ziele** (in Anlehnung an Logistik Heute 2005, S. 54):

- Effiziente **Steuerung** der Kommissionierprozesse durch verbesserte **Koordination**.
- **Transparenz** über die Ausrichtung der Kommissionierung im Unternehmen (Kosten, Servicegrad etc.)
- **Offenlegung** der Rationalisierungspotenziale in der Kommissionierung sowie **Erfolgskontrolle** der durchgeführten Rationalisierungsprogramme
- **Produktivitätsverbesserungen**
- **Informationsgewinnung** für logistische Basisentscheidungen
- Realisierung von **Wettbewerbsstrategien** (Kostenführerschaft, Optimierung des Lieferservices etc.)

Die Aufgaben des Kommissionier-Controllings sind aus Abbildung 3 ersichtlich:

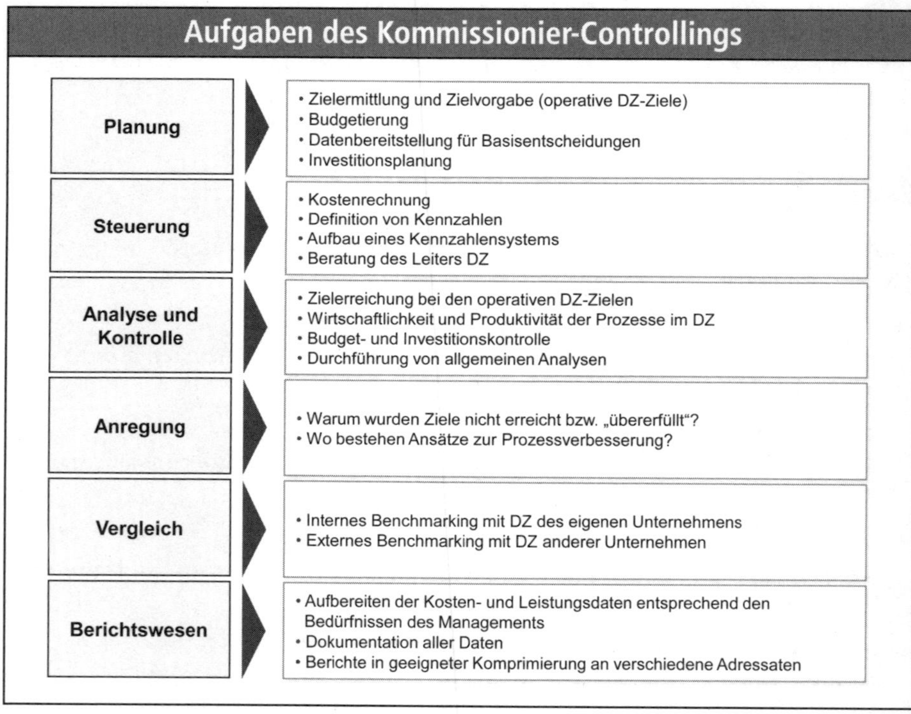


*Abb. 3: Aufgaben des Kommissionier-Controllings Quelle: Jörg Schietinger*

## 9.3 Kennzahlen in der Kommissionierung

Kennzahlen sind eines der am häufigsten eingesetzten Instrumente des Logistik-Controllings. Vielfach handelt es sich aber um eine Ansammlung historisch gewachsener und permanent ergänzter Zahlensammlungen („Zahlenfriedhöfe"). Eine systematische und auf das Wesentliche beschränkte Anwendung ist nicht die Regel. Die

Schwierigkeit besteht in der **Reduktion**: Für bestimmte Analysen und Probleme kommen neue Kennzahlen hinzu, aber es fallen keine weg. So wird im Laufe der Jahre die Kennzahlenanzahl immer höher, obwohl der Erhebungszweck einzelner Kennzahlen inzwischen längst weggefallen ist.

Ein zweiter Problembereich ist die **Aussagefähigkeit** von Kennzahlen. In vielen Fällen werden Kennzahlen über Jahre hinweg veröffentlicht, deren Erkenntniswert minimal ist bzw. gegen Null tendiert. Die genaue Definition und Zusammensetzung bzw. Herkunft der Zahlen ist den meisten Nutzern unbekannt. Einige Analysen dazu finden Sie am Ende dieses Kapitels.

Durch Kennzahlen lassen sich Leistung, Qualität/Service und Kosten der Kommissionierung messbar und transparent machen. Dies geht in vielen Fällen so weit, dass Zusagen gegenüber den Kunden und dem Vertrieb in **Service Level Agreements (SLA)** festgehalten bzw. vereinbart werden. Kern eines jeden SLAs sind die Kennzahlen, die die vereinbarte Leistung genau spezifizieren, und das Zielausmaß festlegen und die Zielerreichung messen.

## 9.4 Kennzahlen-Grundlagen

**Kennzahlen** sind Verhältniszahlen und absolute Zahlen mit besonderem Erkenntniswert, die in konzentrierter Form über einen quantifizierbaren betriebswirtschaftlichen Tatbestand informieren. Die verschiedenen Arten von Kennzahlen zeigt Abbildung 4:

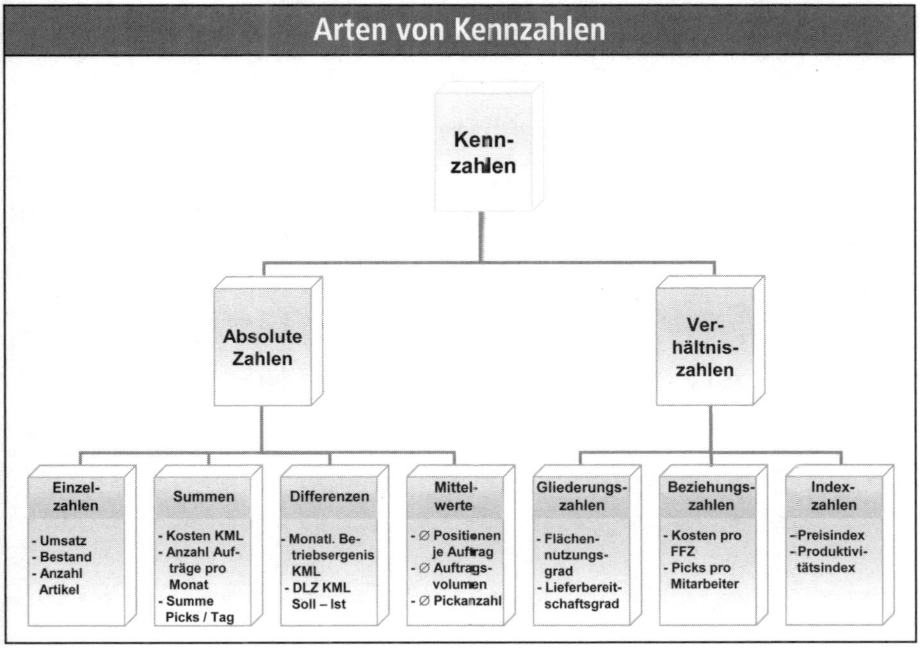


*Abb. 4: Arten von Kennzahlen*

Eine Kennzahl für sich alleine betrachtet hat nur eine geringe Aussagekraft. Diese erhöht sich erst durch Vergleiche mit anderen Kennzahlen. **Kennzahlenvergleiche** können als inner- oder zwischenbetriebliche sowie Zeit- oder Soll-Ist-Vergleiche durchgeführt werden (siehe Abbildung 5). Sowohl innerbetriebliche Zeit- als auch Soll-Ist-Vergleiche dienen hauptsächlich der Steuerung und Kontrolle der Unternehmungstätigkeit. Der Betriebsvergleich hingegen liefert Aussagen über die Stellung des Unternehmens zu vergleichbaren Betrieben. Er hilft vor allem Schwachstellen zu erkennen.

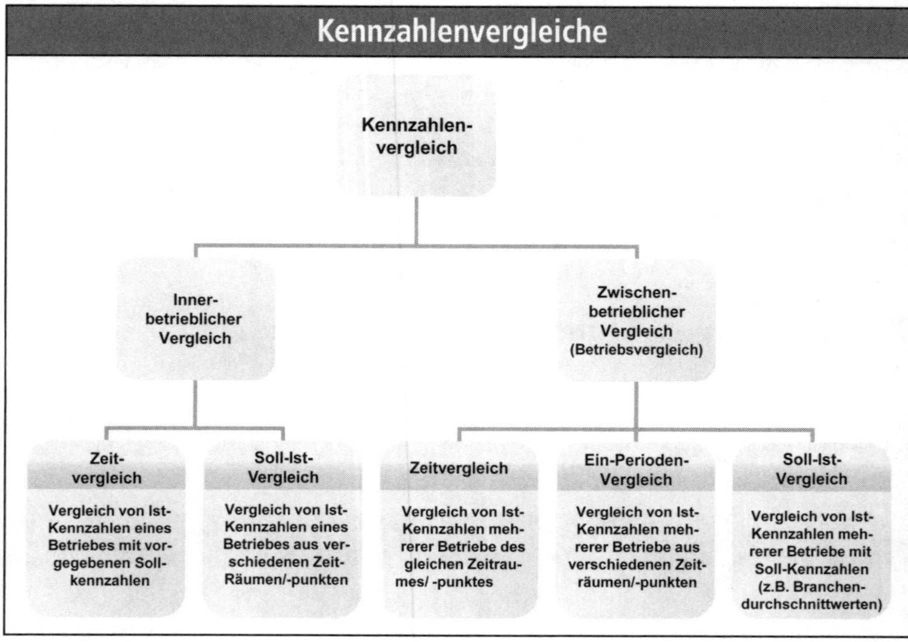


*Abb. 5: Kennzahlenvergleiche*

Kennzahlen gehören zu den am häufigsten genutzten Controlling-Instrumenten. Sie kommen in allen Phasen des Management-Prozesses (Planung, Steuerung und Kontrolle) zum Einsatz. Einen Überblick über die Aufgaben von Kennzahlen gibt Abbildung 6.

**Aufgaben von Kennzahlen**

| | |
|---|---|
| Planungsfunktion | • Wiedergabe quantifizierbarer Unternehmensziele<br>• Definition und Dokumentation von Planungs- sowie Entscheidungsprämissen<br>• Erkennen von Planungsproblemen über Soll-Ist- und Ist-Ist-Vergleiche sowie Analyse von Ist-Zuständen<br>• Vergleichbarmachen sowie Rangfolgebildung von Lösungsalternativen (Entscheidungskriterium)<br>• Darstellen von Prognosen |
| Vorgabe- und Koordinationsfunktion | • Vorgabe von Zielen und Zielerreichungswerten<br>• Weitergabe ausführungsrelevanter Informationen<br>• Bildung von Kennzahlenhierarchien |
| Kontrollfunktion | • Feststellen der Ist-Werte<br>• Gegenüberstellung von Soll- und Ist-Werte<br>• Frühwarnung (Soll-Wird-Vergleich) und Früherkennung (Vorlaufindikatoren, schwache Signale)<br>• Analyse von Abweichungen (Ursachenanalyse) |

*Abb. 6: Aufgaben von Kennzahlen*

Kennzahlen rechtfertigen ihren in der Regel sehr hohen Erhebungsaufwand nur dann, wenn sie auch einen ausreichenden Erkenntnisgewinn bringen. An ihre Bildung sind daher bestimmte **Anforderungen** zu stellen (Abbildung 7):

**Anforderungen an Kennzahlen**

| | |
|---|---|
| **Zielorientierung** | Ableitung der Kennzahlen aus den definierten Logistikzielen und -strategien. |
| **Vollständigkeit** | Vollständige Abbildung der wesentlichen Prozess- und Kostentreiber. |
| **Transparenz** | Schaffung von Transparenz: Nutzung einer gemeinsamen Datenbasis und abgestimmte Definition der Kennzahlen; nachvollziehbare Datenbasis. |
| **Ausgewogenheit** | Ausgewogenheit des Kennzahlenspektrums: keine einseitige Finanz- oder Prozessorientierung. |
| **Aussagefähigkeit** | Abgestimmt auf das Informationsbedürfnis des Empfängers, leicht verständlich und benutzerfreundlich aufbereitet. |
| **Wirtschaftlichkeit** | Die Kosten der Kennzahlenermittlung und der Nutzen aus der Kennzahlenüberwachung müssen in einem ausgewogenen Verhältnis zueinander stehen. |
| **Aktualität** | Kennzahlen sollten immer unmittelbar nach Ende des Erhebungszeitraumes vorliegen: Tages-Kennzahlen am nächsten Morgen, Wochen-Kennzahlen bis Montag Mittag. |

*Abb. 7: Anforderungen an Kennzahlen*

9

Mit dem Ermitteln und Veröffentlichen von Kennzahlen ist es nicht getan. Sollen Kennzahlen effizient genutzt werden, sind Zielwerte zu vereinbaren, diese mit den aktuellen Werten zu vergleichen und Abweichungen zu analysieren (siehe Abbildung 8).

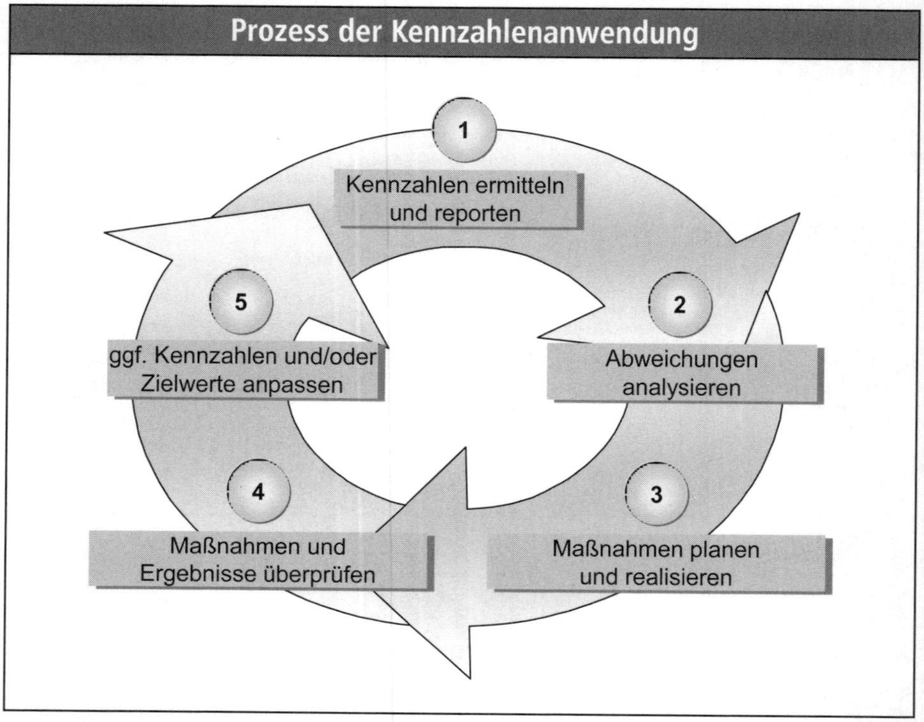


*Abb. 8: Prozess der Kennzahlenanwendung*

Im Prozess der Kennzahlenanwendung spielen **Abweichungsanalysen** eine wichtige Rolle. Es werden

- Ursachen der Diskrepanz zwischen aktuellem Ist- und geplantem Soll-Wert einer Kennzahl ermittelt,
- Wichtigkeit und Dringlichkeit (Bedeutung) der Abweichungen festgelegt, Korrekturmaßnahmen geplant,
- Maßnahmen sowie Ergebnisse der Korrekturmaßnahmen überprüft und/oder
- Zielwerte und/oder Kennzahlen selbst angepasst, wenn sie unrealistisch waren bzw. zum Planungszeitpunkt von anderen Voraussetzungen ausgegangen wurde.

Für die effiziente Nutzung einer Kennzahl ist es unabdingbar, dass alle Nutzer das gleiche Verständnis von einer bestimmten Kennzahl haben. Dies lässt sich am einfachsten und sichersten durch eine gemeinsame Definition und Dokumentation erreichen. Ein Kennzahlen-Datenblatt („Steckbrief") findet sich in Abbildung 9, ein **Anwendungsbeispiel** anhand der Kennzahl „Lieferqualität" in Abbildung 10.

## Kennzahlen-Datenblatt

| Nr. der Kennzahl | Kennzahlen-Bezeichnung | Ziel |
|---|---|---|

**Formel**
- Berechnungsgang,
- Definition.

**Kennzahlen – Beschreibung**
- Nähere Beschreibung der Kennzahl,
- Formelbestandteile,
- Kennzahlen-Art (Index, Prozentzahl, etc.),
- Wertebereich,
- Zielwerte.

**Kennzahlen – Varianten**
- Beschreibung möglicher Varianten der Kennzahl.

**Kennzahlen – Zweck**
- Beschreibung des Beitrages zur Quantifizierung der Logistikziele.

**Basisdaten**
- Datenquelle/-herkunft,
- genaue Definition / Abgrenzung der Messdaten.
- Quellsystem(e),

**Berechnungsvorschrift**
- detaillierte Beschreibung des Berechnungsvorganges,
- genaue Definition der einzelnen Formelbestandteile : Materialarten, Zeiten, Zeitpunkte, -räume, Kosten, -arten, -stellen etc.

**Kennzahlen – Ermittlung**
- Häufigkeit,
- Verantwortlichkeiten.
- Termine,

**Kennzahlen – Darstellung**
- Tabelle,
- Bericht,
- Grafik (Art),
- Beispiel.

**Kennzahlen – Interpretation**
- Aussagewert, Beurteilungsprobleme, Fehlinterpretationen,
- Zielerreichungsintervalle,
- Ursachenanalyse.

*Abb. 9: Kennzahlen-Datenblatt*

9

## Anwendungsbeispiel – Lieferqualität

| 123 | **Lieferqualität** (Liefertreue) | **Lieferservice** |
|---|---|---|

$$\frac{\text{Anzahl der fehlerfrei gelieferten Positionen}}{\text{Gesamtzahl der bestätigten Auftragspositionen}} \times 100$$

**Beschreibung**
Die *Lieferqualität* gibt den Prozentsatz an, mit dem die vom Lager ausgelieferten Positionen termin-, typ-, mengen-, zustands- und dokumentengerecht erfüllt wurden. Diese werden ins Verhältnis gesetzt zu den insgesamt für diese Aufträge den Kunden per Auftragsbestätigung bestätigen Positionen.

**Varianten**
(1) Auftragsbezogene Lieferqualität (2) Stückzahlbezogene Lieferqualität
(3) Bezogen auf ges. Produktprogramm (4) Bezogen auf einzelne Produktgruppen
(5) Gegliedert nach Kunden/-gruppen (6) Gegliedert nach Auftragsarten

**Zweck**
Mit der Lieferqualität wird der Lieferservice des Distributionszentrums gemessen. Sie gibt Auskunft über die Zufriedenheit der Kunden.

**Basisdaten**
Die Daten können aus dem Lagerverwaltungssystem (Tabelle AUFPOS) und der Reklamationsdatei entnommen werden. Zur Berechnung werden die Felder *Kundenwunschtermin, Verladedatum, Bestell-* und *Liefermenge* sowie *reklamierte Positionen* herangezogen.

**Berechnungsvorschrift**
Bzgl. Mengen und Terminen sind keine Toleranzen zugelassen. Das Soll-Verladedatum ermittelt sich aus Kundenwunschtermin minus 1 Tag; bei 48-Std.-Regionen minus 2 Tage. Alle Auftragspositionen, bei denen gilt: [Ist-Verladedatum <= Soll-Verladedatum und Bestellmenge = Liefermenge] minus Σ der anerkannten Reklamationspositionen werden ins Verhältnis gesetzt zur Gesamtzahl der ausgelieferten Auftragspositionen.

**Ermittlung**
Die Lieferqualität wird monatlich ermittelt und im Rahmen des Monatsberichts am 5. des Folgemonats veröffentlicht. Für Ermittlung und Veröffentlichung ist der Controller des Lagers zuständig.

**Darstellung**
Die Lieferqualität wird als Kurvendiagramm im Zeitverlauf (3 Jahre) und als Soll-Ist-Vergleich dargestellt.

**Interpretation**
Die Lieferqualität ist eine der wichtigsten Kennzahlen zur Messung der Kundenzufriedenheit. Die hier definierte Größe gibt allerdings nur Auskunft über die Lieferqualität des Lagers, da auf den Verladezeitpunkt abgestellt wird und nicht auf die Zustellung beim Kunden.

*Abb. 10: Anwendungsbeispiel – Lieferqualität*

9

## 9.5 Kennzahlensystem Kommissionierung

Die Betrachtung einzelner Kennzahlen bietet nur einen eingeschränkten Erkenntniswert. Misst man nur die Kommissionierleistung, ohne Qualität und Service zu berücksichtigen, führt das in der Regel zu falschen Entscheidungen. Umgekehrt gilt das natürlich genauso. Wichtig ist daher eine

- ausgewogene,
- sachlogisch oder rechentechnisch verknüpfte,
- einander ergänzende oder erklärende und
- auf ein übergeordnetes Ziel ausgerichtete

Systematik von Kennzahlen. Man spricht in diesem Zusammenhang auch von einem **Kennzahlensystem**. Für den Bereich der Kommissionierung ist ein solches Kennzahlensystem in Abbildung 11 dargestellt.

Ein allgemein gültiges und in jedem Unternehmen anwendbares Kommissionier-Kennzahlensystem gibt es nicht. Jeder Einsatz ist **individuell** und von den Zielen, Strategien, Kundenanforderungen, Wettbewerbsbedingungen etc. abhängig. Deshalb müssen sich Kennzahlensysteme an diesen Bedingungen orientieren, **anwendungsspezifisch** definiert und bei Veränderungen (z. B. neue Produkte werden zusätzlich ausgeliefert) angepasst werden. Das vorgestellte System kann allenfalls als Hilfestellung oder Anregung dienen.

Auch die Frage nach der richtigen Anzahl von Kennzahlen lässt sich nicht pauschal beantworten. Beim Aufbau eines Kommissionier-Kennzahlensystems empfiehlt es sich, mit wenigen Kennzahlen (sechs bis zehn) zu starten. Diese sollten sich an den Logistikzielen orientieren und klare Prioritäten setzen. Ein weiterer Anhaltspunkt können die in Abbildung 11 aufgeführten Spitzenkennzahlen sein. Engpasssituationen oder Serviceprobleme können eine vorübergehende Ausweitung des Kennzahlensystems für Analyse- und Überwachungszwecke erforderlich machen. Sobald wieder Stabilität eingetreten ist, sollte aber auf die weitere Erhebung verzichtet werden. Erfahrungen aus der Praxis zeigen, dass Kennzahlensysteme mit mehr als 15 bis 20 Kennzahlen nicht sinnvoll sind. Sie verursachen einen enormen Erhebungsaufwand und es besteht die Gefahr, dass die hohe Anzahl von Kennzahlen Mitarbeiter dazu verleitet, sie nicht mehr zur Kenntnis zu nehmen.

Das nachfolgend dargestellte Kommissionier-Kennzahlensystem zeigt insgesamt 60 Kennzahlen. Dabei handelt es sich um häufig verwendete Kommissionier-Kennzahlen. Das System ist ohne weiteres auch auf über 100 Kennzahlen auszubauen. Da aber 60 Kennzahlen bereits das drei- bis vierfache der empfohlenen Anzahl sind, müssen Sie eine Auswahl vornehmen. Diese sollte sich an folgenden Kriterien orientieren:

- Logistikziele (abgeleitet aus den Unternehmens- und Vertriebszielen),
- Lagerziele (abgeleitet aus den Logistikzielen),
- Kommissionierlager-Ziele (abgeleitet aus den Lagerzielen),
- Serviceprobleme,
- Engpässe,
- Schwerpunktbereiche.

9

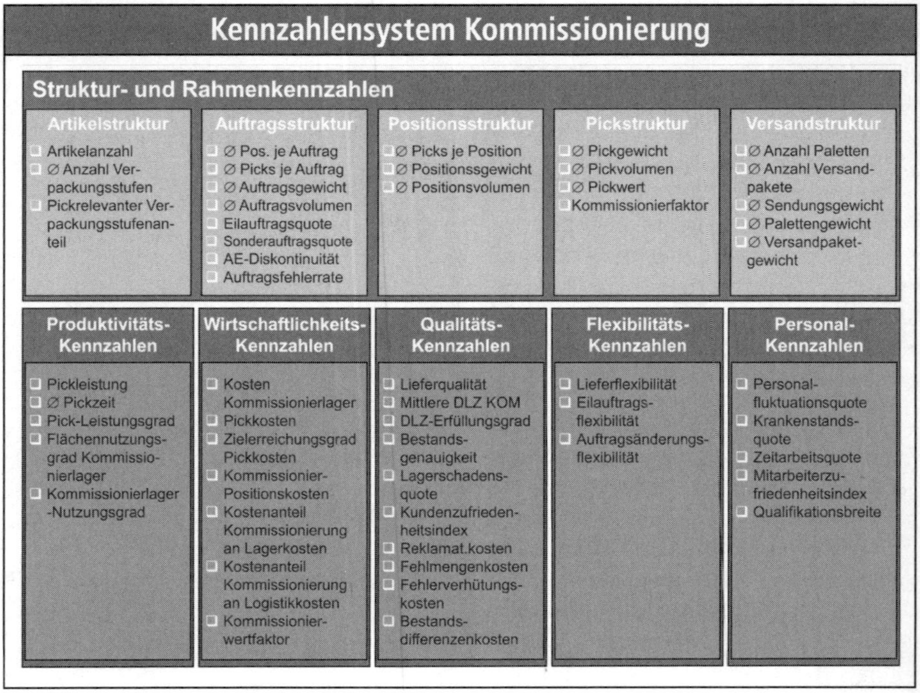


*Abb. 11: Kennzahlensystem Kommissionierung*

Das Kennzahlensystem gliedert sich in sechs Kategorien:

- Struktur- und Rahmenkennzahlen,
- Produktivitätskennzahlen,
- Wirtschaftlichkeitskennzahlen,
- Qualitätskennzahlen,
- Flexibilitätskennzahlen und
- Personalkennzahlen.

**Struktur- und Rahmenkennzahlen**

Die Struktur- und Rahmenkennzahlen geben Auskunft über die allgemeine Struktur und die Rahmenbedingungen des jeweiligen Kommissioniersystems. Sie sind noch weiter unterteilt in die Gruppen

- Artikelstruktur,
- Auftragsstruktur,
- Positionsstruktur,
- Pickstruktur und
- Versandstruktur.

Sie werden häufig als Hilfsgrößen bei der Interpretation von Kennzahlen herangezogen oder helfen bei der Ursachenanalyse. Typisches Beispiel ist die Produktivität.

**PRAXISTIPP:**

Bei sich verändernder Produktivität ist immer erst zu prüfen, wie haben sich die Rahmendaten, insbesondere Auftrags- und Positionsstruktur, entwickelt.

**Produktivitätskennzahlen**
Die Produktivitätskennzahlen zeigen die Leistung des Kommissioniersystems im Hinblick auf die Mitarbeiter und die Kapazitätsauslastung der Lagerflächen und der Lager- und Transportmittel.

**Wirtschaftlichkeitskennzahlen**
Die Kosten der Kommissionierung werden im Rahmen der Wirtschaftlichkeitskennzahlen dargestellt.

**Qualitätskennzahlen**
Die Qualitätskennzahlen messen in vielfältiger Weise die Liefer- und Servicequalität. Hier geht es um so unterschiedliche Ziele wie Durchlaufzeiten, Termintreue, Kommissionierfehler, Reklamationen, Bestandsgenauigkeit und Lagerschäden.

**Flexibilitätskennzahlen**
Im Rahmen der Flexibilitätskennzahlen geht es um die Anpassungsfähigkeit und Reaktionsgeschwindigkeit auf Kundenanforderungen bzw. veränderte Marktbedingungen.

**Personalkennzahlen**
Die Personalkennzahlen sind eine spezielle Kategorie, die sich ausschließlich mit dem Faktor Mensch beschäftigt. Hier werden so unterschiedliche Aspekte wie Zufriedenheit, Fluktuation, Krankenstand und Qualifikation des Personals gemessen.

Nicht alle Kennzahlen lassen sich eindeutig einer Kategorie zuordnen. Die Kennzahlen „Qualitätskostenanteil" und „Bestandsdifferenzenkosten" sind zum Beispiel in der Kategorie Qualitätskennzahlen enthalten. Beide hätten genau so gut der Kategorie Wirtschaftlichkeitskennzahlen zugerechnet werden können. Gleiches gilt für die „Qualifikationsbreite" und die „Qualitätsschulungsrate", die als Personalkennzahlen gruppiert sind, aber auch in die Kategorie Qualitätskennzahlen gepasst hätten. Die Zuordnung ist an dieser Stelle nicht eine Frage von richtig oder falsch. Hier spielen eher Faktoren wie Zweckmäßigkeit, Verantwortlichkeiten etc. eine Rolle.

Eine kurze Definition und Beschreibung der 60 Kennzahlen aus dem Kommissionier-Kennzahlensystem finden Sie im Anhang dieses Kapitels.

## 9.6 Aussagefähigkeit der Kommissionierkennzahlen

Die Aussagefähigkeit von Logistik-Kennzahlen in der betrieblichen Praxis ist oft sehr gering. Dies hat vielfältige Ursachen.

Ein wichtiger Grund für die unzureichende Aussagefähigkeit einer Kennzahl ist die unterschiedliche **Berechnung** bzw. die zu Grunde liegende **Datenbasis**. Ein sehr anschauliches Beispiel dazu findet sich bei SCHIETINGER (2007), S. 26.

9

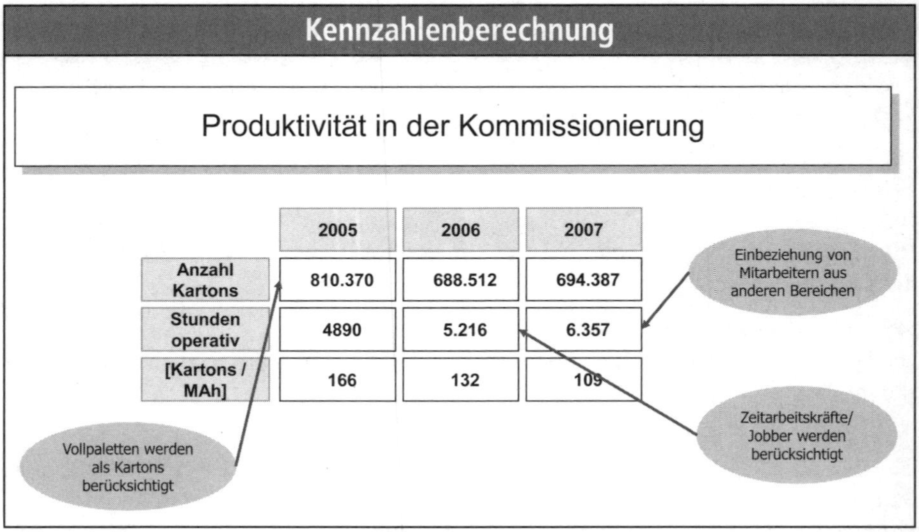


*Abb. 12: Kennzahlenberechnung auf unterschiedlicher Datenbasis*

Ein Unternehmen misst über mehrere Jahre die Produktivität in der Kommissionierung (Kartons pro Mitarbeiterstunde), die von Jahr zu Jahr sinkt. Die Ursache hierfür ist allerdings nicht die schlechtere Mitarbeiterleistung, sondern eine sich verändernde Datenbasis:

- Im ersten Jahr waren auch die Kartons aus Vollpalettenauslagerungen in der Kommissionierleistung enthalten, in den Folgejahren nicht mehr.
- Ab dem zweiten Jahr gingen darüber hinaus die Stunden der Zeitarbeiter/Jobber mit in die Berechnung ein.
- Im dritten Jahr fanden zusätzlich die Mitarbeiter aus anderen internen Bereichen Berücksichtigung.

Fazit: Die Genauigkeit der Berechung der Produktivitätskennzahl wurde im Laufe der Jahre stetig verbessert. Darunter litt aber die Aussagefähigkeit der Kennzahl, in diesem Fall die Vergleichbarkeit mit früheren Jahren.

## PRAXISTIPP:

Schauen Sie sich sehr genau an, welche Datenbasis einer Kennzahl zugrunde liegt. Hinterfragen Sie kritisch, ob Berechnungsmodus oder Datenbasis im Laufe der Zeit verändert wurden. Wenn Sie Änderungen vornehmen, versuchen Sie, auch die Vergangenheitskennzahlen mit dieser geänderten Methode zu berechnen. Sollte dies nicht mehr möglich sein, vermerken Sie zumindest in einer Fußnote die neue Berechnungsweise sowie das Datum der Änderungen.

In der Praxis gibt es sehr häufig unterschiedliche Interpretationen bei der Kennzahl „Reklamationsquote/Pickfehlerrate", respektive positiv ausgedrückt „Lieferqualität". Wenn zwei Unternehmen von einer Lieferqualität von 98,0 Prozent sprechen, heißt das noch lange nicht, dass beide Unternehmen eine gleich gute

Auslieferqualität besitzen. Unterschiede gibt es vor allem bei der Bezugsgröße: Die Kennzahl kann sich beispielsweise auf fehlerfrei ausgelieferte Aufträge, Auftragspositionen oder Stückzahlen beziehen. Ein Fallbeispiel verdeutlicht dies:

## FALLBEISPIEL:

Zwei Unternehmen benchmarken ihre Lieferqualität. Auftrags- und Reklamationsstrukturen zeigt die folgenden Tabelle:

| Kennzahl | | Unternehmen A | Unternehmen B |
|---|---|---|---|
| Gesamtanzahl ausgeliefert | Aufträge | 10.000 | 40.000 |
| | Auftragspositionen | 80.000 | 320.000 |
| | Stück | 800.000 | 800.000 |
| Fehlerfrei ausgeliefert | Aufträge | 9.800 | 39.200 |
| | Auftragspositionen | 79.200 | 318.400 |
| | Stück | 799.200 | 798.400 |
| Fehlerhaft ausgeliefert | Aufträge | 200 | 800 |
| | Auftragspositionen | 800 | 1.600 |
| | Stück | 800 | 1.600 |
| Lieferqualität | Aufträge | 98,00% | 98,00% |
| | Auftragspositionen | 99,00% | 99,50% |
| | Stück | 99,90% | 99,80% |

Auf Auftragsebene haben beide Unternehmen die gleiche Lieferqualität: 98,0 Prozent. Sieht man sich aber die Lieferqualität auf Positionsebene an, ist Unternehmen B besser (99,5 Prozent) als A (99,0 Prozent). Die Ursache liegt darin, dass bei Unternehmen B weniger Positionen pro Auftrag fehlerhaft sind als bei Unternehmen A.

Bei Lieferqualitäts-, Fehler- oder Reklamationskennzahlen ist die Festlegung der Bezugsgröße besonders wichtig. Allgemein gilt, je detaillierter die Bezugsgröße (Positionen, Stückzahl), desto genauer das Qualitätsmaß. Natürlich kann man argumentieren, dass es für die Zufriedenheit bzw. Unzufriedenheit des Kunden gleichgültig ist, ob eine Auftragsposition fehlerhaft ist oder zehn. In beiden Fällen ist der Auftrag nicht korrekt geliefert und damit der Kunde unzufrieden. Genauso gut kann man aber auch begründen, dass es schon einen Unterschied ausmacht, ob vorwiegend Einpositionsaufträge ausgeliefert werden oder ob die Aufträge im Durchschnitt aus 25 bis 30 Positionen bestehen. Würde die Lieferqualität nur auf Auftragsbasis gemessen, würden hier sicherlich Äpfel mit Birnen verglichen.

Eine zweite Ursache für eine nicht konsistente Berechnung einer Kennzahl ist die mangelhafte **Abgrenzung** der Input-Daten. Dies ist u. a. sehr häufig bei der

Ermittlung der Produktivität der Fall, wenn sowohl die Gesamt-Produktivität der Kommissionierung ermittelt wird als auch die Teil-Produktivitäten, z. B. für die Bereiche Nachschub, Grobkommissionierung, Feinkommissionierung, Packerei etc. Die Mitarbeiter werden – abhängig vom Arbeitsanfall – wechselnd in den einzelnen Bereichen eingesetzt. Es ist dann das Input-Abgrenzungsproblem (eingesetzte Arbeitsstunden) zu lösen: Wie lange hat welcher Mitarbeiter in welchem Bereich gearbeitet?

**PRAXISTIPP:**

Versuchen Sie den manuellen Aufwand des Datenaufschreibens durch eine automatisierte Lösung mit Hilfe eines Betriebsdatenerfassungssystems (BDE) zu minimieren. Ähnlich dem Arbeitszeiterfassungssystem „stempeln" die Mitarbeiter hier für eine bestimmte Tätigkeit, z. B. „Nachschub fahren".
Werden sie in einem anderen Bereich eingesetzt, stempeln sie für den neuen Prozess, z. B. „Versandpakete packen" und die Tätigkeit im vorherigen Bereich wird automatisch beendet. So haben Sie jederzeit sehr genaue Daten über den Arbeitsstundenanfall in den einzelnen Gruppen verfügbar. Daneben stehen Ihnen mit einem solchen BDE-System vielfältige Auswertungsmöglichkeiten offen.

Ein weiteres Abgrenzungsproblem kann die Output-Daten (Kommissionierleistung) betreffen. Dies ist insbesondere dann der Fall, wenn große Aufträge über mehrere Schichten kommissioniert werden und keine Online-Verarbeitung der einzelnen Picks stattfindet. Dadurch werden alle Picks der Schicht zugerechnet, die den Kommissionierauftrag zurück meldet, obwohl ein Großteil der Picks von anderen Schichten erledigt wurde (diese gehen bei der Zuordnung aber leer aus). Dieses Problem tritt immer beim Arbeiten mit Kommissionierlisten auf, kann aber auch auftreten, wenn Lagerverwaltungssystem (LVS) und Kommissioniersystem (z. B. Pick-by-Voice-System) zwei selbstständige IT-Systeme sind. Die Pick-Aufträge werden in diesen Fällen immer erst nach vollständiger Erledigung vom Kommissioniersystem an das LVS zurück gemeldet. Hier sollte man immer versuchen, die Aufträge möglichst in einer Schicht zu erledigen, z. B. durch paralleles Kommissionieren, so dass das Abgrenzungsproblem erst gar nicht auftritt. Ist dies nicht möglich, hilft nur die manuelle Korrektur.

Ein dritter Grund für die mangelnde Aussagefähigkeit von Kennzahlen liegt in einer Veränderung der die Kennzahl beeinflussenden Struktur- oder Rahmendaten. Typische Beispiele dafür sind Artikel-, Auftrags-, Positions-, Pick- und Versandstruktur, die sich im Laufe der Zeit ändern. Besonders schwierig wird eine Interpretation bei gegenläufigen Strukturdaten (siehe nachfolgendes Fallbeispiel).

## FALLBEISPIEL:

Die Kommissionier-Produktivität sowie die Auftrags- und Positionsstruktur haben sich Year-to-Date im Vergleich zu 2008 wie folgt entwickelt:

| Kennzahl | 2008 | 2009 |
|---|---|---|
| **Produktivität** [Picks pro MA/h] | 81 | 75 |
| **∅ Positionen je Auftrag** | 7,5 | 8,1 |
| **∅ Picks je Position** | 4,5 | 4,1 |

Bei dieser Kennzahlenkombination lässt sich zumindest eine eindeutige Tendenz ableiten: Durch die erhöhte Anzahl der Positionen je Auftrag und die gleichzeitig niedrigere Anzahl von Picks je Position ist, bei sonst gleichen Bedingungen, ein Sinken der Produktivität nachvollziehbar und erklärbar. Ob dies in dem geschehenen Umfang (von 81 auf 75 Picks je MA/h) gerechtfertigt ist, bedarf zusätzlicher Analysen (Pickzeiten der einzelnen Teilprozesse).

Sind die Strukturdaten gegenläufig, ist eine Tendenzaussage nicht so einfach möglich:

| Kennzahl | 2008 | 2009 |
|---|---|---|
| **Produktivität** [Picks pro MA/h] | 81 | 75 |
| **∅ Positionen je Auftrag** | 7,5 | 8,1 |
| **∅ Picks je Position** | 4,5 | 4,9 |

In dieser Konstellation, in der sich die Anzahl der Positionen je Auftrag, gleichzeitig aber auch die Anzahl der Picks je Position erhöht hat, ist, bei sonst gleichen Bedingungen, ein Sinken der Produktivität nicht so ohne Weiteres erklärbar. Hier kann nur eine Detailanalyse der Pick-Zeiten der einzelnen Teilprozesse die Auswirkungen der gegenläufigen Strukturdaten auf die Produktivität transparent machen.

Besonders problematisch im Hinblick auf die Aussagefähigkeit von Kennzahlen sind **Mittelwerte**. Ein kleines Fallbeispiel mag dies verdeutlichen:

9

## FALLBEISPIEL:

Die durchschnittliche Anzahl der Positionen je Auftrag hat sich in 2009 gegenüber 2008 nicht geändert:

| Kennzahl | 2008 | 2009 |
|---|---|---|
| ∅ Positionen je Auftrag | 8,0 | 8,0 |

Schaut man sich die Auftragsstruktur aber einmal näher an, ergeben sich folgende Bilder:

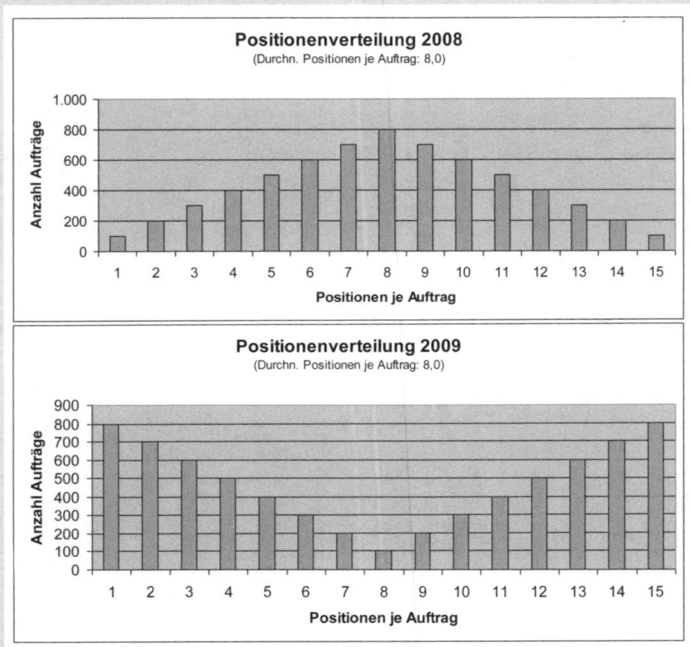


*Abb. 13: Problematik der Mittelwertbetrachtung*

Wie unschwer zu erkennen ist, hat sich die Auftragsstruktur in 2009 gegenüber 2008 total verändert. In 2008 gab es relativ wenige sehr kleine und sehr große Aufträge. Die Mehrheit der Aufträge lag ungefähr beim Durchschnittswert. In 2009 ist die Anzahl der ganz kleinen und ganz großen Aufträge deutlich in die Höhe geschossen. Es gibt nur noch sehr wenige Aufträge, die um den Mittelwert herum liegen. Eine solche Veränderung der Auftragsstruktur kann erhebliche Auswirkungen auf die Pick-Leistung haben, wenn das Kommissioniersystem nicht auf die Abarbeitung solch großer Anzahlen von Kleinstaufträgen und sehr großer Aufträge ausgelegt ist.

Ein zugegebenermaßen konstruiertes Beispiel, das aber sehr anschaulich die Problematik der Mittelwertbildung verdeutlicht. Auf eine reine Mittelwertbetrachtung sollte man sich nicht verlassen. Weitere Analysen sind hier empfehlenswert.

## 9.7 Reporting und Visualisierung

Sowohl zur Steuerung der Kommissionierung als auch zu Überwachungszwecken ist es hilfreich, geeignete Reportingwerkzeuge einzusetzen und gezielt zu visualisieren. Einige praxiserprobte Instrumente werden nachfolgend dargestellt.

Zur konzentrierten Veranschaulichung der Ziele des Kommissionierlagers und der Maßnahmen zu deren Erreichung eignet sich hervorragend die **Balanced Scorecard (BSC).** Ein Beispiel finden Sie in Abbildung 14.

**Kommissionierlager-BSC**

| BSC KML | Ziele | Messgrößen | Zielwert | Maßnahmen |
|---|---|---|---|---|
| Finanzielle Perspektive | Gesamt-Kommissionierkosten senken. | Kostensenkungsquote | 5 % | Prozessoptimierung bei Steuerung Kommissionierlager. |
| | Handlingskosten reduzieren. | Handlingskosten-reduzierungsquote | 10 % | Prozessoptimierung bei Kommissionierung . |
| | Bestandskosten verringern. | Bestandsredu-zierungsquote | 10 % | Sicherheitsbestände reduzieren und Durchlaufzeiten verkürzen. |
| Markt-perspektive | Kundenzufriedenheit erhöhen. | Kundenzufrieden-heitsindex | > 75 % | Kunden-Fragebogen entwickeln und halbjährliche Befragungen durchführen. |
| | Kundenservice verbessern. | Liefertreue (Positionen) | > 98 % | System interne Terminüberw. einführen. |
| | | Reklamationsquote | < 1 % | „Qualitätsoffensive" in KML. |
| | Partnerschaft mit Lieferanten ausbauen. | Lieferantenzufrieden-heitsindex | > 75 % | Lieferanten-Fragebogen entwickeln und halbjährliche Befragungen durchführen. |
| Prozess-perspektive | Interne Durchlaufzeit reduzieren. | Eilauftrags-DLZ | < 8 Std. | System zur internen |
| | | Normalauftrags-DLZ | < 24 Std. | Terminüberwachung einführen (s.o.). |
| | Produktivität erhöhen. | Arbeitsproduktivität (kartonbezogen) | 260 Kartons /Std. | Prozessoptimierung und Prämienentlohnung in der Kommissionierung. |
| | Lagerschäden reduzieren. | Lagerschadensquote | < 0,01 % | Intensives Training der Staplerfahrer. |
| | Termintreue VAS* erhöhen. | On-Time-VAS-Rate | > 98 % | Kapazitäts- + Terminplanung einführen. |
| Innovations- und Lern-perspektive | Qualitätsbewusstsein der Mitarbeiter verbessern. | Qualitäts-Schulungsquote | + 100 % | Schulung des Qualitätsförderungs-Programms verstärken. |
| | Prozessverbesserungen intensivieren. | Prozessverbesserungs-quote | + 100 % | Anreizsystem für Prozessverbesserungen einführen. |
| | Mitarbeiterzufriedenheit erhöhen. | Mitarbeiterzufrieden-heitsindex | > 80 % | Mitarbeiter-Fragebogen entwickeln und halbjährliche Befragungen durchführen. |

* VAS = Value Added Services

*Abb. 14: Kommissionierlager-BSC*

Für die aktuelle Steuerung der Kommissionierung ist die **Tagesübersicht** (Abbildung 15) ein sehr nützliches Hilfsmittel. Sie enthält alle wichtigen Kennzahlen der Kommissionierung auf einem Blatt. Mit einem Blick kann man den aktuellen Arbeitsvorrat und Abarbeitungsstand sofort erkennen.

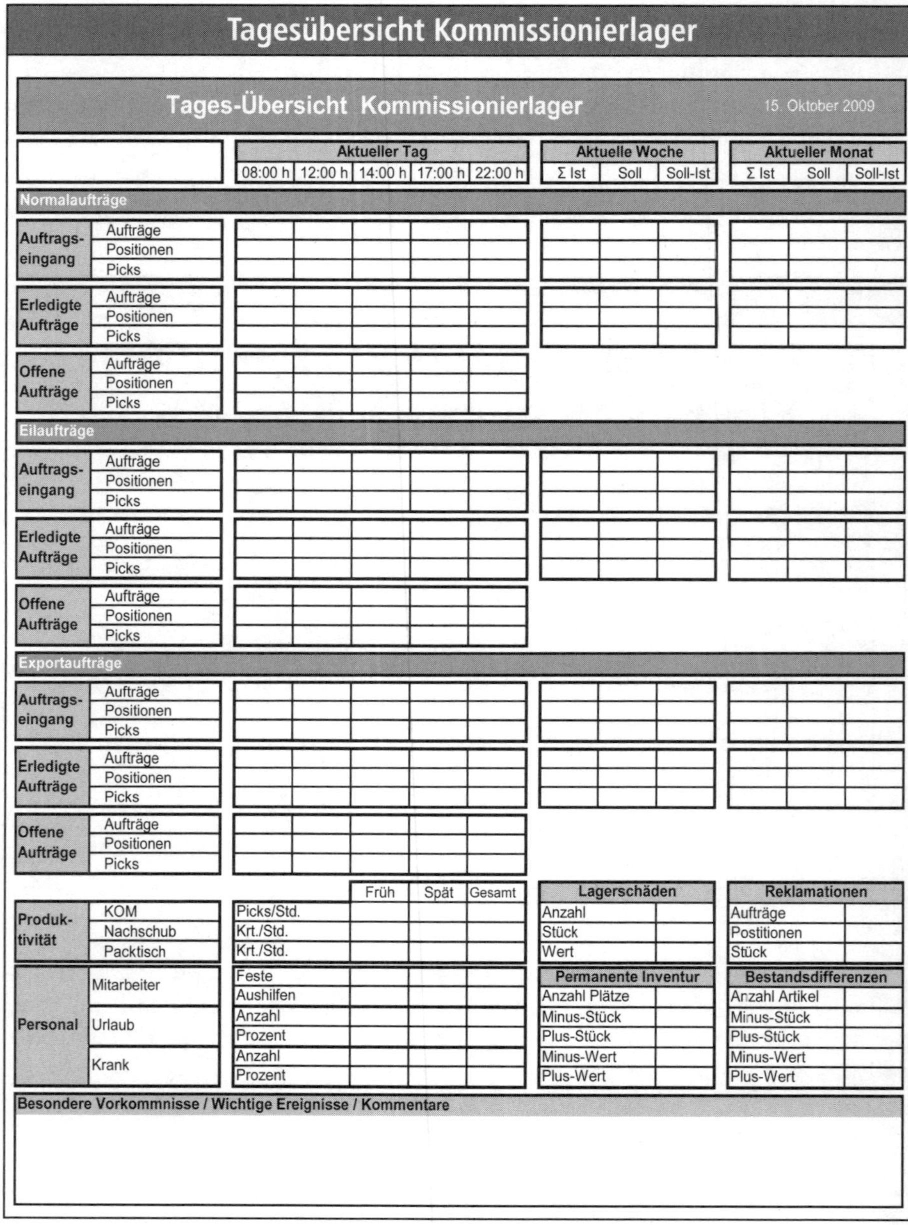

# Tagesübersicht Kommissionierlager

**Tages-Übersicht Kommissionierlager** 15. Oktober 2009

| | | Aktueller Tag | | | | | Aktuelle Woche | | | Aktueller Monat | | |
|---|---|---|---|---|---|---|---|---|---|---|---|---|
| | | 08:00 h | 12:00 h | 14:00 h | 17:00 h | 22:00 h | Σ Ist | Soll | Soll-Ist | Σ Ist | Soll | Soll-Ist |
| **Normalaufträge** | | | | | | | | | | | | |
| Auftrags-eingang | Aufträge | | | | | | | | | | | |
| | Positionen | | | | | | | | | | | |
| | Picks | | | | | | | | | | | |
| Erledigte Aufträge | Aufträge | | | | | | | | | | | |
| | Positionen | | | | | | | | | | | |
| | Picks | | | | | | | | | | | |
| Offene Aufträge | Aufträge | | | | | | | | | | | |
| | Positionen | | | | | | | | | | | |
| | Picks | | | | | | | | | | | |
| **Eilaufträge** | | | | | | | | | | | | |
| Auftrags-eingang | Aufträge | | | | | | | | | | | |
| | Positionen | | | | | | | | | | | |
| | Picks | | | | | | | | | | | |
| Erledigte Aufträge | Aufträge | | | | | | | | | | | |
| | Positionen | | | | | | | | | | | |
| | Picks | | | | | | | | | | | |
| Offene Aufträge | Aufträge | | | | | | | | | | | |
| | Positionen | | | | | | | | | | | |
| | Picks | | | | | | | | | | | |
| **Exportaufträge** | | | | | | | | | | | | |
| Auftrags-eingang | Aufträge | | | | | | | | | | | |
| | Positionen | | | | | | | | | | | |
| | Picks | | | | | | | | | | | |
| Erledigte Aufträge | Aufträge | | | | | | | | | | | |
| | Positionen | | | | | | | | | | | |
| | Picks | | | | | | | | | | | |
| Offene Aufträge | Aufträge | | | | | | | | | | | |
| | Positionen | | | | | | | | | | | |
| | Picks | | | | | | | | | | | |

| | | | Früh | Spät | Gesamt |
|---|---|---|---|---|---|
| Produk-tivität | KOM | Picks/Std. | | | |
| | Nachschub | Krt./Std. | | | |
| | Packtisch | Krt./Std. | | | |
| Personal | Mitarbeiter | Feste | | | |
| | | Aushilfen | | | |
| | Urlaub | Anzahl | | | |
| | | Prozent | | | |
| | Krank | Anzahl | | | |
| | | Prozent | | | |

| Lagerschäden | |
|---|---|
| Anzahl | |
| Stück | |
| Wert | |

| Reklamationen | |
|---|---|
| Aufträge | |
| Postitionen | |
| Stück | |

| Permanente Inventur | |
|---|---|
| Anzahl Plätze | |
| Minus-Stück | |
| Plus-Stück | |
| Minus-Wert | |
| Plus-Wert | |

| Bestandsdifferenzen | |
|---|---|
| Anzahl Artikel | |
| Minus-Stück | |
| Plus-Stück | |
| Minus-Wert | |
| Plus-Wert | |

**Besondere Vorkommnisse / Wichtige Ereignisse / Kommentare**

*Abb. 15: Tagesübersicht Kommissionierlager*

Ein wichtiges Ziel in vielen Distributionszentren ist die Einhaltung der vereinbarten **Auftrags-Durchlaufzeit.** In dem Beispiel in Abbildung 16 gelten die folgenden Ziele:

- Auftragseingang bis 12:00 h: Auslieferung gleicher Tag
- Auftragseingang nach 12:00 h: Auslieferung gleicher Tag oder Folgetag

- Eilaufträge AE nach 12:00 h: Auslieferung gleicher Tag
- Exportaufträge: Auslieferung innerhalb drei Tagen

Für das tägliche Überwachen der Auftragsdurchlaufzeit wurde diese Excel-Tabelle entwickelt.

**Auftrags-Durchlaufzeit-Überwachung**

Auftrags-Durchlaufzeit-Überwachung — Oktober 2009

| Tag | | Auftragsart | Auftrags-eingang | Auslieferung | | | | | | Abarbeitung | |
|---|---|---|---|---|---|---|---|---|---|---|---|
| | | | Tag 0 | Tag 0 | Tag 1 | Tag 2 | Tag 3 | Tag 4 | Tag 5 | Aufträge | in Prozent |
| 5 | Mo | Vormittag | 85 | 54 | 31 | | | | | 85 | 100,00% |
| | | Nachmittag | 11 | 11 | | | | | | 11 | 100,00% |
| | | Eilaufträge | 5 | 5 | | | | | | 5 | 100,00% |
| | | Export | 8 | 0 | 5 | 3 | | | | 8 | 100,00% |
| | | **Summe** | **109** | **70** | **36** | **3** | **0** | **0** | **0** | **109** | **100,00%** |
| 6 | Di | Vormittag | 353 | 223 | 121 | 9 | | | | 353 | 100,00% |
| | | Nachmittag | 3 | 2 | 1 | | | | | 3 | 100,00% |
| | | Eilaufträge | 1 | 1 | | | | | | 1 | 100,00% |
| | | Export | 16 | 16 | | | | | | 16 | 100,00% |
| | | **Summe** | **373** | **242** | **122** | **9** | **0** | **0** | **0** | **373** | **100,00%** |
| 7 | Mi | Vormittag | 347 | 76 | 185 | 85 | 1 | | | 347 | 100,00% |
| | | Nachmittag | 46 | 25 | 18 | 3 | | | | 46 | 100,00% |
| | | Eilaufträge | 2 | 1 | 1 | | | | | 2 | 100,00% |
| | | Export | 5 | 0 | 0 | 4 | 1 | | | 5 | 100,00% |
| | | **Summe** | **400** | **102** | **204** | **92** | | **0** | **0** | **400** | **100,00%** |
| 8 | Do | Vormittag | 72 | 67 | 5 | | | | | 72 | 100,00% |
| | | Nachmittag | 2 | 2 | | | | | | 2 | 100,00% |
| | | Eilaufträge | 1 | 1 | | | | | | 1 | 100,00% |
| | | Export | 8 | 8 | | | | | | 8 | 100,00% |
| | | **Summe** | **83** | **78** | **5** | **0** | **0** | **0** | **0** | **83** | **100,00%** |
| 9 | Fr | Vormittag | 61 | 58 | 1 | 2 | | | | 61 | 100,00% |
| | | Nachmittag | 505 | 182 | 160 | 92 | 70 | 1 | | 505 | 100,00% |
| | | Eilaufträge | 72 | 65 | 5 | 2 | | | | 72 | 100,00% |
| | | Export | 12 | 0 | 0 | 3 | 8 | 1 | | 12 | 100,00% |
| | | **Summe** | **650** | **305** | **166** | **99** | **78** | **2** | **0** | **650** | **100,00%** |
| KW | 41 | Vormittag | 918 | 478 | 343 | 96 | 1 | | | 918 | 100,00% |
| | | Nachmittag | 567 | 222 | 179 | 95 | 70 | 1 | | 567 | 100,00% |
| | | Eilaufträge | 81 | 73 | 6 | 2 | 0 | 0 | | 81 | 100,00% |
| | | Export | 49 | 24 | 5 | 10 | 9 | 1 | | 49 | 100,00% |
| | | **Summe** | **1.615** | **797** | **533** | **203** | **80** | **2** | **0** | **1.615** | **100,00%** |
| Erläuterung | | | | grün | | gelb | | rot | | | |

*Abb. 16: Auftrags-Durchlaufzeit-Überwachung*

Um einen schnellen Überblick über den Stand der Dinge in einem bestimmten Bereich zu bekommen, helfen **Visualisierungswerkzeuge**. Damit gelingt es, mit einem Blick die Situation in einem bestimmten Bereich zu erkennen. Sie eignen sich besonders, dem Management eine gezielte Übersicht zu geben. Eine Auswahl von Visualisierungsbeispielen finden Sie in Abb. 17.

9

## Visualisierungsbeispiele

### 1. Tabellarische Übersicht mit Ampel- und Trendanzeige

| Kennzahlen Monatsübersicht Kommissionierlager | | | | | | Oktober 2009 |
|---|---|---|---|---|---|---|
| **Kennzahl** | **Wert** | **Vorjahr** | **Soll-Wert** | **Ist-Wert** | | **Trend** |
| **Pickleistung** | Picks pro MAh | 66 | 70 | 69 | ◎ | ⇧ |
| **Pickkosten** | € pro Pick | 0,17 | 0,15 | 0,15 | ○ | ⇨ |
| **Lieferqualität** | % | 98,2% | 98,5% | 98,4% | ◎ | ⬀ |
| **DLZ Kommissionierung** | Std. pro Auftrag | 5,5 | 5,0 | 5,4 | ● | ⬊ |
| **Bestandsgenauigkeit** | % | 99,80% | 99,85% | 99,85% | ○ | ⇨ |
| **Bestandsdifferenzenkosten** | Kum. Differenzenwert zu HK (T€) | 11,5 | 8,6 | 7,2 | ○ | ⇨ |
| **Lagerschadensquote** | % | 0,6% | 0,5% | 0,5% | ○ | ⬂ |
| **Lieferflexibilität** | % | 90,2% | 93,0% | 88,7% | ● | ⬇ |
| **Personalfluktuation** | % | 5,7% | 5,0% | 6,5% | ● | ⬆ |
| **Krankenquote** | % | 6,3% | 5,0% | 5,7% | ● | ⬆ |
| Legende | | grün | ○ | ⇧ | ⬀ | |
| | | gelb | ◎ | ⇨ | | |
| | | rot | ● | ⬇ | ⬊ | |

### 2. Ampelanzeige

### 3. Tachometeranzeige

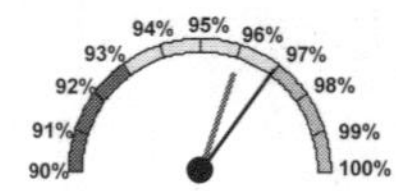


### 4. Säulendiagramm mit Ampel im Hintergrund

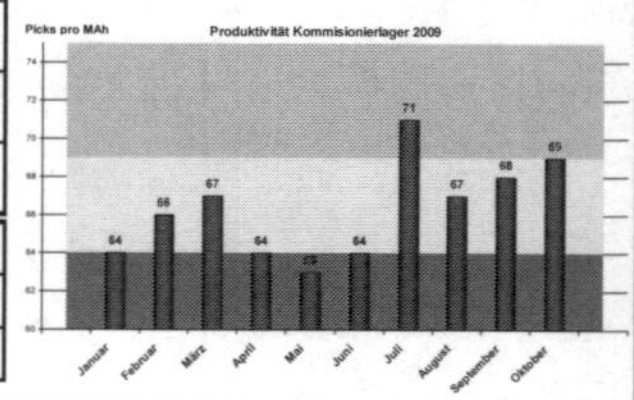

*Abb. 17: Visualisierungsbeispiele*

Gerade **Ampel- und Tachometer-Diagramme** lenken die Aufmerksamkeit des Betrachters gezielt auf Bereiche von besonderem Interesse. Mit einem Blick erkennt man die Felder („roter Bereich"), die einer speziellen Aufmerksamkeit bedürfen bzw. in denen Handlungsbedarf besteht.

Eine umfassende Vorstellung von einem bestimmten Handlungsfeld liefern die sogenannten Dashboards. Sie zeigen auf „einer Seite" gleich mehrere Informationen oder Diagramme. Das können z. B. sein

- alle Spitzenkennzahlen eines Unternehmensbereichs, z. B. der Logistik,
- eine Kennzahl mit den einfließenden Basisdaten,
- eine Kennzahl mit den sie beeinflussenden Faktoren,
- Ursache-Wirkungs-Ketten etc.

Ein Beispiel zeigt Abbildung 18.

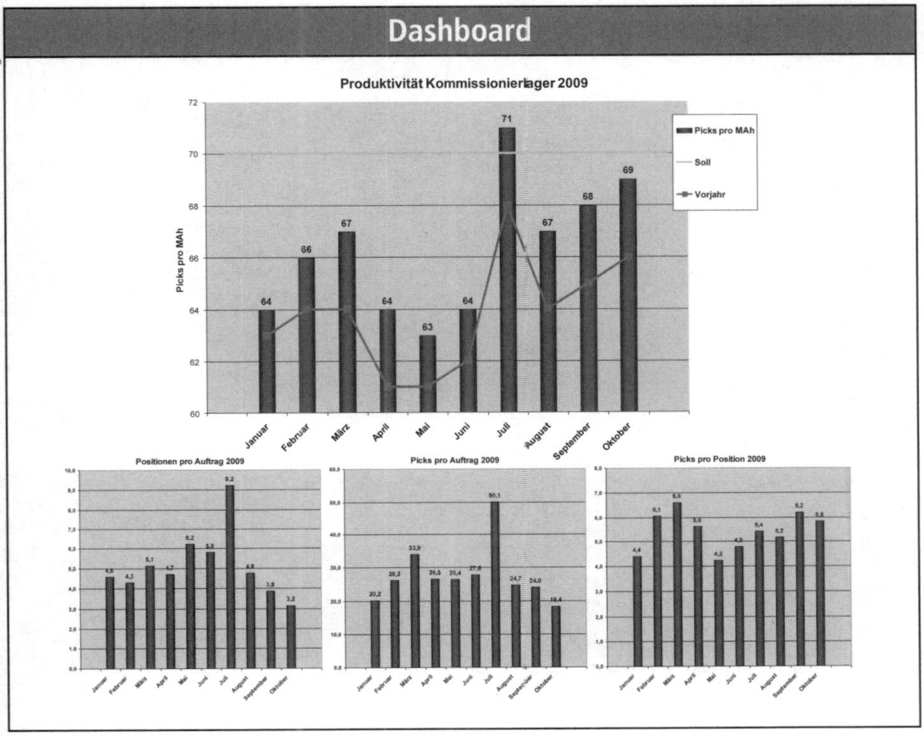


*Abb. 18: Dashboard*

Dashboards sind auch für die Weitergabe zusätzlicher Informationen an den Empfänger nutzbar. Als Beispiel seien Trendvorhersagen genannt, oder auch erläuternde Hinweise wie Kommentare bzw. eingeleitete Maßnahmen. Ein Praxisbeispiel finden Sie in Abbildung 19.

9

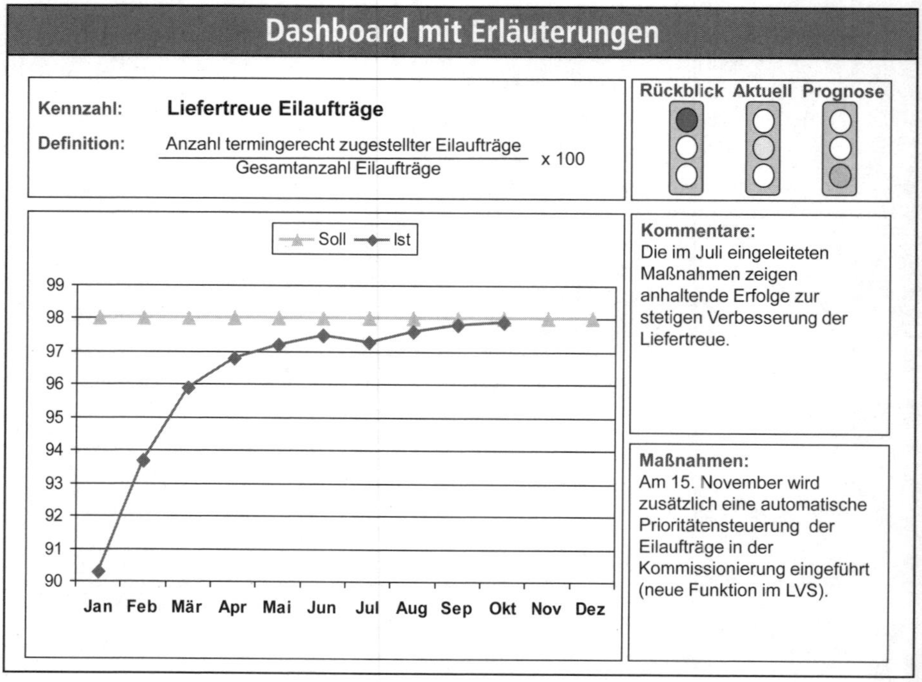


*Abb. 19: Dashboard mit Erläuterungen*

## 9.8 Kommissionier-Audit

Unser heutiges Wirtschaftsleben ist geprägt von einem rapiden Wandel und sich immer schneller ändernden Kundenanforderungen. Diesen Herausforderungen muss sich auch die Kommissionierung stellen. Um die Angemessenheit sowie die Effektivität und Effizienz eines Kommissioniersystems permanent zu überprüfen steht der Logistikleitung ein wirksames Instrument zur Verfügung: das Kommissionier-Audit.

Beim **Kommissionier-Audit** handelt es sich um eine systematische Untersuchung und einen Vergleich der tatsächlichen Kommissionierprozesse sowie deren Ergebnisse (Leistungen, Service, Qualität, Kosten) mit den festgelegten Anforderungen. Es dient dem Erkennen von Abweichungen und Schwachstellen, ferner dem Einleiten von Verbesserungsmaßnahmen. Hauptziel ist die Steigerung der Effektivität und Effizienz der bestehenden Systeme und Prozesse.

Folgende Einzelziele können im Rahmen eines Kommissionier-Audits verfolgt werden:

**Leistungssteigerung**
- Höherer Durchsatz
- Bessere Flächen-/Raumnutzung
- Offene und skalierbare Logistikarchitektur

- ➥ Verbesserte Managementinformationen

**Kostensenkung**
- ➥ Minimierung der Betriebs- und Wartungskosten
- ➥ Verkleinerung der Lagerflächen
- ➥ Reduzierung der Personalkosten
- ➥ Bestandsoptimierung
- ➥ Geringerer Handlingsaufwand

**Serviceverbesserung**
- ➥ Höhere Lieferbereitschaft
- ➥ Bessere Lieferqualität
- ➥ Niedrigere Fehlerrate
- ➥ Kürzere Durchlaufzeiten
- ➥ Verbesserte Lieferflexibilität
- ➥ Höhere Kundenzufriedenheit

Es lassen sich verschiedene Formen von Kommissionier-Audits unterscheiden. Diese sind hauptsächlich abhängig vom investierten Projektaufwand. Tendenziell gilt hierbei: je höher der eingesetzte Zeitaufwand, desto höher der Grad der erreichbaren Verbesserungen (Abbildung 20):

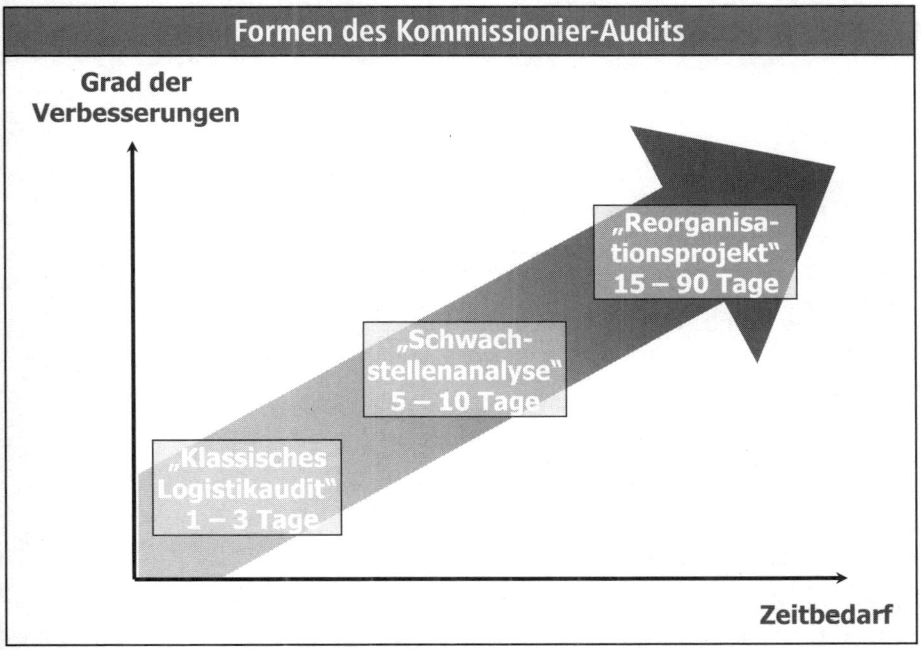


*Abb. 20: Formen des Kommissionier-Audits*

Die Planung, Durchführung und Kontrolle eines Kommissionier-Audits ist ein komplexer Vorgang, der sich aber in eine Vielzahl von Einzelschritten zerlegen lässt. Diese lassen sich wiederum zu Phasen zusammenfassen. Es entsteht ein idealtypisches Vorgehens- oder **Phasenmodell**, das für eine systematische Planung und

Durchführung von Kommissionier-Audits sehr hilfreich ist und als eine Art Leitfaden dienen kann.

Die einzelnen Aufgaben fasst man in den fünf Phasen **Define, Measure & Map, Analyze, Improve und Control** zusammen. Abhängig vom Umfang und der Intensität des Kommissionier-Audits werden die einzelnen Stufen mehr oder weniger ausführlich durchlaufen. Das Modell ist in Abbildung 21 dargestellt.

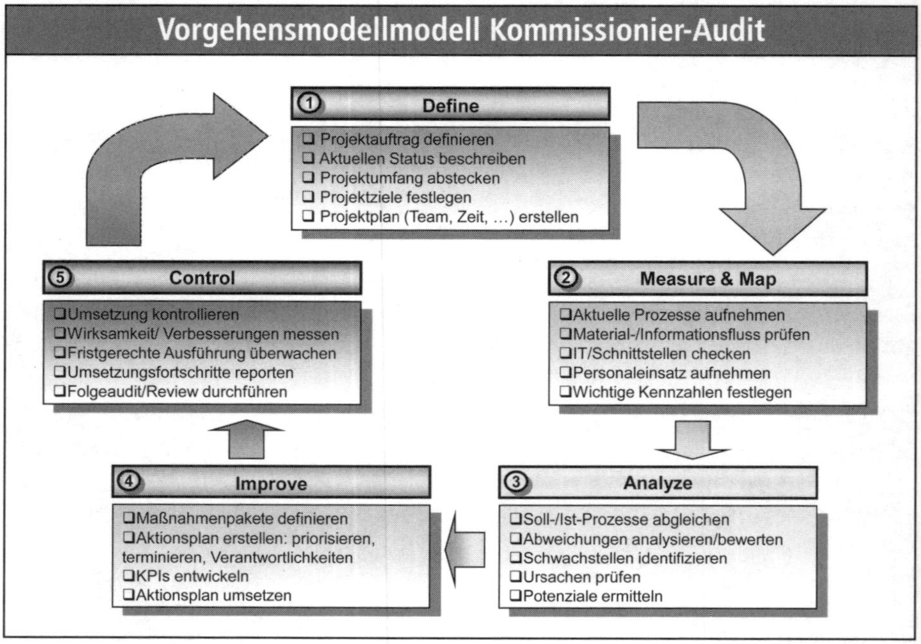


*Abb. 21: Vorgehensmodellmodell Kommissionier-Audit (DMAIC-Zyklus)*

Bei einem Kommissionier-Audit handelt es sich typischerweise um ein Projekt. Deshalb sind in der **Define-Phase** zunächst einmal

- der aktuelle Status zu beschreiben,
- der Projektauftrag genau zu definieren,
- der Projektumfang abzustecken,
- die Projektziele festzulegen,
- der Audit-Zeitplan zu erarbeiten und
- das Audit-Team zu bestimmen.

Methoden und Instrumente, die in dieser Phase zum Einsatz kommen, sind: Projektmanagement, Projektauftrag, Projektziele (SMART), Stakeholder-Analyse, Projektorganisation und Projektplan. Am Ende der **Phase 1** existiert ein vollständiger Projektplan. Einen **Projektplan** für die Reorganisation der Kommissionierung zeigt Abbildung 22.

*Abb.22: Projektplan – Reorganisation Kommissionierung*

Schwerpunkt der **Measure-&-Map-Phase** ist die Ist-Aufnahme und Dokumentation der aktuellen Situation. Sie besteht aus den Einzelschritten:

- aktuelle Prozesse aufnehmen,
- Material-/Informationsfluss prüfen,
- IT/Schnittstellen checken,
- Personaleinsatz aufnehmen und
- wichtige Kennzahlen festlegen.

Die folgenden Instrumente werden üblicherweise in **Phase 2** eingesetzt: Befragungstechniken, Process Mapping, Pareto-Analyse (ABC-Analyse), Prozesskostenrechnung und Kennzahlenanalyse.

Der Fokus der **Analyze-Phase** liegt auf dem Erkennen von Abweichungen und dem Identifizieren von Verbesserungspotenzialen. Dazu sind folgende Einzelschritte erforderlich:

- Soll-/Ist-Prozesse abgleichen,
- Abweichungen analysieren/bewerten,
- Schwachstellen identifizieren,

9

- Ursachen prüfen und
- Potenziale ermitteln.

In **Phase 3** kann eine Vielzahl von Methoden und Instrumenten zur Analyse und Bewertung genutzt werden. Beispielhaft seien genannt: Failure Mode and Effect Analysis (FMEA), Ursache-Wirkungs-Analyse, Schwachstellenanalyse (SWOT), Kennzahlenanalyse und Potentialermittlung/-bewertung (siehe Abbildung 23).

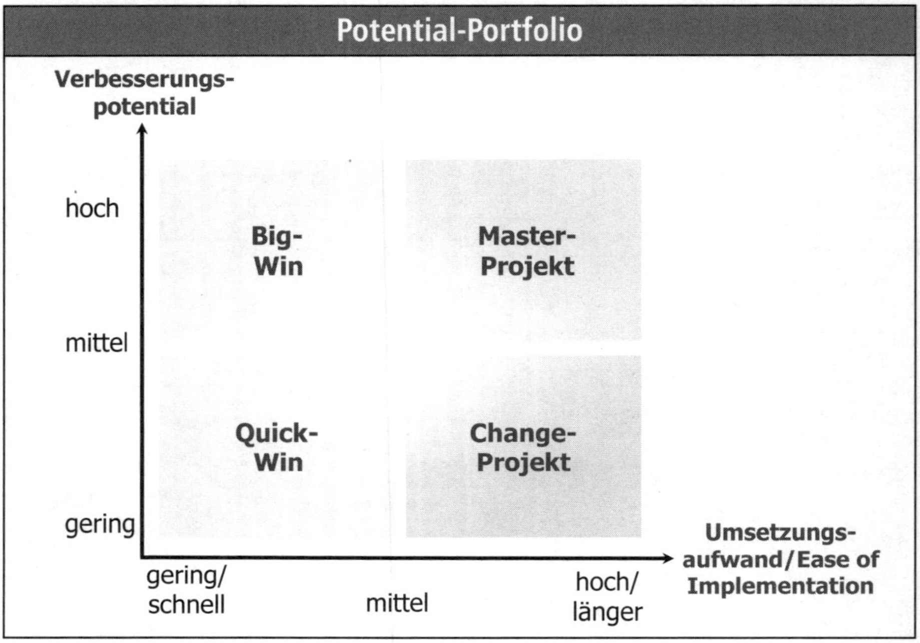


*Abb. 23: Potential-Portfolio*

Die in der vorhergehenden Phase identifizierten Potenziale werden in **Phase 4** in einem Aktionsplan (Masterplan, Road Map) konkretisiert und die festgelegten Maßnahmen umgesetzt. Dies vollzieht sich in folgenden Schritten:

- Maßnahmenpakete definieren,
- Aktionsplan erstellen:
  priorisieren, terminieren, Verantwortlichkeiten festlegen,
- KPIs entwickeln und
- Aktionsplan umsetzen.

Management-Instrumente der **Improve-Phase** sind: Brainstorming, Maßnahmenplanung, Programmplanung, Projektsteckbriefe und/oder Aktionspläne (Road Map/Masterplan). Das Praxisbeispiel eines Projekt-Steckbriefes zeigt Abbildung 24 (Formular in Anlehnung an Miebach Consulting).

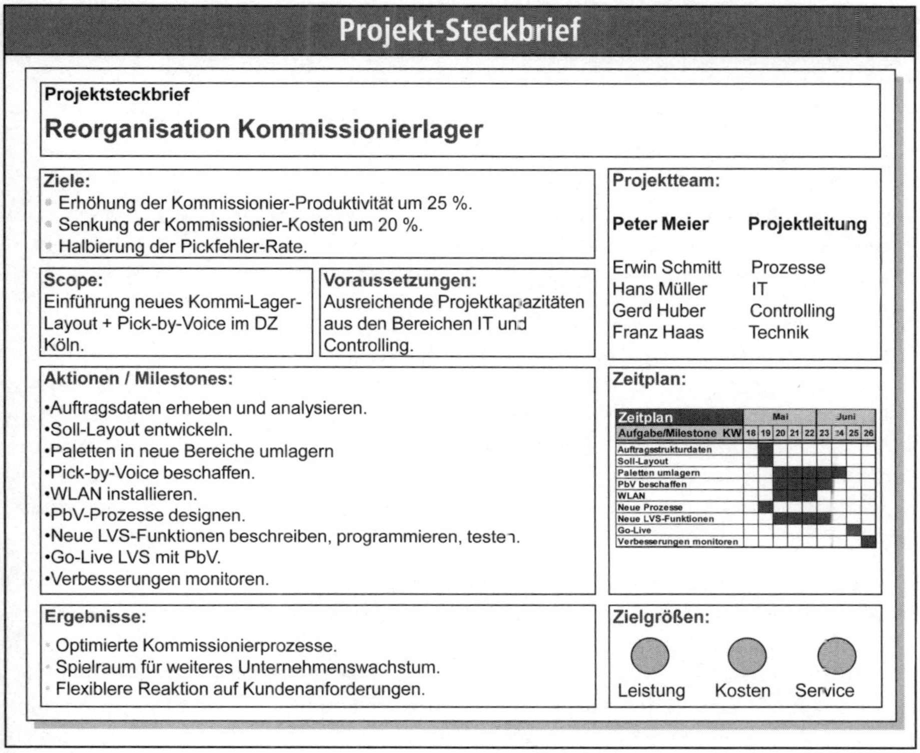


*Abb. 24: Projekt-Steckbrief*

Die fristgerechte und wirksame Umsetzung der beschlossenen Maßnahmen wird in **Phase 5** permanent überwacht. Dies geschieht durch die nachfolgenden Aktivitäten:

- Umsetzung kontrollieren,
- Wirksamkeit/Verbesserungen messen,
- fristgerechte Ausführung überwachen,
- Umsetzungsfortschritte reporten und
- Folge-Audit/Review durchführen.

Wichtige Methoden und Instrumente der **Control-Phase** sind: Projekt-Controlling, Fortschrittskontrolle, Kennzahlenanalyse und Projekt-Cockpit.

## 9.9 Erfolgsfaktoren des Kommissionier-Controllings

**Guter Service und Qualität kosten Geld.**
Definieren Sie Ihre Kommissionierlager-Ziele nicht nur unter Kosten- bzw. Produktivitätsgesichtspunkten. Das würde das Lager zwingen, zu Lasten von Service und Qualität zu sparen. Stimmen Sie die Qualitäts- und Serviceanforderungen eng mit dem Vertrieb ab. Berücksichtigen Sie die Bedürfnisse Ihrer Kunden. Vereinbaren Sie mit dem Vertrieb Service Levels.

9

**Belohnen Sie gute Leistungen und Innovationen.**
Vereinbaren Sie ein Prämienentlohnungssystem mit den Mitarbeitern im Kommissionierlager. Geben Sie den Mitarbeitern einen Anreiz, Qualität und Service zu verbessern, Kosten einzusparen und Prozessverbesserungen vorzuschlagen.

**Automatisieren Sie die Datenerhebung.**
Nehmen Sie so viele Daten wie möglich aus vorhandenen Systemen. Erweitern Sie diese Systeme ggf. um zusätzliche Auswertungen und extrahieren diese in ein Data Warehouse. Das muss nicht immer eine neue, hoch komplexe Business-Intelligence-Lösung sein. Häufig spart eine einfache Access-Datenbank schon erheblichen Aufwand.

**Hinreichende Datentransparenz und -konsistenz.**
Hinterfragen Sie kritisch das Zustandekommen und die Datenbasis von Kennzahlen. Dokumentieren Sie alle notwendigen Informationen zu einer Kennzahl in einem Kennzahlen-Datenblatt bzw. Kennzahlen-Steckbrief. Stellen Sie sicher, dass eine Kennzahl immer nach dem gleichen Berechnungsmodus ermittelt wird. Wenn dieser geändert wird, ist dies zu dokumentieren und auf dem Berichtsblatt zu vermerken.

**Steuern Sie aktiv mit Kennzahlen und Zielen.**
Schaffen Sie sich ein Kommissionier-Controlling-System, das Ihnen jederzeit online Auskunft über den Stand der Kommissionierung gibt. Damit wird Ihnen auch während einer Schicht ermöglicht, einzugreifen: Mitarbeiter in andere Bereiche zu wechseln, Schichtzeiten zu verkürzen oder zu verlängern etc. Steuern Sie längerfristig mit vereinbarten Zielen, die allen Mitarbeitern bekannt sind und deren Erreichungsgrad mindestens monatlich veröffentlicht wird.

**Aktualität geht vor Genauigkeit.**
Das Monatsreporting sollte spätestens am fünften Arbeitstag nach Monatsende vorliegen. Die Tagesübersicht sollte um 08:00 h am nächsten Morgen verfügbar sein. Da muss nicht jede Zahl in der dritten Nachkommastelle stimmen.

**Weniger ist oft mehr.**
15 bis max. 20 Kennzahlen reichen für die meisten Bereiche aus. Lassen Sie keine „Zahlenfriedhöfe" produzieren; die liest sowieso keiner, sie kosten aber Ihr Geld. Wenn Sie neue Kennzahlen einführen, streichen Sie dafür andere.

**„KISS" – Keep it simple and stupid.**
Das Wichtigste zum Schluss: vermeiden Sie Komplexität wo es nur geht. Nehmen Sie das Kommissionier-Controlling-Projekt oder ein Kommissionier-Audit zum Anlass, eingefahrene Prozesse zu vereinfachen und übersichtlicher zu gestalten.

## 9.10 Fazit

Im vorliegenden Beitrag wurden verschiedene Instrumente des Kommissionier-Controllings vorgestellt und anhand von Beispielen aus der täglichen Praxis erläutert. Diese lassen sich natürlich nicht eins zu eins auf andere Unternehmen und Problemstellungen übertragen. Sie bedürfen der **situativen Anpassung** an die jeweiligen Strategien, Ziele und Marktbedingungen. Die vorgestellten Instrumente sollen Ihnen vielmehr Anregung und Hilfsmittel zugleich sein.

An vielen Stellen in diesem Kapitel wurde die Wichtigkeit des „kritischen Hinterfragens", insbesondere von Kennzahlen, verdeutlicht. Die Prüfung der Aussagefähigkeit aller Controlling-Instrumente muss ein permanenter Prozess sein. Daneben ist die Benutzerfreundlichkeit, z. B. durch Visualisierung, ein wichtiges Kriterium.

## Literaturverzeichnis

BME (2009): BME (Hrsg.): Das Kochbuch der logistischen Kennzahlen – ein Leitfaden von Praktikern für Praktiker, Frankfurt am Main.

GLADEN (2005): Gladen, Werner: Performance Measurement. Controlling mit Kennzahlen, 3. Aufl., Wiesbaden.

LE-DUC (2005): Le-Duc, Tho: Design and Control of Efficient Order Picking Processes, Rotterdam.

LOGISTIK HEUTE (2005): o. V.: Messbare Logistik, in: Logistik Heute (4) 2005, Seite 54 – 55.

SCHIETINGER (2007): Schietinger, Jörg: KPIs als Basis des Service Level Reportings, in: Pulverich, Michael; Schietinger, Jörg (Hrsg.): Service Levels in der Logistik. Mit KPIs und SLAs erfolgreich steuern, München.

SELZER (2008): Selzer, Günter: Koordination von Dienstleistungen und Warenströmen im globalen Wettbewerb. Eine Einführung in die Logistik, Aachen.

## Anhang

### Kommissionierkennzahlen-Katalog

### Struktur- und Rahmenkennzahlen

#### ➥ Artikelstruktur

| Artikelanzahl |
|---|
| Gesamtzahl verschiedener Artikelnummern |
| Diese Kennzahl gibt an, wie viele verschiedene Artikel zu kommissionieren sind. Sie ist ein Indiz für die Komplexität des Kommissioniersystems. |

| Durchschnittliche Anzahl Verpackungsstufen |
|---|
| $\dfrac{\Sigma \text{ der Verpackungsstufen der einzelnen Artikel}}{\text{Gesamtzahl verschiedener Artikel-Nummern}}$ |
| Diese Kennzahl ermittelt die durchschnittliche Anzahl der Verpackungsstufen (Stück, Verkaufseinheit, Umkarton, Masterkarton, Lage, Palette etc.). Sie liefert damit ebenfalls einen Hinweis auf die Komplexität des Kommissioniersystems. |

| Pickrelevanter Verpackungsstufenanteil |
|---|
| $$\frac{\text{Ø Anzahl pickrelevanter Verpackungsstufen}}{\text{Ø Anzahl Verpackungsstufen}} \times 100$$ |
| Der pickrelevante Verpackungsstufenanteil zeigt den Anteil der Verpackungsstufen, der in der Kommissionierung gepickt wird. Er liefert damit ebenfalls einen Hinweis auf die Komplexität des Kommissioniersystems. |

**Auftragsstruktur**

| Durchschnittliche Positionen je Auftrag |
|---|
| $$\frac{\text{Anzahl Auftragspositionen je Periode}}{\text{Anzahl Aufträge je Periode}}$$ |
| Die Anzahl Auftragspositionen pro Auftrag ist ein Indikator für die Auftragsgröße und die Komplexität der Aufträge. Sie gibt an, wie viele Kommissionierplätze durchschnittlich pro Auftrag angefahren werden müssen. Der Periodenvergleich zeigt Veränderungen der Auftragsstruktur. |

| Durchschnittliche Picks je Auftrag |
|---|
| $$\frac{\text{Anzahl Picks je Periode}}{\text{Anzahl Aufträge je Periode}}$$ |
| Die Anzahl Picks pro Auftrag ist ein Indikator für die Auftragsgröße und die Komplexität der Aufträge. Sie gibt an, wie viele Teile durchschnittlich pro Auftrag gepickt werden müssen. Der Periodenvergleich zeigt Veränderungen der Auftragsstruktur. |

| Durchschnittliches Auftragsgewicht |
|---|
| $$\frac{\text{Gesamtgewicht aller Aufträge je Periode}}{\text{Anzahl Aufträge je Periode}}$$ |
| Diese Kennzahl gibt das durchschnittliche Gewicht (in kg) eines Auftrages an. Sie liefert Hinweise auf die Arbeitsbelastung der Kommissionierer. Der Periodenvergleich zeigt Veränderungen der Auftragsstruktur. |

| Durchschnittliches Auftragsvolumen |
|---|
| $$\frac{\text{Gesamtvolumen aller Aufträge je Periode}}{\text{Anzahl Aufträge je Periode}}$$ |
| Diese Kennzahl gibt das durchschnittliche Volumen (in Liter oder $m^3$) eines Auftrages an. Sie liefert Hinweise auf das bewegte Volumen. Der Periodenvergleich zeigt Veränderungen der Auftragsstruktur. |

| Eilauftragsquote |
|---|
| $$\frac{\text{Anzahl Eilaufträge}}{\text{Gesamtanzahl Aufträge}} \times 100$$ |
| Die Eilauftragsquote zeigt den Anteil der dringenden Aufträge an der Gesamtmenge der Aufträge. Sie ist ein Indikator für die Flexibilitätsanforderungen an die Kommissionierung. Veränderungen im Zeitvergleich sind genau zu beobachten. |

| Sonderauftragsquote |
|---|
| $$\frac{\text{Anzahl Aufträge mit Sonderabwicklung}}{\text{Gesamtanzahl Aufträge}} \times 100$$ |
| Die Sonderauftragsquote zeigt den Anteil der Aufträge mit Value Added Services an der Gesamtmenge der Aufträge. Sie ist ein Indikator für die Flexibilitätsanforderungen an die Kommissionierung. Veränderungen im Zeitvergleich sind genau zu beobachten. |

| Auftragseingangsdiskontinuität |
|---|
| $$\frac{\text{Standardabweichung AE (Aufträge/ZE)}}{\text{Mittelwert Auftragseingang (Aufträge/ZE)}} \times 100$$ |
| Die Auftragseingangsdiskontinuität ist ein Maß für die ungleiche Verteilung des Auftragseingangs. Sie kann auf Tages-, Wochen- oder Monatsbasis gemessen werden. |

| Auftragsfehlerrate |
|---|
| $$\frac{\text{Anzahl fehlerhafter Aufträge}}{\text{Gesamtanzahl übertragener Aufträge}} \times 100$$ |
| Die Auftragsfehlerrate zeigt den Anteil der fehlerhaften Aufträge (Aufträge, die vor der Kommissionierung manuell bearbeitet bzw. geklärt werden müssen) an der Gesamtanzahl der eingegangenen Aufträge. Sie ist ein Maß für den Zusatzaufwand in der Auftragssteuerung. |

9

### Positionsstruktur

| Durchschnittliche Picks je Position |
|---|
| $\frac{\text{Anzahl Picks je Periode}}{\text{Anzahl Auftragspositionen je Periode}}$ |
| Die Anzahl Picks pro Position sind ein Indikator für die Positionsgröße und die Komplexität der Aufträge. Sie gibt an, wie viele Teile durchschnittlich pro Position gepickt werden müssen. Der Periodenvergleich zeigt Veränderungen der Auftragsstruktur. |

| Durchschnittliches Positionsgewicht |
|---|
| $\frac{\text{Gesamtgewicht aller Positionen}}{\text{Anzahl Positionen}}$ |
| Diese Kennzahl gibt das durchschnittliche Gewicht (in kg) einer Auftragsposition an. Sie liefert Hinweise auf die Arbeitsbelastung der Kommissionierer. Der Periodenvergleich zeigt Veränderungen der Auftragsstruktur. |

| Durchschnittliches Positionsvolumen |
|---|
| $\frac{\text{Gesamtvolumen aller Positionen}}{\text{Anzahl Positionen}}$ |
| Diese Kennzahl gibt das durchschnittliche Volumen (in Liter oder $m^3$) einer Auftragsposition an. Sie liefert Hinweise auf das bewegte Volumen. Der Periodenvergleich zeigt Veränderungen der Auftragsstruktur. |

| Durchschnittlicher Positionswert |
|---|
| $\frac{\text{Gesamtwert aller Positionen}}{\text{Anzahl Positionen}}$ |
| Diese Kennzahl gibt den durchschnittlichen Umsatzwert (in EURO) einer Auftragsposition an. Der Periodenvergleich zeigt Veränderungen der Auftragsstruktur. |

### Pick-Struktur

| Durchschnittliches Pick-Gewicht |
|---|
| $\frac{\text{Gesamtgewicht aller Picks}}{\text{Anzahl Picks}}$ |
| Diese Kennzahl gibt das durchschnittliche Gewicht (in kg) eines Picks an. Sie liefert Hinweise auf die Arbeitsbelastung der Kommissionierer. Der Periodenvergleich zeigt Veränderungen der Auftragsstruktur. |

| Durchschnittliches Pick-Volumen |
| --- |
| $$\frac{\text{Gesamtvolumen aller Picks}}{\text{Anzahl Picks}}$$ |
| Diese Kennzahl gibt das durchschnittliche Volumen (in Liter) eines Picks an. Sie liefert Hinweise auf das bewegte Volumen. Der Periodenvergleich zeigt Veränderungen der Auftragsstruktur. |

| Durchschnittlicher Pick-Wert |
| --- |
| $$\frac{\text{Gesamtwert aller Picks}}{\text{Anzahl Picks}}$$ |
| Diese Kennzahl gibt den durchschnittlichen Umsatzwert (in EURO) eines Picks an. Der Periodenvergleich zeigt Veränderungen der Auftragsstruktur. |

| Kommissionierfaktor |
| --- |
| $$\frac{\text{Zahl der Entnahmeeinheiten pro Ladeeinheit}}{\text{Zahl der Entnahmeeinheiten pro Position}}$$ |
| Der Kommissionierfaktor zeigt die Anzahl Positionen pro Bereitstelleinheit an. Er gibt an, wie oft ein Kommissionierplatz angefahren werden muss, bevor er leer ist. Der Periodenvergleich zeigt Veränderungen der Auftragsstruktur. |

| Anteil Ganzpalettenauslagerungen |
| --- |
| $$\frac{\text{Anzahl Ganzpaletten}}{\text{Gesamtanzahl Picks}} \times 100$$ |
| Der Ganzpalettenauslagerungsanteil gibt den Anteil der Vollpaletten-Picks an der Gesamtanzahl der Picks an. Der Periodenvergleich zeigt Veränderungen der Auftragsstruktur. Der Anteil Ganzpalettenauslagerungen lässt sich auch als Anteil an den gesamten Versandpaletten (Kommissionierpaletten plus Ganzpaletten) ermitteln. |

### Versandstruktur

| Durchschnittliche Anzahl Kommissionierpaletten |
| --- |
| $$\frac{\text{Gesamtanzahl Kommissionierpaletten}}{\text{Gesamtanzahl Aufträge}}$$ |
| Die Kommissionierpalettenanzahl ist ein Indikator für die Auftragsgröße und die Komplexität der Aufträge. Sie gibt an, wie viele Kommissionierpaletten durchschnittlich pro Auftrag entstehen. Der Periodenvergleich zeigt Veränderungen der Auftragsstruktur. |

9

| Durchschnittliche Anzahl Versandpakete |
|---|
| $\frac{\text{Gesamtgewicht aller Sendungen}}{\text{Gesamtanzahl Sendungen}}$ |
| Diese Kennzahl gibt das durchschnittliche Gewicht (in kg) einer Sendung an. Sie weicht vom durchschnittlichen Auftragsgewicht ab, wenn Aufträge zusammen gefasst oder Positionen storniert werden. Der Periodenvergleich zeigt Veränderungen der Auftragsstruktur. |

| Durchschnittliches Sendungsgewicht |
|---|
| $\frac{\text{Gesamtgewicht aller Sendungen}}{\text{Gesamtanzahl Sendungen}}$ |
| Diese Kennzahl gibt das durchschnittliche Gewicht (in kg) einer Sendung an. Sie weicht vom durchschnittlichen Auftragsgewicht ab, wenn Aufträge zusammen gefasst oder Positionen storniert werden. Der Periodenvergleich zeigt Veränderungen der Auftragsstruktur. |

| Durchschnittliches Kommissionierpalettengewicht |
|---|
| $\frac{\text{Gesamtgewicht aller Kommissionierpaletten}}{\text{Gesamtanzahl Kommissionierpaletten}}$ |
| Diese Kennzahl gibt das durchschnittliche Gewicht (in kg) einer Kommissionierpalette an. Der Periodenvergleich zeigt Veränderungen der Auftragsstruktur. |

| Durchschnittliches Versandpaketgewicht |
|---|
| $\frac{\text{Gesamtgewicht aller Versandpakete}}{\text{Gesamtanzahl Versandpakete}}$ |
| Diese Kennzahl gibt das durchschnittliche Gewicht (in kg) eines Versandpaketes an. Der Periodenvergleich zeigt Veränderungen der Auftragsstruktur. |

### ➥ Produktivitätskennzahlen

| Pick-Leistung |
|---|
| $\frac{\text{Gesamtzahl der Kommissionier-Picks je Periode}}{\text{Mitarbeiterstunden Kommissionierung je Periode}}$ |
| Die Pick-Leistung ist das Verhältnis der im Betrachtungszeitraum kommissionierten Picks zu den eingesetzten Mitarbeiterstunden. Sie zeigt die Produktivität des Kommissionierlagers. |

| Pick-Leistungsgrad |
|---|
| $\frac{\text{Ist-Kommissionierleistung}}{\text{Soll-Kommissionierleistung}} \times 100$ |
| Der Pick-Leistungsgrad drückt das Verhältnis der tatsächlichen Pick-Leistung zur vereinbarten Soll-Pickleistung aus. |

| Durchschnittliche Pickzeit |
|---|
| $\frac{\Sigma \text{ der Kommissionierzeiten}}{\text{Gesamtanzahl der Kommissionierpositionen}}$ |
| Die durchschnittliche Pick-Zeit ist das Verhältnis der im Betrachtungszeitraum eingesetzten Mitarbeiterstunden zu den kommissionierten Pick-Positionen. Sie zeigt ebenfalls die Produktivität des Kommissionierlagers. |

| Flächennutzungsgrad Kommissionierlager |
|---|
| $\frac{\text{Genutzte Lagerfläche (m}^2\text{)}}{\text{Vorhandene Lagerfläche (m}^2\text{)}}$ |
| Der Flächennutzungsgrad ist ein Maß für die Belegung des Kommissionierlagers. Er setzt die tatsächlich genutzte Fläche ins Verhältnis zur vorhandenen Fläche im Kommissionierlager. Er ist ein Maß für die Effizienz der Lagernutzung. |

| Nutzungsgrad Kommissionierlager |
|---|
| $\frac{\text{Belegte Palettenplätze}}{\text{Vorhandene Palettenplätze}} \times 100$ |
| Der Nutzungsgrad Kommissionierlager ist ein Indikator für die Auslastung des Kommissionierlagers. Er berechnet sich aus dem Verhältnis belegter Palettenplätze zu den vorhandenen Palettenplätzen. Er ist ein Maß für die Effizienz der Lagernutzung und lässt sich in gleicher Weise für Behälterläger ermitteln. |

| Kapazitätsauslastungsgrad Lagermittel |
|---|
| $\frac{\text{Ø in Anspruch genommene Kapazität}}{\text{Vorhandene Kapazität}} \times 100$ |
| Der Lagermittelkapazitätsauslastungsgrad gibt Auskunft über die Intensität der Nutzung der Lagermittel. Er wird in der Regel für die Flurförderzeuge auf Basis der Betriebsstunden ermittelt und ist ein Maß für die Effizienz der Lagermittelnutzung. |

9

### Wirtschaftlichkeitskennzahlen

| Pick-Kosten |
| --- |
| $$\frac{\text{Gesamtkosten Kommissionierung}}{\text{Gesamtanzahl Kommissionier-Picks}}$$ |
| Die Pickkosten zeigen die Kosten für einen Pick. Sie errechnen sich aus dem Verhältnis von Gesamt-Kommissionierkosten zu der Gesamtanzahl der kommissionierten Picks in der Berichtsperiode. |

| Zielerreichungsgrad Pick-Kosten |
| --- |
| $$\frac{\text{Ist-Pickkosten}}{\text{Soll-Pickkosten}} \times 100$$ |
| Der Pick-Kosten-Zielerreichungsgrad drückt das Verhältnis der tatsächlichen Pickkosten zu den vereinbarten Soll-Pick-Kosten aus. Die Soll-Pick-Kosten errechnen sich auf Basis der Soll-Pick-Leistung. |

| Kosten Kommissionierlager |
| --- |
| Σ aller Kosten der Kommissionierung |
| Die Kommissionierlagerkosten ermitteln sich aus der Summe aller für das Kommissionierlager anfallenden Kosten: Personal-, Gebäude-, Lagermittel-, Betriebsmittel-, Bestands-, IT- und Administrationskosten. |

| Kommissionier-Positionskosten |
| --- |
| $$\frac{\text{Gesamtkosten Kommissionierung}}{\text{Gesamtanzahl Kommissionierauftragspositionen}}$$ |
| Die Positionskosten zeigen die Kosten für eine Kommissionierposition. Sie errechnen sich aus dem Verhältnis von Gesamt-Kommissionierkosten zu der Gesamtanzahl der kommissionierten Positionen in der Berichtsperiode. |

| Kostenanteil Kommissionierung an Lagerkosten |
| --- |
| $$\frac{\text{Gesamtkosten Kommissionierung}}{\text{Gesamtlagerkosten}} \times 100$$ |
| Der Kommissionierkostenanteil ist das Verhältnis der gesamten Kommissionierungskosten zu den Gesamtlagerkosten. Er ist ein Indikator für den Stellenwert der Kommissionierung innerhalb des Lagers. |

| Kostenanteil Kommissionierung an Logistikkosten |
|---|
| $$\frac{\text{Gesamtkosten Kommissionierung}}{\text{Gesamtlogistikkosten}} \times 100$$ |
| Der Kommissionierkostenanteil ist das Verhältnis der gesamten Kommissionierungskosten zu den Gesamtlogistikkosten. Er ist ein Indikator für den Stellenwert der Kommissionierung innerhalb der Logistik. |

| Kommissionierwertfaktor |
|---|
| $$\frac{\text{Gesamtkosten Kommissionierung}}{\text{Verkaufswert der kommissionierten Waren}} \times 100$$ |
| Der Kommissionierwertfaktor ist das Verhältnis der gesamten Kosten der Kommissionierung zu dem Verkaufswert aller kommissionierten Artikel in der Berichtsperiode. |

➥ **Qualitätskennzahlen**

| Lieferqualität |
|---|
| $$\frac{\text{Anzahl der fehlerfrei gelieferten Auftragspositionen}}{\text{Anzahl der bestätigten Auftragspositionen}} \times 100$$ |
| Die Lieferqualität gibt den Prozentsatz an, mit dem die vom Lager ausgelieferten Positionen termin-, typ-, mengen-, zustands- und dokumentengerecht erfüllt wurden. Diese werden ins Verhältnis gesetzt zu den insgesamt für diese Aufträge den Kunden per Auftragsbestätigung bestätigen Positionen. |

| Kundenzufriedenheitsindex |
|---|
| $$\frac{\Sigma\text{ (Ø Kundenzufriedenheitsbewertung je Parameter x relative Gewichtung)}}{\Sigma\text{ aller relativen Gewichtungen}}$$ |
| Der Kundenzufriedenheitsindex drückt die Zufriedenheit der Kunden mit den Lieferungen des Distributionszentrums aus. Er wird mittels Fragebogen ermittelt. |

| Mittlere Durchlaufzeit Kommissionierung |
|---|
| $$\frac{\text{Summe DLZ aller Aufträge}}{\text{Gesamtanzahl Aufträge}}$$ |
| Die Durchlaufzeit gibt die durchschnittliche Kommissionierzeit eines Auftrages an. Die Zeitspanne reicht von der Freigabe des Auftrages für die Kommissionierung bis zur Abgabe der kommissionierten Pakete/Paletten an den Warenausgang. |

9

| Eilauftrags-DLZ |
| --- |
| $\frac{\text{Summe DLZ aller Eilaufträge}}{\text{Gesamtanzahl Eilaufträge}}$ |
| Die Eilauftrags-Durchlaufzeit gibt die durchschnittliche Kommissionierzeit eines Eilauftrages an. Die Zeitspanne reicht von der Freigabe des Eilauftrages für die Kommissionierung bis zur Abgabe der kommissionierten Pakete/Paletten an den Warenausgang. |

| Durchlaufzeit-Erfüllungsgrad |
| --- |
| $\frac{\text{Ist-Durchlaufzeit}}{\text{Soll-Durchlaufzeit}} \times 100$ |
| Der Durchlaufzeit-Erfüllungsgrad drückt das Verhältnis der tatsächlichen Durchlaufzeit zur vereinbarten Soll-Durchlaufzeit aus. |

| Bestandsgenauigkeit |
| --- |
| $\frac{\text{Inventurbestand}}{\text{Systembestand}} \times 100$ |
| Die Bestandsgenauigkeit ist ein Maß für die Korrektheit der Lagerbestände im Kommissionierlager. Der bei einer Inventur gezählte Bestand wird ins Verhältnis gesetzt zum Buchbestand im Lagerverwaltungssystem. |

| Lagerschadensquote |
| --- |
| $\frac{\text{Anzahl/Wert beschädigter Artikel}}{\text{Ø Lagerbestand}} \times 100$ |
| Die Lagerschadensquote gibt Auskunft über das Verhältnis der im Kommissionierlager beschädigten Artikel zum durchschnittlichen Lagerbestand. Sie kann auf Basis von Stück oder Wert ermittelt werden. |

| Qualitätskostenanteil |
| --- |
| $\frac{\text{Qualitätskosten}}{\text{Gesamtkosten Kommissionierung}} \times 100$ |
| Der Qualitätskostenanteil ist der Anteil der Qualitätskosten an den gesamten Kosten des Kommissionierlagers. Er gibt den Prozentsatz an, der im Kommissionierlager für Qualitätsmaßnahmen aufgewendet wird. |

9

| Fehlerkostenanteil |
|---|
| $$\frac{\text{Fehlerkosten}}{\text{Gesamt-Qualitätskosten}} \times 100$$ |
| Der Fehlerkostenanteil zeigt den Anteil der Fehlerkosten an den gesamten Qualitätskosten. Fehlerkosten sind alle internen und externen Kosten die durch Pick-Fehler verursacht werden. |

| Prüfkostenanteil |
|---|
| $$\frac{\text{Prüfkosten}}{\text{Gesamt-Qualitätskosten}} \times 100$$ |
| Der Prüfkostenanteil zeigt den Anteil der Prüfkosten an den gesamten Qualitätskosten. Prüfkosten sind alle Kosten die im Zusammenhang mit Qualitätschecks entstehen. |

| Fehlerverhütungskostenanteil |
|---|
| $$\frac{\text{Fehlerverhütungskosten}}{\text{Gesamt-Qualitätskosten}} \times 100$$ |
| Der Fehlerverhütungskostenanteil zeigt den Anteil der Fehlerverhütungskosten an den gesamten Qualitätskosten. Fehlerverhütungskosten sind alle Kosten im Zusammenhang mit vorbeugenden Qualitätsmaßnahmen. |

| Bestandsdifferenzen-Kosten |
|---|
| $$\frac{\Sigma\ [(\text{Soll-LB} - \text{tatsächlicher LB}) \text{ x Herstellkosten}]}{\Sigma\ (\text{Soll-Lagerbestand x Herstellkosten})} \times 100$$ |
| Die Bestandsdifferenzen-Kosten drücken das Verhältnis der wertmäßigen Bestandsdifferenzen (zu Herstellkosten) zu dem buchmäßigen Soll-Lagerbestand aus. |

| Prozessverbesserungsquote |
|---|
| $$\frac{\text{Anzahl der Prozesse, die verbessert wurden}}{\text{Gesamtanzahl der Prozesse}} \times 100$$ |
| Die Prozessverbesserungsquote ist das Verhältnis der verbesserten Prozesse in einer Berichtsperiode zu der Gesamtanzahl der Kommissionierprozesse. Sie ist ein Maß für die Innovationsfähigkeit des Kommissionierlagers. |

### Flexibilitätskennzahlen

| Lieferflexibilität |
|---|
| $$\frac{\text{Anzahl erfüllter Sonderwünsche}}{\text{Anzahl aller Sonderwünsche}} \times 100$$ |
| Die Lieferflexibilität ermittelt sich aus der Anzahl der erfüllten Sonderwünsche zu der Gesamtanzahl der durch die Kunden geäußerten Sonderwünsche. |

| Eilauftragsflexibilität |
|---|
| $$\frac{\text{Anzahl termingerecht gelieferter Eilaufträge}}{\text{Anzahl aller Eilaufträge}} \times 100$$ |
| Die Eilauftragsflexibilität zeigt den Anteil der termingerecht ausgelieferten Eilaufträge im Verhältnis zur Gesamtanzahl aller Eilaufträge. |

| Auftragsänderungsflexibilität |
|---|
| $$\frac{\text{Anzahl der durch geänderte Aufträge gelieferten Waren}}{\text{Anzahl der durch geänderte Aufträge bestellten Waren}} \times 100$$ |
| Die Auftragsänderungsflexibilität ist der Prozentsatz der tatsächlich durch nachträglich geänderte Aufträge ausgelieferten Waren im Verhältnis der durch nachträglich geänderte Aufträge bestellten Waren. |

### Personalkennzahlen

| Mitarbeiterzufriedenheitsindex |
|---|
| $$\frac{\Sigma\,(\text{Ø Mitarbeiterzufriedenheitsbewertung je Parameter x relative Gewichtung})}{\Sigma\text{ aller relativen Gewichtungen}} \times 100$$ |
| Der Mitarbeiterzufriedenheitsindex drückt die Zufriedenheit der Mitarbeiter mit ihrem Arbeitsplatz im Kommissionierlager und mit den Arbeitgeberleistungen aus. Er wird mittels Fragebogen ermittelt. |

| Qualifikationsbreite |
|---|
| $$\frac{\text{Ø Anzahl Arbeitsgänge, die Mitarbeiter ausführen können}}{\text{Anzahl der möglichen Arbeitsgänge, die durch eine Person bearbeitbar sind}} \times 100$$ |
| Die Qualifikationsbreite ist ein Indikator für den flexiblen Mitarbeitereinsatz. Je mehr Arbeitsgänge die Mitarbeiter ausführen können, um so schneller und einfacher können sie bei anderen Arbeitsgängen eingesetzt werden. |

**Fluktuationsquote**

$$\frac{\text{Anzahl ausgeschiedener Mitarbeiter}}{\text{Gesamtanzahl der Mitarbeiter}} \times 100$$

Die Fluktuationsquote ist der Anteil der ausgeschiedenen Mitarbeiter im Verhältnis zu der Gesamtanzahl der Mitarbeiter. Sie ist ein Maß für die die Zufriedenheit der Mitarbeiter, insbesondere im Vergleich zu anderen Abteilungen des Unternehmens oder zu anderen Unternehmen.

**Krankenstandsquote**

$$\frac{\text{Gesamtanzahl Krankheitstage}}{\text{Gesamtanzahl Arbeitstage aller Mitarbeiter}} \times 100$$

Die Krankenstandsquote gibt Auskunft über den Anteil der Krankheitstage im Verhältnis zu den gesamten Arbeitstagen aller Mitarbeiter im Kommissionierlager. Sie ist ebenfalls ein Maß für die die Zufriedenheit der Mitarbeiter, insbesondere im Vergleich zu anderen Abteilungen des Unternehmens oder zu anderen Unternehmen.

**Zeitarbeitsquote**

$$\frac{\text{Gesamtanzahl Arbeitstage der Zeitarbeiter}}{\text{Gesamtanzahl Arbeitstage aller Mitarbeiter}} \times 100$$

Die Zeitarbeitsquote setzt die Gesamtanzahl der durch Zeitarbeiter erbrachten Arbeitstage ins Verhältnis zu der Gesamtanzahl an Arbeitstagen aller Mitarbeiter.

**Qualitätsschulungsrate**

$$\frac{\text{Anzahl durchgeführter Schulungen}}{\text{Anzahl geplanter Schulungen}} \times 100$$

Die Qualitätsschulungsrate drückt das Verhältnis der tatsächlich durchgeführten Schulungen zur Anzahl der geplanten Schulungen aus. Sie ist ein Maß für den Schulungsfortschritt.

# TEIL 2:

## Best Practice: Kommissionierung

10

# 10 MODERNE KOMMISSIONIERSYSTEME IN DER HANDELSLOGISTIK: KOMMISSIONIERUNG IN DER WÜRTH-GRUPPE

*(Volker Erlewein)*

## 10.1 Anforderungen an moderne Kommissioniersysteme

Durch die immer rasantere Entwicklung von neuen Techniken und Medien ändern sich auch die Kundenanforderungen immer schneller. Dies bedeutet für die Logistik, dass auch neue Kommissioniersysteme kürzeren Realisierungszeiträumen unterliegen. Der allgemeine Trend bei modernen Kommissioniersystemen neigt daher zu wesentlich höheren Anforderungen als bisher.

Eine dieser Anforderung ist z. B. die Systemflexibilität. Bei unterschiedlich hohem Auftragseingang muss das System flexibel und skalierbar sein. Auch in Krisen bzw. bei geringerem Auftragseingang muss ein Kommissioniersystem produktiv und effizient arbeiten.

Eine individuelle Priorisierung der Aufträge muss möglich sein (kurze Durchlaufzeiten); besonders eilige Aufträge müssen vorrangig behandelt werden können, da sich der Kunde auf eine pünktliche Lieferung verlässt.

Eine weitere Anforderung ist die Systemleistung. Durch die neuen Techniken konnten die Kommissioniersysteme ihre Leistung erheblich erhöhen. Wichtig ist aber nicht nur die Systemleistung, sondern auch die Systemverfügbarkeit; nur bei einer hohen Verfügbarkeit und geringen Stillstandzeiten kann eine kurze Durchlaufzeit erreicht werden.

Trotz hoher Leistung, Flexibilität und Verfügbarkeit sollte man aber auch die Systemkosten nicht aus dem Auge verlieren. Geringe Systemkosten tragen wesentlich zum Erfolg moderner Kommissioniersysteme bei – und damit zur Kundenzufriedenheit.

Aber nicht nur die Technik und die Prozesse sind wichtig, ein wesentlicher Erfolgsfaktor bleiben die Menschen. Bereits bei der Planung sollten deshalb die Mitarbeiter (als „Praktiker“) involviert sein. Kein Mitarbeiter und keine Führungskraft wird später Widerstände und Vorbehalte gegen ein Kommissioniersystem aufzeigen, an dessen Entwicklung er selbst beteiligt war bzw. das er mit ausgesucht hat. Aussagen wie „Das hätte ich euch gleich sagen können …“, „Das kann ja nicht funktionieren …“ oder „Aber in der Praxis …“ werden verhindert (oder zumindest deutlich reduziert); stattdessen werden die Beteiligten einen reibungslosen Systemanlauf anstreben.

## 10.2 Anforderungen an Kommissioniersysteme in der Handelslogistik

Die Firma Würth ist das weltweit größte Direktvertriebsunternehmen im Bereich Montage- und Befestigungstechnik. Die Würth-Gruppe umfasst 400 marktaktive Gesellschaften in 86 Ländern. Größtes Unternehmen ist die Adolf Würth GmbH & Co. KG mit ihrem Sitz in Künzelsau (Hohenlohe). Hier werden ca. 100.000 verschiedene Artikel gelagert. Dabei handelt es sich um sehr heterogene Artikel wie z. B. sehr zerbrechliche, leichte Glühbirnen, sehr schwere Schwerlastanker, chemische Produkte zum Schmieren und Reinigen, aber auch sperrige Artikel wie vier Meter lange Gewindestangen, Leitern etc.

Wesentlicher Erfolgsfaktor sind die hohe Qualität und der Servicegrad von rund 99 Prozent trotz des breiten Artikelspektrums. Für eilige Aufträge wird dem Kunden ein garantierter 24-Stunden-Service angeboten. Dies bedeutet: Heute bestellt, morgen geliefert. Für Kunden, denen dieser Service nicht ausreicht, stehen rund 300 Niederlassungen in Deutschland für den Sofortbedarf bereit.

Welche Anforderungen an Kommissioniersysteme lassen sich nun aus den Kundenwünschen an die Handelslogistik ableiten?

- Hohe Verfügbarkeit
- Bereitstellung breiter Sortimente
- Effiziente Zusammenstellung der Kundenaufträge
- Kurze Auftragsdurchlauf-/Lieferzeiten
- Flexibilität bzgl. Kundenwünsche und veränderten Anforderungen

*Abb. 1: Einschleusung Sorter bei Würth*

10

## 10.3 „Was möchte der Kunde?"

Bei all unserem Tun sollte immer der Kunde im Mittelpunkt stehen. Deshalb auch die Frage: Welche Wünsche und Anforderungen hat unserer Kunde? Welche Artikel sind im Programm? Was für Eigenschaften besitzen diese Artikel (flüssig, zerbrechlich, verderblich, chemisch etc.)?

Entscheidend für das Kommissioniersystem ist auch die Auftragsstruktur. Handelt es sich nur um Kleinaufträge oder nur um Großaufträge oder gibt es beides? Sind es Ganzpaletten, Verpackungseinheiten oder Verkaufseinheiten? Der Kunde hat natürlich noch weitere Wünsche an den Service, die wir zu berücksichtigen haben.

Nehmen wir als Beispiel die Baustellenlogistik. Mögliche Kundenwünsche sind hierbei Anlieferungen an einer großen Baustelle, an einem bestimmten Tag, zu einer bestimmen Uhrzeit, an einem bestimmten, vereinbarten Ort (Lagerplatz). Bei der Baumarktbelieferung hingegen ist z. B. die Forderung nach Sichtfenstern bei den Artikeln inklusive Farbleitsystem, Preisauszeichnung usw. zu erfüllen. Lieferung in einer Sendung, besondere Verpackung etc. sind weitere spezifische Lieferservice-Komponenten, denen (auch) die Kommissionierung entsprechen muss.

Um den einzelnen Kundenwünschen Rechnung zu tragen, haben sich die Gesellschaften der Würth-Gruppe auf die verschiedenen Kundenanforderungen spezialisiert. Da gibt es zum einen jene Gesellschaften, die unter Würth firmieren und sich auf den Handwerkerbedarf spezialisiert haben. Ferner bietet die Würth-Industrie (die sich auf Industriekunden spezialisiert hat) ein komplettes C-Teile-Management sowie Kanban-Belieferung direkt an die Produktionslinie an. Ein Teil der Würth-Gesellschaften beliefert Baumärkte und bietet den Kunden entsprechend Preisauszeichnungen, Farbleitsysteme etc. an. Hinzu kommen noch weitere Produktionsunternehmen, Werkzeughändler etc., auf die an dieser Stelle nicht detailliert eigegangen werden kann. Zentraler Punkt ist, dass sich jede Gesellschaft auf eine bestimmte Kundengruppe spezialisiert und dies auch als ihre Kernkompetenz verwirklicht. Dieser Spezialisierung der Gesellschaften müssen sich auch die Kommissioniersysteme anpassen.

Ein standardisiertes, einheitliches Würth-Lager bzw. Kommissioniersystem ist deshalb nur sehr schwer darstellbar und auch nicht sinnvoll.

## 10.4 Praktische Lösungen eines Handelsunternehmens

### 10.4.1 Serielle Kommissioniersysteme

Unter der seriellen Kommissionierung versteht man, dass die Auftragseinheit während des Kommissioniervorgangs beibehalten wird. Dies bedeutet, dass der Auftrag Schritt für Schritt abgearbeitet wird.

**Eine Person, ein Auftrag (Supermarktprinzip)**

- Das einfachste serielle Kommissioniersystem ist **„eine Person, ein Auftrag"**. Bei dieser auftragsbezogenen Kommissionierung nimmt der Mitarbeiter einen

Kundenauftrag oder eine Bestellliste und kommissioniert die Ware aus den verschiedenen Lagerbereichen bis der Auftrag komplett ist. Der Auftrag kann dabei in einen Behälter, Rollwagen oder Karton kommissioniert werden.
Um die Leistung der Kommissionierung zu erhöhen, empfiehlt es sich, die Artikel nach der ABC-Analyse (Pickhäufigkeit der einzelnen Artikel) einzulagern. Dabei kann es sich um eine dynamische, chaotische Lagerung oder auch eine Festplatzlagerung handeln. Da ca. 40–50 Prozent der Zeit zur Kommissionierung für Wegzeiten benötigt wird, steckt hier ein enormes Potential zur Kosteneinsparung. Diese Art der Kommissionierung empfiehlt sich für relativ kleine Lager, das heißt bei bis zu ca. 5.000 Pickpositionen pro Tag und einem kleinen Sortiment. Praktisch angewandt wird diese Kommissionierung in der Würth-Gruppe in einem Unternehmen, das Baumärkte beliefert. Hierbei sind die Aufträge teilweise sehr groß, mit ca. 200–300 Positionen je Auftrag.

*Abb. 2: Kommissionierung Kleinaufträge*

- Wenn es sich um Kleinaufträge (ca. 3–4 Positionen je Auftrag) handelt, können auch mehrere Aufträge pro Rundgang gleichzeitig kommissioniert werden.
- Eine Weiterentwicklung der manuellen, einfachen Batch-Kommissionierung ist die IT-unterstützte Batch-Bildung. Mit Hilfe des Computers werden immer sechs bis neun Aufträge zu einer Serie zusammengefasst. Diese Aufträge werden wegeoptimiert mit Pick-Mobilen kommissioniert. Der Fahrer bzw. Kommissionierer wird per Datenfunk gesteuert, dadurch ist es nicht mehr notwendig, Papier zu erzeugen (Kommissionierlisten) und es ist auch kein Problem, kurzfristige eilige Aufträge vorzuziehen. Bei der Rundfahrt kommissioniert der Mitarbeiter die Ware sofort in den Versandkarton. Bei diesem Pick-und-Pack-Verfahren wird nach jedem Pick das Gewicht der kommissionierten Ware überprüft. Dadurch kann ein Fehler sofort am Entstehungspunkt korrigiert werden.

**Weiterreichsystem oder Zonenkommissionierung**
Eine weitere Art der seriellen Kommissionierung ist das so genannte Weiterreichsystem bzw. die Zonenkommissionierung. Eine Zone ist ein bestimmter, abgegrenzter Bereich eines Lagers. Zone für Zone wird der Auftrag von mehreren Personen kommissioniert. Um die Wegzeiten zu reduzieren, wird bei dem Weiterreichsystem bzw. bei der Zonenkommissionierung Fördertechnik eingesetzt.

Dabei gibt es verschiedene Ausprägungen:

- **einfache Zielsteuerung ohne Optimierung**
  Bei Gesellschaften mit etwa 3.000 bis 10.000 Positionen pro Tag wird bevorzugt dieses System eingesetzt. Der Kommissionierer bearbeitet hierbei drei bis vier Gänge, bei denen die Artikel nach ABC-Analyse (Pick-Häufigkeit) eingelagert sind.
- **„Pick, Pack und Check"**
  Um bis zu 20.000 Pick-Positionen pro Tag abwickeln zu können, wird in einigen Würth-Lägern „Pick, Pack und Check" eingesetzt. Wesentliche logistische Elemente:
  - *Case Calculation*
    Für jeden Auftrag bzw. Karton findet eine automatische Volumenkalkulation statt, die die Zuordnung des Versandkartons erleichtert.

*Abb. 3: Transportsicherung via Folie*

  - *Automatisches Kartonhandling*
    Je nach Bedarf wird eine der verschiedenen Kartongrößen ausgewählt und dieser Karton automatisch durch einen Kartonaufrichter produziert. Gleichzeitig befindet sich in dem Karton eine Folie, die am Ende des Prozesses nach der Erhitzung in einem Schrumpftunnel als Transportsicherung dient. Danach wird der Karton automatisch verschlossen, verklebt und gebändert.
  - *Gewichtsprüfung*
    Bei jeder Kommissionierung bzw. jedem Pick wird das Gewicht überprüft und evtl. Fehler dem Kommissionierer angezeigt. Dadurch kann der Kommissionierer sofort bei der Entstehung eines Fehlers reagieren und nicht erst am Ende der Prozesskette. Entscheidend dabei ist natürlich, dass die Gewichte und die Maße korrekt abgespeichert sind und eine gepflegte Stammdatenverwaltung gegeben ist.

- *OK-Kommissionierung (Originalkartons)*
  Um doppeltes Handling zu vermeiden, können auch Originalkartons, die vom Lieferanten angeliefert werden, direkt auf die Fördertechnik aufgesetzt werden. Dadurch kann wiederum die Produktivität erhöht werden. Diese Kartons werden anschließend direkt zum Warenausgang transportiert.
- *Automatischer Rechnungs-/Lieferscheineinwurf*
  Am Ende des Kommissionierprozesses findet ein automatischer Rechnungs- bzw. Lieferscheineinwurf in den Versandkarton statt.
- *Automatische Etikettenapplikation*
  Je nach Auftrag wird ein spezielles Gefahrgut- bzw. Versandetikett gedruckt und automatisch aufgeklebt. Des Weiteren wird der Karton automatisch verklebt.
- *Roboterpalettierung*
  Als weiteres Highlight findet am Ende des Prozesses eine automatische Roboterpalettierung statt.

## 10.4.2 Parallele Kommissioniersysteme

Bei der zweistufigen parallelen Kommissionierung arbeiten gleichzeitig mehrere Mitarbeiter an einem Auftrag.

**Manuelle Batch-Abwicklung und manuelle Sortierung**

Dieses Kommissioniersystem wird in wenigen Lägern der Würth-Gruppe und vorrangig, wenn es sich um sehr sperrige und viele ähnliche Produkte handelt, betrieben. Bei dieser Art der Kommissionierung werden die Aufträge manuell zusammengefasst, kommissioniert und nach Artikelnummer sortiert auf einen Versandtisch gelegt. In der zweiten Stufe werden dann die Aufträge gerichtet. Diese manuelle Batch-Abwicklung und manuelle Sortierung ist sehr aufwändig.

*Abb. 4: Posisorter*

10

**Automatische Batchabwicklung und automatische Sortierung**
Dieses Kommissioniersystem wird in drei großen Lägern der Würth-Gruppe betrieben, die Ende 1978 installiert wurden. In der größten dieser Anlagen werden jeweils 400 bis 500 Aufträge zu einer Serie oder zu einem Batch zusammengefasst. Diese Serie wird dann gleichzeitig mit 52 manuell betriebenen Regalbediengeräten und fünf Hochmaststaplern bearbeitet. Die Mitarbeiter kommissionieren dabei mit Hilfe von Kommissionierbelegen, die wegeoptimal sortiert sind, die Ware in Transportbehälter und setzen diese auf die Fördertechnik auf. Bei Serienende werden dann alle Kommissionierschalen einer Serie abgezogen und mit Hilfe von zwei Hochleistungs-Posisortern auf drei verschiedene Sorter verteilt. Bei den Sortern handelt es sich um einen zweidimensionalen und zwei weiterentwickelte dreidimensionale Kippschalensorter. Bei dem dreidimensionalen Kippschalensorter wird die Ware auf den Tablaren schonender behandelt und gerät bei Abwurf in die Sorterbahnen nicht in Eigenbewegung. Mit Hilfe von pneumatisch gebremsten Rollenbahnen und höhenverstellbaren Hubtischen wird nun in der zweiten Stufe der Auftrag zusammengeführt und auf Vollständigkeit kontrolliert. Wenn der Auftrag komplett und korrekt ist, wird der gepackte Versandkarton an die Packerei weitergeleitet. In der Packerei wird der Karton mit einem Zwei-Komponenten-Schaum ausgefüllt, um die Ware vor Transportschäden zu sichern. Der Karton wird dann automatisch verklebt, gebändert und mit Hilfe von Palettierrobotern auf eine Palette gesetzt. Mit Hilfe dieser zweistufigen parallelen Kommissionierung können täglich bis zu 25.000 Aufträge oder ca. 110.000 Positionen mit etwa 30.000 Paketen im Zweischichtbetrieb abgewickelt werden.

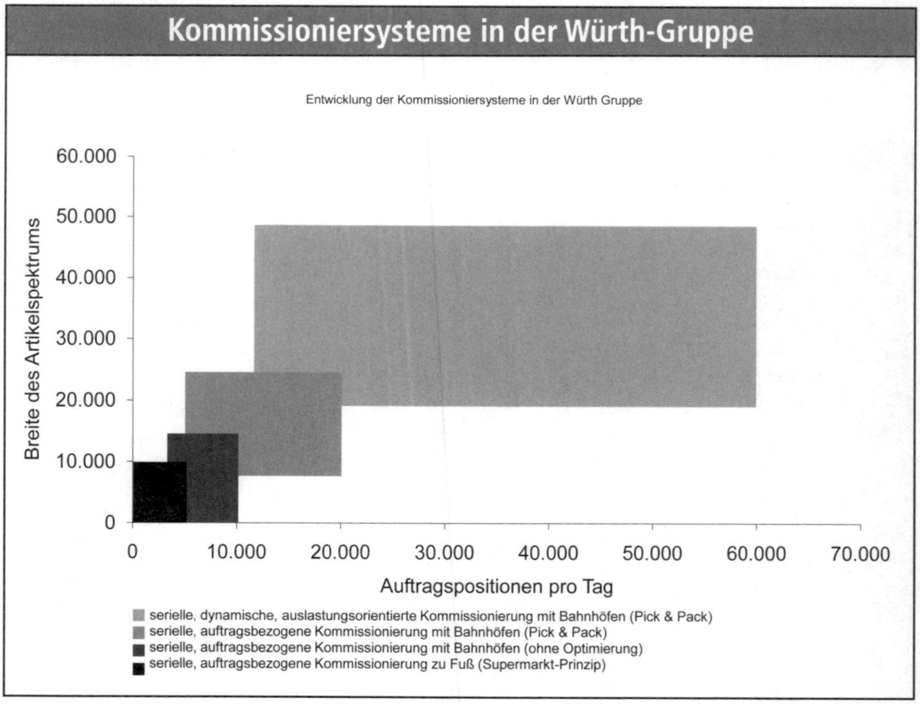


*Abb.5: Entwicklung der Kommissioniersysteme in der Würth-Gruppe*

### 10.4.3 Informationstechnologien in der Kommissionierung bei Würth

Innerhalb der Würth-Gruppe werden sowohl Kommissioniersysteme mit als auch ohne Beleg verwendet:

- Papierkommissionierung
  - Pickbeleg
  - Pickliste/Lieferschein
- Beleglose Kommissionierung
  - Mobile Datenterminals
  - Pick by Light
  - Pick by Voice
  - Pick by Vision/Augmented Reality (geplant)

### 10.4.4 Systemvergleich

Wie wir gesehen haben, gibt es in der Würth-Gruppe nicht das typische „Würth-Lager". Je nach Anforderung der Kunden und der Größe der Gesellschaft (Anzahl Aufträge bzw. Pick-Positionen je Tag) entwickelt sich auch das Kommissioniersystem.

Ein großes Lager mit viel Technik, belegloser Abwicklung etc. muss nicht unbedingt produktiver sein als ein kleines, manuelles Lager. Neue Artikel bzw. ein breiteres Artikelspektrum führen zwangsläufig zu einem größeren Lager und je nach Volumen und Beschaffenheit dieser Artikel auch noch zu unterschiedlichen Prozessen/Abwicklungen. Kleinteile, Chemieprodukte und sperrige Artikel müssen getrennt voneinander gelagert, kommissioniert und transportiert werden. Die Abwicklung in einem großen Lager wird komplexer, unübersichtlicher und die Flexibilität/Produktivität leidet darunter.

## 10.5 Jedes Kommissioniersystem kann verbessert und optimiert werden

Es ist eine permanente Kontrolle und Optimierung der Prozesse notwendig, damit das Kommissioniersystem die maximale Leistung bringt. Es gibt sehr viele Einflussgrößen, welche die Produktivität eines Kommissioniersystems beeinflussen. Im Wesentlichen zählen dazu Änderungen der Artikelstruktur, die Anforderungen des Kunden bzw. auch der Einfluss von neuen Medien wie beispielsweise Internet etc. Diese und weitere Faktoren haben einen revolutionären Einfluss auf die interne Abwicklung; durch das Internet (Bestellungen online) und die Bestandsreduzierungen der Kunden gibt es beispielsweise auch in der Handelslogistik einen permanenten Trend zu kleineren Aufträgen.

Bei der Einführung eines neuen Systems kann die Leistung noch nicht optimal sein, erst die Optimierungen im laufenden Betrieb führen zu einer Erhöhung der Leistung. Diese Produktivitätssteigerungen gehen bis zu einem gewissen Punkt, bei dem die maximale technische Leistung erreicht wird. Von da an geht die Produktivitätskurve wieder nach unten, da es vermehrt zu technischen Störungen bei maximaler Auslastung kommt.

Die Leistung und Produktivität eines Kommissioniersystems hängt nicht nur von der Technik und der Methode ab, sondern im Wesentlichen auch von den Menschen. Das Engagement und die Motivation der Mitarbeiter ist ein wesentlicher Faktor, um die maximale Leistung mit einem System zu erreichen (siehe auch Kapitel 8.2 in diesem Buch).

Hierbei sind es gerade die „weichen Faktoren", die über die Leistung entscheiden: Sauberkeit und Ordnung, Lagerplatzkennzeichnung, Beleuchtung, fehlender oder zu langsamer Nachschub in das Kommissionierlager etc. sind nur einige Punkte, die die Motivation Ihrer Mitarbeiter entscheiden.

## 10.6 Zukünftige Herausforderungen und Systeme

Der beschriebene Wandel unserer Gesellschaft sorgt auch für veränderte Anforderungen an Kommissioniersysteme. Wichtige Einflussfaktoren sind dabei:

- Moderne Informations- und Kommunikationsmöglichkeiten, die eine immer schneller werdende Kommissionierung fordern und fördern
- Individuelle und kundenspezifische Auftragsbearbeitung
- Globalisierung und E-Business, daraus folgend:
  - Kleinere Aufträge („Atomisierung der Sendungsgrößen")
  - Immer effizientere Abläufe und Prozesse
  - Automatisierung und Rationalisierung
  - Aufbau globaler Netzwerke

Die traditionellen Differenzierungsmöglichkeiten wie Preis, Qualität etc. werden demnach an Bedeutung verlieren, Schnelligkeit, Zuverlässigkeit und Flexibilität in Bezug auf Kundenwünsche werden in Zukunft die Logistik dominieren.

Die Kommissionierung entscheidet dabei mit über Erfolg oder Misserfolg; entsprechend sind die Anforderungen an Kommissioniersysteme schon heute von folgenden Grundsätzen geprägt:

- Zeitnahe Auftragsverarbeitung
- Möglichkeit der Priorisierung von Aufträgen
- Permanente Anpassung der Priorität an Hand der „last completion time" (Abfahrtzeiten). Dies führt zu einem hohen Lieferservice, einfachem Handling von Eilaufträgen und mit permanentem Auftragseingang ist eine weitere Verkürzung der Lieferzeiten möglich.
- Schnelle Anpassung an Kapazitätsschwankungen
- Fehlervermeidung statt Fehlerbehebung als Grundprinzip
- Hohe Produktivität und Wirtschaftlichkeit

11

# 11 MASSGESCHNEIDERT UND EFFIZIENT: DIE ERSATZTEILLOGISTIK DER MTU FRIEDRICHSHAFEN

*(Martin Fiedler)*

Sie bewegen schwere Land- und Schienenfahrzeuge, treiben Schiffe an oder verrichten ihren Dienst in der industriellen Fertigung: Die Dieselmotoren, Antriebssysteme und dezentralen Energieanlagen der Tognum-Marken MTU und MTU Onsite Energy kommen dort zum Einsatz, wo Leistungsstärke und Zuverlässigkeit zählen. Entsprechend kurzfristig muss die Ersatzteillogistik auf mögliche Anfragen reagieren. Bestellungen, die bis 15.00 Uhr in der Disposition eingehen, werden noch am gleichen Tag versandt. Bei Eilaufträgen liegt die Vorlaufzeit teilweise unter zwei Stunden – und das sieben Tage die Woche und rund um die Uhr. Für die Lieferfähigkeit von MTU und damit die Zufriedenheit der Kunden ist eine umfassende Transparenz in der Bestandsführung sowie eine eindeutig definierte Verfügungshoheit über die Artikel im Ersatzteilelager daher von zentraler Bedeutung.

## 11.1 Die Ausgangssituation

2006 entschied sich die MTU Friedrichshafen GmbH, wo die allermeisten der großen schnelllaufenden MTU-Dieselmotoren hergestellt werden, zum Bau eines neuen Ersatzteillagers. Ausschlaggebend dafür waren regelmäßig auftretende Engpässe in der Ersatzteillogistik aufgrund der weithin ausgeschöpften Kapazitäten im 20 Jahre alten Zentrallager am Standort Friedrichshafen. Hinzu kamen Probleme bei der Verfügbarkeit, die aus der Verquickung der Prozesse für Ersatzteillogistik und Serienfertigung herrührten. Da das Lager zeitweise bis zu 97 Prozent ausgelastet war, musste man auf angemietete Lagerflächen ausweichen, was die Transparenz beeinträchtigte und zusätzliche Kosten verursachte. Die MTU Friedrichshafen beauftragte vor diesem Hintergrund das Heidelberger Beratungs- und Planungsunternehmen i+o Industrieplanung + Organisation mit einer Analyse der internen logistischen Prozessabläufe und, darauf aufbauend, mit der Reorganisation ihrer Ersatzteillogistik. Vorrangige Ziele waren die Sicherstellung der Lagerkapazitäten bis zum Jahr 2015 sowie eine nachhaltige Qualitätssteigerung hinsichtlich der Effektivität und Transparenz in der Lagerverwaltung.

*Abb. 1: Gesicherte Lagerkapazitäten bis zum Jahr 2015: das neue Lager- und Kommissionierzentrum von MTU in Überlingen*

**Anforderungen an die neu strukturierte Ersatzteillogistik der MTU Friedrichshafen:**

- Kapazitätssicherung bis zum Jahr 2015
- Einführung einer zukunftsfähigen Lagerverwaltungs- und Kommissioniertechnik
- Qualitätsverbesserung hinsichtlich Verfügbarkeit und Reaktionszeit
- Möglichkeit zum Einzelvorverpacken und Konservieren von Artikeln
- Vereinfachung der Disposition
- Unkomplizierter Datenaustausch mit anderen Unternehmensbereichen im Rahmen des Enterprise Resource Plannings (ERP)

Die Berater sprachen sich nach umfassender Analyse für eine klare räumliche wie verwaltungstechnische Trennung von Ersatzteil- und Produktionslogistik aus. Der Vorteil: Das neue Konzept stellt die Bedürfnisse der Ersatzteillogistik mit ihren hohen Artikelzahlen und ihrer individuellen Handhabung hinsichtlich Lagerdauer, Setbildung, Verpackung und Versand in den Mittelpunkt und bettet die spezifischen Arbeitsabläufe in maßgeschneiderte technische Rahmenbedingungen ein. So entschied sich die MTU Friedrichshafen als einer der ersten Anwender weltweit für den Einsatz der Lagerverwaltungssoftware SAP Extended Warehouse Management (SAP EWM), die speziell zur Steuerung und Verwaltung vielstufiger Prozessabläufe in der Lagerlogistik entwickelt wurde.

## 11.2 Die Lagerkonzeption

Rund 80.000 Artikel hält die MTU Friedrichshafen ständig zur weltweiten Versorgung ihrer Kunden mit Ersatzteilen vorrätig. Das Spektrum reicht von Kleinteilen wie Schrauben, Dichtungsringen und Filtern bis hin zu tonnenschweren Kurbelwellen oder Motorgehäusen. Entsprechend der unterschiedlichen Artikelvolumina waren in der neuen Ersatzteillogistik auf einer Gesamtfläche von 21.000 Quadratmetern drei Lagertypen mit jeweils spezifischer Fördertechnik zu integrieren.

### 11.2.1 Vollautomatisches Kleinteilelager

Herzstück des Ersatzteilelagers ist das als Halleneinbau realisierte, vollautomatische Kleinteilelager mit einer Grundfläche von gut 1.400 Quadratmetern. Ein fünfgassiges, 14 Meter hohes Regalsystem bietet Platz für 35.000 Tablare. Mit weiteren Unterfächern stehen rund 250.000 Lagerpositionen zur Verfügung. Die Bestückung und Entnahme erfolgt nach dem Ware-zum-Mann-Prinzip mittels schienengebundenen Regalbediengeräten und Rollenförderern. Das Kommissionieren wird durch Pick-by-Light-Technik sowie eine grafische Anzeige der Pickposition unterstützt. Die Dokumentation der Arbeitsschritte erfolgt über das Quittieren des jeweiligen Arbeitsschrittes im Kommissionierdialog.

*Abb. 2: Blick in das automatisierte Kleinteilelager mit 35.000 Tablaren und Kommissionierarbeitsplätzen im Vordergrund*

### 11.2.2 Mittelteilelager

Mittelgroße Ersatzteile wie etwa Zahnräder, Generatoren, Wasserpumpen und Turbolader werden bei der MTU Friedrichshafen je nach Beschaffenheit in Gitterboxen oder auf Paletten gelagert. Hierfür wurde die neue Halle mit einem zehngassigen Hochregalstaplerlager mit rund 14.000 Stellplätzen ausgestattet (Grundfläche rund 3.700 Quadratmeter, Höhe 14 Meter, verteilt auf zehn Ebenen). Auch hier erfolgt die Bedienung dynamisch im Ware-zum-Mann-Prinzip. Dabei kommen zwei personenbetriebene Hochregalstapler mit Schwenkschubgabel zum Einsatz, die besonders gut für die mit 1,75 Metern relativ schmalen Gassen des Mittelteilelagers geeignet sind. Am Stapler montierte D-Log-Terminals geben einen Überblick über die zum Kommissionierplatz zu transportierenden Positionen. Jede Entnahme aus dem Regal wird vom Staplerfahrer direkt per Scanner eingelesen und damit sowohl auf Stimmigkeit überprüft als auch dokumentiert.

### 11.2.3 Großteilelager

Für die besonders voluminösen Artikel, zu denen beispielsweise die von der MTU Friedrichshafen gefertigten Kurbelgehäuse, Ölwannen, Nockenwellen und Rumpfmotoren gehören, stehen 15 Längstraversenregale des ebenfalls in die Halle integrierten Großteilelagers zur Verfügung (Grundfläche rund 3.000 Quadratmeter). Mehr als 1.500 Stellplätze bieten ausreichenden Raum für Ladungsträger, insbesondere Paletten, mit einer Breite bis zu 2,5 Metern. Bedient werden die sechs Lagerebenen (bei einer Gesamthöhe von zehn Metern) über einen frei verfahrbaren Vier-Wege-Stapler. Auch hier erfolgt die Pick-Unterstützung über ein am Fahrzeug installiertes D-Log-Terminal und die Überprüfung sowie Dokumentation der Prozessschritte über das Scannen der Handling-Unit-Nummer am Ladungsträger.

Bei der Organisation des Lagers orientierte man sich an den üblichen Kriterien wie Abmessungen, Gewicht, Temperatur- und Lichtempfindlichkeit der Artikel sowie deren Zugriffshäufigkeit (Schnell-, Mittel- und Langsamdreher). Darüber hinaus war die in der Ersatzteillogistik häufig erforderliche individuelle Handhabung des Lagerguts zu berücksichtigen. So umfasst der Wareneingang neben den Standardprozessen Konfektionieren, Barcode-Labeln und Einlagern auch logistische Zusatzleistungen wie Dauerkonservierung, Setbildung und Vorverpacken.

Die Kommissionierung erfolgt auftragsbezogen (Single Order Picking). Die Minimierung von Fehlerquellen hat hier Vorrang vor einer kürzeren Kommissionierzeit, die etwa durch eine serielle Bearbeitung zu erzielen wäre. Eine Ausnahme bildet das Mittelteilelager, wo auch Picks desselben Materials für unterschiedliche Aufträge ausgeführt werden, um die Zahl der Staplerfahrten zu minimieren. Gleiches gilt für Aufträge desselben Kunden, die innerhalb eines bestimmten Zeitfensters in der Disposition der Ersatzteillogistik eingehen – diese werden ebenfalls konsolidiert und als Gesamtlieferung für den Versand bereitgestellt.

Die Ausstattung der Kommissionier-, Pack- und Versandzone spiegelt die unterschiedlichen Handlinganforderungen der jeweiligen Lagerbereiche wieder. Entsprechend wurden dem vollautomatischen Kleinteilelager, Mittelteile- und Großteilelager jeweils eigene Kommissionier- und Packstationen zugeordnet. Für die dennoch erwünschte maximale Flexibilität sorgt die Ausstattung sämtlicher Arbeitsplätze mit identischem Equipment (PC, Drucker, Funkscanner), die eine nahezu universelle Nutzung möglich macht und kurzzeitige Schwankungen in einzelnen Lagerzonen abzufedern erlaubt. Über die Arbeitsplätze hinausreichende Unabhängigkeit gewährleistet das von SAP zur Verfügung gestellte Radio Frequency (RF) Framework, auf das bei allen nichtstationären Tätigkeiten (z. B. Transporte) zugegriffen wird.

## 11.3 Die IT-gestützte Lagerverwaltung und -steuerung

Zur Steuerung und Verwaltung sämtlicher Prozesse im Lager entschied sich die MTU Friedrichshafen für eine Standard-Softwarelösung aus dem Hause SAP. Im Gegensatz zu der im bisherigen Zentrallager eingesetzten Lagerverwaltungssoftware SAP LES empfahlen die Berater nach Prüfung aller Anforderungen die Implementierung der Lagerlogistiksoftware SAP Extended Warehouse Management (SAP EWM). Das 2006 auf den Markt gekommene Software-Modul stellt ein eigenständiges und umfassendes Warehouse Management System auf Basis der SAP SCM-Plattform dar. SAP EWM baut auf die bewährten Funktionen des verwandten Produktes SAP LES auf, ist jedoch stärker auf die Bedürfnisse der Ersatzteilindustrie mit ihren großen Artikel-Volumina und stark differenzierten Prozessabläufen zugeschnitten. Der wichtigste Vorteil: Während SAP LES (ohne Task & Resource Management TRM) von seiner Architektur her nur einstufige, maximal zweistufige Prozessschritte abbilden kann, erlaubt SAP EWM die Zerlegung von Arbeitsprozessen über alle beteiligten Arbeitsplätze hinweg und für jeden Teilschritt der zu bewegenden Ware. Der Verwalter eines Lagers hat damit nicht nur einen mengenmäßigen Überblick über seinen Warenbestand, er kann auch jeden einzelnen Artikel bis auf die Lagerplatz- und Ressourcenebene zu jedem Zeitpunkt seiner Bewegung exakt lokalisieren. Gleichzeitig ist die Ersatzteillogistik über SAP EWM vollständig in die übergeordnete SAP-Systemlandschaft der MTU Friedrichshafen integriert und kann damit direkt Daten mit korrespondierenden Funktionsbereichen wie Materialwirtschaft, Sales & Distribution oder Finanzen/Controlling austauschen.

Derzeit sind im MTU-Lager rund 100 Nutzer an SAP EWM angeschlossen. Die Steuerung und Kontrolle sämtlicher Warenbewegungen erfolgt über den Lagerverwaltungsmonitor, der in Echtzeit den jeweiligen Status der aktuellen Aufgaben inklusive Spezifikationen und erforderlichen Ressourcen anzeigt. Einen Sonderfall stellt das vollautomatische Kleinteilelager dar, das über einen Materialflussrechner gewissermaßen als in SAP EWM integriertes Subsystem bedient wird. Dieser Kniff ist der hohen Zugriffsfrequenz und dem damit verbundenen Optimierungsbedarf aller Ein- und Auslagerbewegungen bei den Kleinteilen geschuldet. Eine durchgängige elektronische Datenübermittlung und -kontrolle ist dennoch jederzeit gewährleistet: Sämtliche Prozessabläufe in diesem Teil des Lagers werden über eine Standard-Schnittstelle automatisch an das übergeordnete System SAP EWM übermittelt. Ebenso werden die verwaltungstechnischen Funktionen wie Platzzuweisung und -findung oder Bestandsführung, wie im übrigen Lager auch, durch SAP EWM gesteuert.

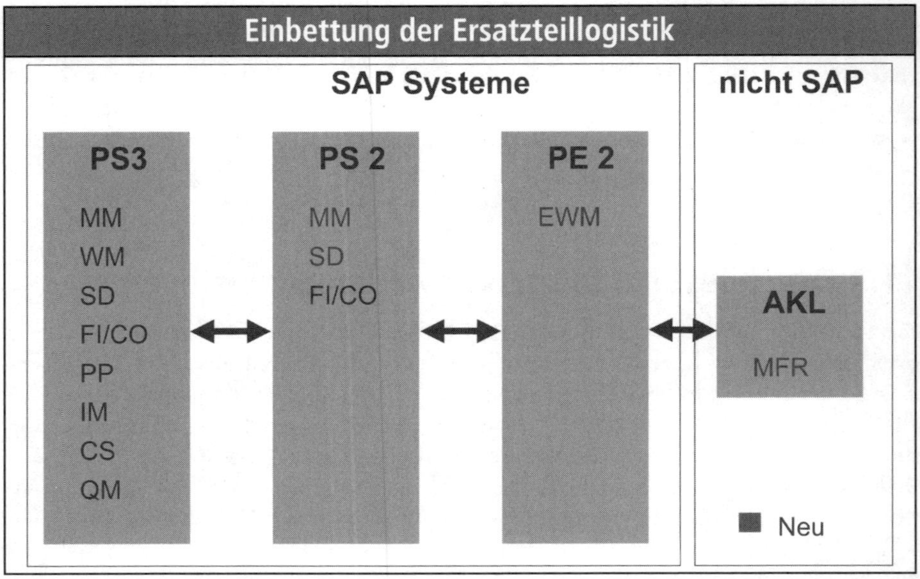


*Abb. 3: Einbettung der Ersatzteillogistik in die SAP-Systemlandschaft von MTU: Das automatische Kleinteilelager wird über den Materialflussrechner gesteuert, ist aber wie die beiden anderen Lagereinheiten vollständig in SAP EWM integriert.*

### 11.3.1 Wareneingang

Als durchschnittliche Planungsgröße wurden von der MTU Friedrichshafen circa 600 Positionen pro Tag im Wareneingang projektiert. (Dabei kann es sich um einzelne Großteile, aber auch ganze Lkw-Ladungen eines Artikels handeln.) Über das ERP erhält die Ersatzteillogistik zu jedem Wareneingang ein elektronisches Lieferavis mit produktspezifischen Bestellinformationen. In einem standardisierten Prozess wird jede Lieferung bei ihrem Eintreffen mit einem Barcode versehen, gescannt und damit automatisch von der Bestandsverwaltung erfasst. Im System hinterlegte Einlagerungsstrategien weisen dem einzelnen Artikel oder der Produktgruppe im Anschluss den optimalen Lagerplatz zu und leiten eine entsprechende Anweisung zur Bestückung per Terminal an das zuständige Personal weiter.

Die Lagersteuerung und -verwaltung im Logistikzentrum der MTU Friedrichshafen kann jedoch weit mehr als nur Lieferungen automatisch einlesen und einlagern. Gerade im Wareneingang kommt in besonderem Maße die prozessorientierte Arbeitsweise von SAP EWM zum Tragen. Über die Bildung so genannter Handling Units (HUs) lassen sich auch komplexe Einlagerungsabläufe wie das Umpacken von Waren oder das Vorverpacken und Konservieren darstellen. Ist dazu ein Wechsel zu einem anderen Arbeitsplatz erforderlich, gibt das System die nachfolgenden Schritte über ein entsprechendes Routing im SAP EWM vor. Die layoutorientierte Lagerungssteuerung sorgt hierbei für maximale Übersicht: Bei mehrstufigen Lagerbewegungen ist im System nur der jeweils aktuelle Bearbeitungsschritt ‚aktiv', die mit ihm verknüpften, folgenden Lageraufgaben werden angezeigt, sind jedoch zur klaren Abgrenzung mit dem Status ‚wartend' versehen.

Häufige Anwendung finden solche mehrstufigen Einlagerungsstrategien im Bereich der Vorverpackung. Hier werden zum Beispiel selten gängige Artikel mittels Spezialfolien für die Langzeitlagerung präpariert oder anderweitig konserviert. Auch regelmäßig benötigte Verpackungen, etwa für den Versand per Luftpost oder Schiffscontainer, können bereits vor der Einlagerung des jeweiligen Artikels vorgenommen werden, um bei den meist zeitkritischen Aufträgen möglichst viel Kommissionier- und Packzeit einzusparen. Die entsprechenden Packspezifikationen entnimmt der Mitarbeiter dem Auftrag für logistische Zusatzleistungen (LZL) in SAP EWM (das entsprechende Verpackungsdatenblatt wird als Dokument hinterlegt). Als Suchkriterien zum Auffinden der passenden Packspezifikation dienen Merkmale wie Material, Menge oder Namen des Kunden. Voraussetzung ist, dass die Angaben zu allgemeinen Verpackungsempfehlungen oder auch etwaige kundenspezifische Verpackungsanforderungen einmalig in das System eingepflegt wurden.

## 11.3.2 Warenausgang

Im Warenausgang sollen durchschnittlich 1.400 Positionen pro Tag kommissioniert werden, an Spitzentagen bis zu 2.200. Das Lagerverwaltungssystem muss somit kurzfristige Schwankungen abfedern können und sich zudem an die längerfristige Geschäftsentwicklung im Unternehmen anpassen. Denn die MTU Friedrichshafen geht bis zum Jahr 2015 von einer erheblichen Steigerung des Sendungsaufkommens aus – eine gleichermaßen flexible wie effiziente Prozesssteuerung ist hier unbedingte Voraussetzung. Doch wie reguliert SAP EWM die Zulaufsteuerung im Warenausgang?

Jede Bestellung, die in der Ersatzteillogistik der MTU Friedrichshafen eingeht, wird einer Kommissionierwelle zugeordnet. Das Kommissionierwellenmanagement sorgt für eine möglichst gleichmäßige und damit die Ressourcen (Personal/Arbeitsgerät) schonende Auslastung. Dazu bündelt es einzelne Lieferpositionen zu sinnvollen Arbeitspaketen und gibt diese in Wellen zur Kommissionierung frei. Zusammengefasst werden in der Praxis beispielsweise Lieferungen mit hoher Dringlichkeit (Eilaufträge), ähnlichem Bestimmungsziel (gleicher Kunde bzw. gleiche Abladestelle) oder gleicher Verpackung (z. B. Seecontainer). Bei Freigabe einer Kommissionierwelle erzeugt SAP EWM lagertypspezifische Lageraufträge, die über sogenannte Queues (elektronische Warteschlangen) in den laufenden Arbeitsprozess eingespeist werden. Die Verteilung der Arbeit im Lager erfolgt durch eine aktive Zuordnung der Lageraufträge zu den zur Verfügung stehenden Ressourcen. Dabei ist nicht allein der Zeitpunkt des Auftragseingangs entscheidend, vielmehr bietet SAP EWM dem jeweiligen Mitarbeiter an seinem Kommissionier- beziehungsweise Packplatz genau den Lagerauftrag an, der sich unter Effizienz- und Qualitätsgesichtspunkten am besten eignet. Steuerungskriterien sind Faktoren wie der aktuelle Lagerstatus oder auch der spätestmögliche Starttermin einer Lieferung. Zusätzlich stellt SAP EWM durch ein integriertes Alert Management sicher, dass bei auftretenden Fehlerzuständen (z. B. Differenzquittierungen) zeitnah reagiert werden kann, damit keine Verzögerungen aufgrund fehlender Positionen oder Packmittel eintreten. Auf diese Weise technisch unterstützt bearbeitet ein mit dem System vertrauter Kommissionierer innerhalb des automatisierten Kleinteilelagers Lageraufträge mit bis zu 60 Positionen in weniger als einer Stunde.

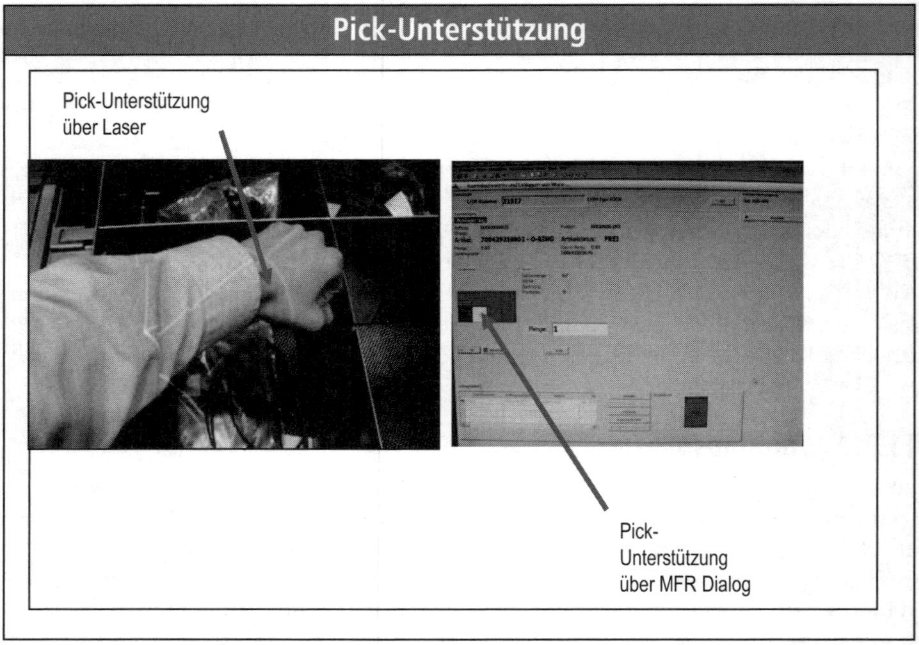


*Abb 4: Pick-Unterstützung mit Laser und Pick-Unterstützung per MFR-Dialog lenken den Kommissioniervorgang optisch*

Für die Ersatzteillogistik der MTU Friedrichshafen, die von ihrem zentralen Standort aus Abnehmer in der ganzen Welt beliefert, birgt die Möglichkeit der Verknüpfung von flexiblem Kommissionierwellenmanagement mit standardisierten Versandprozeduren eine enorme Arbeitserleichterung. Bisher wurden Routen für 120 Länder im System hinterlegt. Diese beinhalten neben den Suchkriterien wie Land oder Versandart auch Hinweise zu Abfahrtszeiten der Spediteure als Basis zur Wellenfindung sowie Zuweisungen des Zwischenlagerplatzes in der Versandzone. Die Meldung, dass ein Kommissionier- und Versandauftrag ausgeführt ist, erfolgt durch entsprechende Identifikation des Barcodes und Quittierung in SAP EWM. Vollständig abgeschlossen wird der Auslieferungsprozess mit einer manuellen Warenausgangsbuchung im SAP EWM, die automatisch an das SAP ERP-System übertragen wird. Damit stehen die Daten zeitnah und zur unmittelbaren Übernahme für weiterführende Prozesse wie die Rechnungsstellung an den Auftraggeber (Finanzen/Controlling) oder Materialdisposition (Einkauf) zur Verfügung.

## 11.4 Erfolgsfaktoren und ein bestandener Härtetest

Die zentrale Ersatzteillogistik von MTU Friedrichshafen nahm Mitte 2008 nach knapp einjähriger Bau- und Implementierungsphase ihren Regelbetrieb auf. Mit ausschlaggebend für das schnelle und erfolgreiche Go Life war eine prototypische Vorgehensweise, bei der sämtliche Prozesse gemeinsam mit den Logistikverantwortlichen von MTU neu definiert wurden. Dabei war von Vorteil, dass mit dem Einsatz der Standardsoftware SAP EWM alle unternehmensspezifischen Adaptionen sofort im System abgebildet und verifiziert werden konnten. Die Gefahr, Defizite der projektierten Lösung erst in der Umsetzung zu erkennen, ging damit gegen Null. So sind denn auch die meisten Prozesse aus dem Blueprint bis heute nahezu unverändert in produktiver Nutzung.

Dass das bauliche und technische Konzept tragfähig ist, beweist der Blick in die Praxis: In der Zwischenzeit wurden sämtliche Außenbestände am Standort Friedrichshafen zusammengezogen. Innerhalb eines Zeitraums von vier Monaten waren dazu rund 120.000 Handling Units einzulagern. Auch die Mindest-Soll-Leistung von 300 Sendungen pro Tag mit 1.400 Positionen ist erreicht und wird flexibel an den aktuellen Bedarf angepasst. Seither wurden in der Spitze bereits Tagesleistungen von mehr als 3.000 Positionen im Drei-Schicht-Betrieb realisiert. Diesen praktischen Härtetest mit einer Auslastung von 200 Prozent hat das maßgeschneiderte Logistikkonzept der MTU Friedrichshafen mit Bravour bestanden.

12

# 12 KOMMISSIONIERUNG IN DER BAU-SERVICEINDUSTRIE AM BEISPIEL DER HILTI DEUTSCHLAND GMBH

*(Heinrich Becker)*

## 12.1 Aufgabenstellung und Ziele

Hilti Deutschland GmbH ist eine Direktvertriebsgesellschaft, die mehrere 100.000 Kunden und um die 130 Hilticenter, die als Point of Sales fungieren, mit Produkten beliefert.

Das Distributionscenter in Oberhausen ist für die Auslieferung in ganz Deutschland sowie den Beneluxstaaten zuständig, kann im Emergency-Fall aber auch weitere Länder beliefern.

Als Direct Seller ergeben sich besondere Anforderungen an die Kundenauftragsabwicklung:

**Level of Service**
(bis auf **K** den Kunden als Flatrates berechnet)

- Normalversandarten mit 96Prozent Servicegrad (Paket-/Paletten-Logistikdienstleister):
  - **S**tandard = zwei bis drei Tage (wird genutzt, um ein Load Leveling im Lager durchzuführen).
  - **M**uss heute das Distributionscenter verlassen.
- **Expressversandarten** mit 99,9 Prozent Servicegrad (Express-Logistikdienstleister):
  - **H** (high noon): Zustellung bis 12 Uhr am Folgetag.
  - **Z**ehn-Uhr-Zustellung: bis 10 Uhr Folgetag.
  - **G**arantierte Zustellung im Laufe des Folgetags.
  - **B**litzdienst mit Zustellung same day (90 Prozent flächendeckend in D, 100 Prozent in Benelux).
  - **K**urierfahrt (regional).
- **Sonderanforderungen**:
  - Zustellung am Samstag
  - Terminzustellung an bestimmtem Tag
  - Zustellung auf Baustellen
  - Zustellung mit Vorankündigung
  - Nachnahme

**Produktspektrum und weitere Anforderungen an die Kommissionierung**

- **sperrig:** Montageschienen bis 6 Meter Länge (hier nicht weiter behandelt).

- **Gefahrgut:** mit Ausnahme von „radioaktiv" alle Gefahrgutklassen einschließlich 1.4S für Kartuschen.
- **„Verdunstungsgefährdete Artikel"**: sehr klein und wertvoll

## 12.2 Daten zum Distributionscenter Oberhausen

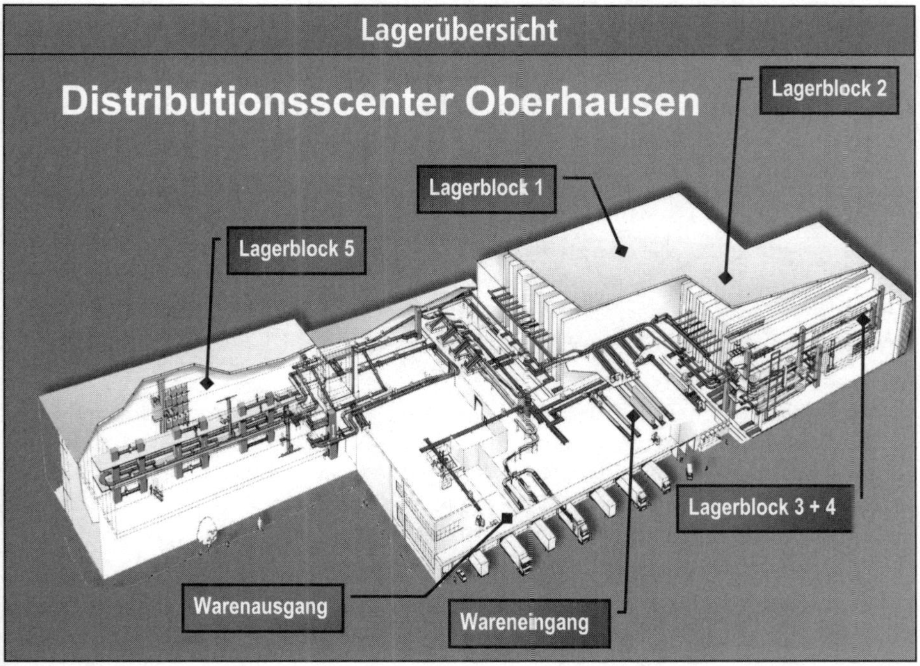


*Abb. 1: Lagerübersicht*

Das Lager wurde in mehreren Ausbaustufen realisiert:

- Je 13.000 Paletten- und Behälterplätze (400 x 600 mm)
- 12.000 qm Gesamt-Nutzfläche
- 7.500 Artikel
- Leistung: 12.000 Lieferscheinpositionen je Tag im Zweischichtbetrieb
- Lagerblock 1: Manuell bedientes Palettenregal mit 7 Gassen, 1985
- Lagerblock 2: Manuell bedientes Palettenregal mit 5 Gassen, 1990
- Lagerblock 3: Automatisches Palettenregal mit 144 Pickplätzen, 1995
- Lagerblock 4: Automatisches Kastenlager mit 2.400 Stellplätzen, 1995
- Lagerblock 5: Automatisches Palettenlager (Block 17) mit 50 Pickplätzen und 2 übereinander laufenden automatischen Kastenlager (Block 15 und 16) mit 440 Pickplätzen, 1999
- Paralleles Kommissionieren in Standardbehälter 600 x 400 mm, die maschinell zum Packplatz transportiert werden.
- Automatisches Transportsystem inklusive Auftragssammelpuffer Rotastore sowie zwei Hubbalkenlager

12

## 12.3 Merkmale und Besonderheiten des Konzepts

Ein effizientes Kommissioniersystem muss

- Pickfehler vermeiden,
- kurze Wege bieten und
- flexibel auf Auftragszusammensetzung reagieren können.

**Pickfehler vermeiden**

Erste wesentliche Voraussetzung für die Vermeidung von Pickfehlern ist eine gute Lagerfachnummerierung. Sie muss bei manuell bedienten Lagern memotechnisch sein, d. h. kurz, merkbar und sicher (z. B. beim Umdrehen im Gang).

**PRAXISTIPP:**

Vier Bindestriche in einer Fachbezeichnung kann sich kein Mensch merken. Das Gleiche gilt für Fachbezeichnungen, die zehn Stellen und länger sind. Eine Kennzeichnung als Palette oder Halbpalette oder Fach ist nur erforderlich, wenn das IT-System keine Details eines Lagerfachs kennt, was in der Praxis aber kaum mehr vorkommt. Also möglichst kurz, verwechslungssicher und die Veränderung in den letzten Stellen und nicht mitten drin in der Bezeichnung.

Das folgende Schaubild zeigt eine Variante, die den Gang nummeriert (damit sicher gegen Umdrehen des Kommissionierers im Gang), rechts ungerade und links gerade Fachnummern hat, durch Sortierung eine Wegeoptimierung erreicht und mit sechs Stellen über eine Million Plätze definieren kann (Gang A1 bis Z9, 100 Regale und 50 Ebenen). Eine Erweiterung zur Unterteilung von Fächern durch Anhängen eines Kleinbuchstabens erlaubt auch Kleinstteilekommissionierung.

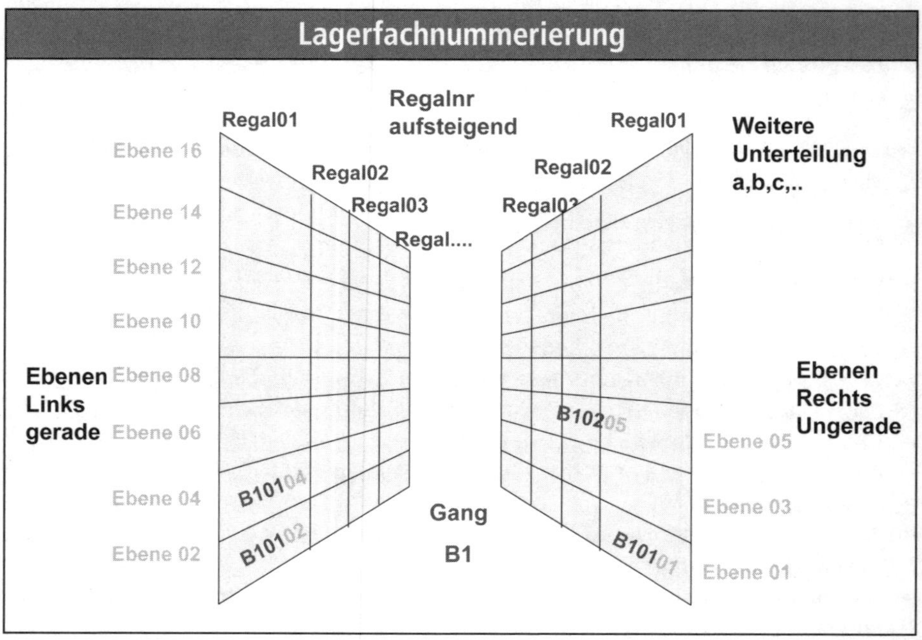


*Abb. 2: Lagerfachnummerierung für manuelle bediente Lager*

Die zweite Fehlerquelle beim manuellen Kommissionieren ist eine überladene Pick-Liste. Versuchen Sie es mit „Treduce to the max" durch ausschließliches Andrucken der für den Kommissionierer relevanten Informationen.

Drittens hilft die Bestätigung des Erreichens der richtigen Pick-Position bei der Reduzierung von Kommissionierfehlern bei manueller Kommissionierung. Eine weitere Steigerung der Qualität des Pick-Vorgangs erreicht man durch eine Leerfachbestätigung oder Nulldurchgang-Scannung bei manueller Entnahme.

**Kurze Wege bieten**
Eine Wegeoptimierung erfolgt durch die Sortierung der Pickpositionen.
Eine Weg-/Zeitoptimierung erfolgt bei manuell bedienten Regalförderzeugen durch die Belegung des Lagers mit sinkender Zugriffshäufigkeit nach hinten.
Auch eine zweistufige Kommissionierung sowie das gleichzeitige Kommissionieren mehrere Aufträge können kann hier in Betracht kommen.

**Flexibel auf Auftragszusammensetzung reagieren können**
Ein erster Ansatz hierzu erfolgte bei Hilti im Jahre 1995 mit der Einrichtung eines Schnelldreherbereichs zur Kommissionierung :

*Abb. 3: Tunnellager*

- Tunnellager mit 144 Paletten-Pickstellen in zwei Ebenen.
- 1.600 automatisch verwaltete Palettenplätze für Schnelldreherzone links und rechts des Tunnellagers.
- Papierlose Kommissionierung mittels Handrücken-Funk-Scannern in Transportbehälter mit den Maßen 40 x 60 cm, max. je eine Lieferscheinposition.

12

- Integriert war ein AKL (Automatisches KleinteileLager) mit einer Pickstelle für 2.400 Behälterplätze (400 x 600 mm, 350 mm hoch) als C-Teile-Lager (Lagerblock 4).

**Merkmale des Pick-by-Light-Systems**

| Merkmal Lagerblock 3 | Online-Picking |
|---|---|
| Informationsmedium | **Display** |
| Entnahmebestätigung | **Scan** |
| „Freihand"-Faktor | **sehr hoch** |
| Bestandsaktualität | **sehr hoch** |
| Trainingsaufwand | **niedrig** |
| Einführungszeit | **kurz** |
| Investitionsvolumen | **mittel** |
| Komplexität | **niedrig** |
| Anzahl Artikel | **niedrig** |
| Pickleistung (Picks/Std.) | **hoch** |
| Durchsatz (Pos./Tag) | **hoch** |
| Auftragsdurchlaufzeit | **kurz** |
| Auftragsgröße | **klein** |
| Pickfehlerrate | **sehr niedrig** |
| Erweiterungsflexibilität **(zusätzliche Artikel)** | **sehr niedrig** |
| Erweiterungsflexibilität **(höherer Durchsatz)** | **hoch** |
| Erweiterungskosten **(zusätzliche Artikel)** | **sehr hoch** |
| Erweiterungskosten **(höherer Durchsatz)** | **niedrig** |

*Abb. 4: Merkmale des Pick-by-Light-Systems*

**Erfahrungen und Verbesserungspotenzial**

- Durch die Umgestaltung wurde die Möglichkeit einer dynamischen Lagerung auf beiden Seiten des Palettenlagers geschaffen, d. h. eine Pick-Position auf einer Seite konnte auch Nachschubpositionen auf der anderen Seite haben.
  Ergebnis: Wir konnten auch großvolumige Teile mit vielen Paletten von einem Pickplatz picken und mussten nicht zwei einrichten.
- Die Einlagerungen ins AKL konnten auch als Zulagerungen und nicht nur als neuer Behälter ausgeführt werden.
  Ergebnis: Damit wurden die Entnahmen vereinfacht, da eine Retoure ja im Sinne des FIFO die zuerst auszufassende Menge darstellt.
- Auslagerungen sperriger Teile erfolgten als Komplettauslagerung auf einen Lagerplatz in der Packerei mit Hinweis, wofür sie bestimmt sind. Nach erfolgter Entnahme durch den Packer (!) erfolgt Rücklagerung (sogenannte Negativkommissionierung).

Schnell wurden aber auch die Grenzen des neuen Systems deutlich:

- Das Schnelldreherlager erwies sich bald als zu klein. Wir haben 50 Fast-Line-Runner und 500–600 Line-Runner bei 144 Plätzen.
- Das Kleinteile-AKL war zu langsam mit einer Pick-Station für 2.400 Behälter zu langsam. Ein zweiter Bahnhof war jedoch viel zu teuer (300 T€).
- Das Tunnellager ist nicht reorganisationsfähig, d. h. ein Ersatz eines dort liegenden Artikels durch einen anderen ist nur durch Abpacken der beiden Paletten und manuellem Transport zu einer Aufgabestation zwei Etagen tiefer möglich. Deshalb nur vierteljährliche Reorganisation. Daher auch keine Pick-Optimierung durch Platzierung möglich.
- Es wird zuviel Luft transportiert, da nur eine Lieferscheinposition je Kasten möglich ist.

Durch steigenden Umsatz wurde schon zwei Jahre später eine Erweiterung des Lagers nötig. Der neue Schnelldreherbereich sollte folgenden Anforderungen genügen:

- Hohe Reorganisationsfähigkeit.
- Optimierung der Entnahmeplätze, um einen Auftrag möglichst schnell abzuarbeiten. Hierzu wurde der historische Auftragsbestand untersucht, welche Artikel immer zusammen bestellt werden. Das führte zu einer Setbildung. Darunter verstehen wir eine Bereitstellung dieser Artikel nebeneinander oder gegenüber.
- Neue Paletten- und Behälter-Pick-Plätze, da nicht alle Schnelldreher palettenfähig sind.
- Mehr Behälterplätze, um Verbrauchsmaterial wie Bohrer oder Sägeblätter und Geräte zusammen zu kommissionieren.
- Mehrere Artikel eines Auftrags in einen Kommissionierbehälter zu picken.
- Funkscannertechnik möglichst nicht mehr nutzen, da Geräte sehr empfindlich.
- Automatische Einlagerung auch von Behältern.

Die folgenden Abbildungen zeigen die Merkmale des Lagerblocks 5 und ein Schnitt durch das Lager:

12

## Merkmale des Lagerblocks

| Merkmal Lagerblock 5 | Pick by light |
|---|---|
| Informationsmedium | **Display** |
| Entnahmebestätigung | **Tastatur** |
| „Freihand"-Faktor | **sehr hoch** |
| Bestandsaktualität | **sehr hoch** |
| Trainingsaufwand | **niedrig** |
| Einführungszeit | **kurz** |
| Investitionsvolumen | **hoch** |
| Komplexität | **Anwender: niedrig, Steuerung: hoch** |
| Anzahl Artikel | **hoch** |
| Pickleistung (Picks/Std.) | **hoch** |
| Durchsatz (Pos./Tag) | **hoch** |
| Auftragsdurchlaufzeit | **kurz** |
| Auftragsgröße | **mittel** |
| Pickfehlerrate | **sehr niedrig** |
| Erweiterungsflexibilität **(zusätzliche Artikel)** | **sehr hoch** |
| Erweiterungsflexibilität **(höherer Durchsatz)** | **sehr hoch** |
| Erweiterungskosten **(zusätzliche Artikel)** | **sehr niedrig** |
| Erweiterungskosten **(höherer Durchsatz)** | **niedrig** |

*Abb. 5: Merkmale des Lagerblocks*

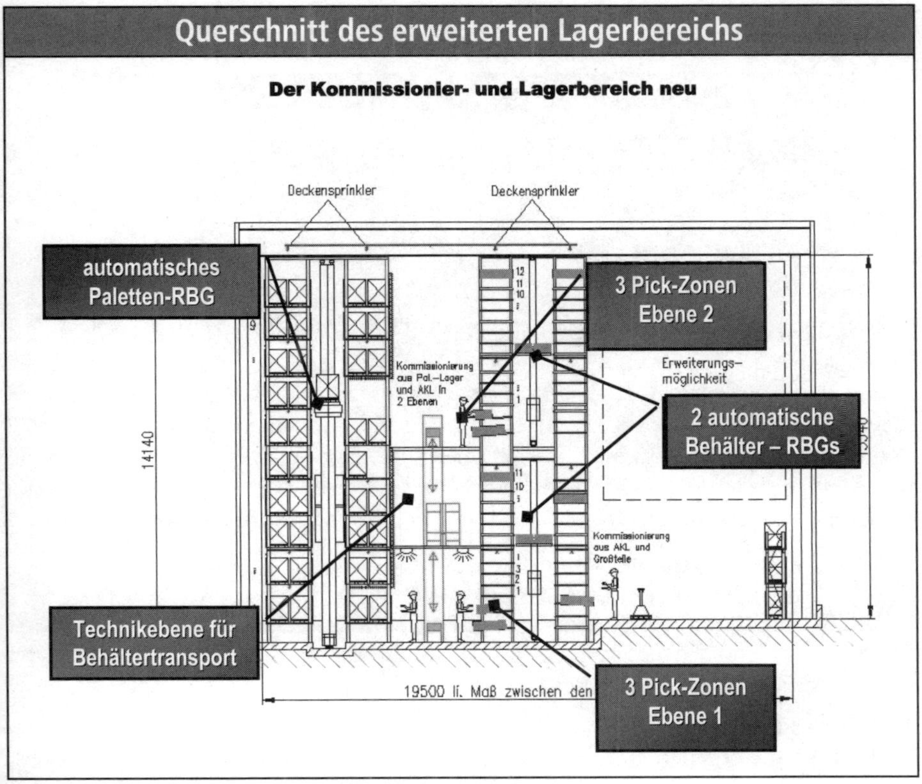


*Abb. 6: Querschnitt des erweiterten Lagerbereichs*

Das bedeutete eine Erweiterung des bestehenden Systems im laufenden Betrieb um

- Schnelldreherlager mit 440 Behälter- und 50 Paletten-Pick-Stellen, die sich gegenüber liegen. Damit sind Groß- und Kleinteile, Top-A und A-Teile nahe beieinander.
- Sechs Bahnhöfe in zwei Ebenen.
- Berechnung des Behältervolumens für mehrere Lieferscheinpositionen, dadurch 30 Prozent Reduktion auf der Behälterfördertechnik.
- Umstellung der Pickmethode auf Pick by Light mit Leerfachüberprüfung und Eingabemöglichkeit für Mengendifferenzen.
- Nulldurchgangsinventur wie bisher und Möglichkeit der Inventur vor Ort.
- Weitere 1.200 Paletten- und 10.000 AKL-Plätze (zwei Geräte übereinander!).
- Optimierung der Bereitstellung durch statische und dynamische Präsentation.

12

*Abb. 7: Neugestalteter Pick-Bereich*

**Ablauf des Pickens**

- Behälter aus Leerbehälterpuffer wird in Lagerblock 5 eingeschleust.
- Der nächste freie der sechs Bahnhöfe, auf dem Ware aufgenommen wird, wird angefahren. Jeder Bahnhof hat zehn Pufferplätze und einen Bearbeitungsplatz.
- Behälter wird gelesen und alle Pick-by-Light-Stationen zeigen den Bedarf.
- Kommissionierer entnimmt und bestätigt die Entnahme am Pick-Platz.
- Hat er alles kommissioniert, bestätigt er am Bearbeitungsplatz und der Behälter wird zum nächsten Bahnhof oder zum Auftragssammelpuffer gefahren.
- Dauer je Pick-Vorgang zwischen zwei und acht Sekunden.

*Abb. 8: Blick auf die Anzeige am Pick-Platz*

*Abb. 9: Blick auf den Bearbeitungsplatz*

Am Bearbeitungsplatz hat der Kommissionierer den Gesamtüberblick, welche Pick-Plätze zu bedienen sind. Darüber hinaus wird, falls ein Behälter beim Picken leer wird, die Leerfachüberprüfung angestoßen: Der Picker muss bestätigen, dass der Behälter leer ist, ihn entnehmen und in einen von sechs Entsorgungskanälen schieben. In diesem Fall ist ein weiterer Behälter bereits im Kanal, die weitere Kommissionierung dieses Artikels kann sofort weitergehen. Normalerweise befindet sich immer nur ein Behälter im Kanal, auf die Gründe hierfür wird später noch näher eingegangen werden. Der Etikettendrucker dient zum Druck eines Identifizierungslabels, falls der Artikel keine Artikelnummer trägt. Der Artikel wird in einen Plastikbeutel gesteckt und das Label aufgebracht. Zudem können kundenbezogenen Informationen, wie eine kundeneigene Artikelnummer für unsere Artikel, erstellt werden.

**Warum kein Pick by Voice?**
Die Häufigkeit des Pickens macht die Verwendung von Pick-by-Voice-Lösungen unmöglich, da dem Kommissionierer alle 3–8 Sekunden ein neuer Auftrag ins Ohr gesprochen würde – und dies 8 Stunden am Tag mit immer der genau gleichen Stimmlage und -höhe. Pick-by-Voice-Systeme eignen sich daher nur für große Lager mit längeren Fahr- und/oder Laufstrecken.

## 12.4 Klassifikation des Kommissioniersystems

Abbildung 10 zeigt eine Darstellung des gesamten Materialflusses im Distributionscenter Oberhausen. Es ist schwierig, den Lagerblock 5 zu klassifizieren, da sowohl Mann zur Ware (weil der Mann eine kurze Strecke laufen muss) als auch Ware zum Mann (dynamische Bereitstellung) vorkommen (vgl. Abbildung 11).

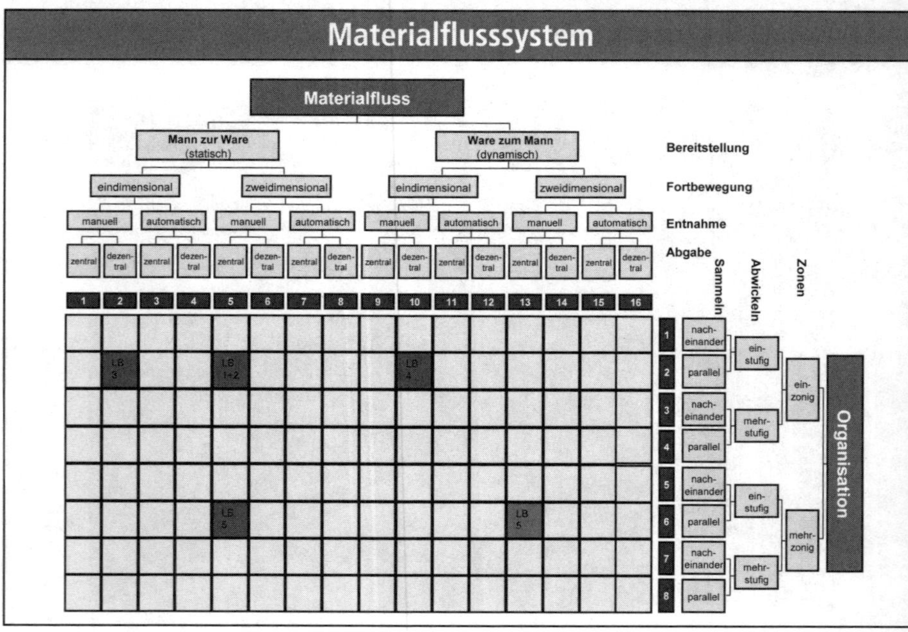


*Abb. 10: Materialflusssystem*

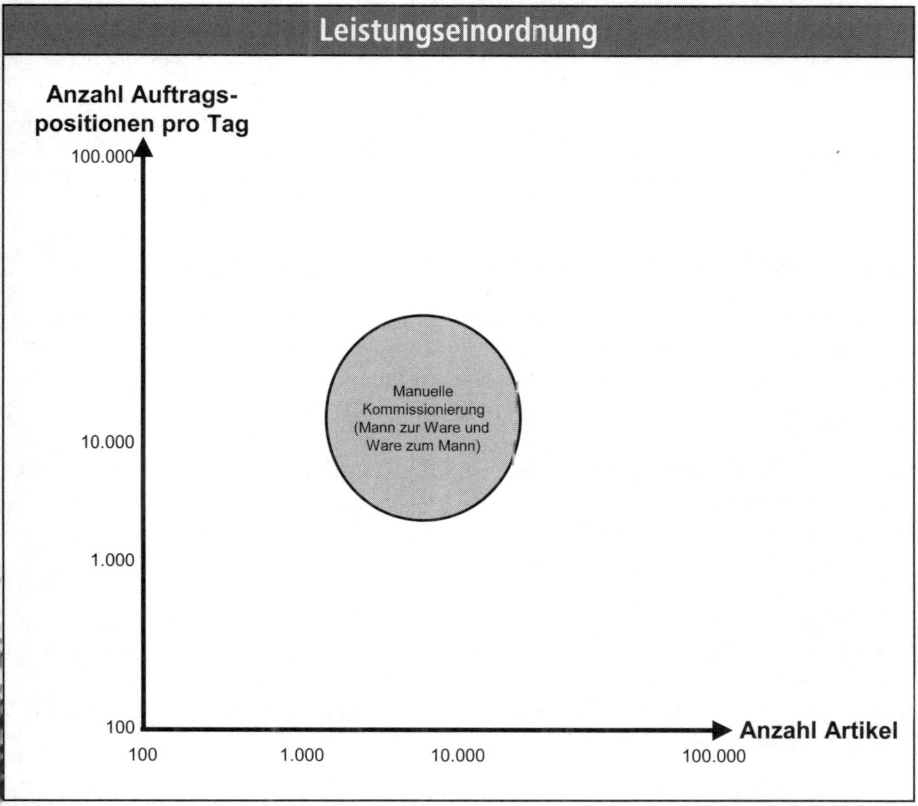


*Abb. 11: Leistungseinordnung*

## 12.5 Daten und Fakten

**Lagerbereich 5**

Die 440 Pickplätze für Behälter sind in zwei Reihen übereinander angebracht. Da drei Bahnhöfe je Ebene existieren, ergibt das eine durchschnittliche Zuordnung von 74 Pickplätzen je Bahnhof. Davon befinden sich einige direkt gegenüber des Bahnhofs, andere weiter entfernt.

Die nahegelegenen wurden mit Artikel fix belegt, das heißt, dass Schnelldreher hier immer bereitstehen. Die weiter entfernten Pick-Plätze sind dynamisch definiert. Das bedeutet, dass das IT-System einen anderen Artikel aus dem AKL holen (weil er im Auftragspuffer vorhanden ist und in der nächsten Pickwelle zur Entnahme ansteht) und diesen gegen einen bereitstehenden austauschen kann.

Erreicht wird damit die Lösung des Problems, dass mehr als 440 Schnelldreher vorhanden sind und wir momentan etwa 900 Artikel im AKL haben.

Das IT-System macht das selbstständig: Vor jeder neuen Pick-Welle wird der Kommissionierer aufgefordert, einige Behälter (aus Sicherheitsgründen manuell) zurückzuschieben, so dass das AKL-Förderzeug den Behälter gegen einen anderen austauschen kann. Deshalb ist nur ein Behälter im Kanal, wenn er nicht während der Pick-Welle leer wird wie oben beschrieben.

Bei Paletten wird nur am Pick-by-Light-Terminal bestätigt, dass die Palette geholt werden kann. Alle 50 Palettenplätze sind dynamisch definiert.

## 12.6 Einsatzbereiche des Kommissioniersystems

An dieser Stelle die für die Leistungserbringung wesentliche Frage diskutiert werden, wie man ein Lifecycle Management durchführen oder wie ein Check der richtigen Belegung der Schnelldreherbereiche erfolgen kann.

Nach der Implementierung blieben folgende Fragen offen:

- Ist die Anzahl der fixen Pick-Plätze richtig belegt oder ist der dort liegende A-Artikel mittlerweile doch ein B-Artikel geworden?
- Ist der B-Artikel überhaupt noch richtig im Lagerblock 5 oder ist er nicht mittlerweile ein C-Artikel geworden?
- Sind bisherige C-Artikel im alten Schnelldreherlager (Lagerblock 3 oder gar die manuell bedienten Lagerblöcke 1 und 2) jetzt B- oder gar A-Teile?
- Wohin soll ich neue Artikel platzieren, von denen ich nur Angaben des Marketings habe?
- Wie kann ich das Pick-Maximum aus der bestehenden Lagerorganisation herausholen?

Ziel war, möglichst oft die Lagerbelegung so zu optimieren, dass einerseits die Pick-Leistung maximal ist und andererseits der Aufwand für die Umlagerung gerechtfertigt ist.

Dazu wurde folgende Formel verwendet:
Pickzeit neuer Lagerblock x Anzahl Picks < Umlageraufwand/Nutzungsmonate + Pick-Zeit jetziger Lagerblock x Anzahl Picks.

Dabei bleibt natürlich die permanente automatische Optimierung des Lagerblocks 5 erhalten.

Die IT liefert zusätzlich Informationen, ob ein fixer Pick-Platz im Lagerblock 5 noch gerechtfertigt ist oder nicht. Die Programm-Parameter werden in einem Excel-Programm gepflegt:

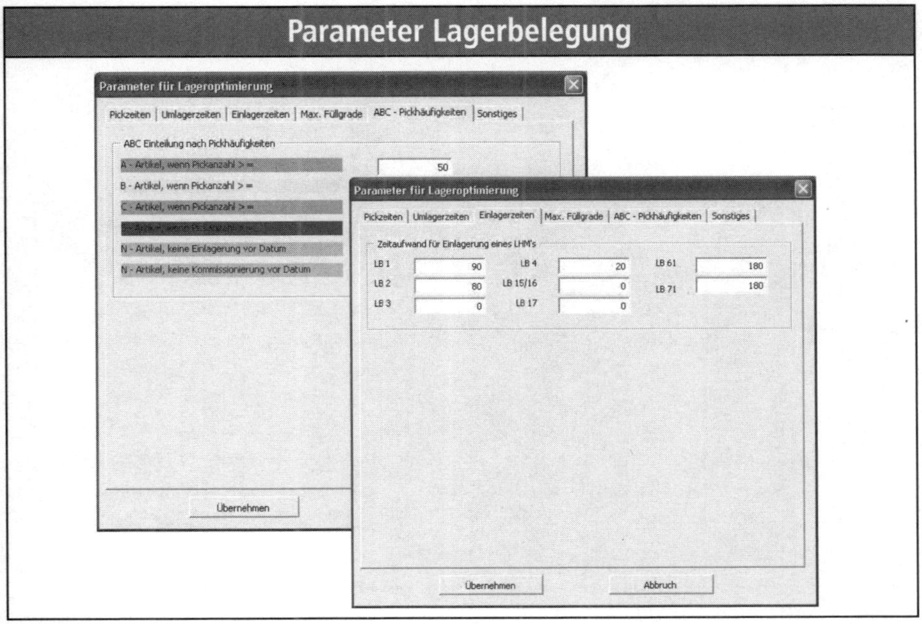


*Abb. 12: Parameter Lagerbelegung*

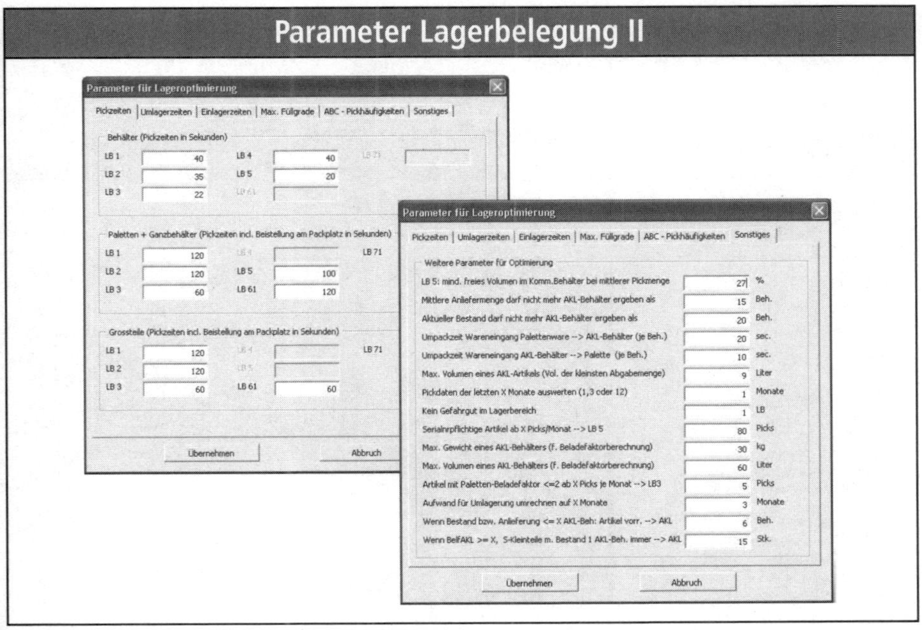


*Abb. 13: Parameter Lagerbelegung II*

Das Programm erstellt dann eine Übersicht, in welchem Lagerbereich welche Art von Artikeln lagern (61 und 71 sind Lagerbereiche in der Nähe von Oberhausen mit Sperrgütern) ...

## Belegungsübersicht

### Übersicht Belegung

A,B,C = ABC-Klassifizierung
S = Sperrgutartikel und Obsolescence
N = Neue Artikel

| Bereich | Klassifizierung A | B | C | S | N | Gesamt Artikel 1) belegte Plätze | Ges . Plätze 2) im Lagerbereich | noch nutzb. Plätze | Füllgr. % |
|---|---|---|---|---|---|---|---|---|---|
| 1 Hochregal | 64<br>224 Plätze | 639<br>1.383 Plätze | 486<br>830 Plätze | 428<br>724 Plätze | 267<br>332 Plätze | 1.884<br>3.493 Plätze | 5.396 Plätze | 1.903 Plätze | 65% |
| 2 Hochregal | 214<br>681 Plätze | 753<br>1.678 Plätze | 296<br>492 Plätze | 237<br>411 Plätze | 60<br>175 Plätze | 1.560<br>3.437 Plätze | 4.522 Plätze | 1.085 Plätze | 76% |
| 3 Schnelldreher | 140<br>1 226 Plätze | 19<br>158 Plätze | 4<br>43 Plätze | 6<br>45 Plätze | 1<br>13 Plätze | 170<br>1.485 Plätze | 1.744 Plätze | 259 Plätze | 85% |
| 4 AKL (alt) | 2<br>6 Plätze | 103<br>243 Plätze | 365<br>725 Plätze | 478<br>874 Plätze | 5<br>15 Plätze | 953<br>1.863 Plätze | 2.352 Plätze | 489 Plätze | 79% |
| 15 AKL (neu) | 148<br>945 Plätze | 384<br>1.447 Plätze | 166<br>501 Plätze | 131<br>310 Plätze | 61<br>152 Plätze | 890<br>3.355 Plätze | 5.356 Plätze | 2.001 Plätze | 63% |
| 16 AKL (neu) | 160<br>1.569 Plätze | 474<br>1.540 Plätze | 141<br>394 Plätze | 92<br>253 Plätze | 65<br>177 Plätze | 932<br>3.933 Plätze | 5.768 Plätze | 1.835 Plätze | 68% |
| 17 Paletten | 131<br>585 Plätze | 4<br>9 Plätze | 5<br>21 Plätze | 4<br>6 Plätze | 2<br>7 Plätze | 146<br>630 Plätze | 1.401 Plätze | 771 Plätze | 45% |
| 61 Schienen | 18<br>18 Plätze | 60<br>73 Plätze | 50<br>71 Plätze | 34<br>43 Plätze | 3<br>7 Plätze | 165<br>212 Plätze | 487 Plätze | 275 Plätze | 44% |
| 71 Sopo | 5<br>83 Plätze | 29<br>45 Plätze | 49<br>68 Plätze | 24<br>37 Plätze | 16<br>36 Plätze | 123<br>269 Plätze | 321 Plätze | 52 Plätze | 84% |
| Ges. Artikel1)<br>Ges. Plaetze | 882<br>5.337 Plätze | 2.465<br>6.576 Plätze | 1.562<br>3.145 Plätze | 1.434<br>2.705 Plätze | 480<br>914 Plätze | 6.823<br>18.677 Plätze | 27.347 Plätze | 8.670 Plätze | 68% |

*Abb. 14: Belegungsübersicht*

... und macht Umlagerungsvorschläge, die sich rechnen.

Im Beispiel würden wir durch Umlagerung von 18 Paletten des Artikels 283507 vom Lagerblock 2 in den Lagerblock 5 je Woche 147 Minuten Pickzeit sparen. Das Programm läuft mehrmals pro Woche.

## Umlagerungsvorschläge

### Umlagerungsvorschläge

| Artikel | Bezeichnung | Umlagerung: Klassifizierung | optimaler Lagerort | Zeiteinsparung - UA | Pickhäufigkeiten: Picks 12 M | Picks 3 M | Picks 4Wo | Bestände und Lagerorte: aktueller Bestand | Ges. Plaetze | LB1 | LB2 | LB3 | LB4 | LB15 | LB16 | LB17 | Schienenlager | Sopo |
|---|---|---|---|---|---|---|---|---|---|---|---|---|---|---|---|---|---|---|
| 283507 | Profilblechnagel X-ENP-19 L15MX | A | 17S | 147 | 1.992 | 1.777 | 747 | 413.000 | 18 | | 18 | | | | | | | |
| 220240 | Brandschutzfüllmasse CP 615 | A | 17D | 70 | 3.566 | 975 | 299 | 1.526 | 2 | | 2 | | | | | | | |
| 376921 | Gasdose GC 11 (F/D/I) | A | 17D | 66 | 1.991 | 831 | 269 | 331 | 1 | | 1 | | | | | | | |
| 376469 | Dämmstoffbefestiger X-IE 6-60 | A | 3 | 60 | 3.358 | 790 | 343 | 51.600 | 8 | | 8 | | | | | | | |
| 282861 | Scheibe A8,4-28 | A | 17S | 59 | 5.174 | 1.238 | 403 | 274.950 | 8 | | 8 | | | | | | | |
| 335214 | Kälterohrschelle KF 175-168 | A | 3 | 41 | 698 | 302 | 142 | 222 | 2 | 2 | | | | | | | | |
| 304617 | Trennscheibe AC-D 230 UP 2.5mm | A | 3 | 35 | 1.155 | 343 | 133 | 1.975 | 2 | 2 | | | | | | | | |
| 371594 | Durchsteckanker HST M16X165/50 | A | 3 | 33 | 1.805 | 525 | 164 | 3.108 | 3 | | 3 | | | | | | | |
| 369656 | 3-Loch Winkel MQW-3 | A | 3 | 30 | 2.589 | 646 | 194 | 4.980 | 3 | | 3 | | | | | | | |
| 3409341 | HIK-Konsole/Prospekte 4S. | N | 15/16S | 29 | 98 | 98 | 97 | 480 | 1 | 1 | | | | | | | | |

Hinweis zu Umlagerungsvorschlägen:

1,2,3,4 = Lagerorte

15D, 16D, 17D = Lagerorte LB5 (dynamisch)

15S, 16S, 17S = Lagerorte LB5 (statisch)

Kommissionierung im neuen Lagerbereich.

Der Zeitaufwand UA für die Umlagerung der LHM's ist bereits anteilig abgezogen (abhängig vom Parameter "Aufwand f. Umlagerung umrechnen auf X Monate") .

*Abb. 15: Umlagerungsvorschläge*

**Anreizsysteme**
Eine weitere Möglichkeit, die Leistung zu erhöhen sind Anreizsysteme: Seit 1998 wurden abhängig vom Erreichen der Tagesaktualität im Wareneingang und Treffen aller Zeitschranken im Warenausgang (siehe Level of Service) 20 DM je Tag und Mitarbeiter gezahlt. Dabei gilt das Motto „Alles oder nichts", was bedeutet: Wird zwar alles kommissioniert und verpackt, ist jedoch der Wareneingang nicht tagesaktuell, so erfolgt keine Zahlung.

Ab 1999 wurde eine Jahresprämie eingebaut, die in Abhängigkeit von Beschädigungen, logistisch verursachten Retouren und Sauberkeit gezahlt wurde. 2001 wurde diese Jahresprämie allerdings wieder abgeschafft; sie zeigte keine Wirkung, da sie für die Mitarbeiter zu langfristig war. 2002 erfolgte eine Differenzierung der Prämien von 15 Euro innerhalb der Gruppe durch die Gruppenleiter: 50–200 Prozent der Prämie.

2005 vollzogen wir eine Umstellung auf PPM-Messung der Pick-Fehler, seit 2006 wurde das untere Ende der Kommissionier-/Packleistung durch gezielte Schulung und Vorgaben angehoben. Dazu zählt die Anzeige der persönlichen Leistung an dem Bildschirm, an dem der Mitarbeiter angemeldet ist.

Die Wirkung dieser Veränderungen zeigen sich sehr deutlich in Abbildung 16:

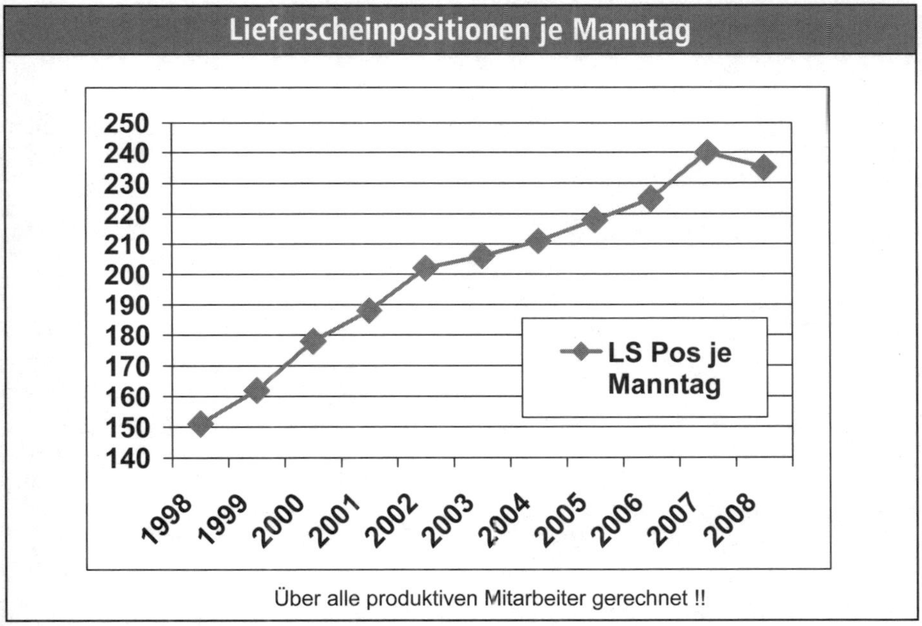


*Abb. 16: Chart der Entwicklung der Lieferscheinpositionen je Manntag*

## 12.7 Vorteile des gewählten Kommissioniersystems

Das Distributionscenter Oberhausen ist ein über Jahre gewachsenes System, das immer noch sehr gute Output-Leistungen bringt.

In den Lagerblöcken 1 und 2 (normale mannbediente Regalförderzeuge) werden jetzt Langsamdreher gelagert. Im Lagerbereich 3 Mitteldreher, die keine Saisonalität zeigen. Lagerbereich 5 ist der Hochleistungsbereich, hier kommissionieren wir bis zu 65 Prozent aller Auftragspositionen. Die Pick-Fehlerrate ist hier am geringsten und liegt unter 600 PPM.

Die dynamische Bereitstellung ermöglicht es, bei kurzen Wegen eine Vielzahl von Artikel bereitzustellen. Das Lifecycle Management sorgt für eine immer optimale Belegung der Lagerblock-5-Maschinerie. Damit wird ein kostengünstiges und effizientes Picken sichergestellt.

Der Kundennutzen ergibt sich neben der geringen Fehlerrate aus der schnellen Auftragsdurchlaufzeit: Nachdem wir im September 2008 ein weiteres kleineres Lager in Nürnberg in Betrieb genommen haben, können wir jetzt für ganz Deutschland, die Beneluxstaaten sowie Österreich eine Paketauslieferung am Folgetag zu Standardkonditionen zusichern, bei einer Cut-off-Zeit für die Kundenauftragserfassung um 18 Uhr. Das bedeutet, dass während der Öffnungszeiten unseres Kundenservices diese Aufträge noch am gleichen Tag das Distributionscenter verlassen. Für online im Internet durch unsere Kunden erfasste Aufträge kann das in Einzelfällen noch später sein, da die letzte Abholung in Oberhausen für Auslieferungen am Folgetag in Norddeutschland erst um 22:30 Uhr erfolgt. Das Lager in Nürnberg ist neben Kapazitätsgründen in erster Linie aufgrund der Entfernungen in den süddeutschen und west-österreichischen Raum errichtet worden.

Die Ausfallraten des Systems sind praktisch auf Null redzuiert, allerdings haben wir auch aufgrund des automatischen Transports sowie der Auftragssammelpuffer ständig eigene Techniker vor Ort.

# 13 ZF TRADING – BEST PRACTICE IM KFZ-TEILEHANDEL

13

*(Dominik Bühring)*

Die ZF Trading GmbH, das Handelsunternehmen der ZF Friedrichshafen AG, ist der technisch kompetente Service Partner im Automobilteile-Bereich. Die Kernproduktgruppen werden unter folgenden, lang etablierten Markennamen vertrieben:

- Sachs (Kupplungen und Stoßdämpfer)
- Lemförder (Fahrwerk/Lenkung und Gummi-Metall)
- Boge (Stoßdämpfer)
- ZF Parts (Lenksysteme)

Die Logistik der ZF Trading wird in Schweinfurt und Bremen durchgeführt. In diesem Artikel möchten wir die Erweiterung und den teilweisen Neubau des Trading Logistic Center (TLC) in Schweinfurt näher betrachten.

**Die Logistik der ZF Trading GmbH**

| | Sendungen/ Tag bzw. Lkw-Ladungen | davon Express | verkaufsfähige Teilenummern | Behälterplätze | Palettenplätze |
|---|---|---|---|---|---|
| Schweinfurt | 600 Sendungen bzw. 20 Lkw-Ladungen | 350 | 15.000 50.000 (weltweit) | 34.000 | 22.000 |
| Bremen | 140 Sendungen bzw. 8 Lkw-Ladungen | 70 | 13.000 | 50.000 | 18.000 |

*Abb. 1: Die Logistik der ZF Trading GmbH (Stand 2007)*

Die ZF Trading lagert in Schweinfurt Automobil-Ersatzteile der Marken Sachs und Boge, von hier aus wird der internationale Ersatzteilmarkt beliefert.

## 13.1 Einführende Beschreibung

**Herausforderungen an die Distribution** von Ersatzteilen im Allgemeinen stellt die teils sehr unhandliche Form sowie das Gewicht der Teile dar. Durch die asymetrischen Formen ist der Volumenzuwachs durch die Verpackung enorm. Dementsprechend muss genau geprüft und geplant werden, an welcher Stelle in der Supply Chain das Verpacken der Teile vonstatten geht. Auch an die Verpackung der Teile werden besondere Anforderungen gestellt. Verstärkungen und Einlagen in den Kartons sind besonders bei sehr schweren Teilen von großer Bedeutung. Des Weiteren ist natürlich die Sicherstellung der rechtzeitigen Lieferung ein wichtiger Aspekt, der durch die optimale Gestaltung des Lagers gewährleistet werden muss.

**Veränderte Marktanforderungen** aus gestiegenen Artikelzahlen sowie einer deutlichen Erhöhung der Bestellungen, die häufig als Expresssendungen ausgeführt werden müssen, haben eine Erweiterung des jetzigen Distributionszentrums notwendig gemacht. Eine Wachstumsprognose für das Jahr 2012 (Geplante Fertigstellung und Inbetriebnahme des erweiterten TLC) und 2018 ist in der folgenden Abbildung dargestellt.

| **ZF Trading Wachstumsprognosen** | | |
|---|---|---|
| Basis | 2012 | 2018 |
| Absatzwachstum | 19 % (9,4/11,2 Mio. Stück) | 19 % (11,2/13,4 Mio. Stück) |
| Sortimentswachstum | 26,7 % (13.600 Artikel) | 26,7 % (17.250 Artikel) |
| Kommissionierpositionen/Tag | 5.340 Pos./Tag | 6.370 Pos./Tag |
| Ganzgebinde-Auslagerungen/Tag | 380 Kartonpaletten/Tag | 450 Kartonpaletten/Tag |

*Abb. 2: Wachstumsprognose für 2012/2018*

Die **grundlegenden Leitlinien** für die Erweiterung des TLCs waren unter anderem eine Materialfluss-Orientierung, die aus einer Werkstrukturanalyse hervorging, sowie eine Trennung von Produktverpackung und Distribution. Ziel bis 2012 bzw. 2018 ist es, die zur Verfügung stehenden dynamischen Kapazitäten weiter zu nutzen, teilweise zu optimieren und darüber hinaus neue Kapazitäten zu schaffen, um möglichst flexibel auf veränderte Strukturen reagieren zu können.

## 13.2 Umsetzen des TLC Schweinfurt in drei Phasen

Die Entwicklung und kontinuierliche Verbesserung des TLC wurde in drei Stufen vollzogen. Die erste **Entwicklungsstufe (1998)** sah eine Erweiterung im laufenden Betrieb vor. Ein neues Hochregallager (HRL) wurde gebaut und das existierende Automatische Kleinteilelager (AKL) erweitert. Zur Optimierung des Materialflusses wurde eine Elektrohängebahn installiert. Außerdem wurde eine innovative Vorzone im Kommissionierlager mit einer sehr hohen Systemleistung und Lagerbehälter-Reihenfolgebildung integriert. Die Notwendigkeit dieser Maßnahmen resultierte aus dem Umzug des Boge-Lagers von Eitorf in das TLC Schweinfurt (510.000 Dämpfer, 377.000 Gummimetallteile). Die **zweite Entwicklungsstufe (2004)** des TLC umfasste eine Erweiterung des AKL und eine Vergrößerung der Wareneingangshalle sowie der Produktkennzeichnung (PKZ). Des Weiteren wurde die Materialflusstechnik optimiert (Erweiterung und Optimierung der Expresspackplätze hinsichtlich Prozess, Durchsatz und Ergonomie), die manuelle Kommissionierung erneuert und die Artikel nach einer ABC-Analyse in unterschiedliche Bereiche klassifiziert.

Die **dritte Entwicklungsstufe mit zwei Baustufen (2012/2018)** ist Thema dieses Best-Practice-Artikels. Die wesentlichen Bestandteile dieser Erweiterung sind hier aufgelistet und werden in den folgenden Abschnitten, mit besonderem Augenmerk auf die Kommissionierung, näher beleuchtet.

- **Neubau** eines **HRL** mit sechs Gassen (mögliche Erweiterung auf neun Gassen) und ca. 26.000 (38.000) Palettenplätzen
- **Kommissionierzone** des **neuen HRL** (Ware-zum-Mann-Kommissionierung) mit vier über Fördertechnik angebundenen Arbeitsplätzen (mögliche Erweiterung auf sechs) in der Ebene 1 des Hochregallagers
- **Installation** einer **Elektrobodenbahn**, die das neue HRL mit der Kommissionierzone verbindet
- **Neubau** eines manuell bedienten **Schnelldreherlagers** (Mann-zur-Ware-Kommissionierung) mit fünf Kommissioniergängen und ca. 2.500 Stellplätzen für Paletten und Gitterboxen
- Verbindende Palettenfördertechnik zum Bestand

## 13.3 Beschreibung der gewählten Lösung des TLCs in Schweinfurt

Das Distributionszentrum in Schweinfurt wird nach seiner kompletten Fertigstellung aus vielen unterschiedlichen Kommissionierbereichen bestehen, was eine besondere Herausforderung an die Steuerung des Materialflusses stellt. Falls bei der Kommissionierung für eine Zielpalette oder einen Zielbehälter aus allen Lagerbereichen Ware entnommen werden muss, sieht die im Lagerverwaltungssystem (SAP) festgelegte Reihenfolge der Bearbeitung wie folgt aus: Nach Auftragsstart wird zunächst aus dem neuen HRL kommissioniert, danach aus dem Schnelldreherlager und schließlich aus dem AKL. Abschließend wird der Auftrag an den entsprechenden Arbeitsplätzen fertiggestellt. In der Regel werden aber, je nach Auftragszusammensetzung, nicht alle Kommissionierbereiche angefahren, was durch die Gestaltung der Materialflusstechnik ermöglicht wird.

### 13.3.1 Konzeption des neuen HRL

Das neue HRL besteht aus sechs Gassen und ca. 26.000 Palettenplätzen. Bedient wird das HRL mit sechs Regalbediengeräten, die jeweils mit zwei Lastaufnahmemitteln versehen sind. Die Ver- und Endsorgung des HRL erfolgt in zwei Ebenen. In **Ebene 2** wird sowohl die Einlagerung von Versandbehältern aus dem Bestand mittels eines Hebers aus der Ebene 1 (EG), als auch die Einlagerung von Materialien aus dem Wareneingang und der Produktverpackung als Notstrategie durchgeführt. Diese Ware wird über Flurförderzeuge zum jeweiligen Ziel gebracht. Die Auslagerung aus dem neuen HRL zur Bedienung der Kommissionierplätze geschieht in **Ebene 1.** Dort erfolgt auch die Rücklagerung von Materialien aus der Kommissio-

13

nierung. Einen Überblick über die Warenbewegungen im neuen HRL gibt die folgende Abbildung.

| Ein- und Auslager-Vorgänge im neuen HRL | |
|---|---|
| **Einlagerungen** | **Auslagerungen** |
| Verpackte und (in Ausnahmefällen) unverpackte Artikel aus dem WE und der Produktverpackung | Auslagerungen von versandfertigen Handling Units an die Warenausgänge |
| Rücklagerungen aus der Kommissionierung vor dem neuen HRL | Auslagerungen von Ganzpaletten in die „Auftragsfertigstellung Großaufträge" |
| Umlagerungen aus dem Schnelldrehlager | Auslagerung von Nachschubpaletten / Umlagerungen |
| Einlagerungen aus Umlagerungen | Auslagerungen an die Kommissionierarbeitsplätze des neuen HRL |

*Abb. 3: Ein- und Auslagervorgänge im neuen HRL*

Die Kommissionierzone des HRL wird über eine neue Elektrobodenbahn mit dem HRL verbunden. An den Kommissionierarbeitsplätzen werden Zielpaletten (Versand-Handling-Unit) und Quellpaletten, ausschließlich aus dem neuen HRL, auftragssynchron zusammengeführt.

**Ablauf der Kommissionierung in der Kommissionierzone des neuen HRL**

Die Kommissionierzone, die in der Ebene 1 (EG) an das HRL angebunden ist, besteht aus vier Kommissionierplätzen, die von jeweils einem Kommissionierer bedient werden. Jedem Arbeitsplatz sind eine Zuführ- und eine Abführstrecke für die Zielpaletten sowie zwei Zuführ- und eine Abführstrecke für die Quellpaletten zugeordnet. Über die zwei Zuführstrecken für die Quellpaletten erfolgt eine Vorsortierung der Artikel nach leicht und schwer.

An dem ersten Kommissionierplatz ist zusätzlich eine Anbindung an die Behälterfördertechnik vorgesehen. Über diese Anbindung erfolgt der Nachschub in das bestehende AKL.

Die folgende Abbildung zeigt einen solchen Kommissionierplatz.

Kommissionierplatz des neuen HRL

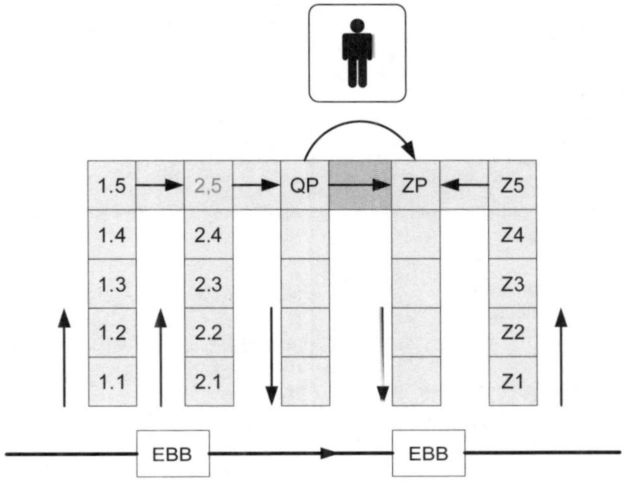


Legende: EBB: Elektrobodenbahn; QP: Quellpalette; ZP: Zielpalette

*Abb. 4: Kommissionierplatz des neuen HRL*

Im Arbeitsbereich des Personals befinden sich immer eine aktive Quellpalette und eine aktive Zielpalette. Nach Kommissionierfortschritt werden die Paletten vorgetaktet und zur Bearbeitung bereitgestellt. Wenn die Kommissionierung einer Quellpalette oder Zielpalette abgeschlossen ist, erfolgt nach Bestätigung automatisch der Abtransport über die entsprechende Abförderstrecke.

Die Kommissionierer erhalten die benötigten Informationen über die zu entnehmenden Artikel über einen Monitor. Quittiert wird mit Hilfe einer Tastatur.

## 13.3.2 Das neue Schnelldreherlager

**Aufbau des Lagers**

Der Neubau des Schnelldreherlagers befindet sich zwischen dem neuen HRL und dem AKL. Beide Lager sind über Fördertechnik miteinander verbunden. Insgesamt besteht das Schnelldreherlager aus fünf Kommissioniergängen und bietet 2.500 Stellplätze für Paletten und Gitterboxen. Die Kommissionierung erfolgt über Flurförderzeuge nach dem Prinzip „Mann zur Ware". Bevorratet werden vornehmlich Artikel in halbhohen Gitterboxen und teilweise auf Paletten. Die Stellplätze sind in acht Ebenen angeordnet, davon sind die unteren drei für die Kommissionierung, die darüber liegenden als Reserve für den Nachschub auf die Kommissionierplätze vorgesehen. Der Nachschub auf die Reserveplätze erfolgt in der Regel aus dem neuen HRL sowie aus der Produktverpackung. Der Transport von den Abgabepunkten in die Lagerfächer erfolgt mit Schubmaststaplern.

Alle Warenbewegungen des Schnelldreherlagers sind in der folgenden Tabelle abgebildet.

| Ein- und Auslager- Vorgänge im Schnelldreherlager | |
|---|---|
| **Einlagerungen** | **Auslagerungen** |
| Nachschub aus dem neuen HRL | Auslagerung von Ganzpaletten an die Arbeitsplätze an denen Großaufträge fertig gestellt werden |
| Einlagerungen aus der Produktverpackung | Auslagerung zu Umlagerungen |
| Manuelle Umlagerung aus anderen Lagerbereichen (Sondersituation) | Negative Ganzauslagerungen für eine Schnelldreher Kommissionierung, einen Kommissionierung des Lagertyps (Kommissionierplätze AKL) oder an den „Auftragsfertigstellung Großaufträge“ |
| Auslagerungen an die Kommissionierarbeitsplätze des neuen HRL | |

*Abb. 5: Ein- und Auslagervorgänge im Schnelldreherlager*

**Ablauf der Kommissionierung im Schnelldreherlager**
Für die Kommissionierung im Schnelldreherlager werden Niederhub-Kommissionierfahrzeuge eingesetzt, die im Single-Order- oder Multi-Order-Betrieb eingesetzt werden. Die Abwicklung der Kommissionierung erfolgt über Staplerterminals (Datenfunk), die dem Kommissionierer die benötigten Informationen bereitstellen.

Für die Kommissionierung übernimmt das Personal eine vorkommissionierte Zielpalette (z. B. aus den Kommissionierplätzen des neuen HRL) oder beginnt mit einer neuen Zielpalette bzw. einem Kommissioniergestell für einen Zielkarton. Die einzelnen Kommissionierpositionen eines Auftrags werden den Kommissionierern wegeoptimiert vorgegeben.

Wird ein **Single Order Pick** durchgeführt, läuft dieser wie folgt ab:

Der Kommissionierer erhält auf seinem Datenfunk/MDE Terminal die Informationen des nächsten Auftrages. Er besorgt sich die entsprechende Ziel-Handling-Unit mit Barcode und verheiratet diese mit dem Auftrag per Scanner. Anschließend werden dem Kommissionierer auf dem Terminal der erste bzw. nächste zu kommissionierende Artikel, das Fach, die Menge und eventuell noch weitere Sonderinformationen angezeigt. Ist er am entsprechenden Fach angekommen, muss dieses gescannt werden. Dann entnimmt der Kommissionierer die Ware und quittiert diese.

Nach Quittierung der letzten Position des Auftrags erfolgt die Anzeige des Folgeziels bzw. der Hinweis zur Abgabe der Ziel-Handling-Unit auf die Fördertechnik. Diese Anzeige wird nach der Abgabe am Zielpunkt quittiert.

Beim **Multi Order Pick** im Schnelldreherlager werden gestartete Kommissionieraufträge für einen Kommissionierrundgang mit Kommissioniergestell zusammengefasst. Für die Durchführung des Multi Order Picks werden zwei bis n Aufträge gemäß der Reihenfolge aus dem Pool im Dialog angezeigt. Das Kommissionierpersonal besorgt sich n Tablare (festcodiert) und verheiratet diese nacheinander mit den

Aufträgen. Die wegeoptimierte Kommissionierreihenfolge wird über alle Positionen aller Aufträge positionsweise angezeigt.

Nach Abschluss der Kommissionierung erfolgt die Bereitstellung für die Versandbearbeitung oder die Fortsetzung der Kommissionierung im AKL.

### 13.3.3 Einbindung des automatischen Kleinteilelagers (AKL) ins Gesamtkonzept

**Aufbau des AKLs**

Das Automatische Kleinteilelager wurde bereits in einer vorgelagerten Erweiterungsstufe im Jahre 2004 um zwei Gassen erweitert, sodass es nach der Fertigstellung aus insgesamt 13 Gassen und dementsprechend 13 Regalbediengeräten besteht. Insgesamt verfügt das AKL über 33.000 Stellplätze und ist neben dem bereits beschriebenen Hochregal sowie dem Schnelldreherbereich ein weiteres zentrales Element der Kommissionierung.

Eine speziell entwickelte Lagervorzone ermöglicht einen optimalen Ablauf der Kommissionierung. Diese Zone besteht aus zwei gegenläufigen Vorzonensortern, durch die die AKL-Stichbahnen und die Kommissionierzonen miteinander verbunden werden. Die Sorter geben in der ersten Hälfte der Lagervorzone die Ein- und Rücklagerbehälter an die AKL-Stichbahnen ab. Die daraus resultierenden freien Transportkapazitäten werden in der anderen Lagerhälfte zur Auslagerung verwendet. Ein speziell entwickeltes Meldesystem synchronisiert die Kartons bzw. Paletten mit den zugehörigen Lagerbehältern des AKL. Dadurch wird die Wartezeit an den Kommissionierplätzen auf ein Minimum reduziert.

Durch einen Vertikalsorter, der in der Stunde eine Leistung von 100 Doppelspielen hat, wird der Höhenunterschied zwischen den Vorzonensortern und den Kommissionierplätzen überbrückt.

**Ablauf der Kommissionierung vor dem AKL**

Die Kommissionierung des AKL wird mit acht Kommissionierern durchgeführt. Die Kommissionierung erfolgt nach dem Pick-&-Pack-Prinzip. Dementsprechend wird die entnommene Ware direkt in die Kundenpaletten und -kartons kommissioniert, die durch eine vorangegangene Case Calculation für die jeweiligen Aufträge passend ausgewählt werden. Die Anlieferung der einzelnen Positionen eines Auftrags erfolgt an den Kommissionierplatz so, dass zuerst schwere Positionen und danach leichte an den Kommissionierplätzen bereitgestellt werden, wodurch eine optimale Packreihenfolge gewährleistet und eine Beschädigung der Ware vermieden werden kann.

Die Kommissionierer erhalten alle nötigen Informationen für die unterschiedlichen Aufträge (Menge etc.) beleglos über einen Monitor an den Arbeitsplätzen. Es werden Kundenkartons bis zu einem Gewicht von 50 kg und Kundenpaletten bis zu 1.000 kg an den verschiedenen Kommissionierinseln bearbeitet.

13

### 13.3.4 Fehlerbehebung im neuen HRL und im Schnelldreherlager

Treten bei der Kommissionierung im Schnelldreherlager und im neuen HRL Fehler auf, werden diese je nach Art und Weise unterschiedlich gehandhabt. Die jeweiligen Vorgehensweisen werden in der folgenden Abbildung näher erläutert.

**Umgang mit Fehlern im Schnelldreherlager**

| Fehler die während der Kommissionierung auftreten | Fehlerhandling |
|---|---|
| **Mindermengen in der Quell-Handling-Unit**: Die geplante Kommissioniermenge kann mangels Material nicht vollständig entnommen werden | Das Personal korrigiert die Kommissioniermenge und quittiert die Mindermenge mit einem Nulldurchgang. |
| **Ziel-Handling-Unit voll**: Die Kommissioniermenge kann aufgrund der vollen Ziel-Handling-Unit nicht vollständig entnommen werden | In diesem Fall wird die Kommissioniermenge korrigiert und die Restmenge in der Quell-Handling-Unit automatisch angepasst. Handelt es sich um die letzte Quelle zur Ziel-Handling-Unit, dann werden sowohl Quelle als auch Ziel abtransportiert. Handelt es sich nicht um die letzte Quelle zur Ziel-Handling-Unit, wird die Kommissionierung für alle nachfolgenden Quellen zur Ziel-Handling-Unit automatisch abgebrochen.<br>Für die fehlende Menge wird die Kommissionierung mit einer neuen Zielpalette geplant. |
| **Restmengenkorrekturen in der Quell-Handling-Unit**: Restmengenkorrekturen können bei jedem Kommissioniervorgang auftreten und vom Personal eingegeben/ bestätigt werden. | Im Falle einer Restmengenkorrektur wird der Bestand auf der Quellpalette entsprechend angepasst. Sollte die Quelle durch die Restmengenkorrektur leer werden, wird die Quelle als Leerpalette ausgelagert. Befindet sich bei einer geplanten Nulldurchgangskontrolle noch Material in der Quelle, wird der Bestand auf die Quellpalette gebucht und die Palette wird mit diesem Restbestand zurückgelagert (neues HRL) bzw. bleibt am Platz (Schnelldreherlager). |
| **Falsches Material oder fehlerhaftes Material** | Ist dies der Fall wird im neuen HRL die Quellpalette zu einer Fehlerbahn transportiert.<br>Im Schnelldreherlager wird ein Transportauftrag für diese Palette erzeugt (Ziel Fehlerbearbeitung) und in den Auftragspool zur Bearbeitung durch einen Hubmaststapler gestellt. Die Fehleranalyse und -behebung erfolgt danach manuell. |

*Abb. 6: Umgang mit Fehlern im Schnelldreherlager und im neuen HRL*

## 13.4 Merkmale und Besonderheiten des Konzepts

Die Baustufe III des TLCs in Schweinfurt beinhaltet insgesamt drei Kommissionierzonen mit unterschiedlichen Kommissionierkonzepten, die auf Basis von ABC-Analysen und Handlingseigenschaften optimal für die jeweiligen Produkte ausgelegt sind. Der Aufbau der Kommmissionierzonen sowie der Ablauf der Kommissionierung wurde in Abschnitt 2.5.3 eingehend betrachtet. Einen Überblick über verschiedene Merkmale der drei Systeme sind in der nachfolgenden Tabelle zusammengefasst.

**Merkmale der Kommissionierzonen des TLCs**

| Merkmal | HRL/Schnelldreherlager/AKL |
|---|---|
| **Informationsmedium** | Bildschirm |
| **Entnahmebestätigung** | Tastatur |
| **„Freihand"-Faktor** | hoch |
| **Bestandsaktualität** | sehr hoch |
| **Trainingsaufwand** | mittel |
| **Einführungszeit** | mittel |
| **Investitionsvolumen** | hoch |
| **Komplexität** | mittel |
| **Anzahl Artikel** | hoch |
| **Pickleistung (Picks/Std.)** | hoch |
| **Durchsatz (Pos./Tag)** | hoch |
| **Auftragsdurchlaufzeit** | kurz |
| **Auftragsgröße** | mittel |
| **Pickfehlerrate** | sehr niedrig |
| **Erweiterungsflexibilität** (zusätzliche Artikel) | mittel |
| **Erweiterungsflexibilität** (höherer Durchsatz) | mittel |
| **Erweiterungskosten** (zusätzliche Artikel) | mittel |
| **Erweiterungskosten** (höherer Durchsatz) | mittel |

*Abb. 7: Merkmale der Kommissionierzonen des TLCs (Baustufe III)*

Im nachstehenden Abschnitt werden nur die markierten Merkmale einer genaueren Betrachtung unterzogen.

Bei allen drei Kommissionierkonzepten erhält der Kommissionierer die nötigen Informationen über einen Bildschirm angezeigt. Die Bestätigung erfolgt über das Scannen des Barcodes. Die Entnahme und das Handling der Ware erfolgt somit mit einem hohen **„Freihand"-Faktor.** Dies ist bei der Kommissionierung von teilweise sehr schweren und unhandlichen Gütern, wie es bei ZF Trading der Fall ist, auch notwendig. Die sehr gute Performance bei der **Bestandsaktualität** im Lager der ZF Trading geht mit dem Einsatz von Mobilen Terminals und Barcode-Scannern einher. Durch den ständigen Austausch der Daten mit dem Leitrechner ist der Bestand der Ware immer aktuell. Besonders bei großen Artikelsortimenten ist eine Inventur sehr aufwändig und kann aus diesem Grund nur stichprobenartig durchgeführt werden. Aus diesem Grund sind zuverlässige und ausführliche Datensätze über den aktuellen Bestand von besonderer Wichtigkeit.

13

Das **Investitionsvolumen** des Projekts ist erwartungsgemäß sehr hoch. Bis zur endgültigen Fertigstellung der dritten Baustufe (Ausbaustufe 2012 und 2018) sind insgesamt rund 50 Millionen Euro veranschlagt.

Durch das integrative und hochmoderne Zusammenspiel der unterschiedlichen Kommissionierzonen und der Umsetzung aller Optimierungspotenziale in der Kommissionierung sowie im Materialfluss kann ein extrem hoher Durchsatz im TLC Schweinfurt realisiert werden.

## 13.5 Klassifizierung der Kommissioniersysteme

Die drei Kommissioniersysteme lassen sich wie folgt klassifizieren:

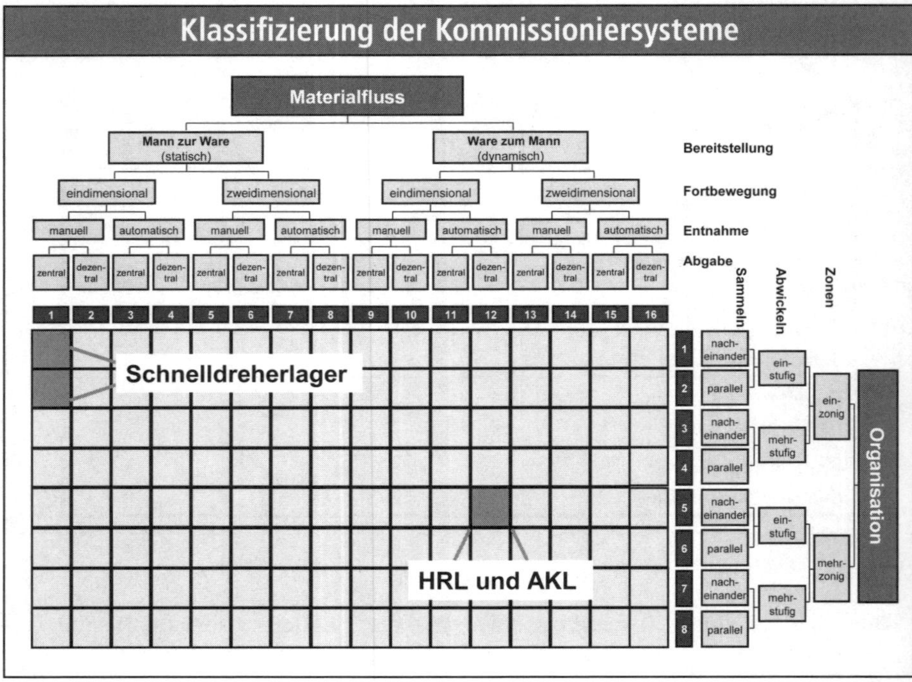


*Abb. 8: Klassifizierung der Kommissioniersysteme*

Die Einteilung des Schnelldreherlagers in sowohl nacheinander als auch parallele Organisation der Sammlung folgt daraus, dass entweder Single Order Picking oder Multi Order Picking durchgeführt wird. Die aus dem HRL und dem AKL kommissionierte Ware wird dezentral über Fördersysteme an die jeweiligen Ziele gebracht. Beim Schnelldreherlager geschieht die Abgabe zentral an einer Stelle.

## 13.6 Daten und Fakten

**Zahlen des TLCs Schweinfurt Baustufe III**

| Baustufe III - 1. Stufe (2012) | HRL | Schnelldreher-lager | AKL |
|---|---|---|---|
| Anzahl der Gassen | 6 | 5 | 13 |
| Anzahl der Stellplätze im Lager | 26.400 Stellplätze | 2.500 Stellplätze | 33.000 Stellplätze |
| Länge/Breite (in Metern) | 77/27 | 30/44 | 45/43 |
| Füllungsgrad der Lager in Prozent | 95% | 80% | 95% |
| Anzahl der Kommissionierer pro Schicht | 4 | 5-10 | 8 |
| Durchschnittliche Pick-Leistung | 70 Pos./h | 139 Pos./h | 139 Pos./h |
| Maximale Pick-Leistung (Maximum) | 112 Pos./h | 222 Pos./h | 222 Pos./h |
| Anzahl der Aufträge pro Tag (Jahresdurchschnittstag) | 376 | | |
| WE: Materialien pro Tag (Jahresdurchschnittstag) | 266 | | |
| Anzahl der Positionen (Jahresdurchschnittstag) | 5.340 | | |
| Anzahl der Stückzahlen (Jahresdurchschnittstag) | 37.041 | | |

*Abb. 9: Zahlen des TLCs Schweinfurt Baustufe III*

Die Einsatzbereiche des beschriebenen Kommissioniersystems in seiner Kombination aus drei Einzelelementen ist besonders vielseitig, erfordert aber eine genaue Skalierung der einzelnen Bereiche. Die Verwendung ab einer Artikelanzahl von ca. 10.000 bietet sich an, die Anzahl zu kommissionierender Positionen sollte sicher auch in der Größenordnung von mindestens 2.000 bis 3.000 Positionen liegen, da sich der Technikeinsatz erst dann rechnet.

13

## 13.7 Einsatzbereiche des Kommissioniersystems

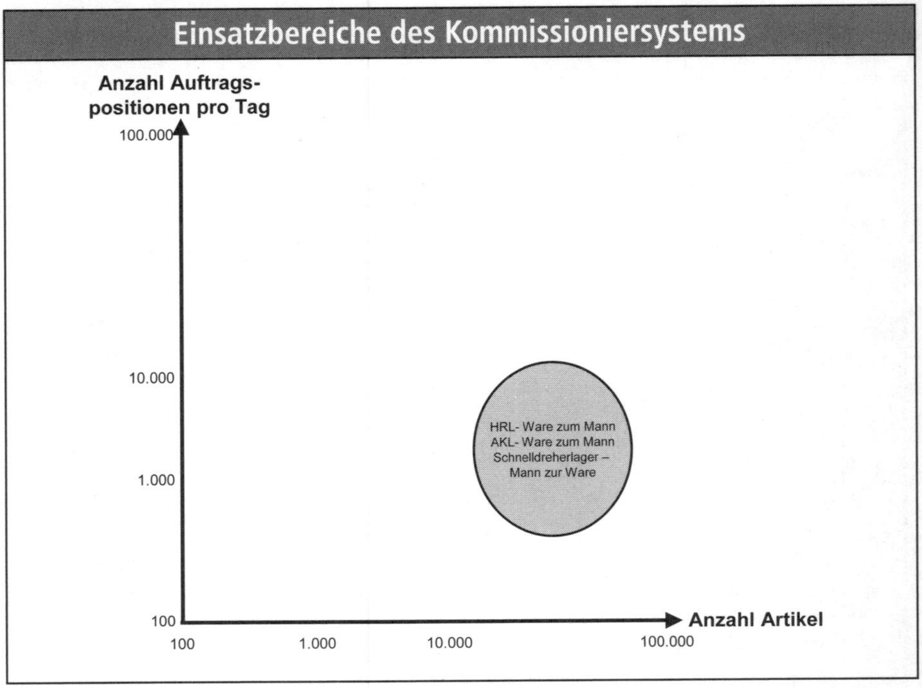


*Abb. 10: Einsatzbereiche des Kommissioniersystems*

*Abb. 11: Die Gesamtlösung*

# 14 BEST PRACTICE IM LEBENSMITTELHANDEL

14

*(Markus Kimmel)*

## 14.1 Aufgabenstellung und Ziele

Die Handelslandschaft in Deutschland zählt zu den Märkten mit dem am Abstand größten Konkurrenzkampf. Eine funktionierende Logistik ist hier ein eindeutiger Marktvorteil. Deshalb ist in diesem Segment der Einsatz geeigneter Kommissioniersysteme sehr wichtig, um die eingesetzten Ressourcen optimal zu nutzen und die Produktivität permanent zu steigern. In den vergangenen Jahren hat sich hier die einstufige Kommissionierung als Best Practice etabliert. Aufgrund von unterschiedlichem Kundenverhalten und Feiertagkonstellationen sind Auftragsspitzen von bis zu 100 Prozent in Spitzenzeiten abzudecken. Eine schnelle Reaktion auf diese Spitzen bei geringen Investitionskosten zählen zu den größten Vorteilen dieses Kommissioniersystems. In einzelnen Sortimentsbereichen hält auch hier ein größerer Automatisierungsgrad Einzug. Das Massengeschäft läuft aber bis auf absehbare Zeit im einstufigen Mann-zu-Ware-Kommissioniersystem. Somit benötigt man ein kostengünstiges, flexibles und hochproduktives Kommissionersystem.

Im Folgenden sind zwei aktuell eingesetzte und weit verbreitete Verfahren beschrieben.

## 14.2 Beschreibung der gewählten Lösung

In den nachfolgenden Kapiteln werden Ihnen zwei Systeme vorgestellt. Es handelt sich hierbei um den Einsatz von RF-Terminals (RF=Radio Frequency) bzw. Pick by Voice, bei denen zum einen ein Kommissionierdialog am Bildschirm angezeigt bzw. per Sprachausgabe dem Mitarbeiter angesagt wird. Beide Varianten sind online mit einem Lagerverwaltungssystem verbunden. Bei beiden Varianten erfolgt die Kommissionierung im klassischen Sinn einstufig. Im Vorfeld wird durch die Auftragsbildung die Reihenfolge der Kommissionierung anhand der hinterlegten Artikelstammdaten festgelegt. Jedem Artikel ist hierbei eine Griffzone zugeordnet, aus der der Artikel im Folgenden entnommen wird. Anhand der gespeicherten Volumendaten der Einzelartikel wird eine Transporteinheit – in der Regel eine Europalette – virtuell gebildet und als Kommissionierauftrag an die Mitarbeiter übermittelt. Die Artikel sind in der Regel nach einem Volumen-Gewichts-Index angeordnet. Teilweise muss auf unterschiedliche Warengruppen Rücksicht genommen werden, für die ein Zusammenpackverbot oder im entgegengesetzten Fall ein Zusammenpackgebot besteht. Dies kann dazu führen, dass der Auftrag nicht 1:1 nach Reihenfolgevorgabe gepackt werden kann und der Kommissionierer während der Abarbeitung aus Gründen der Stabilität und zur Vermeidung von Warenschäden umpacken muss. Das Know-how und die Erfahrungen des eingesetzten Personals sind hier sehr hilfreich. Dieser Punkt wird in der folgenden Einzelbetrachtung der beiden Systeme später noch einmal aufgriffen.

### 14.2.1 RF-Terminal

Das Terminal ist in der Vielzahl der Anwendungen auf einem Flurförderzeug fest montiert und wird mittels Touchscreen bedient. Hierbei ist eine großzügige Ausgestaltung der einzelnen Touch-Flächen zu beachten, damit bei der Bedienung die benötigten Handgriffe schnell erfolgen können. Der Kommissionierer erhält seinen Auftrag am Terminal angezeigt. Durch die Übersicht der benötigten Artikel und deren Pick-Mengen gelingt es guten und erfahrenen Mitarbeitern die Palette bereits im Geiste vorzuplanen. Ein späteres Umpacken wird dadurch minimiert. Dies ist ein Vorteil gegenüber dem als nächstes beschriebenen Pick-by-Voice-System, bei dem jeweils nur der nächste benötigte Artikel angesagt wird.

Der Kommissionierer startet mit der Auswahl eines geeigneten Ladungsträgers und beginnt seinen Kommissionierauftrag abzuarbeiten. Zur Sicherstellung der korrekten Entnahme erfolgt eine Verifikation an der Griffzone mittels Abscannen eines Griffzonen-Barcodes. Damit ist sichergestellt, dass sich der Mitarbeiter an der richtigen Griffzone befindet. Als weiteres Sicherheitskriterium ist ein Abscannen des Artikels, z. B. der EAN (European Article Number) möglich. So wird nun Position für Position des Auftrages abgearbeitet.

### 14.2.2 Pick by Voice

Das Pick-by-Voice-Equipment besteht aus einem Empfangs-/Sendeteil (PDA oder kompakte Industrieversion) inkl. Tragehalterung, Schutztasche und einem Headset mit Mikrofon. Das Gerät muß während der Arbeit so geschützt sein, dass eine ungewollte Bedienung ausgeschlossen ist. Der Kommissionierer erhält seinen Auftrag über sein Headset angesagt. Nach der Auswahl eines Ladungsträgers beginnt die Auftragsbearbeitung. Dabei erfolgt die Verifizierung der korrekten Griffzone anhand einer Prüfziffer, die angesagt werden muss. Generell wird das Scannen von Barcodes zur sicheren Standortbestimmung während des Kommissioniervorgangs bei diesem System durch das Ansagen von Prüfziffern ersetzt. Damit sind die Hände immer frei und der Blick auf die Griffzone bzw. die Ware wird nicht unterbrochen. Kommissionierfehler werden damit vermieden und die Produktivität in der Regel gesteigert. Nachteil gegenüber dem Terminal besteht darin, dass der Auftrag im Vorfeld nicht komplett bekannt ist und so während der Kommissionierung unter Umständen öfters umgepackt werden muss. Bei diesem System spielt die korrekte Artikelanordnung nach optimaler Packbarkeit eine sehr viel größere Rolle.

Nach Beendigung der reinen Kommissioniertätigkeit erfolgt die Transportsicherung. Hierbei wird die Palette mit Stretchfolie manuell umwickelt. Das manuelle Stretchen ist einem Wickelautomaten vorzuziehen, da es an jedem Ort durchgeführt werden kann. Auch eine Zwischenfolierung zur Waren- und Transportsicherung während des Kommissioniervorganges ist damit jederzeit möglich. Jede Palette erhält ein Transport-Label, das Auskunft über Absender und Empfänger gibt. Abgeschlossen wird der gesamte Vorgang durch das Verbringen der Palette auf die zugeordnete Bereitstellfläche. Die Endquittierung am Verladetor kann wiederum erst nach erfolgreichem Abscannen/Ansagen der entsprechenden Prüfziffern der dem Auftrag zugeordnetem Platz getätigt werden.

## 14.3 Merkmale und Besonderheiten des Konzepts

Viele hochproduktive Kommissioniersysteme bedingen eine sehr aufwendige Technik und hochkomplexe Steuerungssysteme. Mit ihnen lassen sich hohe Kommissionierleistungen erreichen. Hierbei wird fast immer eine zweistufige Lösung eingesetzt. Nachteile solcher Systeme sind in erster Linie die technischen Restriktionen und Spitzenlastwerte, die zu Beginn einer solchen Installation festgelegt werden müssen. Anpassungen an Auftragsschwankungen sind nur bedingt bzw. nicht möglich. Eine technische Auslegung auf die Spitzenlast ist hingegen sehr kostenintensiv. Die Auslastung im Normalbetrieb ist dabei nur suboptimal.

Hier zeigt sich der große Vorteil der oben beschriebenen einstufigen Kommissioniersysteme, die ohne große Technik und aufwendige Investitionen auskommen. Durch den Einsatz von zusätzlichem Personal lassen sich Auftragsspitzen sehr schnell abdecken. Besonders der Einsatz von Pick by Voice hat hier enorme Vorteile. Zusätzlich benötigte Flurförderzeuge sind relativ unproblematisch und kurzfristig anzumieten. Lediglich das PbV-Equipment muss hier vorgehalten werden.

Aufgrund der Einfachheit der Systeme kann man mit sehr kurzen Anlernzeiten rechnen. Lediglich eine vorhandene Ausbildung zum Führen von Flurförderzeugen ist Voraussetzung für den Einsatz von zusätzlichem Personal.

Ein weiterer Vorteil beider Systeme liegt in der kurzen Auftragsdurchlaufzeit. Vom Start der Bearbeitung eines Kommissionierauftrages bis zur Bereitstellung zur Verladung vergehen im Idealfall nur wenige Minuten. Kurzfristig hinzukommende Aufträge lassen sich somit unmittelbar in den laufenden Kommissionierprozess einplanen und abwickeln.

14

Zur Verdeutlichung der Besonderheiten und zur besseren Übersicht sind die wichtigsten Eigenschaften noch einmal gegenübergestellt:

**Vergleich RF-Terminal und Pick-by-Voice-System**

| Merkmal | Terminal | Pick by Voice |
|---|---|---|
| **Informationsmedium** | Bildschirm | Sprache |
| **Entnahmebestätigung** | Tastatur | Sprache |
| **„Freihand"-Faktor** | hoch | sehr hoch |
| **Bestandsaktualität** | sehr hoch | sehr hoch |
| **Trainingsaufwand** | niedrig | niedrig |
| **Einführungszeit** | kurz | mittel |
| **Investitionsvolumen** | niedrig | niedrig |
| **Komplexität** | niedrig | niedrig |
| **Artikelspektrum** | hoch | hoch |
| **Pickleistung (Picks/Std.)** | hoch | hoch |
| **Durchsatz (Pos./Tag)** | hoch | hoch |
| **Auftragsdurchlaufzeit** | mittel | mittel |
| **Auftragsgröße** | mittel | mittel |
| **Pickfehlerrate** | niedrig | sehr niedrig |
| **Erweiterungsflexibilität** (zusätzliche Artikel) | sehr hoch | sehr hoch |
| **Erweiterungsflexibilität** (höherer Durchsatz) | sehr hoch | sehr hoch |
| **Erweiterungskosten** (zusätzliche Artikel) | sehr niedrig | sehr niedrig |
| **Erweiterungskosten** (höherer Durchsatz) | niedrig | niedrig |

*Abb. 1: Vergleich RF-Terminal und Pick-by-Voice-System*

## 14.4 Klassifikation des Kommissioniersytems

In der nachfolgen Grafik sind beide Systeme auf Grund Ihrer Besonderheiten zur besseren Darstellung einklassifiziert. Es ist leicht zu erkennen, dass es sich hierbei um manuelle Systeme handelt, die keine große Organisation bedingen.

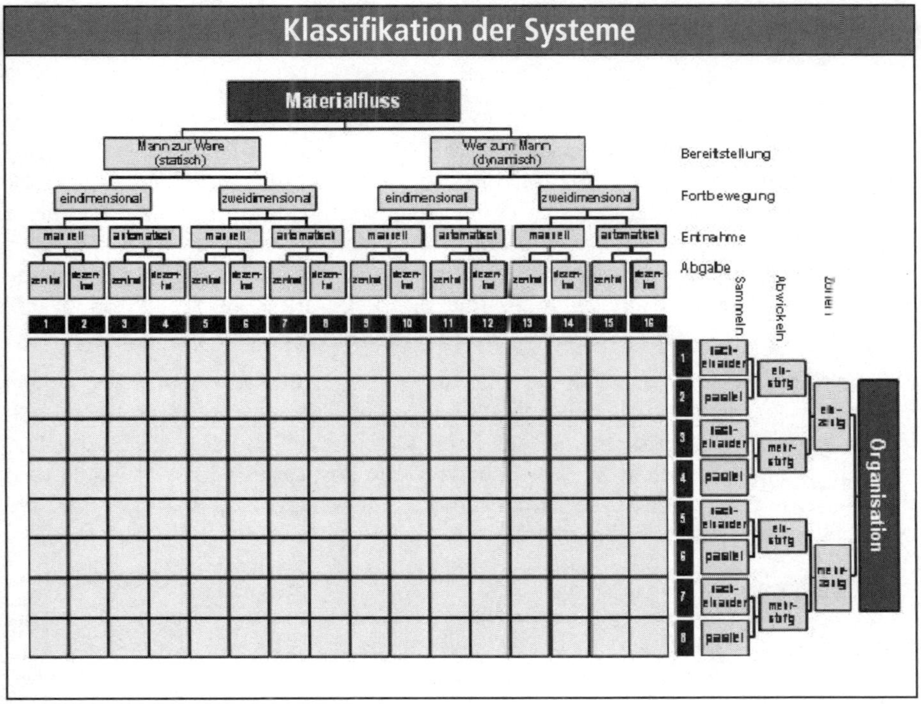


*Abb. 2: Klassifikation der Systeme*

## 14.5 Daten und Fakten

Bei beiden Systemen, die mittels WLAN (Wireless Local Area Network) mit dem Hauptrechner verbunden sind, ist eine vollständige Funkausleuchtung aller Lagerbereiche zwingend notwendig, um den Kontakt zum Hauptrechner dauerhaft zu gewährleisten. Bei der Funkausleuchtung bzw. Funkanbindung gibt es einige Besonderheiten zu beachten. In den meisten Fällen wird in einem neuen Lager/Lagerbereich die Funkausleuchtung in einem noch unbenutzten und somit leeren Gebäude durchgeführt. Die Regalierung und alle sonstigen Einrichtungen sollten in jedem Fall installiert sein. Erfahrungen haben gezeigt, dass sich die Funkausleuchtung sehr stark mit dem Lagerfüllgrad ändert. Eine weitere Messung bei gefülltem Lager ist vorsorglich einzuplanen. Ebenfalls einzuplanen sind dann noch notwendige technische Anpassungen wie zum Beispiel der Einsatz zusätzlicher Access Points oder das Versetzen von bestehendem Equipment.

Ein weiterer wichtiger Punkt ist die Antennenauswahl am Gerät. Inliegende Antennen sind in der Regel nicht so leistungsstark. Verbindungsabbrüche können auftreten. Hier ist einer robusten Außenantenne besonders bei schwieriger Funkausleuchtung der Vorzug zu geben.

Bei den Terminals, die von einer Reihe namhafter Hersteller angeboten werden, ist darauf zu achten, dass das Gehäuse aus schlagfestem Kunststoff besteht und der

Touchscreen bruchsicher ist. Die Bedienfelder sind ausreichend groß zu wählen, so dass während der Kommissionierung eine leichte Bedienung erfolgen kann. Die Anbringung am FFZ erfolgt über speziell gepufferte Halter, die Stromversorgung liefert dabei die Batterie des Kommissioniergerätes.

Bei den Pick-by-Voice-Systemen ist die kompakte Variante gegenüber der PDA-Lösung deutlich im Vorteil. Das Gehäuse ist staubgeschützt, bruchsicher und die Tasten am Gerät sind auf die notwendigen Bedienungen beschränkt. Besonderes Augenmerk ist auf den Kopfhöreranschluss zu legen. Bei den PDA wird hier überwiegend ein Klinkenstecker eingesetzt. Dieses System ist für den täglichen Arbeitseinsatz auf Grund der Störanfälligkeit nicht geeignet. Die Kompaktversion im Beispiel setzt auf ein anderes, zuverlässigeres Verbindungsmedium.

Beim Headset steht der Tragekomfort im Vordergrund. Auf Grund der langen Tragezeit während der täglichen Arbeit werden komfortable Kopfhörer viel schneller akzeptiert. Das Thema „Akzeptanz beim Mitarbeiter" ist bei jeder Einführung von neuen Systemen nicht zu unterschätzen. Die Software ist inzwischen so weit fortgeschritten, dass bei den meisten Produkten auf ein spezielles Sprachprofil pro Mitarbeiter verzichtet werden kann.

**PRAXISTIPP:**

Die Geräte sollten mit einer Universalspracherkennung ausgestattet sein. Zur besseren Verständlichkeit der Sprachbefehle werden die im Tagesgeschäft anfallenden Nebengeräusche während der Kommissionierung (z. B. Lüftung, Fahrgeräusche, Fördertechnik, ...) vorher aufgezeichnet und durch die Software ausgefiltert. Dieses Modul sollte ebenfalls verwendet werden.

Durch die Online-Anbindung beider Systeme während der Kommissionierung erreicht man eine hohe Bestandssicherheit, da jeder einzelne Pick unmittelbar verbucht wird. Somit lassen sich permanente Inventuren und notwendige Bestandskontrollen in den laufenden Betrieb sehr gut integrieren. Durch eine intelligente Pflege von Mindestmengen in den einzelnen Griffzonen lässt sich ein automatisierter Nachschub leicht etablieren. Bei Unterschreitung eines definierten Bestandes wird automatisiert ein Nachschubauftrag erzeugt. Daduch ist sichergestellt, dass sich zum Zeitpunkt der Kommissionierung immer genügend Ware in der Griffzone befindet und so der Kommissionierfluss und die Produktivität der Mitarbeiter nicht leidet.

Eine zusätzliche Verifikation der Griffzone durch Scannen oder Spracheingabe erhöht die Kommissionierqualität, da hiermit sichergestellt ist, dass sich der Mitarbeiter am richtigen Platz zur Warenentnahme befindet. Bei der Verifikation durch Spracheingabe sind inzwischen mehrere Systeme im Einsatz. Das wohl gängigste ist die Ansage von zwei Ziffern, die per Zufallsprinzip den Einzelplätzen zugeordnet und gut sichtbar an den Entnahmeplätzen angebracht sind. Eine weitere Prozesssicherheit bietet eine vierstellige Zahlenkombination. Die Besonderheit hierbei ist, dass das Programm variabel pro Auftrag dem Mitarbeiter die Ansage von bestimmten Ziffern vorgibt. So verlangt das System im ersten Auftrag die Ansage der Ziffern eins und drei; im nächsten Auftrag muss derselbe Platz durch die Ziffern zwei und vier bestätigt werden. Ein Lerneffekt der Ziffernfolge pro Platz ist damit nahezu ausgeschlossen. Bei einer geringen Anzahl von Griffzonen ist hier die Sicherheit deutlich erhöht. Alternativ zur Ansage ist das System auch mit einem Handrücken-Scanner kombinierbar. Die Verifikation mittels Abscannen von Platz-Barcodes oder Ansagen von Platzziffern ist allerdings keine Zwangsanforderung, trägt aber im Wesentlichen zur Prozesssicherheit bei. Beide System lassen sich auch problemlos ohne diese Art der Bestätigung einsetzen.

## 14.6 Einsatzbereiche des Kommissioniersystems

Die beschriebenen Kommissioniersysteme arbeiten ohne den Einsatz von aufwändiger Fördertechnik. Dadurch verkürzt sich insbesondere die Planung und Einführungszeit, da keine baulichen Maßnahmen getroffenen werden müssen. Entsprechend niedrig sind die Investitionskosten. Die Systeme unterliegen keinen Mindestanforderungen an Artikelanzahl oder Auftragspositionen. Vollautomatische Anlagen rechnen sich im Gegensatz hierzu erst ab speziellen Parametern/Strukturdaten. Der Einsatz ist sowohl bei kleinem Auftragsvolumen als auch aufgrund der schnellen Kapazitätsanpassung bei größeren Volumina wirtschaftlich und produktiv. Da man von technischen Gerätschaften unabhängig ist und somit keinen technischen Restriktionen unterliegt, kann ein sehr großes Artikelspektrum abgewickelt werden. Besonders hilfreich ist ein solches System, wenn sich im Portfolio auch inhomogene und sperrige Artikel befinden. Bei baulichen Erweiterungen/Veränderungen kann sehr schnell reagiert und die Kommissionierung an andere Örtlichkeiten verlegt werden. Lediglich eine ausreichende Funkausleuchtung muss sichergestellt sein.

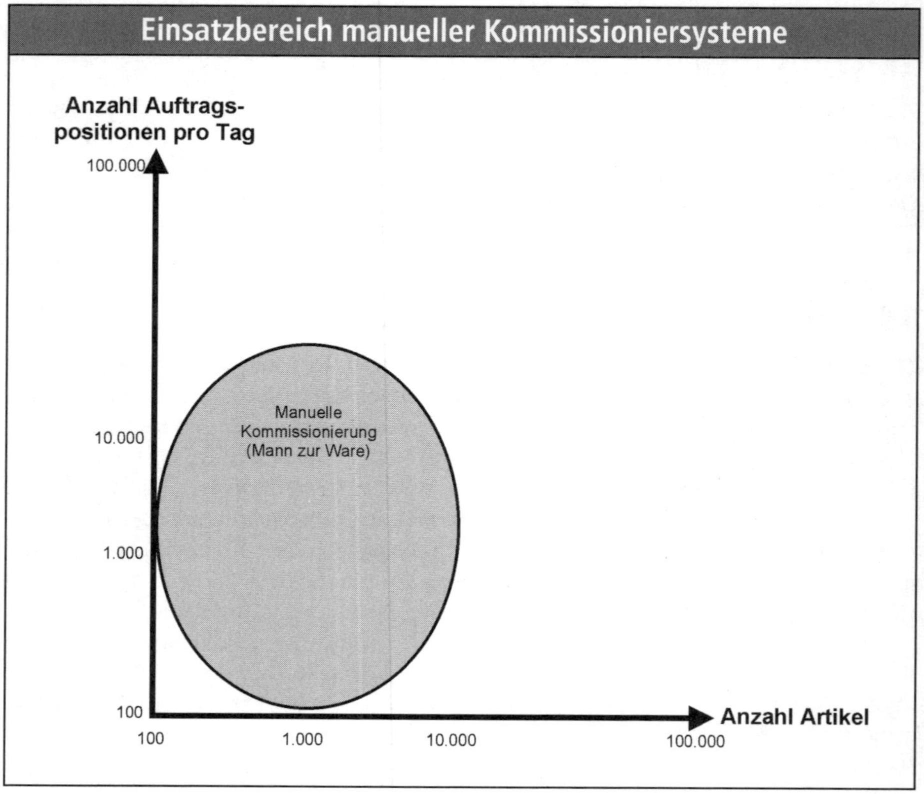


*Abb. 3: Einsatzbereich manueller Kommissioniersysteme*

Diese Technik kann auch für andere Tätigkeiten und Bereiche genutzt werden. So können in erster Linie die Terminals für viele weitere Anwendungen im täglichen Lagergeschäft genutzt werden. Jegliche Warenbewegung wie zum Beispiel Auslagerungen oder Verlagerungen von Ganzpaletten lässt sich durch weitere Softwarekomponenten problemlos mit den Geräten abwickeln. Bei Online-Bestandskontrollen sind die Terminals ebenfalls einsetzbar. Durch die große Einsatzvielfalt dieser Systeme im Lagerablauf wird vor allem die Wartung deutlich erleichtert, da nur wenige technische Varianten zu betreuen sind. Ausfälle eines einzelnen Equipment in einem Anwendungsfall lassen sich dadurch ebenfalls sehr schnell durch einfachen Austausch mit anderen Bereichen beheben.

## 14.7 Vorteile des gewählten Kommissioniersystems (Kundennutzen)

Die Hauptvorteile der eingesetzten Lösungen sind vor Allem in der Einfachheit der Systeme und Abläufe zu sehen. Auf Grund der geringen Investitionskosten ist der Einmalaufwand zur Einführung überschaubar und sehr gut planbar. Da keine Fördertechnik im Einsatz ist, fallen auch nur geringe Wartungskosten an. Die robusten

Terminals und Pick-by-Voice-Geräte sind weitestgehend wartungsfrei. Wartungskosten für technische Anlagen sind ein wesentlicher Bestandteil der laufenden Kosten, da hier in der Regel nicht nur eigenes technisches Personal vorgehalten, sondern auch immer auf Fachspezialisten zugegriffen werden muss. Durch den Dauereinsatz bedingte Kleinreparaturen sind allerdings einzuplanen.

Flexibler Einsatz auch in anderen Bereichen außerhalb der Kommissionierung steigert die Flexibilität im täglichen Lagereinsatz um ein Vielfaches gegenüber speziellen und damit nur punktuell einsetzbaren Kommissioniersystemen.

Weiterer Vorteil ist die schnelle Kapazitätsanpassung an schwankende Auftragslasten. Eine Abdeckung von Spitzenlasten ist ebenfalls gut möglich. Hier kommen die geringe Anlernzeit und die einfache Handhabung voll zum Tragen. Zum Betrieb ist kein besonderes technisches Verständnis Voraussetzung. Dieser Umstand erleichtert die Personalauswahl und im Weiteren auch die laufenden Personalkosten.

Als letzten Punkt ist die schnelle Auftragsdurchlaufzeit zu erwähnen. Ein Reagieren auf kurzfristige Bestelleingänge oder Kundenanfragen ist problemlos möglich. Durch die Online-Verbindung und die damit verbundene Online-Bestandsführung sind automatisierte Nachschübe möglich, so dass eine permanente Versorgung der Griffzone mit Ware sichergestellt werden kann. Somit sind auch Inventuren und Bestandskorrekturen im laufenden Betrieb möglich. Damit ist eine hohe Bestandssicherheit gewährleistet.

Die oben genannten Punkte machen die Kommissionierung mit RF-Terminal oder Pick by Voice zu einem kostengünstigen, hoch produktiven und sehr flexiblen Kommissioniersystem, das in fast allen Bereichen eines Lagerbetriebs eingesetzt werden kann.

# 15 KOMMISSIONIERUNG UND RETOURENMANAGEMENT – DAS INTEGRIERTE VERSANDHAUS

15

*(Markus Blaschka)*

## 15.1 Der Distanzhandel ist tot – es lebe der Distanzhandel

Totgesagte leben länger. Obwohl in den achtziger und neunziger Jahren zahlreiche Experten den Niedergang des Distanzhandels erklärt haben, boomt dieser mehr denn je. Nicht zuletzt auch, weil die produktorientierte Denkweise dem Verständnis vom Kunden und der Orientierung an dessen Bedürfnissen gewichen ist. Nur wenn Unternehmen in der Lage sind, vom Kunden aus zu denken, werden sie erfolgreich sein.

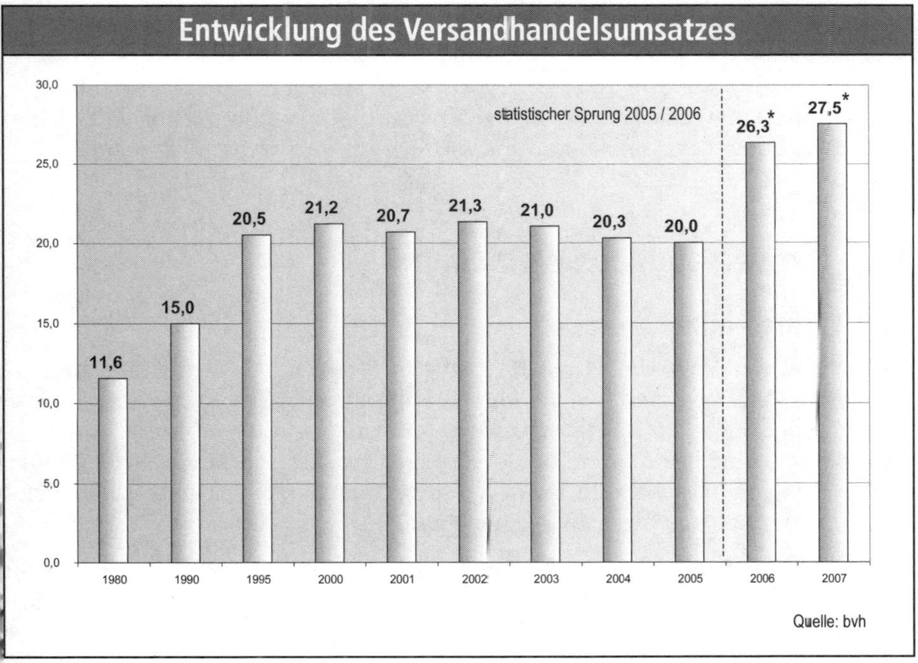


*Abb. 1: Entwicklung des Versandhandelsumsatzes seit 1980 in Mrd. € (* Erweiterte Bezugsgröße, vollständige Abbildung des veränderten Versandhandelsmarkts inkl. E-Commerce (durch TNS-Infratest im Auftrag des bvh durchgeführten repräsentativen Verbraucherumfrage))*

Bezeichnend für die Fokussierung auf den Kunden ist die Veränderung der Unternehmen vom Distanzhändler zum vernetzten Homehopping-Anbieter. Die Lust am Heim als Gegenpol zu einer immer schneller und hektischer werdenden Welt wird für viele Menschen immer wichtiger. Bereits der Wandel in der Bezeichnung vom Versandhändler zum Homeshopping-Anbieter zeigt, dass die unternehmensorientierte Sichtweise der kundenorientierten Sichtweise gewichen ist.

Für den Boom des Distanzhandels ist in erster Linie der Siegeszug von Internet, E-Commerce und Teleshopping verantwortlich. Aber auch die Vernetzung der Vertriebsstrategie, die das Nebeneinander der Kanäle ersetzt, führt zu einem höheren Distanzhandelsanteil – direkt oder indirekt – in den Unternehmen. Multi-Channel-Strategien sind dann den Pure-Player-Strategien gegenüber im Vorteil, wenn die einzelnen Kanäle konsequent genutzt und vernetzt werden.

Immer mehr Handelsunternehmen, aber auch produzierende Unternehmen setzten auf unterschiedliche – für sie mitunter neue – Vertriebsplattformen. Zudem erschliessen Long-Tail-Strategien (vgl. Chris Anderson: The Long Tail – der lange Schwanz. Nischenprodukte statt Massenmarkt – Das Geschäft der Zukunft, München 2007) über das Internet den Nischenprodukte mehr Profitabilität.

Unternehmen, die sich für den Distanzhandel als neuen Vertriebskanal erschliessen, sehen sich plötzlich neuen logistischen Herausforderungen ausgesetzt. Mit steigendem Distanzhandelsanteil steigt auch der Anteil der Retouren im Unternehmen.

Dieser Beitrag soll dem Leser Denkanstöße geben und Möglichkeiten aufzeigen, wie Retouren sinnvoll bearbeitet werden und unter Anwendung schneller und kurzer Prozessketten dem Verkaufsprozess wieder zugeführt werden können.

## 15.2 Die Versandhaus Walz GmbH

### 15.2.1 Entstehung

Die Versandhaus Walz GmbH mit Hauptsitz in Bad Waldsee wurde im Jahr 1952 von Alfons Walz gegründet. Seine Idee, Mütter mit dem Versand von Stramplern die mühselige Suche nach Baby-Artikeln zu erleichtern, stieß auf große Resonanz. Das Aussuchen im erweiterten Katalogsortiment machte den Kunden viel Freude, die Lieferung per Post war sehr bequem und die Qualität der gelieferten Ware überzeugte. Kurz: Der erste baby-walz-Katalog war geboren!

Heute ist die Versandhaus Walz GmbH Europas größtes Spezialversandhaus für die junge Familie mit vielen zufriedenen Kunden in Deutschland, Österreich, Belgien, Frankreich, der Schweiz und den Niederlanden. Im Lauf der Zeit sind weitere Kataloge und Vertriebszweige hinzugekommen, die heute das House of Brands der Versandhaus Walz GmbH bilden. Somit kommt der Versandhaus Walz GmbH eine führende Rolle im Wachstumssegment Communities – Kundengruppen mit ähnlichen Bedürfnissen und Interessen – zu.

*Abb. 2: Die Versandhaus Walz GmbH im Jahr 2008*

## 15.2.2 House of brands

Bedingt durch die unterschiedlichen Vertriebszweige und Vertriebswege auf nationaler und internationaler Ebene weist die Versandhaus Walz GmbH eine hohe Diversifikation auf.

Mit über 5.000 Artikeln auf rund 600 Katalogseiten bietet baby-walz von der Schwangerschaft bis zum zweiten Lebensjahr des Kindes alles an, was junge Familien brauchen. Zusätzlich zu Katalog und Web-Shop gibt es über 65 baby-walz-Fachgeschäfte in Deutschland, Österreich und der Schweiz mit noch größerem Sortiment. Somit zählt das Unternehmen zum größten Filialisten im Bereich Baby in Deutschland und ist einziger echter Multi-Channel-Anbieter in seinem Segment. Nahtlos an die Zielgruppe des baby-walz-Kataloges knüpft walzkidzz an. Unter dem Motto „...spielend die Welt entdecken" bietet der Katalog seit 2002 Spielsachen für Kinder von drei bis zehn Jahren an.

Der Katalog „Die moderne Hausfrau" bietet seit 1967 Neues & Nützliches für Haushalt, Garten und Freizeit. Das Sortiment ist bunt gemischt wie die Kundschaft, deren Treue ihresgleichen sucht. Seit 2005 ist der neue Spezialkatalog sunnywalz – großzügig bestückt mit allem, was das Leben ab 50 angenehmer und schöner macht – am Markt. Mit creawalz bekommt die Kreativität seit 2007 neue Impulse. Kurz: Dieser Katalog ist eine wahre Fundgrube mit 3.500 Artikeln zum Malen, Basteln und Gestalten.

**House of brands**

baby-walz

Die moderne Hausfrau

walz kidzz

sunnywalz

creawalz

Nuggi huus

*Abb. 3: House of brands*

Mit der Übernahme der Nuggihuus AG in 2008 setzt die Versandhaus Walz GmbH die stationäre Wachstumsstrategie auch konsequent in der Schweiz um.

### 15.2.3 Zahlen und Fakten

Das Unternehmen erwirtschaftet mit über 1.700 Mitarbeitern – davon ca. 90 Auszubildende und BA-Studenten einen Umsatz inkl. Steuer von über 340 Mio. € über alle Geschäftsbereiche.

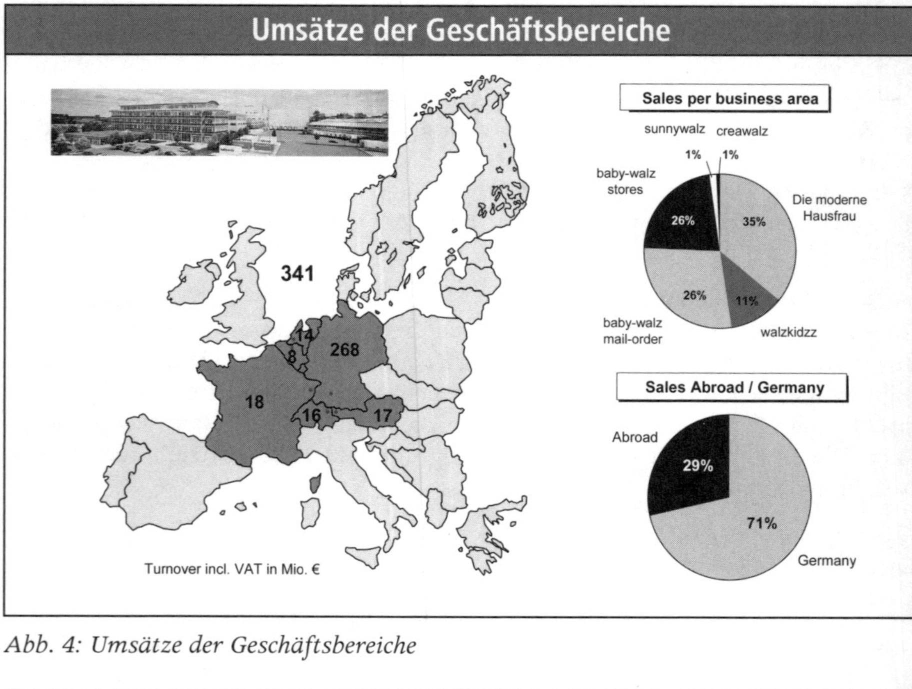


*Abb. 4: Umsätze der Geschäftsbereiche*

## 15.3 Versandhaus im Versandhaus – Retourenbearbeitung bei Walz

### 15.3.1 Produktsortiment

Das Produktsortiment der Versandhaus Walz GmbH ist in sich sehr heterogen ausgeprägt – besonders in Bezug auf das Artikelvolumen. Angefangen vom Schnuller, Strampler, Autositz, Kinderwagen bis hin zum Kinderzimmer wird in der Logistik das gesamte Artikelspektrum vereinnahmt, gelagert und kommissioniert.

Dies führt zu einer artikel-/volumenbezogen Spezialisierung der Logistikabläufe. Vereinfacht werden in den weiteren Ausführungen die Begriffe

- Klein-/Normteile und
- Großteile

verwendet.

### 15.3.2 Definition Retouren

Fälschlicherweise hat sich bei vielen Menschen die Meinung manifestiert, dass es sich bei Retouren um „schlechte" oder sogar „defekte" Waren handelt, denn schließlich müsse es kausale Gründe geben, dass Kunden gerade diese Warenstücke zurücksenden. Das Geschäftsmodell eines Homeshopping-Anbieters macht jedoch aus, dass die Prüfung der Waren durch die Kunden zu Hause erfolgt und nicht wie im Stationärhandel am Point of Sale. Legt man dieses Prinzip zugrunde, so stellt man fest, dass Retouren lediglich Waren sind, bei denen der Kunde seine Kaufentscheidung verworfen hat und die Ware wieder zurück ins Regal ( = zurück zum Homeshopping-Anbieter) legt bzw. retourniert. Bei der Retourenbearbeitung erfolgen die selben Prozessschritte, angereichert um die Entlastung des Kundenkontos, wie sie eine Verkäuferin im stationären Handel bei der Wiederaufbereitung ihres Verkaufssortiments erledigt.

### 15.3.3 Prozesse bei der Retourenbearbeitung

Vereinfacht kann man einen Retourenprozess wie folgt beschrieben: Nach Entgegennahme des Kundenpakets erfolgt die Entlastung des Kundenkontos durch Buchung des Debitors. Die Ware wird überprüft, als gut (1. Wahl) oder als 2. Wahl bzw. defekt befunden, ggf. wiederaufbereitet oder aussortiert. Nach Wiederherstellung des 1.-Wahl-Status erfolgt die Neuverpackung und Wiederzuführung der Ware in den Logistikprozess.

### 15.3.4 Grundsatzüberlegungen

Bei einem Homeshopping Anbieter ist der Retourenprozess integraler Bestandteil des Geschäftsmodells und somit des gesamten Logistiksystems, siehe Abbildung 5.

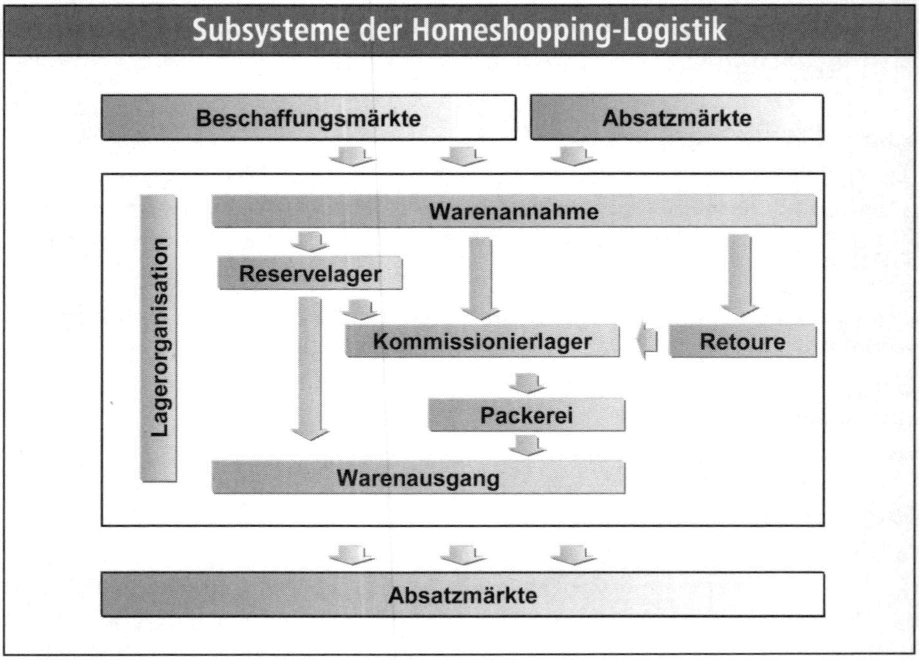


*Abb. 5: Subsysteme der Homeshopping-Logistik*

Retouren bearbeiten bedeutet primär, Ware vom Kunden zurückzunehmen und einen Umsatzverlust zu verbuchen. Daher ist es oberstes Ziel, die Kosten bei diesem Zurücknahmeprozess so gering wie möglich zu halten. Je nach Ausprägung werden mitunter lange und kostenintensive Prozessketten durch den Retourenprozess angestoßen.

Mit dem Neubau der Retourenstelle geht die Versandhaus Walz GmbH einen neuen, modernen Weg. Das Ziel ist, ein in das Versandhaus integriertes Versandhaus zu schaffen und Waren direkt aus dem Retourenprozess (Retourendirektversand) heraus an neue Kunden zu versenden und mit Warenströmen aus den Lagerbereichen unter Umgehung der üblichen Kommissionierung zu konsolidieren. Die Retourenstelle stellt somit eine wesentliche Cross-Docking-Funktion im Unternehmen dar und erlaubt mitunter lange Prozessketten von der Retourenannahme über die Lagerbereiche bis zum Versand aus dem Kommissionierlager sinnvoll zu verkürzen und Prozesskosten stark zu minimieren. Dabei geht die Höhe des Konsolidierungsaufwands direkt in den gesamten Bearbeitungsaufwand mit ein.

## 15.3.5 Kundenaufträge sind so unterschiedlich wie die Kunden selbst

Zu Beginn steht die Frage, welche Kundenaufträge denn die richtigen für das Cross Docking in der Retourenstelle sind. Um die Optimierungspotentiale zu lokalisieren, ist es daher unumgänglich, das Kauf- bzw. Bestellverhalten seiner Kunden zu kennen. Kenntnis über die Kundenstruktur, die Grösse der Aufträge, die Art und Anzahl der Kundenaufträge sind wesentliche Erfolgsfaktoren.

Betrachtet man beispielhaft nur zwei wichtige Freiheitsgrade, die Größe der Aufträge (Auftragspositionen) und die Anzahl der Kunden (vgl. Abbildung 6), so kann man feststellen, dass diese beiden Ausprägungen bereits einen signifikanten Einfluss auf die Festlegung der in Frage kommenden Kundenaufträge haben.

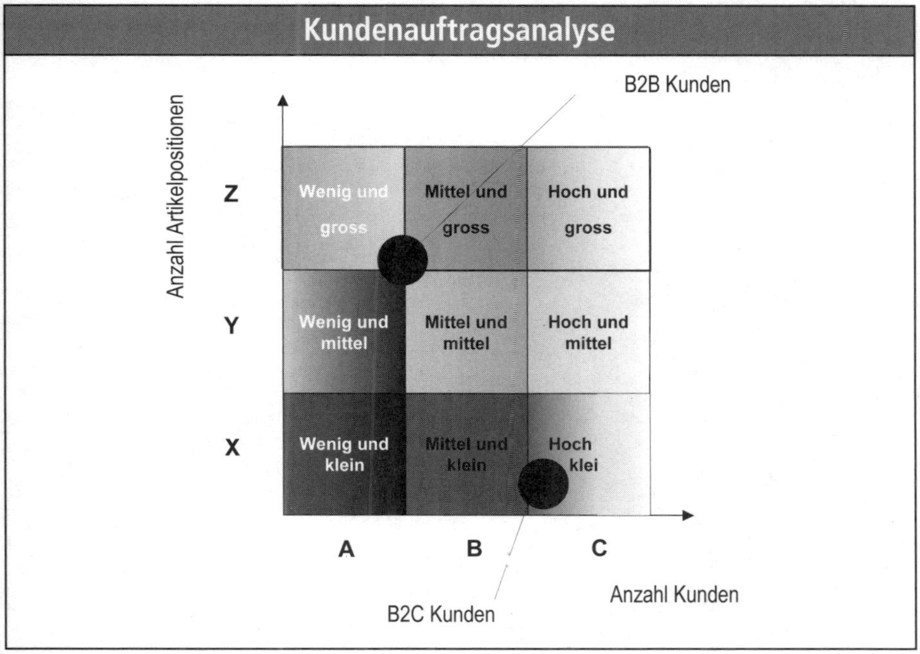


*Abb. 6: Kundenauftragsanalyse*

Wie bereits eingangs erwähnt, sollen die Aufwendungen bei der Retourenbearbeitung nicht nur durch die Kürzung der sich an den Retourenprozess anschliessenden Prozessketten minimiert werden, sondern auch durch die Auswahl und Bearbeitung der Cross-Docking-Kundenaufträge selbst.

Mit Zunahme der Auftragsgröße nimmt auch der Aufwand bei der Bearbeitung, bedingt durch die Konsolidierung der Aufträge, zu. Wenig Kunden mit großen Auftragsvoluminas sind unter diesem Kostenaspekt prädestiniert, um als Cross-Docking-Kundenaufträge näher untersucht zu werden. Exemplarisch für diesen Quadranten sind die B2B (Business-to-Business) -Aufträge der stationären Einheiten bei der Versandhaus Walz GmbH zu nennen.

Bei kleinen bis sehr kleinen Kundenaufträgen entstehen nur sehr geringe Konsolidierungsaufwände. Die Anzahl der Kunden hat dabei keinen Einfluss auf den Aufwand. Daher kommen alle B2C (Business-to-Customer) -Kundenaufträge in Frage. Um Konsolidierungskosten zu vermeiden, lässt man nur Einpösteraufträge zu.

## 15.3.6 IST- und SOLL-Prozess

Im Folgenden werden die IST- und SOLL-Prozesse (bezogen auf die Filialkunden) betrachtet. Üblicherweise wird Ware, vgl. IST-Zustand in Abbildung 7 links, über

15

die Retourenstelle (Prozessschritte Entladen, Paketöffnen etc. bis Transport) vereinnahmt, dem Kommissionierbereich in einer benachbarten Halle (nachfolgend Kommissionierung genannt) wieder zugeführt (Prozessschritte Einräumen Stammfach, Picken etc. bis Postausgang) und durch Ware aus dem Lagerbereich ergänzt.

**Die Logistik bei der Versandhaus Walz GmbH**

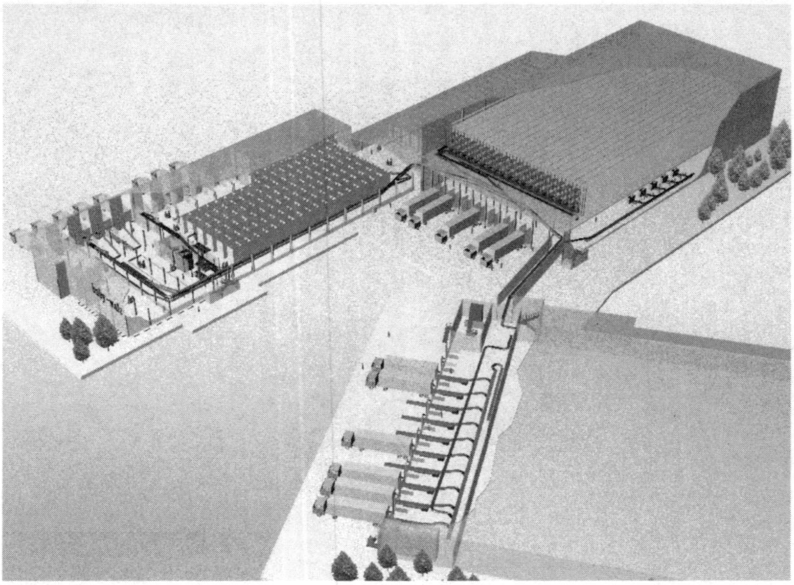

*Abb. 7: Die Logistik bei der Versandhaus Walz GmbH*

Da diese Bereiche räumlich getrennt sind, ist ein innerbetrieblicher Werksverkehr erforderlich. Die Bereiche Warenannahme und Retourenstelle (Abbildung 7 – links oben) sind über die Lagerbereiche (automatisches Palettenhochregallager und einem automatischen Kartonlager) mit der Kommissionierung gebäudetechnisch verbunden.

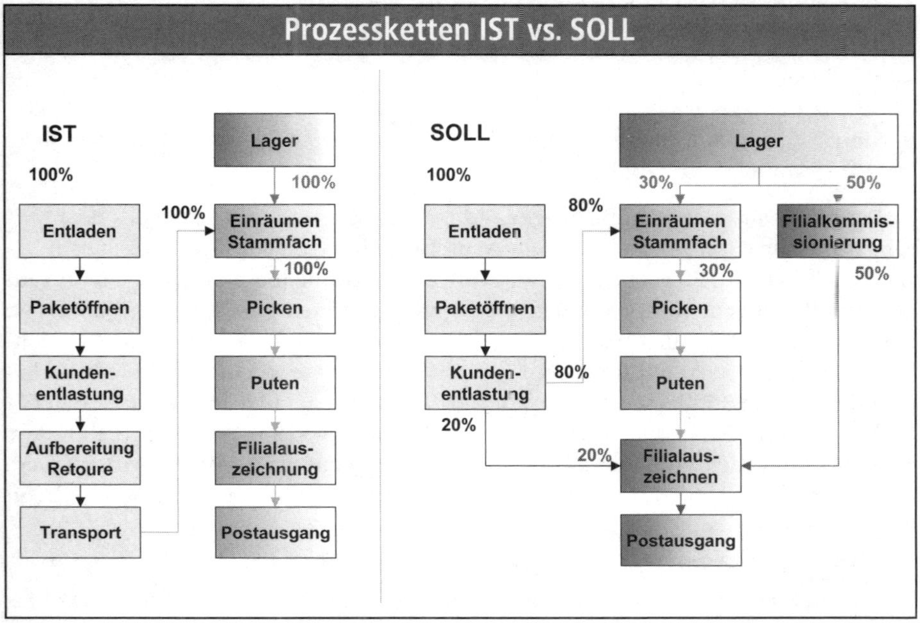


*Abb. 8: Prozessketten IST vs. SOLL*

Im SOLL-Zustand werden durch den Retourendirektversand zukünftig weniger Waren auf die Stammfächer zurückgeräumt. Beispielhaft werden so 20 Prozent der Retouren direkt an die Filialkunden versendet und führen somit zu einer Reduktion des Aufwands in der Kommissionierung durch Umgehung der gesamten Prozesskette (Einräumen, Picken, Putten). Diese Kundenaufträge werden um Waren aus dem Lager (Anteil 50 Prozent) ergänzt. Dies führt zu einer weiteren Reduzierung des Aufwands in der Kommissionierung. Im SOLL werden über die herkömmliche Kommissionierung nur noch 30 Prozent der Waren berarbeitet, d. h. in 70 Prozent der Fälle kann die Prozesskette verkürzt werden. Die Konsolidierung der einzelnen Warenströme aus Retourenstelle, Lager und Kommissionierung, erfolgt in der in die Retourenstelle integrierten Filialauszeichung.

## 15.3.7 Retourenrenner versus Versandpenner

Ob und inwiefern die Überlegung, Ware direkt aus der Retourenabwicklung an Kunden zu versenden, Sinn macht, kann nicht allgemeingültig beantwortet, sondern muss fallweise untersucht werden. Während der Untersuchung müssen weitere fundamentale Fragestellungen beantwortet werden:

- Handelt es sich bei den Fastmover-Artikel-Retouren um Versand-Slowmover-Artikel? Diese Fragestellung hat einen signifikanten Einfluss auf die spätere Ausgestaltung der Systeme, da in diesem Fall nur diejenigen Artikel von den Kunden in hohen Mengen retourniert werden, die nur in kleinen Mengen an Kunden versendet werden. Ein Retouren-Direktversand macht nur Sinn, wenn der Schnittmengenanteil zwischen dem bei der Retourenbearbeitung vereinnahmten Bestand und den vorliegenden Kundenbedarfen möglichst groß ist.

- Wie stark hängt der Schnittmengenanteil (Trefferquote) vom Zeitfenster zwischen Wareneingang in der Retourenstelle bis zum festgestellten Kundenbedarf ab?
- Wie lange sollen Waren in der Retourenstelle zwischengepuffert werden, um die Trefferquote zu erhöhen?
- Sind bei den Schnittmengenartikel eher zu wenig oder zu viel Warenstücke (Mengenquote) vorhanden?

Betrachtet man die Schnittmengen- oder Trefferquote als Funktion des Beobachtungszeitraums (siehe Abbildung 9), so stellt man fest, dass die Trefferquote auf Tagesbasis bereits ca. 20 Prozent beträgt. Auf Tagesbasis bedeutet, dass ca. 20 Prozent des heutigen Filialbedarfs aus dem heutigen Retourenangebot befriedigt werden kann. Legt man alle Filialbedarfe eines Jahres über das Retourenangebot eines Jahres, kann diese Quote auf max. 35,4 Prozent gesteigert werden. Dabei bleibt unberücksichtigt, dass Filialbedarfe Anfang des Jahres gar nicht vom Retourenangebot Ende des Jahres befriedigt werden können. Die Entwicklung der Quote zeigt, dass eine Sättigung der Trefferkennlinie bereits nach wenigen Tagen eintritt und ein Zwischenpuffern der Ware in der Retourenstelle unter Effizienzgründen nicht in Betracht kommt.

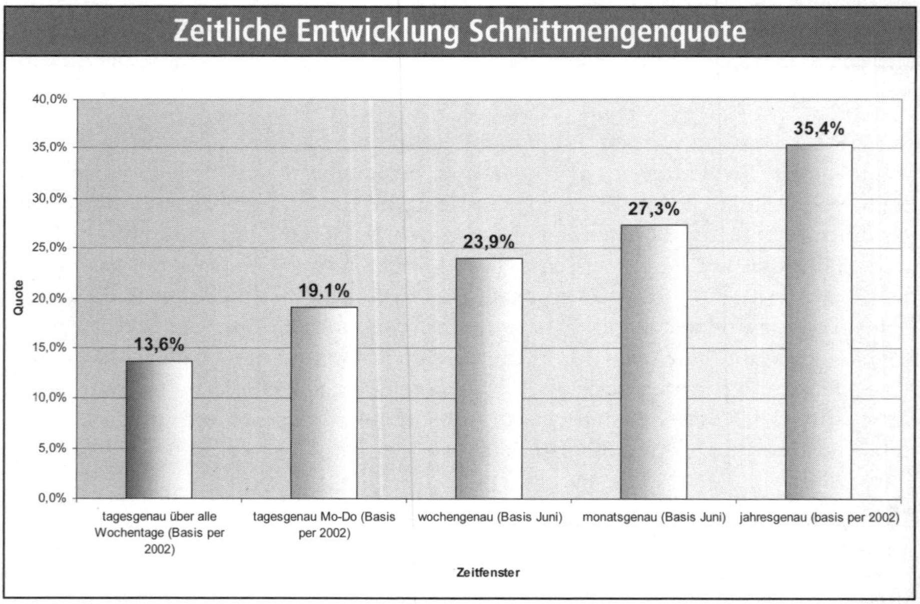


*Abb. 9: Zeitliche Entwicklung Schnittmengenquote*

Die Frage nach den Fastmover-Artikel bezogen auf die Schnittmengenartikel (siehe Abbildung 10), lässt sich relativ einfach beantworten. Fastmover-Artikel bedeutet bei dieser Fragestellung nicht nur, dass der richtige Artikel, also der in der Filiale benötigte Artikel (qualitative Ausprägung) durch die Kunden retourniert wird, sondern vielmehr, dass der Artikel auch in ausreichender Menge (quanitative Ausprägung) retourniert wird, um den Filialbedarfen gerecht zu werden. Da jedoch die Filialen von einem Schnittmengenartikel immer mehr Warenstücke benötigen als die Retoure liefern kann, kommt man zu dem Ergebnis, dass Filialrenner (Artikel, die in den Filialen in großen Mengen verkauft werden) gleichzeitig Retourenpenner (Artikel, die in geringen Mengen retourniert werden) sind. Es werden zwar diejenigen Artikel retourniert, die in den Filialen nachgefragt werden, jedoch nicht in der benötigten Menge.

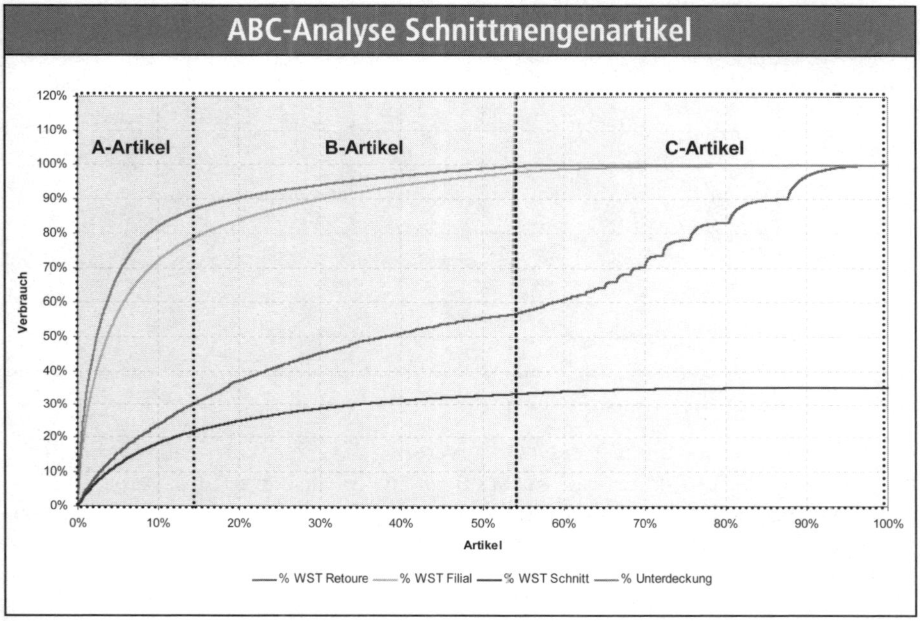


*Abb. 10: ABC-Analyse Schnittmengenartikel*

Um die Schnittmenge (Filialbedarf kann durch Retoure befriedigt werden) genauer zu analysieren, bildet man folgende drei Klassen, siehe Abbildung 11 (S. 326).

- Ret < Fil: Artikel, bei denen die Retourenmenge nicht ausreicht, um den Filialbedarf zu decken
- Ret > Fil: Artikel, bei denen die Retourenmenge grösser als der Filialbedarf ist
- Ret = Fil: Artikel, bei denen die Retourenmenge gleich dem Filialbedarf ist

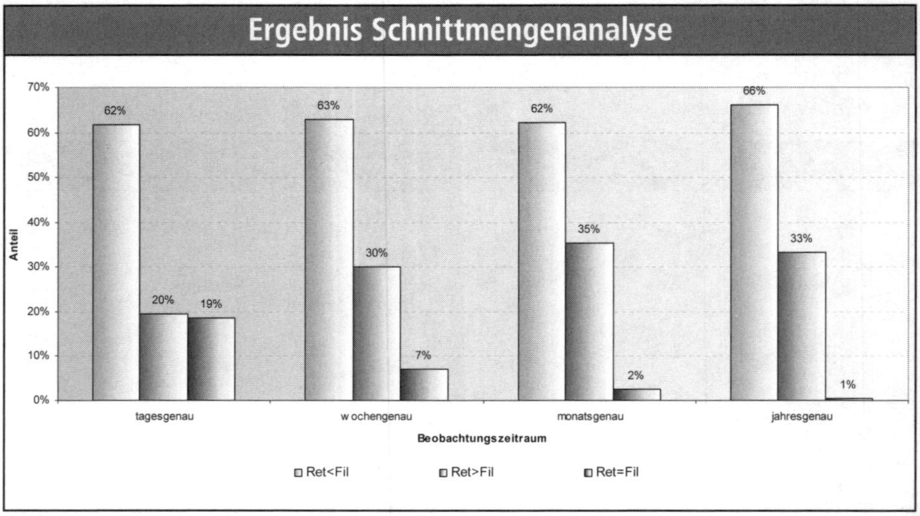


*Abb. 11: Ergebnis Schnittmengenanalyse*

Zusammenfassend kann festgehalten werden, dass der Anteil der Klasse Ret < Fil über alle Zeitfenster nahezu konstant ist, d. h. die Länge des Verheiratungszeitraums hat keinen Einfluss auf die relative Häufigkeit der Schnittmengenklasse. Der Anteil der Klasse Ret > Fil nimmt mit größer werdendem Zeitfenster zu, wird jedoch durch die Abnahme der Klasse Ret = Fil kompensiert.

Durch einen längeren Verheiratungszeitraum kann weder der Schnittmengenanteil (Trefferquote) noch die absolute Zahl an benötigten Warenstücke (Mengenquote) bezogen auf die Schnittmenge gesteigert werden. Oder vereinfacht: Die Verwertungsquote (Trefferquote und Mengenquote) ist zeitlich unabhängig, die benötigten Retouren kommen sofort oder gar nicht!

### 15.3.8 B2B- und B2C-Abwicklung im Integrierten Versandhaus

Im Integrierten Versandhaus werden sowohl B2B- als auch B2C-Aufträge abgewickelt. Der Charakteristik der beiden Auftragsformen wird durch unterschiedliche Abwicklungsformen und Abläufe Rechnung getragen.

Das Layout des Integrierten Versandhauses bei der Versandhaus Walz GmbH ist in Abbildung 12 dargestellt. Das Gesamtsystem ist ähnlich eines flexiblen Fertigungssystems modular aufgebaut. Die Retourenstelle setzt sich aus dem Modul 3 (Paketöffnen und Kundenentlastung), dem Modul 4 (Aufbereitung der Waren) und dem Modul 5 (Großteileabwicklung) zusammen.

Modul 2 stellt die integrierte B2B-Abwicklung mit fördertechnischer Anbindung an die Retourenstelle, das Kartonlager und die Kommissionierung in einem benachbarten Gebäude dar.

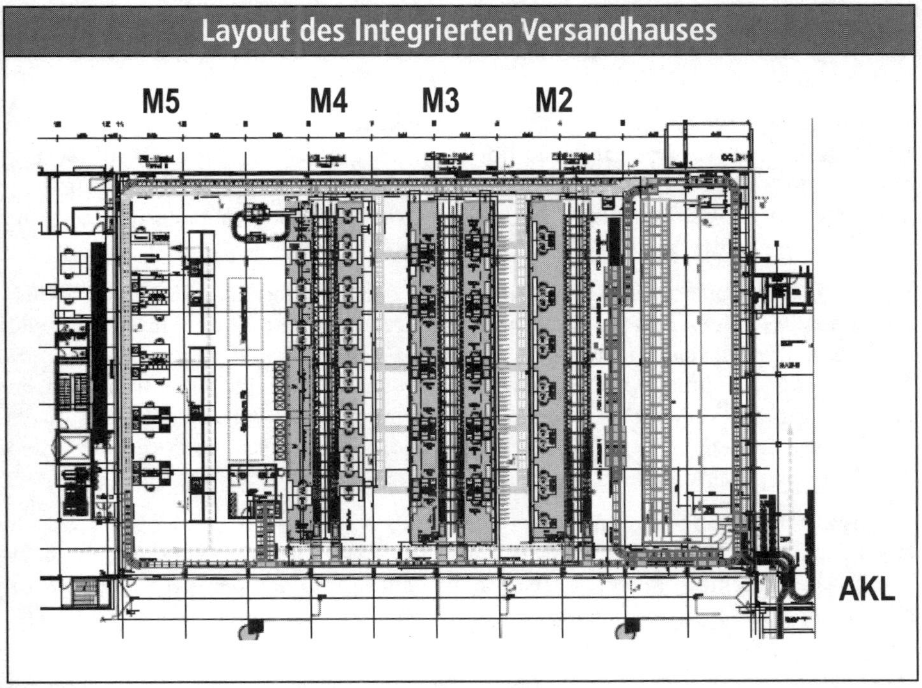


*Abb. 12: Layout des Integrierten Versandhauses*

**Retourendirektversand in die stationären Einheiten – B2B**
Wie in Kapitel 15.3.4 dargelegt, kann durch den Retourendirektversand in die stationären Einheiten (Filialkunden) ca. 20 Prozent der Retouren direkt in die Filialen versendet werden. Dadurch können die Prozessketten für diesen Versandanteil wesentlich verkürzt werden.

Da das gesamte Artikelspektrum in Bezug auf Artikelvolumen und Artikelbeschaffenheit sehr heterogen ist wird in der Kommissionierung zwischen Normteilen (Kinderbücher, Strampler etc.) und Großteilen (Kinderwagen, Autositze, Möbel etc.) unterschieden. Eine Konsolidierung von Normteilen mit Großteilen ist im B2B-Geschäft nicht erforderlich, da Sendungen ohne wirtschaftliche oder organisatorische Nachteile gesplittet und separat an den Kunden ausgeliefert werden können.

Normteile, die nicht aus der Retoure zur Befriedigung des Filialbedarfs gewonnen werden können, werden durch eine direkte fördertechnische Anbindung des automatischen Kartonlagers in den Bereich der B2B-Abwicklung innerhalb der Retourenanlage geliefert. Dies ermöglicht eine weitere gesamthafte Verbesserung durch Verkürzung der Prozessketten bei der Kommissionierung und einer rationellen Bereitstellung der Waren im B2B-Modul für 50 Prozent der benötigten Normteile.

Schlussendlich werden nach dem bisherigen Kommissionierprinzip der zweistufigen Pick-&-Pack-Kommissionierung (Picken und Putten) nur noch diejenigen Artikel für die B2B-Kunden kommissioniert, die keinen Reservelagerbestand im automatischen Kartonlager aufweisen. Vereinfacht gesehen fallen darunter die Slowmover-Artikel.

In das B2B-Bearbeitungsmodul werden A-Artikel durch die Retoure geliefert, B-Artikel durch das Kartonlager und C-Artikel durch die Kommissionierung aus den Stammfächern im Nachbargebäude geliefert.

**Retourendirektversand an Versandhandelskunden – B2C**
Beim klassischen Versandhandelskunden im B2C-Bereich wird die Konsolidierung der gesamten Sendung – wenn wirtschaftlich und organisatorisch sinnvoll – angestrebt. Sendungssplits führen mitunter zu wirtschaftlichem Mehraufwand und sind für den Kunden nicht plausibel nachvollziehbar.

Eine Zusammenführung von Normteilen und Großteilen kann daher als Grundvoraussetzung angesehen werden. Diese Grundvoraussetzung führt im B2C-Bereich zu hohen Konsolidierungsaufwendungen, die den Kosteneffekt des Retourendirektversands überkompensieren. Zudem muss im B2C-Bereich täglich an mehrere tausend Kunden versendet werden, wohingegen im B2B-Bereich die Anzahl der Filialkunden unter 100 liegt und die Konsolidierung organisatorisch und unter dem Aspekt der Aufwandsminimierung deutlich einfacher zu bewältigen ist.

Ganz auf den Retourendirektversand im B2C-Bereich zu verzichten wäre ein falscher Ansatz. Untersucht man den Aufwand der einzelnen Prozessschritte innerhalb der gesamten Prozesskette, kommt dem Einräumen der Retourenware auf die Stammfächer und der sich daran anschliessenden Kommissionierung ein großer Anteil zu.

*Abb. 13: Klein-/Normteil versus Großteil*

Dieser Anteil wächst mit dem Volumen der Ware. Daher ist es plausibel, die Kundenaufträge unter dem Aspekt der Auftragsvolumina (Liter) und Auftragsgröße (Anzahl Warenstücke) zu analysieren. Dabei fällt auf, dass der Anteil an Großteile im Verhältnis zum Anteil an Normteile gering ist und nur wenige Sendungen Ware aus beiden Bereichen erfordern.

Für den B2C-Retourendirektversand (RDV) eignen sich daher Einpöster (EPOS) – Großteileaufträge, Kundenaufträge, die sich ausschließlich aus einer Auftragsposition und einem Warenstück aus dem Großteilebereich zusammensetzten. Somit können alle Vorteile kurzer, schneller und wirtschaftlicher Prozessketten ohne Nachteile erschlossen werden.

## 15.4 Zusammenfassung und Ausblick

Mit dem Integrierten Versandhaus ist es der Versandhaus Walz GmbH gelungen, ein äußerst effizientes Cross Docking von Kundenaufträgen im Retourenprozess zu installieren, vorhandene Prozessketten sinnvoll zu verkürzen und Prozesszeiten zu minimieren. Jedoch eignen sich per se nicht alle Kundenaufträge für diese Abwicklungsform. Der Retourendirektversand ist kein Patentrezept, vielmehr müssen die Kunden- und Auftragsstrukturen detailliert analysiert werden, um den Arbeitspunkt exakt einzustellen.

Durch die Einleitung der Multi-Channel-Strategie bei der Versandhaus Walz GmbH im Jahr 2006 und dem damit einhergehenden Ausbau des Stationärgeschäfts um mehr als 40 Filialen ist es gelungen, die prognostizierten Cross-Docking-Quoten für das B2B-Geschäft deutlich zu übertreffen. Ging man zu Beginn der Betriebsaufnahme noch von ca. 20 Prozent der Trefferquote im B2B-Bereich aus, werden gegenwärtig nahezu 40 Prozent aller Retouren aus dem baby-walz-Sortimentsbereich über diesen Weg in die stationären Einheiten verteilt, siehe Abbildung 14.

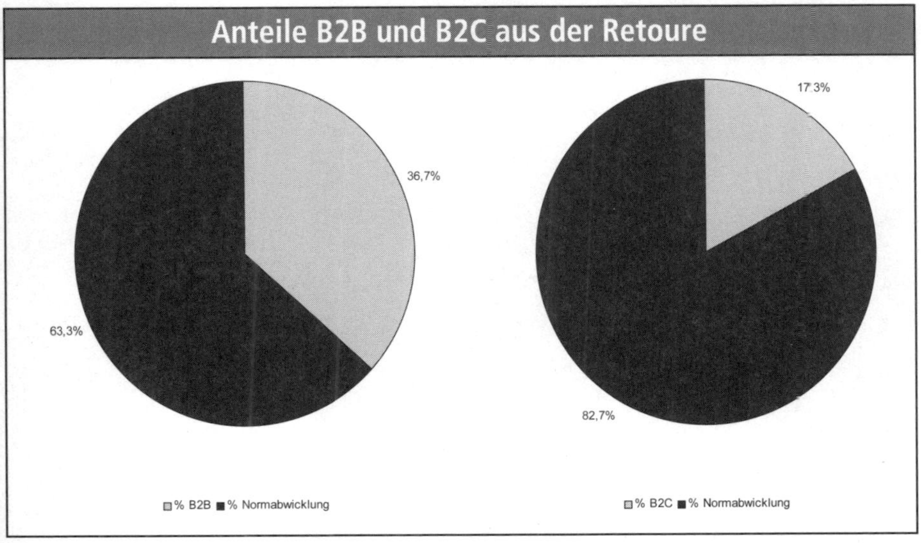


*Abb. 14: Anteile B2B und B2C aus der Retoure*

15

Im B2C-Bereich werden jährlich ca. 17 Prozent der Großteile Retouren direkt an die Homeshoppingkunden versendet.

Durch die Veränderung der Märkte und der Vertriebsdifferenzierung sind die Unternehmen gezwungen, effiziente Retourenprozesse einzuführen und konsequent anzuwenden, um Schnelligkeit bei der Wiederbereitstellung für den Verkaufsprozess und die Kostenführerschaft zu erreichen. Das Retourengeschäft ist integraler Bestandteil des Geschäftsmodell des Distanzhandels, gemäß dem Grundsatz „Ohne Retouren kein Distanzhandel und ohne Distanzhandel keine Retouren“.

# 16 KOMMISSIONIERUNG IM TELESHOPPING

16

*(Dr. Thomas Lindemann)*

## 16.1 Aufgabenstellung und Ziele

Um die Aufgaben und Ziele der bei QVC eingesetzten Art der Kommissionierung nachzuvollziehen, sollen vorab die Besonderheiten der Teleshopping-Branche erläutert werden.

Als führendes Teleshopping-Unternehmen in Deutschland bietet QVC seinen Kunden ein täglich wechselndes Sortiment an. Aus diesem Sortiment kann der Kunde den ganzen Tag von 0:00 Uhr bis 24:00 Uhr additiv bestellen. Pro Tag und Kunde fallen lediglich einmal Versandkosten an. Durch die Art der Präsentation „on air" wird beim Kunden eine hohe Erwartungshaltung geweckt; eine Lieferung innerhalb von 48 h nach Bestelldatum wird vorausgesetzt. Das bedeutet neben der Optimierung der Durchlaufzeiten im Tagesgeschäft auch eine 7-Tage-Woche an 365 Tagen. Dass dabei Paket, Verpackung und Ware den Kundenvorstellungen gerecht werden, ist selbstverständlich.

Diese einfachen Grundsätze – täglich wechselndes Sortiment, einmalige Versandgebühr und optimale Durchlaufzeiten bei hoher Qualität – haben aus logistischer Sicht weitreichende Konsequenzen. So ist ein wichtiges Ziel, die Versandkosten möglichst gering zu halten, ohne dabei den Kunden zu belasten. Das bedeutet: QVC sammelt die Bestellungen des Kunden über 24 Stunden und stellt am folgenden Tag individuell für jeden Kunden eine optimierte Sendung zusammen. „Optimiert" heißt in diesem Fall möglichst wenig Pakete für einen Kundenauftrag. Dies hat neben der Einsparung von Versandkosten den weiteren positiven Effekt, dass dem Kunden die Bestellungen zusammenhängend und nicht zerstückelt geliefert werden. Für die Logistik bedeutet dies, dass einzelne Positionen eines Auftrags aus unterschiedlichen Bereichen zusammengeführt werden müssen.

Das täglich wechselnde Sortiment verlangt ein hochflexibles Kommissioniersystem, in welchem die vorrätige Ware täglich reorganisiert und auf den aktuellen Artikelmix eingestellt werden muss. Gleichzeitig gilt es, die Durchlaufzeit der Kundenbestellungen nicht aus den Augen zu verlieren.

Diese mannigfaltigen Aufgaben sind nicht von einem Kommissioniersystem allein zu bewältigen. Daher setzt QVC auf mehrere unterschiedliche Systeme, die jedoch wie Zahnräder ineinandergreifen und so gemeinsam die herausfordernden Aufgaben bewältigen können.

*Abb. 1: Distributionszentrum QVC, Hückelhoven*

## 16.2 Beschreibung der gewählten Lösung

### 16.2.1 Vorzone Hochregallager (HRL)

Bestellungen setzen sich ganz unterschiedlich zusammen. So gibt es Kunden, die nur einen Artikel bestellen (Eine-Position-Aufträge). Oftmals handelt es sich dabei aber um sehr viele Kunden, die lediglich diesen einen Artikel bestellen. Daher macht es wenig Sinn, das Gros dieses Artikels in einem mehrstufigen Prozess zu kommissionieren. Vielmehr wird dieser Artikel palettenweise aus dem Hochregallager (HRL) kommissioniert und an Packplätze gebracht. Hier werden die entsprechenden Aufträge in einem Zuge direkt von Palette kommissioniert, verpackt und an den Auslieferer übergeben

*Abb. 2: Vorzone Hochregallager*

Eine weitere Möglichkeit der Kommissionierung in der HRL-Vorzone besteht in der Kommssionierung von Kartons von Palette auf Kartonfördertechnik. Diese Methode wird dann angewandt, wenn für einen Artikel nicht mehr so viele Aufträge vorliegen, wie sich Bestand auf einer Palette befindet, sondern diese Aufträge mit wenigen Kartons dieses Artikels bedient werden können. Weitere Voraussetzung ist, dass sich der benötigte Artikel nicht zusätzlich in anderen Kommissionierbereichen mit höherer Priorität befindet. In diesem Fall würden die Bestellungen zuerst aus den anderen Bereichen bedient.

## 16.2.2 Vorzone automatisches Kartonlager

Ähnlich wie aus der Vorzone HRL können auch aus der Vorzone AKL Kundenaufträge kommissioniert werden. Im Gegensatz zum Hochregallager können hier jedoch nicht nur ganze Kartons, sondern auch einzelne Artikel aus diesen Kartons kommissioniert werden. Auch hier gilt, dass aus diesem Bereich nur Kundenbestellungen mit Artikeln, welche nur sehr selten an diesem Tag geordert wurden, bedient werden.

*Abb. 3: Vorzone Kartonlager*

## 16.2.3 Forward Picking Area (FPA)

Neben den Single-Aufträgen, für die in der HRL-Vorzone die Paletten kommissioniert werden, machen die sogenannten Mehrpositions-Aufträge die große Masse der Bestellungen aus. Hierbei handelt es sich um Aufträge, bei welchen der Kunde mehrere gleiche, eher aber mindestens zwei unterschiedliche Artikel aus dem gleichen Produktsegment ordert. Diese Aufträge werden sequentiell abgearbeitet, in dem je Auftrag ein Sammelbehälter (Tote) mehrere Stationen nacheinander anfährt und so die einzelnen Artikel für die Bestellung zusammengetragen und komprimiert an die Packstationen verbracht werden.

Die FPA ist das „Herzstück" der Kommissionierung und gliedert sich in zwei Bereiche mit jeweils unterschiedlichen Kommissioniersystemen. Während der erste Bereich nahe dem Packbereich im Erdgeschoss angesiedelt ist (Level 0, Schnelldreher), befindet sich der zweite Bereich im ersten OG (Level1, Langsamdreher).

16

In der FPA Level 0 kommt als System „Pick by Light“ zum Einsatz. Dieses System ermöglicht einen sehr hohen Durchsatz an Aufträgen und deckt rund 75 Prozent aller Mengen für die Multi-Aufträge ab. Damit eignet sich dieser Bereich für große Teile der tags zuvor aufgrund der TV-Präsentation bestellten Artikel.

*Abb. 4: FPA Level 0; Pick by Light*

Diese Artikel können auch in den folgenden Tagen weiter bestellt werden, jedoch nicht mehr im gleichen Umfang wie am Tag der Sendung. Daher werden zum Arbeitsende hin „Restposten“ in den Bereich FPA Level 1 umgelagert. Hier werden sie in den nächsten Tagen mit einem im Vergleich zum Pick by Light langsameren Kommissioniersystem, dem „Pick by RF-Gun“, einem tragbaren Datensender und -empfänger, bearbeitet. Aus diesem Kommissionierbereich werden etwa 20 Prozent der Bestellmengen aus Multi-Aufträgen bearbeitet.

*Abb. 5: FPA Level 1; Pick by RF-Gun*

Erst wenn auf einen Artikel über einen langen Zeitraum wenig bzw. kein Zugriff auf Basis einer Kundenbestellung mehr erfolgt, werden diese Artikel zurück in das AKL gelagert. Hier können dann bei Bedarf einzelne Artikel für Kundenbestellungen kommissioniert werden. Etwa fünf Prozent der täglichen Bestellmenge wird aus der Vorzone AKL heraus kommissioniert.

## 16.3 Merkmale und Besonderheiten des Konzepts

In der folgenden Tabelle sind die Besonderheiten der einzelnen Systembereich noch einmal als Übersicht zusammengefasst:

**Leistungsprofile der Teilbereiche**

| Merkmal | Forward Picking Area Level 0 | Forward Picking Area Level 1 | CS-Vorzone | HRL-Vorzone |
|---|---|---|---|---|
| **Informationsmedium** | Lampe | RF-Gun (Bildschirm) | Bildschirm | Bildschirm |
| **Entnahmebestätigung** | Taster | Tastatur | Tastatur | Tastatur |
| **„Freihand"-Faktor** | Sehr hoch | Mittel | Sehr hoch | Sehr hoch |
| **Bestandsaktualität** | Sehr hoch | Sehr hoch | Sehr hoch | Sehr hoch |
| **Trainingsaufwand** | Hoch | Mittel | Hoch | Hoch |
| **Einführungszeit** | Mittel | Mittel | Mittel | Lang |
| **Investitionsvolumen** | Hoch | Hoch | Hoch | Hoch |
| **Komplexität** | Mittel | Mittel | Hoch | Mittel |
| **Anzahl Artikel** | Sehr hoch | Sehr hoch | Sehr hoch | Sehr hoch |
| **Pickleistung** (Picks/Std.) | Sehr hoch | Mittel | Niedrig | Niedrig |
| **Durchsatz** (Pos./Tag) | Sehr hoch | Hoch | Niedrig | Niedrig |
| **Auftragsdurchlaufzeit** | Kurz | Kurz | Mittel | Mittel |
| **Auftragsgröße** | Mittel | Mittel | Mittel | Mittel |
| **Pickfehlerrate** | Niedrig | Niedrig | Niedrig | Niedrig |
| **Erweiterungsflexibilität** (zusätzliche Artikel) | Hoch | Sehr hoch | Sehr hoch | Sehr hoch |
| **Erweiterungsflexibilität** (höherer Durchsatz) | Mittel | Mittel | Niedrig | Niedrig |
| **Erweiterungskosten** (zusätzliche Artikel) | Sehr niedrig | Sehr niedrig | Sehr niedrig | Sehr niedrig |
| **Erweiterungskosten** (höherer Durchsatz) | mittel | Mittel | hoch | Hoch |

*Abb. 6: Leistungsprofile der Teilbereiche*

16

## 16.4 Klassifikation des Kommissioniersystems

Die folgende Einordnung in ein Klassifizierungsdiagramm ermöglicht einen Vergleich mit bereits bekannten bzw. in anderen Beiträgen dieses Buches erläuterten Systemen:

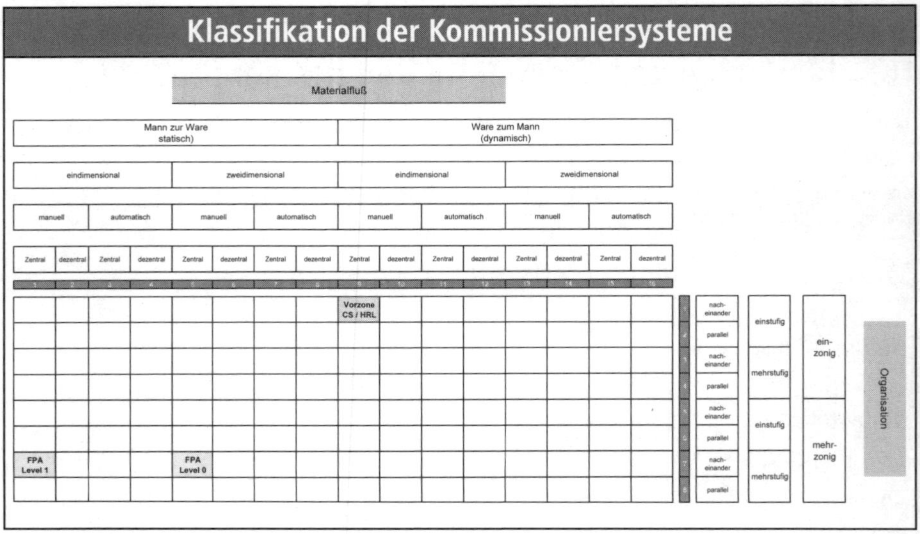


*Abb. 7: Klassifikation der Kommissioniersysteme*

## 16.5 Daten und Fakten

**Technische Daten**
**Hochregallager**

- 70.000 Palettenplätze
- 18 Regalbediengeräte

**Kartonlager**

- 65.000 Tray-Plätze
- je Tray 4–5 Kartons lagerbar
- 10 Regalbediengeräte

**FPA Level 0**

- 3 Module à 6 Bahnhöfe
- 1.700 Lokationen in Durchlaufregalen
- 90 Palettenpickplätze

**FPA Level 1**

- 2 Module
- 30.000 Fachboden-Lokationen

**Leistungsdaten**
Leistung in Artikel pro Stunde:
FPA L0: 226 Artikel/h
FPA L1 66 Artikel /h
CS-Vorzone: 52 Artikel /h
HRL-Vorzone: 80 Artikel /h
(Kommssionierung Kartons von Palette auf FT als Masterkarton slsq)

## 16.6 Einsatzbereiche des Kommissioniersystems

**Einsatzbereiche**

| | FPA Level 0 | FPA Level 1 | AKL Vorzone |
|---|---|---|---|
| **Positionen** | 8.853.000 | 2.716.000 | 617.000 |
| **Artikel** | 9.530.000 | 2.821.000 | 617.000 |
| **Tage** | 356 | 356 | 356 |
| **Ø Positionen / Tag** | 25.000 | 7.600 | 1.700 |
| **Ø Artikel / Tag** | 27.000 | 8.000 | 1.700 |

*Abb. 8: Einsatzbereiche*

**Leistungsdiagramm des Kommissioniersystems**

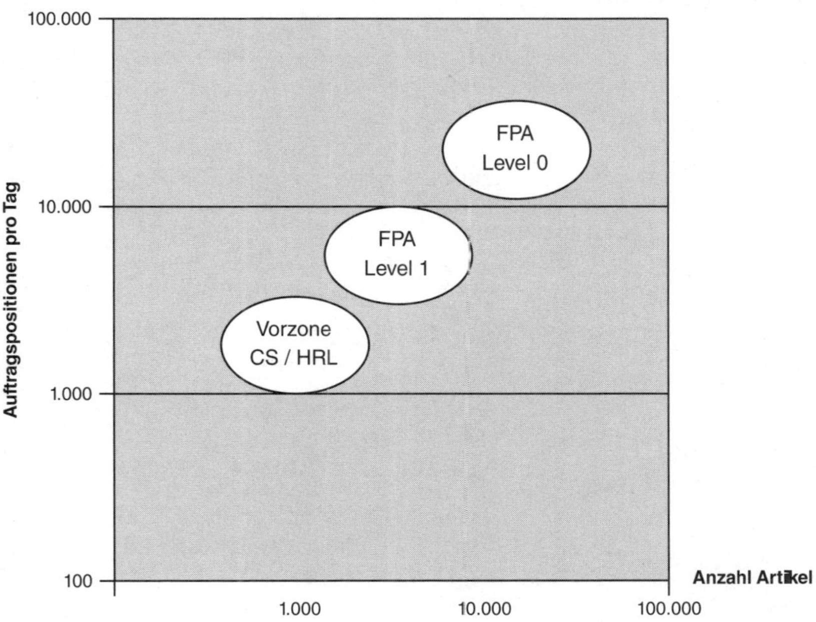


*Abb. 9: Leistungsdiagramm des Kommissioniersystems*

# TEIL 3:

## Innovative Kommissioniersysteme

17

# 17 SWISSLOG: ELEKTROHÄNGEBAHN MIT TERMINALS (CADDYPICK)

*(Jürgen Bäumle)*

## 17.1 Aufgabenstellung und Ziele

Im Rahmen eines Projektwettbewerbs für dm-drogerie markt wurde die Idee der Kommissionierung auf eine Elektrohängebahn (EHB) entwickelt. Zielsetzung des ersten Projektes dieser Art war es, im Vergleich zu den bisherigen manuellen Abläufen eine höhere Produktivität im Kommissioniersystem zu erreichen und gleichzeitig eine hohe Akzeptanz des Systems bei den Mitarbeitern zu gewährleisten. Zusätzlich sollten Werte wie Teamarbeit und Teamkultur gefördert werden. Weitere Randbedingungen wie eine einstufige Kommissionierung, eine flexible Arbeitsaufteilung im Kommissionierbereich, eine weitgehende Automatisierung der internen Transportabläufe, die Reduzierung von Wartezeiten, eine fehlerfreie Bearbeitung der Kommissionieraufträge sowie ein optimiertes Entsorgungssystem für den im Kommissionierbereich entstehenden Abfall und Leerpaletten waren zu erfüllen.

## 17.2 Beschreibung der gewählten Lösung

Das CaddyPick-Konzept basiert auf den Grundkomponenten einer Elektrohängebahn mit speziell konstruierten Gehängen und einer vollautomatischen Steuerung mit Anbindung an die übergeordnete Lagerverwaltungssoftware.

Das CaddyPick-System ist eine Kommissionierlösung, die das Mann-zur-Ware-Prinzip mit dem Zone-zu-Zone-Prinzip kombiniert und die Auftragseinheit (Palette oder Rollcontainer) mit Elektrohängebahn-Fahrzeugen – den CaddyPicks – befördert. Der CaddyPick bewegt sich automatisch durch die Kommissioniergassen, stoppt an den Pick-Positionen und zeigt die zu entnehmende Menge auf dem Touchscreen-Terminal an. Zusätzlich wird die Pick-Position mittels Spotlicht angeleuchtet und die Kommissionierer legen die zu kommissionierenden Einheiten auf der Auftragspalette ab.

Das Wägesystem an jedem CaddyPick gewährleistet eine höchst zuverlässige Kommissionierung. Es prüft das Gewicht der kommissionierten Einheiten gegen die hinterlegten Stammdaten und führt eine automatische Quittierung durch.

Dem CaddyPick können die im Prozess anfallenden Leerpaletten, Folien und Kartonabfälle mitgegeben werden. An automatisierten Stationen werden diese Wertstoffe entladen, bevor der CaddyPick den nächsten Auftrag übernimmt.

Das CaddyPick-Konzept besteht aus zwei Modulen, dem Nachschub- & Einlagerungsmodul und dem Kommissioniermodul. Nachschub und Kommissionierung erfolgen über verschiedene Gassen eines Lagers.

### 17.2.1 Modul 1: Nachschub & Einlagerung

Die in das automatisierte Pufferlager integrierten Kommissioniergassen werden jeweils durch automatische Regalbediengeräte versorgt. Bei der Anlage dm sind beispielsweise drei Kommissionierebenen übereinander angeordnet. Die Pufferplätze befinden sich über den Kommissioniergassen und sind als doppelt tiefe Reserveplätze ausgelegt. Die Kommissionierplätze sind als Schwerkraftrollenbahnen mit jeweils zwei Paletten hintereinander ausgeführt und werden von den Regalbediengeräten aus den Pufferplätzen bestückt. Kommissioniert wird von der vorderen Palette, beim Nulldurchgang steht somit die Nachfolgepalette immer bereit.

Es sind verschiedene Kommissionierfachoptionen verfügbar, die bereits bei anderen CaddyPick-Systemen realisiert wurden, um die Gebäudegrundfläche weiter zu reduzieren. So z. B. Zwei-Level-Picking von zwei niedrigen Paletten übereinander. Drei- oder Vier-Level-Picking wird durch ein Split-Tray-System ermöglicht. Dabei werden koppelbare Trays automatisch lagenweise beladen, um eine Bereitstellung und Kommissionierung in mehreren Ebenen zu ermöglichen.

*Abb. 1: Nachschub und Einlagerung*

### 17.2.2 Modul 2: Kommissionierung

Das Kommissioniermodul besteht aus dem CaddyPick, dem Gehänge eines Elektrohängebahnsystems sowie den Lade- und Entladestationen. Ein Kommissionierauftrag beginnt immer an einer zentralen Stelle und jeder CaddyPick kann prinzipiell sämtliche Kommissionierebenen abfahren bevor ein Auftrag abgearbeitet ist. Im Normalfall wird jedoch eine Palettenladung nach der Durchfahrt einiger weniger Kommissioniergänge komplett sein. Es liegt in der Verantwortung des Kommissionierers die Ladung, wenn erforderlich, ein- oder mehrmals mit Folienbändern zu sichern. Je nach Arbeitsaufkommen arbeiten drei und mehr Kommissionierer gleichzeitig in einem Kommissioniergang. Sie haben jedoch keinen fest zugeordneten Arbeitsbereich und können auch parallel an mehreren Aufträgen arbeiten, indem sie ganze Züge von Caddies abarbeiten. Grundsätzlich liegt es in der Verantwortung des Kommissionierers, ob dieser dem CaddyPick folgen will oder ob er die Kommissionierung am folgenden CaddyPick fortsetzt. Zusätzlich zum eigentlichen Kommissioniervorgang muss der Kommissionierer noch folgende Aufgaben übernehmen:

- Beladen des CaddyPick mit dem entstehenden Abfall (wie Folien, Karton, Karton-Zwischenlagen)
- Beladen des CaddyPick mit den während der Kommissionierung entstandenen Leerpaletten

*Abb. 2: Kommissionierung*

## 17.3 Merkmale und Besonderheiten des Konzepts

**Leistungsdiagramm des Kommissioniersystems**

| Merkmal | CaddyPick |
|---|---|
| **Informationsmedium** | Bildschirm |
| **Entnahmebestätigung** | keine (Automatisches Wägesystem) |
| **„Freihand"-Faktor** | sehr hoch |
| **Bestandsaktualität** | sehr hoch |
| **Trainingsaufwand** | niedrig |
| **Einführungszeit** | mittel |
| **Investitionsvolumen** | mittel |
| **Komplexität** | niedrig |
| **Anzahl Artikel** | mittel |
| **Pickleistung (Picks/Std.)** | hoch |
| **Durchsatz (Pos./Tag)** | sehr hoch |
| **Auftragsdurchlaufzeit** | mittel |
| **Auftragsgröße** | groß |
| **Pickfehlerrate** | niedrig |
| **Erweiterungsflexibilität** (zusätzliche Artikel) | mittel |
| **Erweiterungsflexibilität** (höherer Durchsatz) | sehr hoch |
| **Erweiterungskosten** (zusätzliche Artikel) | mittel |
| **Erweiterungskosten** (höherer Durchsatz) | mittel |

*Abb. 3: Leistungsdiagramm des Kommissioniersystems*

Die Besonderheit und auch Neuheit bei diesem System ist die Art des Kommissionierens. Hier wird die klassische Mann-zur-Ware-Kommissionierung um ein selbstfahrendes, schienengeführtes Hängebahnsystem ergänzt. Dadurch ergibt sich ein grundsätzlich neues Kommissioniersystem, das die Eigenheiten einer Mann-zu-Ware-Kommissionierung und einer klassischen Zone-zu-Zone-Kommissionierung kombiniert. Diese Art der Kommissionierung kann auch als flexible Zonenkommissionierung bezeichnet werden.

Ein zentraler Bestandteil dieser Lösung ist die Gestaltung des Fahrwerks, genannt CaddyPick:

- Ausführung als C-Gehänge mit freitragendem Gabelpaar für eine Palette
- Ausführung als Rahmenkonstruktion zur Aufnahme von zwei Rollcontainern
- Integrierte Wägezellen zur Gewichtserfassung
- Terminal zur Anzeige der Pickmenge und Gangseite der jeweiligen Pick-Lokationen sowie Gassenvorschau
- LED-Spotlicht zur Kennzeichnung des aktuellen Pick-Platzes
- zwei Fächer für Leerpaletten
- ein Fach für Kartonagen/Kartonecken
- ein Fach für Folien
- Laser-Abstands- und Sicherheitssensor

*Abb. 4: CaddyPick*

## 17.3.1 Integriertes Wägesystem

Eine Besonderheit des Systems ist die integrierte Kontrollwaage in jedem CaddyPick: Diese überprüft bei jedem Kommissioniervorgang das Gewicht der aufgenommenen Einheiten und vergleicht es mit den im System gespeicherten Stammdaten. Stimmen die Werte überein, fährt der CaddyPick automatisch zum nächsten Kommissionierplatz. Bei Abweichungen über eine definierte Toleranzgrenze hinaus wird der Mitarbeiter aufgefordert, die Ladung zu kontrollieren und gegebenenfalls zu korrigieren. Dieses System sorgt für eine deutliche Erhöhung der Kommissioniergenauigkeit, ohne dass darunter der Arbeitsfluss leidet: Eine manuelle Quittierung des Kommissioniervorgangs ist in der Regel nicht notwendig – lediglich sehr leichte Artikel sind typischerweise vom Wägevorgang ausgenommen und müssen daher per Hand am Display bestätigt werden.

Jeder CaddyPick verfügt über zwei Transportfächer, in denen leere Paletten verstaut werden können. Sobald ein Mitarbeiter die letzte Einheit von einer Palette genommen hat, wird er über das Display aufgefordert, die Palette auf die EHB zu laden. Auch Kartonage und Folien können in entsprechende Behälter an der EHB verstaut werden. Kommissionierung und Entsorgung lassen sich somit über denselben Weg abwickeln.

Wenn der CaddyPick komplett beladen ist, verlässt er die Kommissionierzone. Ein Roboter entnimmt zunächst die Leerpaletten, anschließend wird die Versandpalette (oder je nach System der Rollcontainer) automatisch entladen und zum

Warenausgang gebracht. Der CaddyPick fährt dann noch eine letzte Station an, in der Karton und Folie automatisch ausgestoßen und direkt einer Wertstoffpresse zugeführt werden. Anschließend kann das Gehänge wieder einen neuen Transportauftrag übernehmen.

### 17.3.2 Flexibles System minimiert Tot- und Nebenzeiten

Die automatische Steuerung sorgt dafür, dass die Gehänge möglichst kurze Wege zurücklegen und nur die Gassen anfahren, die für den Kommissionierauftrag benötigt werden. Für den optimalen „Flow" der Lösung sind aber auch die Mitarbeiter selbst zuständig: Das CaddyPick-System ist kein System mit starren Regeln – die höhere Automatisierung geht mit größerer Teamverantwortung Hand in Hand.

So entscheiden die Kommissionierteams grundsätzlich selbstständig, wie sie sich die Abarbeitung der Aufträge einteilen. Unterstützt werden sie dabei unter anderem durch die „Gassenvorschau", die auf dem Display des CaddyPicks sichtbar ist. Farbige Balken zeigen hier an, ob die EHB weitere Kommissionierstationen in der näheren Umgebung anfährt oder eine längere Strecke bis zur nächsten Station zurücklegen muss. Im ersten Fall entscheidet sich der Mitarbeiter, den CaddyPick noch ein Stück zu begleiten und weitere Aufträge abzuarbeiten – im zweiten Fall folgt er dem Gehänge nicht und wendet sich stattdessen einem anderen stehenden CaddyPick in derselben Gasse zu.

Die bisherigen Erfahrungen zeigen, dass sich die Mitarbeiter – mit entsprechender Anleitung – sehr schnell die optimale Vorgehensweise aneignen. Das CaddyPick-System trägt somit dazu bei, die Tot- und Nebenzeiten bei der Kommissionierung zu minimieren. Da Quittierschritte weitgehend entfallen, können sich die Mitarbeiter ganz auf die eigentlichen Kommissioniervorgänge konzentrieren. Gleichzeitig fördert das flexible System die Kommunikation und Abstimmung mit den Kollegen – erfasst wird schließlich nicht die Leistung des Einzelnen, sondern der Warendurchsatz des gesamten Teams.

## 17.4 Klassifikation des Kommissioniersystems

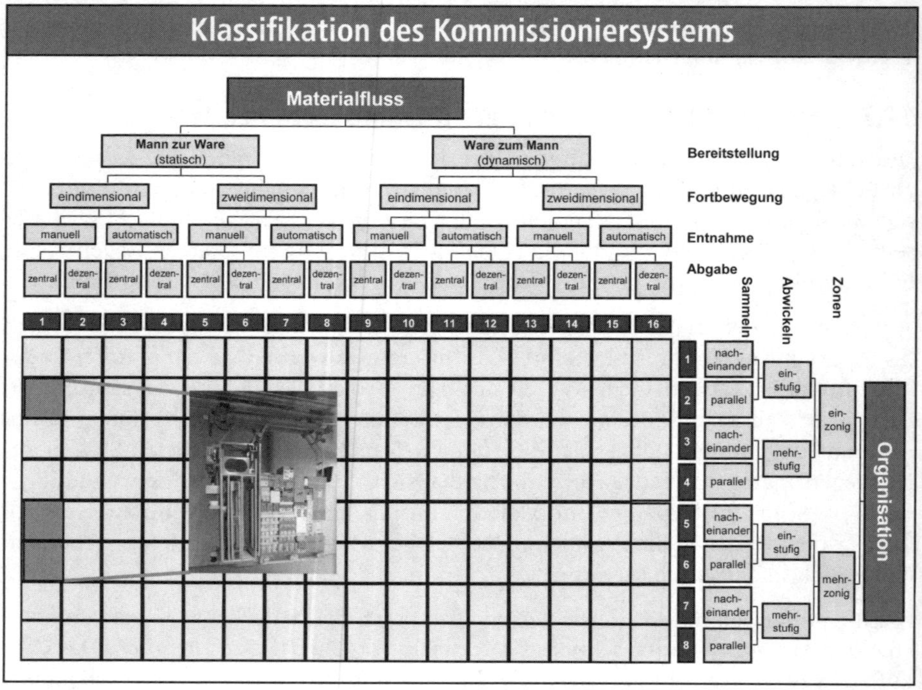


*Abb. 5: Klassifikation des Kommissioniersystems*

## 17.5 Daten und Fakten

### Technische Daten (Anlage dm-drogerie markt, Waghäusel)

**Allgemein**

| | |
|---|---|
| ➡ Auftragspositionen/Tag | 205.000 |
| ➡ Kommissionierte Einheiten/Tag | 225.000 |
| ➡ Filiallieferungen/Tag | 260 |
| ➡ Versandte Paletten/Tag | 2.000 |

**Hochregallager**

| | |
|---|---|
| ➡ Anzahl Regalbediengeräte | 13 |
| ➡ Höhe Palettenlager in m | 20 |
| ➡ Anzahl Palettenplätze | 20.000 |
| ➡ Paletteneingang pro Stunde | 220 |
| ➡ Fahrwerke im Nachschubsystem | 23 |

**Kommissioniersystem CaddyPick**

| | |
|---|---|
| ➡ Anzahl Caddies | 160 |
| ➡ Anzahl Kommissioniergänge | 42 |
| ➡ Anzahl Kommissionierplätze | 5.100 |
| ➡ Länge Elektrohängebahn in m | 5.200 |

**Leistungsdaten (generell)**
Durchsatzleistungen: ca. 50.000–300.000 Artikeleinheiten/Tag
Kommissionierleistung pro Mitarbeiter und Stunde: ca. 200–350 Colli/Stunde in Abhängigkeit der Auftragsstruktur.

**Layout (generell)**
Das Layout einer CaddyPick-Lösung orientiert sich grundsätzlich am Kommissionierdurchfluss durch die einzelnen Gassen. Es können mehrere Kommissionierebenen übereinander angeordnet werden. Ein CaddyPick-Konzept beinhaltet jeweils eine zentrale Linie an der die Abgabe der fertigen Paletten, die Entsorgung der Wertstoffe sowie die Aufnahme der neuen Auftragspaletten oder Rollcontainer erfolgt.

Die doppelt tief ausgeführten Kommissionierplätze werden mit Regalbediengeräten vollautomatisch bestückt.

## 17.6 Einsatzbereiche des Kommissioniersystems

Der typische Einsatzbereich des CaddyPick-Konzepts ist die semi-automatische Kommissionierung von Auftragspaletten oder Rollcontainern. Typischerweise wird es im Retail-Bereich eingesetzt. Eine wichtige Randbedingung ist eine hohe Pickdichte im System, d. h. kurze Wege zwischen den Auftragspositionen. Das System eignet sich für Durchsatzzahlen von ca. 50.000–300.000 Kartons pro Tag bei ca. 1.000–7.000 Artikeln (vgl. Abbildung 6). Es kennzeichnet sich weiterhin dadurch, dass sämtliche Artikel eines Sortimentes gehandhabt werden können. Es gibt keine Einschränkungen bezüglich Artikelgröße, Gewicht oder Zerbrechlichkeit der Ware wie häufig bei vollautomatischen Systemen, da das Greifen und Ablegen der Produkte stets manuell erfolgt.

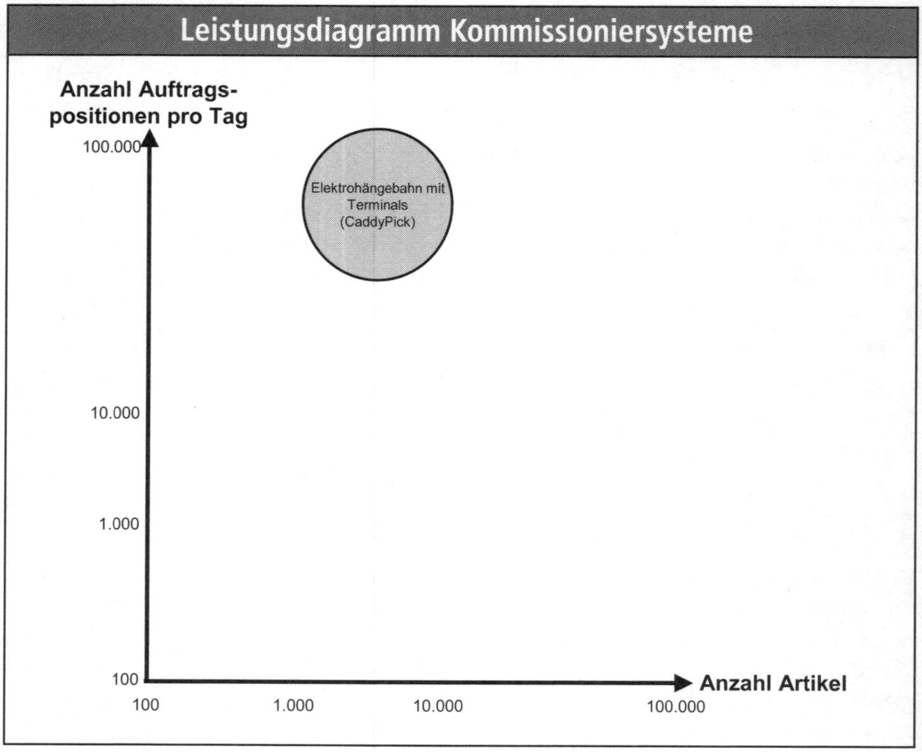


*Abb. 6: Leistungsdiagramm Kommissioniersysteme*

Die erste Anlage wurde bei dm-drogerie markt in Deutschland realisiert. Weitere Anlagen in der Schweiz, USA und Deutschland folgten.

## 17.7 Vorteile des gewählten Kommissioniersystems (Kundennutzen)

- **Rationalisierte und effiziente Prozesse**
  automatisierte Bedien-, Einlager- und Nachschubfunktionen
- **Reduktion von Pickfehlern**
  - CaddyPick positioniert sich selbstständig vor der Artikelpalette
  - Spotlicht markiert die Pick-Lokation von der die Ware zu entnehmen ist
  - Anzeige der Stückzahl auf dem Bildschirm
  - Kontrolle der Stückzahl über integriertes Wägesystem
- **Kommissionierer ist frei von technischem Equipment**
  - kein Handterminal
  - keine Scan-Vorgänge
  - keine Quittierung
  - kein Headset

- keine Sprachquittierung
- Eingaben am Terminal nur bei Nulldurchgängen oder im Fehlerfall

**Reduktion von Nebenzeiten**

- unmittelbare Entsorgung der Leerpaletten am Kommissionierplatz
- unmittelbare Entsorgung von Folien und Kartonagen (Zwischenlagen) am Kommissionierplatz
- Die Kommissionierer bleiben in der Kommissionierzone. Fertig kommissionierte Paletten müssen nicht in den Warenausgang gefahren werden. Dies erledigt der CaddyPick selbstständig

**Hohe Pickleistung**

- Beträchtliche Verbesserung der Kommissionierleistung dank Reduktion von Wegzeiten, parallelem Kommissionieren an „Zügen" und durch die Automatisierung von Auftragsstart und -ende

**Automatisierung im Entsorgungsprozess**

- Einsammeln und Verarbeiten von Folien und Kartonagen in Sammelbehälter entfällt, da das System automatisch gepresste Karton- und Folienballen erzeugt.
- Integrierter Leerpalettentransport, Wiedernutzung der Leerpalette als neue Auftragspalette

**Ergonomie, Sicherheit**

- Niedriger Geräuschpegel
- Flurfreie Installation, d. h. keine hohen Bodenbelastungen; deshalb Einsatz von Holz- anstatt Betonböden
- Arbeitsumfeld ohne Flurförderzeuge, dadurch keine Beschädigungen an den Einrichtungen und an der Ware sowie kein Abrieb der Räder
- Hohe Sicherheit, jeder CaddyPick ist mit einem Laser-Scanner ausgerüstet, der das Fahrzeug sofort abbremst sobald sich eine Person oder ein Gegenstand im Fahrweg befindet

18

# 18 DEMATIC: MULTISHUTTLE-EINSATZ IM KOMMISSIONIERBEREICH

*(Dr. Volker Jungbluth)*

## 18.1 Einführung

Aufgrund der steigenden Nachfrage nach Behälterlagersystemen mit hoher immanenter Leistung hat sich die Dematic GmbH entschlossen, ein neuartiges Lagersystem zu entwickeln: Das Dematic Multishuttle®. Im Gegensatz zu herkömmlichen Regalbediengeräten sind die horizontalen und vertikalen Bewegungen getrennt und werden von zwei unterschiedlichen Komponenten ausgeführt: Den Multishuttles und dem Lift.

**Vorteile Multishuttle**

- Hohe Redundanz und Verfügbarkeit durch mehrere Shuttles pro Gasse
- Geringer Energiebedarf durch kleine bewegte Massen
- Jeder Lagerplatz ist manuell erreichbar
- Keine Blockade der Lagergasse durch Wartungsarbeiten

Ein Dematic Multishuttle® ist ein schienengebundener Behälterverteilwagen, welcher über Schleifleitungen mit Energie versorgt wird und per WLAN kommuniziert. Es verfügt über ein formschlüssig arbeitendes Teleskoplastaufnahmemittel zur aktiven Übergabe von Behältern, Tablaren und Kartons.

Der Aufbau eines Multishuttle-Lagersystems kann prinzipiell auf zwei verschiedene Arten erfolgen:

### 18.1.1 Multishuttle Roaming

Das Multishuttle lässt sich per Lift zwischen einzelnen Ebenen eines Regals umsetzen. Somit sind weniger Multishuttles als Regalebenen notwendig, um ein Lager zu bewirtschaften. Die Zuführung der Behälter erfolgt über Stetigfördertechnik. Die einzulagernden Behälter werden seitlich vom Lift präsentiert und vom Multishuttle aufgenommen, während dieses sich auf der Hubplattform des Lifts befindet. Die Leistung einer Regalgasse wird zum einen bestimmt durch die Anzahl der Multishuttles pro Gasse, zum anderen durch die Liftauslastung, die sich proportional zur Lifthöhe verhält. Ist die Liftleistung nicht vollständig ausgenutzt, so kann nachträglich durch das Hinzufügen weiterer Shuttles in diese Gasse die Gassenleistung erhöht werden. Ebenso ist die Verlängerung einer Regalgasse ohne weiteres möglich, da die längeren Fahrzeiten durch zusätzliche Shuttles kompensiert werden können.

### 18.1.2 Multishuttle Captive

In der Captive-Ausführung ist jeder Regalebene ein Multishuttle fest zugeordnet. In jeder Ebene sind am liftseitigen Gassenende je ein Ein- und ein Auslagerförderer angeordnet. Diese Förderer werden von einem Lift ver- und entsorgt. Der Lift fördert die Behälter zu einem oder mehreren Ein- und Auslagerstichen.

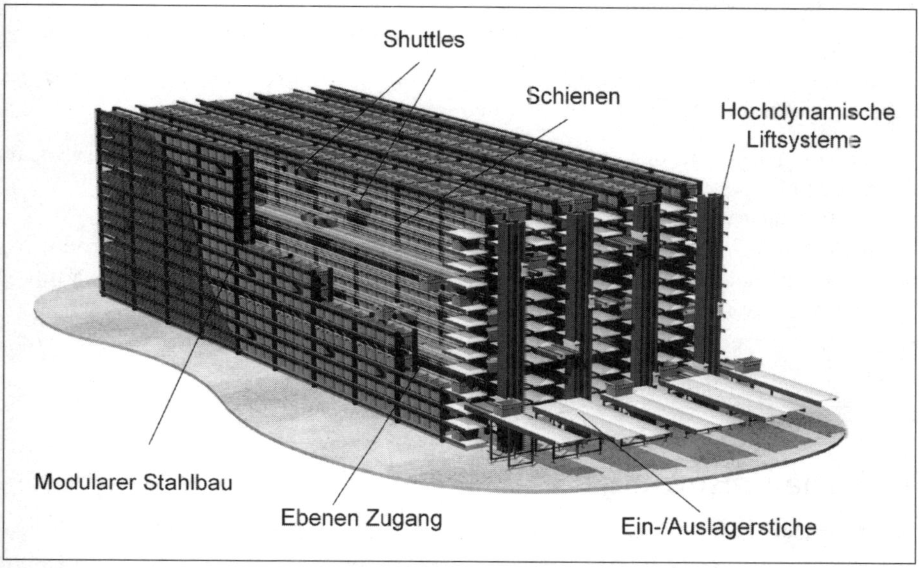


*Abb. 1: Multishuttle*

Die Einsatzgebiete der Multishuttle-Technologie sind vielfältig. Nachfolgend wird eine Kommissionieranlage vorgestellt, bei der beide Multishuttle-Varianten parallel im Einsatz sind.

## 18.2 Das Kommissionierlager der Firma Ferdinand Groß

Die Firma Ferdinand Groß in Leinfelden-Echterdingen ist Spezialist für Verbindungstechnik und C-Teile-Management. Sie beschäftigt 350 Mitarbeiter und wurde für ihre Innovationsfreudigkeit bereits mehrfach ausgezeichnet. Aufgrund des Tätigkeitsfeldes im Bereich der C-Artikel verfügt das Unternehmen über ein sehr großes Artikelspektrum mit ca. 107.000 bevorrateten Artikeln. Am Hauptsitz in Leinfelden-Echterdingen betreibt das Unternehmen ein Distributionszentrum bestehend aus

- einem dreigassigen, automatischen Paletten-Hochregallager
  Dieses Lager dient zur Aufnahme von Ganzpaletten, die entweder den Nachschub für die übrigen Lagerbereiche zur Verfügung stellen beziehungsweise für den Abgriff von kundenorientierten Schnelläuferpositionen dienen.
- einem viergassigen Behälterlager mit mannbedienten Geräten
  Dieser Lagerbereich dient als Kommissionierlager. Der Bediener nimmt am Gassenende bis zu sechs leere bzw. teilgefüllte Kundenbehälter auf und befüllt diese auf seiner Fahrt durch den Gang. Dabei wird unmittelbar vor der Lagerposition des gewünschten Lagerbehälters der Kommissioniervorgang durchgeführt. Nachdem alle Kundenbehälter mit den Artikeln der Lagergasse bestückt sind,

wird der Artikel über die Vorzone der Nachbargasse zugeführt oder der Behälter wird zum Warenausgang transportiert. Einlagerfahrten erfolgen separat.
- einer Fachbodenregalanlage
  Aus dieser Fachbodenanlage werden die übrigen Auftragszeilen entnommen.

Im Anschluss an die Kommissionierung erfolgt die Konsolidierung der Auftragszeilen aus den drei unterschiedlichen Bereichen.

Vorrangiger Grund der Erweiterung der Lagerbereiche für Ferdinand Groß war die mangelnde Lagerkapazität für Kleinmengen. Daneben sollte
- die Auftragsdurchlaufzeit verringert werden,
- sorgsam mit den eingeschränkten Erweiterungsflächen umgegangen werden,
- die Auftragseinlastung zum spätest möglichen Zeitpunkt erfolgen, da dadurch die Anzahl Sendungen pro Kunde verringert werden kann und
- die Transparenz von Auftragsstatus und Artikelverfügbarkeit gesteigert werden.

## 18.3 Die Umsetzung

Dematic begegnete diesen Anforderungen, indem die einzige zur Verfügung stehende Erweiterungsfläche des Firmengeländes nicht angetastet wurde. Stattdessen wurde ein kompaktes Multishuttle-Lagersystem in den bestehenden Kommissionierlagerbereich integriert. Dazu musste der Hallenboden des Erdgeschosses entfernt werden, um aus Kellerbereich und Erdgeschoss eine höhere neue Halle zu schaffen. Im neu gestalteten Hallenbereich wurde eine fünfgassige Multishuttle-Installation integriert, bei der im selben Regalstahlbau sowohl Roaming- als auch Captive-Ausführungen zum Tragen kommen. Das Lager wurde für die doppeltiefe Lagerung von Behältern der Grundflächenabmaße von 600 x 400 mm ausgeführt, kann aber auch für die vierfachtiefe Lagerung für Behälter mit einem Grundmaß von 400 x 300 mm genutzt werden. Dadurch können insgesamt über 60.000 Stellplätze für kleine Behälter im bestehenden Gebäude untergebracht werden. Die Nutzung der beiden unterschiedlichen Behältertypen erlaubt die Reaktion auf die Gängigkeit der Artikel bei dem vorhandenen großen Artikelspektrum.

**Technische Daten**

| **Roaming** | | **Captive** | |
|---|---|---|---|
| Lagergassen: | 5 | Lagergassen: | 1 |
| Doppelspiele: | 440 DS/h | Doppelspiele: | 510 DS/h |

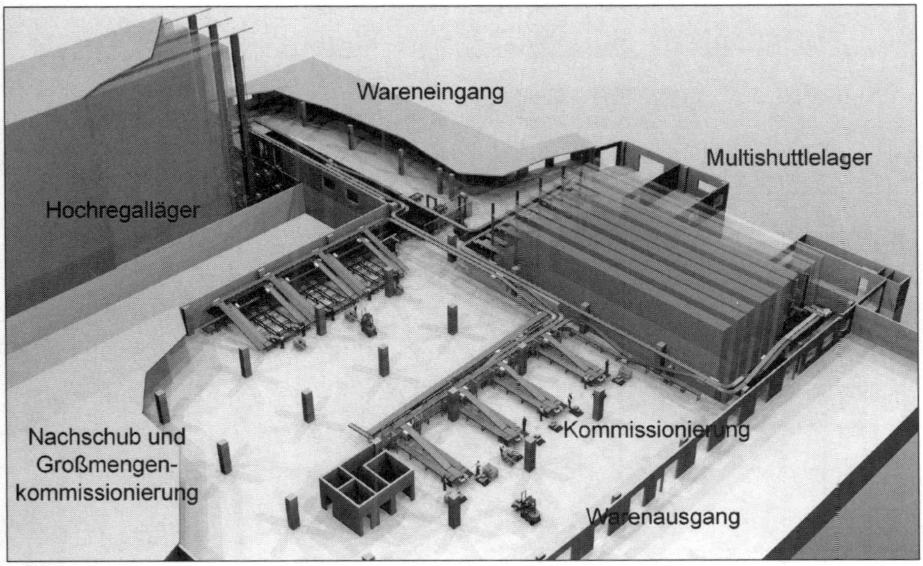


*Abb. 2: Multishuttle bei Ferdinand Groß*

Alle Roaming-Lifte bedienen die gesamte Regalhöhe von 30 Ebenen und sind nebeneinander an einem Gassenende angeordnet. Die Aufgabe des Roaming-Bereichs ist es, die Kommissionierung mit einpositionigen Aufträgen zu versorgen, Artikel mit arbeitsintensiven Kommissionierprozessen zu beherbergen und den Nachschub für größere Aufträge in die Captive-Gasse umzulagern.

Der Captive-Bereich besteht aus den oberen zwölf Ebenen einer der Roaming-Gassen. Dabei befindet sich der Captive-Lift am entgegengesetzten Ende der Roaming-Lifte. Hier werden sowohl Schnelläufer gelagert als auch Artikel für Aufträge mit mehreren Positionen, die in einer vorgegebenen Reihenfolge zu den Kommissionierstationen transportiert werden sollen. Die Fähigkeit zur Sequenzbildung und die hohe immanente Gassenleistung sind die vordergründigen Merkmale des Captive-Systems. Dabei wird die Captive-Gasse entweder aus dem bestehenden mannbedienten Behälterlager gespeist oder vollautomatisch aus dem Roaming-Bereich.

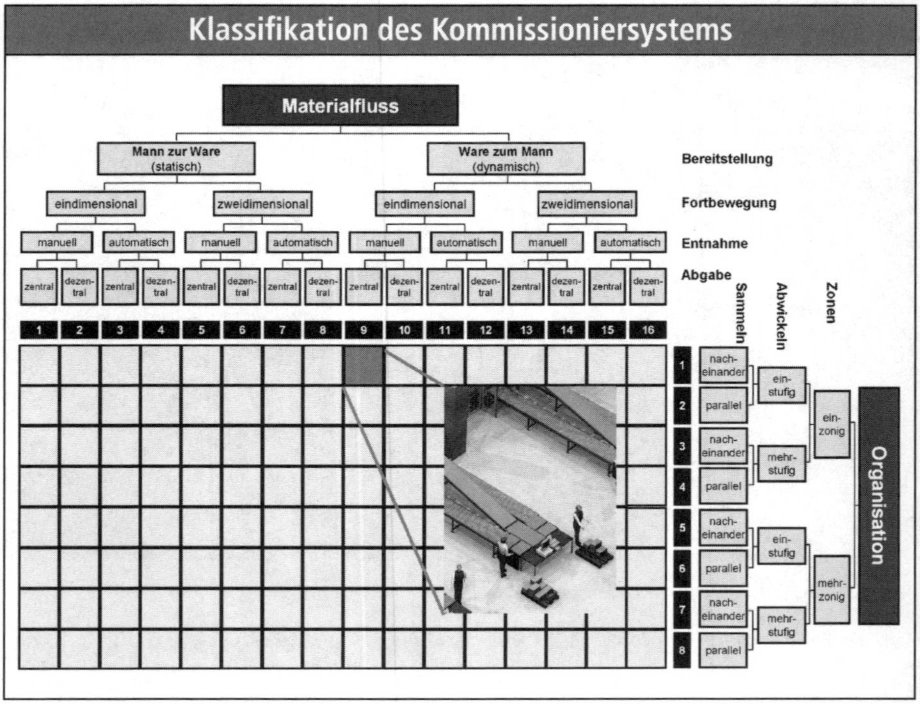


*Abb. 3: Klassifikation des Kommissioniersystems*

## 18.4 Umwidmung bestehender Systeme

Das manuell betriebene Behälterlager wurde umfunktioniert. Aus dem Kommissionierlager wurde ein Vollbehälterlager zur Befüllung der Multishuttle Bereiche. Dadurch konnte nicht nur der Füllgrad in diesem Lager enorm gesteigert werden, sondern auch die Durchsatzleistung: Die Bediener verlieren keine Zeit mehr mit aufwändigen Zählfunktionen in der Gasse und es wird nun die Möglichkeit für Doppelspiele gegeben, indem bei einer Fahrt sowohl Einlagerungen als auch Auslagerungen durchgeführt werden können. Durch die geänderte Funktionsweise dient das Behälterlager aus dem Altbestand als Vorratslager für sehr langsam drehende Artikel.

**Regalblock Multishuttle**

| | |
|---|---|
| Regalhöhe: | 12 m |
| Regallänge: | 31 m |
| Regalbreite: | 19 m |
| Stellplätze: | 60.500 |

Von den über 107.000 Teilenummern werden einige nur an wenigen Tagen im Jahr umgeschlagen. Wenn ein Auftrag eingelastet wird, der nur im manuellen Lager verfügbar ist, so wird ein Umlagervorgang ins Multishuttle angestoßen. Erst wenn alle Artikel im Multishuttle-Bereich verfügbar sind, wird der Kommissionierauftrag begonnen.

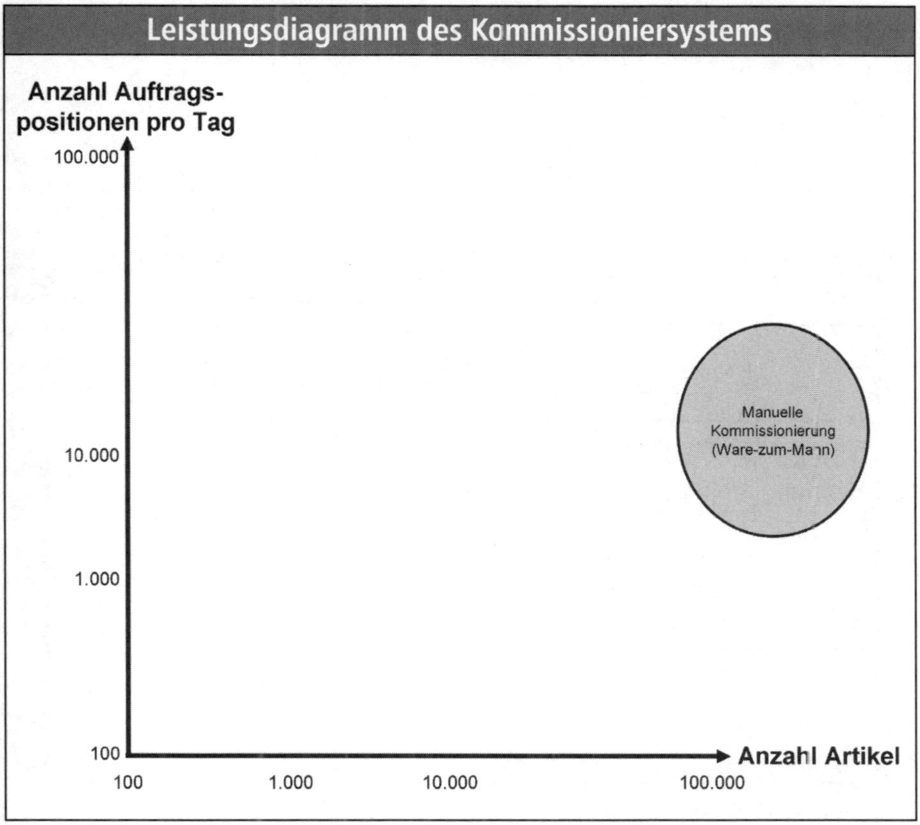


*Abb. 4: Leistungsdiagramm des Kommissioniersystems*

## 18.5 Die Kommissionierung

Die Kommissioniertätigkeiten wurden in zwei Bereiche gegliedert: Die Groß- und die Kleinmengenkommissionierung.

Die **Großmengenkommissionierung** erfolgt von der Palette und geht in der Regel der Kleinmengenkommissionierung voraus. Die in diesem Bereich bestückte Kundenpalette wird zur Kleinmengenkommissionierung befördert und triggert damit die Auslagerungen aus den Multishuttle-Bereichen, um die Kundenpalette zu komplettieren.

Die **Kleinmengenkommissionierung** erfolgt nach dem 1:1-Prinzip. Dabei wird exakt ein Artikelbehälter und ein Kundenbehälter am Kommissionierplatz bereitgestellt. Durch dieses Verfahren wird sichergestellt, dass durch einen Bedienfehler kein falscher Artikel für einen Kunden kommissioniert wird. Fehler können somit nur noch durch falsche Kommissioniermengen des richtigen Artikels erfolgen. Diese Fehlerquelle wird durch Kontrollwaagen am Kommissionierplatz weitestgehend ausgeschlossen.

18

Durch die sequenzgerechte Andienung der Artikel für mehrpositionige Aufträge am Kommissionierplatz wird sichergestellt, dass

- zusammengehörige Artikel auch im Kundenkarton benachbart bestückt werden können sowie
- großvolumige Artikel zuerst in die Versandkartons gelegt werden können und damit ein aufwändiges Umpacken des Kundenkartons während des Kommissionierprozesses vermieden wird.

**Merkmale des Kommissioniersystems**

| Merkmal | Dynamische Kommissionierung |
|---|---|
| **Informationsmedium** | Bildschirm |
| **Entnahmebestätigung** | Touchscreen |
| **„Freihand"-Faktor** | Mittel |
| **Bestandsaktualität** | Sehr hoch |
| **Trainingsaufwand** | Sehr niedrig |
| **Einführungszeit** | Kurz |
| **Investitionsvolumen** | Mittel |
| **Komplexität** | Mittel |
| **Anzahl Artikel** | Sehr hoch |
| **Pickleistung (Picks/Std.)** | Mittel |
| **Durchsatz (Pos./Tag)** | Mittel |
| **Auftragsdurchlaufzeit** | Kurz |
| **Auftragsgröße** | Mittel |
| **Pickfehlerrate** | Sehr niedrig |
| **Erweiterungsflexibilität** (zusätzliche Artikel) | Hoch |
| **Erweiterungsflexibilität** (höherer Durchsatz) | Sehr hoch |
| **Erweiterungskosten** (zusätzliche Artikel) | Niedrig |
| **Erweiterungskosten** (höherer Durchsatz) | Sehr niedrig |

*Abb. 5: Merkmale des Kommissioniersystems*

## 18.6 Erweiterungsmöglichkeiten

Bei einer anstehenden Erweiterung muss versucht werden, nicht alle verbleibenden Erweiterungsflächen zu verbrauchen. Durch moderne kompakte Lagersysteme mit hohen immanenten Leistungen ist es heute möglich, kompakteste Lagersysteme in nahezu beliebige Kubaturen zu integrieren. Diese Möglichkeiten sollten vor der Erweiterung geprüft werden, um eine weitreichende Standortsicherung zu betreiben.

Die Erweiterungsmöglichkeiten im vorgestellten System sind vielfältiger Art:

- Die nach wie vor bestehende Baulücke eignet sich zur Erweiterung von Paletten- und/oder Behältersystemen.
- Im Roaming-Bereich kann in allen fünf Gassen nachträglich durch die Installation von Shuttles und Liften der Durchsatz um das fünffache gesteigert werden. Diese Erweiterung ist auf reines Durchsatzwachstum begrenzt.
- Der Roaming-Bereich selbst kann durch zusätzliche Shuttles in der Leistung erweitert werden. Bei einer Artikelzunahme können die Umlagerungen in den vierfachtiefen Stellplätzen zunehmen. Um die Liftauslastung konstant hoch zu halten, können die Umlagerzeiten durch zusätzliche Shuttles kompensiert werden.
- Das manuell betriebene Behälterlager ist nach der Umwidmung nur die Hälfte einer Schicht in Betrieb. Sollte ein Artikelwachstum anstehen, können die verbleibenden Reservekapazitäten zum Nachschub von langsamdrehenden Artikeln genutzt werden.
- Die Kommissionierplätze sind entlang der zuführenden Fördertechnik erweiterbar. Die Plätze können auch entlang der Zuführstrecke gespiegelt werden, um so mit der möglichen Leistungssteigerung der Multishuttle-Blöcke zu korrespondieren.

19

# 19 SAVOYE: PTS PICKING TRAY SYSTEM – DIE GESCHICHTE EINER INNOVATION

*(Jean-David Attal)*

## 19.1 Eine Welt im Wandel

Savoye war in den achtziger Jahren keine Firma, der man die Entwicklung eines derart revolutionären Ware-zum-Mann-Systems wie PTS Picking Tray System zugetraut hätte: Das Unternehmen entwickelte sich vom regionalen Verpackungsspezialisten zum Systemlieferanten für Kommissionierlösungen nach dem Prinzip „Mann zur Ware" mit Kommissionierstationen, einem hoch interessanten Konzept zum automatischen Verpacken (PAC600) sowie mit besonders auf Pick-&-Pack-Lösungen ausgerichteten Lagerverwaltungs- und Materialflusssystemen.

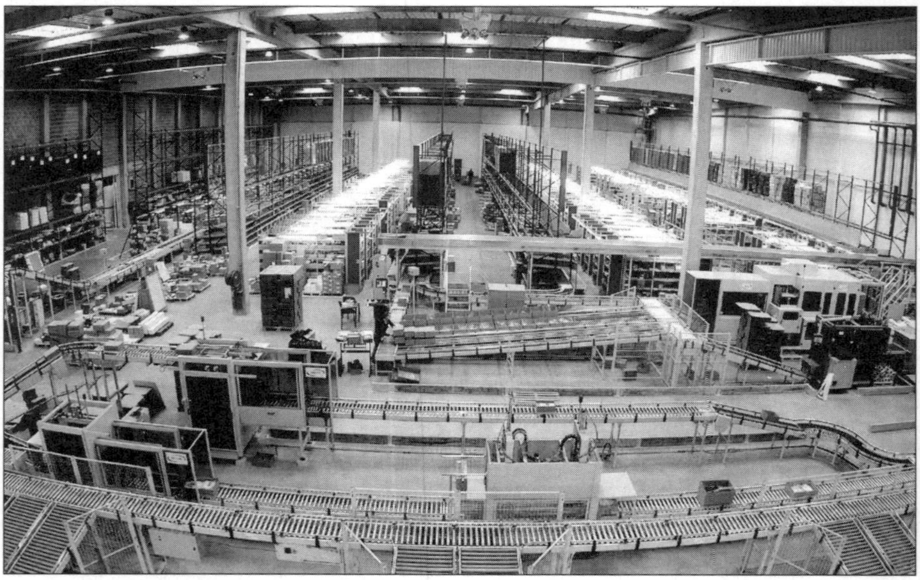

*Abb. 1: Kommissioniersystem nach dem Pick-&-Pack-Prinzip*

Diese universelle Kombination war auf viele Branchen und Unternehmen anpassbar. Der Schwerpunkt von Savoye lag dabei mehr im Wissen über die Bedürfnisse und Kennzahlen der Branchen als in der technischen Diversifizierung. Zu Beginn des neuen Jahrtausends konnte Savoye eine zunehmende Vielfalt an Technologien in den Projekten feststellen: Regalbediengeräte wurden im Buchversand eingesetzt, A-Frames dienten der Automatisierung der Kommissionierung von Büroartikeln, Hochleistungssorter hielten Einzug in den großen Distributionszentren der Textilindustrie. Dies zeigte die Notwendigkeit und den Bedarf, den bisherigen Ansatz – eine vernünftige Kompromisslösung für alle Branchen – zu überdenken. Nicht die Vermarktung der eigenen Produkte, sondern die Suche nach der optimalen Lösung für den jeweiligen Kunden sollte im Vordergrund stehen.

## 19.2 Die Suche nach dem Weg

Eine interne Arbeitsgruppe machte sich auf die Suche nach der Antwort auf die Frage: „Welche Technologie und welche Tools für welchen Kunden?" Grundannahme bei dieser Vorgehensweise war, dass Branchenkenntnis zwar wichtig, aber nicht das einzige Instrument sein kann, da es das Verständnis für neue Vertriebswege blockiert. Es ist z. B. eine komplett andere Aufgabe, mit einem Logistikzentrum Läden mit Büchern zu beliefern als im Internetgeschäft 40-mal so viele Aufträge für die gleiche Anzahl Bücher zu bearbeiten. Eine Klassifizierung von Projekten, Unternehmen und Technologien führte zu einer Einschätzung, welches Konzept oder welche Technologie geeignet oder welche weniger hilfreich sein könnte. Ergebnisse dieser Überlegungen waren beispielsweise, dass

- AKL-Systeme mit chaotischer Lagerung in manchen Fällen flexibler sind als statische Kommissionieranlagen, die eine gewisse manuelle Reorganisation erfordern.
- elektronische Kommissioniersysteme (Pick by Voice, Pick by Light, Datenfunk, aber auch RFID) besonders für stark qualitätsorientierte Anforderungen geeignet sind.
- in manchen Branchen der Kostendruck extrem ist – eine Frage des Überlebens. Hier sind hoch automatisierte Lösungen wie automatischer Auftragsstart oder automatische Verpackungslösungen besonders relevant, während sonst z. B. die Flexibilität einer Lösung den Ausschlag gibt.

### 19.2.1 Die Schlüsselfaktoren

Nach einer Analyse unterschiedlichster Faktoren wie

- der Branchen (Bücher, Büroartikel, Kosmetik, …)
- der Aufgabe in der logistischen Prozesskette (Hersteller, Großhändler, Einzelhändler, …)
- der Größe der zu handhabenden Einheiten (Paletten, Behälter, Einzelteile, …)

identifizierte Savoye letztendlich drei entscheidende Parameter, die die Anforderungen an die logistischen Prozesse beschreiben:

- die Qualität (Menge, Verpackung, Rückverfolgbarkeit, …)
- die Kosten (Produktivität, Auslastung, Platzbedarf, Frachtkosten, …)
- die Flexibilität (Spitzen, Aktionen, stark schwankende Verbrauche, kurze Lieferzeiten, …)

Keines dieser Elemente ist isoliert zu finden. Es ist aber wichtig zu wissen, ob es ein Kriterium unter vielen oder ausschlaggebend, also eine Frage des Überlebens ist. Bei der Einordnung der Anforderungen und der Technologien bzw. Tools in eine Matrix lässt sich einfach herausfinden, was am besten zueinander passt.

19

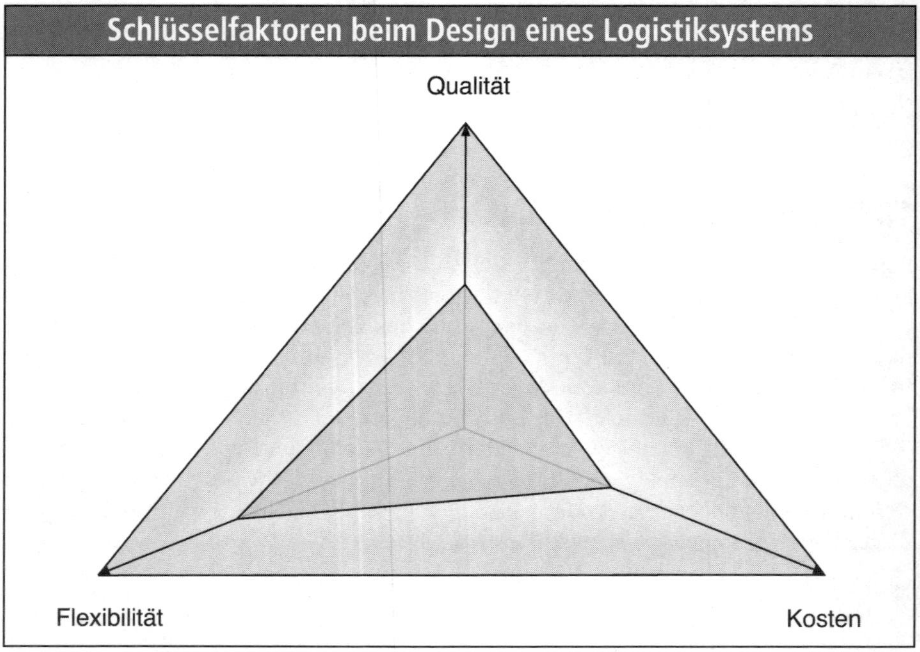


*Abb. 2: Schlüsselfaktoren beim Design eines Logistiksystems*

Das Ergebnis der Arbeitsgruppe war aber nicht nur die Erkenntnis über die „Treiber" in der Logistik, sondern auch der Startpunkt für ein Innovationsprogramm, welches eine Reihe neuer unterschiedlicher Technologien bei Savoye hervorbrachte.

Es ergab sich daraus die Grundlage für Entscheidungen, in welchen Bereichen in die Entwicklung eigener Produkte investiert oder auf die Integration von am Markt verfügbaren Technologien gesetzt werden soll (– ob dies dauerhaft erfolgt oder mit der Zeit ein eigenes Produkt entwickelt wird, ist dabei mehr eine Frage der strategischen Ausrichtung).

Um die ganze Bandbreite unserer Kunden vor allem im Bereich flexibler, leistungsfähiger Anlagen z. B. im Handel, E-Business oder Bekleidung abdecken zu können, war klar, dass sowohl Hochleistungs-Sorter als auch leistungsfähige Ware-zum-Mann-Systeme benötigt werden würden. Die Entscheidung zur Entwicklung einer Ware-zum-Mann-Lösung wurde aufgrund der vielfältigen Einsatzmöglichkeiten zur Kommissionierung, als Sortierpuffer oder für die Retourenabwicklung getroffen, während Sorterlösungen weiterhin über Partner beschafft und integriert werden sollten. Die neue Lösung sollte das Schlüsselelement flexibler Logistiklösungen darstellen. Die zentralen innovativen Technologien sollten im Haus entwickelt und geschützt werden.

## 19.2.2 Was wollen die Kunden (nicht)?

Die Suche nach einer Lösung begann ganz konventionell mit einem Blick auf die vorhandenen Technologien. Eine wertvolle Informationsquelle sind aber auch immer die vorhandenen Kunden, insbesondere diejenigen mit hohen Ansprüchen an sich selbst und ihre Lieferanten. Es lohnt sich, ihnen zuzuhören, vor allem wenn sie eine kritische Meinung über die am Markt verfügbaren Produkte haben.

Zum Thema „Ware-zum-Mann-Systeme" bekamen wir vor allem die folgenden drei Argumente zu hören:

➥ „Ich möchte nicht zwingend alle Artikel in Behälter umpacken. In meinem Geschäft nutzen wir normalerweise die ursprünglichen Kartons des Lieferanten."

Unsere Schlussfolgerung:
Die neue Lösung sollte alle Arten von Lagergütern (wie Kartons aller Größen und Qualitäten), aber auch die Artikel selbst handhaben können. Savoye hat sich entschieden, Trays zu verwenden.

*Abb. 3: Kein Umpacken dank Trays*

➥ „Meine Anforderungen ändern sich täglich. Ein automatisches System muss wachsen und sich verändern können."

Unsere Schlussfolgerung:
Kunden wünschen sich eine redundante Lösung mit der Fähigkeit, die Leistung bei Bedarf zu erhöhen. Savoye hat sich deshalb für eine Lösung mit mehreren Fahrzeugen, die jedes Lagerfach erreichen können, entschieden.

➥ „Eine Lösung, bei der ich ständig ABC-Analysen machen und mein Lager umorganisieren muss, frisst Produktivitätsgewinne schnell wieder auf. Ich brauche eine gleichmäßige Auslastung aller Arbeitsplätze."

Unsere Schlussfolgerung:
Die starre Verbindung von Kapazität und Leistung (z. B. eine Maschine pro Gasse oder pro Gasse und Ebene) erfordert eine komplexe Lastverteilung. Dies führt zu Leistungsverlusten. Für Savoye leitete sich daraus die Anforderung ab, dass mehrere Fahrzeuge in der Lage sein müssen, jedes Lagerfach zu erreichen.

Alle potentiellen Lösungen wurden bewertet und mit Kombinationen vorhandener Technologien wie Regalbediengeräte oder Fördertechnikpuffer verglichen. Jede Lösung wurde daraufhin geprüft, ob sie als Erweiterung einer existierenden Pick-&-Pack-Lösung mit Kommissionierbahnhöfen ohne Eingriff in den Materialfluss des vorhandenen Systems geeignet ist. Die neue Lösung muss dabei kurzfristig reagieren und innerhalb von ein bis zwei Minuten die Lagerbestände sortiert, also in der Reihenfolge der ankommenden Kundenkartons zur Kommissionierung bereitstellen.

## 19.3 Die Geburt eines Systems

Seit Mitte der neunziger Jahre hat Savoye Erfahrung mit Shuttle-basierten, automatischen Lager- und Kommissioniersystemen. Mehr als 40 Anlagen mit zusammen über 1.000.000 Stellplätzen beweisen täglich die Zuverlässigkeit und Flexibilität von MAGMATIC.

*Abb. 4: MAGMATIC® – Flexible Shuttles im Hochregallager*

Was zeichnet diese Technologie aus:

- Unabhängige, intelligente Fahrzeuge – batteriegetrieben und über Datenfunk angesteuert.
- Extrem verfügbar – jedes Fahrzeug kann jedes Lagerfach erreichen.
- (fast) beliebig skalierbare Leistung – durch zusätzliche Fahrzeuge kann die Leistung um ein Vielfaches gesteigert werden ohne Veränderungen am Gebäude oder der Regalanlage vornehmen zu müssen.
- Frei erweiterbare Lagerkapazität, ohne dass zusätzliche Fahrzeuge erforderlich sind.

➥ Flexibel im Layout – das System richtet sich nach der Gebäude- oder Grundstücksform und nicht umgekehrt.

Aus der Synthese der Anforderungen unserer Kunden und den langjährigen Erfahrungen mit dem industriellen Einsatz von MAGMATIC entstand PTS Picking Tray System – das Shuttlesystem von Savoye für den Kleinteilebereich:

*Abb. 5: Savoye PTS Picking Tray System*

## 19.4 Ein kleiner Steckbrief

### 19.4.1 Die Fahrzeuge

Die PTS-Shuttle-Fahrzeuge verfügen über eine innovative Energieversorgung mittels Superkondensatoren. Dadurch sind sie vollständig autonom. Das macht die Leistung von PTS Picking Tray System skalierbar und sorgt für eine gleichmäßige Lastverteilung.

Bisher wurden Kondensatoren nur für kurze Spitzen oder als Backup eingesetzt. Das PTS-Shuttle erhält auf dem Lift genügend Energie für ein Doppelspiel (und etwas mehr …). Mit Trays können die unterschiedlichsten Güter einfach und sicher gehandhabt werden. Neue Fahrzeuge werden einfach ins Funknetzwerk eingebunden – was eine einfaches Wartungskonzept erlaubt: Die ersten Kunden entschieden sich für ein Ersatzfahrzeug, tauschen im Bedarfsfall ein beliebiges Shuttle einfach aus und starten das System neu.

*Abb. 6: Shuttle-Fahrzeuge mit innovativem Antriebskonzept*

Die Aufzüge transportieren gemeinsam Fahrzeug und Tray. Jedes Fahrzeug kann jedes Lagerfach einer Gasse erreichen.

*Abb. 7: Der PTS-Aufzug steht für Flexibilität und Verfügbarkeit*

Das Regal dient gleichzeitig der Lagerung der Bestände und als Fahrweg für die Fahrzeuge. Eine Verkabelung des Regals ist nicht erforderlich und erlaubt den Betrieb mit einem, zwei oder mehr Shuttles – entsprechend dem momentanen Bedarf.

## 19.4.2 Der Kommissionierarbeitsplatz

Der PTS-Kommissionierarbeitsplatz genügt höchsten ergonomischen Ansprüchen. Savoye hat sich für ein Konzept weg von den herkömmlichen Lösungen entschieden, bei denen sich mehrere Behälter/Produkte und mehrere Aufträge um einen Arbeitsplatz herum treffen. Diese Art von Arbeitsplätzen, meist angeordnet auf zwei übereinander liegenden Ebenen, ist Technik-intensiv und erfordert eine permanente vertikale Kommissionierbewegung, welche sehr ermüdend für den Mitarbeiter ist.

Die Idee war, die benötigten Produkte sortiert, d. h. genau in der Reihenfolge der Ankunft der Auftragskartons im Kommissionierbahnhof zum Kommissionierplatz zu bringen.

Der Mitarbeiter kommissioniert daher immer von genau **einem** Lagerbestand in genau **einen** Auftragskarton.

*Abb. 8: Der Arbeitsplatz: Zugleich ergonomisch und performant*

Diese Lösung birgt viele Vorteile, angefangen bei der einfachen technischen Lösung, welche die Kosten von Anschaffung und Betrieb reduziert, bis hin zur geringen Fehlerquote – es ist einfach unmöglich, einen Artikel falsch zu entnehmen oder in den falschen Auftragskarton zu legen. Entscheidend für die Ausdauer und die Gesundheit der Mitarbeiter sind die ergonomischen Pluspunkte von PTS Picking

Tray System – das Arbeiten auf einer Ebene erlaubt eine Verlängerung der Arbeitszeit um 100–200 Prozent ohne muskuläre Ermüdung und reduziert das Risiko von Sehnenentzündungen oder Rückenschmerzen.

## 19.5 Das Team ist der Star!

Von Beginn an wurde PTS Picking Tray System nicht als Stand-alone-System, sondern als Komponente im Rahmen der unterschiedlichsten Gesamtsysteme konzipiert. Beispielsweise:

Für die leistungsfähige Kommissionierung von B- und C-Teilen im Rahmen einer Pick-&-Pack-Anlage.

*Abb. 9: Integrierte Pick-&-Pack-Anlage mit PTS Picking Tray System*

In diesem Team kann PTS seine Stärke ausspielen: Kommissionierung von Artikeln mit hoher Variabilität in Zugriffshäufigkeit und Verbrauch. Hier erzielt man eine gleichmäßig hohe Produktivität nicht nur in der Kommissionierung, sondern auch beim Nachschub (idealerweise direkt aus dem Wareneingang) und bei der Reorganisation (Umlagerung der Artikel auch bei stark schwankendem Bedarf meist nicht erforderlich).

Als Versandsorter mit dem richtigen Verhältnis von Kapazität und Leistung.

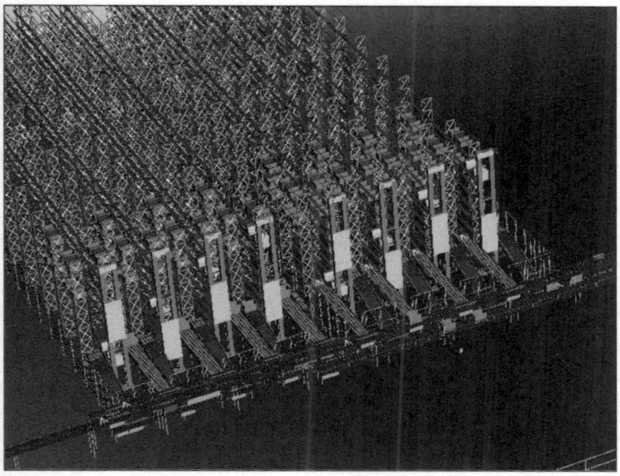

*Abb. 10: Leistung und Kapazität als Sortierpuffer*

Hier bietet PTS neben der Pufferkapazität und der erforderlichen Ein- und Auslagerleistung vor allem die nötige Redundanz um diese Leistung auch bei Bedarf in jeder Gasse und auf jeder Ebene zu erbringen – auch im Störungsfall.

## 19.6 PTS Picking Tray System auf der Überholspur

Savoye hat 2008 mit der Vorstellung von PTS Picking Tray System auf den großen Logistikmessen in Paris und Hannover ein reges Interesse am Markt geweckt. 15 Jahre nach der Präsentation von MAGMATIC mit seiner unschlagbaren Flexibilität im automatischen Palettenlager erfolgte mit der Erfindung von PTS Picking Tray System die allgemeine Nutzung von unabhängigen Shuttle-Fahrzeugen in der Intralogistik.

Ausgezeichnet wurde diese Innovation – insbesondere das umweltfreundliche und langlebige Antriebskonzept – auch durch den VDI mit dem Logistikinnovationspreis anlässlich des VDI Materialflusskongress 2008 in München.

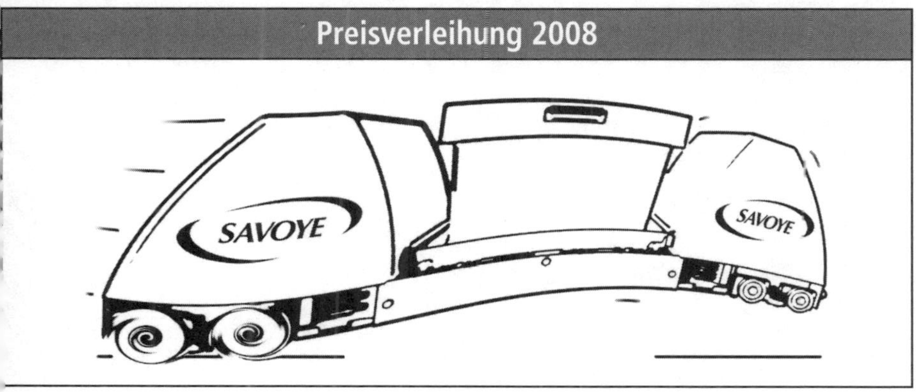


*Abb. 11: Preisverleihung 2008*

Bereits kurz nach der Markteinführung haben sich Kunden für PTS Picking Tray System in Projekten der unterschiedlichsten Art und Ausprägung entschieden. Aber was sicherlich neben all den technischen Neuerungen im Gedächtnis bleiben wird, ist, dass bei dieser Gelegenheit innovative Technologien eingesetzt wurden, um die Arbeit für den Menschen leichter und einfacher zu gestalten.

# 20 VIASTORE: HPPS – HIGH PERFORMANCE PICKING SYSTEM

20

*(Jürgen Hartmann)*

## 20.1 Aufgabenstellung

Das High Performance Picking System HPPS ist eine neue Technologie für hocheffizientes Kommissionieren. Nach einer Vorberechnung der Packstücke und Versandeinheiten erfolgt die Kommissionierung direkt in das zu versendende Packstück oder in die Versandeinheit (Pick & Pack). Im Hintergrund erfolgt eine extrem flexible, dynamische und automatisierte Bereitstellung und Entsorgung der Ware, die der Bediener über Pick by Light oder Pick by Voice beleglos kommissioniert. Eine Gesamtlösung mit HPPS stärkt die Wettbewerbsfähigkeit durch höchste Kommissionierleistungen und eine effiziente Abarbeitung von Aufträgen und Auftragspositionen. Das neu entwickelte System erfüllt insbesondere folgende Aufgaben und Ziele:

- Optimierung der Produktivität des Logistiksystems
- schnelle und termingenaue Auftragsbearbeitung
- hoher Lieferservice und die hohe Lieferfähigkeit
- Senkung der Logistikkosten
- Steigerung der Leistung im Lager

## 20.2 Beschreibung

Das HPPS ist eine intelligente Kombination aus Mechanik und Software. Mit dem System, das sich in jede Anlagenkonzeption integrieren lässt, werden Aufträge besonders schnell, effektiv und ergonomisch kommissioniert. Ermöglicht wird das durch eine ausgeklügelte Führung des Kommissionierers durch die Verbindung von effizienter Warehouse Management Software mit zum Beispiel einem Pick-by-Light-System.

Das Grundprinzip basiert auf der klassischen Einzelstückkommissionierung aus Behältern, die dem Kommissionierer in sogenannten Durchlaufkanälen bereitgestellt werden. Eine Besonderheit besteht darin, dass die Durchlaufkanäle der Pick-by-light-Anlage nicht nur automatisch mit den benötigten Ladungsträgern befüllt werden, sondern dass das Regalbediengerät die Behälter oder Kartons auch wieder automatisch abholt, wenn sie entweder leer sind oder für die Ware in absehbarer Zeit kein Bedarf mehr besteht. Dazu gehört auch, dass die Behälter in den Regalen zu Kommissionierer hin geneigt sind. Das hat den Vorteil, dass der Mitarbeiter in einer ergonomisch günstigen Position in die Behälter greifen kann. Damit verkürzen sich die Zugriffzeiten. Dieses Verfahren ist nur mit einem schwenkbaren Lastaufnahmemittel möglich, das auf die Neigung der Durchlaufkanäle abgestimmt ist. Durch diese automatische Ver- und Entsorgung der Greiffächer kann sich der Kommissionierer vollständig auf seine Arbeit konzentrieren und spart Zeit, weil er die leeren Ladungsträger nicht zurückschieben oder herausnehmen muss, wie das bei anderen Systemen der Fall ist. Der Kommissionierer arbeitet nach dem Mann-zur-Ware-Prinzip in einem überschaubaren Bereich innerhalb eines Kommissionierbahnhofs. Die benötigte Bereitstellfläche (Regalfront) für zu kommissionierende Artikel wird durch den vollautomatischen Artikelwechsel reduziert. Es werden viele Artikel auf so wenig Fläche wie nötig bedarfsgerecht bereitgestellt.

## 20.3 Merkmale und Besonderheiten des Konzepts

### 20.3.1 Merkmale

Entscheidungsmerkmale des HPPS in Kombination mit der entsprechenden Kommissioniersoftware sind:

**Systemübersicht**

| HPPS in Verbindung mit: | Pick by Light | Pick by Voice | beleglose Kommissionierung | Kommissionierliste |
|---|---|---|---|---|
| Informationsmedium | Anzeige | Sprache | Handterminal | Text |
| Entnahmebestätigung | Taste | Sprache | Tastatur | keine (handschriftlich) |
| „Freihand"-Faktor | hoch | sehr hoch | mittel | niedrig |
| Bestandsaktualität | sehr hoch | sehr hoch | sehr hoch | mittel – niedrig |
| Trainingsaufwand | sehr niedrig | niedrig | mittel | mittel |
| Einführungszeit | kurz | mittel | mittel | mittel |
| Investitionsvolumen | hoch | niedrig | niedrig | sehr niedrig |
| Komplexität | sehr niedrig | niedrig | mittel | sehr niedrig |
| Anzahl Artikel | mittel – niedrig | hoch | hoch | hoch |
| Pick-Leistung (Picks/Std.) | sehr hoch | hoch | mittel | niedrig |
| Durchsatz (Pos./Tag) | sehr hoch | hoch | mittel | niedrig |
| Auftragsdurchlaufzeit | kurz | mittel | lang | sehr lang |
| Auftragsgröße | mittel – sehr gering | mittel | sehr groß – sehr gering | sehr groß – sehr gering |
| Pickfehlerrate | sehr niedrig | sehr niedrig | niedrig | mittel – hoch |
| Erweiterungsflexibilität (zusätzliche Artikel) | niedrig | mittel | mittel | mittel |
| Erweiterungsflexibilität (höherer Durchsatz) | mittel | sehr hoch | hoch | hoch |
| Erweiterungskosten (zusätzliche Artikel) | hoch | mittel | mittel | mittel |
| Erweiterungskosten (höherer Durchsatz) | mittel | niedrig | niedrig | sehr niedrig |

*Abb. 1: Systemübersicht*

### 20.3.2 Besonderheiten

Die Zielsetzungen des HPPS konnten nur durch die intelligente Kombination von Mechanik und Software erreicht werden.

**Mechanik**

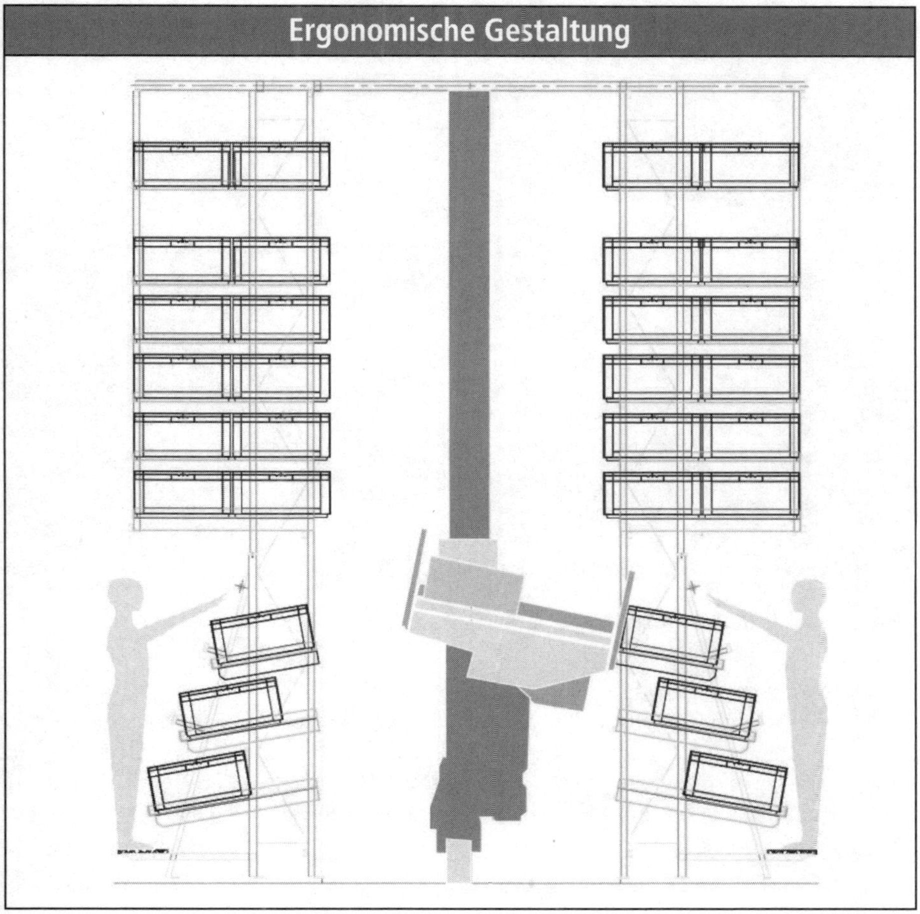


*Abb. 2: Ergonomische Gestaltung*

Die Anzahl der Greiffachebenen wurde bewusst auf drei beschränkt, die zudem geneigt sind. Damit wird dem Kommissionierer ein ergonomisch günstiges, ermüdungsfreies und schnelles Arbeiten ermöglicht. Durch die automatische Ver- und Entsorgung von Behältern in den geneigten Greifkanälen kann sich der Kommissionierer vollständig auf seine Arbeit konzentrieren und spart viel Zeit, weil er den leeren Ladungsträger nicht zurückschieben oder herausnehmen muss. So ist ergonomisches Arbeiten bei reduziertem Handlingsaufwand und kurzen Wegen möglich.

**Software**

Der entscheidende Baustein für die Optimierung der Anlagenleistung ist die intelligente Steuerung des Gesamtsystems durch die Warehouse Management Software (WMS). Das beginnt bei der Kartonvorberechnung und geht über den optimalen Startzeitpunkt der Auftragsladeeinheiten (Kartonstart) bis zur dynamischen und zeitlich punktgenauen Bereitstellung der Lagerbehälter.

*Abb. 3: Lastaufnahmemittel*

**Kartonvorberechnung**
Je nach Artikelspektrum und -volumen berechnet das WMS die geeignete Kartongröße vor, die dem Mitarbeiter bei der Kartonaufrichtung angezeigt wird. Hierbei wird bereits im Vorfeld die optimale Versandart für jede Sendung berücksichtigt. Das ist besonders beim Pick-&-Pack-Verfahren notwendig.

**Kartonstart**
Die Software berechnet den maximal möglichen Durchsatz der Anlage, die Durchlaufzeit der Aufträge und berücksichtigt die aktuelle Gesamtauslastung. Gleichzeitig werden die Daten für die Kartonaufrichtung vorberechnet. Die Kartonaufrichtung kann manuell oder automatisch erfolgen. Weiter werden auch Einflussgrößen wie die Auslastung der Kommissionierbahnhöfe oder die Auslastung der Zielstellen (Packbahnen, Packsorter, Paketdienstleiter etc.) für einen optimierten Auftragsstart berücksichtigt.

**Dynamische Bereitstellung der Lagerbehälter**
Die Lagerbestände zur Kommissionierung werden dynamisch und bedarfsgerecht auf der Basis statistischer Daten, der aktuellen Auftragssituation und der Anlagenauslastung bereitgestellt. Entsprechend den Berechnungen wird vollautomatisch die batch- oder tagesoptimale Befüllung bereitgestellt und die Gleichauslastung der Kommissionierbahnhöfe vorausberechnet. Die Dynamische Bereitstellung kann auch mit statischen Stammfächern kombiniert werden. Die Platzierung der Ware in den einzelnen Kommissionierbahnhöfen erfolgt nach ABC-Kriterien. Das aktive Artikelspektrum im Kommissioniersystem wird gepuffert – z. B. Tagesvorrat für die Kommissionierung oder auch das gesamtes Artikelspektrum. Es entstehen nur

kurze Wechselzeiten für den Nachschub oder den Artikelwechsel in die Greifkanäle in der Kommissionierphase, da sich der entsprechende Bestandsvorrat in den Pufferkanälen über den Greifkanälen in der gleichen Gasse befindet. Hierbei versorgen die Regalbediengeräte die ergonomisch geneigten Greifkanäle aus den waagerechten Nachschubfächern.

**HPPS in der Praxis**

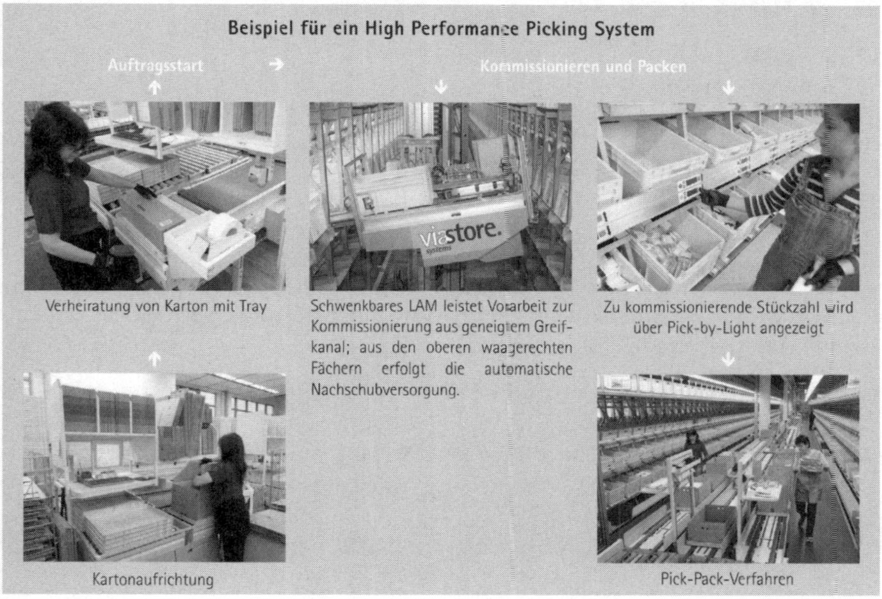


*Abb. 4: Beispiel für ein HPPS in der Praxis*

**Ablaufbeschreibung**
Täglich ermittelt das Lagerverwaltungssystem die hochfrequenten Artikel und bestückt das A-Lager automatisch über Nacht. Die zuvor ermittelten Auftragskartons fahren auf einem mit Barcode versehenen Tray in den Kommissionierbahnhof ein. Hier wird das Tray gescannt und dem Kommissionierer über Pick-by-Light-Anzeigen an den Greiffächern signalisiert, aus welchem Behälter er wie viele Artikel entnehmen muss. Die gesamte Bedienung erfolgt vollständig ohne PC, alle erforderlichen Angaben können direkt den Pick-by-Light-Anzeigen entnommen werden. Für die Anfahrreihenfolge des Auftragskartons in den unterschiedlichen Kommissionierbereichen und Bahnhöfen ermittelt das Lagerverwaltungssystem vor Auftragsstart die Stapelklasse der Waren. Dadurch werden zum Beispiel zerbrechliche Artikel zuletzt kommissioniert.

Nach Abschluss der Kommissionierung erfolgt eine Trennung der Kartons – je nachdem, ob der Auftrag per Paketversand oder per Spedition verschickt werden soll. Für den Speditionsverkehr werden die einzelnen Kartons in Großkartons auf Paletten gestapelt. Bis ein solcher Großkarton vollständig gefüllt ist, werden die Kommissionierladeeinheiten in einem Sorter mit 1.800 Stellplätzen zwischengelagert. Für den Paketversand müssen die Kommissionierladeeinheiten dagegen nur noch mit Füllmaterial aufgefüllt und mit Adressetikett und Lieferschein versehen werden.

**Kommissioniermethoden**

Jegliche Art geeigneter Kommissioniermethoden abhängig von Artikelspektrum, Zugriffshäufigkeit und Handlingsaufwand lassen sich mit dem HPPS-Grundsystem kombinieren und können auch daran angebunden werden. Kommissionierseitig kann das HPPS verschiedene Ausprägungen aufweisen wie

- Pick by Light
  - hohe Kommissionierleistung
  - reine Kommissionierung ohne VAS (Value Added Services)
  - von Palette
  - aus Behältern
  - in Kartons
  - direkt aufs Band (Pick to belt)

Die Ausstattung der Greifkanäle mit Pick-Anzeigen ist Stand der Technik, wurde jedoch in punkto Informationsinhalte und Eingabemöglichkeiten für die Kommissioniertätigkeit weiter optimiert.

- Pick by Voice für größere Artikel oder Verpackungseinheiten oder im Kühlbereich
- Funkkommissionierung für komplexere Kommissioniervorgänge mit VAS, z. B. Seriennummernerfassung, Etikettierung, Sammelgang
- Kommissionierliste
- Ware zu Mann (auch in Kombination mit klassischer Kommissionierung)

Der Betrieb aller Kommissionierbereiche wird vom Lagerverwaltungssystem optimiert.

## 20.4 Klassifikation des Kommissioniersystems

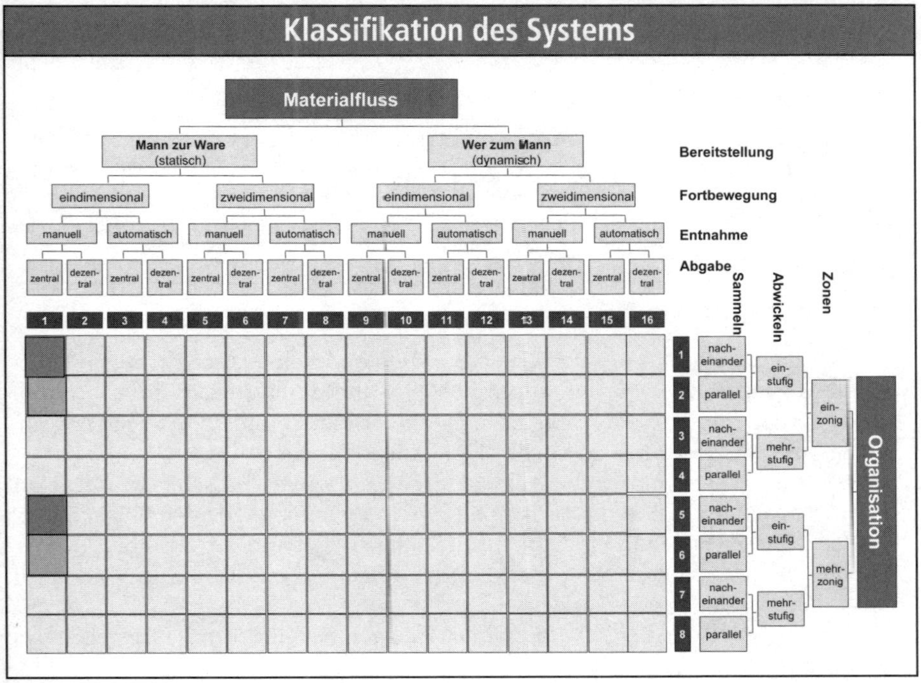


*Abb. 5: Klassifikation des Systems*

## 20.5 Daten und Fakten

**Technische Daten – HPPS**

- **Referenzbeispiel 1 (WMF AG, Geislingen)**
  - 29 Kommissionierbahnhöfe
  - 8.000 Pufferplätze
  - 1.800 aktive Greiffächer
  - Fünf viaspeed-Regalbediengeräte
  - Pick by Light
  - 180–220 Auftragspositionen/h pro Kommissionierer
  - tägliche automatische Bestückung des Lagers mit ermittelten hochfrequenten Artikeln

20

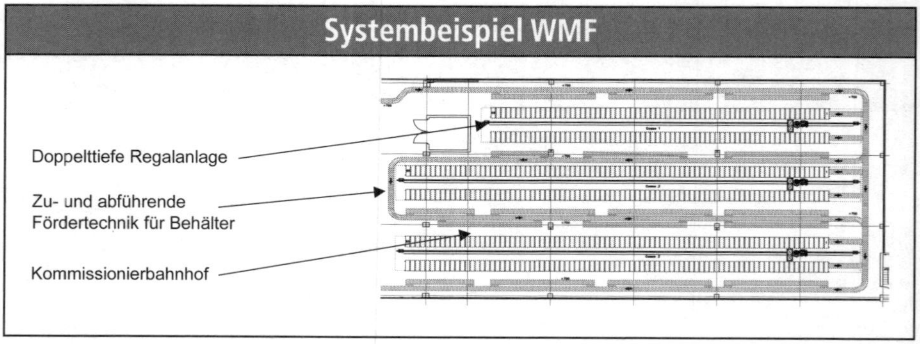


*Abb. 6: Systembeispiel WMF*

- Lagerbereich mit mehreren Gassen, Regalen und Kommissioniergängen
- alle Kommissioniergänge des Lagerbereichs sind durch eine zu- und abführende Fördertechnik in der Gangmitte miteinander verbunden; je Regalseite sind mehrere Kommissionierbahnhöfe vorhanden
- es erfolgt das automatische Ausschleusen und wieder Einschleusen der Auftragsbehälter am jeweiligen Bahnhof, wenn im entsprechenden K-Bereich ein dem Auftrag zugehöriger Artikel zur Kommissionierung bereitsteht
- minimierte Gesamtpickfrontlänge durch dynamische Bereitstellung der aktuell benötigten Lagerbestände
- nur Bereitstellung der Lagerbestände, die auch wirklich für die freigegebenen Aufträge benötigt werden
- Anzahl der Greifkanäle richtet sich nicht nach der Gesamtanzahl der Artikel wie bei herkömmlichen Durchlaufkommissioniersystemen

**Referenzbeispiel 2 (Marabu GmbH, Tamm)**

- sechs Kommissionierwagen
- 27.600 Pufferplätze
- 618 aktive Greiffächer
- drei Behälter-Regalbediengeräte viaspeed
- Funkkommissionierung mehrerer Aufträge
- 100–300 Auftragspositionen/h pro Kommissionierer
- quasi statische Warenlegung an Hand von Artikelgruppen

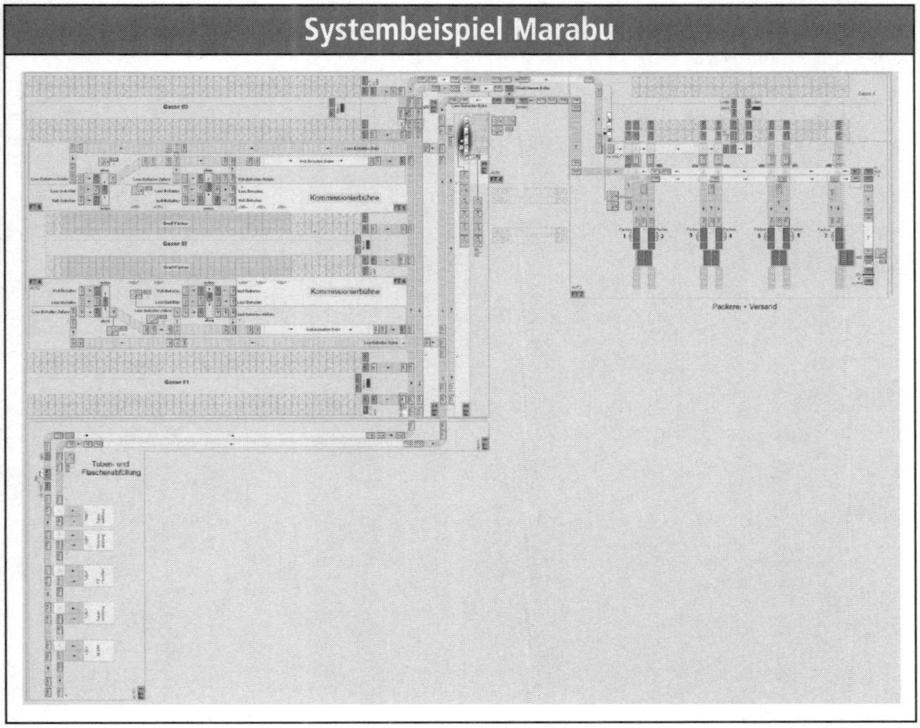


*Abb. 7: Systembeispiel Marabu*

- Lagerbereich mit mehreren Gassen, Regalen und Kommissioniergängen in mehreren Ebenen
- alle Kommissioniergänge des Lagerbereichs sind durch Aufnahmestellen für Leerbehälter und zentrale Abgabestellen für Auftragsbehälter miteinander verbunden
- kommissioniert wird in Kommissionierwagen
- die Warenlegung erfolgt in Warengruppen
- Anzahl der Greifkanäle richtet sich nicht nach der Gesamtanzahl der Artikel wie bei herkömmlichen Durchlaufkommissioniersystemen

➡ **Referenzbeispiel 3 (Quote, Niederlande)**

- Lagerbereich mit einer Gasse, zwei Regalzeilen und einer Kommissionierfront
- Pick-by-Light-System
- die Kommissionierfront des Lagerbereichs ist mit einer zu- und abführenden Fördertechnik ausgestattet
- es gibt nur eine Kommissionierfront an einer Regalseite
- „atmende" Gesamtpickfrontlänge durch dynamische Bereitstellung der aktuell benötigten Lagerbestände für einen kurzen Zeitraum
- Nur Bereitstellung der Lagerbestände, die tatsächlich für die freigegebenen Aufträge benötigt werden
- Anzahl der Greifkanäle richtet sich nicht nach der Gesamtanzahl der Artikel wie bei herkömmlichen Durchlaufkommissioniersystemen

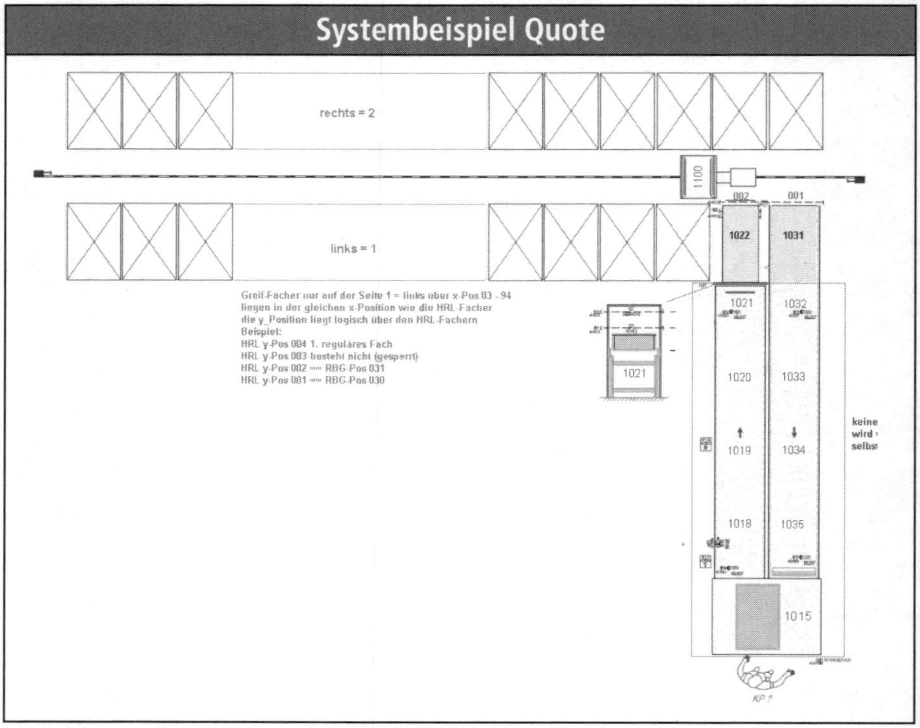


*Abb. 8: Systembeispiel Quote*

## 20.6 Einsatzbereiche des Kommissioniersystems

Zur besseren Vergleichbarkeit folgt eine Einordnung in ein Leistungsdiagramm für Kommissioniersysteme:

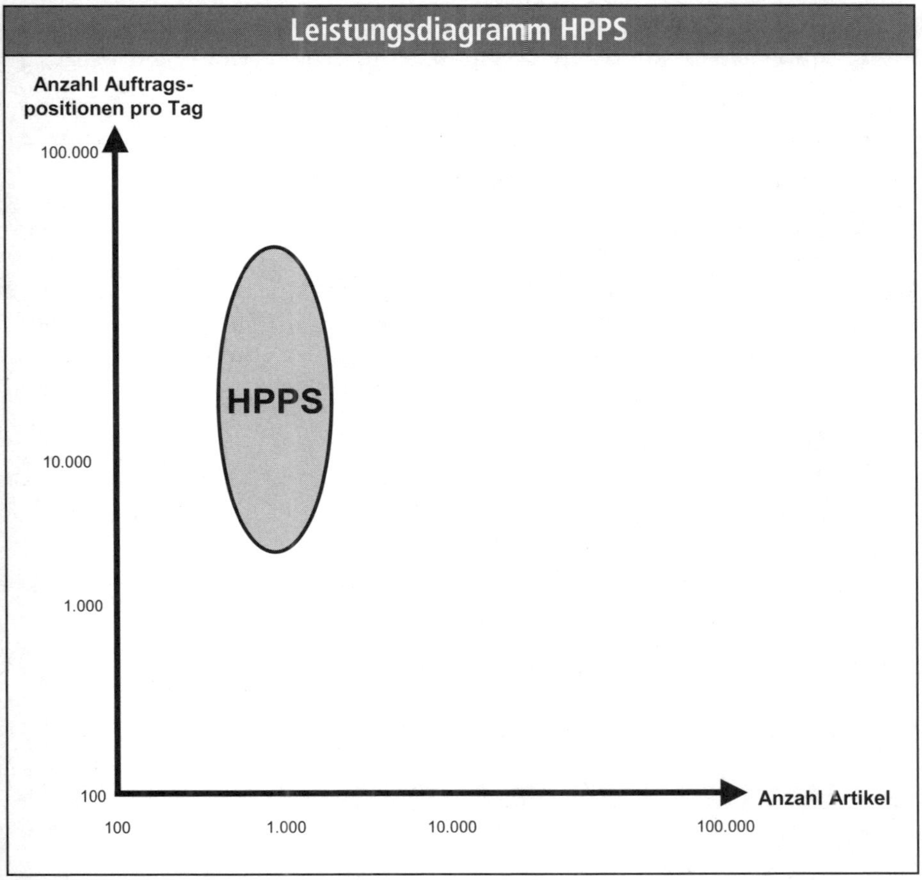


*Abb. 9: Leistungsdiagramm HPPS*

## 20.7 Vorteile von HPPS (Kundennutzen)

Mit HPPs lassen sich folgende Verbesserungen erreichen:

➥ bis zu 40Prozent Rationalisierungspotential erreichen durch
- vollautomatisches Lagerbehälterhandling (Minimierung manueller Tätigkeiten)
- reduzierte Kommissionierwege in kurzen Kommissionierbahnhöfen
- ergonomische Lagerbehälterposition zum Greifen der Ware
- kurze Einlernzeit für die Mitarbeiter

- 70 Prozent weniger Flächenbedarf im Vergleich zu manuellen Systemen durch
  - integrierten Nachschubpuffer bzw. Bestandspuffer
  - mehrere Kommissionierebenen
  - Wegfall der Ver- und Entsorgungswege für Lagerware, kommissionierte Ware und Leerbehälter
- Kommissionierleistungen durch flexiblen Personaleinsatz an Last anpassbar
  - Schwachlast: ein MA kann mehrere Bahnhöfe bedienen
  - Spitzenlast: ein oder mehrere Mitarbeiter pro Bahnhof (Erhöhung der Gesamtleistung)
  - modulare Skalierbarkeit von 5.000–50.000 Zugriffe pro Schicht
- mit den Anforderungen wachsendes System durch zusätzliche Gassen, Bahnhöfe, Greifkanäle und Pufferplätze
- softwaregestützte Optimierung der Anlagenauslastung
- garantierte Systemverfügbarkeit über 98 Proent

# 21 VANDERLANDE INDUSTRIES: CROSSBELT-SORTER

21

*(Matthias Kramm)*

## 21.1 Aufgabenstellung und Ziele

GAME Stores vertreibt PC- und Videospiele, Spielkonsolen und entsprechendes Zubehör. Auch wenn der Direktverkauf an Kunden über das Internet einen wachsenden Geschäftsbereich des Händlers darstellt, wurde das automatisierte Kommissioniersystem für die im Jahr 2008 über 400 Filialen als Hauptabnehmer der Artikel des Distributionszentrums konzipiert. Das durch Vanderlande Industries realisierte automatische System versorgt die Filialen, während die Kommissionierung der über E-Commerce vertriebenen Artikel derzeit manuell in einem separaten Bereich erfolgt.

Das Geschäftsmodell von GAME Stores lebt von der Aktualität der vertriebenen Produkte. Daher stellte GAME Stores spezifische Anforderungen an ein neues Distributionssystem. Der Spezialhändler benötigte eine Lösung, die seine Wettbewerbsstrategie unterstützt. Zuverlässigkeit, Flexibilität und Effektivität des Distributionssystems sollten gewährleisten, dass die GAME Stores-Filialen vor der Konkurrenz das neueste Spiel oder die aktuellste Konsole auf Vorrat haben. Hierzu müssen die Filialen verlässlich mit Artikeln verschiedener Abmessungen beliefert werden. Dies stellt hohe Anforderungen sowohl an die Kommissioniergenauigkeit als auch an die Flexibilität und Effizienz des Systems – gerade in Spitzenzeiten.

Darüber hinaus benötigte GAME Stores eine zukunftsfähige Lösung: Das System sollte erstens leicht erweiterbar sein. Zweitens sollte es die beschriebenen Anforderungen auch bei dem erwarteten weiteren Wachstum des Unternehmens (geschätztes Wachstum 10–15 Prozent/Jahr) mit gleicher Zuverlässigkeit bewältigen. Drittens musste es die gerade in dieser Branche unvorhersagbaren, manchmal schnell wechselnden Aufgaben der Zukunft meistern können: In der Medienbranche schreitet die Entwicklung rasch voran. Damit ändern sich auch Verpackungsformate und -materialien durch Innovationen oder durch zusätzlich vertriebene Produkte. Zum Beispiel weiß niemand, ob die von GAME Stores vertriebenen Videospiele auch in Zukunft die gleiche Verpackung haben werden. Ein reiner DVD-Sorter kam schon aus diesem Grunde für GAME Stores nicht in Frage. Der Einzelhändler kann auch nicht ausschließen, dass in Zukunft weitere Artikel sein Portfolio ergänzen. Vielleicht sind dann auch Merchandising-Artikel wie T-Shirts, Baseball-Kappen oder anderes zu sortieren. Zu diesen Anforderungen passte nur eine höchst flexible Lösung.

Flexibilität war auch in anderer Hinsicht gefragt: Im Verteilzentrum von GAME Stores wird ohnehin eine breite Palette an Produkten verschiedener Größen und Formen sortiert. Es gibt zum Beispiel PC-Spiele in Verpackungen mit DVD-Format, PC-Spiele mit anderen Abmessungen, Speicherkarten und Joysticks. Für jede Produktkategorie war deshalb die effizienteste Methode zu finden. Nicht jeder Artikel kann bei GAME Stores auf die gleiche Weise kommissioniert werden. Ein Großteil der von GAME Stores vertriebenen Produkte eignet sich für eine Sortierung, andere jedoch nicht.

*Abb. 1: Quergurtsorter*

Darüber hinaus war GAME Stores in der alten Anlage stark von Personal abhängig. Dies machte sich besonders in saisonalen Spitzenzeiten wie Weihnachten und in den Schulferien negativ bemerkbar, zumal am ehemaligen Standort sehr mit anderen lokalen Arbeitgebern konkurriert wurde. Um die höheren Auftragsvolumen in den Spitzenzeiten überhaupt bewältigen zu können, musste in mehreren Schichten gearbeitet werden. GAME Stores wollte auch diese Personalabhängigkeit reduzieren.

Zusammengefasst benötigte GAME Stores ein Kommissioniersystem, das folgende Anforderungen erfüllt:

- Die Lösung musste in Hinsicht auf Artikel, Mengen und Verpackungsgrößen ausgesprochen flexibel sein.
- Das System musste leicht erweiterbar sein, um zukünftiges Wachstum in der erforderlichen Weise und zu dem erforderlichen Zeitpunkt zu unterstützen.
- Es sollte effizienter arbeiten als die bisherige Lösung.
- Die Abhängigkeit von Personal sollte gesenkt werden, besonders in Spitzenzeiten.
- Die Kommissioniergenauigkeit sollte verbessert werden.
- Es musste zuverlässig arbeiten.

Die vorhandenen logistischen Abläufe mussten geändert werden, um diese Ziele realisieren zu können. Zwar setzte GAME Stores bereits zuvor Förderer und Durchlaufregale ein. Jedoch ließen sich weder effektivere Kommissionierabläufe noch eine höhere Kommissioniergenauigkeit mit dem bestehenden System verwirklichen.

Hinzu kam, dass das bisherige nationale Distributionszentrum am Hauptgeschäftssitz in Bracknell, Berkshire, nicht auf starkes Wachstum ausgerichtet war. Seine Kapazitätsgrenze war erreicht. Daher sollte das neue System an einer neuen Betriebsstätte (in Basingstoke) realisiert werden, an der mehr Platz und mehr Arbeitskräfte zur Verfügung stehen. Auch diese Entscheidung trägt der Position GAME Stores als Marktführer mit 25 Prozent Marktanteil Rechnung.

## 21.2 Kommissioniertechnik und Materialflussrechner aus einer Hand

Zunächst analysierte eine interne Arbeitsgruppe gemeinsam mit Planern die Distributionsabläufe und arbeitete die Vorstellungen aus. Nach sorgfältiger Überprüfung aller Alternativen entschied sich GAME Stores für Vanderlande Industries als Lieferant einer integrierten Lösung. Der weltweit agierende Systemlieferant entwarf und baute ein entsprechendes System und lieferte auch den Materialflussrechner (WMS). Der Crossbelt-Sorter von Vanderlande Industries wurde für die Anforderungen von GAME Stores als das am Besten geeignete System identifiziert: Diese Sorter-Technologie bietet sowohl die Flexibilität zur Sortierung auch von Peripherie-Geräten als auch die Fähigkeit, zukünftigen Änderungen in den Abmessungen der Behälter von Spiele-Software gewachsen zu sein. Durch die Kopplung an die Geschäftsprozesse entwickelte sich das Konzept zu einem Batch-Pick- und Sortiersystem.

Eine integrierte Lösung durch einen einzigen Lieferanten für Lagerverwaltungssystem und Fördertechnik schien GAME Stores die beste Möglichkeit zu sein, um sicherzustellen, immer rechtzeitig liefern zu können. Das System wurde für die Erstauslieferung benötigt und GAME Stores wünschte sich dahingehende kompetente Beratung. Zudem lief der Mietvertrag für das bestehende Gebäude aus, sodass starker Zeitdruck herrschte. GAME Stores vertraute deshalb auf die gute Reputation und die Erfahrung von Vanderlande Industries und entwickelte und verfeinerte in enger Zusammenarbeit mit dem Sales Team des Systemlieferanten Lösungsansätze.

Die Lösung von Vanderlande Industries umfasst

- als Kernsortiertechnologie den Quergurtsorter Crossorter
- ein vollautomatisches Kleinteilelager (AKL) für die Ein- und Auslagerung
- und das gesamte Lagerverwaltungssystem (LVS). Es steuert sowohl die Batch-Picking-Prozesse als auch die manuellen und automatischen Abläufe vor Ort.

### 21.2.1 Die Kommissionierabläufe im täglichen Betrieb

Im Wareneingang werden Lieferungen von über 100 Zulieferern aus dem gesamten Vereinigten Königreich und aus Europa entgegengenommen. Diese werden umgehend in das Lagerverwaltungssystem eingebucht und zu den verschiedenen Bereichen im Lager geleitet. Kleinere Stückzahlen und Artikel, die sortiert werden müssen – zum Beispiel Computerspiele und Bedienteile – werden in Behälter umgefüllt. Die Behälter werden auf Paletten gestapelt und anschließend ins AKL eingelagert. Das zweigassige AKL verfügt über 16.000 Behälterlagerplätze und kann auf eine Kapazität für 24.000 Behälter erweitert werden. Jedes vollautomatische Regalbediengerät kann vier Behälter je Doppelspiel aus- und einlagern, wodurch die Durchsatzleistung gesteigert wird.

*Abb. 2: Automatisches Kleinteilelager*

Großmengen werden in konventionellen Regalen gelagert, wo sie auf Paletten bereitgestellt werden. Die wenigen Produkte, die nicht in die Hauptkommissionierbereiche des Lagers passen, werden in der Nähe des Warenausgangs gelagert und kommissioniert.

*Abb. 4: Palettenregallager*

Paletten können auch zum Cross-Docking-Bereich transportiert werden. Dort stehen sie als Nachschub für sogenannte „Put Pick-“ und „Fast Pick“-Kommissionierabläufe, die mit manueller Kommissionierung mittels funkgesteuerten Terminals arbeiten, zur Verfügung. Größere Schnelldreherartikel, die in den Behältern der Lieferanten kommissioniert und an die Filialen ausgeliefert werden, gelangen direkt zu einem treffend benannten „Turbo-Bereich“. Dort werden sie besonders schnell kommissioniert und in den erforderlichen Stückzahlen zum Versand bereit gestellt.

Ware für die Sortier-Kommissionierung wird in Umkartons aus dem Palettenlager geliefert und Teilmengen werden aus dem AKL ausgelagert. Die Einschleusung auf den eigentlichen Sorter erfolgt von sechs Aufgabestationen aus, vier davon sind manuell. An den manuellen Aufgabestationen werden einzelne Artikel auf einen Gurtförderer gelegt und dem Hauptsorter automatisch mit einer Leistung von 1.000 Artikeln pro Stunde zugeführt.

*Abb. 4: Sorter-Arbeitsplätze*

Die beiden anderen Aufgabestationen funktionieren automatisch und verfügen über Hochgeschwindigkeitsentstapler, mit denen große Mengen populärer Schnelldreher (DVD-Gebinde) automatisch auf den Sorter eingeschleust werden. Die Leistung der Hochgeschwindigkeits-Aufgabestationen beträgt 10.000 Artikel pro Stunde.

Bei den Langsamdrehern können durch manuelles Batch-Kommissionieren Behälter mit den erforderlichen Artikeln jedem Bediener an den Aufgabestationen zur Verfügung gestellt werden, was deren Effizienz und Geschwindigkeit erhöht. Verbleibende Ware wird in Behältern wieder zum AKL zurücktransportiert, bis sie benötigt wird.

*Abb. 5: Aufgabesation am Sorter*

Das Sortiersystem selbst besteht aus einem Crossorter. Dieser Quergurtsorter eignet sich ideal für die Handhabung großer Mengen kleinerer Produkte. Er verläuft bei GAME Stores über eine Strecke von 143 Metern und schleust in 202 Zielrutschen aus. Jede Zielrutsche entspricht einem Filialauftrag. Die Aufträge werden in zwei Wellen über den Tag kommissioniert. Artikel, die von den Lieferanten bereits mit einem Barcode versehen wurden, werden unmittelbar nach der Einschleusung auf den Sorter automatisch mit Hochgeschwindigkeit gelesen und danach den entsprechenden Zielrutschen zugeführt oder – im Fall von nicht lesbaren Barcodes oder Kommissionierfehlern – in eine No-Read-Rutsche ausgeschleust.

*Abb. 6: Lesestation*

Artikel, die aus dem Sortiersystem kommen, werden direkt an den Zielrutschen in Kartons gefüllt. Sind diese komplett, werden sie von der abführenden Fördertechnik zum Versandbereich transportiert. Dort können sie mit Artikeln aus der manuellen Kommissionierung oder anderen Bereichen des Distributionszentrums zusammengeführt werden. Dieser Arbeitsablauf ist für GAME Stores neu und ermöglicht die effizienteste Lösung für jeden Artikel.

*Abb. 7: Packarbeitsplätze am Sorter*

*Abb. 8: Packarbeitsplätze am Sorter*

Im Durchschnitt erhält eine Filiale rund sechs Kartons pro Lieferung, mindestens drei davon haben eine Sortierung durchlaufen. Kleine Sendungen, zum Beispiel Einzelbestellungen aus Filialen, werden per Paketkurierdienst versandt. Auf diese Weise stellt das Konzept Geschwindigkeit, Effizienz und Wegeverfolgung sicher.

Auch die Retouren aus den Filialen werden im neuen GAME Stores-Distributionszentrum so effizient wie möglich gehandhabt, indem die Artikel dem Sortiersystem zur Neuverteilung wieder zugeführt werden. Im Gegensatz zu dieser Lösung erforderte der frühere Arbeitsablauf intensive manuelle Arbeit. Dies bedeutete auch, dass die Anzahl der Retouren, die bearbeitet werden konnte, begrenzt war.

Das innovative System dagegen arbeitet ohne eine solche Einschränkung. Es erspart viel manuelle Arbeit und steigert die Effizienz erheblich.

Alle Arbeitsabläufe steuert das Vanderlande Industries VISION-Lagerverwaltungssystem, eng verbunden mit einem JDA-Geschäftssystem und den Steuerungen für das automatische Ein- und Auslagern. Das System zeichnet sich durch höchste Flexibilität bei der Zuweisung der Artikel zu den verschiedenen Kommissioniertechniken im Lager aus. Abhängig von der Menge und der Dringlichkeit lässt sich die Kommissionierart für ein Produkt einfach ändern. Durch das Lagerverwaltungssystem von Vanderlande Industries können zudem Prozesse automatisiert werden, die früher eine manuelle Intervention verlangten. Hierdurch kann GAME Stores erwartete Mengen flexibler planen. Selbst wenn eine Bestellung spät eingeht, kann noch darauf reagiert werden. Darüber hinaus bietet das System ausgezeichnete statistische Analysen und jederzeit einen Überblick über die Leistungsfähigkeit des Systems.

## 21.3 Merkmale und Besonderheiten des Konzepts

### 21.3.1 Merkmale

**Merkmale des Kommissioniersystems**

| Merkmal | Kommissioniersystem |
|---|---|
| **Informationsmedium** | Bildschirm |
| **Entnahmebest ätigung** | Tastatur |
| **„Freihand"-Faktor** | Sehr hoch |
| **Bestandsaktualit ät** | Sehr hoch |
| **Trainingsaufwand** | Sehr niedrig |
| **Einführungszeit** | Mittel |
| **Investitionsvolumen** | Mittel |
| **Komplexit ät** | Hoch |
| **Anzahl Artikel** | Mittel |
| **Pickleistung ( Picks/Std .)** | Hoch |
| **Durchsatz (Pos./Tag)** | Hoch |
| **Auftragsdurchlaufzeit** | Kurz |
| **Auftragsgr öße** | Groß |
| **Pickfehlerrate** | Sehr niedrige Pickfehleranzahl |
| **Erweiterungsflexibilit ät** (zus ätzliche Artikel) | Hoch |
| **Erweiterungsflexibilit ät** (höherer Durchsatz) | Sehr hoch |
| **Erweiterungskosten** (zus ätzliche Artikel) | Mittel |
| **Erweiterungskosten** (höherer Durchsatz) | Mittel |

*Abb. 9: Merkmale des Kommissioniersystems*

## 21.3.2 Besonderheiten

**hochflexibel**

Mit dem Kommissioniersystem lässt sich ausgesprochen flexibel auf geänderte Anforderungen reagieren. Deshalb war auch GAME Stores zuversichtlich, durch diese Investition für alle denkbaren Herausforderungen der Zukunft gerüstet zu sein. Über die Kapazitäten für mögliche Erweiterungen hinaus ist der Crossbelt-Sorter bei der Sortierung nicht auf bestimmte Produkt- bzw. Verpackungsabmessungen begrenzt. Mit dieser Lösung können vielmehr alle kleineren Artikel kommissioniert werden, die sich in Behältern zusammenfassen lassen. Größere Artikel werden unsortiert gefördert.

GAME Stores entschied sich mit dem Crossorter für eine Sortertechnologie, die eine extrem hohe Förderfähigkeit aufweist, indem sehr viele unterschiedliche Produkte automatisch sortiert werden können. Bereits in der Vergangenheit änderten sich Format und Dimensionen der Computerspiele stark. Beispiele hierfür bilden die unterschiedlichen Verpackungsabmessungen der Software-Spiele für die verschiedenen Plattformen bzw. Konsolen (PC, Playstation 1, Playstation 2, Playstation 3, Nintendo Wii, Nintendo PS, Xbox etc.). Auch für die Zukunft sind Änderungen mehr als wahrscheinlich.

Der Spezialhändler suchte außerdem nach einer Lösung, die ihn auch dann noch unterstützt, wenn zusätzliche Produkte mit unterschiedlichen physikalischen Eigenschaften vertrieben werden sollen. Beispiele wären Accessoires, Peripheriegeräte und verwandte Produkte wie Schlüsselringe oder Bekleidungsstücke. Die hohe Förderfähigkeit des Crossorter bringt die erforderliche Flexibilität für solche Herausforderungen mit, besonders im Vergleich zu speziellen DVD- oder CD-Sortern.

**geräuscharm**

GAME Stores schätzt sehr das geringe Geräuschvolumen des Systems, das den Beschäftigten im Verteilzentrum angenehmere und gesündere Arbeitsbedingungen bietet.

**niedrige Betriebskosten**

Die Technologien im Crossorter beinhalten fest installierte Linearmotoren, die den Haupt-Loop antreiben, sowie eine kontaktlose induktive Leistungsübertragung für die 24-Volt-Trommelmotoren der Quergurte. Dies bringt einen sehr geringen Wartungsaufwand mit sich, da es keine beweglichen Komponenten oder Verschleißteile gibt. Darüber hinaus ist der Energieverbrauch gegenüber konventionellen Antrieben deutlich reduziert.

Die Zuführung zum und die Entnahme vom Sorter geschieht durch angetriebene Gurte. Dies bedeutet, dass die Produkte sowohl bei der Aufgabe auf den Sorter als auch beim Aussortieren in die Zielrutschen sorgfältig gesteuert werden können. Variationen des Gewichts oder der Oberflächenreibung beeinflussen kaum das Verhalten auf dem Sorter.

**geringerer Platzbedarf**

Darüber hinaus wird bei zehn Prozent weniger Grundfläche (9.400 m$^2$) das zweifache Volumen des alten Distributionszentrums bewältigt.

**stark reduzierter Personalbedarf**
Das neue automatisierte System arbeitet außerdem mit der Hälfte des Personals im Vergleich zum ehemaligen Standort Bracknell.

**Allgemeine Vorteile**

Allgemein weist der Crossorter 400 Quergurtförderer folgende Vorteile auf:

- hohe Kapazität
- große Flexibilität, für unterschiedlichste Produkte geeignet
- hohe Sortiergenauigkeit
- hohe Zuverlässigkeit
- geringe Wartungs- und Lebenszykluskosten (kontaktloser Antrieb und Datentransfer)
- raumsparend (enge Zielrutschen)
- geräuscharm

## 21.4 Klassifikation des Kommissioniersystems

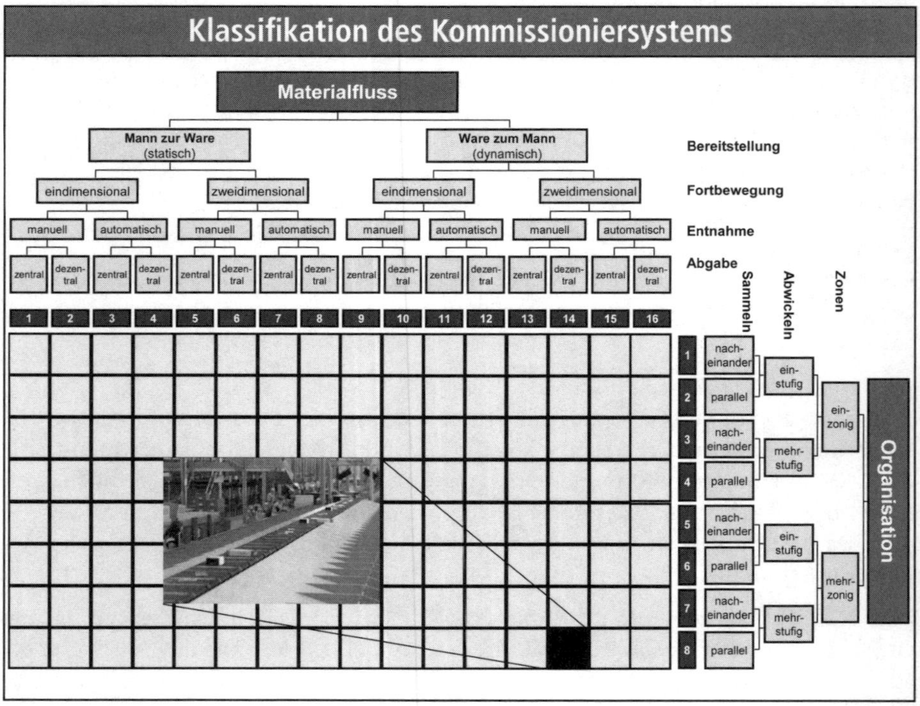


*Abb. 10: Klassifikation des Kommissioniersystems*

# 21.5 Daten und Fakten

## 21.5.1 Technische Daten

- ein Quergurtsorter, 143 Meter länge
- insgesamt sechs Aufgabestationen, davon zwei Hochgeschwindigkeits-Aufgabestationen, die mit automatischen Entstaplern ausgerüstet sind. Jeder leistet bis zu 10.000 Artikel/h.
- vier manuelle Aufgabestationen mit einer Leistung von je 1.000 Artikel/h
- 202 Zielrutschen
- zweigassiges automatisches Kleinteilelager mit 16.000 Behälter-Lagerplätze, erweiterbar auf 24.000 Behälter-Lagerplätze durch Hinzufügen einer dritten Gasse
- vollautomatische Regalbediengeräte, Beewen Quickstore 4.4; einfach tief, vierfach Lastaufnahmemittel, Ein- und Auslagerung von je 4 Behältern pro Doppelspiel
- Leistung: Je RBG bis zu 200 Doppelspiele/h
- Kapazität: 10.400 Artikel/h
- Geschwindigkeit: 2.3 m/s
- ein Kamerasystem über dem Sorter liest die Barcode-Label, um Produkte für die Sortierung zu identifizieren
- der Sorter kann sowohl einzelne Spiele in DVD-Größe, Kartons mit 25 Spielen in DVD-Format als auch zahlreiche Peripheriegeräte fördern.
  - Artikel-Behälter: 600mm x 400mm x 220mm hoch
  - Versand-Kartons: 650mm x 420mm x 370mm hoch (Klappen unten)
- automatische Drucker und Label-Applikatoren für die Versandkartons befinden sich im Versandbereich.
- an den Batch-Pick-Arbeitsplätzen befinden sich neben den Sorter-Aufgabestationen PC-Arbeitsstationen.
- Pack-Arbeitsplätze gibt es an den Zielrutschen. Dort entnehmen die Mitarbeiter die sortierten Produkte und packen sie in die Versandkartons. Sodann werden die Kartons von der abführenden Fördertechnik zum Versandbereich transportiert.
- auch eine Clearing Station gehört zur Ausrüstung.
- weitere unterstütze Prozesse:
  - Kommissionieren von uneinheitlichen und/oder sehr großen Artikeln, die nicht im AKL eingelagert werden und auf dem Crossorter sortiert werden können („Ugly Picking")
  - Turbo-Picking (Artikel, die in Lieferanten-Kartons eingelagert und versandt werden)
  - Full-Case-Picking (Kommissionieren voller Behälter aus dem Palettenlager)
  - Retouren

## 21.5.2 Leistungsdaten

| | |
|---|---|
| Systemleistung (Pick rate): | 120.000 Artikel/Tag |
| Wareneingang: | mehr als 100 Zulieferer aus UK und Europa |
| Kommissioniergenauigkeit: | 99,5 Prozent |

| | |
|---|---|
| Leistung Hauptsorter: | 1.000 Artikel pro Stunde |
| Leistung Hochgeschwindigkeits-Entstapler für Schnelldreher: | bis zu 10.000 Artikel pro Stunde |
| Operational hours a day: | Normalerweise eine Schicht, zwei Schichten zu Spitzenzeiten |
| Lagerplätze: | 16.000 Behälter |
| Doppelspiele pro Stunde und RBG: | Je bis zu 200 Doppelspiele/h |

## 21.6 Einsatzbereiche des Kommissioniersystems

Dieses Kommissioniersystem eignet sich überall dort, wo kleine Artikel zu kommissionieren sind, die in einem Behälter zusammengefasst werden können. Typische Einsatzbereiche sind Medien, Musik, Computer-Software, DVDs, Filme sowie allgemein der Einzelhandel mit Produkten, die in einem Behälter transportiert und gelagert werden können (zum Beispiel Haushaltswaren, kleine Modeartikel wie T-Shirts oder Mützen, Modeschmuck).

Bisher wird die Quergurtsorter-Technologie von Vanderlande Industries in weiteren 19 Projekten eingesetzt, sowohl im Bereich der Distribution als auch der Expressdienste:

| Firma | Branche | Sorter | Kapazität/ Zielrutschen |
|---|---|---|---|
| ➡ Game Stores (UK) | Medial | 4.000/h | 212 |
| ➡ NEXT (UK) | Fashion | 2 x 19.000/h | 180 |
| ➡ Allsports (UK) | Fashion | 2.000/h | 152 |
| ➡ Unipart Waterstones | Books | 33.000/h | 100 |
| ➡ Samsung (The Netherlands) | Electronics | 3.000/h | 200 |
| ➡ Centraal Boekhuis (The Netherlands) | Books | 6.000/h | 200 |
| ➡ Calida (Switzerland) | Fashion | 8.000/h | |
| ➡ Hoogenbosch (The Netherlands) | Fashion | 6.000/h | 52 |
| ➡ DHL / Mexx (The Netherlands) | Fashion | 10.000/h | 178 |
| ➡ Wehkamp (The Netherlands) | Mail Order | 10.000/h | 160 |
| ➡ Ricoh (The Netherlands) | Electronics | 4.000/h | |
| ➡ Neckermann (The Netherlands) | Mail Order | 8.000/h | 200 |
| ➡ WalMart / SCM (Germany) | Grocery | 6.000/h | 100 |
| ➡ MRW (Spain) | Express | 4.000/h | 110 |
| ➡ Honda (Belgium) | Automotive | 8.000/h | 72 |
| ➡ DHL Express (Dubai) | Express | | |
| ➡ DHL Express (Bahrain) | Express | 6.500/h | |
| ➡ Marie Claire (Spain) | Fashion | 6.000/h | 160 |
| ➡ MRW (Spain) | Express | 4.000/h | 110 |
| ➡ CSP (France) | Pharma | 7.500/h | 80 |

# 21.7 Einordnung in Leistungsdiagramm



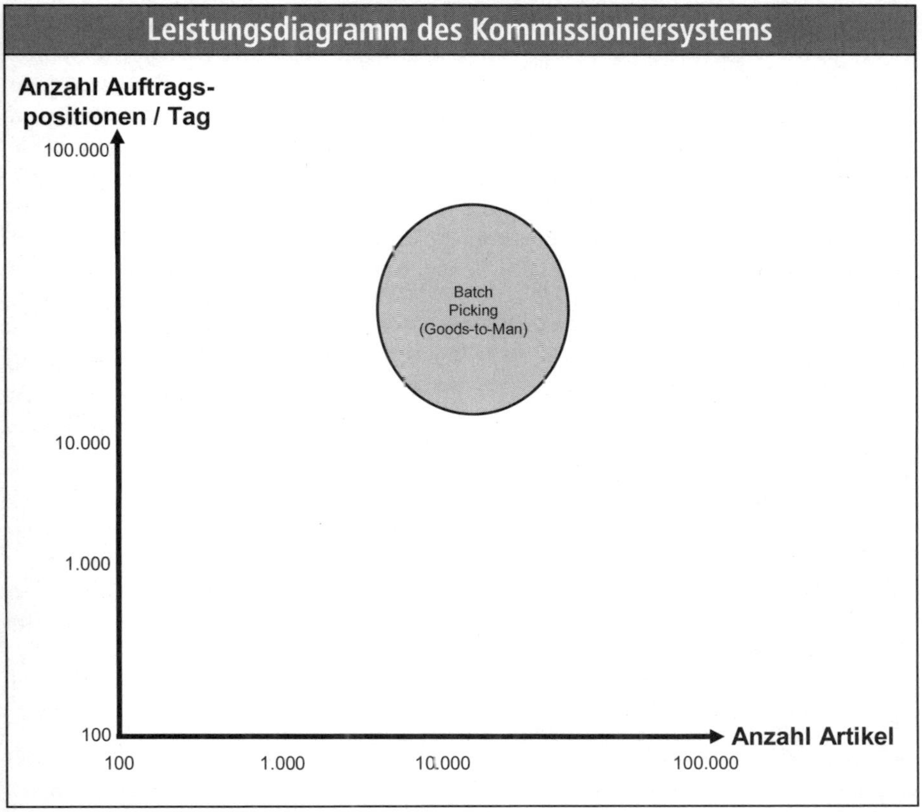


*Abb. 11: Leistungsdiagramm des Kommissioniersystems*

# 21.8 Vorteile des gewählten Kommissioniersystems (Kundennutzen)

**flexibel**

Der Kunde spürt die Vorteile des innovativen Kommissioniersystems auf vielfältige Weise. Für Einzelhändler wie GAME Stores ist es typisch, dass die vertriebenen Artikel sich ständig ändern. Gleichzeitig ist die Verfügbarkeit stets neuer Produkte wesentlich für den anhaltenden Geschäftserfolg. Das Kommissioniersystem muss für diese raschen Veränderungen sehr flexibel ausgelegt sein, zum Beispiel müssen neue Geräteversionen wie die Xbox 360, Nintendo DS light, Nintendo Wii und die PS3 schnell verteilt werden können. Der Quergurtsorter von Vanderlande Industries bietet GAME Stores diese Flexibilität: GAME Stores ist durch sein neues Kommissioniersystem sowohl in der Lage, zusätzliche Mengen zu sortieren als auch eine schnelle Distribution der für den Wettbewerbsvorsprung entscheidenden neuen Produkte vorzunehmen.

**zukunftsfähig durch Leistungsreserven**
Die Arbeitsabläufe im neuen Distributionszentrum wurden von Beginn an in Hinblick auf zukünftige Erweiterungen und Flexibilität geplant. Im AKL ist Platz für ein weiteres Regalbediengerät eingeplant. Das Konzept des Sortiersystems ermöglicht außerdem eine mögliche Nachrüstung durch zwei weitere Aufgabestationen. Der Durchsatz lässt sich durch diese Erweiterung um mehr als 30 Prozent steigern. Darüber hinaus kann der Sorter problemlos so erweitert werden, dass zusätzliche Filialen von Basingstoke aus versorgt werden können. Die Sortierung auf dem Zwischengeschoss kann ebenfalls in der Zukunft ausgebaut werden, um die Anzahl von funkgesteuerten manuellen Kommissionierplätzen zu erhöhen. Für GAME Stores war diese Zuversicht, dass das Distributionssystem auch bei einem kontinuierlichen Wechsel von Spielen und Kunden in der Lage sein wird, sich mit den geänderten Anforderungen weiter zu entwickeln, sehr wichtig. Sie ist bedeutende Voraussetzung dafür, dass GAME Stores auch weiterhin seine Position als Marktführer sichern kann. Das Ausbau-Potenzial schließt auch die mögliche Eingliederung von zugekauften Firmen wie Gameplay ein. Auch deren Artikel kann das Verteilzentrum von Basingstoke mit übernehmen.

**ressourcensparend und kostensenkend**
Obgleich das Distributionszentrum die Erweiterungskapazität für eine zukünftige Stückzahl von über 120.000 Artikeln besitzt, arbeitet das neue System mit weniger als der Hälfte der Mitarbeiter im Vergleich zum alten System in Bracknell. Der Einzelhändler kann daher nun in den Spitzenzeiten ebenso effizient liefern wie außerhalb dieser Peaks. GAME Stores konnte durch das Kommissioniersystem von Vanderlande Industries sowohl enorm die Leistung seiner Logistik steigern als auch die Betriebskosten senken.

**platzsparend**
Obgleich das Unternehmen mit der neuen Lösung im Vergleich zum alten Distributionszentrum in Bracknell fast das doppelte Auftragsvolumen bewältigen kann, benötigt der neue Standort mit 9.400 $m^2$ zehn Prozent weniger Grundfläche.

**geringe Lifecycle-Kosten**
Das Fehlen von beweglichen Komponenten und Verschleißteilen senkt den Wartungsaufwand erheblich.

**geräuscharm**
Die Gesundheit der Beschäftigten wird durch die geräuscharme Anlage geschont.

**optimierte Kommissioniergenauigkeit – besserer Service für die Filialen**
Die neue Anlage sichert GAME Stores eine Kommissioniergenauigkeit von circa 99,5 Prozent. Es ist damit praktisch unmöglich, das falsche Produkt zu kommissionieren. Für die Filialen bringt dies die Gewissheit, dass sie die richtigen Artikel zur richtigen Zeit bekommen. Daher können sie immer ausreichend Ware im Regal haben. Das neue System von Vanderlande Industries hat GAME Stores auch insofern einen Wettbewerbsvorteil verschafft, als der Einzelhändler nun mehr darauf achten kann, seinen Filialen das Leben so leicht wie möglich zu machen, indem sichergestellt wird, dass Nachschub schnell und sicher zur Verfügung steht. Dies trägt wiederum zur Kundenzufriedenheit bei.

Der Umzug zu einem völlig neuen Standort bot GAME Stores Vorteile bei der Implementierung des Systems, da dieses entwickelt und vor dem Einzug getestet werden konnte. Tatsächlich war das Lagerverwaltungssystem unmittelbar nach dem Einzug zur Steuerung des neuen Betriebs bereit. „Der Schritt von einem manuellen zu einem automatischen Betrieb ist gewaltig", beobachtete GAME Stores Logistikchef Tony Lewin. „Jeder spielte eine wichtige Rolle, alles wurde nach Plan geliefert und alles funktionierte vorschriftsmäßig, und das war ein großer Erfolg."

22

# 22 WITRON: OPM – DAS VOLL MECHANISIERTE DISTRIBUTIONSZENTRUM

*(Helmut Prieschenk)*

## 22.1 Die „Zero-Touch-Vision" wird Wirklichkeit

Wirtschaftlichkeit, Schnelligkeit und Flexibilität sind häufig genannte Faktoren, die den Unternehmenserfolg nachhaltig beeinflussen. Unabhängig von der Betriebsgröße und branchenübergreifend sind Unternehmen gezwungen, Strategien zu entwickeln, um sich erfolgsversprechend zu positionieren. Das viel zitierte Motto „Raus aus der Mitte" steht als Synonym für die Bündelung unverwechselbarer Unternehmensstärken und daraus resultierend für die Generierung klarer Wettbewerbsvorteile.

Bei der Fragestellung, inwiefern innerhalb der eigenen Kernkompetenz ein Vorsprung gegenüber dem Mitbewerber besteht oder geschaffen werden kann, rücken neben produktspezifischen, organisatorischen und synergetischen Ansätzen auch prozesstechnische Strukturen in den Fokus der Überlegungen. Den Beschaffungs-, Verarbeitungs- und Distributionsprozessen kommt in diesem Kontext ein ausgesprochen hohes Maß an Bedeutung zu. Die Supply Chain wird daher zunehmend als Optimierungsfeld wahrgenommen. Neue Ideen und Denkansätze sind gefordert. Und entlang der Wertschöpfungskette bietet vor allem die Mechanisierung und Automatisierung logistischer Prozesse erhebliches Potential zur Wettbewerbsabgrenzung. Beispielhaft hierfür steht das Lösungskonzept „Order Picking Machinery" (OPM) der Witron Logistik + Informatik GmbH, das speziell für den Einzelhandel entwickelt wurde.

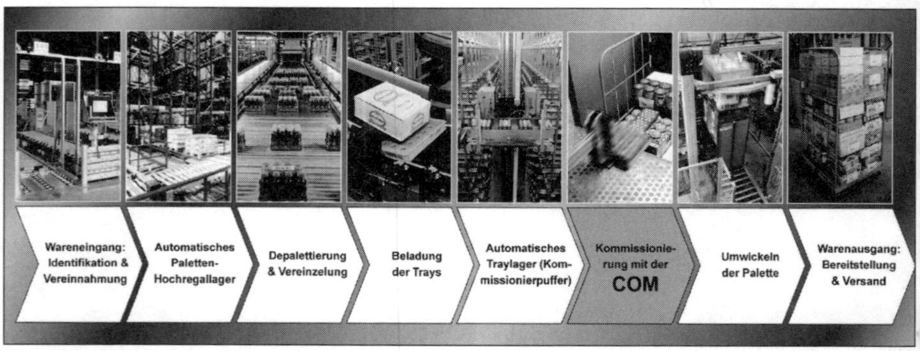


*Abb. 1: Vollautomatischer Kommissionierprozess*

International sehen sich Einzelhandelsunternehmen mit vielfältigen Herausforderungen konfrontiert. Letztlich zielen diese jedoch darauf ab, Kunden im Vollsortimentsbereich eine attraktive Vielfalt an Produkten zum optimalen Preis-Leistungs-Verhältnis anzubieten. Ziel ist es also, einerseits eine flexible Supply Chain zu schaffen, die Anpassungen im Sortiment problemlos berücksichtigen kann, und andererseits den Anteil der Logistikkosten am verkauften Produkt auf ein Minimum zu reduzieren. Weitere Zielparameter sind ein schneller und effizienter Service für die Kunden, die stets das gewünschte Warenangebot vorfinden sollen, und die Sicherstellung einer optimalen, filialgerechten Belieferung der Outlets. Das Konzept OPM bietet Einzelhandelsunternehmen diese entscheidenden Prozessvorteile und erfüllt die Forderungen an eine wirtschaftliche, schnelle und flexible Intralogistik.

## 22.2 Lückenschluss zur voll mechanisierten Intralogistik

Im Einzelhandel werden Tausende von Produkten in vielfältigen Packungsgrößen, Verpackungsarten, -formen und mit verschiedensten Volumina in Form von Handelseinheiten bewegt. Als Handelseinheit versteht man hierbei eine im Handel gängige Bestellgröße. Mehrere einzelne Artikel werden zu einer größeren Menge zusammengefasst und als eine Bestelleinheit in einer Transportverpackung kommissioniert und versendet. Diese Verpackungen bestehen aus unterschiedlichsten Materialien, wobei Kartonagen einen großen Anteil einnehmen. Entscheidend ist, dass empfindliche Produkte, die durch ausgeklügelte Verpackungsarten und -formen geschützt werden sollen, ebenso präzise und schnell kommissioniert werden müssen wie strapazierfähig verpackte Produkte. Beispielsweise werden Handelsprodukte auch ungesichert in offenen Kartons gelagert und kommissioniert. Denn der Karton oder das Karton-Tray kann zugleich der Warenpräsentation in den Filialregalen dienen. Speziell diese aus Automatisierungssicht kritischen Handeleinheiten können mit mechanisierten Greif- und Saugtechniken nur unzureichend kommissioniert werden. Um diese Problematik zu umgehen und auch diese kritischen Handelseinheiten automatisiert kommissionieren zu können, entwickelte Witron die „Case Order Machine", kurz COM. Diese Kommissioniermaschine bildet das „Herzstück" des durchgängig automatisierten Lager- und Kommissionierprozesses für Handelswaren OPM.

Im vollautomatischen Distributionszentrum werden beginnend bei der Einlagerung in das Hochregallager (HRL) über die maschinelle Kommissionierung mit der COM bis hin zur Auftragsbereitstellung im Versandbereich alle Handelseinheiten mechanisiert „getragen" oder „geschoben". Auf diese Weise können aus der Logistikpraxis vorliegenden Erfahrungen zu Folge über 90 Prozent der Handelseinheiten eines marktüblichen Einzelhandelssortiments vollautomatisch kommissioniert werden.

## 22.3 Aufträge „produzieren" statt kommissionieren

Das logisch aufgebaute Lager- und Kommissionierkonzept OPM entspricht intralogistisch im Wesentlichen dem Materialfluss, wie er in Distributionszentren des Handels üblich ist. Der erhebliche Unterschied besteht jedoch darin, dass die Aufträge ohne menschliches Zutun mit Hilfe der COM gebildet werden. Nach der rech-

22

nertechnischen und physischen Vereinnahmung der bestellten Ware, die artikelrein auf Paletten geliefert wird, gelangen die Lagerpaletten auf Fördertechnikbahnen vom Wareneingang in das automatische HRL. Die hier bevorratete Lagerware mit einer Reichweite von drei bis fünf Tagen dient als Nachschub für ein Pufferlager (Tablarlager), das die Handelseinheiten auf Tablaren für die Kommissionierung mit der COM bereithält. Der in diesem Lager gepufferte Warenvorrat entspricht in etwa dem Bedarf an Handelseinheiten, der an einem bis zwei Betriebstagen maschinell kommissioniert wird.

*Abb. 2: Automatisches Hochregallager (HRL)*

Nachdem die Waren im HRL auf Paletten gelagert und die Handelseinheiten für eine mengenflexible Kommissionierung mit der COM jedoch auf Tablaren einzeln gepuffert wurden, bedarf es nach der Warenauslagerung aus dem HRL eines Zwischenschrittes. Die Handelseinheiten werden von der ursprünglich kompakt und artikelrein gelieferten Lagerpalette zu einzeln identifizierbaren und kommissionierfähigen Handelseinheiten vereinzelt. Systemgesteuert werden die Waren aus dem HRL abgerufen, sobald der im Tablarlager gepufferte Vorrat den definierten Mindestbestand erreicht. Damit ist sichergestellt, dass für die maschinelle Kommissionierung stets ausreichend Ware kurzfristig abrufbar ist. Hierfür packen in einem ersten Schritt automatische Depalettierer die Handelseinheiten der artikelreinen Lagerpaletten lagenweise ab. Auf einer breiten, direkt an den Depalettierer angebundenen Förderstrecke, der sogenannten „Descrambling-Linie", bewegen sich die Handelseinheiten zunächst noch im Verbund als kompakte Lage. Um die Handelseinheiten zum Auseinanderdriften zu bewegen, schließen an diese Linie drei nebeneinander laufende Rollenbahnen an, die die komplette Lage an Handelseinheiten aufnehmen. Jede dieser Rollenbahnen ist mit eigenen Antrieben versehen, die die Handelseinheiten mit verschiedenen Geschwindigkeiten über die Descrambling-Linie bewegen. Dadurch driften die Einheiten zunehmend auseinander und stehen anschließend als einzelne Handelseinheiten zur Verfügung.

*Abb. 3: Descrambling-Linie*

In einem zweiten Schritt werden die nun vereinzelten Handelseinheiten automatisch auf Tablare gesetzt. Die Einheiten bewegen sich dazu auf herkömmlichen Förderbahnen. Auf einer separaten Strecke unterhalb dieser Bahn stellt das System parallel dazu die noch leeren Tablare zur Verfügung. Beide Bahnen laufen mit identischer Geschwindigkeit in vertikaler Linie aufeinander zu. Die obere Bahn endet mit geringem Abstand zur unteren und platziert die Handelseinheit direkt auf dem Tablar (vgl. Abbildung 4).

*Abb. 4: Zusammenführung von Handelseinheit und Tablar*

22

Diese physische „Verheiratung“ von Ware und Tablar wird systemtechnisch nachvollzogen, indem jede einzelne Handelseinheit vorher vermessen wird. Für die spätere Bildung der Auftragspalette ist das von entscheidender Bedeutung. Die Abmessungen jeder einzelnen Handelseinheit werden an einem Messpunkt mit optoelektronischer Sensorik erfasst. Fest installierte Scanner identifizieren jedes einzelne Tablar und führen die Abmessungs- und Stammdaten mit den am Tablar angebrachten Barcodes zusammen. Von diesem Zeitpunkt an wird innerhalb des Materialflusses im Distributionszentrum jede Handelseinheit mit ihren spezifischen Abmessungen und Kenndaten über den Barcode eindeutig erfasst und wieder erkannt.

Auf jedem Tablar wird eine Handelseinheit gepuffert, um diese im Einzelzugriff im Tablarlager für die Kommissionierung bereitzustellen. Zwei verschiedene Tablargrößen mit der Standardabmessung 600 Millimeter x 400 Millimeter und mit halber Standardgröße (400 Millimeter x 300 Millimeter) stehen zur Verfügung. Beide Tablargrößen bewegen sich in Längs- beziehungsweise in Querrichtung auf derselben Fördertechnik. Aufgrund dieser Größenalternativen wird die Lagerkapazität des Kommissionierpuffers effizient genutzt. Denn kleinvolumige Handelseinheiten puffert das System auf dem kleinen Tablar. Das Pufferlager nimmt in einem Lagerfach doppelttief zwei Tablare mit Standardgröße beziehungsweise vier Tablare mit halber Standardgröße auf. Automatische Regalbediengeräte übernehmen die Ein- und Auslagerspiele der Tablare und greifen bei Bedarf auf die Handelseinheiten einzeln zu.

Nach Eingang einer Bestellung seitens der Einzelhandelsfilialen generiert eine Software auf logischer Basis die zu bildenden Aufträge. Es entsteht eine virtuelle „Schlichtmatrix“ (siehe auch Abbildung 5).

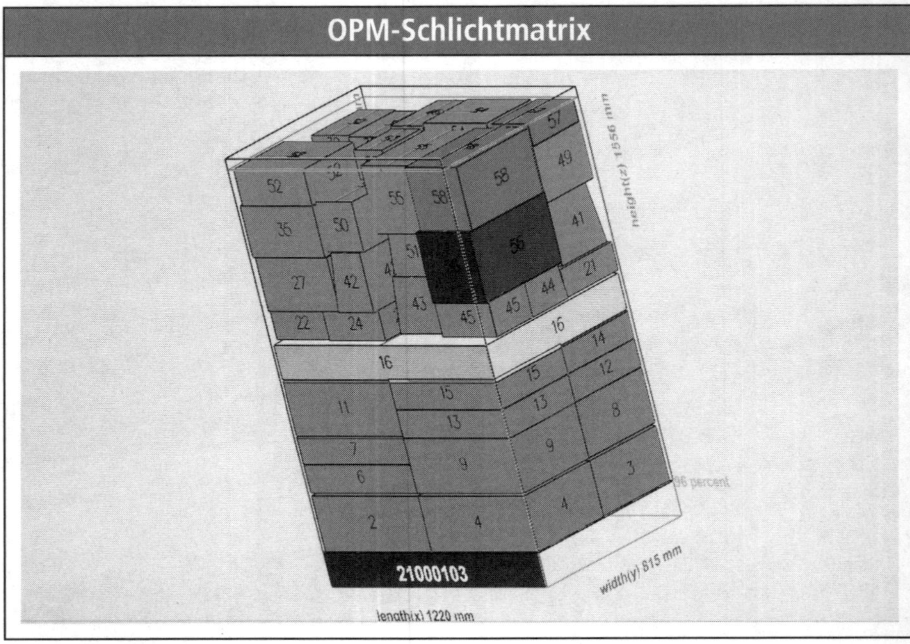


*Abb. 5: OPM-Schlichtmatrix*

Diesem Vorgang liegt eine anspruchsvolle Parametrierung zugrunde. Bei der Auftragsbildung kommen drei wesentliche Vorgaben zum Tragen: Die Anordnung der Warengruppen in den Einzelhandelsfilialen wird bei der Bildung des Auftrags ebenso berücksichtigt wie die optimale Beladung des Ladungsträgers und die Stabilität der Ladung selbst. Sobald dieser rechnertechnische Vorgang abgeschlossen ist, wird der Auftrag an das Lagerverwaltungssystem (LVS) zur physischen Kommissionierung übertragen. Das LVS gibt vor, von welchen Stellplätzen des Kommissionierpuffers Tablare entnommen und in welcher Sequenz diese ausgelagert werden. Automatische Regalbediengeräte mit doppeltem Lastaufnahmemittel entnehmen die Tablare in der vorher ermittelten Reihenfolge und führen sie einem Sequenzpuffer zu. Er entkoppelt die Auslagerprozesse von der Kommissionierung mit der COM.

*Abb. 6: Zuführung der Tablare zum Sequenzpuffer*

Den nach Logikkriterien elektronisch generierten Auftrag setzt die COM anschließend physisch um. Das LVS ruft dazu die Tablare in entsprechender Reihenfolge vom Sequenzpuffer ab. Fördertechnikanbindungen führen die Tablare nach deren Feinsortierung der Kommissioniermaschine zu. Die Handelseinheiten werden auf den Tablaren mechanisch positioniert, damit sie von der Teleskoptechnik der COM präzise aufgenommen werden können. Noch befindet sich die Handelseinheit auf dem Tablar. Sie muss daher vor dem Kommissioniervorgang vom Tablar getrennt werden. Um diesen Trennvorgang zu automatisieren, ist die Bodenfläche jedes Tablars mit einem Lochmuster versehen. Dorne drücken die Handelseinheit durch die Löcher nach oben (siehe Abbildung 7) und ein Schiebemechanismus, der die Handelseinheit aufnimmt, befördert diese auf den „Beladetisch" der COM (Abbildung 8).

*Abb. 7: Trennung von Handarbeit und Tablar*

*Abb. 8: Beförderung der Handelseinheiten auf den COM-Beladetisch*

Parallel dazu senken sich die Dornen und geben das nun leere Tablar für den Rücktransport zur Wiederbestückung frei. Ein weiterer Schiebemechanismus bewegt nun die Handelseinheit in Querrichtung zur Teleskoptechnik der COM, die jede Einheit gemäß der ermittelten „Schlichtmatrix" auf dem Ladungsträger positioniert. Als Ladungsträger können mit der COM sowohl Paletten (z. B. Europaletten, US Paletten etc.) als auch Rollcontainer bestückt werden. In letzterem Fall werden auf einer Systempalette zwei Rollcontainer fixiert, die parallel mit Auftragsware beladen werden. Jede Handelseinheit wird von der Teleskoptechnik exakt auf dem Ladungsträger positioniert. Bei diesem Vorgang schiebt die Mechanik die Handelseinheit auf der so genannten „Beladezunge" in Längsrichtung in den Ladungsträger.

*Abb. 9: Beladezunge*

In der „Beladezunge" integrierte Sensoren und ein 3D-Laserscanner überwachen permanent den Kommissioniervorgang und verhindern eine Kollision mit den Handelseinheiten auf dem Ladungsträger. Der gesamte Prozess erfordert aufgrund des dynamischen Wechselspiels mechanischer Bewegungen eine intelligente und äußerst schnelle Steuerung der einzelnen Komponenten. Das Know-how der Witron Logistik + Informatik GmbH mit 38-jähriger Erfahrung in der Lagerautomatisierung bildet die Basis für diese Steuerungskompetenz.

Auch Standardbehälter werden mit der COM vollautomatisch kommissioniert. Der Belademechanismus ist so konzipiert, dass er Behälter aufnehmen und nach gleichem funktionellem Prinzip auf der Auftragspalette positioniert.

*Abb. 10: Kommissionierung mit der COM*

Es ist möglich, auf ein und derselben Auftragspalette zunächst Behälterware und Handelseinheiten zu kommissionieren. Hierfür wird zunächst die in Behältern bevorratete Ware kommissioniert. Entscheidend ist, dass die Behälter eine ebene Oberfläche bilden. Wird diese Fläche aufgrund einer geringeren Zahl an kommissionierten Behältern nicht erreicht, werden die Lücken mit Leerbehältern geschlossen. Im Anschluss legt die COM eine Systempalette wiederum automatisch auf die Behälterlage. Nun wird der Kommissioniervorgang fortgesetzt. Die Systempalette dient als Zwischenboden (vgl. Abbildung 11).

*Abb. 11: Systempalette als Zwischenboden*

Auf ihr werden nun die Handelseinheiten platziert. Diese Flexibilität erlaubt es, verschiedene Artikelspektren auf einer Palette zu verdichten. Insbesondere Frischware wird auch heute schon in Behältern bevorratet. Ein Umpacken der Frischware in andere Versandladungsträger ist mit der COM überflüssig. Der Behälter wird als durchgängiger Ladungsträger vom Produzenten über den Handel bis zur Filiale genutzt. Auch ein Einsatz der COM im Tiefkühlbereich ist nach entsprechender Anpassung der temperaturempfindlichen Materialien und Sensoren möglich.

Nachdem die Mechanik der COM während des Kommissioniervorgangs alle Handelseinheiten „trägt" beziehungsweise „schiebt", können in Abhängigkeit der Artikelstruktur bis zu 90 Prozent der Handelseinheiten eines durchschnittlichen Handelswarensortiments, wie es der Verbraucher in Supermärkten heute vorfindet, automatisch kommissioniert werden. Derartige Sortimente können zwischen 10.000 und 15.000 unterschiedliche Produkte umfassen. Die Stundenleistung einer Kommissioniermaschine beläuft sich in Abhängigkeit der Auftragsstruktur auf rund 520 bis 570 Handelseinheiten. Damit beträgt die Taktzeit je kommissionierter Handelseinheit rund sieben Sekunden. Mit einem angenommenen durchschnittlichen Gewicht von 7 Kilogramm je Handelseinheit kommissioniert die COM ein Warengewicht von 3,5 Tonnen in der Stunde. Im Vergleich mit manuellen Kommissioniermethodiken entspricht dies mehr als einer Leistungsverdoppelung. Die COM wurde für eine durchschnittliche Betriebszeit von typischerweise 20 Stunden pro Tag konzipiert, was einem täglich kommissionierten Warengewicht von 70 Tonnen je COM entspricht.

Um während der „Produktion" der Auftragspalette die Stabilität der auf dem Ladungsträger platzierten Handelseinheiten mit zunehmender Ladungshöhe zu maximieren, umgibt den Ladungsträger ein einseitig an der Frontseite und oben offener Container. Dieser von Witron als „Pack-Corner" bezeichnete Container verhindert ein Herunterfallen vom Ladungsträger. Zusätzlich wird bereits bei der Generierung der „Schlichtmatrix" darauf geachtet, dass die Handelseinheiten einen stabilen Verbund bilden und eine „Turmbildung" weitestgehend vermieden wird. Nach Fertigstellung der Auftragspalette beziehungsweise der Rollcontainer werden diese über Fördertechnik aus der COM ausgeschleust und einem Wickelautomaten zugeführt. Dieser „Stretcher" trennt die Auftragspalette von der „Pack-Corner" und umwickelt die kommissionierten Handelseinheiten vollständig.

*Abb. 12: Automatische Sicherung mittels Stretch-Folie*

Rollcontainer werden von der Systempalette getrennt und am oberen Ende ihrer klappbaren Seitenwände mit Folie umwickelt. In beiden Fällen entsteht so eine Versandeinheit, die stabil transportiert werden kann.

## 22.4 Auswirkungen auf die Supply Chain

Mit der COM als „Herzstück" und bislang fehlendes Glied eines effizienten vollautomatischen Lager- und Kommissionierprozesses für Handelswaren werden die Anforderungen an eine wirtschaftliche Logistikpraxis der Zukunft bereits heute erfüllt. Die besondere Herausforderung bei der Entwicklung des vollautomatischen Lager- und Kommissioniersystems OPM bestand nicht zuletzt darin, eine größtmögliche Wirtschaftlichkeit nicht nur innerhalb des Distributionszentrums zu erreichen, sondern auch positive Effekte auf die gesamte Logistik-Prozesskette zu bewirken. Eine Systemlösung auf Basis des OPM-Konzeptes optimiert daher die gesamte Supply Chain, vom Hersteller über den Bereitstellungsprozess und den intralogistischen Materialfluss bis hin zur Filialbelieferung und letztendlich zum Endverbraucher.

Nach der Anlieferung der artikelreinen Paletten werden diese im Wareneingang identifiziert. Fehler werden automatisch erkannt und das Gesamtgewicht des Ladungsträgers wird automatisch erfasst. So kann sofort ein Abgleich zwischen der

Bestellung und der Lieferung erfolgen. Aufgrund der für die Kommissionierung notwendigen Stammdaten, die exakt gepflegt werden, erfolgt zusätzlich eine automatische Kontrolle jeder einzelnen Handelseinheit im Hinblick auf Abmessungen, Gewicht und Volumen. Der Warenbestand wird permanent kontrolliert, eine aussagekräftige Inventur ist jederzeit möglich. Die Kommissionierung selbst läuft automatisiert und aufgrund der stammdatenüberwachten Prozesse fehlerfrei. Zudem erlaubt es das OPM-Konzept, Veränderungen im Warensortiment problemlos in der Lagerung und Kommissionierung zu berücksichtigen. Nach Erfassung der Stammdaten wird die Ware wie alle übrigen Handelseinheiten bewegt. Damit bietet OPM höchste Systemverfügbarkeit und Umsetzbarkeit im Hinblick auf eine optimale Wirtschaftlichkeit.

Im Warenausgang sorgt die zeitlich exakt terminierbare Bereitstellung der kommissionierten Aufträge für einen reibungslosen Warenversand. Bei einem Versand per Lkw werden die Aufträge optimal und tourengerecht verladen. Zudem profitiert der Transporteur von geringeren Transportvolumina, da mit der COM die Ladungsträger dichter gepackt werden können. Damit erhält die COM zusätzlich zum ökonomischen Nutzwert einen ökologischen Faktor, der sich in den besser genutzten Ladekapazitäten der Transporteure widerspiegelt. Im Warenausgang wird das Gewicht jedes Ladungsträgers nochmals automatisch kontrolliert. Ein Überladen wird damit ausgeschlossen, was zu mehr Sicherheit auf der Straße führt. Für die Warenbeförderung wird die kommissionierte Ware durch Umwickeln mit Folie transportgesichert.

In den Einzelhandelsfilialen entfällt aufgrund der fehlerfreien Kommissionierung und Nachvollziehbarkeit der Auftragsbildung die Wareneingangskontrolle. Die hohe Kommissionierdichte eines Auftrags sorgt dafür, dass die Anzahl an gelieferten Ladungsträgern geringer ausfällt, als bei manuell gepackten Ladungsträgern. Dementsprechend benötigen die Filialen nur noch kleinere Bereitstellflächen für angelieferte Auftragsware. Die gelieferten Waren wurden von der COM gemäß den vorgegebenen Warengruppen kommissioniert, wovon das Filialpersonal in Form von geringerem Zeitbedarf für das Befüllen der Regale profitiert. Damit findet wiederum der Verbraucher das gesamte Sortiment in den Regalen vorrätig. Durch Umlage der Logistikersparnisse kann der Kunde zudem von günstigeren Produktpreisen profitieren, was letztendlich zu einer höheren Kundenzufriedenheit und -bindung führen dürfte.

## 22.5 OPM-Features auf einen Blick

- Vom Wareneingang bis zum Warenausgang vollautomatisches Warenhandlingssystem zur Erzeugung von Auftragspaletten
- Unabhängig von der Anzahl der Artikel
- Automatisierte, in der Praxis erprobte Lagen-Depalettierung
- Beladen der Verpackungseinheiten (Cases) auf Trays
- Trays mit Cases gewährleisten den einwandfreien Transport und die Lagerung bei Verwendung von Standardkomponenten. Dies ist die absolute Voraussetzung für die erforderliche Systemverfügbarkeit

- Einlagerung der Cases auf Trays in einem standardisierten Kleinteilelager (AKL)
- Zugriff auf jeden einzelnen Artikel im Tray-Lager
- Die Verpackungseinheiten (Cases) werden im kompletten System getragen und geschoben
- Sequentielle Zuführung der Cases zum Beladesystem COM (Case Order Machine) über Sequenzpuffer
- Berücksichtigung von unterschiedlichsten Kriterien bei der Kommissionierung z. B. Sortierung nach Shop-Layout (store friendly), Sortierung nach Warengruppen, Beachtung sonstiger kundenspezifischer Vorgaben etc.
- Beladung sowohl von Auftragspaletten als auch Rollcontainern möglich
- Optimale Palettenstabilität und Füllgrad durch rechnergeführte Schlichtmatrix
- Im Gegensatz zur herkömmlichen Robotergreiftechnik ist durch die Teleskop-Beladetechnik der COM eine optimale Beladung ohne „Greiflücken" und somit ein optimaler Füllgrad der Ladungsträger möglich
- Ein Pack-Corner garantiert keine Überstände und optimale Beladehöhe der Auftragspaletten
- Automatische Ladungssicherung durch Stretchung vor Versand der Paletten

## 22.6 Vorteile des OPM-Konzeptes auf einen Blick

- Extrem hohe Wirtschaftlichkeit im Vergleich zu herkömmlichen Kommissionierverfahren
- Reduktion der Kosten je kommissionierter Handelseinheit
- Vollautomatische Kommissionierung von mehr als 90 Prozent marktüblicher Handelseinheiten – keine Kommissionierfront, daher Beherrschung eines sehr breiten Artikelspektrums
- Einsatz in allen Temperaturbereichen möglich (Trockensortiment, Frischebereich, Tiefkühlbereich)
- Fehlerfreies Kommissionieren durch vollautomatisierten Prozessablauf/weniger „Bruch"
- Bildung von filialgerechten Sequenzen gemäß der Warengruppenanordnung in den Filialen („store friendly delivery")
- Softwaregestützte Generierung einer optimalen Beladematrix des Ladungsträgers
- Automatische Beladung verschiedenartiger Ladungsträger (Paletten und Rollcontainer)
- Permanente Inventur im gesamten System

## 22.7 Teil der Witron-Modulstrategie

Wie alle Witron-Kommissioniersysteme basiert das OPM-System auf einer Modulstrategie. Somit kann bei der Realisierung eines OPM-Projektes auf die Verwendung von marktüblichen Standardkomponenten hinsichtlich der eingesetzten Software, Steuerung, Mechanik und Hardware zurückgegriffen werden, was eine hohe Anlagenverfügbarkeit garantiert. Aufgrund der Modularität kann eine Anlage hinsichtlich der Anlagengröße problemlos erweitert und auch mit anderen Witron-Kommissioniersystemen (z. B. DPS für Kleinteilekommissionierung) kombiniert werden.

## 22.8 Innovationen an Anforderungen des Marktes ausgerichtet

Mit der COM-Technologie ist es gelungen, zwei zentrale Grundvoraussetzungen für den Erfolg einer Innovation ideal zu erfüllen: Zum einen die konsequente Ausrichtung auf tatsächliche Kundenbedürfnisse: Durch das sprichwörtliche Ohr am Markt und den engen Kontakt zum Kunden ist mit der Entwicklung des OPM ein System geschaffen worden, welches sich optimal an den Anforderungen der Retail-Branche orientiert und flexibel auf zukünftige Bedürfnisse reagieren kann. Des Weiteren wurde durch die konsequente Nutzung von Standardmodulen sichergestellt, dass sich diese innovative Lösung im täglichen Betrieb durch eine hohe Anlagenverfügbarkeit auszeichnet. Im Ergebnis erzielen OPM-Kunden dadurch Wirtschaftlichkeit und Wettbewerbsvorsprung – und damit schließt sich der Kreis zum Erfolg einer innovativen Technologie.

## 22.9 Einsatz von OPM auch im Frische- und Tiefkühlbereich möglich

Neben dem Einsatz im Trockensortimentsbereich hat sich der Einsatz dieser Lösung auch im Frische- und Tiefkühlbereich (minus 24 Grad) bewährt. Die besonderen Anforderungen dieses Artikelspektrums sowie die besonderen Anforderungen an den Einsatz von Mechanik in temperierten- und tiefgekühlten Lagerbereichen wurden durch die OPM-Funktionalitäten und die OPM-Mechanikkomponenten optimal gelöst. Auch hier zeigt sich die Verwendung von Standardkomponenten erneut von Vorteil. Somit bietet OPM die Möglichkeit für eine wirtschaftliche Gesamtlösung in allen Lager- und Temperaturbereichen eines Distributionszentrums. Kunden die OPM bereits im Frische- und Tiefkühlbereich einsetzen sind beispielsweise die Retailer Mercadona (Spanien) oder Kroger (USA).

## 22.10 Die nächste OPM-Generation

Nach mehrjähriger erfolgreicher Praxiserfahrung mit Kunden wie EDEKA, Mercadona (Spanien), Kroger, Supervalu (beide USA) sowie Sobeys (Kanada) hat Witron das vollautomatische Lager- und Kommissioniersystem „Order Picking Machinery“ (OPM) weiter optimiert und in der zweiten Generation die Leistung nochmals um ca. 25 Prozent gesteigert.

Dies konnte vor allem dadurch erreichen werden, indem die bewährten OPM-Konzepte und -Elemente beibehalten und der Materialfluss neu strukturiert und vereinfacht wurde. Bei bestimmten Komponenten konnten beispielsweise bis zu 35

Prozent Materialeinsparung erreicht werden. Die Kommissionierleistung der neuen COM-Generation liegt nun bei 520 bis 570 Handelseinheiten pro COM und Stunde bei gleichzeitig deutlich niedrigerem Energieverbrauch und reduzierten Betriebskosten. Bereits ab einer Kommissionierung von 50.000 Handelseinheiten pro Tag rechnet sich für den Kunden der Einsatz einer OPM-Lösung. Einige mit OPM arbeitende Distributionszentren sind für eine tägliche Kommissionierleistung von über 300.000 Handelseinheiten (mit dem OPM-System) pro Tag ausgelegt.

Folgende Ziele wurden mit der neuen OPM-Generation erreicht:

- Reduzierung der Investkosten durch weniger Steuerungs-, Fördertechnikkomponenten und Materialfluss-Software
- Reduzierung der Betriebskosten
- Erhöhung der Systemverfügbarkeit
- Optimierung der Voraussetzungen für Service und Wartung
- Einfacheres Betreiben der Anlage
- Reduzierung der Manpower im Bereich Service, Wartung, Anlagenbedienung
- Reduzierung des Energieverbrauches
- Reduzierung der Kosten für Ersatz- und Verschleißteile

Technisches Ergebnis auf einem Blick:

- Erhöhung der COM-Leistung um 25 Prozent
- Kommissionierung von 520 bis 570 Handelseinheiten pro COM und Stunde
- Erhöhung der Tray-RFZ-Leistung entsprechend der COM-Leistung
- Reduzierung der Maschinen (RFZ) durch Leistungserhöhung einzelner Komponenten
- Erhöhung der Stellplatzkapazität der Sequenzbuffer um Faktor 5 sowie 100 Prozent redundante Ein- und Auslagerung
- Vereinfachung und Reduzierung der Förderstrecken, dadurch signifikante Einsparung von Antrieben und Signalgebern von vergleichbaren Anlagen → (Einsparungspotential ca. 35 Prozent)
- Keine Tray-Drehungen auf den Förderstrecken
- Entfall der bisherigen Tray-Matrix mit hoher Systemleistung
- Reduzierung der max. Einzelgeräteleistung der Tray-Fördertechnik → deutliche Verbesserung Lifecycle time

# 23 TGW: HOCHLEISTUNGS-KOMMISSIONIERUNG

23

*(Rudolf Hansl)*

## 23.1 Anforderungen an Kommissioniersysteme

Die Anforderungen an ein modernes, hoch leistungsfähiges Kommissioniersystem für Kleinteile sind vielfältig. Sie beginnen bei der höchstmöglichen Kommissionierleistung, gehen über eine größtmögliche Reduktion der Fehler und die Reduktion der Kosten pro Pick bis hin zur Ladungssicherheit und filial- bzw. regalgerechten Beladung der Ladungsträger. Darüber hinaus ist auch die optimale Nutzung der zur Verfügung stehenden Fläche bzw. des vorhandenen Lagervolumens zu berücksichtigen. Der Trend geht eindeutig in Richtung Einzel- oder GVE-Kommissionierung, branchenabhängig in zunehmend höhere Sequenzierungsanforderung und in ein verbreitertes Serviceangebot der Logistikbereiche wie Value Added Services oder ähnliches.

## 23.2 Typen von Kommissioniersystemen

Generell geht es bei Leistungssteigerungen in der Kommissionierung darum, die Arbeitsleistung des Menschen so effizient und ergonomisch wie möglich einzusetzen bzw. durch automatisierte Prozesse zu ersetzen.

Ein Trend, der all den oben genannten Anforderungen gerecht wird, ist die vollautomatische Kommissionierung. Diese Lösungsvariante ist investitionsintensiver als andere und daher sicherlich nicht für jede Kommissionieranwendung wirtschaftlich einsetzbar. Die Alternativen zur vollautomatischen Kommissionierung sind vielfältig. Sie reichen von rein manuellen Anwendungen bis zu hoch automatisierten Anlagen, in denen das Personal nur mehr die reine Pick-Funktion ausübt. Die wesentlichen Unterschiede der verschiedenen Systemansätze liegen in der Flexibilität der Anlage in Bezug auf geänderte Waren und Rahmenbedingungen und in der Erfüllung der folgenden Anforderungen:

- Kosten
- Leistung
- Fehlerquote
- Platzbedarf
- Flexibilität

### 23.2.1 Beispiel: Vollautomatisches Kommissioniersystem Auto Pick

Das von TGW entwickelte vollautomatische Kommissioniersystem Auto Pick setzt auf ein automatisches Handling einzelner Collis im gesamten System ohne zusätzlichen Ladungsträger. Durch diese vollautomatische Lösung können sehr hohe Leistungen bei fast absoluter Fehlerfreiheit erzielt werden. Das System ist auch im Tiefkühlbereich einsetzbar, wo durch die extremen Temperaturbedingungen eine manuelle Kommissionierung äußerst unattraktiv ist. Ein weiterer Vorteil ist die exakte Sequenzierung auf der Palette oder dem Rollcontainer, wodurch beispielsweise das Beschicken der Regale einer damit belieferten Filiale wesentlich erleichtert wird.

Dieses System beginnt bereits im Wareneingang, wo jede angelieferte Palette identifiziert und deren Schlichtung kontrolliert wird, bevor sie ins Paletten-Hochregallager kommt. Von dort werden Paletten mit den benötigten Waren ausgelagert, vollautomatisch depalettiert und die einzelnen Collis auf der Fördertechnik in ein automatisches Fachboden-Kleinteilelager transportiert. Der eigentliche Kommissionierprozess erfolgt durch die Regalbediengeräte dieses AKL. Die einzeln eingelagerten Collis werden auftragsbezogen ausgelagert und über die Fördertechnik in einen Sequenzierungspuffer gebracht. Von dort aus gelangen die einzelnen Collis in der für die Schlichtung auf der Warenausgangspalette optimalen Reihenfolge zur Palettierung. Der Vorgang der Palettierung kann nun wiederum vollautomatisch oder manuell erfolgen, bevor die fertigen Paletten oder Rollcontainer ausgeliefert werden.

### 23.2.2 Beispiel: Hochautomatisiertes Kommissioniersystem

Ein Pharma-Großhändler aus Karlsruhe setzte bei der Planung und Umsetzung seines neuen Distributionszentrums auf eine Kombination verschiedener Kommissioniermethoden. Deshalb wird dieses Projekt als beispielhafte Referenz im vorliegenden Beitrag herangezogen. Jeder der rund 80.000 Artikel im Sortiment des Pharmagroßhändlers wird entsprechend seiner Beschaffenheit und seiner Umschlaghäufigkeit im optimalen Teilsystem gepickt, wobei ein flexibler, beispielsweise saisonaler Wechsel in ein anderes Teilsystem jederzeit einfach möglich ist.

- A-Artikel: Schachtkommissionierautomaten mit hoch automationsunterstütztem Nachschub
- B-Artikel: Hoch automatisierte Ware-zum-Mann-Kommissionierung mit Nachschubversorgung aus einem dynamischen Kleinteilelager
- gekühlte Artikel: vollständig in B-Kommissionierung integriert
- C-Artikel: Mann-zur-Ware-Kommissionierung an automatisierten Bahnhöfen und teilweise dynamischer Artikelbereitstellung
- Sperrige Artikel: Manuelle Palettenkommissionierung

## 23.3 Systematik von Kommissioniersystemen

In den meisten Fällen ist eine Kombination verschiedener Kommissionierszenarien für unterschiedliche Produktbereiche sinnvoll, um mit optimalem Investitionsvolumen die geforderte Leistung zu erzielen. Entscheidend für den Erfolg des daraus entstehenden Systems ist, die Teilsysteme nicht als voneinander unabhängige Insellösungen zu betrachten, sondern ein Gesamtsystem mit vernetzten Teilbereichen zu schaffen.

### 23.3.1 Vollautomatisierte Kommissionierung

In der vollautomatisierten Kommissionierung können durch die Unabhängigkeit vom Faktor Mensch die höchsten Leistungen mit den geringsten Fehlerquoten realisiert werden. Je nach Größe und Beschaffenheit der Artikel kommen die verschiedensten Ansätze zum Einsatz.

- Das unter 23.2.1 vorgestellte automatische Kommissioniersystem Auto Pick von TGW eignet sich für Collis, Säcke, Flaschenverpackungen etc. mit Abmessungen von 150 x 150 x 60 mm bis 800 x 600 x 450 mm und einem Gewicht bis 25 kg (siehe Abbildung 1). Durch die exakte Sequenzierung eignet es sich insbesondere für Anwendungen in Distributionszentren von Handelsunternehmen mit Filialbelieferung, wo äußerst hohe Leistungen erforderlich sind.
- Der Schachtkommissionierautomat, wie er häufig im Pharma-Großhandel eingesetzt wird, eignet sich nur für einen sehr eingegrenzten Artikelbereich – vorwiegend quaderförmige, kleinvolumige, leichte Artikel – kann dort aber beeindruckende Leistungen erzielen. Üblicherweise rentieren sich die relativ hohen Investitionskosten nur bei einem Einsatz im Bereich des A-Sortiments.
- Andere vollautomatisierte Systeme setzen auf ein Handling von einzelnen Verpackungseinheiten auf zusätzlichen Ladungsträgern im gesamten Prozess, vom Wareneingang über das Lager und die Kommissionierung bis zur Palettierung und den Versand. Diese Ansätze sind wiederum vielfältig, meist jedoch sehr investitionsintensiv und nur bei großen Umschlagsmengen sinnvoll einsetzbar.

*Abb. 1: Power Pick – vollautomatisierte Kommissionierung mit manueller Palettierung*

23

### 23.3.2 Ware-zum-Mann-Systeme

In Ware-zum-Mann-Systemen mit Automationsunterstützung lassen sich viele verschiedene Kommissionierszenarien abbilden, sowohl in Bezug auf die Wareneigenschaften und Struktur, als auch auf die Auftragsstrukturen und Logistikprozesse. Entsprechend vielfältig sind auch die Optimierungspotenziale und entsprechend groß ist das Spektrum der erzielbaren Leistung pro Kommissioniermitarbeiter. Dabei sind Leistungen von rund 1.000 Picks pro Stunde und Mitarbeiter, wie beim o. g. Pharma-Großhändler umgesetzt, durchaus möglich, allerdings nur, wenn alle relevanten Einflussfaktoren stimmen. Muss am Arbeitsplatz neben dem Pickvorgang auch gescannt, gewogen oder vorverpackt werden, kann die Leistung auch bei 150 Picks/Stunde/Mitarbeiter liegen. Es ist daher ratsam, mit Angaben zu Pickraten von Arbeitsplätzen äußerst vorsichtig umzugehen und diese im Detail an Hand der Kundenanforderungen zu analysieren. Berechnungsmethodiken die mit Praxiserfahrungen verifiziert sind werden in den Projekten angewandt und in Testaufbauten mit dem Kunden feingetuned.

Grundprinzip der Ware-zum-Mann-Kommissionierung ist, Weg- und Suchzeiten der Mitarbeiter zu reduzieren und die Arbeitszeit ausschließlich für den Kernprozess des Picking zu verwenden. Das Intralogistiksystem stellt die benötigten Waren am Arbeitsplatz automatisch bereit, der Mitarbeiter erhält seine Kommissionieranweisungen direkt vor Ort und auch die Auftragsbehältnisse befinden sich in unmittelbarer Reichweite. Im Idealfall sind am Arbeitsplatz auch keine Nebenprozesse wie Wiegen, Verpacken, Etikettieren, Scannen etc. nötig.

**Parallele Auftragsbearbeitung**

Der Prozess am Arbeitsplatz des Kommissionierers gestaltet sich am einfachsten, wenn er jeweils nur einen Auftrag zu bearbeiten hat und die Waren für diesen Auftrag nacheinander bereitgestellt werden. Um diesen Prozess zu ermöglichen, ist im Hintergrund bei einigen Branchenlösungen eine absolut exakte Sequenzierung der Waren nötig, die eine permanente Versorgung des Kommissionierers mit den richtigen Waren- und Auftragsbehältern sicherstellen muss. Außerdem müssen hier Schieflasten in der Auslastung der Lager- und Fördertechnik ausgeglichen werden, was eine große Herausforderung für die Materialflusssteuerung darstellt. In der Praxis kommen daher folgende Szenarien zum Einsatz:

- 1:1 – ein Warenbehälter steht jeweils einem Auftragsbehälter gegenüber (s. o.)
- 1:n – es wird jeweils ein Warenbehälter bereitgestellt, von dem in mehrere Auftragsbehälter gepickt werden kann
- n:n – aus mehreren gleichzeitig zur Verfügung stehenden Warenbehältern wird in mehrere offene Aufträge kommissioniert – der Übergang zu Mann-zur-Ware-Systemen ist hier fließend

Im o. g. Referenzbeispiel kommt die 1:n-Kommissionierung zum Einsatz. Der Warenbehälter, aus dem gepickt wird, wird immer am gleichen Platz positioniert. Nachdem diese Behälter aufgrund der sehr kleinen Artikel bis zu achtfach unterteilt sind, erhält der Kommissionierer das zu wählende Fach zusätzlich über ein Lichtsignal angezeigt (siehe Abbildung 2).

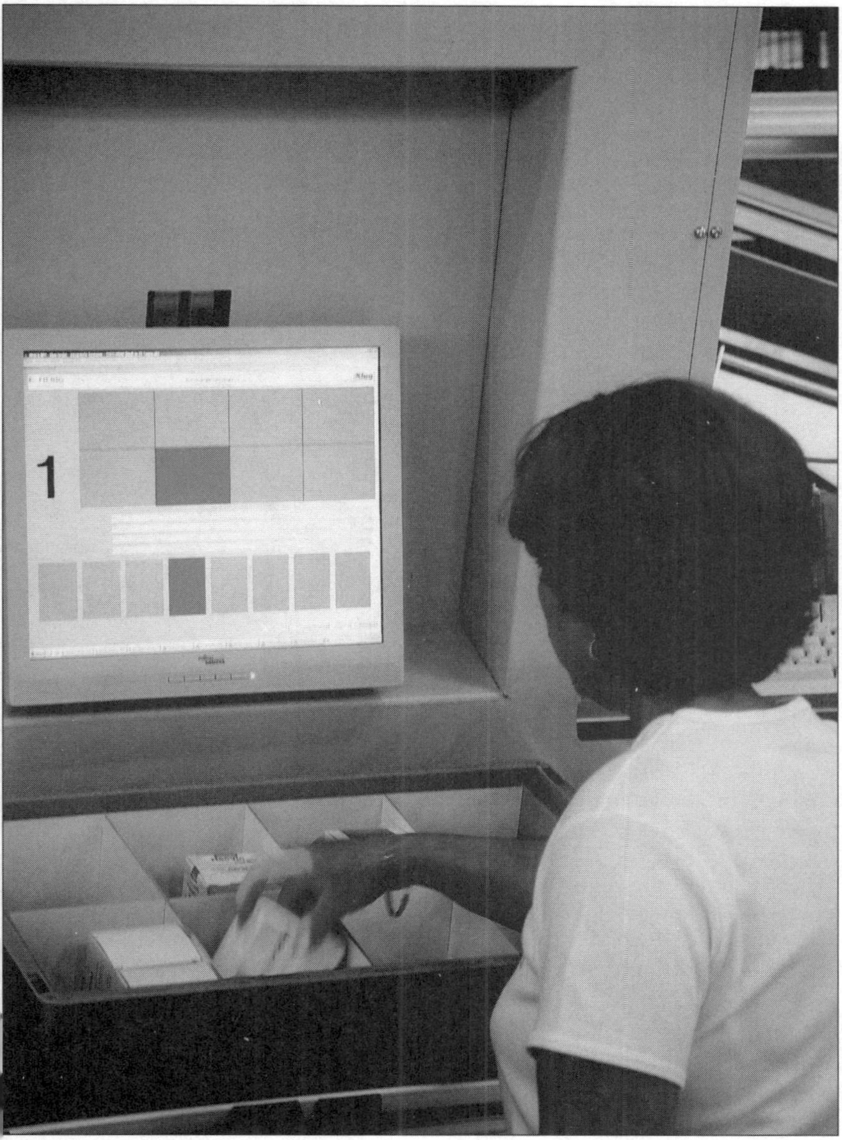


*Abb. 2: EDV-unterstützte Fachwahl*

Unmittelbar unterhalb der Warenbehälter befinden sich bis zu acht Auftragsbehälter, die jeweils einen Kundenauftrag repräsentieren. Die exakte Führung des Kommissionierers zum jeweiligen Auftragsbehälter erfolgt ebenfalls über Lichtsignale.

Eine alternative Anordnung ist in Abbildung 3 zu sehen. Stirnseitig am Arbeitsplatz wird hier der jeweilige Warenbehälter angedient, seitlich daneben stehen die offenen Auftragsbehälter. Je nach Anforderungen können die Auftragsbehälter einseitig oder beidseitig angeordnet werden.

23

*Abb. 3: Auftragsbehälter seitlich angeordnet, Warenbehälter stirnseitig*

**Unterstützende Technologien**
Um die Arbeit für die Kommissionierer zu erleichtern, werden unterschiedlichste Technologien eingesetzt. Hierbei wird insbesondere auf eine effiziente Informationsdarstellung und -übermittlung Wert gelegt.

- Bildschirme und Displays zeigen dem Mitarbeiter direkt am Arbeitsplatz die jeweils relevanten Informationen an. Diese Anzeigen werden bewusst einfach gehalten, um Mitarbeiter schnell einschulen zu können und die Fehleranfälligkeit zu reduzieren.
- Über Lichtsteuerungen (Pick by Light, Pick to Light) werden dem Mitarbeiter die Position der zu kommissionierenden Ware bzw. des Zielbehälters angezeigt.
- Abbildungen des relevanten Artikels anstatt textlicher Beschreibungen helfen Verwechslungen zu vermeiden.
- Alternativ oder in Ergänzung zur optischen Anzeige erhält der Kommissionierer bei Pick by Voice die relevanten Informationen akustisch via Headset.

**Ergonomische Arbeitsplatzgestaltung**
Die Ergonomie trägt wesentlich zur Kommissionierleistung bei, indem sie der Ermüdung der dort arbeitenden Menschen vorbeugt. Die Präsentation der Waren, die Anordnung der Auftragsbehälter und die Positionierung von Anzeigeinstrumenten, Bildschirmen und Bestätigungstastern muss nach ergonomischen Gesichtspunkten optimiert werden, um Höchstleistungen der Mitarbeiter zu ermöglichen. Im Idealfall sind die Höhen auch noch individuell an die Größe der jeweiligen Mitarbeiter anpassbar ausgeführt.

Neben der Anordnung des Arbeitsplatzes lassen sich zur Ergonomie auch die optische und akustische Gestaltung zählen. Daher ist eine sinnvolle Abschottung der Arbeitsbereiche in der Systemplanung zu erwägen.

### 23.3.3 Mann-zur-Ware-Systeme

In Mann-zur-Ware-Systemen sind die Kommissionierleistungen wesentlich geringer anzusetzen, da ein großer Zeitanteil auf die Geh- und Suchzeiten entfällt. Daher werden diese Systeme beispielsweise beim o. g. Referenzbeispiel ergänzend zu anderen Teilsystemen nur für das C-Sortiment angewendet. Auch für sperrige Artikel ist dieser Ansatz im Rahmen einer Hochleistungs-Kommissionieranlage sinnvoll.

Dennoch können auch hier unterschiedliche Technologien zur Leistungssteigerung herangezogen werden. Die Ausbildung von definierten Kommissionierzonen, eine dynamische Bereitstellung von Waren in Kommissionierfronten, die automatische Zuführung der Auftragsbehälter zu Kommissionierbahnhöfen, die Unterstützung durch Pick by Light und Pick by Voice oder die Ausrüstung der Kommissionierer mit Hand- oder Fingerscannern (Abbildung 4) steigern die Leistung.

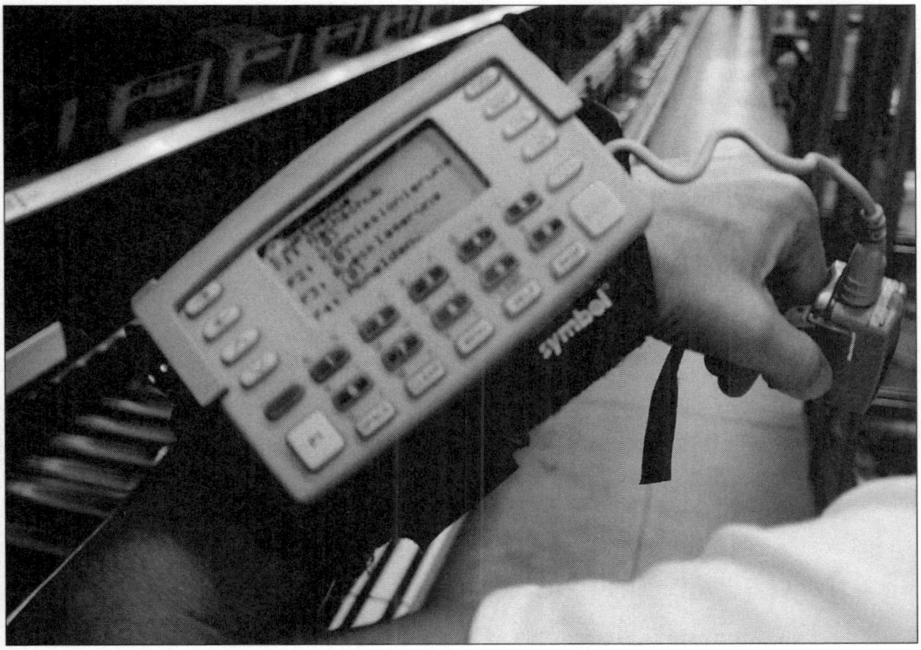


*Abb. 4: Fingerscanner*

### 23.3.4 Optimierung der Auftragsdurchlaufzeit

In Bezug auf die Verbesserung des Kundenservice kommt der Reduktion der Gesamtdurchlaufzeit eines Auftrages immer öfter eine hohe Bedeutung zu.

- Bei Mann-zur-Ware-Systemen, in denen jeder Artikel nur an einem Platz vorrätig ist, steigt somit die Durchlaufzeit üblicherweise mit der Anzahl der Artikel pro Auftrag. Eine Reduktion kann eventuell durch eine mehrstufige Kommissionierung erzielt werden, indem mehrere Behälter pro Auftrag gestartet, in den unterschiedlichen Zonen parallel bearbeitet und am Ende konsolidiert werden.

- In Ware-zum-Mann-Systemen hat man die Wahl zwischen der Mehrstopp-Strategie und der meist wesentlich schnelleren One-Stopp-Strategie. Allerdings erfordert die zweite Variante, dass jeder Warenbehälter jeden Kommissionierplatz anlaufen kann, damit jeder Auftrag an nur einem Arbeitsplatz alle nötigen Artikel erhält. Über einen leistungsfähigen Verteil-Loop, der das gesamte Lager mit allen Kommissionierarbeitsplätzen verbindet, ist das beispielsweise bei o. g. Pharma-Großhändler realisiert worden (Abbildung 5). Um Schieflasten zu vermeiden, müssen in diesem Fall vor allem A- und B-Artikel an mehreren Lagerorten parallel gehalten und entsprechende leistungssteigernde Algorithmen vorgesehen werden.

*Abb. 5: Verteil-Loop*

## 23.4 Nachschub- und Nebenprozesse

Sowohl bei leistungsfähigen Mann-zur-Ware-, als auch bei den Ware-zum-Mann-Systemen, kommt der Nachschubversorgung eine besondere Bedeutung zu. Durch dieses System im Hintergrund muss gewährleistet werden, dass die richtige Ware zur richtigen Zeit in der richtigen Anzahl am richtigen Kommissionierplatz zur Verfügung steht – eine logistische Anforderung par excellence. Der leistungsfähige Nachschub garantiert eine permanente Versorgung der Mitarbeiter, reduziert den Suchaufwand und sorgt damit für den optimalen Einsatz des Kommissionierpersonals. Je dynamischer also der Nachschub erfolgt, desto leistungsfähiger kann auch das Gesamtsystem gestaltet werden – eine Anforderung an der Hochleistungs-Kommissioniersysteme lange Zeit scheiterten.

## 23.4.1 Automatisches Kleinteilelager



Noch vor wenigen Jahren erreichten automatische Lagersysteme für Kleinteile eine maximale Geschwindigkeit von 4 m/s und beschleunigten mit maximal 2 $m/s^2$. Diese Fahrwerte und auch die dabei eingesetzte Mechanik begrenzte außerdem die sinnvolle Höhe derartiger Läger bei maximal zwölf Metern. Aktuelle Lagersysteme sind hier bedeutend leistungsfähiger. Das TGW-Regalbediengerät Mustang (Abbildung 6) erreicht beispielsweise eine Maximalgeschwindigkeit von 6 m/s, die Beschleunigung von 4 $m/s^2$ entspricht dem Verhalten von Sportautos.

*Abb. 6: Regalbediengerät Mustang*

Der Mustang ist aber nicht nur schnell; mit einer maximalen Höhe von 18 m kann er auch für sehr hohe Kleinteilelager-Anwendungen eingesetzt werden. Darüber hinaus stehen heute auch Geräte für noch dynamischere Anwendungen zur Auswahl. Die Kommissioniermaschine Booster mit seiner Beschleunigung von 5 $m/s^2$ wird beispielsweise in relativ kleinen Pufferlagerblöcken für schnellste Arbeitsplatzversorgung eingesetzt. Regalbediengeräte mit mehreren oder mehrfachtiefen Lastaufnahmemitteln, z. B. dem bis zu vierfachtiefen Twister von TGW, erzielen ebenfalls extrem hohe Leistungen für die Auftragspufferung. Customizing, also die individuelle Anpassung an die Anforderungen des konkreten Projekts, steht in jedem Fall an oberster Stelle.

**Einflussfaktoren für richtige Systemwahl**
Die Auswahl des richtigen Systems ist außerordentlich wichtig. Die beeinflussenden Faktoren für diese Entscheidung bilden insbesondere:

- die zu erreichende Ein-/Auslagerungsleistung, meist berechnet in Lager-Doppelspielen,
- die benötigte Stellplatzkapazität, die sich vor allem aus der Art und Anzahl der Artikel ergibt,
- die A-/B-/C-Verteilung der Artikel,
- die Auftragsstruktur und
- die Investitionskosten für Mechanik, Steuerung und Stahlbau.

Während Hochleistungs-Regalbediengeräte wie der Mustang im klassischen Stil bei hoher Stellplatzkapazität zur Versorgung von sehr häufig lateral angeordneten Arbeitsplätzen bis zu einer Leistung von rund 400 Picks pro Stunde je Gerät eingesetzt werden, eignen sich spezialisierte Geräte wie der Booster oder der Commissioner für den Einsatz bei höheren Leistungen und geringerer Stellplatzkapazität.

## 23.4.2 Sequenzierung und Synchronisierung der Warenströme

Je komplexer die Anforderungen zur Versorgung der einzelnen Arbeitsplätze sind, beispielsweise bei 1:1-Verhältnis von Waren- und Auftragsbehälter am Arbeitsplatz und One-Stopp-Strategie je Auftrag, desto leistungsfähiger muss das Materialflusssystem ausgelegt sein. Hier erfolgt die Sequenzierung, also die Abstimmung der Reihenfolge, in der die Warenbehälter an den jeweiligen Arbeitsplatz gelangen. Auftrags- und Warenbehälter werden ebenfalls über das Materialflusssystem synchronisiert.

Zusätzlich zur Sequenzierung im Materialflussrechner kann es nötig sein, ein Puffersystem vor dem Arbeitsplatz zu installieren. Dieses Puffersystem dient als kurzzeitiges Zwischenlager und Sortiersystem für Warenbehälter, die nicht in der richtigen Reihenfolge angeliefert werden. Zu diesem Zweck können sogenannte Sortierheber, kleine Lagersysteme oder Fördertechnik-Lösungen eingesetzt werden. Bei Großsystemen mit sehr hoher Leistungsanforderung stellen diese dezentralen Puffer eine absolute Notwendigkeit dar, um Systemschieflasten ausgleichen zu können.

## 23.5 Entscheidungsrelevante Faktoren: Kosten und Qualität

Oberstes Kriterium für den Einsatz eines Kommissioniersystems sind die Gesamtkosten, die sich im wesentlichen aus Investition, Betriebs-, Service- und Personalkosten zusammensetzen. Nicht zu vernachlässigen sind jedoch auch die Fehlerkosten, die aus Nachbearbeitungen, Nachlieferungen und Retourenhandling entstehen.

Die Erfahrung hat gezeigt, dass eine sinnvolle Automatisierung des Kommissioniersystems sich realistischerweise in einem Zeitraum von zwei bis fünf Jahren amortisiert. Doch der reine Kosten-Effekt ist häufig nicht ausschlaggebend. Auch die Servicequalität bzw. exakte und zuverlässige Lieferfähigkeit, wie sie insbesondere im Pharma- und Medizintechnikbereich erforderlich ist, die Lieferqualität, die Warensicherheit in Bezug auf Beschädigungen oder Schwund sowie die Verfügbarkeit der Ressourcen, insbesondere der qualifizierten Mitarbeiter, können eine Automatisierung notwendig und sinnvoll machen. In vielen Fällen bringt eine teil- oder vollautomatisierte Kommissionieranlage nicht nur Kosten- und Servicevorteile, sie ermöglicht erst das notwendige Unternehmenswachstum.

# TEIL 4:

## PRAXISLEITFADEN

24

# 24 LEITFADEN ZUR AUSWAHL DES OPTIMALEN KOMMISSIONIER-SYSTEMS

*(Reinhold Hoffbauer)*

## 24.1 Einleitung

Die Kommissionierung gehört regelmäßig zu den bedeutendsten Funktionen eines Logistikbetriebes (Fertigwarenlager, Rohwarenlager, Montagelager, Regionallager, Zentrallager, Multi-User-Zentrum eines Logistikdienstleiters u. a.) und ist somit wesentlicher Bestandteil der gesamten Supply Chain eines Unternehmens. Aufgrund ihrer großen Bedeutung für Service, Kosten, Image und Qualität spielen die Auswahl des optimalen Kommissioniersystems und die optimale Verflechtung mit anderen Unternehmens- (Vertrieb, Marketing, Produktion etc.) und Logistikfunktionen (Wareneingang, Lager, Nachschub, Versand, Transportsteuerung etc.) im betrieblichen Alltag eine große Rolle.

Das gesamte Kommissioniersystem eines Logistikbetriebs strukturiert sich in der Praxis häufig in mehrere, z. B. nach der Teilegröße (Klein-, Mittel-, Großteile) oder der Zugriffshäufigkeit (Schnelldreher, Langsamdreher), untergliederte Teilbereiche sowie in Sonderbereiche wie z. B. Gefahrgut, Kühlgut und Weitere.

Für die einzelnen Teilbereiche eines Kommissioniersystems, kommen jeweils unterschiedliche Kommissioniertechniken zum Einsatz, wie z. B.

- für das Kommissionieren von Kleinteilen
  - Mann-zur-Ware-Kommissionierung (WzM) aus einer mehrgeschossigen Fachbodenregalanlage oder
  - Ware-zum-Mann-Kommissionierung (MzW) aus einem automatischen Kleinteilelager (AKL) oder
  - andere Techniken
- für das Kommissionieren von palettierter Ware (mittelgroße Teile)
  - Mann-zur-Ware-Kommissionierung mit Hilfe von Kommissionierfahrzeugen aus den untersten Ebenen im Breitganglager oder
  - Ware-zum-Mann-Kommissionierung aus einem automatischen Palettenlager (APL) oder
  - andere Techniken
- für das Kommissionieren von Langteilen (schweres Langgut)
  - Auslagerung von Langgut-Gebinden (z. B. Langgut-Gestelle) aus einem Kragarmlager mit Hilfe eines Vier-Wege-Staplers für die Ware-zum-Mann-Kommissionierung (ggf. kranunterstützt) an statischen Kommissionierplätzen oder
  - andere Techniken

Die Findung eines optimalen Kommissioniersystems, beispielsweise im Rahmen

- einer Reorganisation (Optimierung und Erweiterung bestehender Anlagen),
- eines kompletten Neubauvorhabens auf der „grünen Wiese" oder
- eines Outsourcing (z. B. Umzug in eine Multi-User-fähige Logistikimmobilie eines Logistikdienstleisters),

wächst daher in der Praxis sehr schnell zu einer komplexen Aufgabe heran, die nur integrativ, d. h. durch einen **„ganzheitlichen Planungsansatz"**, zu lösen ist, und zwar im Sinne nachfolgender Definition:

**DEFINITION:**

Das optimale Kommissioniersystem ist jenes, welches unter Berücksichtigung aller Wechselwirkungen mit anderen Logistikfunktionen und unter Berücksichtigung aller unternehmensspezifischen Rand- und Rahmenbedingungen (wirtschaftlicher, strategischer, baulicher und organisatorischer Art) optimal für das logistische Gesamtsystem hinsichtlich

- Servicegrad,
- Wirtschaftlichkeit und
- Flexibilität gegenüber Veränderungen (z. B. bedingt durch Wachstum, geänderte Auftragsstrukturen, gesetzliche Rahmenbedingungen etc.)

ist.

Dies führt in der Praxis zu sehr individuellen Lösungen, die sich nicht pauschal auf ähnlich erscheinende Aufgabenstellungen übertragen lassen.

Für die Lösungsfindung ist es dabei zwar hilfreich, eine Planungsaufgabe mit einer überschaubaren Anzahl an logistischen Strukturdaten (Anzahl Artikel, Anzahl Auftragspositionen, ABC-Kennzahlen etc.) zu charakterisieren und zu klassifizieren, um Vergleiche mit ähnlich gelagerten Fällen – innerhalb der Branche, aber auch branchenübergreifend – vornehmen zu können; der Versuch jedoch, allein aus diesen logistischen Strukturdaten das optimale Kommissioniersystem abzuleiten, die Lösungsfindung quasi einem „Algorithmus" zu überlassen, ist deutlich zu kurz gesprungen und kaum geeignet, die Akzeptanz des Anwenders zu finden: Zu vielfältig sind die planerischen Rahmen- und Randbedingungen (siehe Kapitel 4) und zu unterschiedlich sind nicht zuletzt die Bewertungsmaßstäbe bei dem bzw. den Entscheidungsträger/n.

Da es bei der Installation neuer Kommissioniersysteme häufig um millionenschwere Investitionen geht, möchte der Kunde nicht einem pauschalisierenden „Algorithmus" folgen, sondern auf der Entscheidungsebene und auf den operativen Führungsebenen (Logistik-/IT-Leiter, WE-, Kommissionier-, Versandleiter, Vorarbeiter etc.) „mitgenommen" werden, eigene Ideen einbringen (die im Unternehmen häufig über Jahre gereift sind) und um die beste Lösung aus einer Anzahl verschiedener Lösungsalternativen „ringen", um am Ende eine Entscheidung treffen zu können, zu der alle Beteiligten und nicht zuletzt das Bauchgefühl „ja" sagen.

Voraussetzung hierfür sind die Kenntnis der vielfältigen Kommissioniertechniken und deren sinnvolle Kombinationsmöglichkeiten, langjährige Projekterfahrung in der Planung und der Realisierung dieser Techniken und eine unvoreingenommene (lösungsneutrale) Grundeinstellung.

Das obige zusammenfassend lassen sich zur Findung des optimalen Kommissioniersystems folgende **Planungsgrundsätze** ableiten:

**PLANUNGSGRUNDSÄTZE:**

- **Ganzheitliche Betrachtungsweise** (Berücksichtigung aller Wechselwirkungen und Randbedingungen gemäß obiger Definition)
- **Vergleich alternativer Lösungsansätze** hinsichtlich Wirtschaftlichkeit, Servicegrad sowie Flexibilität gegenüber Veränderungen
- **Kenntnis** der organisatorischen und technischen Kommissioniermethoden
- **Erfahrung bei Planung und Realisierung** der verschiedenen Kommissioniertechniken
- **Lösungsneutralität** (alle Lösungen sind grundsätzlich gleichberechtigt)

Exakt diese Planungsgrundsätze sind es, die ein unabhängiger, d. h. frei von Interessen Dritter agierender Logistikplaner im Rahmen einer intralogistischen Systemplanung verfolgt. Seine Vorgehensweise bei einer Systemplanung wird somit zum Leitfaden für die Auswahl des optimalen Kommissioniersystems.

Der nun folgende Leitfaden gibt die Erfahrungen des Verfassers in seiner Tätigkeit als unabhängiger Planer wieder, der als beruflicher Quereinsteiger aus der Physik kommend seit nunmehr zehn Jahren für Industrie, Handel und öffentliche Einrichtungen intralogistische Strategien und Systeme konzipiert und umsetzt.

## 24.2 Leitfaden zur Systemplanung

Basierend auf einer klar definierten Aufgabenstellung lässt sich die Systemplanung in 5 Phasen aufteilen:

1. Ist-Analyse und Grundlagenermittlung
2. Definition der Planungsbasis
3. Untersuchung von Lösungsalternativen
4. Wirtschaftlichkeitsvergleich
5. Resümee und Entscheidungsfindung

### 24.2.1 Phase eins: Ist-Analyse und Grundlagenermittlung

In dieser Phase werden die Grundlagen ermittelt, die für die Auslegung der in den folgenden Phasen auszuwählenden Systemelemente notwendig sind. Hierbei handelt es sich um statische und dynamische Daten zur Bestimmung von Kapazitäten und Materialflüssen. Sie werden im Folgenden noch näher beschrieben.

Zusätzlich zu den statischen und dynamischen Daten sind weitere logistische Grundlagen des Ist-Zustands (wie Personalzahlen, Produktivitäten, die grundsätzlichen Prozesse, die mit der Kommissionierung in Wechselwirkung stehenden betrieblichen Funktionen) zu ermitteln sowie sonstige Informationen (z. B. Layouts der vorhandenen Baulichkeiten und Flächen), die für die Erfüllung der Logistikaufgabe erforderlich sind.

Neben den logistischen Daten sind darüber hinaus die individuellen Rahmen-

und Randbedingungen (baulicher, organisatorischer, strategischer Art) herauszufinden, die später noch näher spezifiziert werden.

**Statische und dynamische Daten**

Die Zeiten, in denen Datenerhebungen zur Ermittlung von Planungskennzahlen noch mit Papier und Bleistift durchgeführt werden mussten, sind glücklicherweise vorbei. Heutzutage liegen die Geschäftsdaten in aller Regel bereits digitalisiert in Datenbanktabellen eines ERP-/LVS-Systems vor. Aus ihnen müssen die relevanten logistischen Planungsdaten durch gezielte Auswertungen mit Hilfe von Tabellenkalkulations- und Datenbank-Programmen herausgearbeitet werden.

Die wichtigsten Datenbanktabellen für diese Auswertungen sind:

- die Artikelstammdaten,

| Artikel-nummer | Artikel-Bezeichnung | Artikel-Gruppe | Länge in mm | Breite in mm | Höhe in mm | Gewicht in Gramm | Menge je Beh. | ME | Behälter je Pal. | Behälter-Typ | Menge je Pal. | Paletten-Typ |
|---|---|---|---|---|---|---|---|---|---|---|---|---|
| 0038924 | Art.-Bez. 0038924 | 10 | 150 | 65 | 40 | 120 | 80 | ST | 12 | 1 | 960 | Euro |
| 0938450 | Art.-Bez. 0938450 | 10 | 80 | 80 | 50 | 150 | 100 | ST | 12 | 1 | 1.200 | Euro |
| 3908539 | Art.-Bez. 3908539 | 10 | 10 | 10 | 10 | 35 | 250 | ST | 24 | 3 | 6.000 | Euro |
| ... | ... | ... | ... | ... | ... | ... | ... | ... | ... | ... | ... | ... |

- die Absatzzahlen eines repräsentativen Zeitraums (z. B. des letzten Jahres) sowie

| Auftrags-Nummer | Artikel-nummer | Artikel-Bezeichnung | Datum | Menge | ME | NVE | Versandart | ggf. weitere |
|---|---|---|---|---|---|---|---|---|
| 4711 | 0038924 | Art.-Bez. 0038924 | 20080102 | 200 | ST | 890.232.758.362 | KEP | ... |
| 4711 | 0938450 | Art.-Bez. 0938450 | 20080102 | 10 | ST | 890.232.758.362 | KEP | ... |
| 4712 | 3908539 | Art.-Bez. 3908539 | 20080102 | 1 | ST | 890.232.758.363 | KEP | ... |
| 4713 | 0038924 | Art.-Bez. 0038924 | 20080102 | 100 | ST | 890.232.758.364 | KEP | ... |
| 4713 | 5830000 | Art.-Bez. 5830000 | 20080102 | 12 | ST | 890.232.758.364 | KEP | ... |
| 4714 | 9058432 | Art.-Bez. 9058432 | 20080103 | 60 | ST | 890.232.890.365 | Selbstabholer | ... |
| 4714 | 9384508 | Art.-Bez. 0938450 | 20080103 | 8 | ST | 890.232.890.365 | Selbstabholer | ... |
| ... | ... | ... | ... | ... | ... | ... | ... | ... |

- der Lagerspiegel (Stichtagsbestand) zu einem repräsentativen Stichtag.

| Lager-bereich | Lager-platz | Artikel-nummer | Artikel-Bezeichnung | Bestand in ME | ME | Nummer d. Lagereinheit | Letzte Bewegung | MHD | ggf. weitere |
|---|---|---|---|---|---|---|---|---|---|
| Pal.-Lager | 03-17-09 | 0038924 | Art.-Bez. 0038924 | 4.000 | ST | 5004075420 | 01.10.2008 | 04.02.2036 | ... |
| Pal.-Lager | 01-01-12 | 0938450 | Art.-Bez. 0938450 | 2.000 | ST | 5001080086 | 27.08.2008 | | ... |
| Kleinteile-Lg. | 03-17-13 | 9348509 | Art.-Bez. 9348509 | 5.000 | ST | 5001083372 | 26.04.2007 | | ... |
| Kleinteile-Lg. | 07-05-10 | 3908539 | Art.-Bez. 3908539 | 400 | ST | 5003486057 | 27.04.2008 | 15.04.2009 | ... |
| ... | ... | ... | ... | ... | ... | ... | ... | ... | ... |

Aus diesen drei Datenbanktabellen, die je nach Aufgabenstellung inhaltlich etwas variieren können, lassen sich durch geeignete Feld-Verknüpfungen eine Fülle von planungsrelevanten Daten ermitteln, wie beispielsweise:

- Anzahl Artikel mit Absatz und Bestand,
- Bestände pro Artikel und Lagerbereich,
- Lagerplatzkapazitäten pro Lagerbereich,
- ABC-Strukturen (Schnell-, Mittel-, Langsamdreher),
- Bestandsreichweiten (pro Lagerbereich, pro ABC-Klasse etc.),
- Anzahl Aufträge/Auftragspositionen pro Tag/Stunde,
- Menge/Gewicht pro Position bzw. Auftrag,
- Auftragsstrukturen (Ein-Pos.-Aufträge, Klein-, Groß-Aufträge etc.),
- Saisonalitäten (Monats-/Tagesspitzen) etc.

24

Die ABC- und Auftragsstruktur-Tabellen sowie die Saisonalität (bezogen auf die Anzahl Positionen pro Tag) erweisen sich hierbei als besonders wertvoll, da in ihnen neben den Strukturinformationen auch die meisten anderen Planungszahlen (z. B. Anzahl Artikel, Anzahl Aufträge, Anzahl Position etc.) abzulesen sind (siehe Abbildung 1). Es empfiehlt sich daher, diese drei Tabellen als Erstes auszuwerten; sie sollten prinzipiell in keiner Planung fehlen.

**Beispiel für ABC-Auswertung**

**ABC-Auswertung**

| ABC-Klasse (nach Auftrags-Pos.) | | Artikel mit Absatz in 2008 | | Auftrags-Positionen in 2008 | | Auftrags-Menge in 2008 | | Stichtagsbestand am 01.01.2009 | | | Reichweite |
|---|---|---|---|---|---|---|---|---|---|---|---|
| | | Anzahl | in % | Anzahl | in % | in ME | in % | in ME | in % | Anz. Art. mit Bestand | in Monaten |
| A | >1 Pos/Tg | 532 | 2,1% | 452.625 | 24,9% | 6.839.405 | 28,1% | 586.869 | 14,0% | 532 | 1,0 |
| B | >1 Pos/Wo | 3.231 | 12,7% | 779.628 | 42,9% | 9.908.997 | 40,7% | 1.538.373 | 36,7% | 3.209 | 1,9 |
| C | >1 Pos/Mo | 7.592 | 29,9% | 448.482 | 24,7% | 5.624.365 | 23,1% | 1.356.407 | 32,3% | 6.599 | 2,9 |
| D | <= 1 Pos/Mo | 12.216 | 48,2% | 134.583 | 7,4% | 1.978.037 | 8,1% | 655.528 | 15,6% | 12.220 | 4,0 |
| GESAMT | | 23.571 | 93% | 1.815.318 | 100% | 24.350.803 | 100% | 4.137.176 | 99% | 22.560 | 2,0 |
| Artikel ohne Absatz, aber mit Bestand | | 1.794 | 7,1% | | 0,0% | | 0,0% | 55.955 | 1,3% | 1.573 | unendlich |
| Gesamt Artikel mit Bewegung und/oder Bestand | | 25.365 | 100,0% | 1.815.318 | 100,0% | 24.350.803 | 100,0% | 4.193.131 | 100,0% | 24.133 | 2,1 |
| Tagesdurchschnitt | | 2.681 | | 7.261 | | 97.403 | | | | | |

**Auftragsstruktur**

| Pos/Auftrag | Aufträge in 2008 | | Auftrags-Positionen in 2008 | | | Absatz in 2008 | | | |
|---|---|---|---|---|---|---|---|---|---|
| | Anzahl | in % | Anzahl | in % | Pos/Auftrag | in ME | in % | ME/Auftrag | ME/Pos |
| 1 | 341.403 | 55,0% | 341.403 | 17,1% | 1,0 | 6.959.557 | 28,6% | 20,4 | 20,4 |
| 2-5 | 167.802 | 31,9% | 482.656 | 28,6% | 2,9 | 6.826.112 | 28,0% | 40,7 | 14,1 |
| 6-10 | 44.635 | 7,8% | 334.427 | 18,2% | 7,5 | 3.699.728 | 15,2% | 82,9 | 11,1 |
| 11-20 | 18.812 | 3,6% | 266.468 | 15,8% | 14,2 | 3.055.348 | 12,5% | 162,4 | 11,5 |
| 21-50 | 8.919 | 1,4% | 267.127 | 13,4% | 29,9 | 2.548.068 | 10,5% | 285,7 | 9,5 |
| 51-100 | 1.247 | 0,2% | 83.093 | 4,5% | 66,6 | 861.823 | 3,5% | 691,2 | 10,4 |
| > 100 | 283 | 0,05% | 40.144 | 2,2% | 141,8 | 387.542 | 1,6% | 1368,7 | 9,7 |
| Gesamt | 583.102 | 100% | 1.815.318 | 100% | 3,11 | 24.350.803 | 100% | 41,76 | 13,41 |
| Tages-durchschnitt | 2.332 | | 7.261 | | 3,11 | 97.403 | | 41,76 | 13,41 |

**Saisonalität**

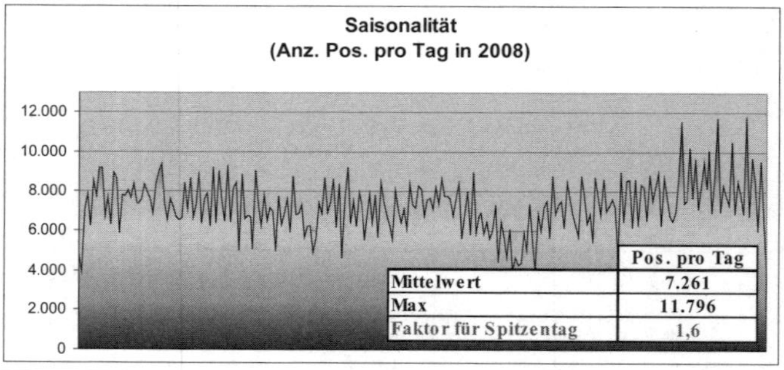


*Abb. 1: Beispiel für ABC-Auswertung, Auftragsstruktur, Saisonalität*

### Individuelle Rahmen- und Randbedingungen

Um einen Eindruck über die Vielschichtigkeit der Rahmen- und Randbedingungen zu geben, wird nachfolgend, ohne Anspruch auf Vollständigkeit, eine Übersicht unternehmensspezifischer Rahmen- und Randbedingungen gegeben, die je nach Aufgabenstellung in verschiedenen Ausprägungen zu berücksichtigen sind.

**➡ Rahmenbedingungen**

- Branchen (Automotive, Pharma, Lebensmittel, Textil, Bücher etc.) mit ihren typischen Rahmenbedingungen (z. B. gesetzliche GMP/GDP-Vorgaben in der Pharma-/Lebensmittelbranche, Berücksichtigung von Kühlketten bei kühlpflichtigen Produkten in der Pharma-/Lebensmittel-/Kosmetikbranche etc.)

- Unternehmenstyp (Großkonzern, Mittelständler, Logistikdienstleister etc.)
  - Logistikdienstleister sind aufgrund kurzfristiger Verträge und häufigem Mandantenwechsel eher an flexibel verwendbaren logistischen Lösungen (mit geringem Automatisierungsgrad) und Immobilien (log. Standardhallen, innen ca. 12 m hoch, großes Stützenraster) interessiert
  - Mittelständler und Großkonzerne planen dagegen langfristiger; demzufolge ist die Wahrscheinlichkeit für automatisierte Lösungen größer
- Kundenstruktur (B2C, B2B, Händlernetz)
- Lagertyp (Rohstoff-, Fertigwaren-, Ersatzteillager)
- Bauliche Rahmenbedingungen
  - Inhalte gültiger Bebauungspläne
  - zur Verfügung stehende Flächen/Erweiterungsflächen
  - zulässige Bauhöhen bzw. Hallenhöhen (bei vorhandenen Immobilien)
  - Bodenbeschaffenheit (z. B. Pfählung bei Neubau)
  - Boden-/Deckenbelastbarkeiten
  - Brand-/Wasserschutz etc.
- Lohnkosten-Niveau (Ostblock, Asien, Westeuropa etc.)
- Rahmenbedingungen IT
  - Struktur des ERP-Systems
  - Vorhandensein eines LVS/MFR-Systems
  - Vorhandensein eines Funk-Systems etc.

➡ **Randbedingungen**

- Finanzielle Vorgaben (Maximal-Budget, ROI-Vorgaben etc.)
- Vertragslaufzeiten bei Outsourcing-Projekten
- Service Levels (wie schnell muss z. B. der Kunde/die Produktion beliefert werden)
- Zulässige Fehlerquoten
- Ausfallsicherheiten/Verfügbarkeiten
- Notfallkonzepte etc.

## 24.2.2 Phase zwei: Definition der Planungsbasis

Auf Basis der Ist-Daten erfolgt eine Hochrechnung gemäß der prognostizierten Geschäftsentwicklung des Kunden, aus der dann die endgültigen Daten als verbindliche Planungsbasis abgeleitet werden.

Die Wachstumsziele werden vom Nutzer häufig als Umsatzentwicklungen in Euro vorgegeben, aus denen – ggf. nach Inflationsbereinigung – planungsrelevante logistische Soll-Zahlen abgeleitet werden, wie beispielsweise (vgl. Abbildung 2):

➡ prognostiziertes Absatzwachstum,
➡ prognostiziertes Artikelwachstum,
➡ prognostiziertes Bestandswachstum,
➡ prognostizierte Lagerplatzkapazitäten pro Lagerbereich,
➡ ggf. weitere.

**Beispiel für eine Hochrechnung**

| | IST 2009 | | Soll 2015 |
|---|---|---|---|
| Umsatz | 15 Mio € | + 70% | 26 Mio € |
| Anz. Auftr. je Tag | 2.332 | + 35% | 3.149 |
| Anz. Pos. je Tag | 7.261 | + 35% | 9.803 |
| Bestandsartikel | 24.133 | + 5% | 25.340 |
| Reichweite (in Monaten) | 2,1 | - 15% | 1,8 |
| Lagerplatzbedarf (in PP) | 20.000 | + 20% | 24.000 |
| ggf. weitere | ( ) | ( ) | ( ) |

*Abb. 2: Beispiel für eine Hochrechnung (alle Angaben sind fiktiv)*

Die Ableitung in logistische Soll-Zahlen lässt sich dabei nicht pauschalisieren, da auch an dieser Stelle individuelle kundenseitige Anforderungen mit einfließen (z. B. Reduzierung der Reichweiten, strategische Vorgaben etc.), die sich ggf. aus einer vorherigen Schwachstellenanalyse ergeben haben.

Die Soll-Vorgaben sind genauestens auf ihre Sinnfälligkeit zu diskutieren, um bereits im Ansatz fehlerhafte Planungen durch nicht zutreffende Sollvorgaben zu vermeiden.

Ziel ist es, am Ende dieser Planungsphase die künftigen Materialflüsse in einem Soll-Materialflussschema zusammenfassen zu können (siehe Abbildung 3). Das Soll-Materialflussschema stellt für die weitere Planung ein unverzichtbares Planungsinstrument dar.

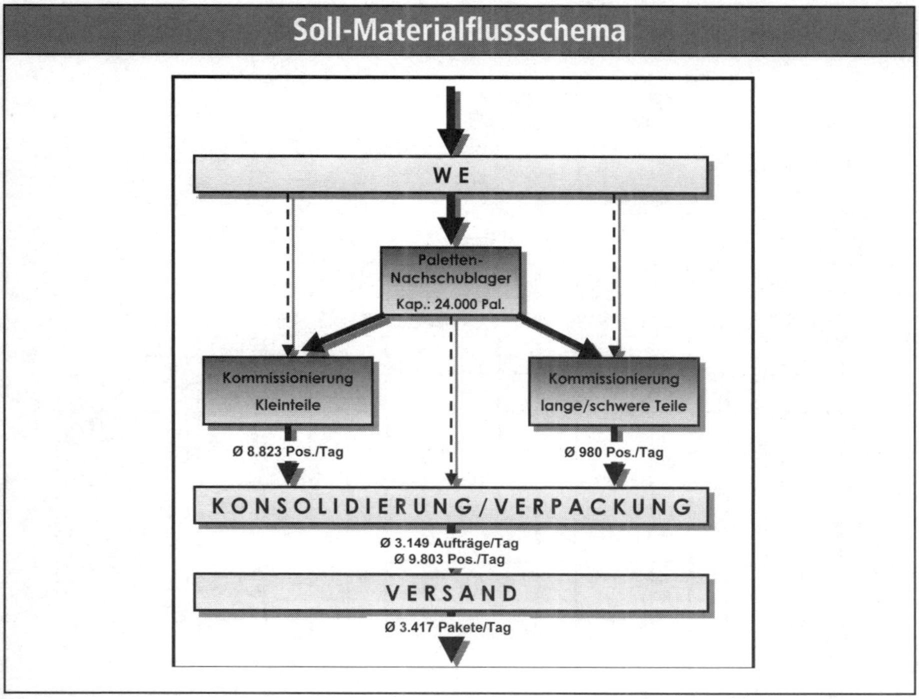


*Abb. 3: Soll-Materialflussschema*

## 24.2.3 Phase drei: Untersuchung von Lösungsalternativen

In dieser Phase werden unter Berücksichtigung der Planungsbasis sowie der Rahmen- und Randbedingungen in Frage kommende Lösungsalternativen betrachtet (z. B. bauliche Restriktionen, bereits vorhandene Kommissioniersysteme, Erweiterungsmöglichkeiten etc.).

Um den Planungsaufwand zu reduzieren, wird man in der Praxis nicht für alle 128 Klassen des Morphologie-Schemas (Abbildung 4) Lösungsalternativen entwerfen und bewerten, sondern sich von vornherein auf „sinnvoll" erscheinende Alternativen beschränken. Das sind dann selten mehr als sechs Alternativen; es sollten jedoch mindestens drei sein.

24

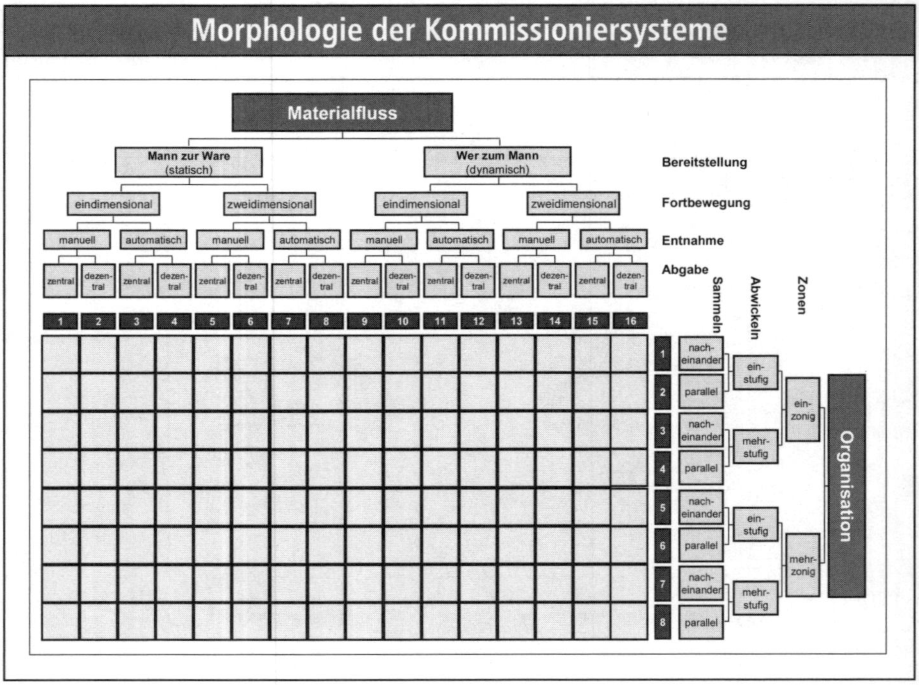


*Abb. 4: Morphologie der Kommissioniersysteme*

**Vorgehen bei der Alternativenauswahl**

Auch hier hilft kein Patentrezept weiter, da die Alternativensuche sehr stark vom konkreten Fall abhängig ist. Sie verläuft jedoch strukturierter und nachvollziehbarer und fällt dadurch gegebenenfalls einfacher, wenn man der nachfolgenden Systematik folgt:

- **Passe die bestehende Kommissionierlösung – sofern machbar – den Sollvorgaben an („Fortführung Ist-Lösung")**
  - → Fortführung der bestehenden Kommissioniertechnik auf den Soll-Zustand sowie Berücksichtigung von Optimierungen im Zuge dieser notwendigen Erweiterungen.
- **Wähle mindestens eine manuelle Lösung („Mann zur Ware")**
  - → Manuelle Lösungen sind im Vergleich zu automatischen Lösungen in der Regel durch einen geringeren Invest und einen erhöhten Personalaufwand gekennzeichnet.
- **Wähle mindestens eine automatisierte Lösung („Ware zum Mann")**
  - → Automatisierte Lösungen sind im Vergleich zu manuellen Lösungen in der Regel durch einen hohen Invest und einen reduzierten Personalaufwand gekennzeichnet.
- **Vergleiche die manuellen und automatischen Lösungen mit der auf den Sollzustand angepassten Ist-Lösung („Fortführung Ist")**
  - → Der Vergleich ist u.a. hinsichtlich Personal, Invest, Wirtschaftlichkeit, Feh-

lerrate, Flexibilität, Servicegrad und ggf. weiterer Kriterien durchzuführen (siehe 24.3.4).

Auf diese Weise ergeben sich für jede Planung mindestens drei zu betrachtende Alternativen, die sich allerdings noch weiter auffächern können, sofern es für die obigen Alternativen jeweils mehr als einen sinnvollen Realisierungsansatz geben sollte.

Die Ausprägung der einzelnen Alternativen bleibt jedoch auch mit Hilfe dieses Grundschemas nach wie vor offen: welche manuellen bzw. automatischen Lösungen sollen denn nun im konkreten Fall für den Vergleich ausgewählt werden?

**PRAXISTIPP:**

Es ist fatal anzunehmen, durch einen gezielten „Griff in die Alternativenkiste" die richtigen manuellen bzw. automatischen Lösungen herausziehen zu können. Auch der erfahrene Planer muss immer wieder verschiedene Lösungsansätze durchdenken, um sich in mehreren Iterationsschritten sinnvollen Lösungsalternativen zu nähern. Die Bewertungskriterien hierfür sind jeweils die Machbarkeit hinsichtlich der Sollzahlen und der Rahmen- und Randbedingungen sowie grobe Abschätzungen für Invest und Personal. Natürlich ist dieser Findungsprozess umso effektiver, je mehr planerische Projekterfahrung vorliegt, die sich in einer guten Intuition für sinnvolle Lösungen ausdrückt.

Sehr empfehlenswert ist in dieser Phase der Blick über den Tellerrand, um sich durch unternehmensinterne und -externe Ideen inspirieren zu lassen, z. B. durch:

- Brainstorming mit den operativen Führungskräften
- Berücksichtigung des Morphologieschemas (siehe Abbildung 4)
- externe Planer
- verschiedene Anbieter von Logistiksystemen
- Referenzbesuche bei Unternehmen innerhalb der Branche
- Referenzbesuche bei Unternehmen außerhalb der Branche

Am Ende dieses Iterationsprozesses verbleiben einige wenige Alternativen (vgl. Abbildung 5), die auf Basis der Soll-Vorgaben dimensioniert, zeichnerisch in Form eines Layouts dargestellt und für den Wirtschaftlichkeitsvergleich (siehe 24.2.4) detaillierter durchgerechnet werden.

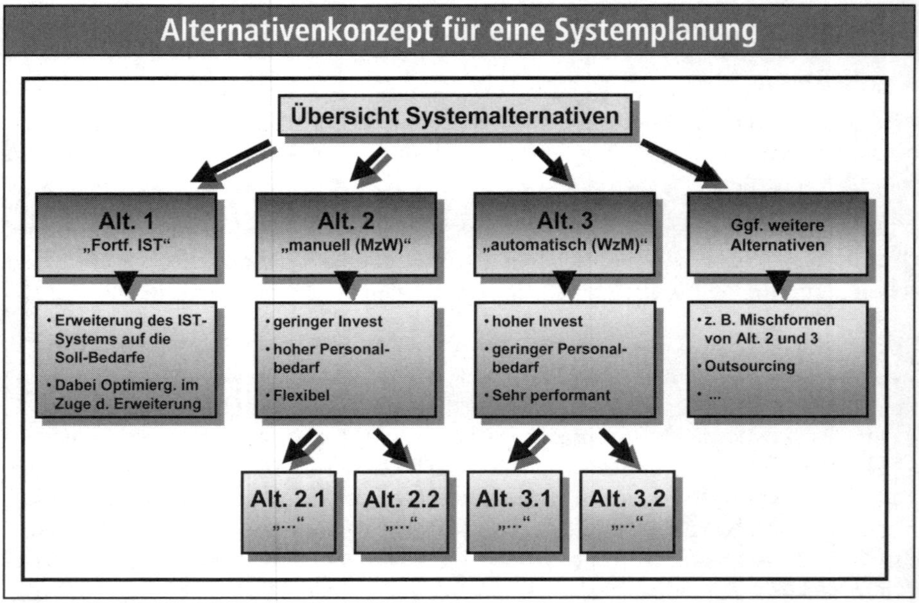


*Abb. 5: Alternativenkonzept für eine Systemplanung*

## 24.2.4 Phase vier: Wirtschaftlichkeitsvergleich

Um einen Wirtschaftlichkeitsvergleich durchführen zu können, müssen für jede Alternative die Investitionen für alle anfallenden logistischen (Technik und IT) und baulichen Veränderungen budgetiert sowie der Personalbedarf zusammengestellt werden.

**Investitionsbudgetierung**

Ausgangspunkt für die Budgetierung sollten CAD-Layouts sein, welche Mengen (z. B. Regalplätze, Flächen) und Funktionen (fördertechnische Einrichtungen, Verpackungsplätze etc.) vollständig und richtig widerspiegeln.

Die Budgetierung wird dann sinnvoller Weise in die Gewerke

- Logistiktechnik (Regale, Fördertechnik, Stapler, Regalbediengeräte etc.)
- IT (Hardware, Software inkl. Schnittstellen, Funk)
- Bau (mit Grundstück, Neubau, bauliche Anpassungen/Erweiterungen, TGA, vorbeugender Brandschutz etc.)
- aufgeteilt (siehe Abbildung 6).

Um budgettechnische Sicherheit (üblicherweise gilt ein Genauigkeitsanspruch von 90 Prozent) zu haben, sollten die Gewerke Logistiktechnik und IT mit Herstellern und Lieferanten bzw. mit dem Architekten für das Gewerk Bau/TGA abgestimmt werden. Gegebenfalls müssen zur Klärung der Machbarkeit bereits an dieser Stelle Voranfragen an die Baubehörde bzw. den Brandschutzgutachter gestellt werden.

Für eine qualifizierte Schätzung des IT-Budgets durch die IT-Abteilung des Nutzers bzw. einen Software-Lieferanten empfiehlt es sich, die IT-relevanten Veränderungen (neues LVS bzw. Modifikationen am bestehenden LVS, Schnittstellenänderungen zum ERP-System etc.) in Form einer groben Prozessbeschreibung aus logistischer Sicht durchdacht und formuliert zu haben.

Neben den Investitionen für Logistiktechnik, IT und Bau sind zusätzlich Nebenkosten für Gebühren, Gutachten, Honorare sowie „Unvorhergesehenes" zu berücksichtigen. Die Nebenkosten, die typischerweise mit 15 Prozent vom Invest für Logistiktechnik, IT und Bau budgetiert werden, können im Einzelfall sehr stark schwanken. Sie beinhalten zwei gegenläufige Komponenten: Kosten für Gebühren und Gutachten sowie Honorarkosten haben bei großen Investitionssummen eher einen niedrigeren prozentualen Anteil. Dafür ist der prozentuale Anteil für „Unvorhergesehenes" bei hohen Investitionen tendenziell größer. Bei niedrigen Investitionen verhält es sich genau umgekehrt.

**Beispiel einer Investitionsbudgetierung**

| Investitionsbudget | Alt. 1 "Fort. IST" | Alt. 2 "MzW" | Alt. 3 "WzM" | ggf. weitere Alternativen |
|---|---|---|---|---|
| Summe Logistiktechnik | 500.000 € | 1.200.000 € | 2.000.000 € | ( ) |
| Summe IT | 150.000 € | 250.000 € | 400.000 € | ( ) |
| Summe Bau/TGA | 1.100.000 € | 1.100.000 € | 1.300.000 € | ( ) |
| Zusätzl. Nebenkosten<br>Gebühren, Gutachten, Honorare<br>Unvorhergesehenes | 15 %<br>262.500 € | 15 %<br>382.500 € | 15 %<br>555.000 € | 15 %<br>( ) |
| Gesamtinvest in Euro | 2.012.500 € | 2.932.500 € | 4.255.000 € | ( ) |

*Abb. 6: Beispiel einer Investitionsbudgetierung (Angaben sind fiktiv)*

**Personalbedarfe**

Die Ermittlung der Personalbedarfe für die einzelnen Alternativen (siehe Abbildung 7) ist immer eine Mischung aus Multi-Momentaufnahmen (Zeitmessungen), analytischen Ableitungen ausgehend vom Ist-Zustand, detaillierten Berechnungen für die Kommissionierleistung gemäß Greifzeit, Totzeit, Basiszeit und Wegzeit (GUDEHUS 2005), aber auch Abschätzungen für Tätigkeiten wie IT-Administration, Technik/Wartung, Retouren-Personal und weitere.

Sie sollte daher eng mit den operativen Führungskräften (Wareneingangs-, Versand-, Kommissionierleiter etc.) des Kunden abgestimmt werden, um Inplausibilitäten auszuschließen.

24

## Beispiel für eine Personalübersicht

| Funktion | IST | SOLL Alt. 1 "Fortf. IST" | Alt. 2 "MzW" | Alt. 3 "WzM" | ggf. weitere |
|---|---|---|---|---|---|
| **Administrativ** | | | | | |
| Leitung / Sekretariat | 3 | 3 | 3 | 3 | ( ) |
| IT-Betreuung | 0,5 | 1 | 1,5 | 2 | ( ) |
| technische Wartung | 0,5 | 1 | 1,5 | 2 | ( ) |
| ... | | | | | |
| **Operativ** | | | | | |
| Wareneingang (inkl. Sortierung und Vereinzelung) | 9 | 7 | 7 | 10 | ( ) |
| Einlagerung | 3 | 6 | 6 | 2 | ( ) |
| Kommissionierung Kleinteile | 23 | 24 | 18 | 10 | ( ) |
| Komm. lange+schwere Teile | | 6 | 3 | 3 | ( ) |
| Nachschub in die Komm. | 5 | 7 | 6 | 2 | ( ) |
| Verpackung / Versand | 21 | 33 | 28 | 28 | ( ) |
| Retourenabwicklung | 6 | 8 | 8 | 8 | ( ) |
| ... | | | | | |
| **Mitarbeiter Gesamt** | **71** | **96** | **82** | **70** | **( )** |

*Abb. 7: Beispiel für eine Personalübersicht pro Alternative für ein Handelsunternehmen aus der Metallbranche (fiktiv)*

Wichtig ist hierbei vor allem, dass die Verhältnisse zwischen den einzelnen Alternativen stimmig sind, da für den nachfolgenden Wirtschaftlichkeitsvergleich nicht die absoluten Personalzahlen, sondern nur die Personaldifferenzen entscheidend sind.

Zur Kontrolle der eigenen Berechnungen, aber auch für erste Abschätzungen sind Leistungszahlen von vergleichbaren realisierten Kommissioniersystemen aus der Branche sehr hilfreich (siehe Abbildung 8). Mit ihnen lassen sich schnell Tendenzen erkennen, die für die Beurteilung nützlich sind. Ein erfahrener Planer wird die branchenbezogenen Leistungszahlen der häufig genutzten Kommissioniersysteme abrufbereit im Kopf haben. Jemand, der sich nicht tagtäglich mit der Neuplanung von Kommissioniersystemen beschäftigt (z. B. ein Logistikleiter), kann durch

- Informationsaustausch mit anderen Logistikleitern
- Literaturstudium
- Befragen von erfahrenen Planern
- Befragen von Systemanbietern

an typische Leistungszahlen für Kommissioniersysteme gelangen.

### VORSICHT:

Leistungszahlen von anderen (egal von wem sie stammen) sollten in keinem Fall unreflektiert übernommen werden. So gibt es beispielsweise kaum noch einen größeren Systemanbieter, der nicht mit ergonomischen WzM-Kommissionierstationen wirbt, an denen ein Kommissionierer „ohne Stress" 1.000 Picks und mehr schafft.

Diese Werte werden bei günstigen Auftragsstrukturen, Produktgeometrien und -gewichten, wie sie beispielsweise in der Pharma-Branche anzutreffen sind, auch im Dauerbetrieb annähernd erreicht. Sollten die Bedingungen jedoch nicht so günstig sein, werden die Leistungszahlen deutlich unterhalb dieser Werte liegen.

Es ist also wichtig, seine eigenen Strukturen genau zu kennen und am besten nur dann Leistungszahlen anderer Systeme zum Vergleich heranziehen, wenn dort sehr ähnliche Strukturen vorherrschen. Diese Strukturverwandtschaften trifft man bevorzugt innerhalb der gleichen Branche an.

## Beispiele für Kommissioniereinrichtungen

**Beispiele für Kommissioniertechniken**

| Branche | Lagerguttyp | MzW / WzM | Beschreibung Kommi.-System | Leistung | Bild |
|---|---|---|---|---|---|
| Ersatzteile | Kleinteile | MzW | Fachbodenregal, teilweise mehrgeschossig, Fortbewegung zu Fuß, teilweise Stetigfördereinsatz | 70-85 Pos./MA-Std. |  |
| | | WzM | automatisiertes Kleinteilelager (AKL) | 120-180 Pos./MA-Std. |  |
| | Mittelgroße Teile | MzW | Palettenregal, Fortbewegung per Kommissionierstapler (aus untersten Ebenen) | 35-45 Pos./MA-Std. |  |
| Pharma | Kleinteile-packungen | MzW | Durchlaufregal mit Pick-to-Light-Anlage, Fortbewegung zu Fuß | 200-250 Pos./MA-Std. |  |
| | | WzM | ergonomische Kommissionierstationen, die an ein automatisches Kleinteilelager angebunden sind (z.B. AKL oder Karusselsysteme) | 800-1.000 Pos./MA-Std. |  |
| | | Voll-Automaten | Schachtkommissionierautomaten (A-Frames) für kleine Verpackungen mit regelmäßiger Geometrie mit autom. Nachschubbereitstellung (z.B. aus AKL) | 1.200-1.800 Aufträge/Std., ca. 10.000 Verpackg./Std. |  |
| weitere | | | | | |

*Abb. 8: Beispiele für Kommissioniereinrichtungen mit Leistungsangaben (vgl. VOIGT 1997).*

### Statischer Wirtschaftlichkeitsvergleich

Für den nun folgenden statischen Wirtschaftlichkeitsvergleich, der aus Gründen der Einfachheit von einer Eigenfinanzierung ausgeht, sind für jede Alternative die vergleichsrelevanten Betriebs- und Einmalkosten zu ermitteln, um Amortisationen gegenüber einer Basisalternative (in der Regel die Alternative 1, „Fortführung Ist") ausweisen zu können.

Die Amortisationen (in Jahren) ergeben sich dann aus der Differenz der Einmalkosten dividiert durch die Differenz der jährlichen Betriebskosten. Die vergleichsrelevanten Betriebskosten setzen sich in der Regel aus den Personalkosten, den Kapitalkosten (bei Eigenfinanzierung sind dies entgangene Zinserträge), den Wartungs- und Instandhaltungskosten sowie ggf. weiteren Kostenpositionen (z. B. Transportkosten zu Aussenlägern etc.) zusammen.

Steuerliche Einspareffekte (z. B. aus Abschreibungen), die bei hohen Investitionen tendenziell höher sind, bleiben bei dieser vereinfachten Betrachtung unberücksichtigt. Sie können von Fall zu Fall höchst unterschiedlich sein und werden in vielen Fällen vom Controlling des jeweiligen Anwenders intern ergänzt. In der Regel wirken sie sich jedoch in der Amortisationsbetrachtung nicht entscheidend aus.

**Beispiel für einen statischen Wirtschaftlichkeitsvergleich**

| Statischer Wirtschaftlichkeitsvergleich | Alt. 1 "Fortf. IST" | Alt. 2 "MzW" | Alt. 3 "WzM" | ggf. weitere Alternativen |
|---|---|---|---|---|
| Einmalausgaben | | | | |
| - Gesamtinvest | 2.012.500 € | 2.932.500 € | 4.255.000 € | ( ) |
| - Einmalkosten (Hochlauf, Schulung, sontiges) | 50.000 € | 100.000 € | 200.000 € | ( ) |
| - ... | ( ) | ( ) | ( ) | ( ) |
| Gesamt | 2.062.500 | 3.032.500 | 4.455.000 | ( ) |
| Vergleichsrelevante Betriebsausgaben pro Jahr | | | | |
| - Kapitalkosten (6% von 1/2 * Invest) | 60.375 € | 87.975 € | 127.650 € | ( ) |
| - Personalkosten (35 TEuro/Pers. p.a.) | 3.342.500 € | 2.870.000 € | 2.450.000 € | ( ) |
| *Anzahl Mitarbeiter* | *96* | *82* | *70* | ( ) |
| - Wartung/Instandh. Logistik-Technik | 15.000 € | 36.000 € | 60.000 € | ( ) |
| - ... | ( ) | ( ) | ( ) | ( ) |
| - ... | ( ) | ( ) | ( ) | ( ) |
| Gesamt pro Jahr | 3.417.875 € | 2.993.975 € | 2.637.650 € | ( ) |
| Amortisation (in Jahren) gegenüber Alt. 1 | ( ) | 2,3 | 3,1 | ( ) |
| Amortisation (in Jahren) gegenüber Alt. 2 | ( ) | ( ) | 4,0 | ( ) |

*Abb. 9: Beispiel für einen statischen Wirtschaftlichkeitsvergleich (die Angaben sind fiktiv)*

Allein die Wirtschaftlichkeit betrachtend, ist die Alternative mit der kürzesten Amortisationsdauer die Beste, weil man mit ihr am schnellsten die Gewinnzone erreicht. Als Instrument zur Risikoabschätzung ist diese Betrachtung jedoch wenig geeignet, da sich gerade Investitionen mit geringem Risiko durch längere Amortisationsdauern auszeichnen (WÖHE 2008).

Insbesondere bei stufenweisen Realisierungen über einen längeren Zeitraum (beispielsweise im Rahmen eines Masterplans für die nächsten zehn Jahre) ist es sinnvoll, neben einem „statischen Wirtschaftlichkeitsvergleich" auch „dynamische Verfahren" anzuwenden (z. B. Kapitalwertmethode), welche die Einmalausgaben und Betriebkosten über den gesamten Investitionszeitraum erfasst und auswertet (siehe hier z. B. WÖHE 2008).

## 24.2.5 Phase fünf: Entscheidungsfindung

Allein der Wirtschaftlichkeitsvergleich ist als Entscheidungskriterium zur Auswahl des optimalen Kommissioniersystems in der Regel nicht ausreichend.

Es sind es vor allem Kriterien wie
- unternehmerisches Risiko,
- strategische Zielsetzungen,
- Erweiterbarkeit,

- ➥ Flexibilität gegenüber Bestands- und Strukturveränderungen,
- ➥ Umsetzbarkeit im laufenden Betrieb,

die eine höhere Priorität als die „kürzeste Amortisationsdauer" einnehmen können.

Nun ist die Situation bei größeren Investitionsentscheidungen meist so, dass das Planungsteam, welches sich aus internen Führungskräften (z. B. Logistikleiter etc.) und gegebenenfalls externen Planern und Beratern zusammensetzt, für den (oder die) Entscheider eine von allen Teammitgliedern getragene Empfehlung für eine Lösung ausspricht, die sich bezogen auf die Aufgabenstellung und unter Berücksichtigung aller Kriterien und Randbedingungen aus Sicht des Planungsteams „objektiv" als die optimale Lösung herausgestellt hat.

Die Praxis zeigt jedoch, dass diesen Empfehlungen selten „eins zu eins" gefolgt wird. Oft werden durch den (oder die) Entscheider ganz neue Ideen und Strategien eingebracht, die vorher nicht bekannt waren und die dazu führen, dass planerische Nachbetrachtungen angestellt werden. Häufig ist es auch einfach das unternehmerische Risiko, welches vorerst oder ganz gescheut wird: Was ist denn, wenn die Wachstumsprognosen nicht eintreffen?

Folgt der Entscheider jedoch der Empfehlung (sofort oder nach einer gewissen „Reifezeit"), so sollten die wirtschaftlichen und qualitativen Effekte der gewählten Lösung auch tatsächlich eintreten, was eine gewissenhafte und umfassende Systemplanung gemäß dem dargestellten Leitfaden voraussetzt und darüber hinaus eine professionelle Umsetzung (Detailplanung, Projektmanagement etc.) bis zur Inbetriebnahme sowie eine kontinuierliche Optimierung in kleinen Schritten nach der Inbetriebnahme erfordert.

## 24.3 Planungshilfen

Nachfolgend wird das Für und Wider von Planungshilfen für eine Systemplanung diskutiert, die sich in

- ➥ computertechnische Planungshilfen (wie z. B. Materialflusssimulationen) und
- ➥ externe Planungshilfen (wie z. B. externe Planer/Berater)

aufteilen lassen.

### 24.3.1 Computertechnische Planungshilfen

**Materialflusssimulationen**

In den ersten Phasen einer Systemplanung wird vom Planer ausschließlich mit

- ➥ Taschenrechner, Datenbank- und Tabellenkalkulationsprogrammen für die Datenauswertung sowie mit
- ➥ CAD-Programmen für die zeichnerische Darstellung in Form von Layouts

gearbeitet.

Zur abschließenden Überprüfung von Lösungsalternativen oder auch um verschiedene Lösungen miteinander vergleichen zu können, sind insbesondere bei komplexen automatisierten Lösungen Materialflusssimulationen ein sehr wichtiges Hilfsmittel, um am Ende der Systemplanung ausreichende Gewissheit über

- Durchsatz und Durchlaufzeiten,
- ausreichende Dimensionierung,
- Leistungsgrenzen/Engpässe/Störeinflüsse,
- Personalbedarf etc.

zu gewinnen. Etwaige Schwächen können auf diese Weise noch in der Planungsphase ausgemerzt werden.

Materialflusssimulationen werden durch darauf spezialisierte Ingenieurbüros durchgeführt. Häufig werden die zusätzlichen Kosten für die Durchführung einer Materialflusssimulation gescheut. Das dadurch eingegangene Risiko sollte gut abgeschätzt werden, denn treten erst in der Inbetriebnahme Engpässe zu Tage, so sind die Kosten für die Beseitigung an der realen Anlage ungleich höher.

### 24.3.2 Externe Planungshilfen

Erfahrungsgemäß sind die internen Planungskapazitäten eines Unternehmens für die Durchführung einer Systemplanung aus

- zeitlichen Gründen
  - enger Terminrahmen für die Planung,
  - laufende Parallelprojekte (z. B. Einführung eines neuen ERP-Systems oder Release-Wechsel),
  - Planen neben dem Tagesgeschäft
- fachlichen Gründen
  - fehlende Erfahrung im Planen und Umsetzen (Planen von intralogistischen Systemen ist nicht Kernkompetenz),
  - mangelnde Kenntnis der Systeme und des Marktes,
  - fehlende Werkzeuge (CAD-System, Simulationen etc.)

nicht ausreichend, um ein befriedigendes Planungsergebnis erwarten zu dürfen. Häufig will man sich auch einfach nur eine Zweitmeinung beispielsweise im Rahmen eines Projekt-Audits einholen.

Zudem sind die so wichtigen neuen Ideen meist nur von außerhalb zu bekommen: ein Unternehmen führt solche Projekte in der Regel alle 10 bis 20 Jahre durch. Für einen Planer oder einen Projektierer eines Systemanbieters sind derartige Projekte Tagesgeschäft.

Die externen Planungshilfen lassen sich in abhängige und unabhängige Planungen differenzieren:

### 24.3.3 Abhängige Planung

Viele leistungsfähige Hersteller von Kommissioniereinrichtungen bieten ein umfassendes standardisiertes Lieferprogramm. Sie sind somit qualifiziert, grundlegende Planungen durchzuführen, jeweils im Rahmen ihres Angebots und bezogen auf ihre Produktpalette.

Hersteller werden bei ihren Planungen jedoch abhängig, d. h. befangen sein, da sie neben dem optimalen Nutzen für den Auftraggeber („optimales Kommissioniersystem") natürlich auch den eigenen Gewinn im Auge haben, was in der Regel zu suboptimalen Lösungen führt. Das objektiv beste Kommissioniersystem für den Auftraggeber wird demzufolge nur dann vom Hersteller empfohlen, wenn beide Interessen, nämlich die des Auftraggebers und die eigenen „zufällig" übereinstimmen.

### 24.3.4 Unabhängige Planung

Vom Grundansatz empfiehlt es sich daher, einen produktneutralen Planer hinzuzuziehen, der die nötige Kompetenz und Erfahrung für die Planungsaufgabe mitbringt.

**VORSICHT!**

Auch hier ist Achtung geboten: Der Begriff „externer Planer" ist noch kein Gütesiegel für Qualität und vor allem Neutralität.

Die große Schwierigkeit für ein Unternehmen besteht also darin, einen passenden Planer zu finden, der erfahren, vertrauenswürdig, neutral, flexibel und bei dem darüber hinaus auch noch die „Chemie" stimmt. Sollte ein Unternehmen keinen externen Planer ihres Vertrauens haben, so besteht die Möglichkeit, diesen im Rahmen eines Ideenwettbewerbs zu finden.

## Literaturverzeichnis

GUDEHUS (2005) Gudehus, Timm: Logistik. Grundlagen – Strategien – Anwendungen, Berlin, Heidelberg, New York.

SCHULTE (1993): Schulte, Joachim: Praxis des Kommissionierens – Warenfluß ohne Reibungsverluste – Handbuch für die betriebliche Praxis, Königsbrunn.

VOIGT (1997): Voigt, Gert: Das neue Kommissionier Handbuch. Sonderpublikation der Zeitschrift Materialfluss, Landsberg.

WÖHE (2008): Wöhe, Günter, Döring, Ulrich: Einführung in die Allgemeine Betriebswirtschaftslehre. 23. Auflage, München.

# TEIL 5:

## Trends und Entwicklung

25

# 25 TRENDS UND ZUKÜNFTIGE ENTWICKLUNGEN IN DER KOMMISSIONIERUNG

*(Prof. Dr.-Ing. Wolf-Michael Scheid)*

## 25.1 Rückblick

Wer über Zukunft spekulieren will, tut gut daran, zunächst einen Blick zurück zu werfen. Kommissionieren, das Zusammenstellen von Waren aus einem Sortiment entsprechend einem Auftrag, gehört zum täglichen Leben. Jeder, der einen Supermarkt besucht, übt diese Tätigkeit aus, auch wenn der Auftrag häufig nicht schriftlich (Einkaufszettel) vorbereitet ist, sondern eher im Kopf existiert.

Wird die Kommissionierung ausgeführt, um Teile für eine Endmontage rechtzeitig und vollständig bereitzustellen oder fertige Ware in einem Versandhaus nach Kundenwunsch anschließend zu verpacken und versandfertig zu machen, lohnt es, diese Tätigkeit im Hinblick auf eine möglichst effiziente Durchführung und last but not least niedrige Kosten genauer zu untersuchen. Dabei standen zunächst die Menschen, die kommissionierten, dann die Systeme, in denen sie sich bewegten, im Fokus der Betrachtungen.

Der Systemgedanke gewann Vorrang vor der scheinbar perfekten Konstruktion einzelner Komponenten. Die 1970er Jahre bewiesen, dass ein logisches systematisches Herangehen bislang unerkannte Zusammenhänge aufdeckte und zuvor ungeahnte Produktivitätskräfte mobilisierten.

GUDEHUS war einer der Wegbereiter dieses neuen Denkens. Er zeigt auch Prinzipdarstellungen der damals schon angebotenen bzw. angedachten Automatisierungslösungen für die Kommissionierung und schreibt: „Der Kommissionierer ist also entweder Mensch oder Maschine" (GUDEHUS 1973, S. 13).

Wichtigste Erkenntnisse waren eine Systematik der Kommissioniersysteme für Stückgüter, die dann ihren Eingang in die einschlägige Richtlinie des VDI 3590 Kommissionieren (August 1994) fand.

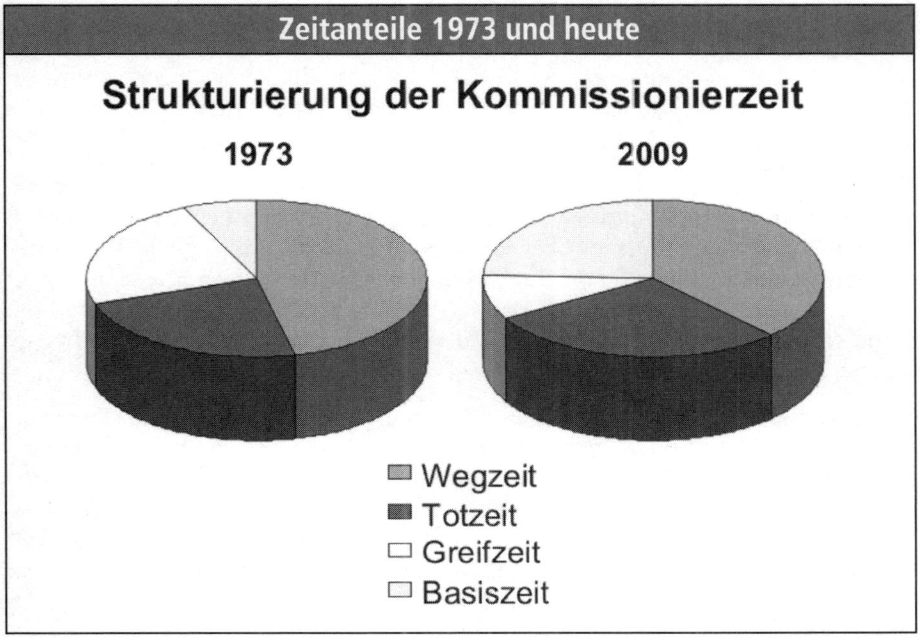


*Abb.1: Zeitanteile 1973 und heute*

GUDEHUS zeigte, dass der Griff ins Regal oder in die Kiste, nur einen Anteil von ca. 20–40 Prozent an der gesamten Kommissionierzeit hatte. Wegzeiten dominierten! Bemühungen um effizientere Kommissioniersysteme konzentrierten sich vor diesem Hintergrund auf eine Reduzierung des Anteils der Wegzeiten. Dies geschieht bis heute auf verschiedene Weise.

Unter der Annahme, dass Wege beim Kommissionieren zu Fuß zurückzulegen sind, werden Layouts für Kommissioniersysteme entworfen, bei denen – abhängig von der Sortiments- und Auftragsstruktur – Wegeanteile ausgelassen bzw. übersprungen werden können. Zusätzlich wird der Effekt genutzt, dass Umschlags- bzw. Zugriffswerte nicht gleichmäßig alle Teile des Sortiments betreffen. Vielmehr existieren stets Unterschiede, die für Schnell-, Mittel- und Langsamläuferzonen genutzt werden können (ABC-Verteilung). Fast gesetzmäßig gilt auch die 80:20-Regel, nach der 20 Prozent des Sortiments 80 Prozent des Umsatzes bewältigen. Analytisch lassen sich aus der Berücksichtigung solcher Effekte im Anlagen-Layout relative Wegeverkürzungen (gegenüber einer Gleichverteilung der Artikel) errechnen.

Organisatorisch ist zusätzlich zwischen einer festen und einer freien (chaotischen) Lagerordnung zu unterscheiden. Die feste Lagerordnung ist hinsichtlich der Einlagerungsstrategien und insbesondere der Wegeoptimierung beim Auslagern einfach zu handhaben. In den 1970er Jahren war dies im Hinblick auf die aus heutiger Sicht mangelnde Leistungsfähigkeit der Rechner etwa beim Aufbereiten der Kommissionierlisten wichtig. Da die Ware außerdem im Zugriff des Kommissionierers („zu Fuß") liegen sollte, wurden Reservebestände beispielsweise bei palettierter Ware damals wie heute gern nahe dem Kommissionierfach in den oberen Lagerebenen gelagert – tendenziell durchaus in freier Lagerordnung. Organisatorisch kam damit die Frage des rechtzeitigen Nachschubs (Umlagerung vom Reserve- in den Kommissionierbereich) hinzu. Dieses Thema hat eher an Bedeutung zu- als abgenommen. Festzustellen bleibt, dass eine feste Lagerordnung zu längeren mittleren Wegen führt als eine durchgängig freie (chaotische). Dieser Effekt ist aber deutlich unterproportional zum Mehrbedarf an Fläche.

Auf einem Rundgang durch das Kommissionierlager vom Kommissionierer nicht einen, sondern mehrere Aufträge zusammenstellen zu lassen, ist ein weiterer organisatorischer Trick, der seinerzeit eher selten genutzt wurde. Das mögliche Überspringen von Gängen entfällt durch dieses Vorgehen zwar zunehmend, jedoch kommt es zu deutlichen Einsparungen an Wegzeiten! Dies geht allerdings auf Kosten der mittleren Durchlaufzeit eines Auftrages, die früher bei den meisten Anwendungen eine vernachlässigbare Bedeutung hatte.

Eine weitere Möglichkeit, Wegzeiten des menschlichen Kommissionierers einzusparen, war und ist der automatisierte begleitfreie Transport von Waren zwischen den Entnahmeorten. Heute spricht man meist von Weiterreich-Systemen: Einheitliche dem jeweiligen Auftrag zugeordnete Behälter werden zielgesteuert automatisch von einem Entnahmebereich (Bahnhof) zum nächsten diesen Auftrag betreffenden Entnahmebereich transportiert. Für das Layout im Entnahmebereich gelten dabei alle zuvor gemachten Aussagen für die Wegebetrachtung.

Der Einspareffekt beruht darauf, dass ein Auftrag im Regelfall nur einen Teil der vorhandenen Entnahmebereiche berührt. Gegenüber dem Rundgang eines Kommissioniers zu Fuß durch die gesamte Anlage ergeben sich deutliche Einsparungen. Allerdings wird der Effekt der Kommissionierung mehrerer Aufträge zugleich nicht erreicht, da im Entnahmebereich bei dem Bahnhofsprinzip zusätzliche Wege anfallen (können).

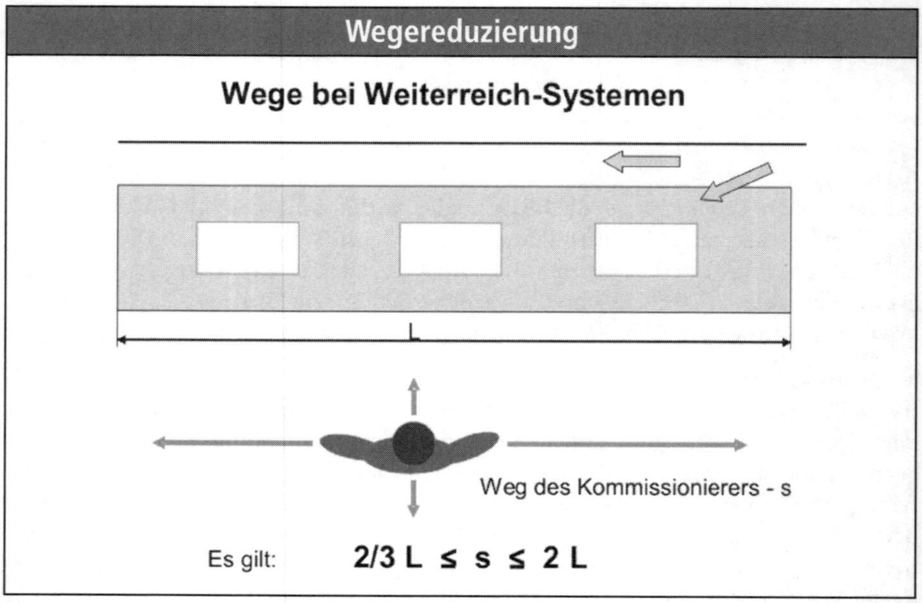


*Abb. 2: Wegereduzierung durch Weiterreich-Systeme*

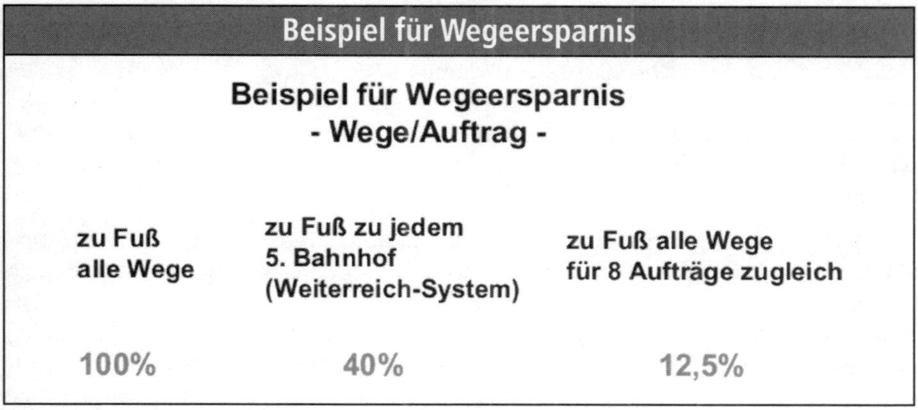


*Abb. 3: Wege und Einsparpotential*

Alle vorgenannten Betrachtungen beziehen sich auf das einstufige Kommissionieren „Mann zu Ware" in der Ebene (bei GUDEHUS als „eindimensional" bezeichnet).

Ware-zu-Mann-Systeme, die Nutzung der Höhe (durch Kommissionierstapler oder Regalbediengeräte) sowie ein zweistufiges Kommissionieren wurden zwar durchdacht, waren aber in den meisten Fällen (1970er Jahre!) wirtschaftlich noch nicht umsetzbar. Ausnahmen bildeten der Versandhandel und der pharmazeutische Großhandel.

Festzuhalten bleibt, dass sich alle Überlegungen zur Systemgestaltung und zur Optimierung an dem Gedanken der Wegeeinsparung orientierten.

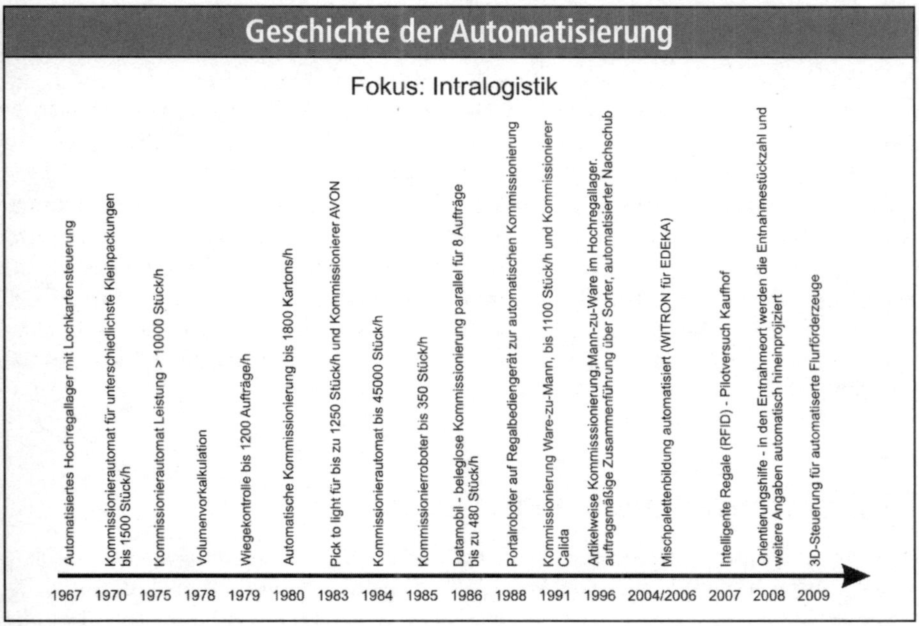


*Abb. 4: Zeitlauf*

## 25.2 Gegenwart

Heute sind wir uns bewusst, dass ein Kommissionierauftrag zu vorbestimmter Zeit nach kurzer Durchlaufzeit und fehlerfrei ausgeführt sein sollte. Der Gedanke der Durchlaufzeit spielte bei den vorgenannten Überlegungen ebenso wenig eine Rolle wie der durch das jeweilige System mögliche (bzw. der vom System geforderte) Durchsatz.

Ursächlich dafür dürfte eine früher stark national und regional orientierte Distributionsstruktur gewesen sein. Kommissionieranlagen waren, gemessen an den an sie gestellten Anforderungen, meist überdimensioniert. Bei räumlicher Nähe zum Endkunden spielten Durchlaufzeiten eine in der Regel vernachlässigbare Rolle; man belieferte den Kunden schon rechtzeitig oder er holte sich die Ware ab. Damit waren auch Auswirkungen von Kommissionierfehlern von geringer Bedeutung. Sie ließen sich ja kurzfristig berichtigen.

Eine Ausnahmeerscheinung war die Kommissionierung im pharmazeutischen Großhandel. Dort wurde schon um 1980 mit Hilfe von Weiterreich-Systemen rechnergestützt und nahezu fehlerfrei mit kürzester Durchlaufzeit kommissioniert. Ein beliebiger Auftrag ließ sich aus einem Sortiment von über 100.000 Artikeln in 25 bis 35 Minuten an einem vorgegebenem Ort (zum zuvor festgelegten Spätest-Zeitpunkt) fehlerfrei bereitstellen. Auch das automatisierte Kommissionieren von Teilsortimenten wurde Anfang der 1980er Jahre in diesem Bereich erprobt und eingeführt. Heute ist die Branche des pharmazeutischen Großhandels hinsichtlich der Anwendung der Automatisierung in der Kommissionierung in Deutschland an der Sättigungsgrenze.

Auch wenn aus den vorgenannten Hinweisen hervorgehen dürfte, dass der pharmazeutische Großhandel in seinen Kommissioniersystemen anderen Branchen um Jahre (wenn nicht sogar Jahrzehnte) voraus war, so wurde dies nicht zur Kenntnis genommen. 2001 wurde beispielsweise der Pharmagroßhändler ANZAG AG für seine Logistik, d. h. wesentlich auch sein Kommissionier- und Distributionssystem, mit dem Deutschen Logistik Preis der Bundesvereinigung Logistik e.V. (BVL) ausgezeichnet – knapp 20 Jahre nachdem Wettbewerber dieses Unternehmens erstmals solche für die Branche richtungsweisende Anlagen realisiert hatten. Es mag sein, dass die Branche von anderen Anwendern übersehen wurde, da nahezu keine Beratungsunternehmen bei der Planung der Kommissioniersysteme involviert waren und sich als Lieferanten praktisch nur zwei Unternehmen auf Dauer behaupten konnten, die zudem über viele Jahre nicht in anderen Absatzmärkten aktiv wurden.

## 25.3 Bestellverhalten ändert sich

Da Lieferzeiten, sei es in der Produktion oder sei es vor allem in der Distribution, seit vielen Jahren ständig kürzer werden, hat sich das Kundenverhalten an den ständig verbesserten logistischen Service angepasst. Bestellmengen werden kleiner, Bestellhäufigkeiten nehmen zu. Durch bessere Transportkonzepte spielen Entfernungen im Inland kaum noch eine Rolle. Was heute bis 18 Uhr bestellt wird, ist meist am nächsten Vormittag beim Kunden. Dies begünstigt die Konzentration von Logistikzentren: aus vielen kleinen verteilten Zentren wird ein großes. Damit sinken erforderliche Bestände drastisch (Ersparnis an Kapitalzinsen), auch werden durch die Reduzierung von Führungspositionen Gemeinkostenzuschläge verringert. Zugleich nimmt der Durchsatz weiter zu. Die „kritische Masse" für den wirtschaftlichen Einsatz von Automatisierungslösungen, sei es für den innerbetrieblichen Transport, für die Lagerung oder für das Kommissionieren von Teilsortimenten, wird häufiger erreicht. Ein Europa mit offenen Grenzen geht weg von der nationalen zur europaweiten Distribution. Damit wird einmal mehr der Konzentrationsprozess hin zu größeren Distributionszentren begünstigt. Wachstum kommt hinzu und hat Effekte in gleicher Richtung.

**Belastungsschwankungen**

**Schwankung der Belastung ausgewählter Branchen**

| Branche | Durchschnitt | Maximal |
|---|---|---|
| Buchgroßhandel [1] (Zeitraum: April – August) | 110 Aufträge/60 min | 127 Aufträge/60 min |
| Kosmetikgroßhandel [2] (Zeitraum: 12 Monate) | 4100 Positionen/Tag | 15000 Positionen/Tag |
| Pharmagroßhandel [3] (Zeitraum: 1 Tag) | 428 Aufträge/30 min | 686 Aufträge/ 30 min |

[1] Heinze, T.: Ermittlung von Bestimmungsgrößen und Dimensionierungsregeln für Behälterdurchsatz und Kommissionierleistung bei sogenannten „Weiterreichsystemen" mit Darstellung an einem Beispiel, Diplomarbeit, Technische Universität Ilmenau, 1999

[2] Roth, C.; Seebauer, P.:Douglas geht fremd, Logistik heute 11/2001, S. 54f, Huss- Verlag, München, 2001

[3] Lorenz, J.:Andreae- Noris Zahn AG, Lagerleiter Niederlassung Meerane, 24.4.2002

*Abb. 5: Belastungsschwankungen*

Das geänderte Bestellverhalten bringt leider auch plötzlich auftretende Schwankungen in der Belastung der Systeme mit sich. Kannten wir zuvor nur saisonale Schwankungen (Weihnachten bzw. Ostern, Sommermode bzw. Wintermode etc.) und wochentagsabhängige unterschiedliche Anforderungen, können sich heute spontan auftretende Spitzenbelastungen ergeben, die rein zufällig entstehen, weil Aufträge kurzfristig erfolgen und ebenfalls kurzfristig abgewickelt werden müssen.

25

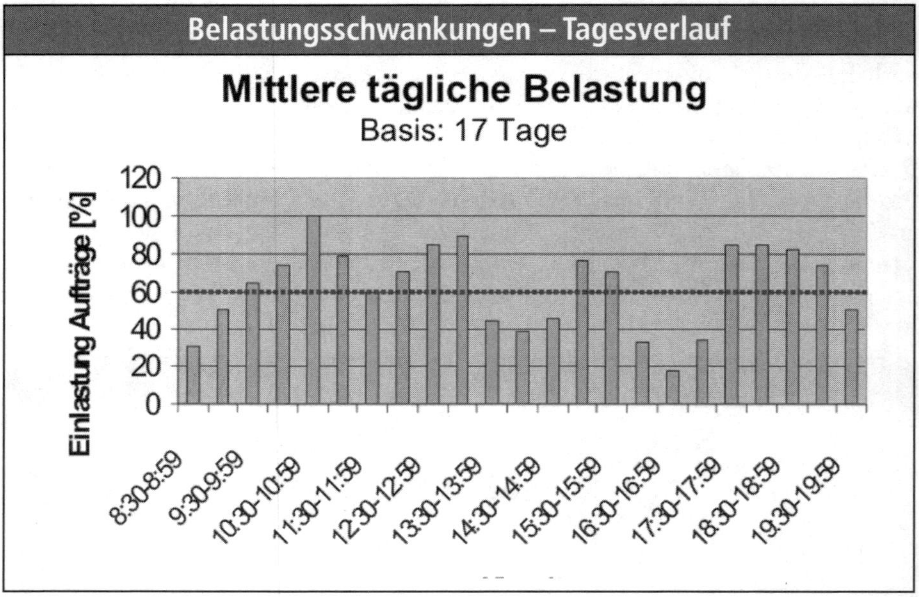


*Abb. 6: stündliche Schwankungen im Durchsatz*

Betrachten wir statt Distributionszentren die Produktionslogistik bzw. speziell die Beschaffung (Supply Chain), so sehen wir, dass eine produktionssynchrone Beschaffung (just in time oder als eine Variante auch just in sequence) genau zu den gleichen Effekten führt – mit einem signifikanten Unterschied. Die Termintreue hinsichtlich der Anlieferung am Verwendungsort ist absolutes Muss. Statt der Konzentration (national oder europaweit) erfolgt hier – zumindest für die Endmontage der zuzuliefernden Produkte – eine weitere Dezentralisierung mit dem Ziel der Ansiedlung nahe dem Kunden oder sogar auf dem Werksgelände des Kunden.

Als Konsequenz – sowohl für die Distribution, als auch die produktionsnahe Intralogistik – wächst die Zahl der innerbetrieblichen Transporte (Sammelbehälter, Trays etc.) und die Zahl der Entnahmen (Kommissioniervorgänge). Sie nimmt allerdings stärker zu als das Wachstum an Umsatz in Euro und Cent des jeweils betrachteten Logistikzentrums, beinhaltet aber zugleich eine Steigerung des logistischen Aufwands.

## 25.4 Anforderungen

Ältere Systeme sind damit heute nicht mehr überdimensioniert. Sie stoßen vielmehr an ihre Leistungsgrenzen. Es gilt daher, Kommissioniersysteme für deutlich stärkeren Durchsatz und auch künftig absehbares Wachstum zu konzipieren. Zugleich sollten die Systeme die Steigerung der Logistikkosten zumindest teilweise rückgängig machen und den weiteren Kostenanstieg begrenzen.

Es gilt ferner, Kommissioniersysteme auf kürzeste Durchlaufzeiten und hohe Termintreue auszulegen. Es muss auch stärker zwischen Eilaufträgen, die sich solchen Anforderungen stellen müssen, und Normalaufträgen mit zulässiger längerer Durchlaufzeit unterschieden werden.

Die Kommissionierung für die Produktion muss fehlerfrei erfolgen, d. h. Fehlermöglichkeiten sind zu minimieren, eventuell dennoch auftretende Fehler sind aufzudecken und zu korrigieren. Die Kommissionierung in der Distribution sollte diese Ziele ebenfalls verfolgen, um die Kundenzufriedenheit zu maximieren.

Die Kommissioniersysteme sollten erhebliche Leistungsschwankungen bewältigen bzw. tolerieren können. Grundlasten können mit Vollzeitkräften gut bewältigt werden. Bei Spitzenlast und auch im Hinblick auf sich ausdehnende Betriebszeiten wird oft mit flexibel einsetzbaren Teilzeitkräften, Mehrarbeit, Leiharbeitern und Aushilfen gearbeitet. Der Gedanke, fachfremdes Personal zu niedrigen Lohnkosten temporär hinzuzunehmen, liegt zugegeben nahe. Es wird dabei aber häufig übersehen, dass derartiges Personal entweder seine Einarbeitungszeit benötigt oder bei geringerer Produktivität mehr Fehler verursachen wird. Bei der Gestaltung von Technik und Organisation der Kommissioniersysteme ist auf die zu erwartende Qualifikation und Qualität des Personals Rücksicht zu nehmen – sowohl für Schwachlast- wie für Spitzenlastbetrieb!

Hoher Durchsatz, kurze Durchlaufzeiten, Flexibilität und Fehlerfreiheit sind als Zielgrößen an die Stelle der Wegeeinsparung und der Greifzeitoptimierng getreten.

Hoher Durchsatz lässt sich durch zweistufige Kommissionierung erzielen. Es wird für viele Aufträge in der ersten Stufe artikelorientiert entnommen und dann in der zweiten Stufe auftragsbezogen sortiert. Der Gedanke ist nicht prinzipiell neu und wurde beispielsweise tendenziell schon früh in Versandhäusern realisiert. Dort wurde die Ware in beiden Stufen manuell gegriffen. Heute (und vermehrt in der Zukunft) wird die zweite Stufe durch automatisierte Sorter dargestellt. Ein Griff reicht aus! Heutige Sorter erlauben dabei rein von Mechanik und Steuerung her einen stündlichen Durchsatz von deutlich über 10.000 Stück. Durch geeignete Layoutbildung und Implementierung entsprechender Strategien in der Software kann darüber hinaus eine Durchsatzsteigerung um 25 bis 33 Prozent erfolgen.

## FALLBEISPIEL:

Es ist möglich, diese Art der Kommissionierung mit stationären Kommissionierplätzen nach dem Prinzip „Ware zu Mann" zu kombinieren. So konnten beispielsweise bei CALIDA bereits 1991 neun Kommissionierer aufgrund der Wegeeinsparung bis zu 10.000 Teile je Stunde kommissionieren.
Es ist auch möglich, nahezu wegelose Schnelldreher-Kommissionierplätze für die direkte auftragsbezogene Kommissionierung so zu gestalten, dass dauerhaft mehr als 1.100 Teile je Kommissionierer und Stunde entnommen werden können. Kurzfristige Steigerungen auf (hochgerechnet) 1.900 Stück/h wurden nachgewiesen (AVON, vgl. auch Beitrag von HABERL in diesem Buch).

25

Es ist auch möglich, an solchen stationären Kommissionierplätzen Ware aus dynamisch herangeführten Warenbehältern für mehrere unterschiedliche Aufträge in entsprechend bereit gestellte Sammelbehälter zu kommissionieren. Die zweite Kommissionierstufe durch Sorter entfällt. Leistungen von 1.100 Stück je Kommissionierer und Stunde werden bei geeigneter Sortiments- und Auftragsstruktur erreicht.

**Dynamische Bereitstellung**

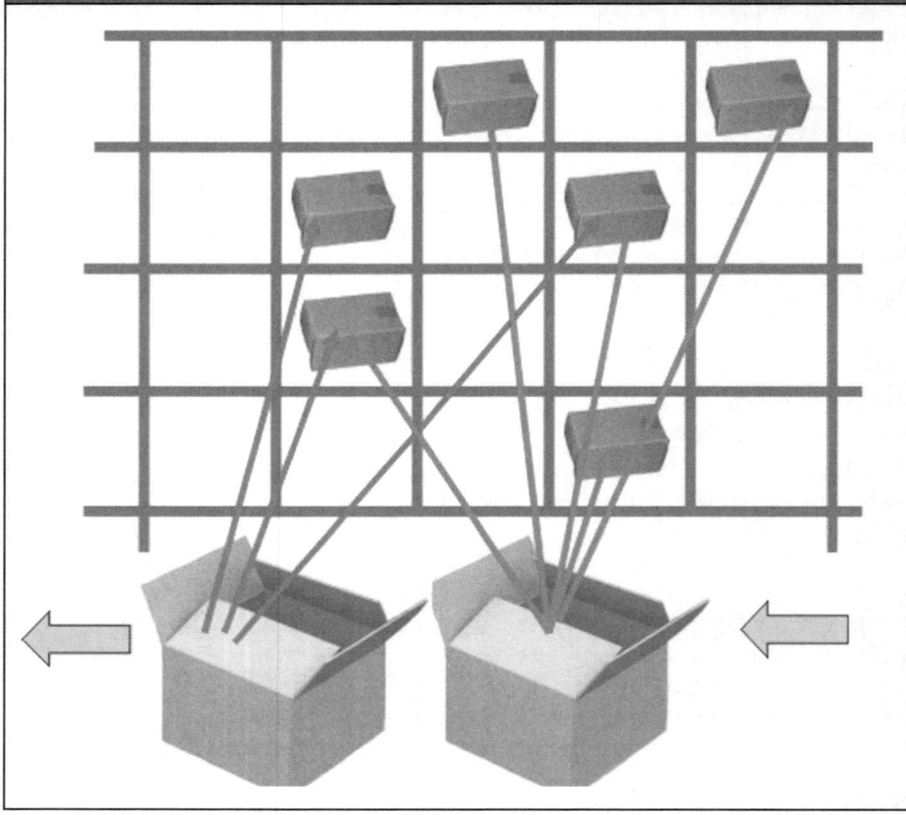

*Abb. 6: Verteilung aus dynamisch herangeführten Behältern*

## FALLBEISPIEL:

Die hohen Kommissionierleistungen der vorgenannten Beispiele sollen selbstverständlich (nahezu) fehlerfrei erbracht werden. Bei CALIDA wird je Entnahme ein Etikett gedruckt, das auf das entnommene Teil aufgeklebt wird. Bleibt der Etikettendruck aus, ist der Warenbehälter (durchaus mit Restemengen) ins Lager zurück zu schicken. Der Behälterwechsel wird automatisch erkannt. Der Etikettendrucker arbeitet wieder.
Bei AVON wird der Kommissionierer durch Orientierungshilfen (Pick by Light, erleuchtete Entnahmefächer) geführt. Die Wiegekontrolle zeigt lediglich ein Fehler auf 14.000 Entnahmen!

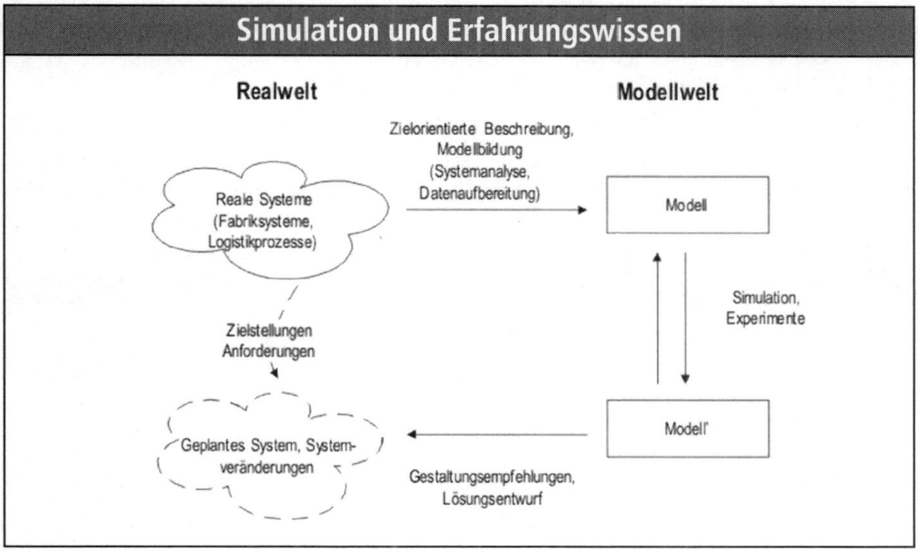


*Abb. 7: Realität vs. Modell*

Rein analytische Durchsatzrechnungen sind so lange zu akzeptieren, wie deutliche Leistungsreserven sichtbar werden. Nähert man sich den Grenzleistungen einzelner Komponenten, sollte eine Simulation vorgesehen werden. Diese ist natürlich auch nur hinreichend aussagefähig, wenn das Simulationsmodell dem geplanten System entspricht und die richtigen Fragen bzw. Szenarien geprüft werden.

## ACHTUNG:

Das Erfahrungswissen eines jeden Autofahrers, dass eine Spitzengeschwindigkeit nicht mit einer Durchschnittsgeschwindigkeit gleichzusetzen ist, gerät leider bei der Planung intralogistischer Systeme immer wieder in Vergessenheit.

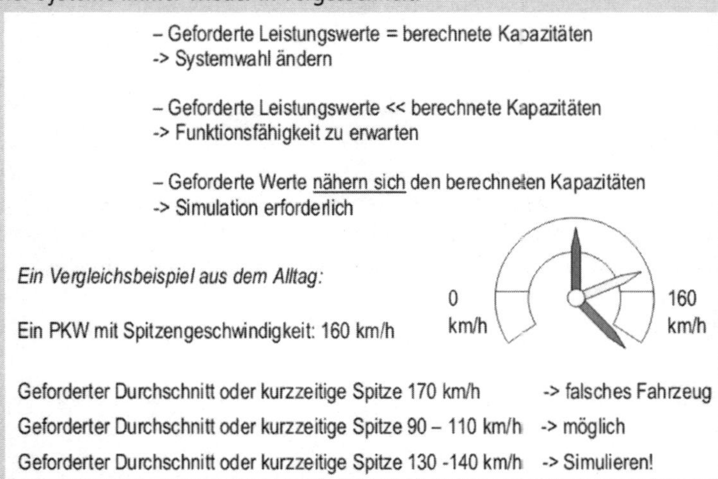


*Abb. 8: Vergleich Automobil – Intralogistik*

25

## 25.5 Trends

### 25.5.1 Manuelle und automatisierte Systeme

Eine Umfrage zu einem der Trends (Automatisierung ja/nein) zeigt, dass die Betreiber von Kommissioniersystemen gespalten sind. Jeweils knapp die Hälfte erwartet eine weitere Automatisierung bzw. eine Beibehaltung des überwiegend manuellen Systems.

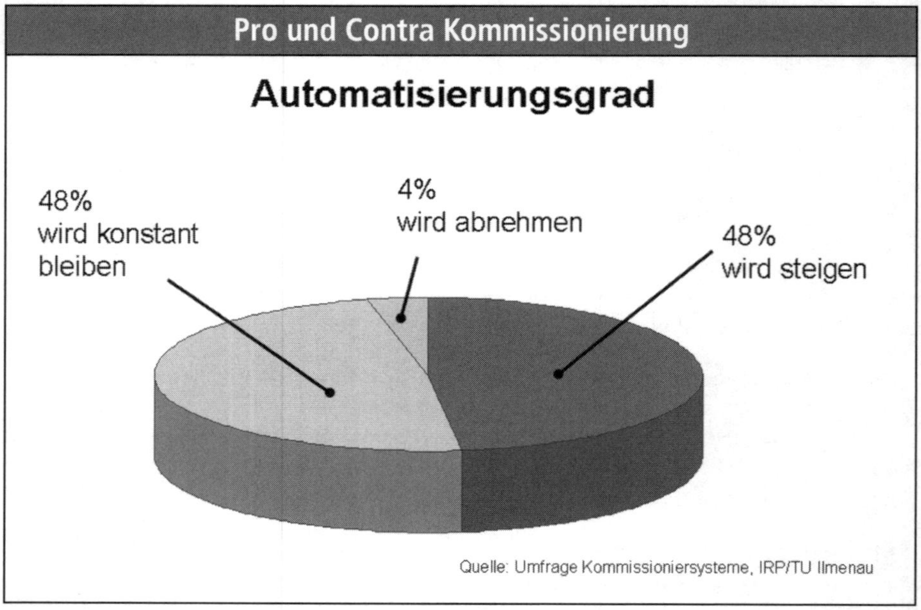


*Abb. 9: Umfrageergebnis zur Kommissionierung*

Hier spielen positive bzw. negative Erfahrungen einerseits sowie ökonomische Randbedingungen andererseits eine Rolle.

Vielfach begegnet man der Ansicht, automatisierte Lösungen seien weniger flexibel. Flexibilität in hohem Maße vermutet man hingegen bei manuellen Systemen. Richtig ist, dass automatisierte Systeme keine Planungsfehler verzeihen. Bei manuellen Systemen lassen sich solche Fehler jedoch leicht kaschieren. Im Umkehrschluss bedeutet dies einen signifikant höheren Aufwand bei der Planung automatisierter Systeme. Treibt man allerdings einen ähnlich hohen Aufwand bei manuellen Systemen, dürfte ein späteres Kaschieren von Fehlern auch nicht erforderlich sein.

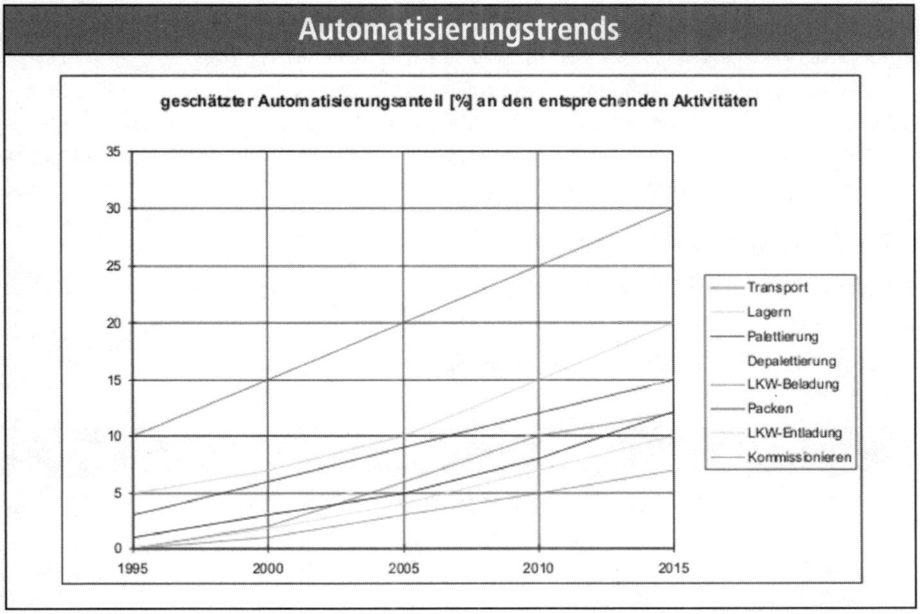


*Abb. 10: Wachstum der Automatisierung*

Wie Abbildung 10 zeigt, wächst der Anteil automatisierter Kommissioniersysteme sehr langsam, obwohl viele Lösungen und Erfahrungen vorliegen. Tatsache ist, dass mit heutigen Kommissionierautomaten Durchsätze auf geringster Fläche erzielt werden können, die in dieser Konzentration manuell nicht erbracht werden können. Die schon erwähnte Konzentration von Logistikzentren begünstigt daher eine Automatisierung. Eine Konzentration ohne Strukturänderung (Automatisierung) führt allerdings leicht zu erhöhten Durchlaufzeiten und zu unnötig hohem Personaleinsatz.

Wie schon erwähnt spielen neben der in den Umfragen auch zum Ausdruck kommenden emotionellen Erwartung eigene positive bzw. negative Erfahrungen oder entsprechende Berichte eine Rolle und in hohem Maße ökonomische Randbedingungen. Kurze Amortisationszeiten (= spätes RoI) begünstigen eher überwiegend manuelle Lösungen. Auch Szenarien mit negativem Wachstum dürften im Hinblick auf den dann gewünschten Spielraum für notwendige Kostensenkungen kaum für hochautomatisierte Lösungen sprechen.

Kann man sich längerfristige Wirtschaftlichkeitsanalysen erlauben, wird dies eine Automatisierung begünstigen. Praxisgerecht sollte auch bei der Entscheidung für manuelle Lösungen die Möglichkeit einer späteren Automatisierung zumindest von Teilbereichen als Option erhalten bleiben.

Besteht das Kommissioniersysteme aus Teilbereichen mit unterschiedlichen technisch-organisatorischen Lösungen, so wird ein optimierter rechnergestützter Bereich für Schnelldreher mit manuellem Greifen wirtschaftlich auch auf bei längerem Planungshorizont sinnvoll sein, es sei denn, dass der geforderte Durchsatz bei solchen Lösungen mehrere Lagerstandorte für einen Artikel erzwingt und/oder geforderte Auftragsdurchlaufzeiten nur mit Hilfe von Kommissionierautomaten zu erbringen sind.

Mehr Augenmerk sollte der Automatisierung des Nachschubs und der Automatisierung von Langsamläuferbereichen (hohe Weganteile!) geschenkt werden: Ware-zu-Mann-Systeme bzw. eine dynamische Bereitstellung von Ware setzen in der Regel eine automatisierte Lagerung voraus.

## 25.5.2 Steigender Durchsatz

Die Trends des Marktes deuten auf weiter steigende Auftragszahlen bei sinkender Losgröße hin.

Zugleich wird der Druck auf sinkende Lieferzeiten, damit Auftragsdurchlaufzeiten, weiter steigen.

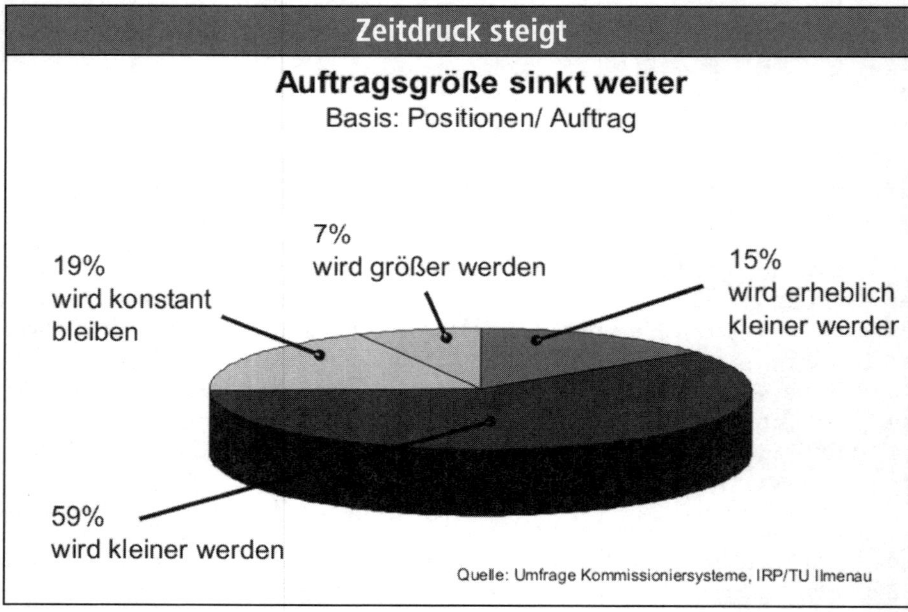


*Abb. 11: Erwartung zukünftiger Auftragsgrößen bei steigendem Zeitdruck*

Dies bedeutet, dass die Zahl der zu bearbeitenden Aufträge – gleich, ob es um Kommissionierung für die Produktion oder um reine Distribution geht – weiter deutlich stärker steigen wird als die Produktion bzw. der Absatz in Stück. Der einzelne Auftrag selbst wird kleiner. Nicht ohne Grund wird von der „Atomisierung der Aufträge und Transporte" (vgl. hierzu auch den Beitrag von SPEE in diesem Buch) gesprochen.

Zusammenfassend kann man sagen: Aufträge werden kleiner, leichter, schneller.

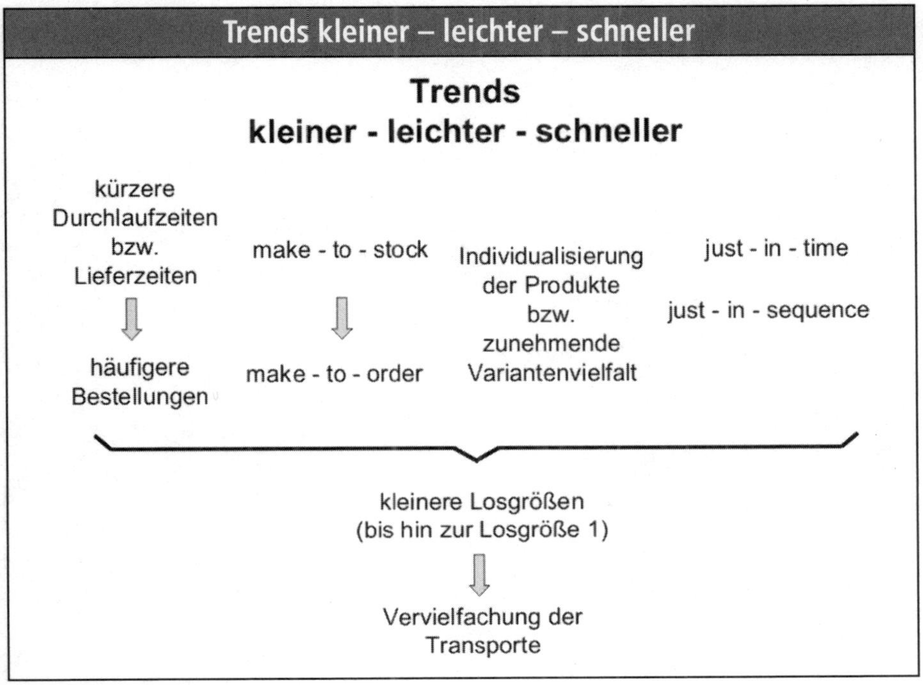


*Abb. 12: Atomisierung der Aufträge*

Bezüglich des Kommissionierens ergeben sich damit Forderungen nach höherer Leistung, soll nicht der Kostendruck zunehmen.

## 25.5.3 Lösungsansätze

Wie in der Vergangenheit bieten sich hier Wegeeinsparungen, ergonomisch optimierte Arbeitsplätze und Entnahmehilfen an.

Neben der traditionellen statischen Bereitstellung können hier Kombinationen aus dynamischer Bereitstellung des Lagerbehältnisses und das artikelorientierte Greifen für mehrere Aufträge hilfreich sein. Durch Wiegekontrolle und optische Hilfen (Visualisierung) kann bei zugleich höchsten Leistungen nahezu Fehlerfreiheit erreicht werden. 1.000–1.200 Stück/Stunde als dauerhafte Leistung eines Kommissionierers sind für leichte und kleine Stückgüter machbar!

Lagerbehälter werden hier nach dem Prinzip „Ware zu Mann" bereitgestellt und stützen sich auf schnelle automatisierte Läger ab. Neben der Optimierung herkömmlicher Regalbediengeräte in Leichtbauweise werden Systeme angeboten, bei denen signifikant höhere Auslagerungsleistungen erreichbar sind. Genannt seien etwa Rotary Rack bzw. Rotastore (Karusselllager mit einzeln angetriebenen Ebenen, Abbildung 13), Sistore, Shuttle-Systeme mit den Anforderungen wachsender Umschlagsleistung (Abbildung 14) und Hubbalkensysteme (Abbildung 15) sowie „normale" Karusselllager mit automatisierter Bedienung. Die genannten Systeme erreichen gegenüber den klassischen Regalbediengeräten durchaus einen bis zu fünffach oder auch zehnfach (Sistore) höheren Durchsatz.

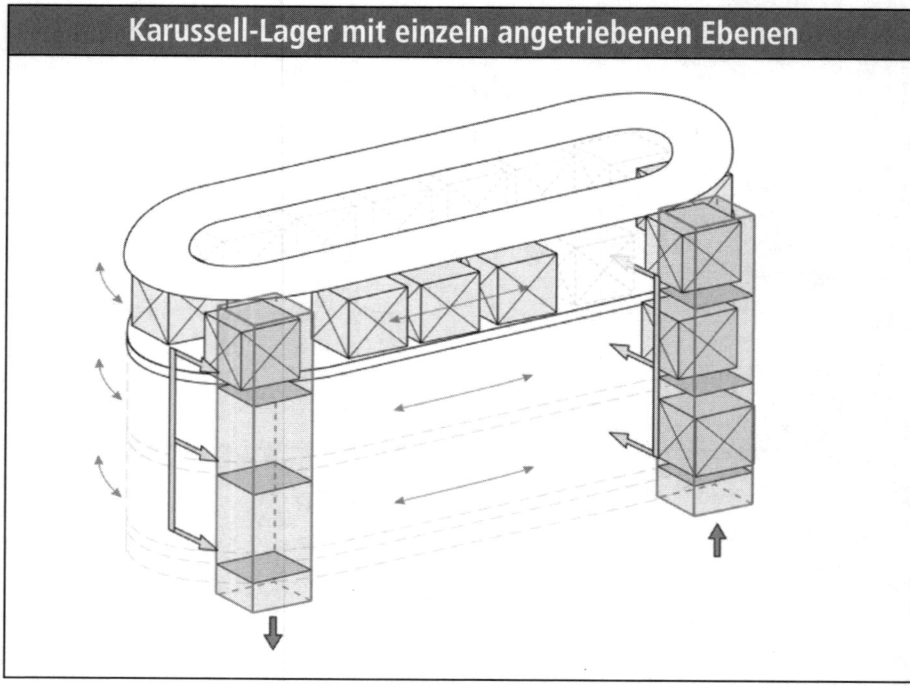


*Abb. 13: Karussell-Lager mit Einzelantrieb der Ebenen*

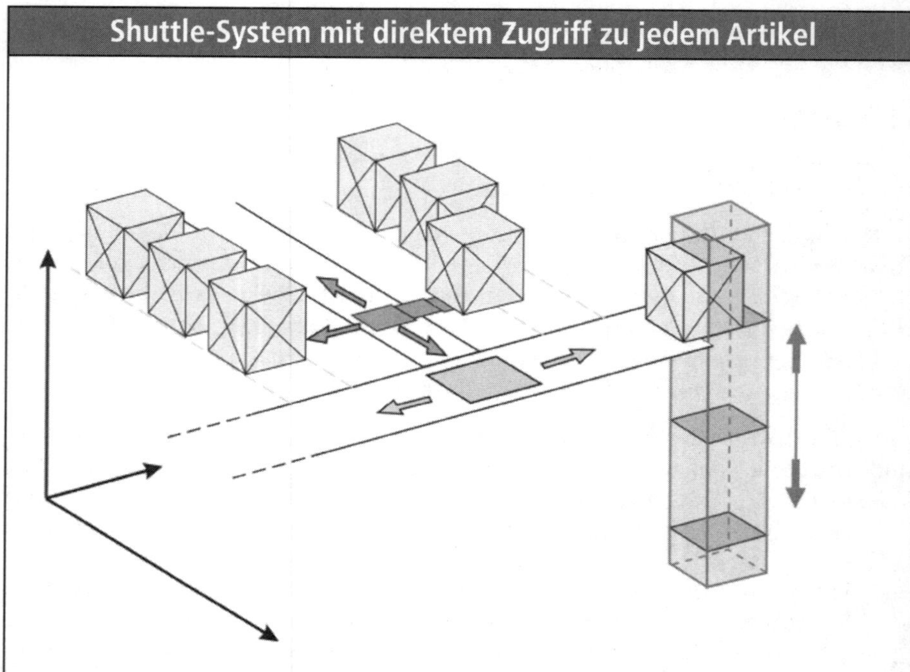


*Abb. 14: Shuttle-Systeme*

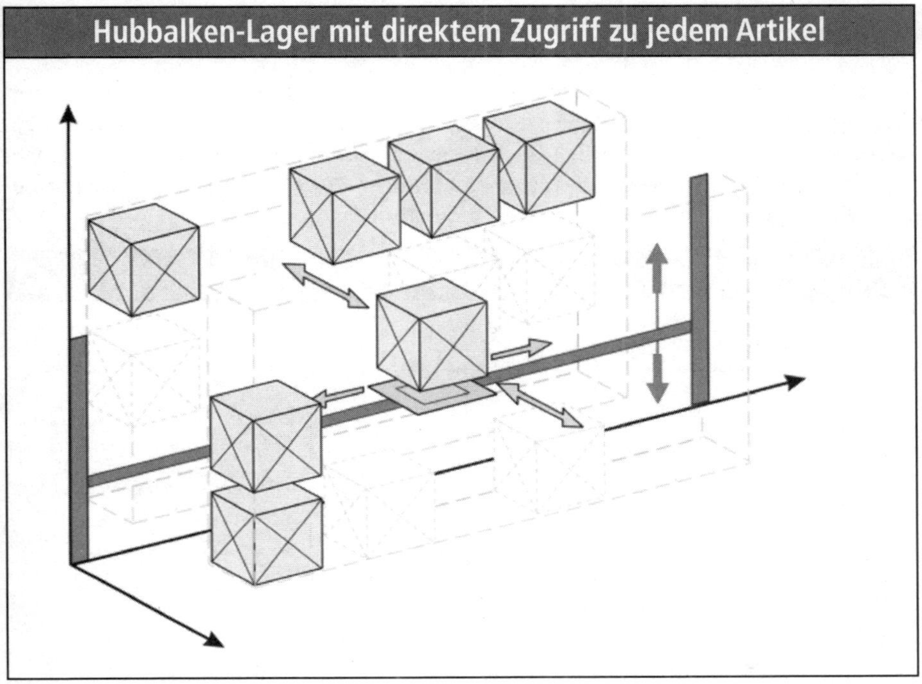


*Abb. 15: Hubbalken-Lager*

Am Beispiel des Einsatzes eines automatisierten Lagers in Verbindung mit stationären Kommissionierplätzen sollen mögliche Produktivitätssteigerungen deutlich gemacht werden.

**FALLBEISPIEL:**

Anlässlich einer Tagung (Logistica 07 der SSI Schäfer PEEM in Graz) wurden 2007 zwei Praxisbeispiele vorgestellt. In einem Fall wurde ein manuelles System systematisch optimiert und erreichte eine Produktivitätssteigerung der Mitarbeiter von +80 Prozent. Im anderen Falle wurde ein neues System mit dynamischer Bereitstellung aus einem automatisierten Karusselllager realisiert, wobei eine Steigerung von +300 Prozent erreicht wurde.

Damit ist nicht gesagt, dass solche Werte zwangsläufig zu erreichen sind. Es soll nur das Potenzial bei vorhandenen Systemen und bei Neuplanungen angedeutet werden. Natürlich ergeben sich solche Steigerungen nicht aus der Wahl des Konzeptes. Vielmehr führt die Vorgabe der erforderlichen Steigerung zur Wahl eines Konzeptes

In jedem Falle werden Anforderungen an die Software steigen. Software organisiert und optimiert die Entnahmen. Im Hinblick auf erforderliche deutliche Leistungssteigerungen gewinnen Systeme mit dynamischer Bereitstellung der Ware, artikelorientierter Entnahme und auftragsbezogener Ablage an Bedeutung. Hier sind entsprechende Verdichtungen der Auftragsdaten durch Software und die

25

zeitliche Synchronisierung zwischen Bereitstellung von Waren- und Auftragsbehältern mit den aufbereiteten Entnahmeanweisungen zwingend.

Werden Kommissionierplätze mit automatisierten Lägern gekoppelt, kann es notwendig werden, Auslagerungen in einer bestimmten Sequenzfolge zu gestalten. Dies kann gegenüber der üblichen Dimensionierung etwa automatisierter Hochregallager zu Durchsatzeinbußen (vgl. Abbildung 16) führen. Entsprechende Zusammenhänge sind leider noch zu wenig bekannt.

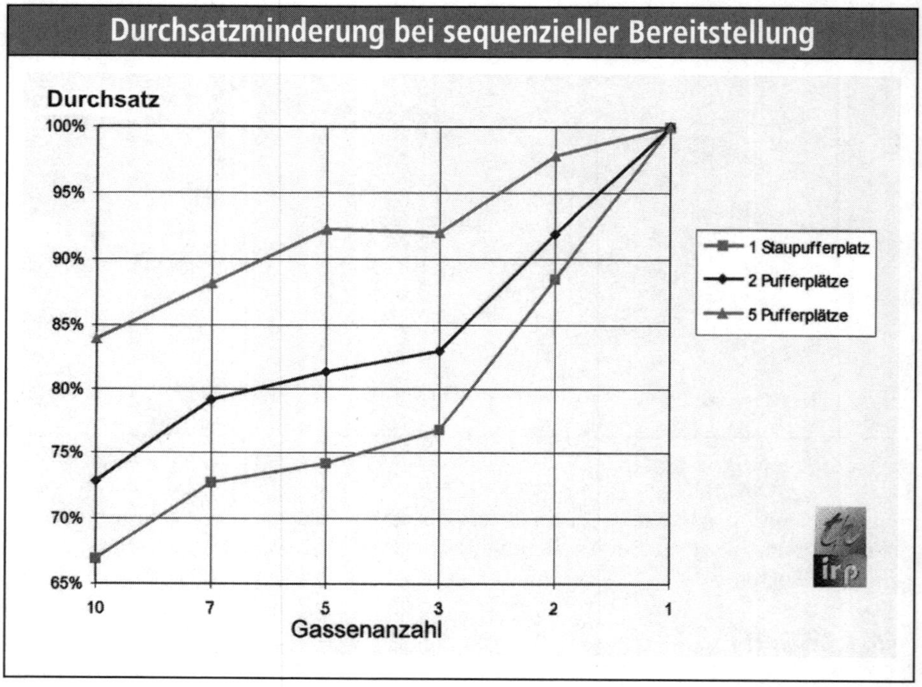


*Abb. 16: Durchsatz bei steigender bzw. sinkender Gassenzahl*

Umgekehrt können intelligente Strategien den Durchsatz etwa eines Tourenbahnhofs im pharmazeutischen Großhandel oder eines Sorters (zweistufige Kommissionierung) gegenüber den sich aus der üblichen Dimensionierung ergebenden Werten deutlich erhöhen.

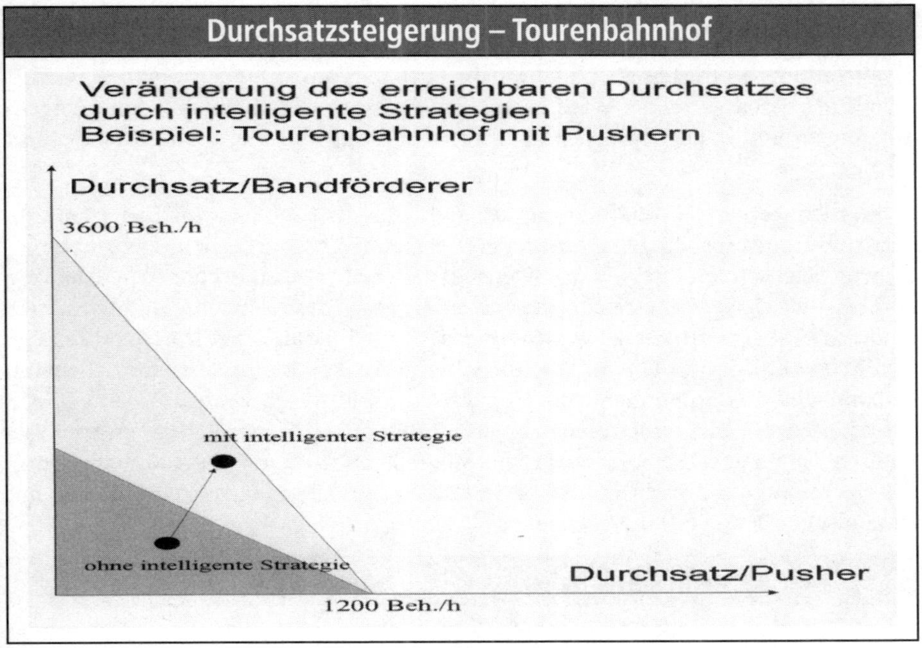


*Abb. 17: Durchsatzsteigerung durch intelligente Strategie – Tourenbahnhof*

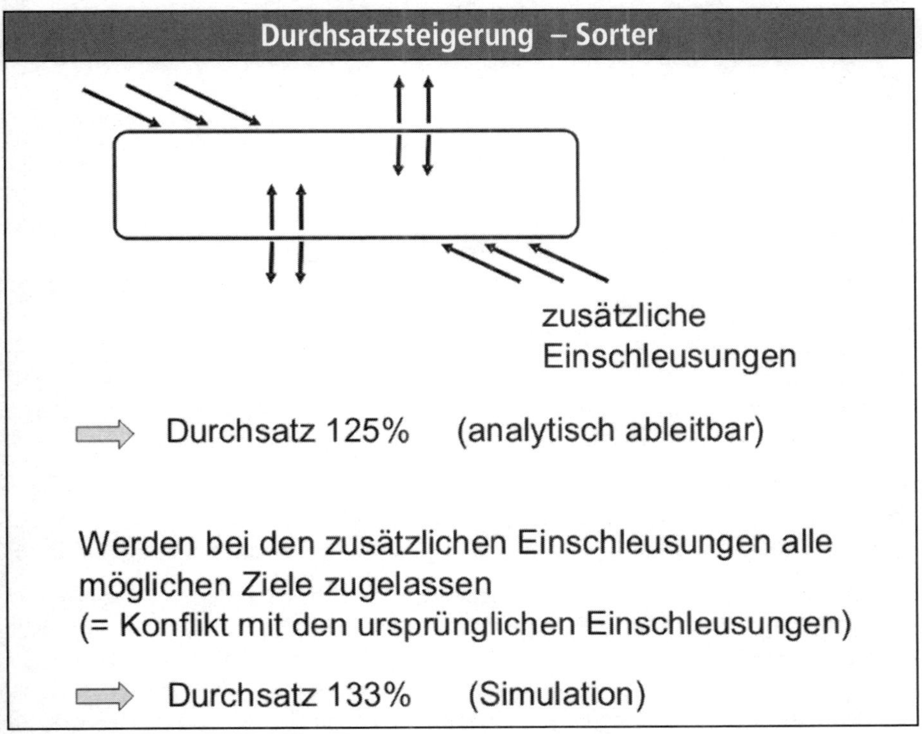


*Abb. 18: Durchsatzsteigerung durch intelligente Strategie – Sorter*

Dort, wo Kommissionier- und Reservebereich getrennt sind, muss über den rechtzeitigen Nachschub nachgedacht werden. Trivial ist dies bei einer dynamischen Bereitstellung. Es dürfen eben nicht mehr Entnahmeanweisungen gegeben werden als mit der bereit gestellten Warenmenge befriedigt werden können. Über Mengendifferenzen und dementsprechend Fehlerbehandlung soll hier nicht philosophiert werden.

Werden jedoch zur Maximierung der Entnahmeleistung (etwa artikelorientierte Entnahme, auftragsbezogene Ablage) größere Mengen erforderlich, muss über geeignete Nachschubstrategien nachgedacht werden. Bei statischer Bereitstellung und beispielsweise Weiterreichsystemen ist die Frage des rechtzeitigen Nachschubs schon schwieriger zu lösen. Vergleichsweise einfach ist dies bei Durchlaufkanälen oder auch bei mehr als einem Warenbehälter je Artikel im Entnahmefach. Generell fehlen noch Indikatoren und Strategien um Nachschub rechtzeitig an den richtigen Ort zu bringen – ohne überdimensionierte Puffer am statischen Entnahmeort. Wartezeiten sollten ausgeschlossen werden. Möglicherweise kann die Automatisierung des Nachschubs hilfreich sein. Diese ist zur Zeit praktisch nur in Verbindung mit dynamischer Bereitstellung gegeben.

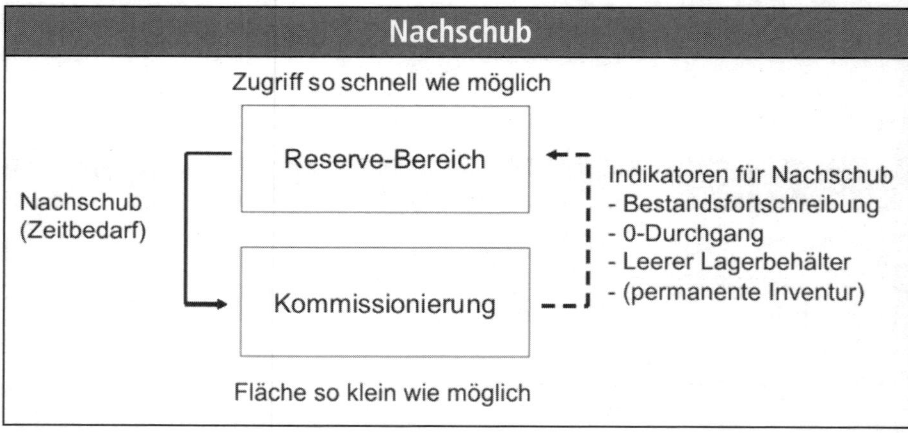


*Abb. 19: Nachschub-Organisation*

Neben der Frage des Nachschubs sollte über Sortimentsänderungen (bzw. etwa im Handel: Sortimentswechsel), Änderungen der Umschlagshäufigkeiten und deren Auswirkungen auf das Gesamtkonzept frühzeitig nachgedacht werden.

Auch die Retourenbehandlung sollte in die Systeme einbezogen werden. Zurückgelieferte Ware sollte so schnell als möglich wieder für die Entnahme verfügbar sein (nach Kontrolle auf Funktion und äußere Beschaffenheit, eventuell Aufbereitung).

Natürlich muss bei all diesen Lösungsansätzen das richtige Zusammenspiel Mensch-Technik-Organisation (+Software) erreicht werden. Durchsatzminderungen bei Sequenzbildung oder Durchsatzsteigerung bei intelligenten Strategien wurde schon erwähnt. Auch die ungeprüfte Übernahme von Lehrbuchwissen (etwa ABC-Verteilung und Bildung etwa von Schnellläuferbereichen) kann im Einzelfall zur Durchsatzminderung führen, wenn beispielsweise Spitzenbelastungen in einzelnen Kommissionierstationen durch vermehrten Personaleinsatz abgefangen werden sollen. Lehrbücher sind stets kritisch zu hinterfragen.

Theorie/Praxis-Drift

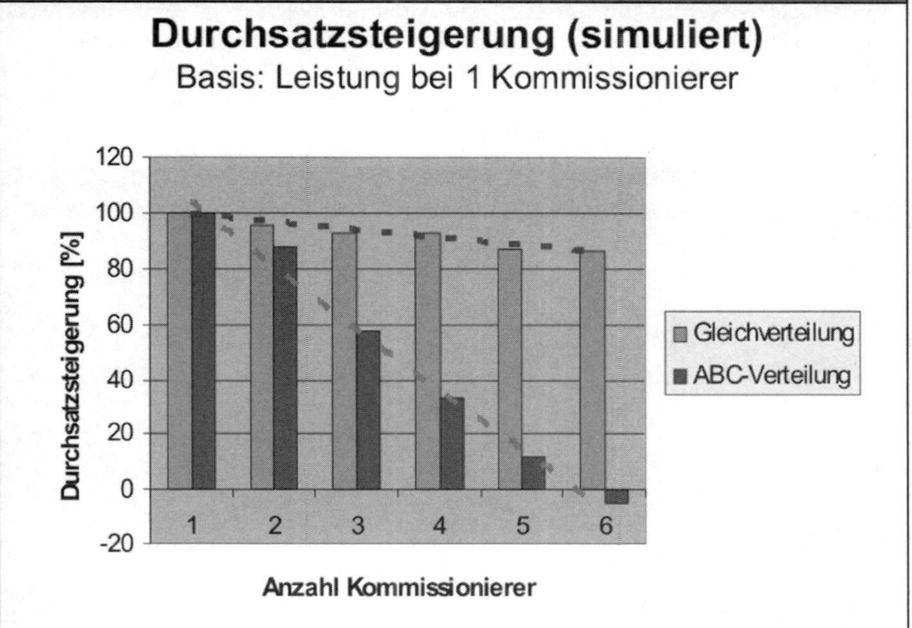


*Abb. 20: Differenz zwischen Theorie und Praxis (Simulation)*

Der Mitarbeiter sollte weiter im Mittelpunkt der Betrachtungen stehen. Mit dem demografischen Wandel werden Mitarbeiter knapper. Dies mag zwar auch die Automatisierung begünstigen, zeigt aber gleichzeitig, dass die vorhandenen Mitarbeiter wertvoll sind:

- Fluktuation und damit Suche nach neuen Mitarbeitern, deren Training und die stets auftretende Lernkurve kosten Zeit, damit auch Leistung und nicht zuletzt Geld. Der Mitarbeiter ist somit als Produktivfaktor, nicht als Kostenfaktor zu sehen.
- Ältere Mitarbeiter sind kein Problem, sondern erfahrene Leistungsträger.
- Kurzfristig erzielbare Spitzenleistungen sind nicht mit Dauerleistung gleich zu setzen.

Durch diese und weitere Faktoren werden sich Wirkungen auf die Systeme ergeben (angefangen bei der Lesbarkeit von Zeichen bis zu neuen Arbeitszeitmodellen). Der geplante Einsatz von ungelerntem Personal (Aushilfen, Leiharbeiter) kann Auswirkungen auf Leistung und Fehlerhäufigkeit haben. Notfallstrategien und Sonderfälle müssen immer wieder trainiert werden, wenn man sie denn tatsächlich im Ernstfall anwenden will.

Zum Schluss soll auf einen nicht nur in der Kommissionierung unterschätzen Bereich hingewiesen werden – die Instandhaltung.

Mit immer weiter reduzierten Lieferzeiten, niedrigeren Beständen und fortschreitender Automatisierung sind Systeme deutlich anfälliger für Störungen und Ausfälle, auch wenn sich die Zuverlässigkeit der einzelnen Komponenten weiter verbessert. Kommissionieren ist eine Dienstleistung, die im Regelfall nicht auf Vorrat produziert werden kann. Ausfälle sind daher oft folgenreich, auch hinsichtlich der Kosten. Egal, um welche Anlagen es sich handelt, es muss über Redundanzen, Umleitungen, Notfälle nachgedacht werden. Die Zugänglichkeit zu kritischen Komponenten sollte einfach sein. Merke: Man kann auch Instandhaltungskosten senken und zugleich die Anlagenverfügbarkeit erhöhen!

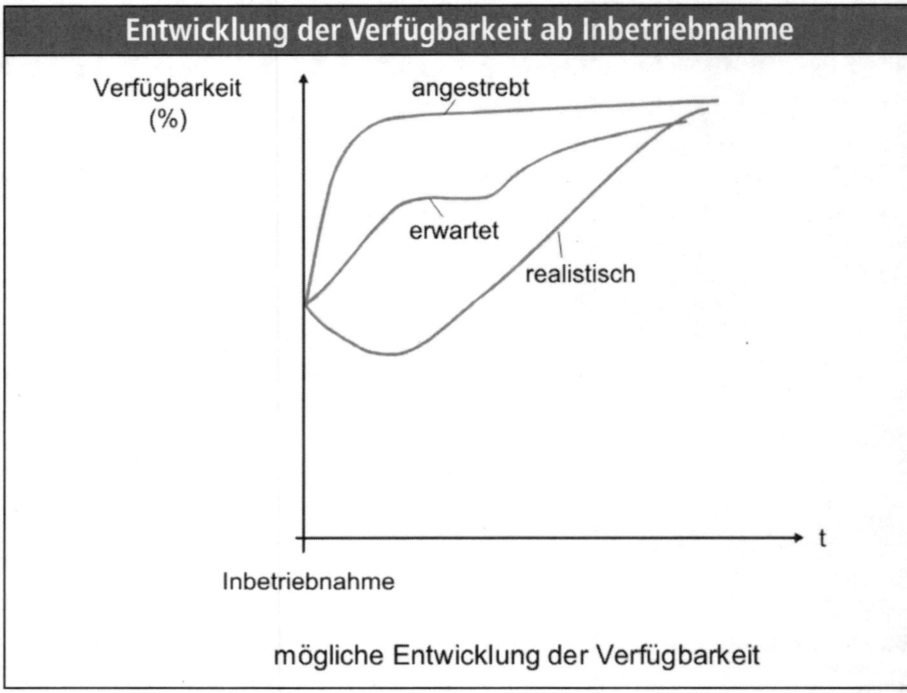


*Abb. 21: Mögliches Szenario zur Systemverfügbarkeit*

## Literaturverzeichnis

GUDENHUS (1973): Gudehus, T., Grundlagen der Kommissioniertechnik, Essen.

GEINITZ (2002): Geinitz, J., Scheid, W.-M., Simulation: So wenig wie möglich, so viel wie nötig – praxisgerechte Anwendung, 7. Jahrestagung Airport Logistics, VDI-Bericht 1729, Düsseldorf.

GEINITZ (2001): Geinitz, J., Scheid, W.-M.: New Demands on Automated Logistics Systems to be met by new strategies, in: Logistics and the Digital Economy. Conference Proceedings, S. 467–472.

HEINZE (1999): Heinze, Th.: Ermittlung von Bestimmungsgrößen und Dimensionierungsregeln für Behälterdurchsatz und Kommissionierleistung bei sogenannten „Weiterreichsystemen" mit Darstellung an einem Beispiel. Diplomarbeit an der TU Ilmenau.

LÜNING (2009): Lüning, R.: Beitrag zur optimierten Gestaltung des Durchsatzes in Kommissoniersystemen für Stückgüter. Vortrag vom 03.03.2009 im Forum IV – Forschen für die Praxis, LOGIMAT, Stuttgart.

LÜNING (2005): Lüning, R., Beitrag zur optimierten Gestaltung des Durchsatzes in Kommissioniersystemen für Stückgüter, Göttingen.

SCHEID (2008): Scheid, W.-M., Wie beeinflussen Strategien den Durchsatz intralogistischer Systeme, Vortrag vom 29.05.2008 im Forum des Campus Intralogistik, CeMAT , Hannover.

SCHEID (2008a): Scheid, W.-M.: Entwicklungslinien der Logistik: Von der Vergangenheit zur Zukunft. Vortrag vom 10.04.2008 auf der 10. Tagung Logistik-Partnerkreis, Kamen.

SCHEID (2007): Scheid, W.-M., Intelligente Strategien erhöhen den Durchsatz intralogistischer Systeme. Vortrag vom 21.03.2007 auf dem 2. Eisenacher Logistikforum, Eisenach.

SCHEID (1999): Scheid, W.-M., Automatisierte Lagersysteme,Teil 1 – 3, in: Logistik Heute (10–12) 1999.

VDI (1994): VDI-Richtlinie 3590, Kommissioniersysteme, Bl. 1, August 1994.

# 26 GLOSSAR

**ABC-Analyse**
Einteilung der Artikel in Umsatzklassen.
Beispiel: A-Artikel machen die ersten 70 Prozent des Umsatzes, B-Artikel die nächsten 25 Prozent, C-Artikel die letzten 5 Prozent des Umsatzes aus.

**Abfertiger**
Abfertiger sind Bodendienstleister mit einem in der Regel sehr vielfältigen Aktionsspektrum. Dieses umfasst die Luftfrachtabfertigung, den Passagierservice, die Vorfelddienste und Transporte der Waren vom Sender zum Flughafen. Jedes dieser Felder ist in sich unterteilt in diverse Arbeitsgebiete. So beinhaltet die Luftfrachtabfertigung unter anderem die Dokumentation der Sendungen, deren Verzollung, den Bau von Paletten, die Lagerhaltung, Lkw-Zubringerdienste sowie die Verladung der Frachtsendungen in das Flugzeug beziehungsweisederen Entladung bei Importsendungen. Gegenwärtig steht die Branche vor einem Konzentrationsschub und zur zunehmenden globalen Aufstellung der Großabfertiger.

**Abholung**
Übernahme der Güter durch den Frachtführer.

**Abladestelle**
Ort, an dem die Güter bei einem Empfänger/Werk auszuliefern sind.

**Absatz**
Verkaufsvolumen in Konsumenteneinheiten (Stück, Tray, ...)

**Advanced Planning Systems (APS)**
Advanced Planning Systems (APS) sollen Planungsprozesse effizienter gestalten. Im Normalfall werden sie zusätzlich zu Enterprise Resource Planning Systems (ERP) und anderen Systemen eingesetzt. Das APS greift auf Daten des ERP zu, führt Simulationen und Szenarien durch, und übergibt die Ergebnisse wieder an das untergeordnete System.

**Aktionsartikel**
Artikel, die im Rahmen einer zeitlich begrenzten Verkaufsförderungsmaßnahme angeboten werden.

**Artikel**
Warenmenge, die mit derselben Artikelnummer/Teilenummer/Sachnummer gekennzeichnet ist.

**Balanced Scorecard (BSC)**
Mit dem Begriff „Balanced Scorecard" (BSC) wird ein Managementkonzept bezeichnet, mit dem ein Unternehmen kontinuierlich kontrollieren kann, ob und inwieweit Unternehmensstrategien operativ umgesetzt werden. Basis für dieses Controllinginstrument, das von den US-amerikanischen Wirtschaftswissenschaftlern Robert S. Kaplan und David P. Norton entwickelt wurde, bilden Zielkennzahlen.
Im Gegensatz zu klassischen Kennzahlensystemen, die sich vor allem an monetären Mess- und Steuerungsgrößen orientieren und nur einzelne Aspekte einbeziehen, bietet die Balanced Scorcard einen ganzheitliche Ansatz, der beispielsweise auch Zielvorgaben in Hinblick auf die Kundenzufriedenheit, Prozessoptimierung und Personalentwicklung berücksichtigt. Grundgedanke der BSC ist, qualitative und quantitative Ziele in einem gemeinsamen Kennzahlensystem zu verknüpfen.

**Behälter**
Besondere Gattung von Verpackungen zum Befüllen (z. B. Gitterbox).

**Cross Docking**
Cross Docking ist eine Strategie, um den Aufwand für Umschlagvorgängen in einem Distributionszentrum zu minimieren. Die Waren werden dazu vom versendenden Lieferanten am Versandort bereits empfängerbezogen kommissioniert. Das heißt beispielsweise, eine angelieferte Palette enthält nur die Ware, die für einen bestimmten Empfänger oder eine bestimmte Filiale bestimmt ist. Auf diese Weise kann die Ware nach der Anlieferung im Distributiontionszentrum direkt vom Wareneingang in den Warenausgang gehen. Ein- und Auslagerungsprozese werden so vermieden.

**Data Warehouse**
Der Begriff Data Warehouse, der auf das in den achtziger Jahren von IBM geprägte Information Warehouse zurückgeht, steht für eine Zusammenfassung heterogener Unternehmensdaten, die aus unterschiedlichen Geschäftsbereichen, Abteilungen und anderen Quellen stammen. Die Daten werden zum Zweck von Berichten und Analysen vereinheitlicht. Neuerdings werden Daten-Warehouse-Systeme auch als Business-Warehouse-Systeme oder Business-Intelligence-Systeme bezeichnet.

**Distanzhandel**
Der Distanzhandel oder Versandhandel ist eine Form des Einzelhandels, bei der Waren oder Dienstleistungen auf Distanz über vielfältige Marketingmethoden angeboten werden. Die Angebote können über Kataloge, Werbebriefe, Anzeigen, Vertreter, Telefon, Fernsehen, Bildschirmtext, Audiotext, Internet, E-Mail, SMS oder andere interaktive Formen der Kommunikation erfolgen. Die Bestellungen werden ebenfalls auf Distanz, beispielsweise schriftlich, per Telefon, E-Mail oder Internet, getätigt. Der Distanzhandel kann sowohl mit Endverbrauchern (Business to Consumer) als auch mit Wiederverkäufern oder gewerblichen Abnehmern (Business to Business) erfolgen.

**Durchlaufzeit**
Zeitdauer zwischen der Auftragserteilung und der Warenlieferung. Diese wird normalerweise in Tagen ausgedrückt.

**EAN International**
Internationale Organisation mit Sitz in Brüssel zur Förderung und Weiterentwicklung der EAN-Barcodestandards (EAN, ILN, NVE, EANCOM). Angeschlossen sind rund 100 nationale EAN-Organisationen weltweit, Deutschland vertritt die Centrale für Coorganisation. Der Einsatz des EAN-Standards findet insbesondere in der Konsumgüterwirtschaft statt.

**EAN-128-Standard**
Internationaler Standard zur Codierung von logistischen Grund- und Zusatzinformationen (z. B. Chargenummern, Mindesthaltbarkeitsdatum, EAN-Nummer der Handelseinheit).

**EAN-Artikelnummer**
International abgestimmte, einheitliche und weltweit überschneidungsfreie 8-, 13- oder 14-stellige Artikelnummer für Produkte und Dienstleistungen. Sie bildet die Grundlage für den Einsatz der Scannertechnologie und erleichtert wesentlich die elektronische Kommunikation.

**Efficient Consumer Response (ECR)**
ECR ist eine gemeinsame Initiative von Herstellern mit Groß-/Einzelhändlern in der Konsumwirtschaft. Ziel ist, durch gemeinsame Anstrengungen die Abläufe in der Versorgungskette zu verbessern und so den Konsumenten ein Optimum an Qualität, Service und Produktvielfalt bieten zu können.

**Electronic Data Interchange (EDI)**
EDI bezeichnet allgemein die Übermittlung strukturierter Daten mittels festgelegter Nachrichtenstandards von einer Computeranwendung in die andere, und zwar auf elektronische Weise und mit einem Minimum an menschlichen Eingriffen.

**Empfänger**
Die im Speditionsauftrag oder im Transportdokument bezeichnete Person oder Firma (Adresse), an welche die Güter auszuliefern sind.

**Enterprise Resource Planning (ERP)**
Zielsetzung des Enterprise Ressource Planning (ERP) ist es, die vorhanden Ressourcen eines Unternehmen – wie Kapital, Betriebsmittel oder Personal – möglichst effizient innerhalb des gesamten betrieblichen Ablaufs (Workflow) einzuplanen. ERP steht dabei sowohl diese unternehmerische Aufgabe als auch für das konkrete Vorgehen bei der Zieldurchsetzung. In der Regel wird der Optimierungsprozess dabei durch eine komplexe Software unterstützt, die als ERP-System oder auch Unternehmenssoftware bezeichnet wird. Das ERP-System deckt zumeist je nach Ausrichtung der Geschäftstätigkeit die Bereiche Produktion, Finanz- und Personalwesen sowie Vertrieb, Material- und Warenwirtschaft mit entsprechenden Funktionalitäten ab

und bietet eine Verbindung zu den einzelnen Back-Office-Systemen dieser Bereiche.

**Fachbodenregal**
Als Fachbodenregal wird ein Regal mit festen Bodeneinlagen bezeichnet. Die Böden können aus Metall, Kunststoff, Holz oder anderen Materialien sein. Die eingelagerten Waren liegen entweder direkt auf den Böden oder befinden sich zusätzlich in Umverpackungen oder Behältern im Regal. Fachbodenregale werden zumeist manuell bedient. Bei Systemen, die über zwei Meter hoch sind, werden Kommissioniergeräte zur Hilfe genommen. Auch eine automatische Ein- und Auslagerung mit Regalbediengeräten oder Robotersystemen ist möglich.

**Fahrerloses Transportsystem (FTS)**
Bei dem Fahrerlosen Transportsystem handelt es sich um ein flurgebundes, also auf dem Boden fahrendes Fördersystem ohne Fahrer. Die automatische Spurführung erfolgt entweder auf vorgegebenen Fahrspuren oder aber auch auf frei bestimmbaren Kursen innerhalb eines Lagers oder Betriebsgeländes. Entsprechend wird eine leitnieniengebundene von einer leitlinienfreien Spurführung unterschieden.

**Fahrt**
Fahrt ist die Bewegung eines Verkehrsmittels/Transportmittels zwischen zwei Orten (Anfangs- und Endpunkt).

**Fallzahlen**
Anzahl der ermittelten Fälle (Einzeldatensätze) bei einer Verbraucherpanel-Analyse. Wenn diese Zahl zu gering ist, ist das Analyseergebnis nicht valide. In solchen Fällen muss aus methodischen Gründen auf einen Ausweis der Ergebnisse verzichtet werden. Die Fallzahlenproblematik kommt insbesondere dann zum Tragen, wenn stark „gefiltert" wird: bspw. auf zu kleine Regionen, auf Einkaufsstätten mit zu geringer Käuferreichweite, auf Einzelartikel mit zu geringer Käuferreichweite, auf zu kurze Zeiträume, o.ä. Je größer jedoch die Stichprobe, um so geringer ist das Fallzahlenproblem. Bei kleineren Stichproben kann nur auf „größerer" Ebene valide ausgewertet werden.

**Fifo**
Das Prinzip First-in-first-out (Fifo) bezeichnet ein Verfahren, das vor allem in der Lagerlogistik von Bedeutung ist. Waren, die zuerst hergestellt beziehungsweise angeschafft wurden (first in), sollen zuerst (first out) aus dem Lager entnommen werden. Auf diese Weise soll unter anderem eine mögliche Überalterung der Bestände verhindert werden. Das gilt vor allem für verderbliche Waren, für die ein bestimmtes Mindesthaltbarkeitsdatum einzuhalten ist.

**Filialgerechte Kommissionierung**
Kommissioniermethode in Handelslägern, die die siehe Kommissionierung der Ware nicht entsprechend dem Layout des Handelslagers vornimmt, sondern entsprechend des Layouts der zu beliefernden Filiale. Damit werden lange Einräumwege in der Filiale gespart.

**Greifzone**
Regalzone im Griffbereich des Kommissionierers (Regalhöhe 120 cm).

**Grundgesamtheit (= Universum)**
Wird durch alle Einheiten gebildet, auf die definierte Untersuchungskriterien zutreffen. Dies sind meist mehr Einheiten, als sinnvollerweise tatsächlich erhoben werden können. Daher wird anstelle einer Vollerhebung auf die Teilerhebung (Stichprobe) ausgewichen. Ausschlaggebend ist die korrekte Abgrenzung der Grundgesamtheit, denn nur für diese können Aussagen getroffen werden.

**Güter**
Sachen (Erzeugnisse, Produkte), die versendet oder befördert werden.

**Gütermenge**
Zusammenfassung von in Mengeneinheiten quantifizierbaren Erzeugnissen oder Produkten.

**Hersteller**
Der Hersteller empfängt Waren vom Zulieferer zur Endfertigung.

**Hochregallager (HRL)**
Als Hochregallager bezeichnet wird eine Lagerart mit einer Stapelhöhe, die in der Regel über sechs Metern liegt. Die Bedienung der Lagerplätze erfolgt entweder mit mechanischen Geräten wie Schmalgangstaplern oder automatisch mit Regalbediengeräten, Robotern oder ähnlichen Gerätschaften. Unterschieden werden zwei Bauarten. Zum einen handelt es sich um eine freistehende Konstruktion als Palettenregal, das in einer entsprechend hohen Halle untergebracht ist. Zum anderen gibt es das so genannte Lagersilo. Hier werden Wände und Dach der Halle direkt an dem Regal angebracht.

**Holster**
Tasche für Handscanner beziehungsweise PDAs (Personal Digital Assistants), die der Bediener in der Regel am Körper trägt, zum Beispiel durch einen Clip am Gürtel befestigt.

**Hub-Spoke-System**
Bei einem Hub-Spoke-System (englisch für Nabe-Speiche-System) handelt es sich um ein spezielles Verkehrsnetz, das aus einem zentralen Umschlagplatz (Hub) und darauf sternförmig zulaufenden Strecken (Spoke) besteht. In den Hubs werden Sendungen gesammelt, nach Zielregionen sortiert und umgeladen. Hub-Spoke-Systeme basieren auf Linienverkehren. Sie müssen so organisiert sein, dass die Informationsströme den dazugehörigen Gütern vorausgehen.

**Internationale Artikelnummer (EAN)**
Bezeichnung für die EAN-Artikelnummer.

**Intralogistik**
Intralogistik beschreibt den innerbetrieblichen Materialfluss sowie den dazugehörigen Informationsfluss. Im Rahmen des Supply Chain Managements (SCM) lenkt sie den Materialfluss entlang der gesamten Wertschöpfungskette. Als Branchenname umfasst Intralogistik die Organisation, Durchführung und Optimierung innerbetrieblicher Materialflüsse in Industrie- und Handelsunternehmen sowie in öffentlichen Einrichtungen. Intralogistik funktioniert über technische Systeme und Dienstleistungen.

**ISO**
Das Kürzel steht für International Organization for Standardization, oder zu deutsch für die Internationale Organisation für Normung. Dabei handelt es sich um eine internationale Vereinigung von Normungsorganisationen aus rund 149 Ländern (Stand März 2005).
Die Organisation wurde 1947 in Genf gegründet. ISO entwickelt internationale Normen in allen Bereichen, ausgenommen Elektrik und der Elektronik, die fallen in die Zuständigkeit der IEC (International Electrotechnical Commission). Die bekannteste ISO-Norm ist die ISO 9000 für das Qualitätsmanagement.
Deutschland ist seit 1951 in der ISO durch das DIN Deutsches Institut für Normung (DIN) vertreten. Internationale Normen werden in Englisch veröffentlicht. Die nationalen Normungsorganisationen sind für Übersetzungen verantwortlich.
Auch für logistische Belange ist ISO relevant. So wurde zum Bespiel im Juli 2006 EPC Gen2 im Zusatz 1 der Norm ISO/IEC 18000-6 als Typ C verankert und ist nun über die ISO-Homepage verfügbar.

**Just in sequence (Jis)**
Anlieferung von Teilen genau zu dem Zeitpunkt, in dem sie in der Montage verbaut werden (sequenzgenau). Genauigkeit: etwa 90 Minuten. Jis ist die Steigerung von Just in time.

**Just in time (Jit)**
Anlieferung von Teilen und Komponenten synchron zur Produktion. Kennzeichen: Minimierung von Zwischenlagern und Liegezeiten. Mittlerweile versteht man unter Jit nur noch tagesgenaue Anlieferung.

**Key Performance Indicators (KPI)**
Kennzahlen anhand derer man den Fortschritt oder den Erfüllungsgrad hinsichtlich wichtiger Zielsetzungen oder kritischer Erfolgsfaktoren innerhalb einer Organisation messen und/oder ermitteln kann

**Kommissionieren**
Vertragsauftragsbezogenes Zusammenstellen von Ware, das heißt auftragsbezogene und/oder artikelbezogene Vereinzelung von Packstücken aus größeren Verpackungseinheiten.

**Konfektionierung**
Veredelung von Ware beziehungsweise Produktion neuer Artikel durch das Zusammenfügen von Fertig- und/oder Halbfertigprodukten.

**Kontinuierlicher Verbesserungsprozess (KVP)**
Als Kontinuierlicher Verbesserungsprozess wird der aus dem japanischen Management-Prinzip des Kaizen entwickelte Ansatz bezeichnet, positive Veränderungen im Unternehmen nicht in großen Sprüngen, sondern durch viele kleine Verbesserungen herbeizuführen. Im Vordergrund steht die Verbesserung der Produkt- und Prozessqualität. Besonderes Gewicht kommt dabei den Mitarbeitern zu, die ermutigt werden sollen, Verbesserungsvorschläge einzureichen. Es stehen aber nicht mitarbeiterbezogene Einzelvorschläge im Vordergrund, der Fokus liegt auf der Erarbeitung von gruppen-/ teambezogenen Vorschlägen

**Ladeeinheit (Packstück)**
Ist eine vom Verlader gebildete Handhabungseinheit, die während des Transports nicht aufgelöst werden darf. Eine Ladeeinheit kann, z. B. ein Karton, Kiste, KLT, Gebinde oder eine Gitterbox mit mehreren Einzelbehältern sein. (Packstücke sind Einzelstücke oder vom Auftraggeber zur Abwicklung des Auftrags gebildete Einheiten, z. B. Kisten, Gitterboxen, Paletten, geschlossene Ladegefäße).

**Ladehilfsmittel**
Das sind Hilfsmittel, wie Bretter, Balken, Ketten etc., die zur Ladungssicherung verwendet werden.

**Ladeliste**
Verzeichnis über die auf einem Transportmittel verladenen Sendungen.

**Lademittel**
Mittel, die geeignet sind, die Umschlagvorgänge eines Packstückes zu vereinfachen (Paletten, Gitterboxen, Wechselbrücken, Container).

**Ladung**
Ist die Gütermenge, die für eine Fahrt aus/in einem Transportmittel zusammengestellt und transportiert wird.
Die Ladung beinhaltet eine (Komplettladung) oder mehrere Sendungen (Sammelladung).

**Ladungsträger**
Tragendes Mittel zur Zusammenfassung von Gütern zu einer Ladeeinheit, zum Beispiel Paletten und Behälter.

**Lager**
Lokation, in der Ware vereinnahmt, gelagert, kommissioniert, konfektioniert, umgeschlagen und verladen wird.

**Lesen eines Strichcodes per Scanner**
Optische Erfassung von Daten mit technischen Hilfsmitteln (Scanner) auf Artikel- und Sendungsebene beziehungsweise von Belegen (Klarschriftinformationen).

**Lifecycle Management**
Der Begriff Lifecycle Management steht für die Steuerung und Auswertung des gesamten Lebenszykluses eines Produktes. Ziel es ist, möglichst schon in der Entwicklung eines Produkts zu ermitteln, in welchen Bereiche welche Art von Ausfällen zu erwarten sind. So kann die Ersatzteillogistik rechtzeitig geplant werden.

**Logistik (Definitionen)**
*Kurzdefinition*:
Logistik beinhaltet die ganzheitliche Koordination und Durchführung aller Informations- und Güterflüsse von der Quelle bis zur Senke.
*Gängige Definition:*
Logistik sichert die Verfügbarkeit des richtigen Gutes, in der richtigen Menge, im richtigen Zustand, am richtigen Ort, zur richtigen Zeit, für den richtigen Kunden, zu den richtigen Kosten.
*Wissenschaftliche Definition:*
Logistik ist der Prozess der Planung, Realisierung und Kontrolle des effizienten, kosteneffektiven Fließens und Lagerns von Rohstoffen, Halbfertigfabrikaten und Fertigfabrikaten und der damit zusammenhängenden Informationen vom Liefer- zum Empfangspunkt entsprechend den Anforderungen des Kunden.
*Bereiche der Logistik:*
Die Logistik setzt sich zusammen aus den Teilbereichen Beschaffungs-, Produktions-, Distributions-, Entsorgungs- und Verkehrslogistik.

**Logistik-Leitstand**
Der Logistik-Leitstand ist ein Softwarewerkzeug zur Optimierung von logistischen Prozessen in einem Logistikzentrum. Die Hauptaufgaben bestehen in der Steuerung, Kontrolle und Visualisierung der Prozesse, In übersichtlicher, meist grafischer Form zeigen Leistandsysteme den aktuellen Zustand und den Zusammenhang der Prozesse auf. Sie beschreiben so den Funktionszustand des Gesamtsystems in Echtzeit. Abweichungen werden sofort deutlich erkennbar angezeigt. Dabei erhält der Leitstandanwender die Möglichkeit einer unverzüglichen Ursachenanalysen und kann Korrekturmaßnahmen einleiten. Das Leitstandsystem gibt dabei in der Regel Hinweise zur Problembehebung.

**Logistikkette**
Gesamtheit aller Geschäftsaktivitäten, die erforderlich sind, um der Nachfrage an Produkten oder Dienstleistungen nachzukommen und zwar vom ursprünglichen Bedarf an Rohmaterial und Daten bis zu Übergabe an den Endverbraucher.

**Mann zur Ware**
Die Bezeichnung „Mann zur Ware" oder auch „Person zur Ware" steht das Kommissionierprinzip der so genannten statischen Bereitstellung. Die zu kommissionierende Ware bleibt bis zu Entnahme am Lagerplatz. Der Kommissionierer muss sich

also im Lager zur Ware hin bewegen. Dieses Prinzip hat vor allem dann Vorteile, wenn relativ viele Artikel mit unterschiedlichen Abmessungen gepickt werden müssen oder die Kommissionierarbeiten sehr großen Schwankungen unterliegen.

**Mehrweg-Transportverpackung**
Wiederverwendbare, sekundäre Transportverpackungen, die zu weitverbreiteter Verwendung bestimmt sind und die vom Empfänger zum Zwecke des Wiedergebrauchs zurückgegeben werden.
Beispiele: Bepfandete und nicht-bepfandete Paletten, alle Formen von wiederverwendbaren Kästen, Steigen und Boxen.

**Nestbare Behälter**
Nestbare Behälter sind so konstruiert, dass sie sich zur Volumenreduzierung ineinander stapeln lassen.

**Order Picking**
Englischer Begriff für das Kommissionieren

**Packmittel**
Packmittel sind Mehrwegverpackungen mit einer spezifischen Bezeichnung des Typs (beispielsweise KLT 6414), die für die Packmittelverwaltung genutzt wird.

**Packstück**
Packstücke sind physische Handhabungseinheiten im Lieferprozess. Packstücke können für die Handhabung von Waren in einem Abschnitt des Lieferprozesses gebildet und wieder aufgelöst werden.
In einer Packstückstruktur können Packstücke zu einem neuen Packstück auf höherer Ebene zusammengefasst werden (zum Beispiel Liefereinheiten zur Ladeeinheit (Gebinde), Ladeeinheiten zur Transporteinheit (Container oder Wechselbrücke)).
Ein Packstück ist über einen eindeutigen Begriff (Packstücknummer „license plate") zu identifizieren.

**Paketdienst**
Paketdienste sind Dienstleister, die den Versand, Transport und die Zustellung von Gütern (Paketen) mit Gewichts- und Abmessungsbeschränkungen (kleingewichtige Packstücke in der Regel bis 31,5 kg) organisieren.
Die Angebote sehen fast ausschließlich eine Haus-zu-Haus-Beförderung vor.

**Palette**
Paletten sind stapelbare Lademittel (Mehrweg-Lademittel) zur Zusammenfassung von Gütern zu einer Ladeeinheit, die mit Gapelstapler oder Gabelhubwagen unterfahren und bewegt werden können. Es wird unterschieden nach Paletten ohne Seitenaufbauten (Flachpaletten) oder mit Seitenwänden (Boxpaletten).

**Palette (artikelrein)**
Paletten, die nur einen Artikel enthalten, unabhängig von der Anzahl der Lagen des Artikels.

**Palette (Mischpalette)**
Palette, auf welche mehr als ein Artikel kommissioniert wurde.
Einzelne Lagen können hierbei auch artikelrein sein.

**Parts Per Million (PPM)**
Englisch für „Teile pro Million"; Maßeinheit, die unter anderem in der Physik und Chemie verwendet wird. In der industriellen Fertigung bezeichnen die PPM die Zahl der defekten Teile pro eine Million produzierter Teile.

**Pick & Pack**
Kommissionierung von Aufträgen, bei der die einzelnen Positionen direkt in den Versandkarton/-behälter kommissioniert werden.

**Pick by Light**
Der Begriff „Pick by Light" hat sich für lichtgeführte Kommissioniersysteme eingebürgert. Dem Kommissionierer wird über Pick-Anzeigen signalisiert, von welchem Artikel er wie viele Einheiten zu kommissionieren hat.

**Pick by Voice**
Der Begriff „Pick by Voice" hat sich in Analogie zu „Pick by Light" für sprachgeführte Kommissioniersysteme eingebürgert. Die Pick-Anweisungen erfolgen über Kopfhörer, die Bestätigung über ein Mikrophon. Vorteil: Die Kommissionierer haben so beide Hände frei. Pick-by-Voice-Systeme eignen sich auch für andere Tätigkeiten im Warehouse, etwa im Wareneingang. Häufig erfolgt eine Kombination mit konventioneller Barcodetechnologie.

**Pick to Belt**
Ein Kommissionierprinzip, bei dem die zu kommissionierende Ware direkt auf ein Abförderband gelegt wird.

**Primärverpackung**
Verkaufsverpackungen, die in offener oder geschlossener Form ein Packgut, das vom Verbraucher als Verkaufseinheit angesehen wird, umschließen.

**Pönale**
Eine vertragliche Vereinbarung, der zufolge beim Nichteinhalten bestimmter Pflichten ein Strafgeld zu zahlen ist. Dieses Strafgeld ist unabhängig davon, ob dem Anspruchberechtigten tatsächlich ein Schaden entstanden ist.

**Regallayout**
Anordnung von Einzelartikeln auf Regalböden oder anderen Warenträgern.

**Regalzonen**
Vertikale Verkaufszonen im Regal, die nach dem Maßstab von Erwachsenen eingeteilt sind. Man unterscheidet die Reckzone, die Sicht- und Greifzone sowie die Bückzone.

**Sendung**
Als Sendung wird die Gütermenge bezeichnet, die bei einem Verlader (Lieferant) an einem Versandort gleichzeitig für einen Empfänger an einem Empfangsort und für einen Anliefertermin übernommen, befördert und entladen wird.

**Sequentielle Rollcontainer-Kommissionierung**
Kommissionierung der Ware in die Rollcontainer im Lager entsprechend des Filiallayouts.

**Service Level Agreement (SLA)**
Ein Service Level Agreement ist eine „Dienstgütevereinbarung", also die messbare Beschreibung einer zu erbringenden Leistung, einschließlich der zu erreichenden Qualität und der anzuwendenden Messgrößen. Charakteristisch für ein SLA ist, dass jeder relevante Leistungsparameter in verschiedenen Gütestufen (Levels) und damit natürlich auch zu verschiedenen Kosten angeboten wird. Der interne oder externe Auftraggeber kann unter betriebswirtschaftlichen Gesichtspunkten den gewünschten Level auswählen. Anstatt pauschal maximale Qualität zu fordern, lässt sich mit Hilfe von SLA also die benötigte Qualität von Leistungen spezifizieren. Historisch entstanden SLA für IT-Dienstleistungen. Inzwischen werden sie aber auch in der Logistik, vor allem für Vertragswerke mit Dienstleistern, eingesetzt.

**Sortiment**
Das Sortiment steht für die Gesamtheit der angegebenen Waren eines Handelsunternehmens. Die Sortimentsbreite kennzeichnet die Anzahl aller geführten Produkte. Die Sortimentstiefe wird durch die Auswahl nach Typen, Größen, Farben, Qualitäten usw. innerhalb einer Artikelgruppe gekennzeichnet.

**Stichprobeninventur**
Die Stichprobeninventur ist eine gesetzlich zugelassene, vereinfachte Form der körperlichen Bestandsaufnahme (Inventur) aller Vermögenswerte eine Unternehmens beziehungsweise aller in der Buchhaltung aufgenommenen Güter. Bei dem Verfahren wird erst einmal aus einer abgegrenzten Grundgesamtheit eine repräsentative Stichprobe gezogen. Für diese Stichprobe wird dann eine körperliche Überprüfung durchgeführt. Danach wird mit Hilfe eines mathematisch-statistischen Verfahrens auf den Gesamtwert aller Güter geschlossen. Im Gegensatz zur Vollinventur, bei der alle Güter körperlich erfasst werden, ist die Stichprobeninventur in der Regel genauer, da durch einen deutlich geringeren Personaleinsatz Zählfehler minimiert werden.

**Supply Chain Management (SCM)**
Unter dem Begriff Supply Chain Management (SCM) wird die Planung, Steuerung und Kontrolle von Prozessen und den entsprechenden Informationen über laufende beziehungsweise geplante Geschäftsaktivitäten innerhalb der Wertschöpfungs- beziehungsweise Logistikkette (Supply Chain) gefasst. Ziel von SCM ist dabei die Optimierung dieser Prozesse.

Während früher vor allem einzelne Bereiche in der Wertschöpfungskette – beispielsweise der Weg eines Artikels vom produzierenden Unternehmen Lieferanten in den Handel mit allen logistsichen Zwischenschritten – im Blickfeld standen, geht man heute beim SCM von einer ganzheitlichen Betrachtung aus. Die Supply Chain erstreckt damit auf die Gesamtheit aller Geschäftsaktivitäten, die erforderlich sind, um der Nachfrage an Produkten und Dienstleistungen nachzukommen und zwar vom ursprünglichen Bedarf an Rohmaterial und Daten bis zur Übergabe an den Endverbraucher.
SCM geht damit deutlich über die Bereiche Lagerhaltung, Distribution und Transport hinaus. Wichtig sind vor allem die Schnittsellen der Logistik zu anderen Funktionen wie Beschaffung, Produktion und Marketing. Betrachtet werden neben Güter- und Informationsflüssen auch Geld- und Rechteflüsse.

**Tracking & Tracing**
IT-basiertes System zur Verfolgung von Sendungen durch die gesamte Supply Chain. Durch das Tracking ermittelt man den aktuellen Status der Sendung. Das Tracing, das sich auf die Daten der Sendungsverfolgung stützt, beschreibt die Möglichkeit, den Sendungsverlauf von Anfang bis Ende nachzuvollziehen.

**Verpackung**
Ganze oder teilweise physische Umhüllung von Waren beziehungsweise Gütern zur Abgrenzung der Warenmenge oder Sicherung der Ware. Die Verpackung soll die Ware selbst und andere Güter vor Beschädigungen sowie die Menschen, die mit den Gütern umgehen, vor Verletzungen schützen.

**Verpackungseinheit**
Ist die Gütermenge, die durch die gewählte Verpackung zu einer Einheit zusammengefasst wird, auch Packstück genannt.

**Versandeinheit**
Als Versandeinheit wird die kleinste Einheit von Gütern (Gütermenge) bezeichnet, die mit anderen nicht fest verbunden ist und in der Transportkette vom Versender oder Verlader bis zum Empfänger als geschlossener Umfang einzeln behandelt wird oder werden kann. Was eine Versandeinheit ist, bestimmt der Verlader oder Versender in Abhängigkeit von den zugrundeliegenden Anforderungen des Transports, des Umschlags, durch die Art der Verpackung oder Sicherung der Einheiten.

Versandeinheiten können beispielsweise Kisten, Paletten, Container sein, aber auch mehrere physisch nicht verbundene Packstücke, die entsprechend der Vorgabe des Versenders oder Verladers als geschlosseser Umfang zu transportieren sind.

**Ware**
Sache (Erzeugnis, Produkt, materielles Gut), die gehandelt (gekauft oder verkauft) oder getauscht wird (Handelsbegriff).

26

**Ware zum Mann**
Als „Ware zum Mann" oder auch „Ware zur Person „ wird ein Kommissionierprinzip bezeichnet, bei dem eine so genannte dynamische Bereitstellung im Vordergrund steht. Die zu kommissionierende Ware gelangt aus dem Lager über ein entsprechendes Fördersystem beziehungsweise wird von einem Förderfahrzeug zum Mitarbeiter gebracht, der an einem festen Kommissionierplatz die für einen Auftrag jeweils benötigte Ware entnimmt. Die Rückführung von leeren Ladungsträgern oder Restmengen erfolgt dann in der Regel ebenfalls über eine Fördertechnik oder Förderfahrzeuge.

# 27 AUTORENVERZEICHNIS

27

**Jean-David Attal**
*(Jahrgang 1963)*

Jean David Attal ist Geschäftsführer Marketing und Strategie bei Savoye. Nach Abschluss des Studiums an der Ecole Polytechnique, Paris, von 1987-88 Projektleiter für den Bereich Logistik bei Sanofi Pharma. Anschließend bis 1990 Logistikleiter der OTC-Sparte, danach bis 1995 Werksleiter bei Sanofi Beauté. Ab 1996 bei Savoye, einem Unternehmen der Group Legis Industries, im Vertrieb und u. a. für den Aufbau der internationalen Niederlassungen tätig. Ab 2000 Geschäftsführer Savoye Nordeuropa, der neuen Niederlassung für Deutschland und Benelux. Von 2004 bis 2007 Leiter internationaler Vertrieb und Marketing und ab 2008 als Geschäftsführer für den Bereich Marketing und Strategie und alle Niederlassungen außerhalb Frankreichs verantwortlich (Deutschland, Benelux, Italien, Spanien, UK, Russland, USA).

**Jürgen Bäumle**
*(Jahrgang 1967)*

Nach dem Studium des Maschinenbaus an der Universität Karlsruhe begann Jürgen Bäumle 1993 als Logistikplaner und Projektleiter bei der OWL AG in der Schweiz. Seit 2000 ist er bei Swisslog in CH-Buchs Leiter der Abteilung Systemplanung, verantwortlich für die Region Europa 1. Schwerpunkte der beruflichen Tätigkeit: Konzeption und Planung diverser Verteilzentren, u. a. für dm-drogerie markt, Denner, Amag etc.; Entwicklung der Systemlösung CaddyPick.

**Heinrich Becker**
*(Jahrgang 1948)*

Heinrich Becker ist Head of European Logistics der Hilti Befestigungstechnik AG. Nach dem Studium der Mathematik, der Physik und der Betriebswirtschaft an der TU Berlin erste Anstellung bei der Degussa als Systemanalytiker (1976). Vier Jahre später der Einstieg in die Automotive Industrie bei VDO, heute Continental-Schaeffler. Mehrere Funktionen in der IT und Logistik, einschließlich Projekte für JIT-Fabriken vor den Toren mehrerer europäischer Kraftfahrzeughersteller. Ab 1994 Konzernlogistikverantwortlicher. Im Jahre 1995 Wechsel zu Hilti mit der Übernahme der Logistikverantwortung in Deutschland. Seit 1999 in Konzernprojekte IT und Logistik involviert, erfolgte schließlich im Jahr 2006 die Übernahme der Verantwortung für die europäische Logistik im Fürstentum Liechtenstein.

**Markus Blaschka**
*(Jahrgang 1969)*

Nach dem Studium des Maschinenwesens an der Universität Stuttgart war Dipl.-Ing. Markus Blaschka Planungsprojektleiter von Distributionszentren bei der swiss-

log AG in Buchs, Schweiz. Nach einer weiteren beruflichen Station bei der Wacker Chemie AG im Bereich Industrial Engeneering in der konzernweiten zentralen Planungsabteilung in Burghausen kam Herr Markus Blaschka im Jahr 2002 als verantwortlicher Planungsprojektleiter des Integrierten Versandhauses zur Versandhaus Walz GmbH.
Seit Juli 2007 ist Herr Markus Blaschka Bereichsleiter Logistik mit dem Zuständigkeitsbereich Warenannahme, Qualitätsicherung, Lager, Retoure und Filiallogistik. Schwerpunkte der beruflichen Tätigkeit sind die Optimierung der Strukturen und Prozesse effizienter Lager- und Distributionsorganisationen in Handelsunternehmen.
Neben seiner beruflichen Tätigkeit bei der Versandhaus Walz GmbH ist Herr Markus Blaschka Beirat des industriellen Beratungsgremiums zur Neubildung des Studiengangs „Logistik" an der Hochschule Ulm. Darüber hinaus nimmt er Lehrveranstaltungen an der Hochschule Ulm und der Berufsakademie Ravensburg mit dem Schwerpunkt Logistiksysteme wahr.

**Dominik Bühring**
*(Jahrgang 1967)*

Dominik Bühring ist Mitglied der Geschäftsleitung der Miebach Consulting GmbH. Nach dem Studium des Wirtschaftsingenieurwesens mit Schwerpunkt Logistik an der Technischen Universität Darmstadt begann Dominik Bühring als Berater bei der Miebach Consulting GmbH in Frankfurt. Schwerpunkt der Tätigkeit waren zunächst Planungsprojekte bei Kunden verschiedenster Branchen. Nach einem ca. einjährigen Auslandsaufenthalt in Spanien verantwortete Dominik Bühring dann das Kompetenzfeld Materialflussprozesse bei Miebach Consulting. Inzwischen ist er Leiter des Marktsegments Versandhandel sowie Mitglied der Geschäftsleitung und leitet noch regelmäßig Planungsprojekte.

**Lea Sophie Dahm**
*(Jahrgang 1985)*

Studentin des Wirtschaftsingenieurwesens an der Universität Karlsruhe sowie Hifswissenschaftlerin am Institut für Wirtschaftspolitik und Wirtschaftsforschung. Der Schwerpunkt ihrer Arbeit bei Miebach Consulting war die Fragestellung, welche Anforderungen an das Qualitätsmanagement in der Kommissionierung gestellt werden und wie State-of-the-art-Lösungen dieses Bereichs zu definieren sind.

**Volker Erlewein**
(Jahrgang 1965)

Volker Erlewein ist Leiter der Beschaffungs- und Lagerlogistik bei der Adolf Würth GmbH & Co. KG. Nach der Ausbildung zum Bankkaufmann Studium der Fertigungsbetriebswirtschaft (Dipl. Betriebswirt FH) an der Fachhochschule Heilbronn, Schwerpunkt Produktions- und Materialwirtschaft, mit Praktika in Kanada und Diplomarbeit in Mexico (VW de Mexico). Anschließend Logistikleiter in einem Handelsunternehmen (FFP) und gleichzeitig verantwortlich für die Produktion von Rohrisolierungen. Nach der Übernahme durch die Fa. Adolf Würth GmbH & Co. KG

Wechsel in die Konzernzentrale. Zunächst in der Projektberatung und anschließend im Logistik-Consulting der Tochtergesellschaften im In- und Ausland tätig. Heute verantwortlich für die interne Aus- und Weiterbildung in der Logistik der Würth-Gruppe. Leiter der Beschaffungs- und Lagerlogistik bei der Adolf Würth GmbH & Co. KG. Zudem war er mehr als 10 Jahren Dozent an der IHK Heilbronn im Fachbereich „Meister für Lagerwirtschaft".

**Martin Fiedler**
*(Jahrgang 1967)*

Martin Fiedler ist Senior Consultant der i+o Industrieplanung + Organisation GmbH & Co. KG. Mehrjährige Tätigkeit für ABB Kraftwerke Berlin GmbH. Danach leitende Funktion im Geschäftsbereich Business-Applikationen bei PI-Informatik GmbH in Berlin mit zahlreichen IT-Projekten, u. a. in Saudi Arabien, Thailand, Russland, Saudi Arabien, China, Dänemark, Belgien und in den Niederlanden. Seit 2002 tätig für i+L Informatik und Logistik GmbH, Berlin als Geschäftsführer. Seit 2005 Senior Consultant, IT-Consulting bei der i+o Industrieplanung + Organisation GmbH & Co. KG in Heidelberg. Seine Spezialgebiete sind SAP-Modul SD, SAP-Modul MM, SAP-Modul PP und PP/PI, SAP-Modul WM/LES sowie SAP SCM mit SAP EWM.

**Dr. Harald Gerking**
*(Jahrgang 1954)*

Dr. Harald Gerking ist freiberuflicher Unternehmensberater mit Schwerpunkt Supply Chain Management/Logistik. Nach dem Studium an der RWTH Aachen und der Promotion an der Universität Stuttgart begann er seine Beratungslaufbahn bei A.T. Kearney in München. Er wechselte anschließend als Bereichsleiter zum Baur-Versand, Burgkunstadt. Im weiteren Verlauf seiner Karriere war er in leitenden Positionen verschiedener Handels- und Produktionsunternehmen tätig, zunächst als Direktor Logistik bei der Horten AG, der Kaufhof Holding AG sowie als Vice President Logistics & Procurement bei der Keramik Laufen AG, Schweiz. Bei der DWW Woolworth Deutschland verantwortete er als Direktor das Supply Chain Management und später als Geschäftsführer die DWLogistics. In dieser Position gewann er 2006 den Logistics Service Award der Bundesvereinigung Logistik sowie den European Supply Chain Excellence Award. Dr. Gerking ist Autor zahlreicher Publikationen u. a. in den Büchern Strategic Supply Chain Design (2007), Service Levels in der Logistik (2007), Strategies and Tactics in Supply Chain Event Management (2008) und Global Logistics – Strategien, Konzepte und Praxisbeispiele (2008).

**Dieter Haberl**
*(Jahrgang 1943)*

Dieter Haberl ist Dipl.-Ing. und Dipl.-Wirt.-Ing. mit Schwerpunkt Kommissionierung. Nach dem Studium der Elektrotechnik und des Wirtschaftsingenieurwesens 1970 Berufsanfang als Industial Engineer bei Flohr Otis (Aufzüge, Fahrtreppen) in Berlin, ab 1971 Gruppenleiter Industial Engineering, 1972 zusätzlich Leitung der gewerblichen Ausbildung. 1973 Wechsel zu AVON Cosmetics GmbH, München, Abteilung Management Services. 1980 Abteilungsleiter Industrial Engineering, Qualitätssichererung, Technische Planung und Stabsfunktion „Total Quality Management". 1992 Haupt-Abteilungsleiter des Technischen Bereiches bei AVON Deutschland, Projektarbeiten in den europäischen Niederlassungen und USA, Kanada, Mexiko, Japan und Thailand. Ab 2002 Group Manager Distribution Operations Europe, 2004 altersbedingtes Ausscheiden bei AVON Cosmetics. Seit 2005 selbstständig in der Logistik-Beratung.

**Rudolf Hansl**
*(Jahrgang 1970)*

Dipl.-Ing. Rudolf Hans ist Geschäftsführer der TGW Logistics Group GmbH. Nach seinem Studium Maschinenbau-Wirtschaft an der Technischen Universität Graz, 1995 Eintritt bei der TGW Mechanics GmbH. 1995–1997 Projektleiter Entwicklung, 1997–1998 Auftragsleitung. Anschließend jeweils ein Jahr als Leiter der Abteilungen „Aufbau neuer Märkte" bzw. „Innovationsmanagement". Seit 2000 Geschäftsführer TGW Mechanics GmbH mit dem Aufgabenschwerpunkt Aufbau und Umsetzung des Integrationsgeschäftes am europäischen Markt.

**Jürgen Hartmann**
*(Jahrgang 1954)*

Jürgen Hartmann ist Leiter Logistik Consulting bei der viastore systems GmbH. Nach dem Studium Allgemeiner Maschinenbau an der FH Aalen, Beschäftigung von 1979 bis 1989 bei der Haushahn GmbH&Co. KG, anschließend bis 1999 bei der Haushahn Automationssystem GmbH. Seitdem bei der viastore systems GmbH, verantwortlich für die Planung von Lager- und Kommissioniersystemen für Neuanlagen und Umbau von Intralogistikprojekten im In- und Ausland, Potenzialanalysen und verschiedene Projektworkshops.

**Dietmar Hoffbauer**
*(Jahrgang 1955)*

Studium des Wirtschaftsingenieurwesens an der Technischen Universität Berlin. Von 1984 bis 1988 Projektleiter Logistikplanung bei Dr. Miebach & Partner GmbH, Frankfurt/Main. Zwischen 1988 und 1989 Projektleiter Logistikplanung bei der BASF, Ludwigshafen. Danach 1988 bis 1992 Projektleiter Logistikplanung bei der Integral Berater und Planer GmbH, Düsseldorf. Seit 1992 Geschäftsführender Gesellschafter der P+L Hoffbauer & Co GmbH, Düsseldorf.

**Reinhold Hoffbauer**
*(Jahrgang 1966)*

Dipl.-Physiker Reinhold Hoffbauer studierte, im Anschluss an seine Ausbildung zum Assistenten für Elektronik und Datentechnik, Physik an der TU Berlin mit anschließendem Abendstudium für Wirtschaft an der TFH Berlin. In den Jahren 1994–1998 war er wissenschaftlicher Mitarbeiter in der AG Quantenchemie bei der Max-Planck-Gesellschaft. Seit 1999 ist er bei der P+L Hoffbauer & Co. GmbH, Düsseldorf tätig und dort seit Mai 2008 Gesellschafter mit den Arbeitsschwerpunkten Beratung, Planung und Realisierung ganzheitlicher Logistikstrategien für Industrie und Handel.

**Dr. Volker Jungbluth**
*(Jahrgang 1970)*

Dr.-Ing. Volker Jungbluth ist Leiter der Abteilung „Concepting & Simulation, Business Development & Marketing" der Dematic GmbH. Nach dem Studium des Maschinenbaus an der Universität Dortmund (Schwerpunkt: Fertigungstechnik) Promotion mit dem Thema: „Beitrag zur Gestaltung von Deckbandförderern für den vertikalen Transport von Stückgütern" (November 2002). Nach zehnjähriger Tätigkeit beim Fraunhofer Institut für Materialfluss und Logistik, Dortmund (zuletzt als Leiter der Abteilung „Maschinen und Anlagen"), Wechsel zur Dematic GmbH (ehem. Siemens Dematic bzw. Siemens AG).

**Markus Kimmel**
*(Jahrgang 1966)*

Nach dem erfolgreichen Abschluss des Wirtschaftsingenieurstudiums an der Fachhochschule Würzburg-Schweinfurt Einstieg in die Logistik als Mitarbeiter eines Logistikleitstandes. Über die Position des Abteilungsleiters führte der Weg zum Logistikmanager mit der Hauptaufgabe der Integration weiterer europäischer Unternehmenbereiche an einen national zentralen Standort. Nach siebenjähriger Tätigkeit Unternehmenswechsel und Wissenserweiterung im Bereich IT als Leiter eines SAP-Services-Centers. Zweieinhalb Jahre später neue Aufgabe in einem Handelsunternehmen als Betriebsleiter in einem Logistikzentrum. In 2009 Beförderung zum Niederlassungsleiters des Standortes.

**Matthias Kramm**
*(Jahrgang 1968)*

Matthias Kramm leitet als Geschäftsführer das Customer Center von Vanderlande Industries in Deutschland. Gleichzeitig hat er die Position als Gesamtvertriebsleiter inne. Zuvor war er Direktor und Mitgesellschafter in der Unternehmensberatung Miebach Consulting Deutschland mit Sitz in Frankfurt am Main. Die Miebach Consulting (ehemals Miebach Logistik)-Gruppe ist eine internationale Unternehmensberatung für integrierte Systemplanung in der Logistik mit 16 Niederlassungen weltweit. Von Mitte 2003 bis Mitte 2007 leitete Herr Kramm als Kompetenzfeldleiter den Bereich Mensch und Organisation. Er betreute mit seinem Team zahlreiche mittelständische und Großunternehmen in allen Themen rund um die Themen Organisation & Personal. Als Marktsegmentleiter war er ab Mitte 2007 für die Segmente Produktion, High Tech und Fashion zuständig. Davor war Herr Kramm mehr als 5 Jahre Managing Direktor der Miebach Logistik-Niederlassungen in Indien und Malaysia und konnte die Marktanteile in Asien für die Miebach Gruppe erheblich ausbauen. Im Rahmen seiner zwölfjährigen Berufspraxis in der Logistik leitete Herr Kramm zudem zahlreiche nationale und internationale Großprojekte für Firmen wie BMW, ICI, Goodyear, Hugo Boss, Schott, BP Castrol etc.

**Dr. Thomas Lindemann**
*(Jahrgang 1966)*

Dr.-Ing. Thomas Lindemann ist als Senior Manager Logistics Inbound & Strategy bei QVC eDistribution Inc. & Co. KG tätig und verantwortet neben dem strategischen Bereich auch den kompletten Wareneingang sowie die Retourenabwicklung und -aufarbeitung. Nach seinem Maschinenbaustudium mit der Fachrichtung Fertigungstechnik an der RWTH Aachen promovierte Dr. Thomas Lindemann am Forschungsinstitut für Rationalisierung (FIR) der RWTH Aachen. Er verfügt über zehn Jahre Industrieerfahrung in leitenden Funktionen als Projekt-, Abteilungs- und Bereichsleiter in Produktions- und Handelsunternehmen. Die Tätigkeitsschwerpunkte lagen in den Bereichen Logistik, Materialwirtschaft, Auftragsabwicklung, IT, Controlling, strategische Planung und Organisation.

**Dr. Joachim Miebach**
*(Jahrgang 1943)*

Dr.-Ing. Joachim Miebach promovierte nach Studien an der Universität Edinburgh und der Technischen Universität Berlin zum Doktor-Ingenieur. Nach einer mehrjährigen Tätigkeit in der Planungsabteilung eines führenden Lager- und Fördertechnikherstellers gründete Dr. Joachim Miebach 1973 die „Miebach Consulting GmbH – Supply Chain Engineering" in Frankfurt. Er entwickelte das Unternehmen in den folgenden Jahren zu einem der führenden internationalen Logistik-Beratungsunternehmen mit heute weltweit sechzehn Niederlassungen. Seit 2009 ist Dr. Miebach stellvertretender Vorsitzender der VDI-Gesellschaft Produktion & Logistik, die mit über 15.500 Mitgliedern der führende Verband in Sachen Logistik- und Produktionstechnik ist.

**Dr. Markus Nave**
*(Jahrgang 1969)*

Dr.-Ing. Markus Nave ist Geschäftsführer der MaLOrg Consulting GmbH in Bönen. Nach seinem Studium des Allgemeinen Maschinenbaus an der Universität Dortmund begann er 1994 seine berufliche Laufbahn beim Fraunhofer Institut für Materialfluss und Logistik. Hier war er Projektleiter bei verschiedenen Projekten, wie z. B. Planung eines Logistikzentrums zur Reorganisation der Distributionsstruktur der GIZEH-Werke, Einführung von produktverantwortlichen Fraktalen bei der Deutschen Bergbau-Technik GmbH, Logistische Werksplanung für das neue Werk der Fa. Novoferm, Feasibility Study für die Realisierung eines Audi-Ersatzteile-Zentrums, Planung und Realisierung eines Zentrallagers für die Gebr. Berker sowie die Planung und Umsetzung von Versorgungsprozesse für die BMW AG nach Pearl.
Seit dem 01.01.2002 ist er Geschäftsführer der MaLOrg Consulting GmbH. Neben der Geschäftsführung liegen seine projektbezogenen Aufgabenschwerpunkte vor allem in der Abwicklung von Planungsprojekten mit Realisierungsbegleitung sowie Reorganisationsoptimierungen mit deren Umsetzung. Zur Zeit betreut er die Realisierung eines automatischen Palettenlagers und eines AKLs unter SAP bei der MTU Maintenance, die Planung und Realisierung einer Lager und Werkserweiterung bei der Gigant AG sowie die Planung und Realisierungsbegleitung einer hochdynamischen Kleinteilekommissionierung für die Beeline GmbH.

**Helmut Prieschenk**
*(Jahrgang 1963)*

Helmut Prieschenk ist Dipl.-Mathematiker (FH) und Witron-Geschäftsführer. Nach dem Studium in Regensburg Arbeit als Software-Ingenieur und Projektmanager in der Mess- und Regeltechnik (1986–1992), ab 1992 bei der Witron Logistik + Informatik GmbH Parkstein / Chicago. Seit 1998 Witron-Geschäftsführer.

**Michael Pulverich**
*(Jahrgang 1957)*

Auf die Ausbildung zum Industriekaufmann folgte eine zweijährige Tätigkeit als Einkäufer mit paralleler Fortbildung zum Fachkaufmann Einkauf/Materialwirtschaft. Von 1980 bis 1985 studierte Michael Pulverich Betriebswirtschaftslehre an der Universität Siegen mit Abschluss als Diplom-Kaufmann und den Studienschwerpunkten Materialwirtschaft, Marketing und Organisation. Der berufliche Wiedereinstieg erfolgte 1985 als Assistent der Geschäftsleitung bei einem führenden Hersteller von Kommunikations- und Leittechnik. 1987 wechselte er als Ausbildungs- und Organisationsleiter zu einer mittelständischen Spedition, wo er 1988 die Kaufmännische Leitung des Zentrallagers übernahm. Von 1993 bis 2006 war Michael Pulverich Leiter des weltweiten Distributionszentrums bei einem Marktführer der Konsumgüterindustrie. Seit 1. April 2006 ist er Leiter Kontraktlogistik bei G.L. Kayser, Mainz, einem Unternehmen der Kühne + Nagel-Gruppe.

**Prof. Dr. Wolf-Michael Scheid**
*(Jahrgang 1945)*

Nach einer Lehre als Industriekaufmann in einer Maschinenfabrik Studium des Wirtschaftsingenieurwesens mit Schwerpunkt EDV/Automatisierungstechnik an der TU Berlin. Anschließend Wissenschaftlicher Assistent für EDV im Fachbereich Kybernetik der TU Berlin und ab 1971 Projektingenieur und Projektmanager für Planung und Anlagenrealisation bei DEMAG Systemtechnik GmbH, Hagen. 1979 Promotion in der Fakultät Maschinenbau der Universität Dortmund (Dr.-Ing.). 1979–1991 beschäftigt bei der SIEMAG-Gruppe, zuletzt als Geschäftsführer mit Alleinverantwortung für zwei Sparten an den Standorten Leichlingen/Rheinland und Netphen bei Siegen. 1991–1993 Geschäftsführer IMB Logistik-Systeme GmbH, Falkensee bei Berlin, zugleich zwei Jahre Direktor Privatisierung, Niederlassung Gera der Treuhand-Gesellschaft. 1993–1995 Geschäftsführer der MAN GHH Logistics GmbH, Heilbronn, mit Spartenverantwortung an den Standorten Heilbronn und München. Seit 1995 Universitätsprofessor und Leiter des Fachgebiets Fabrikbetrieb, Leiter des Instituts für rechnerunterstützte Produktion der Fakultät für Maschinenbau (IRP), TU Ilmenau.

**Jörg Schietinger**
*(Jahrgang 1968)*

Diplom-Betriebswirt, ist seit April 2007 Leiter Logistik bei HAHN+KOLB Werkzeuge GmbH in Stuttgart und verantwortlich für das Logistikzentrum und die Distributionslogistik.
Nach dem Studium der Betriebswirtschaftslehre an der Berufsakademie Stuttgart

begann er seine berufliche Laufbahn als Sachbearbeiter und Assistent des Bereichsleiters Einkauf, anschließend als Assistent des Geschäftsführers Logistik/Distribution bei der Schreyer GmbH, einem Handelsunternehmen für Papier-, Büro- und Schreibwaren. 1998 wechselte er als Leiter Logistik zur OFK AG. Nach der Fusion mit der Blessing GmbH zu BlessOF GmbH 2004 war er dort ebenfalls als Leiter Logistik tätig. Jörg Schietinger ist Mitherausgeber des Buches „Service Levels in der Logistik", Initiator des Arbeitskreises Warehousing und war lange Jahre Dozent an der Berufsakademie Stuttgart (Vorlesung „Eurodistribution – Lager- und Transportmanagement in Europa").

**Timo Schönfeldt**
*(Jahrgang 1981)*

Timo Schönfeldt ist Consultant bei integral logistics GmbH & Co. KG. Studium der Logistik an der Technischen Universität Dortmund. Nebentätigkeit bei der SimPlan Integrations GmbH zur Unterstützung von Simulationsprojekten und Vertrieb von Animations- und Emulationssoftware. Nach Abschluss des Studiums Consultant und Vertrieb bei integral logistics GmbH mit dem Schwerpunkt „Digitale Planung".

**Wolfgang Seifert**
*(Jahrgang 1949)*

Wolfgang Seifert ist Geschäftsführer der integral logistics GmbH & Co. KG. Studium zum Maschinenbauingenieur, danach langjährige Beratungstätigkeit und Führungsverantwortung bei unterschiedlichen Logistikberatern. Herausragende Projekte waren die Planung des Global Logistics Centres (GLC) der Daimler AG in Germersheim sowie des Karstadt Warenverteilzentrums in Unna, für das Karstadt im Jahr 1989 mit dem BVL-Logistikpreis ausgezeichnet wurde.
2003 Gründung des Unternehmens integral logistics GmbH & Co. KG in Dortmund. Hier werden Beratungs- und Planungsleistungen in der Logistik und im Supply Chain Management mit einem Team von 30 Mitarbeitern erbracht.
Lehrauftrag Materialflusstechnik an der Universität Rostock und Dozent an der Deutschen Logistik Akademie (DLA).
Vorstand des Kompetenzzentrums für Logistik (McLog) und Mitglied des Kuratoriums der DLA. 1997 erhielt Herr Seifert den VDI-Materialflusspreis.

**Detlef Spee**
*(Jahrgang 1957)*

Dipl.-Ing. Detlef Spee studierte Maschinenbau mit Schwerpunkt Materialflusstechnik an der Uni Dortmund.
Nach dem Studium wurde er wissenschaftlicher Mitarbeiter am Lehrstuhl Förder- und Lagerwesen an der Uni Dortmund. Seit 1986 ist er Mitarbeiter am Fraunhofer Institut für Materialfluss und Logistik, ab 1989 Gruppenleiter Handhabungs- und Kommissioniersysteme, die er zu einer eigenen Abteilung ausbaute. Anschließend Aufbau der Abteilung Materialflussplanung, jetzt Abteilungsleiter der Abteilung Intralogistik- und -IT Planung. Detlef Spee ist Mitglied im VDI-FML Fachbereich A1 Logistik und Dozent bei der Deutschen Logistik Akademie (DLA), der Akademie

des BME (Bundesverband Materialwirtschaft, Einkauf und Logistik), dem Kompetenzzentrum Verkehr und Logistik der Weser-Ems-Region LOGIS.NET und anderen.

**Frieder Töpfer**
*(Jahrgang 1956)*

Dipl.-Ing. Frieder Töpfer ist Principal der TIM CONSULT GmbH, Mannheim. Studium der Wirtschaftswissenschaften an der TH Darmstadt mit Vertiefung Logistik bei Prof. Dr. Dr. h.c. Hans-Christian Pfohl, Abschluss als Dipl.-Wirtsch.-Ing. mit Diplomarbeit zur automatischen Kommissionierung. Von 1986 bis 2001 bei Miebach Logistik GmbH in Frankfurt, Leiter der Planungsabteilung und Gesellschafter. Anfang 2002 Wechsel zu TIM CONSULT GmbH, Bereichsleiter Logistics Engineering, Gesellschafter.

**Sabine Maria Walter**
*(Jahrgang 1965)*

Nach kaufmännischer Ausbildung Studium der Betriebswirtschaftslehre an der Eberhard-Karls-Universität Tübingen und der Oxford Brookes University. Seit 1996 in unterschiedlichen Bereichen tätig, u. a. als Lehrbeauftragte an der Hochschule für Technik und Wirtschaft in Aalen, als Senior Beraterin bei Miebach Consulting, Frankfurt, im Competence Center People & Organisation und als Managementberaterin und Trainerin beim Malik Management Zentrum St. Gallen, Schweiz. Derzeit freiberufliche Beraterin.
Schwerpunkte der beruflichen Tätigkeit: Führungs- und Nachwuchsführungskräfteentwicklung (u.a. Wirksame Führung, General Management, Kommunikation u. Konflikt, Veränderungsprozesse steuern), Change Management (u. a. für die Inbetriebnahme von Distributionszentren), Performance Management, Kommunikationsstrategien, KVP/Ideenmanagement, Entlohnungs- und Anreizssysteme.
Autorin verschiedener Fachbücher.